Kai Bruns,
Paul Klimsa (Hrsg.)

Informatik für Ingenieure kompakt

Informatik für Ingenieure kompakt

Die Herausgeber:

Prof. Dr.-Ing. *Kai Bruns* — Hochschule für Technik und Wirtschaft Dresden

Prof. Dr. phil., M. A. *Paul Klimsa* — Technische Universität Ilmenau

Die Autoren des Buches:

Prof. Dr.-Ing. *Kai Bruns*
Multimedia — Hochschule für Technik und Wirtschaft Dresden

Prof. Dr.-Ing. habil. *Peter Forbrig*
Softwaretechnik — Universität Rostock

Prof. Dr. rer. nat. *Timm Grams*
Modellbildung und Simulation — Fachhochschule Fulda

Prof. Dr. rer. nat. habil. *Patrick Horster*
Kryptologie — Universität Klagenfurt

Prof. Dr. phil. M. A. *Paul Klimsa*
Multimedia — Technische Universität Ilmenau

Prof. Dr. rer. nat. *Ingbert Kupka*
Künstliche Intelligenz — Technische Universität Clausthal

Prof. Dr.-Ing. *Wolfgang Rehm*
Rechnerarchitektur — Technische Universität Chemnitz

Prof. Dr.-Ing. habil. *Alexander Schill*
Rechnernetze und Verteilte Systeme — Technische Universität Dresden

Dr.-Ing. *Stefan Schlechtweg*
Grundlagen der Computergrafik — Otto-von-Guericke-Universität Magdeburg

Prof. Dr. rer. nat. habil.,
Ph. D. *Thomas Strothotte*
Grundlagen der Computergrafik — Otto-von-Guericke-Universität Magdeburg

Prof. Dr. rer. nat. *Volker Turau*
World Wide Web — Fachhochschule Wiesbaden

Prof. Dr. math. *Ingo Wegener*
Algorithmen — Universität Dortmund

Prof. Dr. rer. pol. habil. *Lutz Wegner*
Datenbanken — Universität Gesamthochschule Kassel

Prof. Dr. rer. nat. *Dieter Zöbel*
Betriebssysteme — Universität Koblenz-Landau

vieweg

Kai Bruns,
Paul Klimsa (Hrsg.)

Informatik für Ingenieure kompakt

Mit 186 Abbildungen

Die Deutsche Bibliothek – CIP-Einheitsaufnahme
Ein Titeldatensatz für diese Publikation ist bei
Der Deutschen Bibliothek erhältlich.

ISBN-13:978-3-322-86799-5   e-ISBN-13:978-3-322-86798-8
DOI: 10.1007/978-3-322-86798-8

Der Reihenherausgeber: Prof. Dr.-Ing. Otto Mildenberger lehrt an der Fachhochschule Wiesbaden in den Fachbereichen Elektrotechnik und Informatik.

www.vieweg.de

Technische Redaktion: Hartmut Kühn von Burgsdorff
Konzeption und Layout des Umschlags: Ulrike Weigel, www.CorporateDesignGroup.de
Gesamtherstellung: Druckerei Hubert & Co., Göttingen
Gedruckt auf säurefreiem Papier

Vorwort

Die Informatik ist ein sehr populäres Fachgebiet, immer mehr Ingenieure in der Praxis und Studierende an den Hochschulen sind damit aktuell konfrontiert. Das vorliegende Buch enthält eine Auswahl besonders wichtiger und aktueller Teilgebiete der Informatik. Es richtet sich an zwei Zielgruppen. Einerseits sind das ausgebildete Ingenieure in der Praxis, andererseits Studenten von Universitäten, Berufsakademien, Hoch- und Fachschulen. Dabei ist es unwesentlich, ob Informatik im Haupt- oder Nebenfach studiert wurde oder wird. Vorausgesetzt werden ingenieurtechnisches Grundwissen und Fähigkeiten in der höheren Mathematik.

Es kann nicht Anliegen sein, die Vielzahl an Fachliteratur zu den besprochenen Themen zu ersetzen. Vielmehr handelt es sich um eine kompakte Zusammenfassung von Schwerpunkten der Informatik auf Hochschulniveau. Die einzelnen Kapitel basieren jeweils auf konkreten Lehrveranstaltungen an Universitäten, Hoch- und Fachschulen. Durch Grafiken, Tabellen und mit vielen Beispielen wurde versucht, ein anschauliches Nachschlagewerk anzubieten, das studienbegleitend und studienergänzend verwendet werden kann. Alle Kapitel enthalten Literaturhinweise für vertiefende Studien und für eine gezielte Spezialisierung.

Ein Betriebssystem ist notwendig, damit Computerhardware für Anwendungen und Anwendungsentwickler nutzbar wird. Das Buch beginnt im Kapitel 1 mit einer sehr systematischen Abhandlung von Prinzipien und grundlegenden Technologien von Betriebssystemen. Das Kapitel 2 widmet sich dann der Computer-Hardware, wobei der Bogen von einfachen Rechenwerken bis hin zu modernen Architekturen für Hochleistungsrechner gezogen wird. Jedes Programm auf einem Computer implementiert einen Algorithmus. Im Kapitel 3 werden Algorithmen anhand konkreter Beispiele klassifiziert und somit Anhaltspunkte für die Algorithmierung eigener Probleme geschaffen. Das Kapitel 4 befaßt sich mit der Datenbanktechnologie. Es werden Datenmodelle, Normalformen und die wichtigsten Basistechnologien besprochen. Auch aktuelle Anwendungen, wie Datenbanken im Internet, werden dargestellt. Aus mehreren Sichten wird im Kapitel 5 die Entwicklung von Software behandelt. Unter anderem werden Modellierung, Implementierung (mit einer Gegenüberstellung verschiedener Programmiersprachen), Dokumentation und der Test beschrieben, wobei auch auf unterstützende Werkzeuge eingegangen wird. Da die Vernetzung von Computern aktuell immer mehr in den Mittelpunkt der Informatik rückt, werden dieser Thematik zwei Kapitel gewidmet. Das Kapitel 6 bespricht Rechnernetze und verteilte Systeme basierend auf physikalischen Prinzipien bis hin zu den wichtigsten Protokollen und Diensten. Das Kapitel 7 konkretisiert auf Basistechnologien für das Internet (World Wide Web). Immer noch erfolgreich und seit mehreren Jahrzehnten in der öffentlichen Diskussion ist die Künstliche

Intelligenz, der das Kapitel 8 gewidmet ist. Das Kapitel 9 bespricht eine der wichtigsten ingenieurtechnischen Anwendungen der Informatik, die Modellierung und Simulation. Da solche Simulationen nicht selten nur berechnet, sondern anschließend oft auch visualisiert werden, folgt nun das Kapitel 10 mit den Grundlagen der Computergrafik. Hier findet der Leser weit mehr als eine sehr spannende Darstellung wichtiger Basistechnologien. Das Buch endet mit zwei sehr aktuellen Themengebieten. Im Kapitel 11 werden die wichtigsten Verschlüsslungstechniken bis hin zu den aktuellen Standards diskutiert. Multimedia, als eines der jüngsten Gebiete der Informatik, ist Gegenstand des Kapitels 12.

An dieser Stelle möchten wir allen Autoren für die weitgehend unkomplizierte und konstruktive Zusammenarbeit danken. Den Studenten Benjamin Neidhold und Felix Fröde gilt Dank für viele wichtige (nicht nur zielgruppenbezogene) Hinweise. Ohne die vielseitige und immer kurzfristige und kompetente Hilfe von Prof. Mildenberger vom Verlag Vieweg wäre dieses Buch sicher nicht entstanden, zumal er den Anstoß für dieses Projekt gab.

Die Autoren und Herausgeber sind an Kritik, konkreten Hinweisen und Vorschlägen der Leserinnen und Leser sehr interessiert.

Dresden, im November 2000
Die Herausgeber

Inhaltsverzeichnis

Kapitel 1

Betriebssysteme

von Dieter Zöbel

1.1 Einführung in Betriebssysteme

1.1.1 Aufgaben

In erster Näherung lässt sich sagen, dass ein Betriebssystem dazu dient, dem Benutzer die Dienste eines Rechensystems in geeigneter Weise nutzbar zu machen. Dabei verbergen sich hinter dem Wort *geeignet* eine ganze Reihe von Anforderungen, die ein Betriebssystem erfüllen sollte und die als Gütekriterien gelten können:

Nutzbarmachung des Rechensystems

- Bereitstellung einer ergonomischen Benutzerschnittstelle

- Abstraktion von den technischen Einzelheiten des Rechensystems

- Anpassung an unterschiedliche und wechselnde Aufgabenfelder

- Schutz der Benutzer und des Rechensystems vor fehlerhafter oder zerstörerischer Benutzung

- Ausnutzung der Leistungsfähigkeit

Ein *Rechensystem* besteht typischerweise aus einem Prozessor oder   Rechensystem

mehreren Prozessoren, verschiedenen Speichern wie Haupt- und Hintergrundspeicher, Geräten wie einer Maus oder einer Sound-Karte sowie der Anbindung an Rechnernetze durch Netzwerkkarte oder Telefon-Modem. Alle die erwähnten Bestandteile eines Rechensystems werden
Betriebsmittel als *Betriebsmittel* bezeichnet.

Ein Betriebssystem kann nach unterschiedlichen Konzeptionen entworfen und aufgebaut sein (siehe Abschnitt 1.2). Aus programmiertechnischer Sicht besteht es aus einer Vielzahl miteinander kooperierender Programmkomponenten (siehe Abschnitt 1.3). In diesem Sinne ist auch die Definition von Betriebssystem durch die DIN Norm 44300 zu verstehen (vergleiche [1.1]):

> Die Programme eines digitalen Rechensystems, die zusammen mit den Eigenschaften der Rechenanlage die Grundlage der möglichen Betriebsarten des digitalen Rechensystems bilden und insbesondere die Abwicklung von Programmen steuern und überwachen.

Prozess Der Vorgang der Abwicklung eines Programms wird als *Prozess* bezeichnet. Das Betriebssystem verwaltet die Prozesse und stellt entsprechende Datenstrukturen und Operationen zur Programmierung paralleler Prozesse bereit (siehe Abschnitt 1.4). Somit kann ein Betriebssystem als dienstleistendes System verstanden werden, in dem Prozesse die Aufträge von Benutzern oder anderer Prozessen annehmen und bearbeiten. Die Mathematik stellt Methoden bereit, solche Systeme zu modellieren und hinsichtlich ihrer Leistungsfähigkeit zu analysieren (siehe Abschnitt 1.5).

1.1.2 Betriebsarten

Hinter der Betriebsart verbirgt sich eine Kategorisierung der Betriebssysteme hinsichtlich ihrer Benutzung. Man unterscheidet im Wesentlichen:

Stapelbetrieb: Vollständig definierte Aufträge werden an das Rechensystem übergeben und ohne weitere Benutzereingriffe ausgeführt. Ein typisches Beispiel hierfür bildet die nächtliche Abwicklung der über einen Tag gesammelten Überweisungsaufträge zwischen Bankkonten. Der Stapelbetrieb erfordert eine vorausgehende Ablaufplanung, die dafür sorgt, dass sowohl das Rechensystem ständig ausgelastet ist als auch die Aufträge zügig bearbeitet werden.

Dialogbetrieb: Eine große Anzahl von Benutzern bzw. Benutzeraufträgen kann gleichzeitig bearbeitet werden. Die Arbeitsweise des Benutzers ist davon geprägt, einen kurzen Auftrag zu erteilen, dessen unmittelbare Antwort auszuwerten um gleich darauf einen Folgeauftrag zu erteilen. Ein typisches Beispiel ist das Arbeiten mit einem Textsystem, bei dem ein Benutzer erwartet, dass eine Tastatureingabe oder eine Mausbewegung ohne sichtbare Verzögerung erfolgt.

Echtzeitbetrieb: Rechensysteme zur Überwachung und Steuerung von technischen Systemen unterliegen typischerweise Zeitbedingungen und werden deshalb *Echtzeitsysteme* genannt. Für sie ist kennzeichnend, dass Zustandsänderungen im technischen System erkannt und innerhalb einer vorgegebenen Zeitdauer bearbeitet werden, um deren Ergebnisse rechtzeitig zur Steuerung des Systems einsetzen zu können. So werden beispielsweise bei der Motorsteuerung von Kraftfahrzeugen besondere Stellungen des Zahnkranzes erkannt und dazu benutzt, zum optimalen Zeitpunkt die Einspritzung des Kraftstoffes vorzunehmen. Echtzeitsysteme

Serverbetrieb: Ein *Server* hat die Aufgabe, die über Rechnernetze oder Telefonanschlüsse eingehenden Aufträge zu bearbeiten oder an andere Server weiterzuvermitteln. Typische Beispiele sind Datenbank-Server, die Daten von Reiseunternehmen bei allen Reisebüros abrufbar machen, oder Web-Server von kommunalen Einrichtungen, die ihre öffentlichen Dienstleistungen weltweit bereitstellen. Server

Obwohl sich diese Betriebsarten nicht gänzlich ausschließen, bilden sie eine markante Eigenschaft, um Betriebssysteme zu unterscheiden. Eine weitere Betriebsart, die von den meisten Betriebsystemen unabhängig von der obigen Kategorisierung unterstützt wird, ist der *Mehrprogrammbetrieb*, bei dem sich zu einem Zeitpunkt mehr als ein Prozess in Ausführung befinden kann. Dabei erfolgt die Ausführung der Prozesse auf einem Einprozessorsystem zeitlich versetzt (pseudo-parallel) und bei einem Mehrprozessorsystem gleichzeitig (echt parallel). Auch die Eigenschaft, einen oder mehrere Benutzer zu unterscheiden, wird in einer Betriebsart unterschieden. Beim *Mehrbenutzerbetrieb* fällt dem Betriebssystem die Aufgabe zu, Eigentumsverhältnisse für die Betriebsmittel einzuführen und unrechtmäßige Zugriffe zu verhindern. Mehrprogramm-
betrieb Mehrbenutzer-
betrieb

Als letzte Betriebsart sei der *Time-Sharing-Betrieb* erwähnt, der als Kombination von Dialogbetrieb und Mehrprogrammbetrieb zu verstehen ist. Time-Sharing-
Betrieb

1.1.3   Genealogie der Betriebssysteme

Neben den Betriebssystemen für Großrechner wie beispielsweise IBM/VMS oder BS2000, die insbesondere für den Stapelbetrieb entwickelt wurden, haben sich zwei dominante Familien von Betriebssystemen herausgebildet: die Familie der Unix-orientierten Betriebssysteme und der Microsoft-orientierten Betriebssysteme. Letztere zeichnen sich durch ihren proprietären Charakter aus, in dem ihre Entwicklung in der Verfügungsgewalt eines einzigen Unternehmens liegt. Als stellvertretendes Beispiel sei hier das Betriebssystem Windows 2000 genannt.

proprietär gegen offen

Im Gegensatz dazu haben sich die Betriebssysteme aus der Unix-Familie durch Offenlegungen von Quellcode und anderer Freizügigkeiten bei verschiedenen Unternehmen und Forschungseinrichtungen entwickelt. Dies hat die Entwicklung von neuen Techniken und Aufbauprinzipien entscheidend beflügelt. Als stellvertretende Betriebssysteme aus dieser Familie sei als frei verfügbares Linux genannt und als proprietäres Solaris von der Firma Sun Microsystems.

Aufgrund der Unterschiedlichkeit der Betriebssystemfamilien aber auch den Unterschieden innerhalb der Unix-Familie fällt es schwer, Anwendungen zu entwickeln, die vom Betriebssystem unabhängig sind. Es hat deshalb verschiedene Standardisierungsversuche gegeben, von denen der POSIX[1]-Standard der Bedeutendste ist. Dabei handelt es sich im Wesentlichen um definierte Programmierschnittstellen (sog. APIs[2]) zum Aufruf gleichartiger Dienste auf unterschiedlichen Betriebssystemen (vergleiche [1.6]).

1.2   Aufbauformen von Betriebssystemen

1.2.1   Kategorien von Aufbauformen

Auf den ersten Blick stellt sich ein Betriebssystem als ein geschlossenes Programm dar. Man spricht in diesem Zusammenhang auch von *monolithischen Betriebssystemen* (vergleiche [1.13]). Bei genauerer Betrachtung treten unterschiedliche Programmkomponenten zutage, die sich durch ihre spezifische Aufgabe, den Grad an Austauschbarkeit oder die Nähe zur Hardware unterscheiden. Zur Veranschaulichung der Komponenten dient eine nach Schichten geordnete Darstellung (Abbildung 1.1). Auf der obersten Schicht sind die Benutzer-

monolithische Betriebssysteme

---

[1]portable operating system for computer environments
[2]application programmers interface

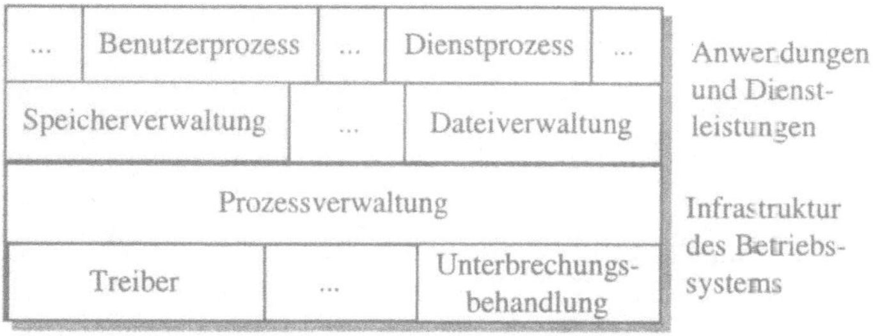

Abbildung 1.1
Schichten eines
Betriebssystems

prozesse (z.B. ein eigenes Anwendungprogramm) oder Dienstprozesse (z.B. ein Eingabefenster für Benutzerkommandos) angesiedelt. Die
nächste Schicht wird von den Dienstleistungen des Betriebssystems gebildet (z.B. zur Bearbeitung von Dateien und Ordnern). Für die Koordination und den Datenausstausch zwischen diesen beiden Schichten ist
die Prozessverwaltung zuständig. Zusammen mit der untersten Schicht,
die die Verbindung zu den Geräten (z.B. Treiber für die Festplatte)
und zum ausführenden Prozessor (z.B. zur Reaktion auf Benutzerauf-
träge) herstellen, wird die Infrastruktur für die beiden darüberliegenden
Schichten bereitgestellt.

Eine häufig anzutreffende Aufbauform versucht auf einem Basis-
Betriebssystem auch die Dienstleistungen anderer Betriebssysteme zur
Verfügung zustellen.   Man spricht hierbei von einem *virtuellen Be-* virtuelle
triebssystem, dessen Funktionalität simuliert wird und neben der des Betriebssysteme
Basis-Betriebssystems auf demselben Rechensystem zur Verfügung
steht (Abbildung 1.2). Beispielhaft für diese Aufbauform ist die Bereit-
stellung der Programmierschnittstelle POSIX unter dem Betriebssystem
Windows 2000.

Eine weitere Aufbauform, um Dienstleistungen zu erbringen, fußt auf
der Anbindung des Rechensystems an ein Rechnernetz. So übernimmt
das lokale Betriebssystem die Rolle, Aufträge an anderweitig im Netz
verfügbare Betriebssysteme weiterzuleiten. Diese Aufbauform wird
auch als *Client-Server Modell* bezeichnet, weil das lokale Rechensy- Client-Server
stem als Kunde von einem irgendwo verfügbaren Rechensystems be- Modell
dient wird (Abbildung 1.3). Die Abwicklung der Aufträge erfolgt

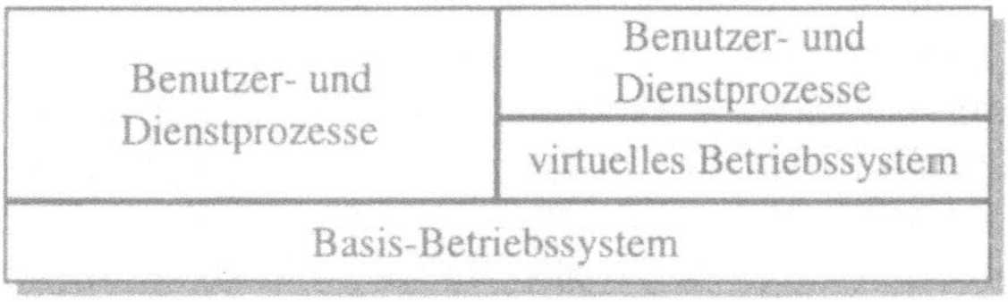

Abbildung 1.2
Aufbauschema
eines virtuellen
Betriebssystems

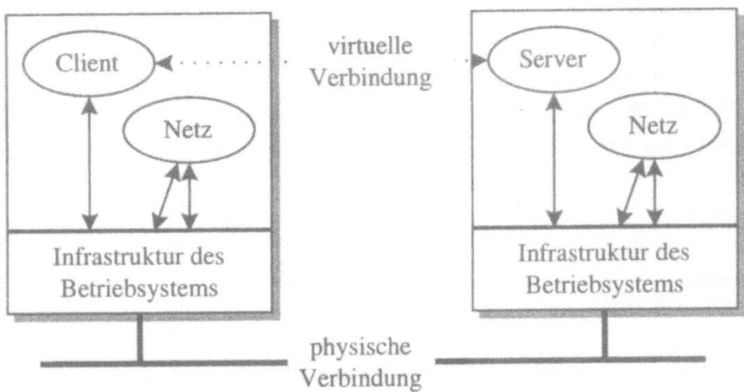

Abbildung 1.3
Vermittlung einer
Dienstleistung
zwischen einem
Client und einem
Server über ein
Rechnernetz

IPC durch die Übertragung von Nachrichten und man spricht von Interprozesskommunikation (*IPC*). Basierend auf dieser Aufbauform verfügen Unternehmen typischerweise über zentrale Datenbank-Server, die von allen Arbeitsplätzen und unabhängig vom lokalen Betriebssystem zugegriffen werden können. Dem Benutzer soll nicht auffallen, ob sein Auftrag lokal oder von einem entfernten Rechensystem erledigt wird.

1.2.2   Systemaufrufe

Ein Auftrag eines Benutzer- oder Dienstprozesses wird nach außen hin vergleichbar mit einem Prozeduraufruf an das Betriebssystem gerichtet. Die Abarbeitung ist jedoch deutlich anders als bei einem Prozeduraufruf und wird als Systemaufruf bezeichnet. Unterstützt durch die Hardware des Prozessors erfolgt zum einen ein Wechsel vom *Benut-*
Benutzermodus *zermodus* in den *Systemmodus* des Prozessors und zum anderen eine
gegen synchrone Unterbrechung, die die aktuelle Ausführung eines Prozesses
Systemmodus unterbricht. (Schritte 1 und 2, Abbildung 1.4). Dann wird die Dienstleistung, die durch die Parameter des Systemaufrufs beschrieben ist, erbracht (Schritt 3, Abbildung 1.4). Nach Beendigung der Dienstleistung wird wieder mit Unterstützung der Hardware zurück in den Benutzermodus gewechselt und der Prozess fährt hinter dem Systemaufruf fort (Schritte 4 und 5, Abbildung 1.4).

Viele Komponenten des Betriebssystems sind an der Ausführung des Systemaufrufs (Schritt 3, Abbildung 1.4) beteiligt. Neben der Unterbrechungsbehandlung, die den Systemaufruf zunächst annimmt, sind das alle Prozesse, die die Diensleistung unmittelbar erbringen müssen. Für das Lesen einer Datei von einer Diskette betrifft das die Dateiver-

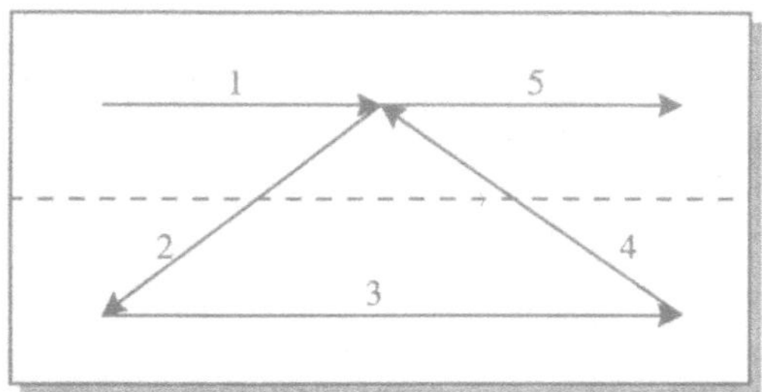

Abbildung 1.4
Schritte bei der
Abarbeitung eines
Systemaufrufs

waltung und den Treiber für den Disketten-Controller. Mittelbar sind
jedoch noch andere Komponenten des Betriebssystems beteiligt. In obigen Beispiel wird die Prozessverwaltung sicher den Prozess, der den
Systemaufruf ausführt solange blockieren, bis der Daten zur Verfügung
stehen. Zwischenzeitlich können andere Prozesse ausgeführt werden.

1.2.3 Der Kern

Eine häufig verwendete Bezeichnung für bestimmte Kompcneten des
Betriebssystems ist der *Kern*. Verstanden werden darunter alle diejenigen Komponenten, die unverzichtbar für die Funktionsfähigkeit des Betriebssystems sind. Im konkreten Fall können Kerne ganz unterschiedlichen Umfang haben. Bei einem monolithischen Betriebssystem fallen darunter sowohl die Komponenten, die zur Infrastruktur gehören als
auch alle Dienstleistungen. Typisch in diesem Zusammenhang sind folgende Eigenschaften, die oftmals auch zur Definition des Begriffs Kern
herangezogen werden:

- Während der Ausführung von Operationen im Kern befindet sich
  der Prozessor im Systemmodus.

- Der Kern befindet sich permanent im Hauptspeicher.

- Die Ausführung von Aufträgen durch den Kern ist nicht unterbrechbar.

Bei Echtzeitsystemen ist die zuletzt genannte Eigenschaft unerwünscht.
Denn die aktuelle Auftragsbearbeitung durch den Kern sollte unterbrochen werden können, wenn auf eine Zustandsänderung im technischen
System unmittelbar reagiert werden muss. Dies leistet ein *unterbrechbarer Kern*, der seine Ausführungen zur Erhaltung der Datenkonsistenz
so gruppiert, dass er nach kurzen Anweisungsfolgen immer wieder unterbrochen werden kann (vergleiche [1.14]).

unterbrechbarer
Kern

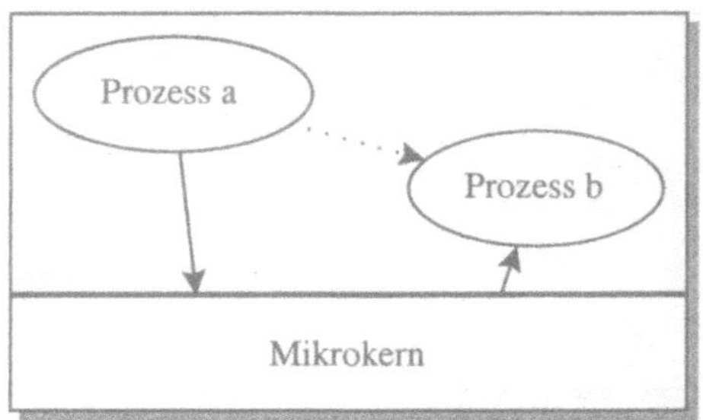

Abbildung 1.5
Auftragserteilung
von einem Prozess
an einen anderen
auf dem Weg über
den Mikrokern

Basierend auf einer feingliedrigen Zerlegung der Dienstleistungen in Form von Prozessen lässt sich der Kern eines Betriebssystems auf einen sogenannten *Mikrokern* reduzieren. Eine geeignete Voraussetzung hierfür ist, die Interprozesskommunikation einheitlich mittels Nachrichten abzuwickeln, ganz gleich ob ein Einprozessorsystem, ein Mehrprozessorsystem oder eine Anbindung an ein Rechnernetz gegeben ist. Die Auftragserteilung von einem Prozess an einen anderen wird vom Mikrokern abgewickelt und abstrahiert vom Aufbau des Rechensystems. Als weitere Aufgaben fallen im Mikrokern lediglich noch die Prozessverwaltung, die Verwaltung des Hauptspeichers, sowie die Unterbrechungsbehandlung an.

Mikrokern

Neben ihrer Überschaubarkeit ist eine Reihe von vorteilhaften Merkmalen bei Mikrokernen zu nennen (vergleiche [1.4]):

- Der Mikrokern besitzt eine definierte Schnittstelle SPI[3], die im Systemmodus zur Verfügung steht.

- Alle Komponenten des Betriebssystems außerhalb des Kerns können bei Bedarf hinzugefügt werden, was die Anpassungfähigkeit und Erweiterbarkeit erhöht.

- Geräte und die damit verbundenen Treiber können im laufenden Betrieb zum Rechensystem hinzugefügt werden.

- Die Robustheit wird dadurch erhöht, dass Fehler in den Komponenten außerhalb des Kerns nicht mehr zwangsläufig zum Absturz des Betriebssystems führen.

Diesen Vorteilen steht jedoch neben anderen (vergleiche [1.11] und [1.5]) ein wesentlicher Nachteil im Aufwand entgegen. Denn jede Auftragserteilung von einem Prozess an einen anderen muss durch zwei

---

[3]system programmers interface

Nachrichten auf dem Weg über den Mikrokern abgewickelt werden. So ist es bei der der Konzeption von Betriebssystemen häufig so, dass die Zerlegung der Dienstleistungen und die Festlegung von Schnittstellen wie bei Mikrokernen üblich vorgenommen wird, jedoch die Implementierung im Kern viel mehr Funktionalität vereinigt und in Form von Prozeduraufrufen zugänglich macht. Als Beispiel hierfür kann das Betriebssystem Windows 2000 dienen.

Gleichzeitig werden jedoch intensive Anstrengungen unternommen, den erhöhten Nachrichtenaufwand bei Mikrokernen durch programmiertechnische Verbesserungen aufzufangen. Um dies zu erreichen ist ein Mikrokern gezielt an die Eigenschaften des zugrunde liegenden Prozessors anzupassen. Besondere Bedeutung kommt dabei der Strategie zu, die Cache-Speicher des Prozessors optimal auszunutzen, d.h. solange wie möglich Befehle und Daten aus den schnellsten Speichereinheiten[4] zu entnehmen (vergleiche [1.7]).

1.3 Komponenten von Betriebsystemen

1.3.1 Prozessverwaltung

Der Mehrprogrammbetrieb erfordert eine Prozessverwaltung. Sie ist Bestandteil des Kerns eines Betriebssystems und muss ständig betriebsbereit sein. Im einzeln zählen dazu folgende Aufgaben zur Prozessverwaltung:

- Starten und Beenden eines Prozesses

- Prozessumschaltung, d.h. Übergang der Ausführung von einem Prozess zu einem anderen

- Bereitstellung von Operationen zur Synchonisierung und Interprozesskommunikation

- Verwalten der Beschreibungsdaten für Prozesse

Des weiteren lassen sich unter die Prozessverwaltung auch die Strategien fassen, die die Aufgabe haben den nächsten auf dem Prozessor auszuführenden Prozess zu bestimmen. Man spricht hier von der Verplanung oder vom Scheduling.

Bei einem Einprozessorsystem gibt es eine Menge rechenbereiter Prozesse, von denen nach den verhandenen Strategien der Verplanung

---

[4]primär L1- und sekundär L2-Cache, erst dann aus dem Hauptspeicher

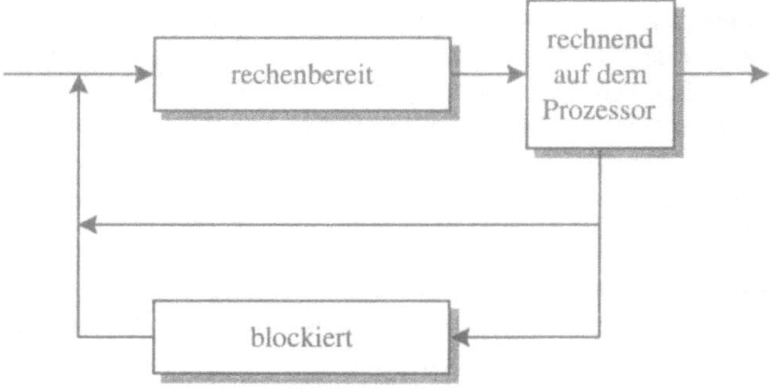

Abbildung 1.6
Die Übergänge zwischen den Prozesszuständen

jeweils nur ein einziger ausgeführt wird, d.h. in den Zustand rechnend versetzt wird. Auch die Dauer, die ein Prozess dann rechnen darf ist der Verplanung unterworfen, kann jedoch auf Grund von Synchronisierungs- oder Kommunikationsoperationen verkürzt werden. Im letzteren Fall wird ein Prozess blockiert und muss warten, bis er wieder rechenbereit wird (Abbildung 1.6). Dies ist beispielweise dann gegeben, wenn ein Prozess von einer Datei lesen will und solange blockiert wird, bis die Daten bereit stehen.

Prozesszustände: rechenbereit, rechnend, blockiert

Zu den Verwaltungsdaten für Prozesse, wie sie beispielsweise unter Unix geführt werden, zählen unter anderen:

- Identifikation des Prozesses

- Befehlszähler, Status des Prozessors, Registerstände

- Prozesszustand

- Parameter zur Verplanung des Prozesses, beispielweise Priorität

- Betriebsmittel des Prozesses wie geöffnete Dateien und belegter Speicher

- Angaben zur Autorisierung des Prozesses, beispielweise im Mehrbenutzerbetrieb die Angabe des Besitzers eines Prozesses

Zur Betonung der Eigenständigkeit und Abgrenzung werden die bis hierher beschriebenen Prozesse auch *schwergewichtige* Prozesse genannt. Dieser Begriff steht im Gegensatz zu den *leichtgewichtigen* Prozessen oder Threads. Letztere werden innerhalb von schwergewichtigen Prozessen erzeugt und sind jenen zugeordnet. Threads werden parallel ausgeführt und verfügen gemeinsam über Betriebsmittel wie Hauptspeicher und geöffnete Dateien. Dies führt zu Konsistenzproblemen,

schwergewichtig gegen leichtgewichtig

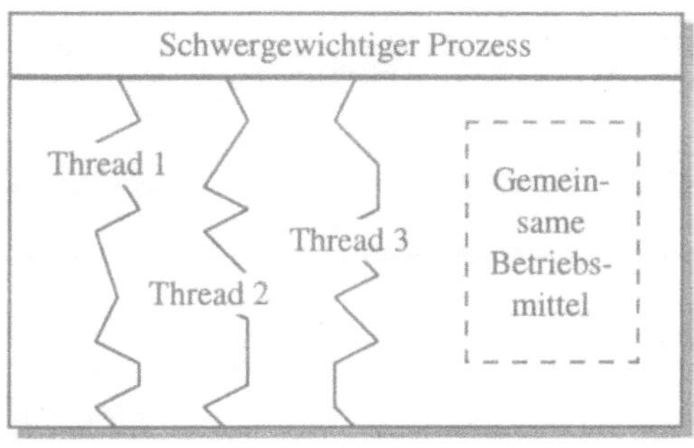

Abbildung 1.7
Threads und
gemeinsame
Betriebsmittel

da mehrere Threads gleichzeitig auf denselben Daten arbeiten können. Andererseits lässt sich mit ihrer Hilfe ein höherer Grad an Parallelität erreichen. Wenn beispielsweise ein Thread durch das Lesen von einer Datei blockiert wird, kann ein rechenbereiter Thread für ihn in den Zustand rechnend wechseln und so die Aufgabe des schwergewichtigen Prozesses voranbringen. Dies ist insbesondere im Bereich von Benutzeroberflächen wichtig, wo gleichzeitig Aufträge bearbeitet werden und auf weitere Eingabe gewartet wird.

Bei den Strategien der *Verplanung* wird unterschieden zwischen unterbrechbaren und nicht unterbrechbaren Prozessen. Im weiteren wird nur noch auf die *unterbrechbaren Prozesse* eingegangen, da nur diese den Mehrprogrammbetrieb ermöglichen.

Verplanung

unterbrechbare
Prozesse

Des weiteren wird bei den Strategien unterschieden zwischen denen die kurzfristig für die Prozessumschaltung zuständig sind, und jenen, die langfristig eine Bewertung und Planung der Prozessausführung vornehmen. Dabei baut die *kurzfristige* Verplanung auf die Ergebnisse der *langfristigen* Verplanung auf.

kurzfristig
gegen
langfristig

Verbreitet in der kurzfristigen Verplanung ist die Datenstruktur der Schlange, in der die rechenbereiten Prozesse angeordnet sind und der Reihe nach für eine bestimmte Zeitdauer auf dem Prozessor ausgeführt werden. Man spricht hierbei auch von einer *Zeitscheibe*, die einem Prozess im Umlaufverfahren (auch als Round-Robin bekannt) immer wieder zugeteilt wird. Die Dauer der Zeitscheibe kann feststehen oder durch Strategien der langfristen Verplanung immer wieder angepasst werden. Für den letzteren Fall werden beispielsweise Strategien angewendet, die dialogorientierte Prozesse zum Nachteil von rechenintensiven bevorzugen. Ein Beleg hierfür ist die Strategie des Scheduling in Unix (vergleiche [1.12] und [1.8])

Zeitscheibe

Eine deutliche Unterscheidung besteht bei der Verplanung unter Echtzeitbedingungen (vergleiche [1.14]). Hier ist die Strategie vorherr-

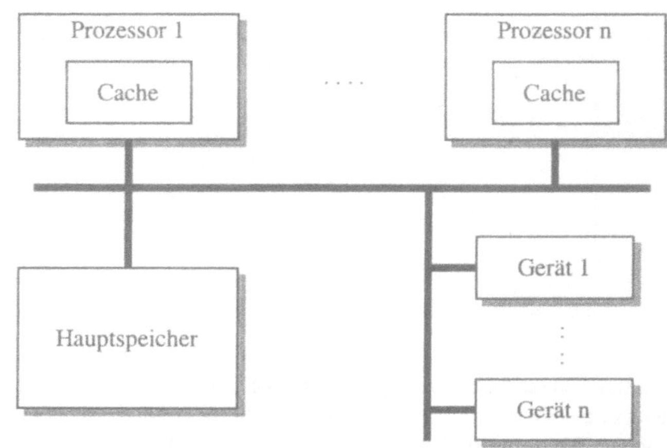

Abbildung 1.8
Schema eines Mehrprozessorsystems nach dem MIMD-Prinzip

schend, dass in der kurzfristigen Verplanung auf den jeweils höchstpriorisierten rechenbereiten Prozess umgeschaltet wird (PDPS[5]). Gleichzeitig unterliegt die Vergabe von Prioritäten den Strategien der langfristigen Verplanung. Die bedeutendsten sind dabei das *Planen nach Fristen*, das den Prozess bevorzugt dessen Berechnung an ehesten abgeschlossen sein muss (EDF[6]), und das *Planen nach monotonen Raten*, das sich auf periodische Prozesse beschränkt und einem Prozess eine um so höhere Priorität zuweist, je kürzer seine Periode ist (RMS[7]). Grundsätzlich gilt damit, dass bei Echtzeitsystemen die Rechtzeitigkeit das Ziel der Verplanung ist, während ansonsten eine gerechte und zügige Ausführung der Prozesse im Vordergrund steht.

Planen nach Fristen

Planen nach monotonen Raten

Zur Steigerung der Leistungsfähigkeit werden Rechensysteme immer öfter mit mehreren Prozessoren ausgerüstet. Üblicherweise dient ein gemeinsamer Bus zum Zugriff auf den Hauptspeicher und angeschlossene Geräte. Nach dem MIMD[8]-Prinzip können Prozesse auf solchen *Mehrprozessorsystemen* nun *echt* parallel ausgeführt werden. Ein Cache auf jedem Prozessor verhindert, dass jeder Speicherzugriff in den Hauptspeicher führt und den gemeinsamen Bus schnell zum Engpass werden lässt (Abbildung 1.8).

Mehrprozessorsystem

Mehrprozessorsysteme verlangen nach Betriebssystemen, die die Eigenständigeit der Prozessoren unterstützen und Engpässe dadurch ver-

---

[5] priority-driven preemptive scheduling
[6] earliest deadline first
[7] rate monotonic scheduling
[8] multiple instruction multiple data

meiden, dass jede Dienstleistung prinzipiell auf jedem Prozessor erbracht werden kann. Mit dem Akronym SMP[9] wird eine Aufbauform bezeichnet, die im wesentlichen die Prozessverwaltung betrifft und Austauschbarkeit (oder Symmetrie) bei der Ausführung von Prozessen auf Prozessoren verwirklicht. Beispielsweise muss die kurzfristige Verplanung auf jedem Prozessor ausgeführt werden können. Dazu wird wie bei Windows 2000 die Unterbrechung durch die Uhr von jedem Prozessor verarbeitet und dazu benutzt, in einem gemeinsamen Datenbestand nach einem neuen rechenbereiten Prozess zu suchen. Programmiertechnisch ist dies durch Zerlegung des Kerns in Threads zu erreichen. Neben wiedereintrittsfestem Code des Betriebssystemkerns ist eine enge Synchronisierung der Zugriffe auf gemeinsame Datenbestände notwendig, damit beispielsweise verhindert wird, dass ein rechenbereiter Prozess auf mehreren Prozessoren zum Rechnen kommt.

1.3.2 Dateiverwaltung

Mit dem Begriff Datei ist eine Ansammlung von Daten assoziiert, die ein bestimmtes Format besitzen. In einer ersten Annäherung an den Begriff dienen Dateien der *langfristigen Datenhaltung*. Speichermedien für diesen Zweck sind Disketten, Festplatten und CD-ROMs. Die Dateiverwaltung hat in diesem Zusammenhang die Aufgabe, eine komfortable, uniforme und sichere Schnittstelle zwischen Benutzer und Speichermedium herzustellen. In dieser Sichtweise sind einer Datei folgende Merkmale zuzurechnen:

(Randnotiz: langfristige Datenhaltung)

- Eine Datei besteht aus einer Folge gleichartig aufgebauter Datensätze. Die Datensätze bestehen aus einzelnen Feldern, deren Bedeutung einer festgelegten Interpretation unterliegt

- Dateien sind in eine Organisationsstruktur eingebettet. Typisch hierfür ist der *Dateibaum*, wobei die Datei in einem bestimmten Kontext eindeutig durch einen Namen identifiziert ist.

  (Randnotiz: Dateibaum)

- Einer Datei sind Eigenschaften bezüglich ihrer Zugriffsmöglichkeiten und Besitzverhältnisse zugeordnet.

Die Dateiverwaltung verbirgt vor dem Benutzer, wie die Datei auf dem Speichermedium aufgebaut ist. Aber selbst die Dateiverwaltung hat nur eine abstrakte Sicht auf die Datei (Abbildung 1.9) und besteht im Wesentlichen:

---

[9]symmetric multiprocessor

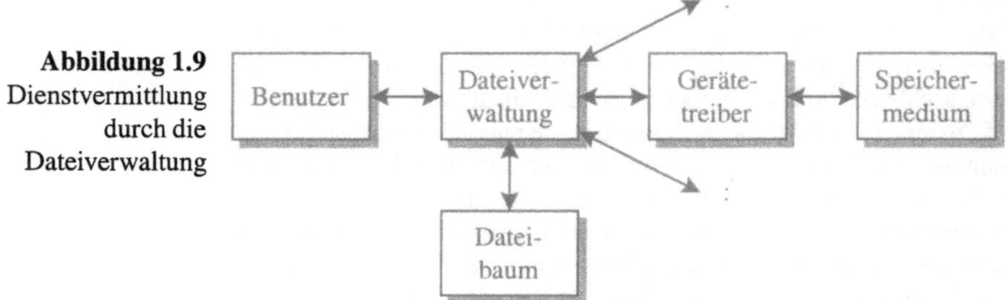

Abbildung 1.9
Dienstvermittlung
durch die
Dateiverwaltung

Block

- aus der Kenntnis des Gerätes (z.B. Diskette), auf dem die Datei liegt, sowie des zugehörigen Gerätetreibers

- und einer Zerlegung der Datei in *Blöcke* gleicher Größe (Abbildung 1.10), die mit den Operationen des Gerätetreibers bearbeitet (z.B. gelesen) werden können.

Verzeichnis

Mit dem Betriebssystem Unix ist der Dateibaum (Abbildung 1.11) die vorherrschende Organistionsstruktur für die Verwaltung von Dateien. An den Blättern des Dateibaumes sind die Dateien zu finden, während die inneren Knoten als *Verzeichnisse* dienen. Die Verzeichnisse sind selbst auch Dateien und enthalten als Verwaltungsdaten unter anderem die Namen der Dateien und Verzeichnisse, auf die sie verweisen. Innerhalb eines Verzeichnisses müssen die Namen eindeutig sein. Identifiziert wird eine Datei über eine Pfadangabe, z.B. `/usr/c_kurs/gr5/pgm1.c`.

Das Wurzelverzeichnis, z.B. /, besitzt eine festgelegte Position auf dem jeweiligen Speichermedium, z.B. der Festplatte, und dient als Einstiegspunkt zum Auffinden von Dateien. Unter Unix sind für das Auffinden zusätzlich noch die sogenannten i-Knoten notwendig. Sie sind ebenfalls auf dem Speichermedium abgelegt und verweisen auf die Num-

Abbildung 1.10
Datei bestehend
aus fünf Blöcken

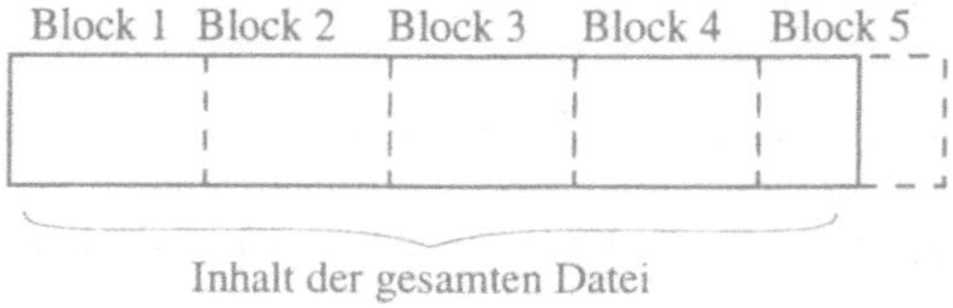

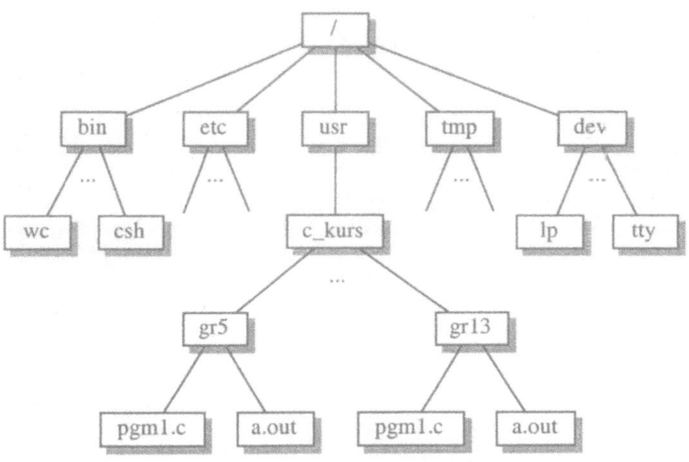

Abbildung 1.11
Die klassische Struktur des Dateibaums unter Unix

mern der Blöcke, aus denen die Datei besteht. So ist das Verzeichnis /usr im Wurzelverzeichnis registriert und gleichzeitig der dazugehörige i-Knoten 6 (Abbildung 1.12). Dieser i-Knoten wiederum verweist auf den Block 73 mit dem Inhalt des Verzeichnisses /usr. Bei der Abarbeitung der Pfadangabe /usr/c_kurs findet die Dateiverwaltung hier den Namen c_kurs und den i-Knoten 26, der wiederum auf den Block 97 und damit das gesuchte Verzeichnis zeigt.

Das Konzept des Dateibaums hat sich für die Dateiverwaltung als effizient und übersichtlich erwiesen. Das hat dazu geführt, dass auch Ein- und Ausgabegeräte, die nicht für die langfristige Datenhaltung ausgerichtet sind, wie Dateien verwaltet werden. So verbirgt sich unter Unix hinter der Pfadangabe /dev/tty die Eingabe von der Tastatur. Andererseits lassen sich in einem virtuellen Wurzelverzeichnis alle Speichermedien eines Rechensystems erfassen. Ein solches Verzeichnis findet sich bei Windows 2000 beispielsweise unter der Bezeichnung Arbeitsplatz. Des weiteren kann auf diese Weise auch der Dateibaum eines Datei-Servers, der über ein Rechnernetze zu erreichen ist, in den lokalen Dateibaum eingefügt werden. Die beschriebenen Formen der Integration eines Dateibaums in einen anderen wird auch als *Mounten* bezeichnet. Es ist die Aufgabe der Dateiverwaltung, die teilweise verschlungenen Zugriffswege auf die tatsächlich angeschlossenen Speichermedien vor dem Benutzer zu verbergen und eine einheitliche Sicht auf die Dateien und die wie Dateien verwalteten Geräte zu bieten.

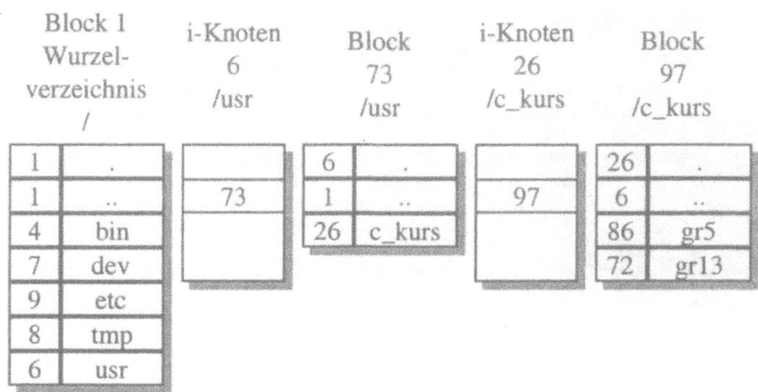

Abbildung 1.12 Verzeichnisse und i-Knoten für das Verzeichnis /usr/c_kurs

1.3.3 Speicherverwaltung

Die Speicherverwaltung befasst sich im Wesentlichen mit Bereitstellung von Hauptspeicher für die Benutzer- und Dienstprozesse. Zu den Aufgaben zählen unter anderem:

- Buchführung über die Belegung des Haupspeichers und seiner Benutzung beispielsweise als Schreib-lese- oder als Nur-Lese-Speicher.

- Schutz der Prozesse vor unberechtigten Zugriffen auf fremde Speicherbereiche.

- Bearbeitung von Speicheranforderungen und -freigaben.

Für die Ausführung eines Befehls durch den Prozessor finden für das Lesen des Befehls sowie gegebenenfalls für das Lesen und Schreiben von Operanden Speicherzugriffe statt. Bei modernen Prozessoren führt ein großer Teil davon in den Cache, der von der Hardware des Prozessors verwaltet wird. Erst wenn es diese Adresse im Cache nicht gibt, dann wird sie an den Hauptspeicher weitergeleitet. Auch der Hauptspeicher ist ein schnelles Speichermedium, das wahlfreie Speicherzugriffe in der Bit-Breite des Prozessors (z.B. 32 Bit) in wenigen Taktzyklen (z.B. in $50ns$) erlaubt.

Vor dem Starten eines Benutzer- oder Dienstprozesses muss der zugehörige Objektcode in den Hauptspeicher geladen werden. Dieser besteht aus dem Programmcode, den Konstanten sowie den initialisierten Variablen. Bei der Prozessausführung kommen noch weitere Bereiche hinzu:

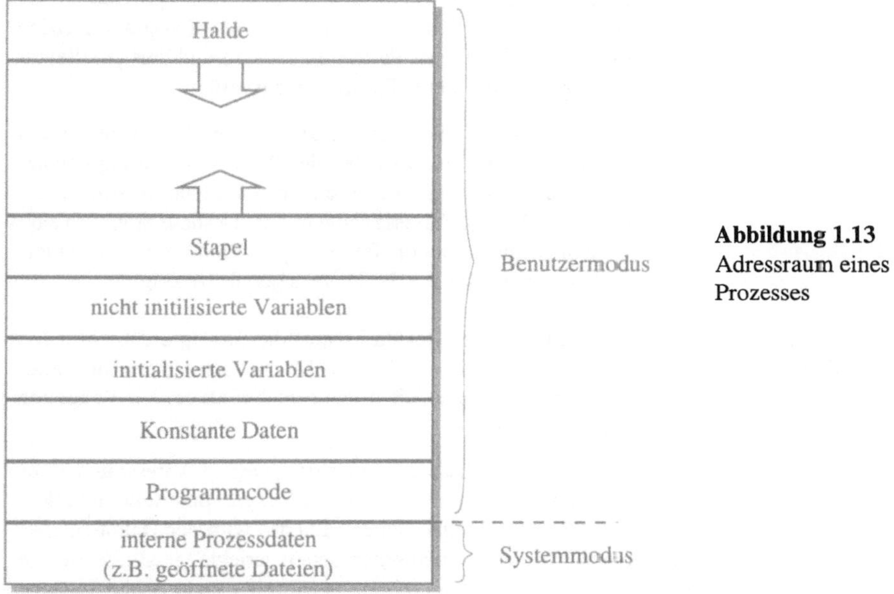

Abbildung 1.13
Adressraum eines
Prozesses

- ein Bereich für die nicht initialisierten Variablen,

- ein Stapel für die Ausführung von Prozeduraufrufen,

- eine Halde für explizite Speicheranforderungen,

- ein Bereich zur Prozessverwaltung.

Alle Bereiche zusammen bilden den *Adressraum* eines Prozesses (Abbildung 1.13), der im wesentlichen nach vier Strategien auf den Hauptspeicher abgebildet wird:

Adressraum

- Einbenutzer-Einspeicher-Systeme: Eignet sich nur für Betriebssysteme ohne Mehrprogrammbetrieb und ordnet den Hauptspeicher, der nicht für das Betriebssystem reserviert ist, einem einzigen Benutzerprozess zu.

- Ein- und Auslager-Systeme (Swapping): Eignet sich zur einfachen Realisierung von Mehrprogrammbetrieb, indem der Hauptspeicher des Prozesses immer dann vollständig in den Hauptspeicher geladen wird, wenn dieser Prozess eine Zeitscheibe erhält. Nach Ablauf der Zeitscheibe werden die veränderten Speicherbereiche wieder zurückgeschrieben.

- Partitionierung: Der Hauptspeicher außerhalb des Betriebssystems wird in feste Partitionen zerlegt. Im Mehrprogrammbetrieb wird ein Prozess in eine Partitition geladen und dort parallel zu den Prozessen in anderen Partitionen ausgeführt.

- Virtuelle Adressierung: Unterstützt durch die Hardware werden Adressen, die der Prozessor bei der Prozessausführung benutzt (virtuelle Adresse) auf eine entsprechende Stelle im Hauptspeicher (physikalische Adresse) abgebildet. Deshalb brauchen sich zu einem Zeitpunkt nur die Bereiche des Adressraums im Hauptspeicher zu befinden, die der Prozess gerade benötigt.

virtuelle Adressierung Bei den meisten Rechensystemen kommt die Strategie der *virtuellen Adressierung* zum Einsatz, weil hier die Summe der Adressräume aller rechenbereiten Prozesse deutlich größer sein darf als der zur Verfügung stehende Hauptspeicher.

In einer vereinfachten Sichtweise wird der gesamte Adressraum eines Prozesses in Seiten gleicher Größe (z.B. $2KByte$) unterteilt und bildet die Menge VS der virtuellen Seiten. Ebenso wird der Hauptspeicher in die Menge PS der physikalischen Seiten zerlegt. Meist integriert in die Hardware des Prozessors führt eine MMU[10] Buch darüber, welche Untermenge K der virtuellen Seiten gerade in den Hauptspeicher geladen sind. Jede virtuelle Adresse va, auf die der Prozessor referiert, ist durch die MMU auf eine entsprechende physikalische Adresse pa abzubilden. Dazu werden die Bit-Stellen einer Adresse grundsätzlich in zwei Bestandteile aufgespalten:

$id(a)$: ein Anteil der Adresse zur Identifikation einer virtuellen oder physikalischen Seite

rel : ein Anteil der Adresse relativ zum Seitenanfang

Beispielsweise bei einer 32-Bit breiten virtuellen Adresse va und einer Seitengröße von $2KByte$ dienen die 11 unteren Bit-Stellen als relative Adresse rel und die verbleibenden 21 Bit-Stellen $id(va)$ der Identifikation der virtuellen Seite.

Im günstigen Fall identifiziert $id(va)$ eine virtuelle Seite aus K. Dann findet die MMU eine entsprechende physikalische Seite $id(pa)$, die zusammen mit dem unveränderten rel-Anteil die referierte physikalische Adresse bildet (Abbildung 1.14).

Da Adresszugriffe wahlfrei in den Adressraum eines Prozesses führen, kann auch der ungünstige Fall eintreten, dass $id(va)$ nicht auf eine Seite

---

[10]memory management unit

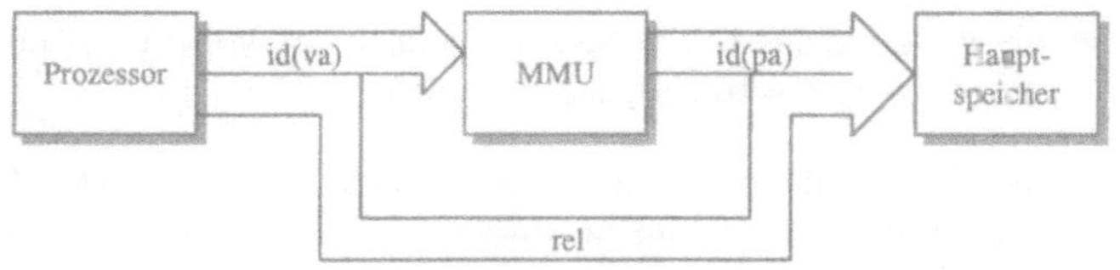

Abbildung 1.14
Arbeitsweise der
MMU

in K verweist, d.h. die entsprechende physikalische Seite gerade nicht im Hauptspeicher liegt. Dann liegt ein *Seitenfehler* vor und diese Seite ist von einem Hintergrundspeicher, meist der Festplatte, nachzuladen. Dieser Vorgang dauert in der Größenordnung von $10ms$ und der Prozess ist blockiert. Das Zeitverhältnis zwischen einem Speicherzugriff und einem Seitenfehler offenbart ein gravierendes Ungleichgewicht von etwa 1 : 200000. Dementsprechend kann die virtuelle Adressierung nur dann effizient sein, wenn die *Seitenfehlerrate* (d.h. die Anzahl der Seitenfehler im Verhältnis zur Anzahl der Speicherzugriffe) in einer ähnlichen Größenordnung liegt.

Seitenfehler

Seitenfehlerrate

Zwei Eigenschaften, die wesentlich durch die Struktur von Programmen bedingt sind, tragen zu einer niedrigen Seitenfehlerrate bei:

- Lokalität: Der weitaus größte Teil der Speicherzugriffe geht in einen kleinen Teil des Adressraums.

- Gleichförmigkeit: Mit großer Wahrscheinlichkeit werden die nächsten Speicherzugriffe auf dieselben Seiten führen wie die der jüngsten Vergangenheit.

Beim Nachladen bleibt üblicherweise die Gesamtzahl der physikalischen Seiten, die einem Prozess zugeordnet ist, gleich. Das hat zur Folge, dass vorweg eine physikalische Seite aus dem Hauptspeicher entfernt werden muss. Ein *Seitenaustauschalgorithmus* hat die auszulagernde Seite in der Weise zu bestimmen, dass die Zahl der Seitenfehler minimiert wird. Der Belady-Algorithmus leistet dies, indem die Seite ausgelagert wird, die am längsten in der Zukunft nicht gebraucht wird. Üblicherweise verfügt die Speicherverwaltung jedoch nicht über die notwendige Kenntnis über die zukünftigen Speicherzugriffe eines Prozesses. Dennoch ist der Belady-Algorithmus von Nutzen, da er einen Maßstab für die Güte realisierbarer Seitenaustauschalgorithmen darstellt.

Seitenaustausch-
algorithmus

Für die Speicherverwaltung sind die folgenden Seitenaustauschalgorithmen von besonderer Bedeutung:

- FIFO[11]-Algorithmus: Die Seiten werden in der Reihenfolge ausgelagert wie sie vormals geladen wurden.

- LRU[12]-Algorithmus: Die am längsten in der Vergangenheit nicht mehr referierte Seite wird ausgelagert.

Der LRU-Algorithmus baut auf die Eigenschaft der Gleichförmigkeit und kommt nahe an die Ergebnisse des Belady-Algorthmus heran. Im Gegensatz zum FIFO-Algorithmus, der sich unmittelbar realisieren läßt, ergibt sich bei der Realisierung des LRU-Algorithmus das Problem, dass auch bei einem erfolgreichen Speicherzugriff Buchführung notwendig ist. Dafür stehen jedoch nur wenige Nanosekunden zur Verfügung, so dass mit Unterstützung der Hardware meist nur einschränkende Varianten des LRU-Algorithmus realisiert werden.

Seitenflattern   Dennoch kann die Seitenfehlerrate unerträglich hoch werden. Dann spricht man vom *Seitenflattern*. Dieses Phänomen wird jedoch nur mittelbar durch die Dauer der Prozessausführungen augenfällig. Als unmittelbare wirksame Maßnahme kann man die Anzahl der Benutzer- und Dienstprozesse senken. Langfristig bringt jedoch vorrangig eine Erweiterung des Hauptspeichers entscheidende Verbesserungen mit sich.

1.3.4 Geräteverwaltung

Der Aufgabenbereich der Geräteverwaltung erstreckt sich über alle Geräte, die der langfristigen Datenhaltung dienen oder das Rechensystem mit seiner Anwendungsumgebung verbinden. Zu den Standardgeräten der Datenhaltung zählen die Festplatte, Disketten- und CD-Laufwerke und Bandspeichergeräte. Zur unmittelbaren Arbeitsplatzumgebung zählen Tastatur, Bildschirm, Maus sowie Drucker, Scanner und Faxgeräte. Mit der Anbindung an lokale oder globale Rechnernetze kommen Netzwerkkarten, Telefon- und Funkmodems hinzu. Weiter spezialisierte Anwendungen erfordern Audio- und Videoschnittstellen, A/D- oder D/A-Wandler und GPS-Karten. Im Zuge der fortschreitenden Integration von Rechensystemen in multimediale und eingebettete Systeme wird die Vielfalt der Geräte weiter zunehmen.

Treiber   Abstraktion ist eine wesentliche Aufgabe der Geräteverwaltung. Diese äußert sich darin, dass die Vielfalt der Geräte durch eine möglichst einheitliche Programmierschnittstelle verdeckt wird. Zu diesem Zweck ist jedem Gerät ein *Treiber* zugeordnet. Dieser Treiber besitzt ei-

---

[11] first in, first out
[12] least recently used

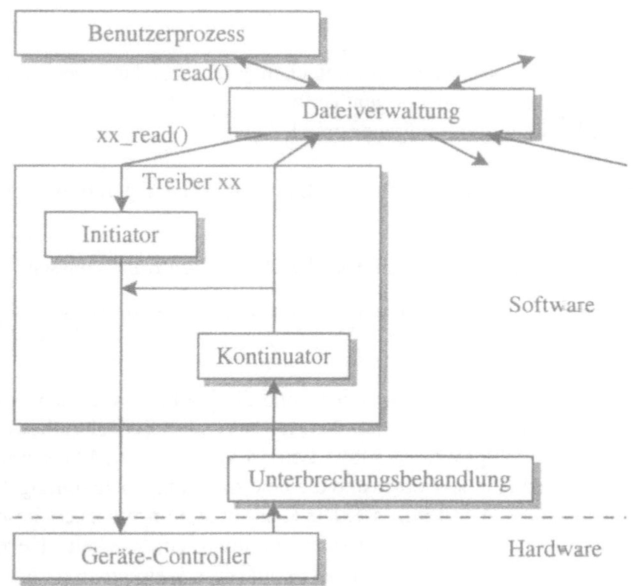

Abbildung 1.15
Schema der
Abwicklung eines
`read()`-Auftrags
mittels des
zugehörigen
Treibers

ne Software-seitige Schnittstelle und eine Hardware-seitige (Abbildung 1.15). Software-seitig werden bezogen auf einen Treiber xx beispielsweise Operationen wie `xx_read()`, `xx_write()`, `xx_open()` und `xx_close()` angeboten. Da Geräte in einer abstrakten Sicht vielfach wie Dateien behandelt werden, gehen Aufträge an Geräte den Weg über die Dateiverwaltung, wo der zugehörige Treiber bestimmt wird. Von dort aus erfolgt dann auch die Auftragserteilung an die Software-seitige Schnittstelle des Treibers.

Der Treiber kennt das Gerät bzw. dessen Controller und transformiert den einkommenden Auftrag in entsprechende Kommandos an den Controller. Dieser Teil des Treibers wird auch *Initiator* genannt (vergleiche [1.10]). Der Controller arbeitet meist autonom, beispielweise der Disketten-Controller beim Lesen eines Blocks von der Diskette. Ist der Auftrag schließlich von Seiten des Controllers erledigt, dann löst dieser üblicherweise eine spezifische Unterbrechung aus. Dadurch wird die Unterbrechungsbehandlung angestoßen, die wiederum den Treiber aufruft, um ihn über die Erledigung des Auftrags zu informieren. Dies geschieht alles auf der Hardware-seitigen Schnittstelle.

Der Treiber kann nun prüfen, inwieweit der Auftrag erledigt wurde. Ist er noch nicht beendet, so gehen weiter Kommandos an den Controller. Andernfalls ist der Auftrag erledigt, was durch eine Rückmeldung an den Auftraggeber mitgeteilt wird. Dieser Teil des Treibers wird auch

Kontinuator *Kontinuator* genannt.

Beim Einfügen eines Gerätes in ein Rechensystem und damit verbunden dem Einbinden des zugehörigen Treibers in das Betriebssystem sind folgende Konfigurationsaufgaben zu erledigen:

- Die Dateiverwaltung muss das Gerät und seine Operationen kennen.

- Der Treiber muss die Adresse des Geräte-Controllers wissen.

- Eine spezielle Unterbrechung muss dem Treiber zugeordnet werden.

Bei monolithischen Betriebssystemen sind die Treiber fest in den Kern eingebunden, was zur Folge hat, dass im laufenden Betrieb kein neues Gerät hinzugefügt werden kann. Betriebssysteme mit Mikrokernen dagegen betrachten die Treiber und die Unterbrechungsbehandlung dagegen wie andere Dienstprozesse. Die Kommunkation zwischen diesen Prozessen wird mit Hilfe der Prozessverwaltung abgewickelt. Neben der Systematik dieser Aufbauform ist es auf diese Weise auch möglich, dass Treiber im laufenden Betrieb hinzukommen oder abgehen können.

1.4   Parallelität bei Betriebssystemen

1.4.1   Parallelität und Synchronisierung

Rechensysteme, selbst wenn sie nur über einen Prozessor verfügen, sind in der Lage, mehrere Prozesse gleichzeitig zu bedienen. Beispielsweise kann ein Prozess auf das Lesen eines Blockes vom Diskettenlaufwerk warten, ein anderer nach einem Seitenfehler auf das Nachladen einer Seite von der Festplatte, ein dritter auf Eingabe von der Tastatur, während ein weiterer Prozess auf dem Prozessor eine Berechnung durchführt. Da nur immer ein Prozess im Wechsel mit anderen Prozessen auf einem Einprozessorsystem aktiv sein kann, spricht man hier von Pseudo-Parallelität, im Gegensatz zur echten Parallelität, die auf einem Mehrprozessorsystem möglich ist. Beide Formen der Parallelität erfordern die Fähigkeit zum Mehrprogrammbetrieb, der aus historischer Sicht einen entscheidenen Schritt in der Entwicklung des wissenschaftlichen Fachgebietes Betriebssysteme markiert.

Die Prozessverwaltung als zuständige Komponente für den Mehrprogrammbetrieb hat Operationen zur Verfügung zu stellen, die es ermöglichen, aus einem Prozess heraus parallele Prozesse zu erzeugen, deren

Ausführung zu koordinieren und wieder zu einem Prozess zusammen-
zuführen. In einer abstrakten Notation drückt die *Parallelanweisung* die   Parallelanweisung
Erzeugung, parallele Ausführung und Zusammenführung von N Prozes-
sen aus:

```
P:: [ P(1) || ... || P(N) ]
```

Aus dem Prozess P heraus werden die Prozesse P(1) bis P(N) erzeugt. Sie führen ihren Programmcode unabhängig voneinander aus.
Die Kombination der Zustände der einzelnen Prozesse bildet den jeweiligen Zustand der Parallelanweisung. Erst wenn der Programmcode
jedes einzelnen Prozesses abgearbeitet ist, wird die Parallelanweisung
wieder zum Prozess P zusammengeführt.

Ein Musterbeispiel der parallelen Programmierung ist das *Erzeuger-*
Verbraucher-Problem. Es ist an vielen Stellen von Betriebssystemen in   Erzeuger-
unterschiedlichsten Ausprägungen zu finden und besteht in seiner ein-   Verbraucher
fachsten Form aus der Parallelausführung eines Erzeugerprozesses und
eines Verbraucherprozesses:

```
System:: [ Erzeuger || Verbraucher ]
```

Ein Erzeuger, beispielsweise der Treiber einer Netzwerkkarte, erzeugt Informationen, die von einem Verbraucher, beispielsweise einer
Internet-Anwendung, verarbeitet werden. Die Übergabe der Daten zwi-
chen beiden Prozessen erfolgt über einen gemeinsamen Puffer[13]:

```
Erzeuger::                    Verbraucher::
  while(true){                  while(true){
    e_info=erzeuge();             j++;
    i++;                          b--;
    b++;                          v_info=puffer[j];
    puffer[i]=e_info;             verbrauche(v_info);
  }                             }
```

Die privaten Variablen i des Erzeugers und j des Verbrauchers markieren die jeweils letzte Position des Puffers bezüglich Belegung oder
Entnahme (Abbildung 1.16).

Die Variable b wird von beiden Prozessen benutzt und dient dazu, die Anzahl der belegten Pufferplätze zu zählen. Für die Werte
der Variablen beim Erzeuger-Verbraucher-Problem gelten charakteristi-
sche *Korrektheitsbedingungen*, z.B. dass die erzeugten Daten entweder   Korrektheits-
                                                                   bedingung

---

[13]Die Notation der nachfolgenden Programme ist an die Programmiersprache C angelehnt.

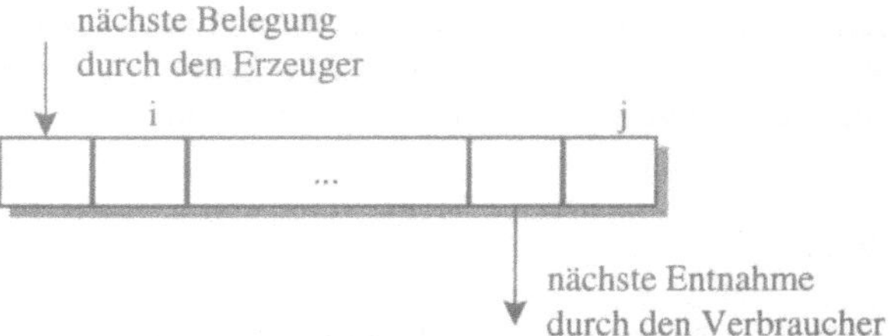

schon verbraucht sind oder sich noch im Puffer befinden:

$$i = j + b$$

Mit der Intuition, dass nur entnommen und verbraucht werden kann, was bereits erzeugt und bereitgestellt wurde, ist weiter einzugrenzen: $b \geq 0$. Dies kann das oben angegebene Programm für die beiden Prozesse bislang noch nicht sicherstellen, da Erzeuger und Verbraucher vollkommen unabhängig voneinander ausgeführt werden.

Das Erzeuger-Verbraucher-Problem macht deutlich, dass eine Koordination der beteiligten Prozesse notwendig wird. Ihr Ziel ist es, die Parallelität soweit einzuschränken, dass die Korrektheitsbedingungen gewahrt bleiben. Das ist die Aufgabe der *Synchronisierung*. Bezogen auf die Ausführung von Prozessen fallen zwei Teilaufgaben an:

Synchronisierung

- Ein Prozess verzögert sich, falls seine Fortsetzung die Korrektheitsbedingung verletzten würde.

- Von einem anderen Prozess wird ein verzögerter Prozess angestoßen, wenn dessen Fortsetzung im Einklang mit der Korrektheitsbedingung steht.

Synchronisierungsanweisung

Eine abstrakte Anweisung, die beide Teilaufgaben in sich vereinigt, ist die *Synchronisierungsanweisung* (vergleiche [1.2]). Die Ausführung der Anweisung A wird dabei solange hinausgezögert, bis die Korrektheitsbedingung B gilt:

```
< await B -> A >
```

atomare Anweisung

Die umgebenden spitzen Klammern sollen andeuten, dass unter der Voraussetzung, dass B erfüllt ist, A ohne Unterbrechung durch einen anderen Prozess ausgeführt wird. Die Synchronisierungsanweisung ist eine spezielle Form einer *atomaren Anweisung*. In ihrer allgemeinen Form

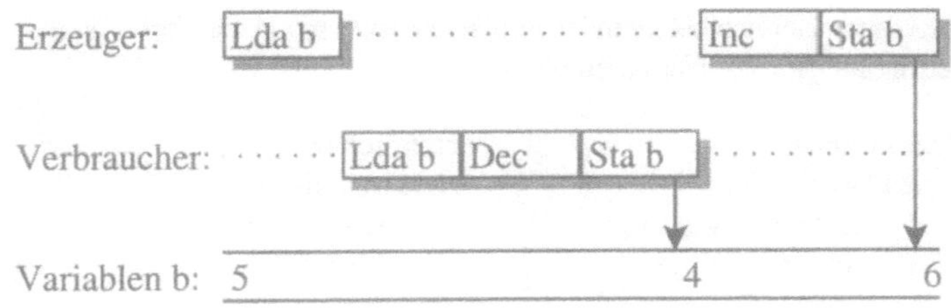

Abbildung 1.17
Prozessumschaltungen bei der Ausführung von Befehlen durch den Prozessor

dargestellt durch <A> sagt sie aus, dass die Anweisung A ohne Unterbrechung durch andere Prozesse ausgeführt wird.

Bezogen auf das Erzeuger-Verbraucher-Problem ist der Verbraucher zu verzögern, bis gilt: $b > 0$. Andererseits muss verhindert werden, dass der Erzeuger beliebig viel Information erzeugt, die vom Verbraucher noch nicht abgeholt worden ist. D.h. es ist sinnvoll, die Größe des Puffers durch eine natürliche Zahl K zu begrenzen: $b \leq K$. Das bedeutet, der Erzeuger ist zu verzögern, bis gilt: $b < K$.

Selbst die Anweisungen b++ durch den Erzeuger und b-- durch den Verbraucher bergen Konsistenzprobleme. Auf dem Prozessor werden diese Anweisungen durch Lade-, Inkrement- bzw. Dekrement- und Speicherbefehle realisiert (Lda, Inc, Dec und Sta in Abbildung 1.17). Bei unglücklichen Prozessumschaltungen kann es sein, dass die Wirkung verschiedener Befehle verloren geht. Im konkreten Fall werden die Befehle der Anweisungen b-- in einer Weise überdeckt, als ob sie nicht stattgefunden hätten. Das wäre nicht geschehen, wenn die beiden Prozesse bei der Ausführung der Anweisungen b++ und b-- nicht unterbrochen werden.

Allgemein werden die Programmabschnitte mehrerer Prozesse, in denen sich zu einem Zeitpunkt höchstens ein Prozess aufhalten darf, *kritische Gebiete* genannt. Im gleiche Zusammenhang spricht man vom gegenseitigen Ausschluss der Prozesse. Eine abstrakte Möglichkeit, diesen *gegenseitigen Auschluss* zu erzwingen, bilden die atomaren Anweisungen.

kritische Gebiete

gegenseitiger Ausschluss

```
Erzeuger::                    Verbraucher::
   :                              :
 < b++; >                      < b--; >
   :                              :
```

Eine weitergehende Zusammenfassung von Anweisungen zu einer Synchronisierungsanweisung sorgt einerseits dafür, dass b immer die Anzahl der tatsächlich belegten Pufferplätze ausweist und die Korrektheitsbedingung $i = j + b$ erhalten bleibt:

```
Erzeuger::                     Verbraucher::
  while(true){                   while(true){
    e_info=erzeuge();              < await b>0 ->
    < await b<K ->                   j++;
      i++;                           b--;
      b++;                           v_info=puffer[j];
      puffer[i]=e_info;           >
    >                              verbrauche(v_info);
  }                              }
```

Bis hierher wurde in diesem Unterabschnitt 1.4.1 auf abstrakte Anweisungen wie die Parallelanweisung, die atomare Anweisung und die Synchronisierungsanweisung aufgebaut. Es wurde noch nicht erläutert, ob und in welcher Weise eine Implementierung dieser Anweisungen durch die Prozessverwaltung möglich und sinnvoll ist. Dieser Frage widmen sich die nachfolgenden Unterabschnitte.

1.4.2   Elementare Synchronisierung

Synchronisierung muss auf den Fähigkeiten des Rechensystems aufbauen. Es zeigt sich, dass bereits die atomare Ausführung von Befehlen zum Laden und Speichern ausreichen, um kritische Gebiete zu erzeugen. Das Schema entsprechender Lösungen sieht so aus, dass jeder
Betreten Prozess vor dem *Betreten* des kritischen Gebietes eine Folge von Ope-
Verlassen rationen zu durchlaufen hat und ebenso beim *Verlassen*.

Eine elegante Lösung für zwei Prozesse stammt von Peterson (vergleiche [1.9]). Sie findet insbesondere bei der Datenübergabe zwischen zwei Prozessoren mittels einem gemeisamen Speicherbereich Anwendung. Benötigt wird eine gemeinsamen Zustandsvariable marke und je einer Variablen p1 mit dem Anfangswert 0 für den Zustand von Prozess P1 und entsprechend p2 mit dem Anfangwert 0 für den Zustand von Prozess P2:

```
P1::    :                      P2::    :
  p1=1;                          p2=1;
  marke=1;                       marke=2;
  while(marke==1||p2==1);        while(marke==2||p1==1);
  /* kritisches Gebiet */        /* kritisches Gebiet */
  p1=0;                          p2=0;
        :                              :
```

Wollen beide Prozesse gleichzeitig in das kritische Gebiet, wartet derjenige in einer Warteschleife, der zuletzt die Variable marke gesetzt hat.

Mit dem Sperren von Unterbrechungsanforderungen lässt sich der gegenseitiger Ausschluss zwischen den Prozessen eines Prozessors erreichen, da verhindert wird, dass es zu einer Prozessumschaltung kommt. Diese Sperre wird insbesondere zu Beginn der Unterbrechungsbehandlung automatisch in Kraft gesetzt. So sind zunächst alle Anweisungen, zum Beispiel um die Parameter der Unterbrechung zu erfassen, solange geschützt, bis im Laufe der Unterbrechungsbehandlung der gegenseitige Ausschluss nicht mehr erforderlich ist und die Sperre der Unterbrechungsanforderungen durch einen entsprechenden Befehl wieder aufgehoben wird.

Weitergehende Befehle des Prozessors unterstützen den Gegenseitigen Ausschluss bei Prozessen auf beliebig vielen Prozessoren. Ein solcher Befehl ts(x,y) arbeitet mit zwei Variablen und sperrt den gemeinsamen Bus während der atomaren Anweisung:

- kopiere y auf x und

- setze dann y auf den Wert 0

Bekannt als Test-and-Set Befehl lässt sich der gegenseitige Ausschluss durch je eine Scheife zum Betreten und eine Anweisung Verlassen des kritischen Gebietes realisieren. Im Gegensatz zur Lösung nach Peterson ist hier die Zahl der Prozesse unbegrenzt. Der Eintritt ins kritische Gebiet gelingt allein demjenigen Prozess, der die globale Variable y mit dem Wert 1 vorfindet.

```
Pi::   :
  do ts(xi,y) while(xi==0);
  /* kritisches Gebiet */
  y=1;
       :
```

Diese Lösung wie auch die von Peterson arbeiten nach dem Prinzip des *aktiven Wartens* (auch *busy waiting* genannt). Dabei werden in einer Wiederholungsschleife Variablen abgefragt, die von anderen Prozessen verändert werden können. Dieses Prinzip funktioniert somit nur dann, wenn die beteiligten Prozesse auf unterschiedlichen Prozessoren plaziert sind oder zwischen den Prozessen bereits eine Prozessumschaltung realisiert ist. Synchronisierung auf der Grundlage des aktiven Wartens verbraucht immer unnötige Rechenzeit und ist deshalb nur sinnvoll, wenn davon auszugehen ist, dass die zu erwartenden Wartezeiten kürzer sind als bei anderen Methoden.　　aktives Warten

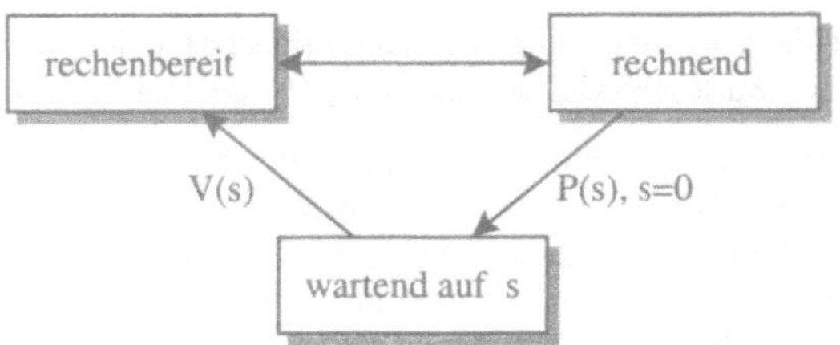

1.4.3   Synchronisierung mit Semaphoren

Speziell bei Einprozessorsystemen dehnt sich das aktive Warten eines Prozesses mindestens bis zur nächsten Prozessumschaltung, d.h. bis zum Ende der Zeitscheibe aus. Diese nutzlose Zeit kann sinnvoller genutzt werden, wenn Synchronisierungsoperationen verwendet werden, die sich mittels Systemaufruf an die Prozessverwaltung wenden. Dies geschieht bei den Semaphoroperationen, die auf fast allen Betriebssytemen in der folgenden oder einer ähnlichen Form zur Verfügung gestellt werden.

abstrakter Datentyp   Semaphore bilden einen *abstrakten Datentyp* , bestehend aus einer positiven ganzen Zahl s als Datenstruktur und den Operationen

P(s) : Wenn der Wert von s größer als Null ist, wird er um eins verringert. Ansonsten wartet der Prozess, bis der Wert wieder der obigen Bedingung genügt.

```
< await s>0 -> s--; >
```

V(s) : Erhöht den Wert von s um eins. Dadurch kann ein anderer Prozess, der in der Operation P(s) wartet, fortgesetzt werden.

```
< s++; >
```

Semaphore können mit einer beliebigen natürlichen Zahl initialisiert werden.

Den Semaphoren liegt ein Zustandsmodell für Prozesse zugrunde, das zu dem der Prozessverwaltung korrespondiert. Die Übergänge in und aus dem Zustand „wartend auf s" werden durch Semaphoroperationen ausgelöst (Abbildung 1.18).

Semaphore besitzen eine Zähleigenschaft die sich beim Erzeuger-Verbraucher-Problem ideal ausnutzen lässt. Ein Semaphor frei wird

mit dem Wert K der Puffergröße initialisiert und ermöglicht dem
Erzeuger mittels der Operation P(frei) bereits bis zu K mehr Pufferplätze zu belegen als der Verbraucher abgeholt hat. Ein weiteres Semaphor belegt korrespondiert mit der vormals benutzten Variablen b und zählt die belegten Pufferplätze. Dieses Semaphor wird mit
Null initialisiert. Über Kreuz stoßen sich die beiden Prozesse mit V-
Operationen an, nachdem sie einen Pufferplatz belegt bzw. frei gemacht
haben.

```
Erzeuger::                      Verbraucher::
  while(true){                    while(true){
    e_info=erzeuge();              P(belegt);
    P(frei)                        j++;
    i++;                           V_info=puffer[j];
    puffer[i]=e_info;              V(frei);
    V(belegt);                     verbrauche(v_info);
  }                               }
```

1.4.4   Deadlocks bei der Synchronisierung

Die Synchronisierung paralleler Prozesse steht im Ruf einer besonderen Fehleranfälligkeit. Dies ist darin begründet, dass im Gegensatz zur
sequentiellen Programmierung bei gegebener Eingabe nicht eine einzige Ausführungsfolge sondern eine schwer überschaubare Menge von
Ausführungsfolgen möglich sind. Neben den semantischen Fehlern in
Form verletzter Korrektheitsbedingungen gibt es Fehlerfälle, die urei-
gen durch die Synchronisierung bedingt sind. So kann es sein, dass sich
Prozesse bei der Ausführung von Synchronisierungsoperationen gegenseitig blockieren. Solch ein Zustand heißt *Verklemmung* oder Deadlock.   Verklemmung
 Ein einfaches Beispiel hierfür ergibt sich bei der Modifikation des ge-
genseitigen Ausschlusses nach Peterson (Seite 26):

```
P1::    :                       P2::    :
  p1=1;                           p2=1;
  while(p2==1);                   while(p1==1);
  /* kritisches Gebiet */         /* kritisches Gebiet */
  p1=0;                           p2=0;
       :                               :
```

Kommt es dazu, dass jeder der Prozesse in der while-Schleife die Ein-
trittsvariable des jeweils anderen Prozesses auf dem Wert 1 vorfindet,
dann blockieren sich beide Prozesse gegenseitig beim Betreten des kritischen Gebietes. Diese Fehler ist jedoch nicht zwangsläufig, sondern

schlummert solange im obigen parallelen Programm, bis eine Prozessumschaltung unmittelbar vor der `while`-Schleife erfolgt und der andere Prozess dann sein kritisches Gebiet betreten möchte.

1.5 Leistungsbewertung bei Betriebssystemen

Das Betriebssystem als Ganzes aber auch viele seiner Komponenten bilden dienstleistende Systeme, die dadurch gekennzeichnet sind, dass identifizierbare Einzelaufträge in begrenztem Umfang gleichzeitig bearbeitet werden können. Eine bedeutende Methode der Leistungsbewertung solcher Systeme fußt auf der *Warteschlangentheorie*. Zu ihrer Anwendung ist es notwendig, das dienstleistende System zunächst so zu modellieren, dass es mit analytischen Methoden untersucht werden kann.

Warteschlangentheorie

Das Grundmodell eines dienstleistenden Systems ist die Bedienstation und besteht aus einer Warteschlange und einer Bedieneinheit (Abbildung 1.19). Ankommende Aufträge gehen zunächst in die Warteschlange und dann in die Bedieneinheit. Ein Auftrag muss dabei solange in der Warteschlange verbleiben, bis die Bedieneinheit frei ist und er an der Reihe ist, bedient zu werden. Der Mittelwert der Ankünfte, die pro Zeiteinheit eintreffen, wird als Ankunftsrate λ und der Mittelwert der Bedingungen, die pro Zeiteinheit möglich sind, als Bedienrate μ bezeichnet. Die Kehrwerte heißen mittlere Zwischenankunftzeit und mittlere Bedienzeit. Diese Größen sind in den meisten dienstleistenden Systemen einfach zu beobachten. Ihr Quotient λ/μ wird Auslastung ρ genannt.

Für dienstleistende Systeme, deren Warteschlange auf Dauer nicht unbegrenzt wachsen soll, muss gelten: $\rho < 1$. Gleichzeitig ist das Ziel eines *Betreibers*, das System so gut wie möglich auszulasten, d.h. den Wert ρ gegen 1 gehen zu lassen. Andererseits ist der *Benutzer* als Auftraggeber daran interessiert, die Verweildauer seines Auftrags (in der Warteschlange und der Bedieneinheit) so gering wie möglich zu halten.

Betreiber und Benutzer

Abbildung 1.19
Grundmodell der
Bedienstation

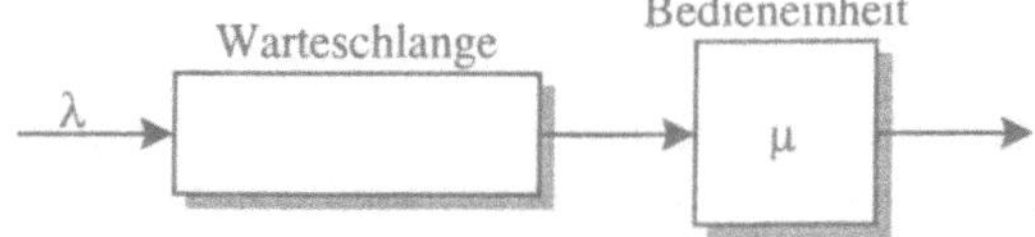

Die nutzbringende Zeit in der Bedieneinheit ist im Mittel $1/\mu$ und er wünscht somit, dass sich die mittlere Verweildauer $E[W]$ diesem Wert nähert.

Aus der Warteschlangentheorie ist bekannt (vergleiche [1.3] und [1.15]), dass die Verweildauer von den stochastischen Eigenschaften der Ankünfte und Bedienungen abhängt. Entscheidend sind neben den Mittelwerten λ und μ die Wahrscheinlichkeitsverteilung der Zwischenankunftszeiten und der Bedienzeiten. Letztere werden durch die Zufallsvariablen ZAZ und BEZ dargestellt.

Eine pragmatische Annahme, die man bei einer vorläufigen Bewertung eines dienstleistenden Systems häufig macht, geht davon aus, dass die Zwischenankunftszeiten und die Bedienzeiten

- unabhängig voneinander,

- von Null verschieden und

- stationär (d.h. die äußeren Bedingungen ändern sich über die Zeit nicht),

sind. Unter diesen Voraussetzungen sind beide Zufallsvariablen exponentialverteilt, d.h. beispielsweise für ZAZ beschrieben durch:

$$P[ZAZ \leq t] = e^{-\lambda t}$$

Eine derartige Verteilungen besitzt die Eigenschaft der *Gedächtnislosigkeit*. Sie besagt, dass aus der Kenntnis der zufälligen Ereignisse der Vergangenheit keine Rückschlüsse auf die zufälligen Ereignisse der Zukunft gezogen werden können. Konkret bedeutet diese Eigenschaft – beispielweise bezogen auf eine einzelne Bedienung – dass aus der Zeitdauer, die sie schon beobachtbar im Gange ist, nicht darauf geschlossen werden kann, ob sie deshalb früher oder später enden wird.   Gedächtnislosigkeit

Die Gedächtnislosigkeit wird auch Markov-Eigenschaft genannt und begründet die Kennzeichnung solcher Systeme als $M/M/1$-*Systeme*. Dabei stehen die beiden Buchstaben M für die Markov-Eigenschaft der Zwischenankunftszeit bzw. der Bedienzeit und die 1 dafür, dass genau eine Bedieneinheit vorhanden ist. Für $M/M/1$-Systme gibt es eine einfache Beziehung zwischen den Eingangsgrößen: $M/M/1$-System

$$E[W] = \frac{1}{\mu(1 - \rho)}$$

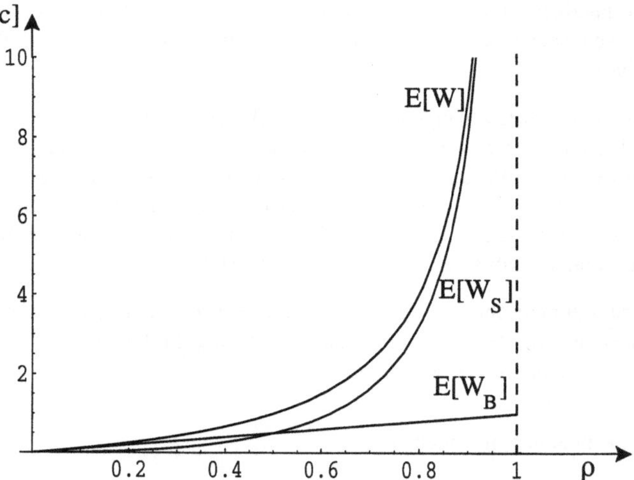

Abbildung 1.20
Wartezeiten in
Abhängigkeit von
der Auslastung ρ
bei $\lambda = 1/sec$

Die mittlere Verweildauer setzt sich aus der mittleren Wartezeit $E[W_S]$ und der mittleren Bedienzeit $E[W_B]$ zusammen. Es gilt:

$$E[W_S] = \frac{\rho}{\mu - \lambda}$$
$$E[W_B] = \frac{1}{\mu}$$

Diese Beziehung zeigt deutlich, dass die Absichten von Benutzern und Betreiber entgegengesetzt sind (Abbildung 1.20). Insbesondere Auslastungen, die in die Nähe von 1 kommen, führen dazu, dem Benutzer unzumutbare Verweildauern bzw. nutzlose Wartezeiten in der Schlange zuzumuten. In einer solchen Situation ist dringend Abhilfe geboten. Änderungen bei der Auslastung haben überproportionale Änderungen bei den Größen $E[W]$ und $E[W_S]$ zur Folge. In einer solchen Situation führt beispielweise eine Erhöhung der Bedienrate um wenige Prozentpunkte zu einer spürbaren Entlastungen bei den Wartezeiten.

Aber nicht nur für $M/M/1$-Systeme haben die obigen Gleichungen Aussagekraft. Sie können auch zur qualitativen Bewertung anderer Systeme, die nicht die Markov-Eigenschaft bei der Ankunft und der Bedienung besitzen, herangezogen werden. Insbesondere mit Blick auf die mittlere Wartezeit in der Schlange $E[W_S]$ ergeben sich folgende Abhängigkeiten:

- Die Wartezeit wird sich drastisch verschlechtern, falls die Varianz der Zwischenankunftszeiten bzw. der Bedienzeiten im Vergleich zur Exponentialverteilung steigt, z.B. wenn die Zwischenankunftszeiten exponentialverteilt sind, während die Bedienzeiten eine beliebigen Verteilung besitzen:

$$E[W_S] = \frac{\lambda \left(Var[BEZ] + (E[BEZ])^2 \right)}{2(1 - \rho)}$$

- Andererseits verbessert sich die mittlere Wartezeit in der Schlange nur sehr begrenzt, wenn die Varianz der Zufallsvariablen BEZ sinkt, bestenfalls auf den Wert $Var[BEZ] = 0$, d.h. die Bedienzeit ist fest:

$$E[W_S] = \frac{\rho}{2(\mu - \lambda)}$$

Somit lässt sich das Verhalten vieler dienstleistender Systeme anhand des $M/M/1$-Systems bereits grob abschätzen und tendenziell bewerten.

1.6 Literatur

[1.1] *DIN 44300, Normen über Informationsverarbeitung*: Beuth Verlag, Berlin, 1975.

[1.2] Andrews, G. R.: *Concurrent Programming*. The Benjamin/Cummings Publishing Company, 1991.

[1.3] Bolch, G.: *Leistungsbewertung von Rechensystemen*. Teubner-Verlag, Stuttgart, 1989.

[1.4] Borrmann, L.: Kleine und kleinste Betriebssysteme mit Mikro- und Nanokernen: *Informationstechnik und Technische Informatik it+ti, Oldenbourg Verlag*, 38(2):18–25, 1996.

[1.5] Brause, R.: *Betriebssysteme - Grundlagen und Konzepte*. Springer Verlag, Berlin, 1997.

[1.6] Gallmeister, B. O.: *POSIX.4: Programming for the Real World*. O'Reilly & Associates, 1995.

[1.7] Liedtke, J.: Towards real μ-kernels: *Communications of the ACM*, 39:70–77, September 1996.

[1.8] Nehmer, J. and Sturm, P.: *Systemsoftware: Grundlagen moderner Betriebssysteme*. dpunkt-Verlag, Heidelberg, 1998.

[1.9] Peterson, G. L.:   Myths about the mutual exclusion problem: *Information Processing Letters*, 12(3):115–116, June 1981.

[1.10] Rembold, U. and Levi, P.: *Realzeitsysteme zur Prozeßautomatisierung*. Hanser Verlag, München, 1993.

[1.11] Siegert, H.-J. and Baumgarten, U.:   *Betriebssysteme*. Oldenbourg Verlag, München, 1998.

[1.12] Stallings, W.:   *Operating systems*. Prentice-Hall, Upper Saddle River, New Jersey, 3rd ed. edition, 1998.

[1.13] Tanenbaum, A.:   *Moderne Betriebssysteme*. Hanser Verlag, München, 1995.

[1.14] Zöbel, D. and Albrecht, W.: *Echtzeitsysteme - Grundlagen und Techniken*. International Thomson Publishing Company, Bonn, 1995.

[1.15] Zöbel, D. and Balcerak, E.:   *Modellbildung und Analyse von Rechensystemen*. vdf-Verlag, Zürich, 1999.

Kapitel 2

Rechnerarchitektur

von Wolfgang Rehm

2.1 Einfache Rechenwerke

Das Gebiet der *Rechnerarchitektur* befasst sich mit den grundlegen- Rechnerarchitektur
den Struktur- und Funktionsprinzipien von Rechner–"Bauwerken". Die
Prinzipien können meist auf verschiedene Art und Weise in eine praktische Lösung umgesetzt werden. Der *Rechnerarchitekt* muss zwar die
verfügbaren technologischen Möglichkeiten kennen, gibt aber nicht die
konkrete Vervollständigung – auch *Implementierung* genannt – zwingend vor.

In frühen Jahren waren *Rechenmaschinen* im wesentlichen technische Rechenmaschine
Hilfsapparate aus Zahnstangen, -rädern und -walzen, die mit Kurbeln
angetrieben wurden und solche Abläufe, wie beispielsweise das Aufaddieren von Zahlen mit mechanischen Mitteln nachahmten.

Meistens wurden die Ziffern 0 bis 9 mit zehn verschiedenen Drehstel-
lungen eines Zahnrades identifiziert. Entsprechend benötigte eine 5-
stellige Zahl fünf Zahnräder. Man stellte die Räder eines ersten 5-er
Satzes entsprechend der Eingabezahl und drehte einen zweiten derartigen Satz, der die aktuelle Summenzahl repräsentierte, um die Dreh-
stellungen des ersten Satzes weiter, wobei Stellenüberträge durch den
Mechanismus selbt weitergeleitet wurden. Bild 2.1 demonstriert das
Grundprinzip einer Addition. W. Schickard, B. Pascal und G. W. Leib-
nitz waren Pioniere dieser Zeit [2.3].

Später verbesserte man diese Apparate, um mehr als nur die Grundrechenoperationen lösen zu können.

Abbildung 2.1
Addition

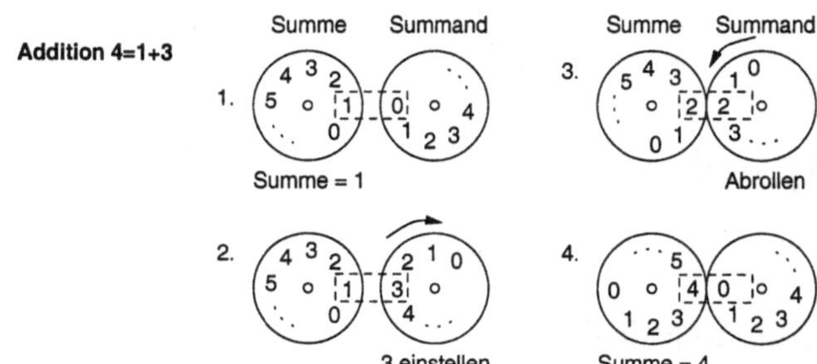

Nehmen wir an, dass wir den Mittelwert von genau hundert Zahlen
mit Hilfe einer 4-Grundrechenarten-Maschine berechnen wollten. Dazu müssten wir etwa so vorgehen: Ergebniszahnräder auf Null stellen,
Operationsmodus Addition einstellen, schrittweise alle Zahlen eingeben
und jeweils "kurbeln", d.h. aufaddieren, Modus auf Division, dann Hundert eingeben und kurbeln, d.h. dividieren. Dieser Aufwand ist gerade
noch vertretbar: Aber wollten wir von diesem Zahlensatz anschließend
noch die *mittlere quadratische Abweichung* vom Mittelwert berechnen,
müssten wir jede Zahl erneut eingeben, von jeder den Mittelwert subtrahieren sowie den entstehenden Wert quadrieren (mit sich selbst multiplizieren) und ihn auf einen Summenwert von anfangs Null aufaddieren,
welcher zu guter Letzt durch hundert zu teilen ist.

Was auffällt ist, dass man sich alle Zahlen merken und erneut eingeben
muss. Auch die aktuellen Zwischensummen und der Mittelwert sind
zwischenzeitlich zu merken. Was muss man mehr sagen, als dass dringend ein Speicher benötigt wird; man könnte dann den Gesamtablauf so
vereinfachen, dass anfangs alle Zahlen eingegeben und abgespeichert
würden und anschließend ein von einer Kurbel angetriebenes *Steuerwerk* alle Schritte selbständig durchliefe. Schließlich könnte die Kurbel
noch von einer Dampfmaschine angetrieben werden und alles liefe automatisch.

Steuerwerk

2.2   Freiprogrammierbare Rechenmaschine

Charles Babbage, ein berühmter Computerpionier des 19. Jahrhunderts
[2.1] hatte Vorstellungen über automatisch arbeitende Rechenmaschinen entwickelt. Er hatte auch Ideen, wie ein Steuerwerk aufgebaut sein
müsste, um möglichst viele verschiedene Berechnungsabläufe kontrol-

lieren zu können. Geschickt war ein Satz grundlegender Operationen auszuwählen, mit dem möglichst viele verschiedene Berechnungen in Abfolge jener durchgeführt werden konnten. Auf einer Folge von *Lochkarten*, wie sie bereits Jacquard zur Steuerung seiner mechanischen Webstühle einsetzte, sollten dann die Operationen eingestanzt und zur Steuerung von Hebeln des Steuerwerkes (Operationsmodus einstellen) verwendet werden. — Lochkarte

Ein bestimmtes Lochmuster entsprach im übertragenen Sinne einem *Befehl* an das Steuerwerk und die Musterfolge dem geplanten Ablauf, *Programm* genannt. Babbage's *Analytical Engine* war die erste *frei programmierbare Rechenmaschine* dieser Art. Leider war sie zu damaliger Zeit technisch nicht herstellbar, doch war das Grundprinzip für Maschinen diesen Typs erfunden. Es ist durch die in Bild 2.2 gezeigte Grobstruktur gekennzeichnet. — Befehl Programm

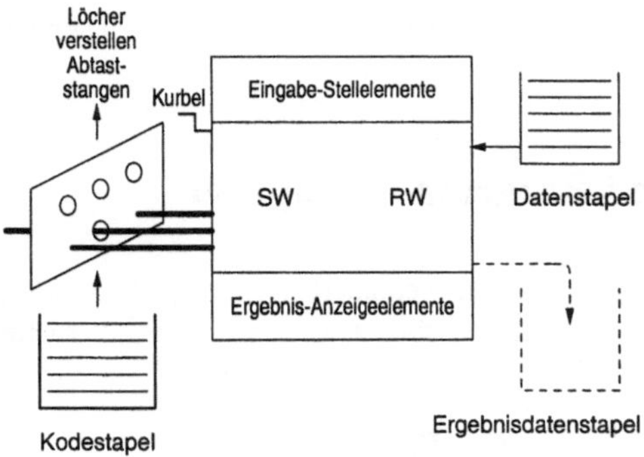

Abbildung 2.2
Freiprogrammierbare Rechenmaschine

Die "Freiheit" bestand in der beliebigen Wahl der Folge elementarer Operationen, welche durch einen Kode-Lochkartenstapel vorgegeben wurde. In einem Datenstapel konnten Daten zur wiederholten Verwendung gespeichert werden. Dabei mussten die Daten so der Reihe nach angeordnet werden, dass das richtige Datum genau dann verfügbar war, wenn es der betreffende Befehl brauchte. Auch an einen Ausdruck von Ergebnissen zu einem Ergebnisstapel war bereits gedacht. — freiprogrammierbar

Aufgrund der Komplexität solcher Maschinen suchte man immer wieder nach Vereinfachungen. Man fand sie in der Nachbildung des Rechnens mit Binärzahlen anstelle von Dezimalzahlen.

Ein Meisterwerk eines digital arbeitenden mechanischen frei programmierbaren Rechenautomaten stellt die *Z1 von K. Zuse* [2.7] dar. Obwohl voll funktionstüchtig, so lief die Mechanik doch nie besonders zuverlässig. Erst elektronische Rechner, bei denen eine Binärzelle mit den elektrischen Zuständen "Ein" bzw. "Aus" identifiziert wird, brachten die notwendige Zuverlässigkeit. Binärziffern waren zudem auch leicht als logische Zustände (wahr, falsch) interpretierbar. Mit Hilfe zusätzlicher Verknüpfungsoperationen wie logisches UND bzw. ODER wurde das Rechenwerk zur Durchführung logischer Operationen erweitert. So ALU bildete sich die *Arithmetik-Logik-Einheit (ALU)* heraus.

Schließlich konnte man Anordnungen von mehreren Binärstellen auch zur Darstellung von Zeichen und Symbolen verwenden, sodass Rechner nicht mehr nur Rechnen im ursprünglichen Sinne, sondern auch Daten *Daten* verarbeiten konnten. Eine Bitstelle war nicht mehr nur als eine Binärstelle anzusehen, sondern viel allgemeiner als ein "bisschen" In-Bit formation, kurz als ein *Bit*. Entsprechend betrachtet man zum Beispiel eine Bitgruppe der Breite 8 nicht nur als eine achtstellige Binärzahl, sondern allgemeiner als ein etwas größeres "Stück" (bzw. ein "Biss") Byte Information, kurz, als ein *Byte*. Die doppelte Information kann in der Wort Einheit *Wort* untergebracht werden. Auch Doppelwörter und noch breitere als Gesamtheit ansprechbare bzw. adressierbare Dateneinheiten gibt es.

2.3 Stored Program–Computer

Was sich auch immer bis heute verändert haben mag, das Grundprinzip, nach dem fast alle Rechner arbeiten ist eine verbesserte Variante der im Bild 2.2 gezeigten Struktur.

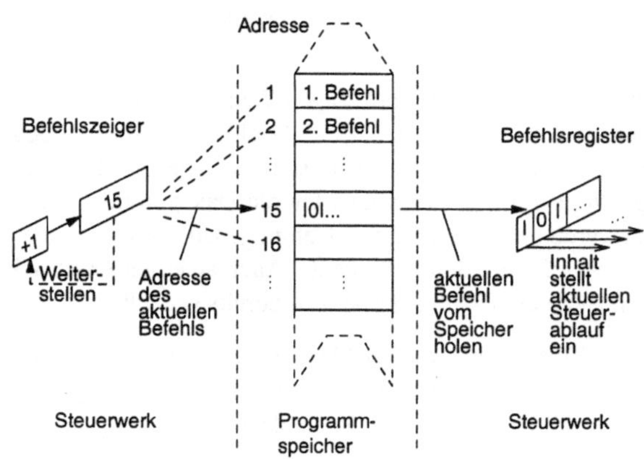

Abbildung 2.3
Stored
Program–Prinzip

Anstelle eines nur sequenziell lesbaren Datenstapels tritt ein wahlfrei RAM zugreifbarer Speicher, auch *Random Access Memory (RAM)* genannt. Während bei der Variante mit Datenstapel zu jedem Befehl passend das jeweils richtige Datum auf dem Stapel liegen musste, gibt man nun bei

jeder Operation auch die *Adresse* des betreffenden Speicherplatzes (ali-   Adresse
as Lage der Lochkarte) an. Weiterhin wurden Quell- und Ergebnisdaten-
stapel zu einem gemeinsamen Schreib–Lese–Datenspeicher zusammengefasst. Betreffs der Datenspeicherung war damit der Übergang zum
flexiblen RAM vollzogen.

Hinsichtlich der Speicherung der Steuersequenz, d.h. der Befehle, verwendete man dahingegen noch längere Zeit Lochkartenstapel bzw.
Lochstreifen. Erst später kam man auf die Idee, auch die auf den Lochkarten ohnehin schon kodiert vorliegenden Befehle in einem Speicher
abzulegen, dem sogenannten *Programmspeicher*. Entsprechend nannte   Programmspeicher
man solche Rechner *Stored Program*–Computer.   Stored Program
Bild 2.3 zeigt, dass genau wie auf einem Lochstreifen die Befehle
nacheinander jetzt auch im Speicher entsprechend in adressmäßig auf-
steigender Folge angeordnet sind. Ein *Befehlszeiger (BZ)* übernimmt   Befehlszeiger
die Markierung der aktuellen "Abtastposition". Den Lochstreifen einen
Schritt nach vorn bewegen entspricht dem Inkrementieren des Befehlszeigers.

Da aus technischen Gründen das Steuerwerk den Befehlskode nicht direkt vom Hauptspeicher abtasten kann, muss der aktuelle Befehl zur
Abtastung jeweils in ein *Befehlsregister (BR)* in unmittelbarer Nähe   Befehlsregister
der Steuerwerkes geholt werden.

2.4   von Neumann–Architektur

Eine sehr rigorose Variante der Stored Program–Idee macht gar keinen Unterschied mehr zwischen Daten- und Programmspeicher und
legt sowohl Daten als auch Befehle in einen gemeinsamen, nun als
Hauptspeicher bezeichneten Speicher ab. Bild 2.4 zeigt die zugehörige   Hauptspeicher
Blockstruktur.

Man erkennt deutlich abgegrenzte Bereiche. In der Mitte befindet sich
die *Zentrale Verarbeitungseinheit*, auch *Central Processing Unit (CPU)*   CPU
genannt, wo Steuer- und Rechenwerk einen kompakten, in sich eng ver-
zahnten Block bilden. Hingegen bilden Speicher, wie auch Ein/Ausgabe
jetzt relativ losgelöste Einheiten, die jeweils über Verbindungsstränge
mit der CPU kommunizieren. Ist ein Befehl in das Befehlsregister geholt worden, kann er "abgetastet" werden. Das Steuerwerk bildet daraus alle zur Ausführung der Operation notwendigen Steuersignale. Diese Phase wird allgemein als Befehlsdekodierphase bezeichnet. Danach
werden im Zusammenhang mit dem Takt, der gewissermaßen die Kurbel ersetzt,alle zur Befehlsausführung notwendigenden Arbeitsschritte

erzeugt. Der gesamte Ablauf erfolgt zyklisch immer wieder und wird **Zentrale Befehlsschleife** als *Zentrale Befehlsschleife* bezeichnet.

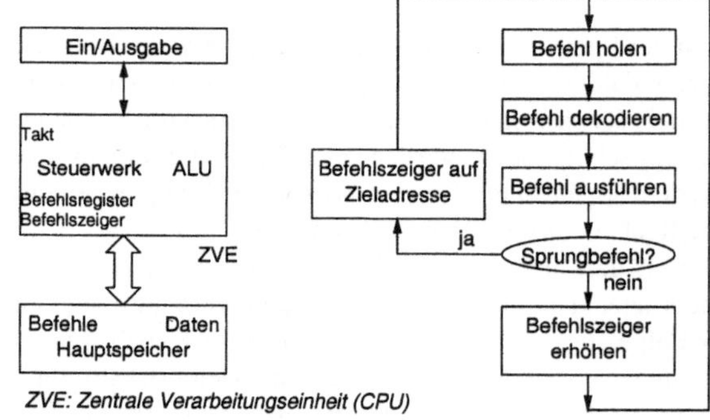

Abbildung 2.4 von Neumann–Architektur

Sprungbefehl Eine Besonderheit stellen sogenannte *Sprungbefehle* dar, mit denen die normale sequenzielle Befehlsabarbeitung verlassen und Befehle übersprungen oder auch durch Zurückspringen Programmsequenzen wiederholt werden können. Ein Sprung wird einfach durch Verstellen des Befehlszeigers erreicht. Die Sprungzieladresse wird dazu im Sprungbefehl selbst angegeben. Man kann die Ausführung eines Sprunges zusätzlich an eine Bedingung knüpfen. Zum Beispiel daran, dass eine vorangehende Operation ein ganz bestimmtes Datenergebnis haben muss. Andernfalls wird nicht gesprungen und der nächste Befehl in der Folge **Bedingter Sprung** abgearbeitet. So können mit *Bedingten Sprungbefehlen* in Abhängigkeit von aktuellen Daten gezielt nur bestimmte Programmzweige abgearbeitet werden: Der Computer kann "Entscheidungen fällen".

Die oben beschriebenen Ideen wurden in der Entwicklergruppe um John von Neumann in den 40er Jahren entwickelt, weshalb man oft kurz von **von Neumann–Architektur** der *von Neumann–Architektur* spricht [2.9]. Fast alle heutigen Computer sind im Wesen von diesem Typ.

An der Harvard-Universität waren die damaligen Forscher nicht ganz so weit gegangen. Diese hatten zwar auch schon das Stored Program– **Harvard–Architektur** Prinzip verwirklicht, behielten aber immer noch getrennte Speicher für Daten und Programm. Man spricht bei dieser vom Funktionsprinzip her sonst identischen Lösung von der sogenannten *Harvard–Architektur*.

2.5 Register-Architekturen

Nachdem wir nun das grundlegende Funktionsprinzip eines typischen
Computers erläutert haben, nach dem beinahe alle heutigen Rechner arbeiten, wollen wir in diesem Abschnitt das Zusammenwirken von ALU
und Hauptspeicher besprechen.

Im allgemeinen besitzt die ALU zwei Eingänge für Operanden. Jene
können in der Regel nicht gleichzeitig vom Speicher geliefert werden,
da normale Speicher aus Aufwandsgründen nur einen Ausgang besitzen. So lädt man in einem ersten Schritt den ersten Operanden in ein
gesondertes, gleich neben der ALU liegendes *Register* von Bitspeicher-   Register
zellen.

Bild 2.5a zeigt eine als *Akkumulator–Architektur* bezeichnete Lösung.   Akkumulator
Das Ergebnis wird stets in dem einzig vorhandenen Register aufgefan-
gen bzw. "aufgesammelt", weshalb es den Namen *Akkumulator* erhalten hat. Unter einem anderen Gesichtspunkt spricht man auch von einer
Einadressmaschine, da im Verknüpfungsbefehl nur eine Adressangabe   Einadressmaschine
notwendig ist, nämlich die des zweiten Operanden; der erste sowie das
Ergebnis stehen vereinbarungsgemäß im Akkumulator.

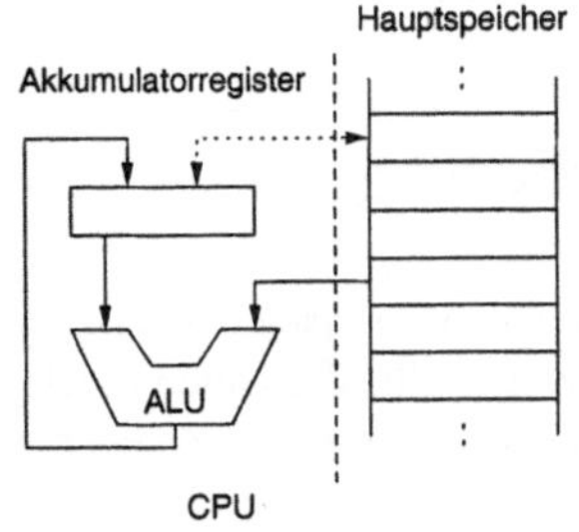

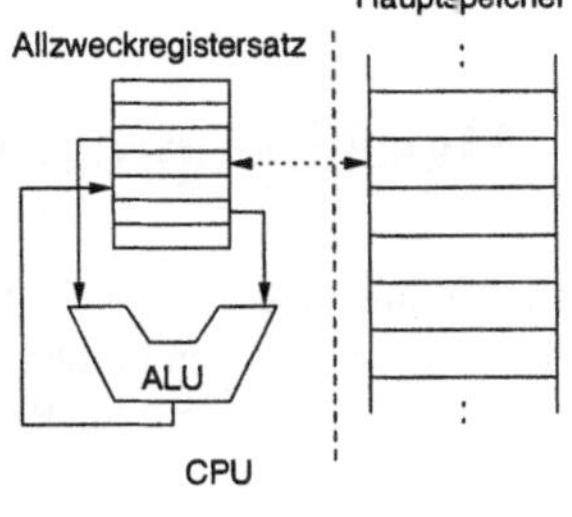

Abbildung 2.5.
ALU-zu-
Hauptspeicher–
Anbindung

Komfortabler ist die in Bild 2.5b dargestellte Variante *Register-zu-*
Register–Architektur mit mehreren Registern und freier Wahl derjeni-   Register-zu-
gen Register, die Quell- und Zieloperanden enthalten; was vergleichs-   Register–
weise einer Dreiadressmaschine entspricht. Sie besitzt den Vorteil, dass   Architektur
Operanden längere Zeit im Registersatz zur Wiederverwendung gehal-
ten werden können, was Zeitvorteile bringt. Speicherlese- und Speicher-
schreibübertragungen benötigen nämlich beträchtliche Zusatzzeit, wo-
gegen Registerwerte sofort verfügbar sind.

Bei geschickter Ausnutzung können große Registersätze erhebliche Geschwindigkeitsvorteile bringen. Trotzdem findet man meist nicht mehr
als bis cirka einhundert Register vor. Aufwandsgründe und zeitrauben-

des Auslagern der Registerinhalte in den Hauptspeicher im Falle von Programmwechseln bzw. -unterbrechungen wirken hier begrenzend. Neben den beiden erläuterten Registerarchitekturen gibt es noch weitere, von denen die *Stack–Architektur* (Nulladressmaschine) zumindest noch genannt sei.

Wie wir gesehen haben, werden Register aus Gründen, wie beispielsweise Einfachheit oder Geschwindigkeitsvorteile eingeführt. Aus Problemsicht braucht man sie allerdings kaum. Da reicht die Vorstellung von einem Speicher, in dem die Variablen beliebig mittels verschiedener Operationen modifiziert bzw. verknüpft werden können. Folglich scheint es erstrebenswert, die Register vor dem Programmierer zu verbergen und solche Befehle/Steuerabläufe einzuführen, die unmittelbar mit Speicheroperanden arbeiten können und folglich keine Registernamen/adressen benötigen. Derartige Ansätze, bei denen das Laden von Operanden vom Speicher in Register und umgekehrt von der Hardware im Hintergrund, d.h. vor dem Maschinen-Programmierer verborgen erfolgt, nennt man *Speicher-zu-Speicher–Architekturen*. Trotzdem verwendet man heuzutage diese Architekturvariante wegen ihrer Geschwindigkeitsnachteile (Variablen werden nicht in schnellen Registern zwischengehalten) kaum. Man überlässt es höheren Programmiersprachen, den Eindruck einer "Speicher–zu–Speicher"-Sicht zu vermitteln.

Speicher-zu-Speicher–Architektur

2.6 Maschinenprogrammierung

An den Anfang dieses Kapitels hatten wir als Beispiel die Berechnung des Mittelwertes von hundert Zahlen gestellt. Wir hatten gesehen, dass sich, wenn man mehrere Rechnungen in derselben Zahlenmenge durchführen will, das Fehlen eines Speichers sehr nachteilig auswirkt. Wenn man nun aber über einen leistungsfähigen von Neumann-Rechenautomaten verfügte, wie könnte man dann vorgehen?

Es wäre sehr sinnvoll, den automatischen Programmablauf so zu gestalten, dass anfangs die Eingabe aller hundert Zahlen abgefordert würde und jene nacheinander im Hauptspeicher, zum Beispiel beginnend ab Speicherplatz 1000 abzulegen. Bild 2.6 zeigt für die Eingabe und das Abspeichern der ersten Zahl die entsprechenden Abläufe.

Der Befehlszeiger steht anfangs auf Null. Startet der Automat, holt er von dort den ersten Befehl (Aktion 1) und führt ihn aus (Aktion 2). Der Befehlskode 11100101 stellt das Steuerwerk so ein, dass die Eingabestelle Nummer 1 abgetastet wird und der Abtastwert in ein Register mit dem Namen AX geladen wird. Wie zu sehen, ist der erste Befehl ein reiner Transportbefehl. Erst mit dem zweiten Befehl wird vom Register AX zur Hauptspeicherzelle 1000 das Eingabedatum transportiert.

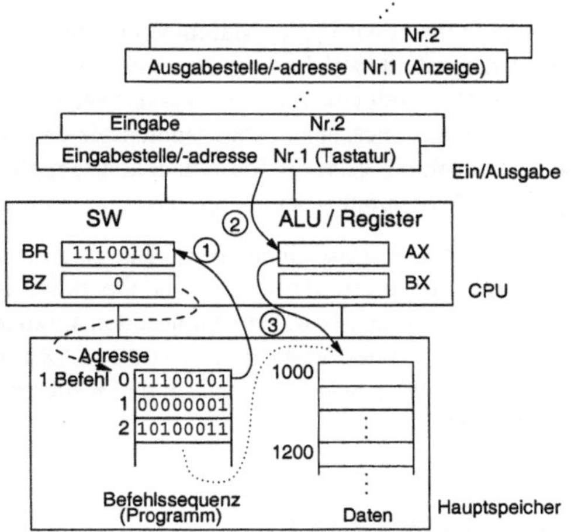

Abbildung 2.6 Maschinenoperationen

Der 3. und 4. Befehl erzeugen für das zweite Eingabedatum einen ähnlichen Ablauf, dann 5. und 6. Befehl und so weiter, bis alle hundert Zahlen abgespeichert sind. Schließlich wird Register AX auf Null gesetzt und die Inhalte aller hundert Speicherzellen werden zu AX aufaddiert.

Maschinen-kode	Symbolische Schreibweise		Kommentar
	Operation	Adressen/Werte	
11100101 00000001	IN	AX,1	Lese Eingabestelle mit der Adresse 1 und speichere Wert in AX
10100011 00000000 00010000	MOV	[1000],AX	Bewege Inhalt von AX zur Speicherzelle 1000
· · ·	IN	AX,1	Lese 2. Eingabezahl
· · ·	MOV	[1002],AX	Bewege Inhalt von AX nach 1002
· · ·	· · ·		usw.
· · ·	MOV	AX,0	AX mit 0 laden
· · ·	ADD	AX,[1000]	1. gespeicherte Zahl aufaddieren
· · ·	ADD	AX,[1002]	usw.
· · ·	· · ·		
· · ·	MOV	BL,100	Niederwertiges Byte von BX mit 100 laden
11110110 11110011	DIV	BL	Inhalt AX durch Inhalt BL
11100001	OUT	1,AX	Mittelwert ausgeben/anzeigen

Tabelle Maschinenprogramm

Nachdem AX durch hundert dividiert ist, wird der im Ergebnis entstehende Mittelwert zur Ausgabe Nr.1 (Anzeige) geschickt. Die Tabelle zeigt das dazugehörige *Maschinenprogramm*, welches sich beispielhaft am *Befehlssatz* des Intel 8086 Prozessors orientiert; siehe dazu in [2.4]. Maschinenprogramm

Befehlssatz   Der dargestellte Maschinenkode kann unmittelbar von diesem Prozessor abgearbeitet werden.

Zur besseren Verständlichkeit wird jeder Maschinenbefehl in symbolischer Schreibweise dargestellt, welche vom Assemblerprogrammierer aus Gründen besserer Verständlichkeit und Lesbarkeit verwendet wird. Assembler   Mit Hilfe eines Hilfsprogrammes, einem sogenannten *Assembler*, wird aus der mnemonischen Schreibweise der Maschinenkode abgeleitet und das abarbeitungsfähige Programm zusammengesetzt ("assembliert").

Ein Befehl besteht mindestens aus einem Byte. Bis zu fünf weitere Bytes sind je nach Befehlstyp erforderlich, um die Operation genauer zu spezifizieren oder Adresswerte bzw. Datenkonstanten aufzunehmen. Zum Beispiel enthält der 3-Byte-Befehl MOV [1000],AX im ersten Byte die Information "MOV" sowie "AX" und in den weiteren beiden die Adressangabe "1000".

2.7   Befehlssatz-Architektur

Die Art und Weise der Kodierung der notwendigen Informationen im Befehl ist ein kritischer Punkt hinsichtlich des Dekodieraufwandes, d.h. der Gewinnung/Ableitung der notwendigen Steuersignale aus dem Befehlskode. Beispielsweise wäre es günstig, wenn die Spezifikation eines Registers stets an den gleichen Bitpositionen erfolgen würde. Man könnte deren Inhalt direkt dem Registerauswahlschalter zuleiten. Beim 8086-Prozessor findet man jedoch die Registeradresse je nach Befehl auch an verschiedenen Bitpositionen. Das Selektieren dieser kostet zusätzliche Schaltvorgänge und somit Zusatzzeit!

Beim MIPS-Prozessor (siehe [2.4]) hat man dahingegen Befehle fester Länge eingeführt und Register sowie Adressangaben stets an die gleiche Bitposition gelegt; vergleiche dazu Bild 2.7.

Abbildung 2.7:
Befehlsformate

Dem Vorteil schnellerer Dekodierung steht allerdings der Nachteil gegenüber, dass bei Befehlen, die zum Beispiel gar keine Registerangabe oder Adressangabe brauchen, auch immer alle Bits "mitgeschleppt"

werden und somit ein Programm vergleichsweise mehr Speicherplatz benötigt. Zu Zeiten, wo die Hauptspeichergröße sehr begrenzt und Speicherzugriffe um Größenordnungen langsamer als Registerzugriffe waren, konnte man durch "kleine" Befehle sowohl Platz als auch Zeit zum Laden des Befehlskodes sparen.

Ebenfalls weniger Kode ist zu laden, wenn man mit einem Befehl auch gleich viel erledigen kann. Mit derartigen komplexen Befehlen kann man den Kodeumfang eines Programmes ebenfalls reduzieren. Es ist wiederum weniger Kode zu laden und das Programm wird im Effekt schneller abgearbeitet. Zum Beispiel kann die 8086-CPU mit einem einzigen Befehl ein ganzes zusammenhängendes Feld von Speicherzellen auf einen anderen Platz transportieren, was sonst nur durch zyklische Wiederholung mehrerer Befehle möglich wäre.

Schließlich sparen komplexe *Adressierungsarten* auch Befehle, denn ohne diese muss man durch zusätzliche Additionsbefehle die gewünschte Adresse erst berechnen. Zum Beispiel kann man mit der mehrfach indirekten Adressierungsart nach Bild 2.8 schnell auf das 1000ste Element einer beliebigen Zeile in einer von mehreren beliebigen Matritzen zugreifen. Man braucht nur SI mit dem Anfang der jeweiligen Matrix und BX mit dem relativen Zeilenanfang zu laden. Die notwendigen Additionen zur Berechnung der *Effektiven Adresse* führt das Steuerwerk im Hintergrund automatisch aus.

Adressierungsarten

Adressierungsart	(Symbolischer) Befehl	AX-Inhalt nach Befehlsausführung
Direktwert (k. Adreßangabe)	MOV AX,50	50
Register-Register	MOV AX,CX	100
Adresse direkt	MOV AX,[1200]	150
Adresse indirekt	MOV AX,1100[BX]	150
Adresse mehrfach indirekt	MOV AX,1000[BX][SI]	150

Registerinhalte: BX=CX=SI=100, Speicherzelle 1200 enthält 150

Abbildung 2.8
Adressierungsarten
der Intel 8086-CPU

Der Trend zu komplexen Befehlen führte zu immer komplexeren Steuerwerken, die dadurch allerdings auch immer langsamer wurden. Zur Beherrschung der Komplexität brachte M. Wilkes [2.11] die Idee hervor, die langen und mannigfaltigen Steuerfolgen zur Realisierung komplexer Befehle durch Folgen einfacher Steuersignalkombinationen, die in einer Speichermatrix abgelegt waren, zu realisieren. Da die Matrix schnell umkodiert werden konnte, lag die Vorstellung nahe, von einer Programmierung zu sprechen.

Die abgelegten Steuersignalkombinationen (nebst Verweis auf die nächste Kombination) erscheinen unter diesem Aspekt als *Mikrobefehle* in einem *Mikroprogramm,* wie in Bild 2.9 dargestellt. Durch aufeinanderfolgende Adressierung von Zeilen wird ein Befehl abgearbeitet. Mikroprogrammierte Steuerwerke sind für Prozessoren mit komplexen Befehlssätzen, sogenannte *Complex Instruction Set Computer (CISC),* typisch. Die Intel 80x86–Prozessoren sind Vertreter dieser Kategorie.

Mikroprogramm

CISC

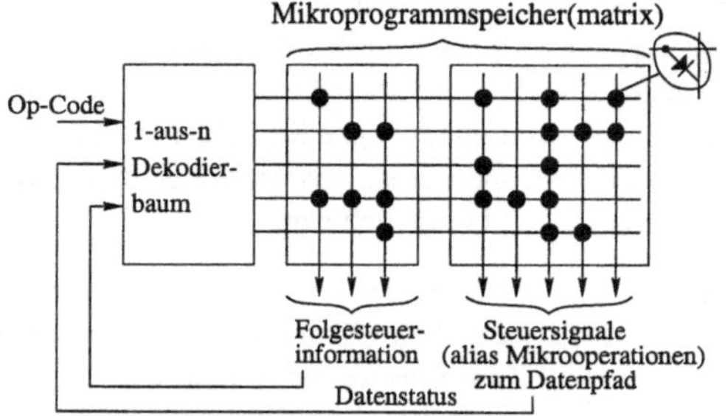

Abbildung 2.9
Mikroprogramm-
steuerwerk

Technologische Fortschritte in den 80er Jahren ermöglichten die Herstellung großer und schneller Halbleiterspeicher. Die Zeiteinsparungen beim Kodeladen wurden vergleichsweise geringer als die Zeitzunahmen durch komplexere Steuerwerke. Weitere Leistungssteigerungen waren nur durch Beschleunigung des Steuerwerkes erreichbar. Es musste einfacher werden. Einerseits gelingt dies durch Abkehr von komplexen Befehlen und andererseits durch Abwendung vom Organisationsprinzip der Mikroprogrammierung.

Eine Mikroprogramm-Speichermatrix wächst mit zunehmender Vielfalt benötigter Mikrobefehle. Zunehmende Speichergröße bedeutet auch größere Zugriffszeit. Mikrobefehle alias Steuersignalkombinationen unterscheiden sich jedoch häufig nur in wenigen Bitstellen. Das könnte optimaler kodiert sein, bemerkte man bald. Durch trickreiche Kodierung konnte der Mikroprogrammspeicher wieder kleiner und schneller gemacht werden. Kodierung erfodert aber wieder Zusatzlogik zur Dekodierung, was Zeitgewinne wieder reduzierte. Und so weiter und so fort suchte man nach der optimalen Lösung; man fand sie.

Bei einfachen Befehlssätzen kann man betreffs des Entwurfs der Steuerlogik nämlich noch recht gut den Überblick behalten und genau auf den Befehlssatz optimierte Logik entwerfen. Da hierbei neben der Verwendung geeigneter Logikentwurfshilfsmittel der Entwerfer vor allem aufbauend auf seiner Erfahrung "auf gut Glück" vorgeht, nennt man die entstehende Lösung *Random–Logik.* Rechner mit einem kleinen Befehlssatz und Randomlogik nennt man *Reduced Intruction Set Compu-*

Random–Logik

ter (RISC). Der erwähnte MIPS–Prozessor mit weniger als hundert Be- RISC
fehlen ist von diesem Typ. Die Befehle sind einfach. Das bedeutet unter
anderem auch Verzicht auf komplexe Adressierungsarten, insbesondere
auf Kombinationen von Register und Speicheroperandenadressen in einem Befehl, wie beispielsweise ADD AX, [1000]. Im Vergleich zum
Befehl ADD AX, BX, der nur Register verwendet, muss beim ersteren
neben der Steuerung der Addition noch die Steuerung der impliziten
Speicherleseoperation veranlasst werden. Das ist nicht nur komplexer,
sondern führt auch zu Additionsbefehlen sehr unterschiedlicher Dauer.

Befehle unterschiedlicher Dauer sind aber ein großes Hemmnis für
Pipeline-organisierte Befehlsabarbeitungsverfahren, die – wie wir
später sehen werden – weitere Leistungssteigerungen ermöglichen.

RISC–Prozessoren verbinden jedoch die Idee einfacher Befehlssätze
mit dem Pipeline–Verfahren. So ist es nahezu Zwang, in allen
arithmetisch–logischen Befehlen nur Registeroperanden zu verarbeiten. Speicheroperanden werden nur in gesonderten Speicherlade- bzw.
-schreibbefehlen zu bzw. von Registern transferiert. Man bezeichnet Load/Store–
diesem Prinzip folgende Lösungen als *Load/Store–Architekturen*. Architektur

RISC–Prozessoren vereinen die leistungssteigernden Prinzipien: einfache, wenige Befehle gleicher Länge, Randomlogik, Load/Store und Pipelining und stehen damit oftmals als Synonym für Prozessoren hoher
Leistung.

<table>
<tr><td>

CISC

- variabler und großer Befehlssatz
- vielfältige Adressierungsarten; ins-
  besondere indirekte (>10)
- meist mikroprogrammiert
- mehrere Zyklen pro Befehl (CPI>1)
- komplexe Befehle zur Unterstützung
  von Hochsprachen
- kleine Registersätze (<10)

</td><td>

RISC

- kleiner Befehlssatz (<150)
- wenige Befehlsformate (<4)
- wenige, grundlegende Adressierungsarten
- alle Operationen werden nur mit Registern aus-
  geführt
- nur zwei Befehlstypen, Load und Store, referen-
  zieren den Hauptspeicher
- optimierte, festverdrahtete Steuerlogik statt Mikro-
  programmierung
- Ausführung aller oder der meisten Befehle in ei-
  nem Zyklus (CPI->1)
- große Registersätze (>=32)

</td></tr>
</table>

RISC versus CISC

Fassen wir zusammen: Die dem Anwender zur Verfügung stehende
Funktionalität einer Maschine ist, wie in Bild 2.10 veranschaulicht,
durch den *Befehlssatz*, die damit verbundenen *Adressierungsarten* sowie *Datentypen* und dem sich dahinter verbergenden *Ausführungsmo-
dell* gegeben; man spricht von der jeweiligen *Befehlssatzarchitektur* Befehlssatz-
bzw. *Instruction Set Architecture (ISA)*. Die Gesamtheit der Befehle ty- architektur
pischer Befehlssätze kann man in die abgebildeten *Befehlsklassen* ein- ISA
teilen.

Besitzen Prozessoren trotz unterschiedlicher Implementierung die gleiche Befehlssatzarchitektur, kann ein für Prozessor A geschriebenes Maschinenprogramm ohne Modifikationen vom Prozessor B abgearbeitet werden; es ergeben sich höchstens Laufzeitunterschiede. Beispiele sind die Prozessoren der Intel–Pentium- und AMD–K–Serie, welche alle die gleiche ISA besitzen, nämlich der IA32-Spezifikation folgen.

Weiter oben wurde an einem Programmbeispiel der Befehlssatz des Intel-8086-Prozessors auszugsweise vorgestellt. Ein Vergleich zum MIPS-Prozessor hätte gezeigt, dass sein Befehlssatz anders ist. Dennoch hätte man das Problem der Mittelwertbildung auch auf diesem lösen können. Einige Gründe für andere Befehlsgestaltungen haben wir in diesem Abschnitt schon kennengelernt.

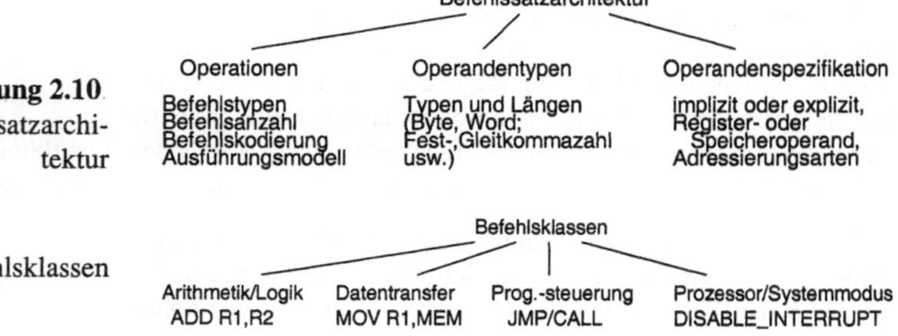

Abbildung 2.10 Befehlssatzarchitektur

Befehlsklassen

Es ist nun berechtigt, unabhängig von diversen Leistungsbetrachtungen nach der Art und Mindestmenge benötigter Operationen zu fragen. A. Turing hatte sich Gedanken darüber gemacht, welche Operationen minimal notwendig sind, um universelle Berechenbarkeit zu gewährleisten. Er erfand eine Trivial-Maschine mit minimalem Operationssatz, die nach ihm benannte *Turing–Maschine*. Für praktische Aufgabenstellungen benötigt sie jedoch extrem viel Speicher und sehr lange Folgen ihrer Elementaroperationen. Selbst moderne mikroelektronische Realisierungen würden gegenwärtig nur ineffizient arbeitende Maschinen ermöglichen.

Turing–Maschine

In der Quantenphysik oder auch im Bereich atomarer Größenordnungen (Nanometer) hat man, wie es scheint Gleichnisse gefunden, die Turingmaschinen vielleicht einmal praktikabel machen. Das Feld der *Quantencomputer* bzw. der *Nanocomputer* ist gegenwärtig intensiver Forschungsgegenstand.

Wenn man mehr als nur einen minimalen Befehlssatz kreiert, dann zu dem Zweck, unter den gegebenen technologischen Möglichkeiten schneller und effizienter rechnen zu können – das Spektrum prinzipiell lösbarer Aufgaben wird dadurch allerdings nicht breiter.

2.8   CPU und System

Eine weit verbreitete Implementierungsvariante der von Neumann–
Architektur besteht in einer Bus-basierten Lösung. Man stellte fest, dass
die Verbindungspfade CPU–zu–Speicher (HS) und CPU–zu–EA (IO)
gleichermaßen jeweils Daten- und Adressleitungen benötigen.

Um Aufwand zu sparen, verwendet man anstelle von zwei nur einen
Satz von Adress- und Datenleitungen, der allerdings nur abwechselnd
für die eine oder andere Verbindung genutzt werden kann; für welche,
wird durch zusätzliche Signalleitungen angezeigt. Bild 2.11 zeigt den
Übergang zum gemeinsamen Verbindungsstrang, kurz *Bus* (Datenzu-   Bus
bringer) genannt.

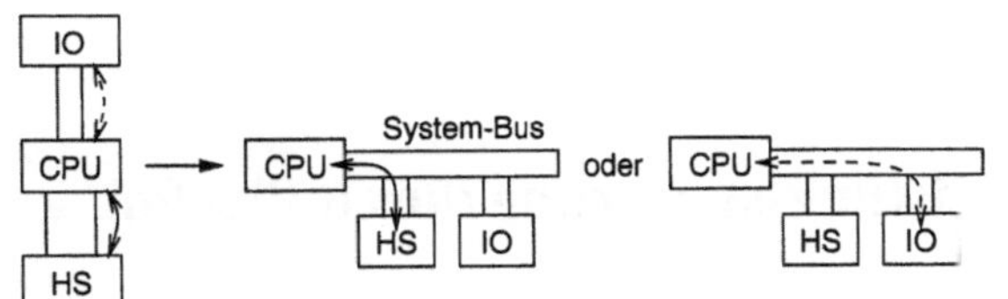

Abbildung 2.11
Busbasierte
Systemarchitektur

Nicht nur die Aufwandsreduzierung ist bei dieser Lösung von Vorteil – vielmehr kann nun auch ein direkter Datentransfer zwischen
Ein/Ausgabe und Hauptspeicher unter Umgehung der CPU stattfinden.
Dieser von der EA-Einheit selbständig gesteuerte *Direct Memory Access (DMA)* benötigt nur einen Übertragungsschritt im Vergleich zu   DMA
zweien bei dem von der CPU gesteuerten, allgemein als *Programmed–
IO (PIO)* bezeichneten Verfahren. Im Effekt wird die Übertragungszeit   PIO
verringert. Bild 2.12 illustriert diese Verhältnisse.

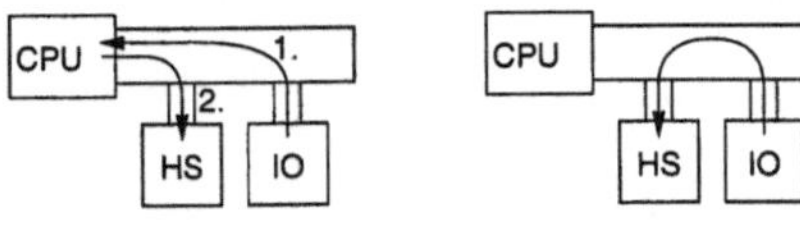

Abbildung 2.12
DMA versus PIO

Das Busprinzip zur Verbindung mehrerer Einheiten wird auch häufig
innerhalb der CPU angewandt. Den prinzipiellen Aufbau einer solchen
CPU zeigt Bild 2.13.

Hinsichtlich Leistung der Datenpfade sollten CPU-Architektur (*Microarchitecture*) und *Systemarchitektur* gut aufeinander abgestimmt   Microarchitecture
sein, um Engpässe und damit unnötige Leistungsverluste zu vermeiden.

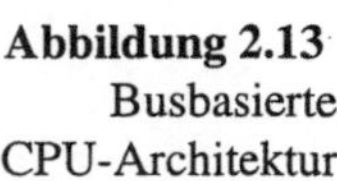

Abbildung 2.13
Busbasierte
CPU-Architektur

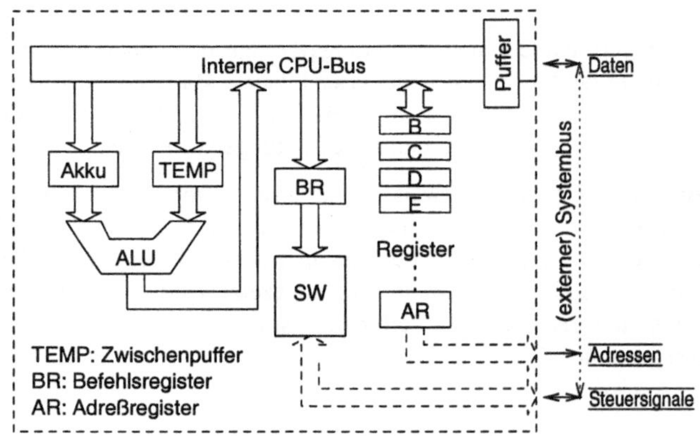

2.9 Leistungssteigerung durch Pipelining

Pipelining *Pipelining* ist eine Implementierungstechnik, bei der mehrerer Befehle zeitlich überlappt ausgeführt werden. Wenn man die Abarbeitung eines Befehls verfolgt, kann man feststellen, dass nicht ständig jede CPU-Ressource verwendet wird. Bild 2.14 zeigt, dass im wesentlichen während der Befehlsholphase H nur die Verbindung Hauptspeicher-Steuerwerk gebraucht wird, in der Dekodier/Registerladephase D nur das Steuerwerk sowie die Verbindung Register-zu-ALU, in der Ausführungsphase A nur die ALU und in der Ergebnis-Speicherphase S nur die ALU-zu-Register-Verbindung.

Abbildung 2.14
Ressourcenverwen-
dung

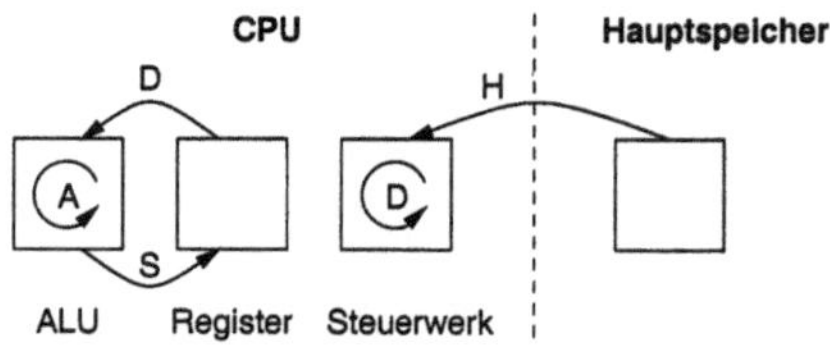

Entsprechend zeigt Bild 2.15a den Durchlauf eines Befehls durch die vier Phasen H, D, A und S. Wenn sich – wie oben erklärt – die je Phase verwendeten Ressourcen nicht überlappen, kann der zweite nachgeschoben werden, sobald der erste in die D-Phase geht. Nachdem der zweite Befehl in die D-Phase geht, kann der dritte nachgeschoben werden usw. Schiebt man immer, wenn eine Phase durchlaufen wurde, gleich den nächsten Befehl nach, kommt es zu einer fließbandartigen Verarbeitung. Man spricht auch von *Pipelining*. Die gezeigte Beispiel-pipeline mit 4 Stufen ist nach 4 Bearbeitungsphasen gefüllt. Bild 2.15b ist zu entnehmen, dass dann nach jeder Phase ein Befehl fertig wird.

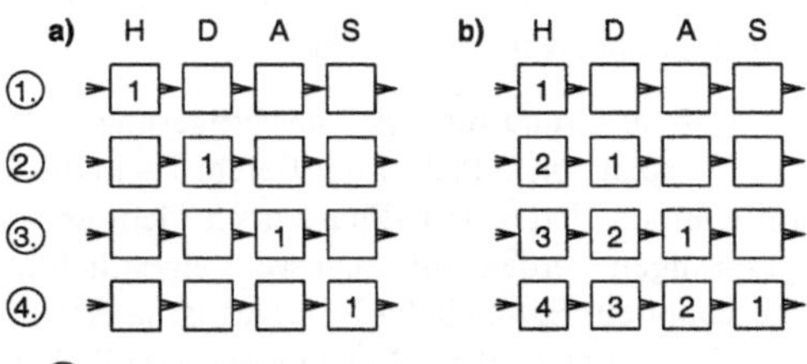

Abbildung 2.15
Pipeline-Prinzip

Diejenige Phase, die die längste Zeit benötigt, bestimmt die Durchlauf-geschwindigkeit. Optimal ist es, wenn alle Phasen gleichlang dauern; sagen wir eine Taktzeit. Würde man jeweils den vollständigen Durchlauf eines Befehls abwarten und erst dann den nächsten einspeisen, benötigten N Befehle N mal 4 Takte. Bei gefüllter Pipeline oder, anders ausgedrückt, sobald ein kontinuierliches Fließen erreicht ist, wird mit jedem Takt ein Befehl fertig. Das entspricht einer Zeitverkürzung auf den vierten Teil bzw. einer Beschleunigung durch Pipelining um das Vierfache. Wie jetzt leicht einzusehen, bringt eine n-stufige Pipeline n-fache Beschleunigung – ständiges Fließen vorausgesetzt. Folglich sind längere Pipelines erstrebenswert.

Leider ist ein ständiges Fließen nicht immer aufrecht zu erhalten; auch sind gleichlange Phasenzeiten nicht in allen Fällen zu erreichen. Beispielsweise ist die Ausführungsphase A einer Division im allgemeinen länger als diejenige eines Additionsbefehls. Datenabhängigkeiten zwischen Befehlen erzwingen ihrerseits Verzögerungen im Befehlsfluss. Ein Beispiel dafür zeigt Bild 2.16.

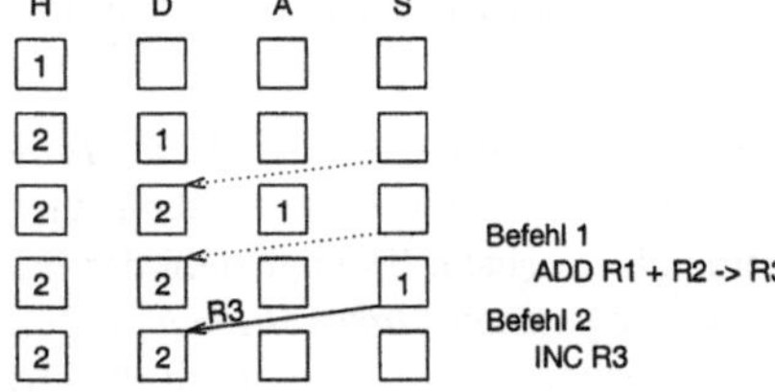

Abbildung 2.16
Read-After-Write
Konflikt

Der Befehl 2 benötigt den Inhalt von R3, welcher aber erst nach Fertigstellung des Befehls 1 in der S-Phase zur Verfügung steht. Befehl 2 kann solange nicht weiterbearbeitet werden.

Read After
Write–Konflikt
Pipeline Stall

Dieser *Read After Write–Konflikt (RAW)* erzwingt ein zeitweises Stoppen des Nachflusses, man spricht von *Pipeline Stall*. Der RAW-Konflikt ist nur einer unter vielen; genannt seien noch der WAR- und WAW-Konflikt. Durch Hardwaretechniken, wie beispielsweise *Result Forwarding* oder *Scoreboarding* lassen sich Datenkonflikte teilweise vermeiden bzw. in der Verzögerungswirkung verringern.

Sprünge sind ein weiterer Grund für Pipelineverzögerungen. Wird ein Sprungbefehl – im Beispiel von Bild 2.17 der Befehl 1 – in die Pipeline eingespeist, kann man am Ende der H-Phase noch nicht entscheiden, ob und wohin gesprungen werden soll; man weiß eigentlich noch gar nicht, dass es überhaupt ein Sprungbefehl ist. Das ist ja erst mit Ende der Dekodierphase D bekannt. Und die Zieladresse schließlich wird erst in der A-Phase berechnet. Das gilt, je nach konkretem Pipelineaufbau, auch für die Verfügbarkeit der Sprungentscheidung. Falls gesprungen wird, sind Befehl 2 und Befehl 3 unnützerweise eingespeist worden, denn Befehl 5 sollte dann nach Befehl 1 folgen. Beide Befehle müssen nachträglich unwirksam gemacht werden. Im Beispiel treten dadurch zwei Verlusttakte auf.

Abbildung 2.17
Sprungverzögerung

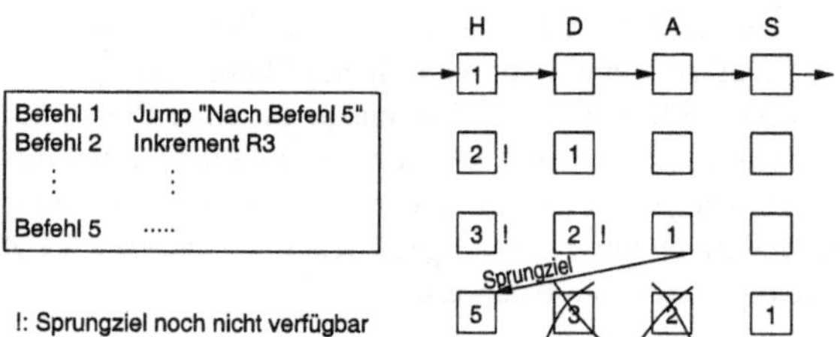

Nun ist leicht einzusehen, dass, je länger eine Pipeline ist, auch um so mehr Verluste zu erwarten sind. Praktisch muss man einen Kompromiss aus der Beschleunigungswirkung langer Pipelines und der genannten leistungsmäßig gegenläufig wirkenden Tendenz finden. In der Praxis sind Pipelinelängen von cirka 8 Stufen und mehr durchaus üblich. Dabei werden zusätzliche Maßnahmen zur Reduktion von Sprungverlusten getroffen.

Branch Target
Address Cache

Eine wirksame Lösung ist der Sprungzielpuffer bzw. *Branch Target Address Cache (BTAC)*. Bild 2.18 zeigt seine Struktur. Gelangt man während des Programmlaufs zu einem Sprungbefehl der im Ergebnis auch ausgeführt wird – ein sogenannter *Taken Branch* –, speichert man die Adresse dieses Sprungbefehls selbst sowie auch die Adresse des Sprungziels in einem Zwischenspeicher, dem BTAC, ab. Nur wenn auch tatsächlich gesprungen wird, erfolgt eine Eintragung, sonst nicht. So verfährt man mit jedem Sprungbefehl, dem man begegnet.

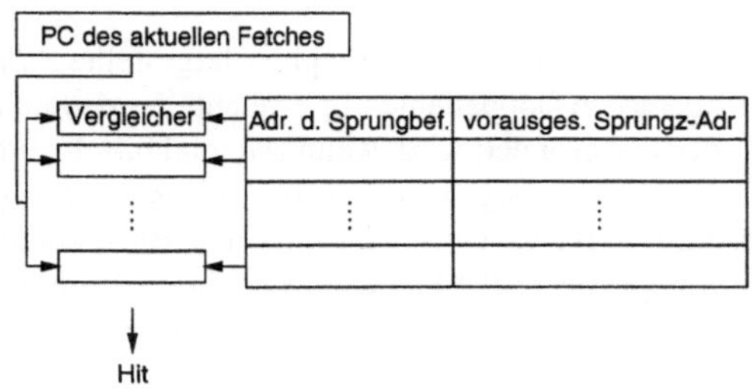

Abbildung 2.18
BTAC-Aufbau

Geht man davon aus, dass ein vormals genommener Sprung beim nächsten Mal wahrscheinlich wieder genommen wird, findet man im Effekt im BTAC all diejenigen Adressen von Sprungbefehlen wieder, bei denen der Sprung für wahrscheinlich gilt. Vergleicht man nun die vom Programm Counter (PC) in der H–Phase ausgesendete Adresse ständig mit den im BTAC befindlichen, erkennt man bereits in der H–Phase allein anhand der Tatsache, eine identische Adresse im BTAC gefunden zu haben, dass sich an der aktuellen Stelle ein Sprungbefehl – und noch genauer: ein Taken Branch–Sprungbefehl befindet. Man braucht nicht erst das Ergebnis der Dekodierphase abzuwarten, kann bei einem Hit bereits mit Ende der H-Phase die Sprungzieladresse verfügbar machen und mit Beginn des Folgetaktes sofort den wahrscheinlich richtigen Befehl von der Sprungzieladresse holen. Dieses in Bild 2.19 illustrierte Verfahren ermöglicht null Verzögerungstakte!

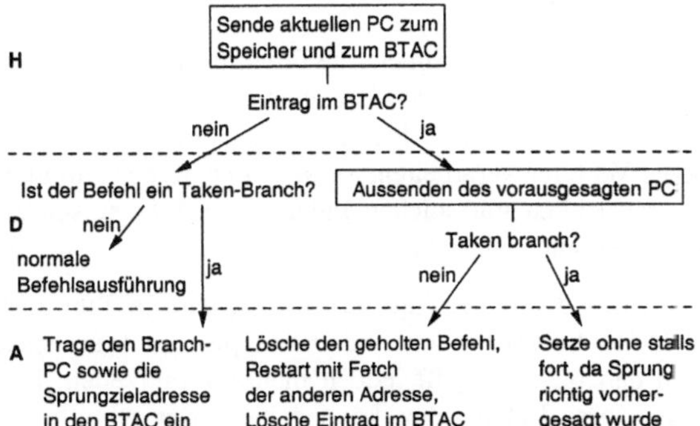

Abbildung 2.19
BTAC–Ablauf

Voraussetzung dabei ist nur, dass die Annahme auf Sprung richtig war. Und diese ist auf sehr einfache Weise gefällt worden: So wie vormals gesprungen wurde, wird auch wieder gesprungen. Solange eine Programmschleife durchlaufen wird, liefert diese Vorhersagemethode richtige Ergebnisse. Bei Schleifenaustritt kommt es allerdings zu einer Fehlvorhersage. Auch bei einem nachfolgenden Schleifeneintritt wird falsch (kein Sprung) vorausgesagt.

Der in Bild 2.20 durch seinen Übergangsgraphen dargestellte *2-Bit Predictor* vermeidet derartige Doppelfehler. Er erreicht dies dadurch, dass nur dann die Vorhersage geändert wird, wenn zweimal falsch vorhergesagt wurde. Dazu muss eine sogenannte *Branch History Table (BHT)* mitgeführt werden. Der BTAC wird dann mit einer BHT kombiniert. Weitere Verbesserungen des 2-Bit-Predictor-Verfahrens kann man mit *Two-level Predictors* und *Correlating Predictors* erreichen.

2-Bit Predictor

Branch History Table

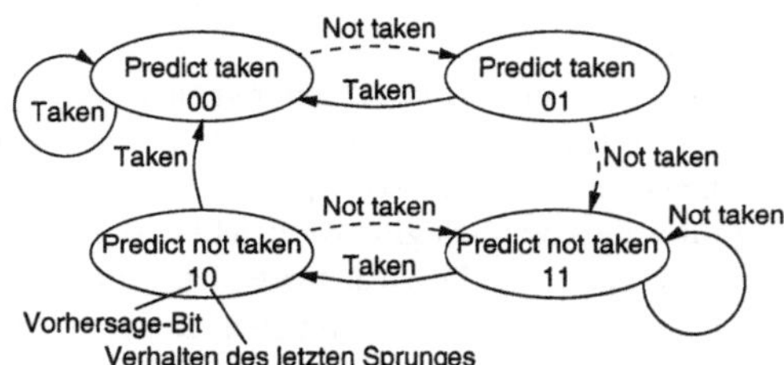

Abbildung 2.20: 2-Bit-Predictor

Wie weiter vorn erläutert, kann man mit Befehlspipelining im Idealfall erreichen, dass mit jedem (Prozessor-)Takt ein Befehl fertig wird. Das erfordert allerdings auch, dass aus der Ausführungsstufe (A) innerhalb der Befehlspipeline je Takt ein Operationsergebnis entnommen werden kann. Was aber tun, wenn beispeilsweise eine Division mehrere Takte benötigt? Nun – man wendet die Idee des Pipelining auch auf die innere Organisation der ALU selbst an, was man *Arithmetisches Pipelining* nennt.

Natürlich liefert auch eine arithmetische Pipeline erst dann je Takt ein Ergebnis, wenn sie gefüllt ist, also ausreichend viele arithmetische Operationen in ununterbrochener Folge aufgetreten sind. Bei Anwendungen, die lange Vektoren verarbeiten, ist das durchaus der Fall und man könnte also tatsächlich mit solchen Pipelines je Takt beispielsweise einen Additionsbefehl fertigstellen.

Das Problem, was dann allerdings auftritt, ist, dass je Takt auch die benötigten Daten bereitzustellen sind. Bei typischen Hauptspeichertechnologien dauert ein Zugriff jedoch mehrere Taktzeiten. In einer Taktzeit zugreifbare Datencaches können hier zwar Abhilfe leisten, jedoch ist aus Aufwandsgründen deren Größe sehr beschränkt. Aber nur bei langen Vektoren, also großen Datenmengen, kommen lange, durch innere arithmetische Pipelines zusätzlich verlängerte Befehlspipelines wie erklärt zur Wirkung. Eine Lösung für dieses Problem liefern Vektorrechner–Architekturen, die auch lange Pipelines pausenlos mit Daten beliefern können.

Wie auch immer, durch Pipelinig kann man ohne zusätzliche CPU-Ressourcen die Verarbeitungsgeschwindigkeit um Vielfaches steigern. Heutzutage spielt Pipelining eine Schlüsselrolle im Reigen der Leistungssteigerungsverfahren.

2.10 Vektorrechner

Im Abschnitt Pipelining wurde gezeigt, dass man durch Pipelineorganisation im Idealfall je Prozessortakt eine Operation fertigstellen kann; ununterbrochener Pipelinefluss vorausgesetzt. Letzterer ist beispielsweise garantiert, wenn Elemente hinreichend langer Zahlenfelder paarweise miteinander auf identische Weise verknüpft werden. Vektoren im Bereich des wissenschaftlich-technischen Rechnens erscheinen als solche linearen Felder von skalaren Elementen. Zwischen den einzelnen Verknüpfungsoperationen in der Kette der Operationen zur Ausführung einer Vektoroperation gibt es keine Datenabhängigkeiten, was Pipelineunterbrechungen ausschließt. Verbleibt nur noch das Problem, die Pipeline ausreichend schnell mit Daten versorgen zu können. Bei einer Folge von Additionsbefehlen bedeutet das zum Beispiel, dass je Takt zwei Quelloperanden und ein Ergebnisoperand gelesen bzw. geschrieben werden müssen. Bei typischen Hauptspeichertechnologien dauert jedoch schon ein einziger Zugriff mehrere Prozessortakte.

Eine Lösung des Problems besteht darin, Vektoren in großen Registersätzen auf der CPU unterzubringen, da Register in einem Takt zugreifbar sind. Sogenannte *Vektorregister* bestehen je aus einem Satz von 64 bis einigen hundert skalaren Registern. Bild 2.21 zeigt, wie im Beispielfall je Takt paarweise zwei Elemente – eines von Vektor V0 und eines von Vektor V1 – addiert werden und das Ergebnis im Vektor V2 abgelegt wird.

Solange die Vektoren der Anwendung jeweils in ein Vektorregister passen, ist das Problem gelöst. Was ist aber im weitaus typischeren Fall, wenn die Vektoren der Anwendung sehr viel länger als die Vektorregister sind? Dann müssen die Vektorregister ständig im Hintergrund vom Hauptspeicher nachgeladen bzw. umgekehrt in diesen entleert werden. Um das zu erreichen, wendet man ein trickreiches Hauptspeicher-Organisationsprinzip an, nach dem der Hauptspeicher in mehrere unabhängig ansprechbare *Speicherbänke* zerlegt wird. Bild 2.21 demonstriert diese Technik am Beispiel des Nachladens von Vektor V0.

Ein einzelner Hauptspeicherzugriff sei mit 8 Takten angenommen. Man wartet nun nach dem Ansprechen der ersten Bank, um das erste Element zu holen, nicht erst, bis dieses wirklich geliefert worden ist. Stattdessen adressiert man nach einem Takt bereits die zweite Bank, um das zweite Element zu holen, dann kurz danach die dritte usw. usf. Nach 8 Takten ist der erste Zugriff vollendet und Bank 1 kann erneut angesprochen werden.

Abbildung 2.21
Prinzip der
fließenden
Vektorverarbeitung

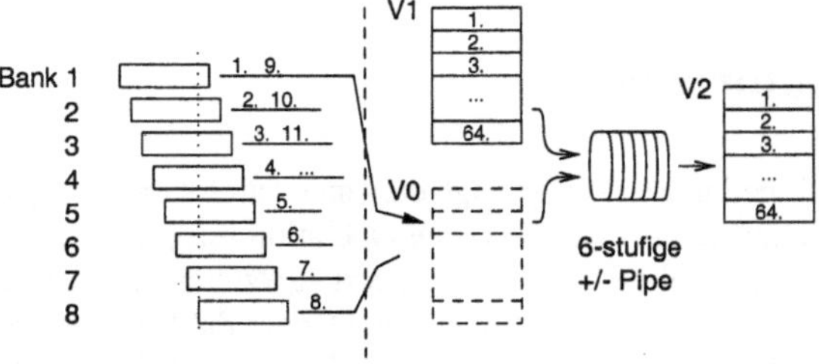

Diese Art *zeitlich überlappter Zugriffe* auf Speicherbänke ermöglicht nach einer Anlaufphase, dass je Takt ein Datum geliefert werden kann. Voraussetzung dabei ist, dass die Zuordnung von Adressen zu Speicherbänken entsprechend realisiert ist. Im Beispiel also die Adressen 1, 9, 17 usw. aufeinanderfolgende Plätze in der Bank 1 belegen, die Adressen 2, 10, 18 usw. in der Bank 2 usw. Die Elemente eines Vektors werden dann nacheinander zyklisch auf die Speicherbänke verteilt. Im Effekt muss dann nur eine Taktzeit zwischen dem Lesen bzw. Schreiben zweier aufeinanderfolgender Elemente vergehen, was ja die Zielstellung war.

Verbleibt schließlich noch die Frage: Woher weiß die Adressierungslogik stets im voraus, wohin der jeweils nächste Zugriff geht? Nachfolgender Programmausschnitt zeigt, dass eine Vektoroperation – hier eine Addition – im Prinzip durch eine Programmschleife repräsentiert werden kann.

Addition zweier
Vektoren

```
DIMENSION V0(64), V1(64), V2(64)
   DO I = 1,64                      ⎫
      V2(I) = V0(I) + V1(I)         ⎬   ADDV V0,V1,V2
                                    ⎭

         Schleife                       Vektorbefehl
```

Bei einer normalen CPU werden die Befehle der Schleife unabhängig voneinander abgearbeitet. Man kann nicht im voraus sagen, welcher Befehl der nächste sein wird und erst recht nicht, auf welche Adressen dieser zugreift. Die oben beschriebene Überlappung der Adressgenerierung ist demnach so nicht machbar. Um aber aus dem Wissen, dass es sich inhaltlich um eine Vektoroperation handelt, Nutzen ziehen zu können, führt man am besten einen besonderen Befehl ein, an dem man erkennt, dass jetzt eine Vektoroperation abzuarbeiten ist. Derartige Befehle heißen *Vektorbefehle.*

Vektorbefehl

In der Darstellung ist zu erkennen, wie die Arbeit einer ganzen Schleife durch einen einzigen Vektorbefehl ausgelöst wird. Die Adressierungslogik weiß von Anfang an Bescheid und kann vorausschauend die Adressen zeitlich überlappt generieren; womit das Problem gelöst ist.

Vektorrechner sind Rechner, welche die Prinzipien *Vektorbefehle,* *Vektorregister* und vorausschauendes Generieren zeitlich überlappter, pipeline–artiger Zugriffe auf *Bank–organisierten Hauptspeicher* vereinen. Sie sind auf die Verarbeitung großer Vektoren optimiert und finden im Umfeld großer wissenschaftlich-technischer Simulationen ihren bevorzugten Einsatz.

Vektorrechner

2.11   Superskalare und andere Techniken

Im Abschnitt Pipelining wurde gezeigt, dass man ohne zusätzliche CPU-Ressourcen durch Pipelineverarbeitung erreichen kann, im Idealfall je Prozessortakt einen Befehl fertigzustellen.

Mehrere Befehle pro Taktzeit abzuarbeiten, ist mit dieser Implementierungstechnik nicht zu erreichen; weitere Leistungssteigerungen erfordern zusätzliche Ressourcen, wie beispielsweise zusätzliche Integer- oder Gleitkommaeinheiten. Sogenannte *Superskalar–Architekturen* haben mehrere unabhängige Ausführungseinheiten, die potenziell parallel betrieben werden können und somit Laufzeitverkürzungen erreichen können, wie sie beispielsweise im Bild 2.22 illustriert sind.

Superskalar–
Architektur

Das innewohnende Prinzip paralleler Befehlsausführung wird oft als *Instruction–level Parallelism (ILP)* bezeichnet. "Superskalar" wurde als Begriff geprägt, weil die Gesamtleistung dieser Architektur über der einer einfachen mit nur einer skalaren Ausführungseinheit liegt.

ILP

Nehmen wir folgende Befehlssequenz an:

```
FADD    FR1 + FR2 -> FR3
INC     R5
MOV     R6 -> [1000]
MOV     R6 <- R7
```

Potenzielle
Befehlsparallelität

Der Gleitkommaadditionsbefehl FADD, der Inkrementier (INC)- und der erste Ladebefehl (MOV) hängen nicht voneinander ab und könnten in einer Maschine mit Superskalar-Architektur nach Bild 2.23 parallel ausgeführt werden. Nur der zweite Ladebefehl darf ohne besondere

Vorkehrungen nicht gleichermaßen parallel gestartet werden, da er R6 überschreibt.

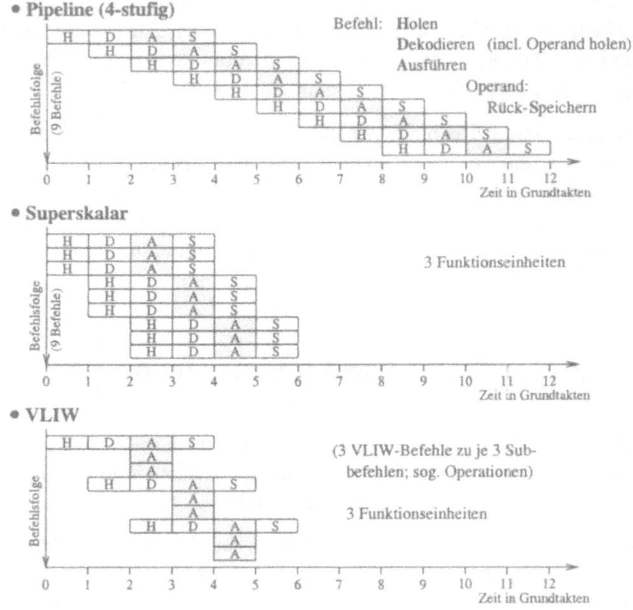

Abbildung 2.22
Laufzeitvergleich Pipelining, Superskalar und VLIW

Um nun parallel ausführbare Befehle überhaupt erkennen zu können, muss man gleich mehrere Befehle aus dem konventionell sequentiellen Befehlsstrom holen, dekodieren und in einem Zwischenpuffer, dem Instruction Window sogenannten *Instruction Window* ablegen.

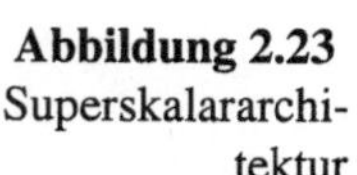

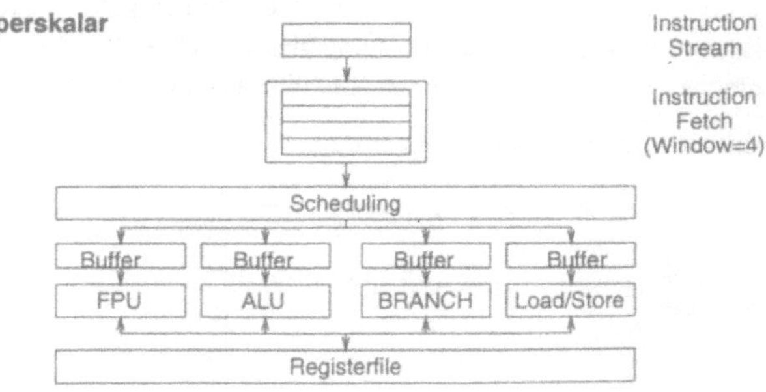

Abbildung 2.23
Superskalararchitektur

Eine *Scheduling–Einheit* analysiert die Befehle im Instruction window und leitet die entsprechenden Operationskodes nebst Operanden bzw. (Register-)Adressen den passenden Ausführungseinheiten zu, das

heißt genauer diesen vorgelagerten Wartepuffern, sogenannten *Reser-*   Reservation Station
vation Stations. Hier liegen dann dezentral alle notwendigen Informationen vor, um die zugeordneten Operationen unabhängig ausführen zu
können. Von dort entnehmen die Verarbeitungseinheiten die Operationen. Bei diesem Vorgehen kann man durchaus zulassen, dass zeitweise
die Reihenfolge der Operationen verloren geht. Man spricht dann von   Out-of-order
Out-of-order Execution. Natürlich muss eine spezielle Logik aufpassen,   Execution
dass durch Reihenfolgeänderungen keine Fehler entstehen und sich der
Programmlauf insgesamt so gestaltet, wie er auch ohne Vertauschung
aussähe. *Scoreboarding* ist eine Implementierungstechnik, die out-of-
oder execution kontrolliert zulässt, solange genügend Ressourcen da
sind und keine Datenabhängigkeiten bestehen.

Eine verbesserte Variante liefert eine Logik nach *Tomasulo's Sche-*
me, welche zusätzlich Konflikte, die durch Wiederverwendung von   Tomasulo's
Registern entstehen, aufheben kann. Erreicht wird dies durch Nut-   Scheme
zung der Tatsache, dass die einzelnen Operationen sowieso mit den
Zwischenpufferregistern der Reservationstations arbeiten, um in der
Ausführungsphase unabhängig sein zu können. Die direkte Benutzung
der eigentlichen Register des Registersatzes ist dadurch zeitweise aufgehoben, man muss sich nur genau die Zuordnung zwischen den tem-
porären Reservationstationregistern und den eigentlichen merken, damit
man am Ende den Bezug wiederherstellen und entsprechende Übernah-
men der Ergebnisse in die richtigen Register veranlassen kann.

Dieses hier vereinfacht dargestellte Prinzip wird als *Registerrenaming*   Registerrenamimg
bezeichnet. Auf der Basis dieser Technik kann beispielsweise der letzte
Ladebefehl im Bild durchaus gleichzeitig mit dem vorletzten ausgeführt
werden, da er zwischenzeitlich mit einem Stellvertreterregister arbeitet
und der Bezug zu R6 erst ganz zum Schluss wiederhergestellt werden
muss.

Alle diese Ideen tragen zur Erhöhung der Anzahl parallel ausführbarer Befehle bei, welche sich bereits im Instruction Window befinden.
Je mehr Befehle dieses Fenster aufnehmen kann, um so gößer ist die
Wahrscheinlichkeit, derartige Befehle zu finden. Die kontinuierlich zur
Laufzeit, d.h. dynamisch arbeitende Suchlogik zum Finden solcher Befehle wird aber bei großen Fenstern sehr komplex, weshalb gegenwärtig
nur Fenstergrößen bis zu einigen Dutzend Befehlen realisiert werden.

Sogenannte *Very Long Instruction Word (VLIW)*-Architekturen ver-   VLIW
meiden komplexe Analyse- und Scheduling-Hardware, indem sie
den Analyse- und Schedulingprozess während des Compilerlaufes
ausführen lassen und einen Befehlsstrom erwarten, der genau sagt, welche Operationen von welcher Verarbeitungseinheit auszuführen ist. Der
Befehlskode ist exakt auf die aktuelle VLIW-Architektur zuzuschnei-

den. Kommt eine Verarbeitungseinheit hinzu, muss der Kode neu erzeugt werden. Dieser Nachteil hat bisher die Verbreitung von VLIW-Architekturen beschränkt. Aus Bild 2.24 ist zu ersehen, dass breite, (sehr) lange Befehle erwartet werden, bei denen die Lage des Operationskodes innerhalb des Befehls eindeutig die zugeordnete Einheit bestimmt.

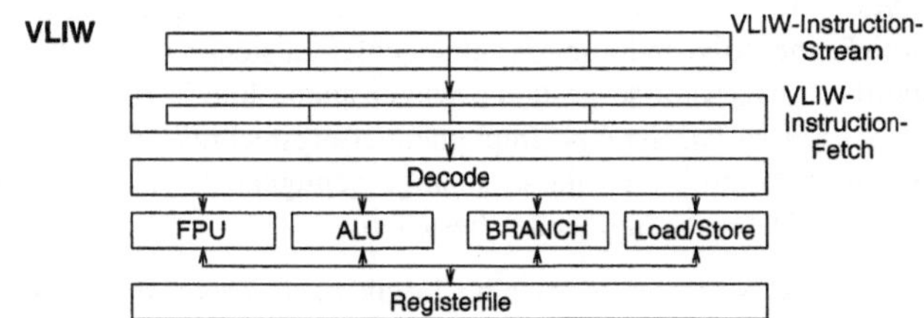

Abbildung 2.24
Very Long
Instruction
Word–Architektur

Bei Superskalar-Architekturen kann dahingegen, gleichgültig wieviele parallele Ausführungseinheiten aktuell implementiert sind, stets derselbe sequentielle Befehlsstrom verarbeitet werden, da das Befehlsscheduling von der aktuellen Hardware selbst dynamisch zur Laufzeit durchgeführt wird. Compilerscheduling kann zur Unterstützung angewendet werden, ist aber im Prinzip nicht notwendig.

Eine weitere Möglichkeit, um noch mehr Befehlsparallelität erzeugen zu können, besteht in dem expliziten Formulieren parallel ausführbarer Programmsequenzen, sogenannter *Threads*, durch den Programmierer. Bereits in der programmtechnischen Umsetzung des Problems sucht jener nach Möglichkeiten, parallele Befehlsströme erzeugen bzw. formulieren zu können. Die Hardware einer *Multi-threaded Architecture*, wie sie in Bild 2.25 zu sehen ist, kann auf einfache Art und Weise Kenntnis von diesen Befehlsströmen erhalten.

Multithread-
Architektur

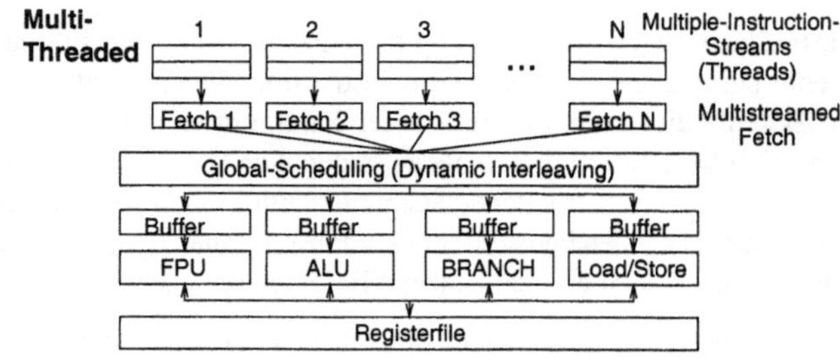

Abbildung 2.25
Multithreaded
Architektur

Findet die Scheduling-Einheit innerhalb eines Threads keine parallel ausführbaren Befehle mehr, schaltet sie einfach zu einem neuen Thread um, sucht dort – und wird höchtwahrscheinlich fündig. Natürlich sind auch Multithreaded-Architekturen speziell zu programmieren, weshalb sie sich bisher auch noch nicht weit verbreitet haben.

Multiscalar-Architekturen sind eine Art von Multithread-Architekturen, die den Nachteil spezieller Programmierung vermeiden. Sie suchen selbst während der Laufzeit nach größeren relativ unabhängigen Kodesequenzen, die dann quasi wie Threads behandelt und abgearbeitet werden. Noch befinden sich diese Architekturen jedoch im Forschungsstadium. Mulitscalar-Architektur

Moderne Prozessoren im Massenmarkt sind heutzutage meist Superskalar-Prozessoren. Sie vereinen die Prinzipien: Parallele Ausführungseinheiten mit jeweils arithmetischem Pipelining, Dynamisches Befehlsscheduling, Out-of-order Execution und Spekulative Befehlsausführung. Letztere ist eine Technik, um über das Maß von Sprungvorhersage-Methoden hinaus Gewinne erzielen zu können. Wenn man mehrere Befehle parallel ausführen kann, warum dann nicht im Falle eines Sprungbefehls sowohl von der vorausgesagten wie auch von der nicht vorausgesagten Adresse Befehle spekulativ im voraus holen und deren parallele Bearbeitung anstoßen? Die Befehle vom falschen Zweig werden dann einfach nachträglich gelöscht und auf alle Fälle ist garantiert, dass die Befehle des richtigen Zweiges unverzögert bearbeitet werden.

2.12 Speicherhierarchie und Caches

Entscheidend für die Arbeitsgeschwindigkeit eines Rechners ist nicht nur die Schnelligkeit, mit der Daten innerhalb der CPU verknüpft, sondern auch die Geschwindigkeit, mit der diese zwischen CPU und Hauptspeicher transportiert werden können.

Im Abschnitt Vektorrechner wurde gezeigt, wie man auf der Basis von Bank-organisiertem Speicher Speicherzugriffe auf sehr lange lineare Datenfolgen beschleunigen kann, ohne schnellere Speicherbausteine verwenden zu müssen. Ein anderes Verfahren, welches weniger für diese Art von Zugriffsmustern geeignet ist – wo es kaum wiederholte Zugriffe auf die gleichen Adressen gibt – verwendet sogenannte *Cache–Speicher*. Das Cache–Konzept ist genau auf den Wiederholeffekt bei Datenzugriffen ausgelegt und berücksichtigt fernerhin die Tatsachen, die im Bild 2.26 in Form der Speicherpyramide zum Ausdruck kommen. Wie diese *Speicherhierarchie* zeigt, schafft man es nämlich bei gegebenen Kosten nur, entweder große langsame *oder* kleine schnelle Speicher zu bauen. Cache–Speicher

Speicherhierarchie

Abbildung 2.26
Speicherpyramide

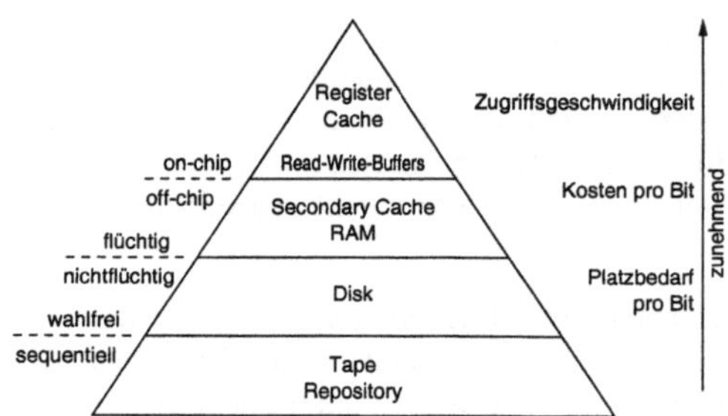

Caches sind kleine, schnelle Pufferspeicher, die zwischen dem großen und relativ langsamen Hauptspeicher und der CPU angesiedelt sind. Die Idee ist nun, im Cache ständig Kopien derjenigen Daten zu halten, auf die (höchstwahrscheinlich) mehrfach zugegriffen wird. Bei wiederholten Zugriffen auf diese Daten kann man sie gleich vom Cache schnell entnehmen. Man spart viele langsame Hauptspeicherzugriffe.

Voraussetzung bei alldem ist, dass ein Programm für eine gewisse Zeit nur auf einer kleinen Teilmenge der gesamten Programmdaten operiert. Nur dann braucht man nicht ständig neue Datenkopien vom Hauptspeicher nachzuladen; und auch nur dann kann man sie in einem kleinen Speicher unterbringen – und die ganze Sache macht Sinn. In der Tat "beschäftigen" sich viele – aber nicht alle – Programme für längere Zeit mit einer beschränkten Datenteilmenge, die sich nur relativ langsam im Programmverlauf ändert. Man spricht diesbezüglich von der Eigenschaft *Programm–Lokalität* und dem sogenannten *Workingset*.

Workingset

Eine sehr einfache Verfahrensweise, um den Cache stets mit aktuellen Daten gefüllt zu halten, ist, bei jedem Hauptspeicherlesen auch gleich nebenbei den Cache mitzuladen. In Bild 2.27 ist dieses am Beispiel des Lesens von Adresse 1000 angedeutet. Bei wiederholtem Zugriff auf dieselbe Adresse kann das Datum schnell vom Cache geholt werden.

Abbildung 2.27
Cachestrategien

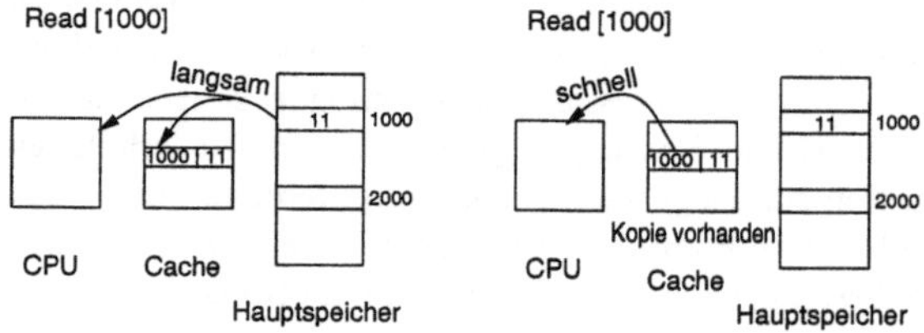

Unter Bild 2.28 ist gezeigt, welche typischen Verfahren beim Schreiben in Cache-organisierten Systemen angewendet werden.

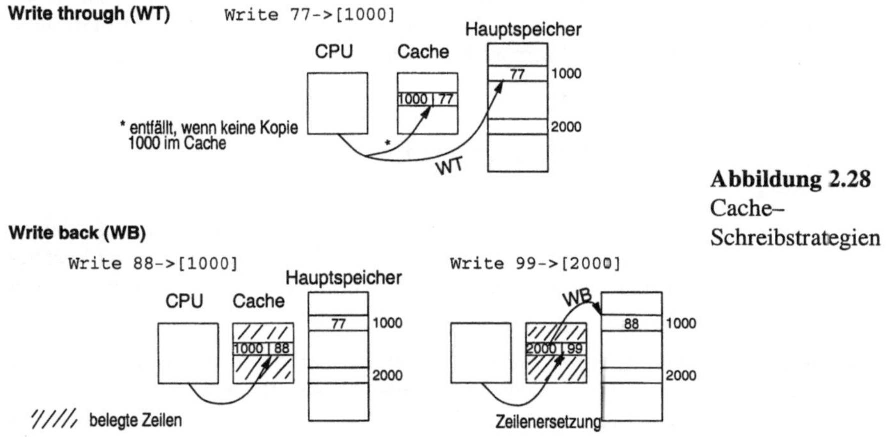

Abbildung 2.28
Cache–
Schreibstrategien

Bei der sogenannten *Write Through–Schreibstrategie* wird jede Schreiboperation zum Hauptspeicher geleitet; bestenfalls wird eine im Cache
befindliche Kopie nebenbei mit erneuert. Vorteilhaft wirkt hier der Fakt,
dass Hauptspeicher und Cacheeintrag – so vorhanden – stets übereinstimmen. Nachteilig ist, dass jede Schreiboperation nur mit der langsa-
meren Hautspeichergeschwindigkeit abläuft.

Write
Through–Strategie

Diesen gravierenden Nachteil vermeidet die *Write Back–Strategie*. Unter Bild 2.28 ist gezeigt, dass beim Schreiben nur in den Cache eingetragen wird. Ist die Adresse dort vorhanden, wird deren Inhalt aktualisiert;
andernfalls wird die Adresse dort mit aktuellem Inhalt neu angelegt.
Langsame Hauptspeicherzugriffe werden somit vermieden, allerdings
stimmen Cache- und Hauptspeicherdatum nach einer Schreiboperation
evt. nicht mehr überein. Im Endeffekt muss man natürlich wieder für
Übereinstimmung sorgen, was allerdings nicht sofort sein muss – es
reicht, dies erst zu dem Zeitpunkt zu tun, zu dem der Eintrag überschrieben werden soll, weil für einen neuen Eintrag kein freier Cache-
platz mehr da ist. Kurz vor der Überschreiboperation wird dann durch
einen *Write Back–Transfer* der Hauptspeicher noch mit dem richtigen
Datum aus dem Cache versorgt, wie es Bild 2.28 demonstriert. Während
in Einzelprozessorsystemen die zeitweise Inkonsistenz von Cache und
Hauptspeicher im allgemeinen nicht stört, ergeben sich in Multiprozessorsystemen ernsthafte Probleme daraus. Zur Vermeidung dieser werden dann besondere Cache-Kohärenz- Verfahren angewendet, von denen stellvertretend das weit verbreitete *MESI-Protokoll* genannt werden
soll.

Write
Back–Strategie

MESI-Protokoll

Das Cachekonzept ist eines der tragreichsten Konzepte zum Erhöhen der effektiven Speicherzugriffsgeschwindigkeit bzw. *Speicherbandbrei-*
Speicherbandbreite *te* (alias übertragene Bytes pro Sekunde). Es wird heute in fast allen gängigen Rechnern angewendet.

2.13 Parallelrechner

Reicht die Leistung einer Einzelprozessormaschine nicht aus, können durch Parallelschalten mehrerer Prozessoren oder auch ganzer Rechnereinheiten zusätzliche Leistungsgewinne erzielt werden, siehe dazu in [2.6].

Multiprozessor- *Multiprozessorsysteme* erweitern herkömmliche Einzelprozessor-
systeme rechner um zusätzliche Prozessoren. Am Beispiel einer busbasierten Multiprozessorarchitektur nach Bild 2.29 ist zu sehen, dass sich alle Prozessoren den gemeinsam benutzten globalen Hauptspeicher teilen.

Abbildung 2.29
Busbasiertes Multi-
prozessorsystem

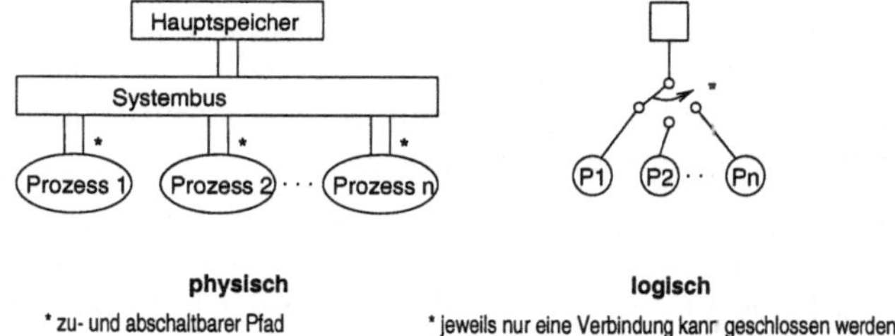

Positiv ist, dass jeder Prozessor den Hauptspeicher genauso sieht, als hätte er ihn für sich allein – also wie "früher" im Falle einer Einzelprozessormaschine. "Alte" Programme sind demnach zunächst ohne Modifikation bei Nutzung nur eines Prozessors eines Multiprozessorsystems ablauffähig. In späteren Schritten können dann parallele Progammteile verschiedenen Prozessoren zur Abarbeitung zugeordnet werden. Solange die Prozessoren nicht auf den gemeinsamen Speicher zugreifen müssen, arbeiten sie tatsächlich unabhängig und N Prozessoren steigern die Gesamtleistung auf das N-fache. Greifen im Extremfall alle Prozessoren ständig auf den Hauptspeicher zu, behindern sie sich gegenseitig, denn jeweils nur ein einziger kann zu einem Zeitpunkt zugreifen. Es kommt zu keiner Parallelität und der Gewinn ist null. Praktisch erscheinen Größenordnungen bis zu maximal 30 Prozessoren an einem gemeinsamen Bus sinnvoll.

In modernen Multiprozessorsystemen ist jedem Prozessor entsprechend Bild 2.30 ein eigener Cachespeicher zugeordnet. Jeder Prozessor hält sich dort Kopien von häufig benötigten Daten. Solange er mit diesen arbeiten kann, brauchen keine Globalspeicherzugriffe erfolgen. Je größer die lokalen Caches sind und je lokaler das Programm arbeitet, das heißt je länger es mit dem Workingset im Cache auskommt, um so weniger Verzögerung durch Warten auf Hauptspeicherzuteilung gibt es.

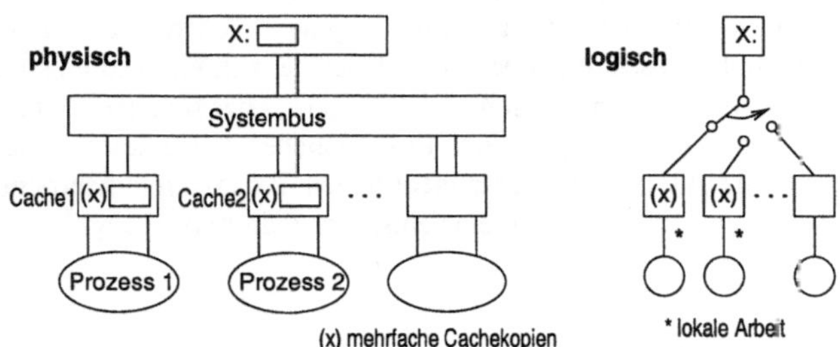

Abbildung 2.30
Cachebasiertes Multiprozessorsystem

Ein Nachteil ist, dass es durch das Vorhandensein mehrerer Caches auch Mehrfachkopien von Hauptspeicherdaten geben kann. In busbasierten Multiprozessorsystemen organisiert eine sogenannte *Snoop–Logik* auf der Basis eines *Cache–Kohärenz*protokolls – wie beispeilsweise des *MESI–Protokolls* – automatisch globale Kohärenz.

Snoop–Logik

Cache–Kohärenz
MESI

Praktische Bedeutsamkeit hat eine besondere Form von Multiprozessorsystemen erlangt. Sogenannte *Symmetrische Multiprozessor-Systeme (SMPs)* sind so gebaut, dass jede CPU nicht nur gleiche Sicht auf den Speicher, sondern zusätzlich auch auf das Ein/Ausgabesystem hat. Der Aufbau ist, wie aus Bild 2.31 ersichtlich, vollkommen symmetrisch.

SMP

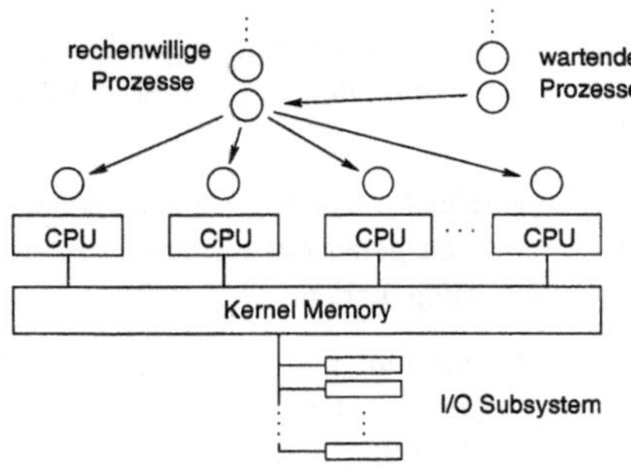

Abbildung 2.31
Logische Sicht eines SMP

Alle Rechenprozesse, gleich, welche Ressourcen sie verwenden – also gleich, welche Speicher- und E/A-Ressourcen –, können von jeder CPU bearbeitet werden; den Umstand, dass bestimmte Ein/Ausgabe-Aufgaben (z.B. Filezugriffe) nur von einer CPU erledigt werden können, gibt es nicht. Eine solche CPU würde schnell mit E/A-Prozessen überhäuft und der Vorteil einer gleichmäßigen Auslastung und damit proportional mit der CPU-Anzahl steigender Leistung ginge verloren. Multiprozessorsysteme sind heutzutage fast ausnahmslos vom Typ SMP.

Wie aus den Erläuterungen zu Multiprozessorsystemen hervorgeht, ist es anstrebenswert, dass jeder Prozessor eigenen lokalen Speicher besitzt, um möglichst selten auf den Globalspeicher zugreifen zu müssen. Array-Rechner Bei Feldrechnern, sogenannten *Array-Rechnern*, setzt sich der gesamte Speicher aus einem Feld von nur Lokalspeichern zusammen, deren Daten jeweils nur von paarig zugeordneten Prozessoren bearbeitet werden können. Bild 2.32 zeigt eine entsprechende Anordnung.

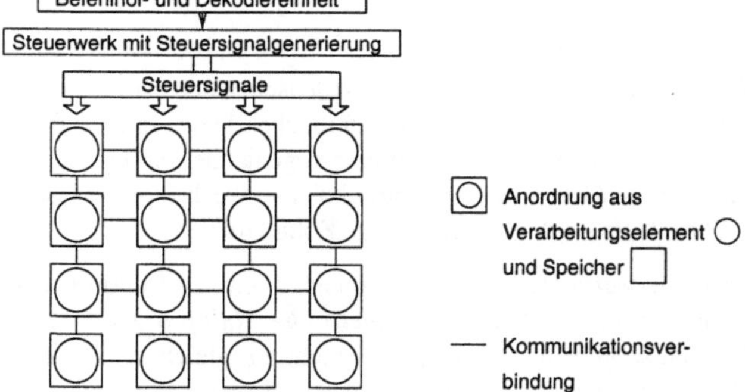

Abbildung 2.32
Feldrechner nach
dem SIMD-Prinzip

Man stelle sich ein Pixelbild vor, von dem jeweils Teilmengen von Pixelelementen auf derartige Lokalspeicher verteilt werden. Bildbearbeitungsoperationen, die jeweils nur auf einer stark begrenzten Anzahl benachbarter Pixel operieren, können dann echt parallel von den Prozessoren bearbietet werden.

Pixelelemente im Übergangsbereich zwischen Lokalspeichern müssen natürlich zwischen Prozessoren ausgetauscht werden können. Folglich muss es ein Kommunikationssystem geben.

Im Bild 2.32 ist beispielhaft eine Gitter-Kommunikationsstruktur angedeutet. Um möglichst ein großes Feld von Prozessor-Speicher-Einheiten realisieren und den Aufwand gering halten zu können, hält man die Funktionalität der Prozessoren minimal. Das heißt, es sind eigentlich gar keine Prozessoren mehr, nur noch Verarbeitungseinheiten, sogenannte *Processing Elements (PEs)*. Diese können und brauchen keine Befehle zu dekodieren, das erledigt für alle ein einziges zentrales Steuerwerk, welches allen PE's die entsprechenden Steuersignalkombinationen gleichermaßen zuleitet. Alle PE's werden auf diese Weise identisch und synchron gesteuert.

Processing Element

Da ein einziger Befehl zeitgleich eine Vielzahl von parallelen Datenelementen verknüpft, hat M. Flynn [2.2] für diesen Architekturtyp die Bezeichnung *Single Instruction Multiple Data (SIMD)* eingeführt.

SIMD

SIMD–Computer sind besonders für Problemfälle geeignet, bei denen feldartig geordnete Datenmengen in synchronen Schritten mit lokalarbeitenden Operatoren parallel bearbeitet werden können. Diese Problemklasse stellt einen relativ kleinen Bereich im Spektrum aller parallelabarbeitbarer Probleme dar, weshalb SIMD-Rechner als Spezial-Parallelrechner gelten.

Die größte Klasse von Aufgaben kann auf Parallelrechnern bearbeitet werden, die im Prinzip aus einer Menge gekoppelter selbständiger Rechnereinheiten bestehen. Jede Rechnereinheit arbeitet dabei vollkommen unabhängig und asynchron zu anderen einen eigenen Befehsstrom ab. M. Flynn kennzeichnete diesen Typ als *Multiple Instructions Multiple Data (MIMD)*, da zeitgleich mehrere Befehlsströme auf mehreren parallelen Datensätzen unabhängig arbeiten.

MIMD

Die einzelnen Prozessoren in einem SMP–System könnten prinzipiell auch so vorgehen, doch ist da das Problem des nur zeitgeteilt nutzbaren Globalspeichers, was die praktisch erreichbare Parallelität stark einschränkte. Andere Lösungen vermeiden den Flaschenhals gemeinsamer Globalspeicher. Sogenannte *Message Passing (MP)*–Parallelrechner bestehen im Prinzip aus vollkommen selbständigen Rechnern, die unter Nutzung eines Verbindungsnetzwerkes Botschaften, sogenannte Messages, austauschen, um das Arbeiten an einer gemeinsamen Aufgabe zu koordinieren und entsprechend Daten untereinander austauschen zu können. Bild 2.33 zeigt den zugehörigen Prinzipaufbau.

Message Passing

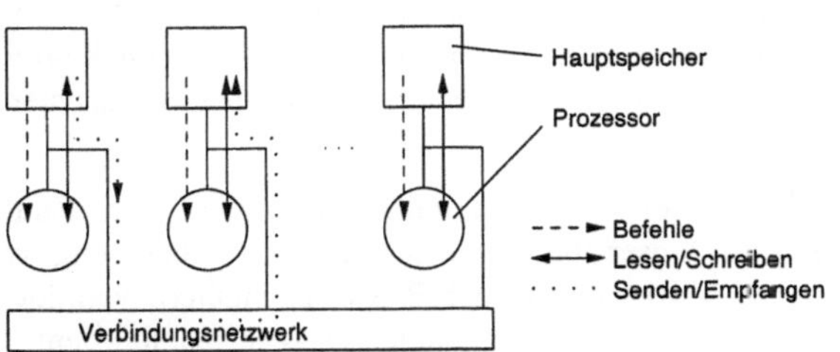

Abbildung 2.33
Message Passing–
Architektur

Weil der gesamte Speicher über mehrere Rechner verteilt ist, charakterisiert man derartige Lösungen auch mit dem Begriff *Distributed Memory (DM)*–Architektur. Message Passing–Parallelrechner erfordern das explizite Programmieren von Sende- und Empfangsoperationen. Das war bei SMP–Systemen nicht notwendig, weil man dort auf gemeinsame Variablen im physikalisch gemeinsamen Hauptspeicher zugreifen konnte. Das Verwenden von Botschaften, um entfernte Daten zugänglich zu machen, war nicht erforderlich.

Die Sichtweise, die ein Programmierer eines SMP–Systems hat, ist für die Programmierung einer Vielzahl von Anwendungen jedoch die geeignetere. Folglich hat man nach Lösungen gesucht, dem Programmierer auch in Distributed Memory–Systemen, wo es physikalisch gar keinen gemeinsamen Speicher gibt, dennoch – wie bei einem SMP–System – den Eindruck eines gemeinsamen Hauptspeichers, oder anders ausgedrückt, eines Shared Memory zu vermitteln.

Parallelrechner, die hardwarebasierte Mittel zur Organisation eines solchen Eindrucks verwenden, nennt man *Distributed Shared Memory (DSM)*–Systeme. Den prinzipiellen Aufbau im Vergleich zur logischen Sicht zeigt Bild 2.34.

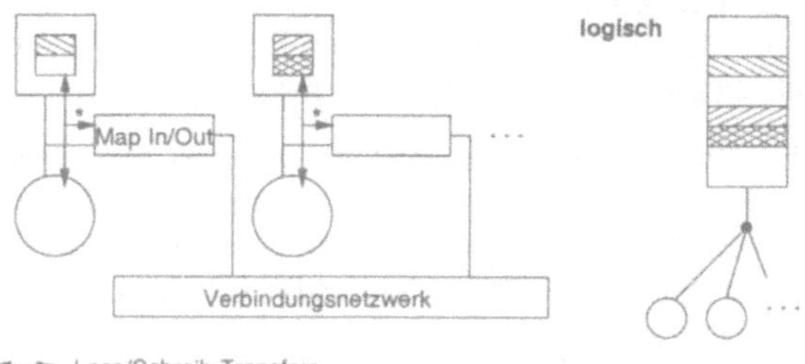

Abbildung 2.34
Distributed Shared
Memory–
Architektur

Sogenannte *Non Uniform Memory Access (NUMA)*–Architekturen, mit den Varianten mit und ohne Cache–Kohärenz, respektive ccNUMA bzw. nccNUMA, wie auch sogenannte *Cache Only Memory Access (COMA)*–Maschinen sind Varianten von DSM–Architekturen. In der Feinstruktur gibt es sehr viel mehr Parallelrechnerarten als hier besprochen.

Cluster Computer sind eine zeitgemäße Form von Parallelrechnertypen. Im Wesen bestehen sie aus einer Bündelung von handelsüblichen Workstations oder Personalcomputern vermittels eines (Hochgeschwindigkeits-) Kommunikationssystems, mit dem Ziel eine einzige große Rechenressource mit *Single System Image (SSI)* zu erzeugen.

Welche Architekturen man auch in Zukunft entwickeln wird, eines steht fest: der Trend zu mehr Parallelität auf allen Ebenen wird sich noch verstärken. Parallelrechner auf einem Chip, sogenannte *Chip Multi-Processors*, sind heute schon realisierbar. Sie werden zukünftig nicht nur Grundbausteine im PC- und Workstationbereich sein, sondern auch die Elemente von Supercomputern mit Leistungen von mehreren Billionen Operationen je Sekunde.

2.14 Literatur

[2.1] Dotzler, B.J. (Hrsg.): *Babbages Rechen–Automaten*, Springer Verlag, Wien, 1996

[2.2] Flynn, M.J.: *Very High-speed Computing Systems*, Proc. IEEE 54:12 (December), 1901-1909 (Seiten 396, 591)

[2.3] Goldstine, H.H.: *The Computer From Pascal To von Neumann*, Princeton, N.J., Princeton University Press, 1972

[2.4] Hennessy, J.L., Patterson, D.A. (Übersetzung durch D. Jungmann): *Rechnerarchitektur: Analyse, Entwurf, Implementierung, Bewertung*, Vieweg Verlag, Braunschweig/Wiesbaden. 1994

[2.5] Hwang, K.: *Advanced Computer Architecture: Parallelism, Scalability, Programmability*, McGraw-Hill Companies, Boston, 1993

[2.6] Hwang, K.: *Scalable Parallel Computing: Technology, Architecture, Programming*, McGraw-Hill Companies, Boston, 1998

[2.7] Rojas, R.: *Die Rechenmaschinen von Konrad Zuse*, Springer Verlag, Berlin, 1998

[2.8] Silc, J., Robic, B., Ungerer, Th.: *Processor Architecture From Dataflow To Superscalar And Beyond*, Springer-Verlag Berlin, Heidelberg, New York, 1999.

[2.9] Burks, A.W., Goldstine, H.H., von Neumann, J.: *Preliminary Discussion Of The Logical Design Of An Electronic Computing Instrument*, in Taub A.H.(ed.): Collected Works of John von Neumann, vol. 5, MacMillan, New York, 1963, 34-79

[2.10] Ungerer, Th.: *Mikroprozessortechnik - Architektur und Funkti-*
        onsweise superskalarer Mikroprozessoren, International Thom-
        son Publ., Bonn, 1995

[2.11] Wilkes, M.V. and Stinger, J.B.: *Microprogramming And The De-*
        sign Of The Control Circuits In An Electronic Digital Computer,
        Proc. Cambridge Philosophical Society, 49: 230-238

Kapitel 3

Algorithmen

von Ingo Wegener

3.1 Einführung

Algorithmische Probleme treten in allen Bereichen der Informatik auf.
Exemplarisch sollen die folgenden Fragestellungen genannt werden:
Verteilung beschränkter Ressourcen auf verschiedene Anforderungen,
z.B. Stundenplanprobleme, Entwurf von Datenbanksystemen, Verifikation von Hardware und Software, Layout beim Entwurf digitaler Systeme, Computer-Aided Design, Flussmaximierung in Netzwerken, Berechnung kürzester Wege auch unter Nebenbedingungen wie im Traveling Salesman Problem, Klassifikationsprobleme, z.B. in der Mu-
stererkennung, Verwaltung großer Datenbestände, z.B. von Geodaten,
Datenschutz, kryptographische Systeme, Entwurf von Schachprogram-
men, künstliche Intelligenz. Hierunter sind Entscheidungsprobleme wie
die Hardwareverifikation (stimmt das Eingabe-Ausgabe-Verhalten von
Spezifikation und Realisierung überein?) und Optimierungsprobleme
(finde ein Layout, das z.B. bezüglich des Platzbedarfs optimal ist). Probleme wie die Hardwareverifikation und das Layoutproblem sind *re-*
kursiv, d.h. mit Rechnerhilfe lösbar, sie gehören aber auch zu den *NP-* rekursiv
harten Problemen [3.5], [3.14], [3.16]. Dies impliziert, dass es ver- NP-hartes Problem
mutlich keinen Algorithmus gibt, der für alle Eingaben effizient arbeitet. Unter den praktisch wichtigen Problemen haben viele diese Eigenschaft und nur wenige Probleme, unter ihnen die Flussmaximierung
in Netzwerken, lassen sich mittels polynomieller Algorithmen lösen.

polynomielle
Algorithmen

Bei *polynomiellen Algorithmen* wächst die Rechenzeit polynomiell mit der Länge der Eingabe. Derartige Algorithmen werden effizient genannt. In allen anderen Fällen gilt, dass „gute Algorithmen" Probleme zumindest für viele Eingaben wesentlich schneller lösen als „naive Algorithmen". Ob ein Problem „praktisch" gelöst werden kann, hängt entscheidend von der Güte des verwendeten Algorithmus ab. Bei Optimierungsproblemen ist man oft mit Algorithmen zufrieden, die schnell gute, aber nicht notwendig optimale Lösungen liefern. In diesen Fällen liefern bessere Algorithmen in vergleichbarer Zeit Lösungen von größerer Qualität.

Die zentrale Frage lautet also: Wie entwirft man für ein gegebenes Problem einen geeigneten Algorithmus?

Hierzu benötigt man Spezialkenntnisse über das Gebiet, aus dem das Problem stammt, Kenntnisse über Entwurfsmethoden für Algorithmen und, wie bei der Bearbeitung jeder neuen Fragestellung, das richtige Gefühl für das Problem, Intuition und eventuell etwas Glück. In diesem Kapitel werden Entwurfsmethoden für Algorithmen vorgestellt. Erst die praktische Erprobung dieser Methoden in mehreren Situationen führt zu einem sicheren Umgang mit diesem grundlegenden Handwerkszeug der Informatik.

Die Behandlung von Entwurfsmethoden für Algorithmen ist somit zentraler als die exemplarische Lösung einzelner wichtiger Probleme. Aus diesem Grund ist diese Einführung methodenorientiert und nicht problemorientiert aufgebaut. Die Methoden werden zunächst allgemein eingeführt und diskutiert und dann exemplarisch auf Probleme angewendet, die einerseits wichtig sind und bei denen andererseits die Anwendung der Methode gute Einsichten in die Methode liefert. Wenn es möglich ist, soll die Güte des entworfenen Algorithmus analysiert werden. Die Analyse eines Algorithmus dient zum theoretischen Nachweis seiner Eigenschaften, so dass ein Produkt mit garantierter Qualität entsteht. Darüber hinaus zeigt die Analyse von Algorithmen deren Schwachstellen auf und liefert somit häufig Ideen zur Verbesserung der Algorithmen.

Zunächst werden drei allgemeine Entwurfsmethoden für Algorithmen vorgestellt, die, wenn sie anwendbar sind, stets zur Lösung des Problems führen: divide-and-conquer (3.2), dynamische Programmierung (3.3) und branch-and-bound (3.4). Greedy Algorithmen (3.5) und lokale Suche (3.6) sind Methoden zur Lösung von Optimierungsproblemen, die bei einigen Problemen die Berechnung einer optimalen Lösung ermöglichen, oft aber als heuristische Algorithmen eingesetzt werden, d.h. man hofft ohne Gütegarantie auf eine gute Lösung. Dagegen liefern Approximationsalgorithmen (3.7) Lösungen, für die garantiert ist, dass sich ihre Güte von der Güte optimaler Lösungen nur um einen vorgegebenen Faktor unterscheidet. Schließlich wird begründet, warum randomisierte Algorithmen (3.8) für viele Probleme besser geeignet sind als deterministische Algorithmen, die nicht auf Zufallsbits beruhen dürfen.

3.2 Divide-and-conquer Algorithmen

Die Bezeichnung *divide-and-conquer* Algorithmus bezieht sich auf das Prinzip divide et impera (teile und herrsche), das auf Ludwig XI. zurückgeführt wird. Es beschreibt die politische Strategie, Zwietracht zu säen, um einfacher herrschen zu können, da es keinen starken Gegner mehr gibt. Unser Gegner ist das zu lösende Problem und wir beherrschen das Problem, wenn wir es effizient lösen können. Fast alle Probleme sind für sehr kurze Eingaben leicht zu lösen. Ein divide-and-conquer Algorithmus besteht nun aus drei Teilen:

divide-and-conquer

- die Zerlegung des Problems in kleinere Teilprobleme desselben Typs;

- die Lösung der Teilprobleme;

- die Berechnung der Lösung des Gesamtproblems aus den Lösungen der Teilprobleme.

Da die Teilprobleme vom selben Typ wie das gegebene Problem sind, lassen sie sich rekursiv behandeln, bis wir auf Teilprobleme stoßen, die so klein sind, dass ihre Lösung sehr einfach ist. Divide-and-conquer Algorithmen sind effizient, wenn die Zerlegung des Problems und die Berechnung der Gesamtlösung aus den Teillösungen effizient, möglichst in linearer Zeit bezogen auf die Problemgröße, möglich sind. Zusätzlich sollten möglichst wenige möglichst kleine Teilprobleme entstehen. Wir analysieren den wichtigen Fall, dass wir Probleme der Größe n in a Probleme der Größe n/b zerlegen und die übrige Arbeit Kosten von cn verursacht. Der Einfachheit halber setzen wir dabei voraus, dass $n = b^k$ für eine natürliche Zahl k ist. Es sei $R(n)$ die Rechenzeit des divide-and-conquer Algorithmus und $R(1) = c$ gilt

$$R(n) = aR(n/b) + cn \text{ für } n \geq 2. \tag{3.1}$$

Diese *Rekursionsgleichung* lässt sich explizit lösen:

Rekursions-
gleichung

$$a < b \;\Rightarrow\; R(n) \leq \quad c\frac{b}{b-a}n \quad\;\; = O(n). \tag{3.2}$$
$$a = b \;\Rightarrow\; R(n) = \quad cn(\log_b n + 1) \;\; = O(n \log n). \tag{3.3}$$
$$a > b \;\Rightarrow\; R(n) \leq \quad c\frac{a}{a-b}n^{\log_b a} \;\; = O(n^{\log_b a}). \tag{3.4}$$

Diese Analyse zeigt uns, dass es mehr auf das Verhältnis von a und b als auf die Größe von c ankommt.

MERGE SORT (Sortieren durch Mischen) ist ein typischer divide-and-conquer Algorithmus, um n Elemente $x_1, \ldots, x_n$ aus einer vollständig geordneten Menge in eine aufsteigend sortierte Folge zu bringen. Folgen der Länge $n = 1$ sind sortiert. Für $n \geq 2$ zerlegen wir das Problem in $a = 2$ Teilprobleme $x_1, \ldots, x_{\lfloor n/2 \rfloor}$ und $x_{\lfloor n/2 \rfloor + 1}, \ldots, x_n$ der Größe n/b für $b = 2$ (falls n gerade). Wenn $y_1, \ldots, y_{\lfloor n/2 \rfloor}$ und $z_1, \ldots, z_{\lceil n/2 \rceil}$ die Lösungen der Teilprobleme sind, also die sortierten Folgen der beiden Teilfolgen, erhalten wir die sortierte Folge aller x-Elemente durch das *Reißverschlussverfahren*. Dazu werden y_1 und z_1 verglichen und das kleinere Element wird in die Ausgabe geschrieben. In der Folge, aus der das kleinere Element stammt, wird das nächste Element zum Vergleich gewählt. Ist eine Teilfolge leer geworden, wird die andere in die Ausgabe kopiert. Diese allgemeine Beschreibung soll an einem Beispiel veranschaulicht werden. Es sei die Zahlenfolge $13, 57, 18, 8, 6, 61, 97, 12$ zu sortieren. Sie wird in die Teilfolgen $13, 57, 18, 8$ und $6, 61, 97, 12$ zerlegt. Auf ihnen erzeugt der rekursive Aufruf von MERGE SORT die sortierten Teilfolgen $8, 13, 18, 57$ und $6, 12, 61, 97$, die noch gemischt werden müssen. Mit dem Vergleich der ersten Folgenglieder, also 8 und 6, erweist sich 6 als kleinste Zahl und damit als erstes Element der sortierten Folge. Es verbleiben die Folgen $8, 13, 18, 57$ und $12, 61, 97$. Wieder werden die ersten Folgenglieder, also 8 und 12, verglichen. Hier erweist sich 8 als kleiner und damit als zweitkleinste Zahl. Es folgen die Vergleiche $13 \leftrightarrow \underline{12}$, $\underline{13} \leftrightarrow 61$, $\underline{18} \leftrightarrow 61$ und $\underline{57} \leftrightarrow 61$, wobei jeweils die unterstrichenen Elemente in die Ausgabe gelangen. Danach ist die erste Teilfolge leer und die zweite Teilfolge $61, 97$ ist sortiert und kann als Restfolge an die bisher erzeugte Folge $6, 8, 12, 13, 18, 57$ gehängt werden, um die sortierte Folge zu erhalten. Da mit jedem Vergleich ein Element der „gemischten Folge" berechnet wird, kann bei der Abschätzung der Anzahl der Vergleiche $c = 1$ gewählt werden. Aus der allgemeinen Analyse folgt, dass MERGE SORT weniger als $n \log n$ Vergleiche durchführt. Die folgende Abbildung zeigt, warum sich für den Mischvorgang der Name Reißverschlussverfahren für einen „unregelmäßigen Reißverschluss" eingebürgert hat.

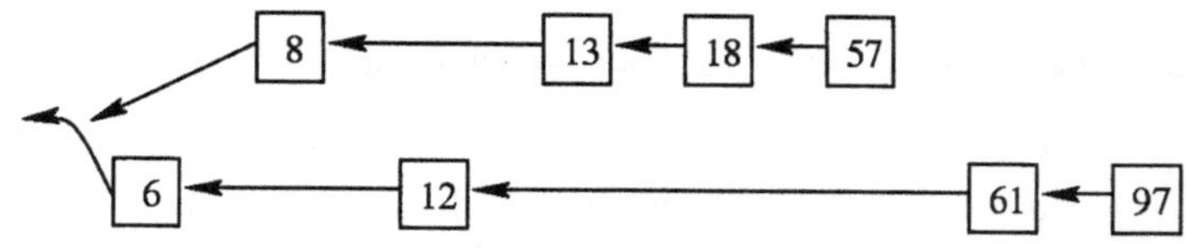

MERGE SORT

Bei MERGE SORT ist der Zerlegungsschritt fast kostenfrei, während der Verschmelzungsschritt lineare Kosten verursacht. Bei QUICK SORT ist es genau anders herum. Es wird ein Zerlegungselement z aus der Eingabe gewählt. Das erste Teilproblem besteht aus allen Elementen, die kleiner als z sind, und das zweite Teilproblem aus allen Elementen, die größer als z sind. Dazu muss jedes Element mit z verglichen werden. Am Ende besteht die Lösung aus der Lösung des ersten Teilproblems, gefolgt von allen Elementen, die gleich groß wie z sind (inklusive z), und schließlich gefolgt von der Lösung des zweiten Teilproblems. Auch hier ist $c = 1$ geeignet. (Auf Details für eine Implementierung innerhalb eines Arrays gehen wir hier nicht ein.) Auch QUICK SORT soll am Beispiel der Zahlenfolge 13, 57, 18, 8, 6, 61, 97, 12 erläutert werden. Das Zerlegungsobjekt sei 13. Es werden alle anderen Zahlen mit 13 verglichen. Dabei entsteht die Folge 8, 6, 12 der Zahlen, die kleiner als 13 sind und die Folge 57, 18, 61, 97 der Zahlen, die größer als 13 sind. Beide Folgen werden mit QUICK SORT sortiert und das Ergebnis besteht aus der Verkettung der sortierten Folge 6, 8, 12 mit 13 und der sortierten Folge 18, 57, 61, 97. Das folgende Bild illustriert die Zerlegung in das Zerlegungsobjekt und die Folge kleinerer und die Folge größerer Zahlen.

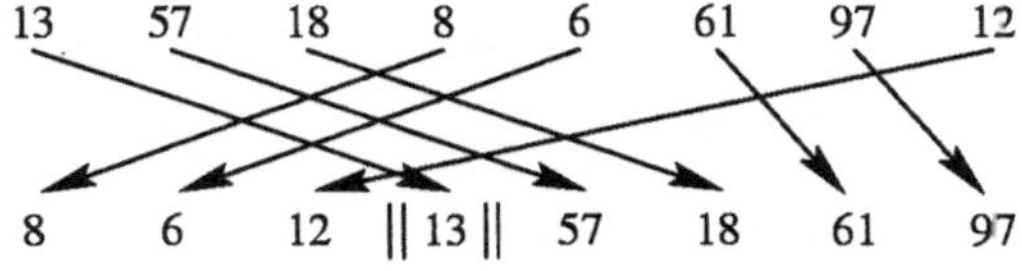

QUICK SORT

Bei QUICK SORT ist nicht gewährleistet, dass die beiden Teilprobleme auch nur ungefähr gleich groß sind. Daher ist die Rechenzeit im schlechtesten Fall von der Größenordnung n^2. Um die auch experimentell beobachtete Effizienz von QUICK SORT zu erklären, betrachten wir das durchschnittliche Verhalten bei deterministischer Wahl des Zerlegungselements, einer fest gegebenen Menge von n verschiedenen Elementen und allen $n!$ Möglichkeiten, wie diese Elemente die Eingabefolge bilden können. Mit Wahrscheinlichkeit $1/n$ ist das Zerlegungselement das i-kleinste Element und die Teilprobleme haben Länge $i - 1$ und $n - i$. Wenn $V(n)$ die durchschnittliche Anzahl von Vergleichen, die QUICK SORT durchführt, bezeichnet, gilt $V(0) = V(1) = 0$ und für $n \geq 2$ ist

$$V(n) = n - 1 + \frac{1}{n} \sum_{1 \leq i \leq n} (V(i-1) + V(n-i)). \qquad (3.5)$$

Diese Rekursionsgleichung hat die Lösung

$$V(n) = 2(n+1)H(n) - 4n \approx 1{,}386n \log n - 2{,}846n, \qquad (3.6)$$

wobei $H(n) = 1 + \frac{1}{2} + \cdots + \frac{1}{n}$ den n-ten Wert der harmonischen Reihe beschreibt.

Multiplikation zweier n-stelliger Binärzahlen

Ein weniger bekanntes Beispiel ist die *Multiplikation zweier n-stelliger Binärzahlen* $x = (x_{n-1}, \ldots, x_0)$ und $y = (y_{n-1}, \ldots, y_0)$, einer Aufgabe, für die Hardwarelösungen interessieren. Ein Ziel ist es, die Anzahl von zweistelligen booleschen Operationen zu minimieren. Bei der üblichen Schulmethode wird jedes x_i mit jedem y_j multipliziert (AND-Verknüpfung) und hinterher werden die Zahlen

$$z_i = \sum_{0 \le j \le n-1} x_i y_j 2^{i+j} \qquad (3.7)$$

addiert. Schon die bitweise Multiplikation erfordert n^2 binäre Operationen. Dieser Ansatz lässt sich durch einen divide-and-conquer Algorithmus von Karatsuba und Ofman schlagen. Wir zerlegen $x = (x', x'')$ und $y = (y', y'')$ in zwei Blöcke halber Länge. Mit $|x|$ bezeichnen wir den Zahlenwert der Binärzahl x. Es ist

$$\begin{aligned} |x| \cdot |y| &= (|x'|2^{n/2} + |x''|) \cdot (|y'|2^{n/2} + |y''|) \\ &= (|x'| \cdot |y'|)2^n + (|x'| \cdot |y''| + |x''| \cdot |y'|)2^{n/2} + \\ &\quad |x''| \cdot |y''|. \end{aligned} \qquad (3.8)$$

Dies führt zu einem divide-and-conquer Algorithmus mit $a = 4$ Teilproblemen halber Länge ($b = 2$) und linearer Zusatzarbeit, die aus Additionen und Shifts (Multiplikation mit Zweierpotenzen) besteht. Da $\log 4 = 2$, hat auch dieser Algorithmus eine quadratische Anzahl an Operationen. Es gilt aber:

$$\begin{aligned} |x'| \cdot |y''| + |x''| \cdot |y'| &= (|x'| + |x''|) \cdot (|y'| + |y''|) \\ &\quad - (|x'| \cdot |y'| + |x''| \cdot |y''|). \end{aligned} \qquad (3.9)$$

Damit lassen sich die zwei Multiplikationen auf der linken Seite durch eine neue Multiplikation von Zahlen der Länge $n/2 - 1$ und zusätzliche billige Additionen und Subtraktionen ersetzen, da wir $|x'| \cdot |y'|$ und $|x''| \cdot |y''|$ bereits berechnet haben. Im Wesentlichen erhalten wir einen divide-and-conquer Algorithmus mit $a = 3$ und $b = 2$ und damit einer Anzahl von Operationen in der Größenordnung von $n^{\log 3}$ mit $\log 3 \approx 1{,}585$.

Für kleine n ist die Schulmethode dem neuen Ansatz überlegen. Daher sollte der divide-and-conquer Algorithmus nicht in seiner reinen Form

verwendet werden. Wenn in der Rekursion die Probleme klein genug
sind, sollte auf die Schulmethode umgeschaltet werden. In [3.15] wird
gezeigt, dass dann bereits für $n = 16$ die Schulmethode verbessert wird.

Ähnlich gelagert ist die Situation bei der *Multiplikation von $n \times n$-Matrizen*. Die übliche Schulmethode benötigt n^3 Multiplikationen und
$n^3 - n^2$ Additionen. Indem wir Matrizen in vier $(n/2) \times (n/2)$-Matrizen
zerlegen, können wir die Schulmethode als divide-and-conquer Algorithmus mit $a = 8$ und $b = 2$ auffassen. Die Zusammensetzung der Gesamtlösung aus den Teillösungen besteht aus billigen Additionen von
Matrizen. Strassen [3.15] hat gezeigt, wie wir die Anzahl der Teilprobleme auf $a = 7$ auf Kosten zusätzlicher Additionen und Subtraktionen
von Matrizen senken können. Dies führt zu einem Algorithmus, bei
dem die Anzahl der reellwertigen Operationen nur von der Größenordnung $n^{\log 7}$, $\log 7 \approx 2{,}807$, ist.

Auch die bekannte *schnelle Fouriertransformation* (Fast Fourier Transformation FFT) ist ein divide-and-conquer Algorithmus für $a = b = 2$
und hat damit eine Rechenzeit der Größenordnung $n \log n$ im Gegensatz zu n^2 für den naiven Ansatz [3.1].

3.3 Dynamische Programmierung

Divide-and-conquer Algorithmen (3.2) zeigen, dass rekursive Algorithmen elegant und effizient sein können. Rekursion beinhaltet jedoch
auch Gefahren, die zu sehr ineffizienten Algorithmen führen können.
Einfachstes Beispiel ist die Berechnung der *Fibonacci-Zahlen*, die rekursiv durch $\mathrm{Fib}(0) = 0$, $\mathrm{Fib}(1) = 1$ und

$$\mathrm{Fib}(n) = \mathrm{Fib}(n-1) + \mathrm{Fib}(n-2) \quad \text{für} \quad n \geq 2 \qquad (3.10)$$

definiert sind. Offensichtlich genügen $n - 1$ Additionen, um $\mathrm{Fib}(n)$ zu
berechnen (es gibt sogar Verfahren, die mit $O(\log n)$ Multiplikationen
und Additionen auskommen). Ein rekursiver Algorithmus, der auf der
Definition beruht, benötigt jedoch exponentielle Zeit. Einerseits wird
$\mathrm{Fib}(n-2)$ berechnet, andererseits wird zur Berechnung von $\mathrm{Fib}(n-1)$
noch einmal $\mathrm{Fib}(n-2)$ berechnet. Dies führt zu einem Lawineneffekt,
bei dem $\mathrm{Fib}(n-4)$ fünfmal berechnet und der Wert für $\mathrm{Fib}(1)$ genau
$\mathrm{Fib}(n)$-mal und damit exponentiell oft abgefragt wird.

Bei unseren divide-and-conquer Algorithmen trat dieses Problem nicht
auf, da wir sehr effizient entscheiden konnten, wo wir das Problem
zerlegen wollten. Es gibt aber viele Probleme, bei denen diese Information nicht bekannt ist und alle Problemzerlegungen ausprobiert

werden müssen, um eine beste Zerlegung zu finden. Wir nehmen für unsere strukturellen Überlegungen an, dass die Lösung bei Problemgröße 1 Kosten 1 verursacht und die Aufteilung in Teilprobleme und die Zusammensetzung von Teillösungen sogar umsonst sind. Ein Problem auf $[1,n] := \{1,\ldots,n\}$ kann auf $n-1$ Weisen in $[1,i]$ und $[i+1,n], 1 \leq i \leq n-1$, zerlegt werden. Ein rekursiver Ansatz führt zu einer Rechenzeit von $R(1) = 1$ und

$$R(n) = \sum_{1 \leq i \leq n-1} (R(i) + R(n-i)) \geq 2R(n-1) \qquad (3.11)$$

für $n \geq 2$ und somit $R(n) \geq 2^{n-1}$. Es gibt aber nur $\binom{n}{2} + n$ verschiedene Teilprobleme $[i,j]$ mit $1 \leq i \leq j \leq n$. Es ist also vernünftig, iterativ vorzugehen und alle Probleme $[i,j]$ nach wachsendem $l = j - i$ zu lösen. Die Lösungen für bearbeitete Probleme werden in einer Tabelle gespeichert. Zur Lösung des Problems $[i,j]$ betrachten wir alle Aufteilungen in $[i,k]$ und $[k+1,j]$, für jede Aufteilung die zusammengesetzte Lösung für das Problem $[i,j]$ und berechnen daraus die Lösung für $[i,j]$. Damit diese Methode der *dynamischen Programmierung* wirklich korrekte Lösungen liefert, muss das *bellmannsche Optimalitätsprinzip* gelten. Es besagt, dass sich alle möglichen Lösungen als Zusammensetzung aus Lösungen von Teilproblemen vom beschriebenen Typ ergeben.

Besonders gut in dieses allgemeine Schema der dynamischen Programmierung passt der *Cocke-Younger-Kasami Algorithmus* (CYK-Algorithmus) zur Lösung des *Syntaxanalyse*problems für kontextfreie Grammatiken in Chomsky Normalform. Gegeben sind eine endliche Menge V von Variablen, eine endliche Menge T von Terminalzeichen und eine endliche Menge R von Ableitungsregeln, die vom Typ $A \to BC$ mit $A,B,C \in V$ und vom Typ $A \to a$ mit $A \in V$ und $a \in T$ sein können. Für ein Wort $w = w_1 \ldots w_n$ aus Terminalzeichen (ein Programm) soll beim Wortproblem entschieden werden, ob sich w gemäß den Regeln der Grammatik (der Programmiersprache) aus dem Startsymbol $S \in V$ ableiten lässt (also ob w ein syntaktisch korrektes Programm ist). Dabei kann stets für jede Variable A jede Ableitungsregel $A \to \ldots$ angewendet werden, d.h. A kann durch die rechte Seite der Ableitungsregel ersetzt werden. Der folgende Algorithmus löst das Wortproblem und lässt sich leicht zu einer Lösung des Syntaxanalyseproblems erweitern, bei dem im positiven Fall eine Lösung, wie sich w aus S ableiten lässt, berechnet wird.

Als Teilprobleme identifizieren wir die Probleme $P_{i,j}$, $1 \leq i \leq j \leq n$, die in der Berechnung der Menge $V_{i,j}$ aller Variablen bestehen, aus denen sich das Teilwort $w_{i,j} = w_i \ldots w_j$ ableiten lässt. Am Ende genügt es nachzuschauen, ob $S \in V_{1,n}$ ist. Die Probleme $P_{i,i}$, also die Probleme $P_{i,j}$ mit $l = j - i = 0$, sind einfach zu lösen. Da keine Regel verkürzend ist, muss nur entschieden werden, für welche Variablen A die Ableitungsregel $A \to w_i$ zu R gehört. Betrachten wir nun die Frage, ob $A \in V_{i,j}$ ist, wobei $l = j - i > 0$ ist. Eine Ableitung von w_{ij} aus A muss mit einer Ableitungsregel vom Typ $A \to BC$ beginnen und es muss ein k mit $i \leq k \leq j - 1$ geben, so dass $B \in V_{i,k}$ und $C \in V_{k+1,j}$ ist. Also gilt das bellmannsche Optimalitätsprinzip. Wenn wir die Grammatik als fest gegeben betrachten, ihre Größe also konstant ist, können wir $V_{i,j}$ berechnen, indem wir für alle $A \in V$, alle Ableitungsregeln $A \to BC$ und alle k, $i \leq k \leq j - 1$, prüfen, ob $B \in V_{i,k}$ *und* $C \in V_{k+1,j}$ ist. Dabei sind die Mengen $V_{i,k}$ und $V_{k+1,j}$ bereits in unserer Lösungstabelle gespeichert. Die Rechenzeit hängt neben der Größe der Grammatik nur von der Zahl der betrachteten Parameter k, also $j - i$, linear ab. Es ist $j - i \leq n$ und die Anzahl der Teilprobleme beträgt $\binom{n}{2} + n \leq n^2$. Damit ist die Rechenzeit des CYK-Algorithmus von der Größenordnung n^3.

Bei der Berechnung *kürzester Wege* in einem bewerteten Graphen (all pairs shortest paths, APSP) geht es darum, für eine Kostenmatrix $C = (c_{ij})_{1 \leq i,j \leq n}$ nichtnegativer Werte c_{ij} die Länge l_{ij} kürzester Wege von i nach j zu berechnen. Dabei beschreibt c_{ij} die Kosten, um von i nach j zu gelangen, ohne einen anderen Knoten zu berühren. Der folgende Algorithmus lässt sich leicht so erweitern, dass er neben l_{ij} auch p_{ij}, den ersten Knoten auf einem kürzesten Weg von i nach j, berechnet. Die Schwierigkeit besteht hier darin, geeignete Teilprobleme zu definieren. Wir bezeichnen mit l_{ij}^k die Länge eines kürzesten Weges von i nach j, wobei als Zwischenknoten nur die Knoten $1, \ldots, k$ erlaubt sind. Dann ist $l_{ij}^0 = c_{ij}$, da kein Zwischenknoten erlaubt ist. Bei der Berechnung von l_{ij}^k müssen wir Wege betrachten, die höchstens die Knoten $1, \ldots, k - 1$ als Zwischenknoten benutzen, und Wege, die den Knoten k und ansonsten einige der Knoten $1, \ldots, k - 1$ als Zwischenknoten benutzen. Da alle Kosten nichtnegativ sind, ist es niemals nötig, einen Knoten mehrfach als Zwischenknoten zu benutzen. Daraus ergibt sich die Beziehung

$$l_{ij}^k = \min\{l_{ij}^{k-1}, l_{ik}^{k-1} + l_{kj}^{k-1}\} \text{ für } k \geq 1. \qquad (3.12)$$

Sie drückt das bellmannsche Optimalitätsprinzip aus. Da sie eine Beziehung zwischen den gesuchten Größen ausdrückt, wird sie auch als *bellmannsche Optimalitätsgleichung* für den Spezialfall der Berechnung kürzester Wege bezeichnet. Mit ihr lässt sich jeder l_{ij}^k-Wert in konstanter Zeit berechnen, die Gesamtzeit für die Berechnung aller n^3 l-Werte ist also von der Größenordnung n^3.

Neben diesem polynomiell lösbaren Problem soll das NP-harte *Rucksackproblem* (knapsack problem) behandelt werden. Gegeben sind ein Rucksack und n Objekte, wobei das i-te Objekt das Gewicht g_i und den Nutzenwert a_i hat. Für eine Gewichtsschranke G suchen wir eine Auswahl von Objekten, deren Gesamtnutzen maximal ist, wobei das Gesamtgewicht die Schranke G nicht übersteigt. Hier erweist es sich als sinnvoll, das Problem auf zwei Weisen einzuschränken. Einerseits betrachten wir nur die ersten k Objekte und andererseits betrachten wir auch Gewichtsschranken $g \leq G$. Es sei $A(k, g)$ der maximal erreichbare Nutzen bei Betrachtung der ersten k Objekte und einer Gewichtsschranke $g \leq G$ und es sei $M(k, g) \subseteq \{1, \ldots, k\}$ eine Beschreibung der Objekte, die zu einer optimalen Bepackung gehören. Natürlich ist $A(0, g) = A(k, 0) = 0$ und $M(0, g) = M(k, 0) = \emptyset$. Außerdem ist es sinnvoll, $A(k, g) = -\infty$ für $g < 0$ zu setzen. Wenn wir alle Probleme für den Parameter k bereits gelöst haben und das Problem zum Parameterpaar $(k + 1, g)$ lösen wollen, haben wir für das Objekt $k + 1$ nur zwei Möglichkeiten: liegen lassen oder einpacken. Im ersten Fall ist der maximal erreichbare Nutzen $A(k, g)$. Im zweiten Fall haben wir den Nutzen a_{k+1} sicher und können für die verbleibende Gewichtsschranke $g - g_{k+1}$ die ersten k Objekte betrachten. Als bellmannsche Optimalitätsgleichung erhalten wir

$$A(k + 1, g) = \max\{A(k, g), A(k, g - g_{k+1}) + a_{k+1}\}. \qquad (3.13)$$

Falls $A(k + 1, g) = A(k, g)$, ist $M(k + 1, g) = M(k, g)$ und ansonsten ist $M(k + 1, g) = M(k, g) \cup \{k + 1\}$. Da konstante Zeit zur Berechnung jedes Paares $(A(k, g), M(k, g))$ genügt, kann die Lösung des Gesamtproblems, nämlich $(A(n, G), M(n, G))$ in einer Zeit berechnet werden, die proportional zu nG ist. Diese Rechenzeit ist nicht polynomiell beschränkt, da $G = 2^n$ eine zulässige Parameterwahl ist. Falls G jedoch nur polynomiell mit n wachsen darf, ist die Rechenzeit polynomiell. Rechenzeiten, die polynomiell mit der Eingabelänge und der pseudopoly- größten in der Eingabe vorkommenden Zahl wachsen, heißen *pseudo-*
nomielle *polynomiell*. Pseudopolynomielle Algorithmen sind für Eingaben, die
Rechenzeit nur kleine Zahlen enthalten, effizient.

3.4   Branch-and-bound Algorithmen

branch-and-bound Die Arbeitsweise von *branch-and-bound Algorithmen* soll am Ruck-
Algorithmus sackproblem (siehe 3.3) veranschaulicht werden, also an einem Maximierungsproblem. Die für Minimierungsprobleme nötigen Anpassungen sind offensichtlich. Der Suchraum für das Rucksackproblem lässt sich durch die Menge $X = \{0, 1\}^n$ beschreiben. Dabei beschreibt der Vektor $x = (x_1, \ldots, x_n)$ die Auswahl aller Objekte i, für die $x_i = 1$ ist. Ein Vektor ist zulässig, wenn er eine Menge von Objekten beschreibt,

deren Gesamtgewicht das Gewichtslimit G nicht überschreitet. Der Wert eines zulässigen Vektors wird durch den Gesamtnutzen der ausgewählten Objekte beschrieben. Das Ziel besteht also in der Wahl eines zulässigen Vektors x_{opt} mit maximalem Nutzen a_{opt}. Dabei wollen wir es vermeiden, alle 2^n Vektoren im Suchraum zu betrachten. Für die Anwendung eines branch-and-bound Algorithmus benötigen wir drei Module.

Das *upper bound Modul* dient der Berechnung einer oberen Schranke U *upper bound Modul* für a_{opt}. Hier stehen die Ziele, dass U effizient berechnet werden und möglichst nahe an a_{opt} liegen soll, im Widerstreit.

Das *lower bound Modul* dient der Berechnung einer unteren Schranke   *lower bound Modul* L für a_{opt}. Dabei ist es günstig, wenn gleichzeitig ein zulässiger Vektor mit Nutzen L berechnet wird. Auch hier stehen die Ziele, dass L effizient berechnet und möglichst nahe an a_{opt} liegen soll, im Widerstreit.

Ist $U = L$, folgt $U = L = a_{\mathrm{opt}}$ und der zulässige Vektor mit Nutzen a_{opt} stellt die Lösung des Problems dar. Ist $U - L > 0$, aber „genügend" klein, haben wir mit dem zulässigen Vektor mit dem Nutzen L eine „gute" Lösung, deren Nutzen maximal um $U - L$ vom Optimum abweicht. Damit ergibt sich die Möglichkeit, Algorithmen abzubrechen, ohne mit leeren Händen dazustehen. Falls aber der beste gefundene Vektor nicht gut genug ist und noch Rechenzeit vorhanden ist, wird das Problem zerlegt.

Das *branching Modul* dient der Zerlegung des Problems in (möglichst   *branching Modul* disjunkte) Teilprobleme, genauer der Zerlegung des Suchraums in (möglichst disjunkte) Teilräume, so dass die entstehenden Teilprobleme vom selben Typ wie das Ursprungsproblem sind.

Wenn der Suchraum X in $X_1, \ldots, X_k$ zerlegt wird und Schranken U_i und L_i für das zu X_i gehörende Teilproblem bekannt sind, ist $U := \max\{U_1, \ldots, U_k\}$ eine obere Schranke für das Gesamtproblem und $L := \max\{L_1, \ldots, L_k\}$ eine untere Schranke für das Gesamtproblem, wobei ein zulässiger Vektor mit Nutzen L bekannt ist. Die Hoffnung besteht darin, dass die Schranken für die kleineren Teilprobleme besser sind und daher zu besseren Schranken für das Gesamtproblem führen. Die Module werden folgendermaßen zu einem Algorithmus zusammengesetzt.

Der *branch-and-bound Baum* T wird mit einem Knoten, der den ge-   *branch-and-bound* samten Suchraum X_0 darstellt, initialisiert. An ihm stehen die zu X_0 *Baum* gehörenden Schranken U_0 und L_0. Danach wird die folgende Schleife bis zu einem Abbruch wiederholt. Es werden die aktuellen Schranken U und L als Maxima der lokalen Schranken an den Blättern von T berechnet. Falls $U = L$ (oder falls $U - L$ klein genug), wird der Algorithmus beendet und der zulässige Vektor mit Nutzen L ist optimal (gut genug). Ansonsten wird ein Teilproblem, bei dem die lokale obere Schranke gleich der globalen oberen Schranke ist, also ein Teilproblem, bei dem eventuell „am meisten zu holen ist", zerlegt.

Für das Rucksackproblem wollen wir beschreiben, wie die drei Module aussehen können. Zur Berechnung der unteren Schranke L verwenden wir einen greedy Algorithmus (siehe 3.5). Um zwei Objekte vergleichen zu können, berechnen wir für jedes Objekt seine Effizienz, genauer seinen Nutzen pro Gewichtseinheit, also $e_j := a_j/g_j$. Die Objekte werden nach fallender Effizienz sortiert. Dann durchlaufen wir die geordnete Folge der Objekte und wählen jedes Objekt aus, mit dem wir das Gewichtslimit nicht überschreiten. Dies führt offensichtlich zu einem zulässigen Vektor. Für die Berechnung einer oberen Schranke zerlegen wir die Objekte „gedanklich", aus dem j-ten Objekt machen wir g_j Teilobjekte, die alle das Gewicht 1 und den Nutzen e_j haben. Alle Teile zusammen haben wieder Gewicht g_j und Nutzen a_j.

Nun ist es optimal, die G Teilobjekte mit größter Effizienz auszuwählen. Der Nutzen der Lösung dieses neuen Problems liefert eine obere Schranke für das ursprüngliche Problem, da dort die Wahlmöglichkeiten mehr eingeschränkt sind. Wir zerlegen ein Problem in zwei disjunkte Teilprobleme, indem wir in einem Teilproblem $x_i = 0$ (Objekt i wird verboten) und im anderen Teilproblem $x_i = 1$ (Objekt i muss gewählt werden) erzwingen. Das Verbot eines Objekts führt zu einem Rucksackproblem mit einem Objekt weniger. Wenn Objekt i gewählt werden muss, erhalten wir ein Rucksackproblem ohne Objekt i, wobei die Gewichtsgrenze G durch $G - g_i$ ersetzt wird. Zum Nutzen jedes zulässigen Vektors muss a_i addiert werden. Bei der Berechnung der oberen Schranke wählen wir Teilobjekte nach ihrer Effizienz aus. Wenn die obere Schranke von der unteren Schranke verschieden ist, gibt es ein Objekt, für das wir bei der Berechnung der oberen Schranke nicht alle Teilobjekte gewählt haben. Dieses Objekt wird bei der Zerlegung, also im branching Modul, als Objekt gewählt, für das wir die Entscheidung vorschreiben.

Beim Rucksackproblem sind die berechneten Schranken oft sehr gut. Daher führt die genannte Strategie zu guten Ergebnissen. Falls es nicht so einfach ist, gute Schranken effizient zu berechnen, ist es günstiger, den branch-and-bound Baum anders aufzubauen. Ähnlich zu einer DFS-Strategie wird stets das Problem zerlegt, das unter den unzerlegten Problemen zuletzt entstanden ist. Dabei können Teilprobleme, für die die lokale obere Schranke nicht größer als die globale untere Schranke ist, ausgelassen werden, da sie keine bessere als die beste bekannte Lösung liefern können. In diesem Fall ist es sogar möglich, auf das lower bound Modul zu verzichten. Immer wenn der Suchraum ein-elementig geworden ist, erhalten wir automatisch den Nutzen des zugehörigen Vektors.

3.5 Greedy Algorithmen

Diese Klasse von Algorithmen ist auf Optimierungsprobleme anwendbar, bei denen die möglichen Lösungen, also die Elemente des Suchraums, aus mehreren Teilen bestehen. Dann kann eine Lösung stückweise konstruiert werden. Der nächste Lösungsteil wird dabei greedy (gierig) ausgewählt, wobei wir ohne Zukunftsplanung die Entscheidung treffen, die den Nutzen der Teillösung am meisten erhöht.

Bereits in 3.4 wurde ein *greedy Algorithmus* für das Rucksackproblem vorgestellt. Nach Sortierung der Objekte gemäß ihrer Effizienz werden gierig die scheinbar besten Objekte eingepackt, solange das Gewichtslimit nicht überschritten wird. Dieses Verhalten kann selbst in sehr einfachen Situationen zu sehr schlechten Resultaten führen. Es sei $n = 2, g_1 = 1, a_1 = 1, g_2 = G$ und $a_2 = G - 1$. Der greedy Algorithmus wählt nun das erste Objekt und erzielt einen Nutzen von 1, während es optimal ist, nur das zweite Objekt zu wählen und einen Nutzen von $G - 1$ zu erzielen, wobei G beliebig groß sein kann. Viele Menschen haben schon die Erfahrung machen müssen, dass eine Lebensplanung, die sich an greedy Algorithmen orientiert, in den Ruin führt.

greedy Algorithmus

Es gibt Probleme, für die ein greedy Algorithmus stets eine optimale Lösung berechnet. Beim Rucksackproblem können die berechneten Lösungen, wie wir gesehen haben, beliebig schlecht sein. Wir werden aber auch Beispiele kennenlernen, bei denen ein greedy Algorithmus Lösungen berechnet, die zwar nicht immer optimal sind, aber auch nicht beliebig schlecht werden können.

Ein grundlegendes Problem besteht in der Berechnung eines minimalen aufspannenden Baumes (kurz *minimaler Spannbaum*). Hierbei ist ein zusammenhängender, ungerichteter Graph $G = (V, E)$ mit Kantenkosten $c(e), e \in E$, gegeben. Gesucht ist ein Baum $T = (V, E')$ auf V, der nur Kanten aus E benutzt und bei dem die Summe der Kosten der Kanten aus E' minimal ist. Ein gieriges Verhalten sieht folgendermaßen aus. Die Kanten aus E werden bezüglich ihrer Kosten aufsteigend sortiert. Die Folge der Kanten wird durchlaufen. Eine Kante wird dann gewählt, wenn sie mit den bereits gewählten Kanten einen kreisfreien Graphen bildet. Auf diese Weise entsteht in jedem Fall ein Spannbaum. So genannte UNION-FIND Datenstrukturen [3.10] unterstützen eine effiziente Implementierung dieses Ansatzes. Es mag offensichtlich sein,

minimaler Spannbaum

dass der berechnete Spannbaum minimal ist. Dennoch stößt man bei der Formulierung eines Korrektheitsbeweises auf einige, allerdings nicht zu hohe Hürden [3.10].

bin packing Problem Beim *bin packing Problem* sind n Objekte gegeben, wobei das i-te Objekt das Gewicht g_i hat. Die Objekte sollen in möglichst wenige Kisten verpackt werden, wobei postalische Gründe nur Kisten erlauben, bei denen der Inhalt eine Gewichtsgrenze G nicht überschreitet. Die Strategie FIRST FIT geht gierig vor. Sie geht von n leeren Kisten aus und packt die Objekte der Reihe nach in die Kisten. Für jedes Objekt wird die Kiste mit der kleinsten Nummer gewählt, in die es nach den zuvor getroffenen Entscheidungen noch hinein passt. Die Kisten, die leer bleiben, werden natürlich nicht benutzt. Es ist leicht zu sehen, dass FIRST FIT nicht mehr als $2 \cdot n_{\text{opt}}$ Kisten braucht, wenn eine optimale Verpackung mit n_{opt} Kisten auskommt. Es kann nämlich maximal eine Kiste geben, die bei FIRST FIT zu höchstens der Hälfte gefüllt ist. Wenn FIRST FIT m Kisten benutzt, sind $m-1$ Kisten mehr als halb gefüllt. Das Gesamtgewicht in diesen Kisten beträgt also mehr als $(m-1)G/2$ und es sind auf jeden Fall $\lfloor (m-1)/2 \rfloor + 1$ Kisten zur Verpackung nötig. Also ist

$$n_{opt} \geq \lfloor \frac{m-1}{2} \rfloor + 1 \geq \frac{m}{2} \qquad (3.14)$$

und somit $m \leq 2 \cdot n_{\text{opt}}$. Folgendes Beispiel zeigt, dass FIRST FIT nicht immer optimale Ergebnisse liefert. Es sei $n = 18, G = 126$ und $g_1 = \cdots = g_6 = 19(= \frac{1}{7}G + 1), g_7 = \cdots = g_{12} = 43(= \frac{1}{3}G + 1), g_{13} = \cdots = g_{18} = 64(= \frac{1}{2}G + 1)$. FIRST FIT benötigt 10 Kisten, die erste für die ersten sechs Objekte. Dann drei Kisten für je zwei Objekte des zweiten Typs und schließlich je eine Kiste für jedes der letzten sechs Objekte. Da je ein Objekt jedes Typs zusammen in eine Kiste passen, genügen jedoch 6 Kisten. Wie gut FIRST FIT ist, wird in 3.7 näher diskutiert.

Geldwechsel-problem In diesem Zusammenhang ist auch das *Geldwechselproblem* von Interesse, da wir seit unserer Jugend zu seiner Lösung einen greedy Algorithmus verwenden. Wenn ein Kunde in der Lebensmittelabteilung 32,63 DM zu bezahlen hat und mit einem 100 DM-Schein bezahlt, erwartet er, dass er möglichst wenig Scheine und Münzen zurückerhält. Wie kann in der deutschen Währung der Differenzbetrag von 67,37 DM mit möglichst wenigen Scheinen und Münzen herausgegeben werden? Der greedy Algorithmus durchläuft unsere Scheintypen und Münztypen der Größe nach und wählt jeweils maximal viele Scheine oder Münzen, so dass der Restbetrag nicht negativ wird, hier ergibt sich die Aufteilung

$$67{,}37 \;=\; 1 \cdot 50 + 0 \cdot 20 + 1 \cdot 10 + 1 \cdot 5 + 1 \cdot 2 + 0 \cdot 1$$
$$0 \cdot 0{,}50 + 3 \cdot 0{,}10 + 1 \cdot 0{,}05 + 1 \cdot 0{,}02 + 0 \cdot 0{,}01.$$

Für unser Geldsystem lässt sich zeigen, dass der greedy Algorithmus
stets optimale Lösungen liefert. In einem Land mit drei Münztypen,
deren Gegenwerte 25, 12 und 1 Einheiten betragen, ist dies anders. Um
36 Einheiten zu zahlen, genügen drei Münzen von 12 Einheiten. Der
greedy Algorithmus wählt eine 25er Münze und dann 11 Einer.

3.6   Lokale Suche

Schon bei dem branch-and-bound Algorithmus für das Rucksackproblem in 3.4 wurden zulässige Vektoren nach und nach durch bessere
Vektoren verdrängt. Dabei konnte sich der neue Vektor von dem bisher
besten Vektor beliebig unterscheiden. Algorithmen, die nach dem Prinzip *lokale Suche* arbeiten, versuchen dagegen, aus dem bisher besten   lokale Suche
Vektor durch geringfügige Änderungen bessere Vektoren zu erzeugen.

Es sei eine Funktion $f: X \to \mathbb{R}$ zu maximieren oder zu minimieren. Um
das Prinzip der lokalen Suche anwenden zu können, benötigen wir auf
dem Suchraum X einen Nachbarschaftsbegriff, für $x \in X$ soll $N(x)$
die Menge der Nachbarn von x beschreiben. Die lokale Suche startet mit einem Anfangspunkt x_0. Dies kann das Ergebnis eines greedy
Algorithmus oder eines anderen Algorithmus sein, der nicht die Berechnung einer optimalen Lösung garantiert. Es kann sich aber auch
(siehe 3.8) als vorteilhaft erweisen, mit einem zufälligen Punkt x_0 zu
starten. Wenn der aktuelle Punkt x_i ist, durchsuchen wir $N(x_i)$ und
wählen einen der besten Punkte als neuen aktuellen Punkt x_{i+1}. Das
Verfahren wird abgebrochen, wenn kein Punkt in $N(x_i)$ besser ist als
x_i, wir keine neuen gleich guten Punkte finden oder eine vorgegebene
Rechenzeitschranke überschritten wird. Wenn wir die Rechenzeit nicht
beschränken und X endlich ist, landen wir so mindestens in einem lokal
optimalen Punkt. Im Allgemeinen lässt sich nicht garantieren, dass wir
einen global optimalen Punkt finden. Die Güte der gefundenen Lösung
kann stark vom Startpunkt der Suche x_0 abhängen. Es ist dann sinnvoll,
eine *Multistartstrategie* zu verwenden. Dabei wird die Suche von vielen   Multistartstrategie
zufälligen Punkten aus gestartet. Von den gefundenen lokal optimalen
Punkten wird der beste gewählt.

Wenn $X = \{0,1\}^n$ ist, lassen sich Nachbarschaften auf natürliche
Weise beschreiben. Die d-Nachbarschaft $N_d(x)$ des Punktes x besteht aus allen y, die sich von x an maximal d Stellen unterscheiden.
Große Nachbarschaften (große d) machen die Durchsuchung der Nachbarschaft ineffizient, verringern jedoch die Anzahl lokaler, aber nicht
globaler Optima. In dem einen Extremfall, $d = n$, durchsuchen wir
den ganzen Suchraum und finden garantiert ein globales Optimum. Im

anderen Extremfall, $d = 0$, ist jeder Punkt lokal optimal. Die Kunst besteht also in der Definition eines dem Problem angemessenen Nachbarschaftsbegriffs.

traveling salesman problem

Das bekannte TSP (*traveling salesman problem*) besteht in der Aufgabe, für einen Handelsvertreter eine billigste Rundreise durch n Städte zu berechnen. Dabei ist eine Distanzmatrix $D = (d_{ij})_{1 \leq i,j \leq n}$ gegeben, wobei d_{ij} die Länge des direkten Weges von i nach j angibt. Eine Rundreise R ist ein Weg der Länge n, der am Ort 1 startet, alle Orte erreicht und zum Ort 1 zurückkehrt. Das folgende Bild zeigt die geographische Lage von zwölf Städten im Ruhrgebiet, nämlich Duisburg (1), Oberhausen (2), Mühlheim (3), Bottrop (4), Essen (5), Gelsenkirchen (6), Hattingen (7), Bochum (8), Dortmund (9), Herne (10), Witten (11) und Recklinghausen (12). Wie könnte eine kürzeste Rundreise durch das Ruhrgebiet aussehen?

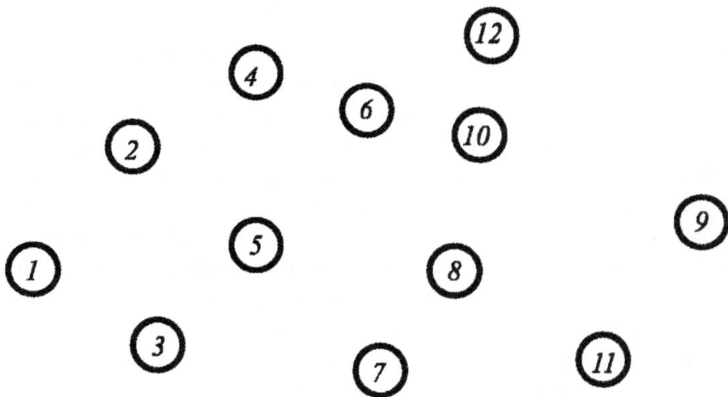

TSP-Eingabe

Für das TSP hat sich folgender Nachbarschaftsbegriff bewährt. Die Nachbarschaft $N_k(R)$ der Rundreise R enthält alle Rundreisen, die sich aus R folgendermaßen gewinnen lassen. Es werden k Kanten aus R entfernt und die k Bruchstücke werden auf beliebige Weise zu einer Rundreise R' zusammengesetzt. Lokale Suche mit diesen Nachbarschaften

k-Opting

wird auch *k-Opting* genannt. Die besten Erfolge werden erfahrungsgemäß mit $k = 3$ erzielt.

Wir sind natürlich besonders an Nachbarschaften interessiert, in denen es effizient möglich ist, zu entscheiden, ob sie einen besseren Punkt enthalten, und bei denen alle lokal optimalen Punkte auch global optimal sind. Für zwei wichtige Optimierungsprobleme gibt es derartige Nachbarschaften. Diese Probleme können mit Hilfe von lokaler Suche und den geeigneten Nachbarschaften in polynomieller Zeit gelöst werden.

Flussmaximierung in Netzwerken

Dies ist zunächst das Problem der *Flussmaximierung in Netzwerken*.

Dabei ist ein gerichteter Graph $G = (V, E)$ mit einem Startknoten s, einem Zielknoten z und einer Kapazitätsfunktion $c: E \to \mathbb{R}^+$ gegeben. Keine Kante erreicht s oder verlässt z. Die Kapazitäten beschreiben, wie viele Autos, Botschaften oder Ähnliches während eines Zeittaktes über die zugehörige Kante befördert werden können. Ziel ist es nun, möglichst viele Einheiten pro Zeittakt von s nach z zu transportieren. An jedem Knoten außer s und z muss die *kirchhoffsche Regel* erfüllt   kirchhoffsche sein, die verlangt, das genauso viele Einheiten abfliessen wie ankom-   Regel men. Als zulässiger Fluss, mit dem wir die Suche starten, bietet sich der Fluss an, der gar nichts transportiert. Eine lokale Veränderung sieht nun so aus, dass wir einen Weg von s nach z finden, der aus gewöhnlichen Kanten, auf denen zur Zeit weniger transportiert wird als erlaubt, und „umgedrehten" Kanten, auf denen mindestens eine Einheit transportiert wird, besteht. Wir können dann den Fluss vergrößern, indem wir den Fluss auf diesem Pseudoweg um eine Einheit vergrößern, wobei wir den Fluss auf den gewöhnlichen Kanten um eine Einheit vergrößern und den Fluss auf den umgedrehten Kanten um eine Einheit verringern. Es ist noch viel zu tun, um hieraus einen effizienten Algorithmus zur Flussmaximierung in Netzwerken zu erhalten, aber alle guten Algorithmen für dieses Problem basieren auf diesem Grundprinzip [3.3], [3.12].

Das zweite Problem, das mit lokaler Suche effizient gelöst werden kann, ist das *Matchingproblem*, bei dem in einem ungerichteten Gra-   Matchingproblem phen möglichst viele Kanten gesucht werden, die sich in keinem Knoten berühren [3.3], [3.12].

3.7 Approximationsalgorithmen

Bei vielen Optimierungsproblemen ist es wichtiger, effizient eine genügend gute Lösung zu berechnen, als (zu) lange auf eine dann allerdings optimale Lösung zu warten. Dies gilt insbesondere dann, wenn die das Problem beschreibenden Parameter auf Schätzwerten beruhen oder die Lösung in einer Handlungsanweisung besteht, die nicht exakt umgesetzt werden kann. *Approximationsalgorithmen* [3.7] haben das   Approximations-Ziel, gute Lösungen effizient zu berechnen und dabei eine bestimmte   algorithmus Güte der Lösung zu garantieren.

Ein Algorithmus A für ein Minimierungsproblem mit ganzzahligen positiven Nutzenwerten heißt *c-gut*, wenn   c-gut

$$Wert(\textit{Lösung von A}) \leq c \cdot Wert(\textit{optimale Lösung}) + a \qquad (3.15)$$

für alle Problemeingaben gilt. Er heißt sogar *stark c-gut*, wenn $a = 0$ stark c-gut gewählt werden kann. Diese Unterscheidung ist sinnvoll, je nachdem, ob wir Probleme behandeln, bei denen der Wert optimaler Lösungen typischerweise klein oder groß ist. Im zweiten Fall spielt a keine wichtige Rolle, wohl aber im ersten Fall. Für Maximierungsprobleme heißt ein Algorithmus c-gut, wenn

$$Wert(optimale\ Lösung) \leq c \cdot Wert(Lösung\ von\ A) + a \qquad (3.16)$$

für alle Problemeingaben gilt.

In 3.5 haben wir die Strategie FIRST FIT für das bin packing Problem vorgestellt und gezeigt, dass sie stark 2-gut ist. Das dort präsentierte Beispiel beweist, dass FIRST FIT für kein $c < 5/3$ stark c-gut ist. Da dieses Beispiel auf der festen Anzahl von 18 Objekten beruht, könnte FIRST FIT sogar 1-gut mit $a = 18$ sein. Das Beispiel lässt sich aber leicht verallgemeinern auf zunächst $6m$ Objekte mit Gewicht 19, gefolgt von $6m$ Objekten mit Gewicht 43 und schließlich $6m$ Objekten mit Gewicht 64. Dann benötigt FIRST FIT $10m$ Kisten, während $6m$ Kisten reichen. Also ist FIRST FIT für kein $c < 5/3$ c-gut. Es ist sehr kompliziert, den Gütegrad von FIRST FIT exakt zu bestimmen. Das Ergebnis lautet, dass FIRST FIT stark 17/10-gut, aber für kein $c < 17/10$ c-gut ist.

Ein Ansatz zur Verbesserung von FIRST FIT besteht darin, nicht die Kiste mit der kleinsten Nummer zu wählen, in die das Objekt passt, sondern die vollste Kiste, in die das Objekt passt. Auf diese Weise versuchen wir, einige Kisten so voll wie möglich zu machen, um in anderen einen größeren Freiraum für große Objekte zu haben. Für unser Beispiel ändert sich allerdings nichts und die neue Strategie BEST FIT ist ebenfalls stark 17/10-gut, aber für kein $c < 17/10$ c-gut. Hierbei muss beachtet werden, dass die Definition der Güte von Approximationsalgorithmen auf den schlechtesten Fall ausgerichtet ist. In Experimenten lässt sich beobachten, dass BEST FIT oft bessere Ergebnisse liefert als FIRST FIT.

Wenn wir das Beispiel für das bin packing Problem intensiver untersuchen, stellen wir fest, dass die Strategie FIRST FIT eine optimale Lösung berechnet, wenn die Objekte in umgekehrter Reihenfolge gegeben sind. Größere Objekte bereiten beim Verpacken größere Probleme als kleinere Objekte. Im Alltagsleben verpacken wir ja auch die größeren Objekte vor den kleineren. Die Strategien FIRST FIT und BEST FIT können zu FIRST FIT DECREASING (FFD) und BEST FIT DECREASING (BFD) weiterentwickelt werden, bei denen zunächst die Objekte bezüglich ihrer Größe absteigend sortiert werden und dann die bekannten Strategien angewendet werden. Es lässt sich zeigen, dass FFD und BFD 11/9-gut mit $a = 4$, aber für kein $c < 11/9$ c-gut sind. Wieder ist BFD der Strategie FFD vorzuziehen.

In der Praxis erzielt BFD gute Ergebnisse und ist zudem sehr effizient auszuführen. Dennoch stellt sich die Frage, ob bessere Gütewerte von Approximationsalgorithmen, die polynomielle Zeit benötigen, erreichbar sind. Es gibt einen komplizierten polynomiellen Approximationsalgorithmus, der c-gut für jedes $c > 1$ ist.

Die Entwicklung effizienter Approximationsalgorithmen hat in den letzten Jahren zu vielen neuen Ergebnissen und Methoden geführt. Auf die Methode der *semidefiniten Programmierung* [3.8] sei hier nur hingewiesen. Mit ihr ist ein 1,14-guter polynomieller Algorithmus für das MAX CUT Problem entworfen worden. Das Ziel ist es dabei, für einen ungerichteten Graphen $G = (V, E)$ eine Zerlegung der Knotenmenge in zwei Teile zu berechnen, bei der möglichst viele Kanten zwischen den beiden Teilen verlaufen.

semidefinite Programmierung

Wir wollen ein älteres Ergebnis für das Rucksackproblem vorstellen. Dieses Problem lässt sich approximativ besonders gut lösen, sogar durch ein *echt polynomielles Approximationsschema*. Zusätzlich zur Eingabe für das Rucksackproblem ist eine Zahl $\varepsilon > 0$ gegeben. Für jedes $\varepsilon > 0$ ist der Algorithmus ein Approximationsalgorithmus, der $(1 + \varepsilon)$-gut ist. Darüber hinaus ist die Rechenzeit nicht nur polynomiell in der Eingabelänge beschränkt, sondern auch in ε^{-1}. Dies schließt Rechenzeiten wie $n^{\varepsilon^{-1}}$ aus, die für festes $\varepsilon > 0$ auch polynomiell beschränkt sind, aber mit fallendem ε sehr stark ansteigen. Das folgende echt polynomielle Approximationsschema hat dagegen eine Laufzeit von der Größenordnung $n^3 \varepsilon^{-1}$.

echt polynomielles Approximationsschema

Als Grundlage benötigen wir einen weiteren pseudopolynomiellen Algorithmus für das Rucksackproblem (vgl. 3.3), der auch auf dem Prinzip der dynamischen Programmierung beruht. Hier geht jedoch a_{sum}, die Summe der Nutzenwerte, und nicht die Gewichtsschranke G in die Rechenzeit ein. Wenn $a_{\max}$ der größte vorkommende Nutzenwert ist, ist a_{sum} durch $n \cdot a_{\max}$ nach oben beschränkt. Das Ziel besteht darin, für jedes Paar (k, a), $0 \leq k \leq n$, $0 \leq a \leq a_{\mathrm{sum}}$, zu entscheiden, ob es eine Auswahl aus den ersten k Objekten gibt, die einen Gesamtnutzen von genau a und ein Gesamtgewicht von höchstens G hat und im positiven Fall eine Menge $M(k, a) \subseteq \{1, \ldots, k\}$ zu berechnen, so dass die Objekte i aus $M(k, a)$ zusammen den Nutzen a haben und unter allen Mengen mit dieser Eigenschaft das geringste Gesamtgewicht haben. Falls alle $M(k, a)$ berechnet sind, finden wir die Lösung des Rucksackproblems als die Menge $M(n, a)$ für das größte a, für das $M(n, a)$ definiert ist. Es ist $M(0, 0) = \emptyset$ und $M(0, a)$ für $a > 0$ undefiniert. Zur Berechnung von $M(k, a)$ für $k > 0$ müssen wir Mengen von Objekten betrachten, die das k-te Objekt nicht beinhalten, und Mengen, die das k-te Objekt beinhalten. Die Lösung für das erste Teilproblem finden wir in dem Tabelleneintrag $M(k-1, a)$. Falls $a < a_k$, ist es nicht erlaubt, das k-te Objekt zu wählen. Ansonsten finden wir die Lösung für das zweite Teilproblem in dem Tabelleneintrag $M(k-1, a-a_k)$, zu dem wir, falls definiert, das Objekt k hinzufügen müssen. Als $M(k, a)$ wählen wir diejenige der beiden Mengen $M(k-1, a)$ und $M(k-1, a-a_k) \cup \{k\}$, die das geringere Gesamtgewicht hat. Falls $M(k-1, a)$ und $M(k-1, a-a_k)$ undefiniert sind, ist auch $M(k, a)$ undefiniert. Wenn wir zu jedem Tabelleneintrag das Gesamtgewicht der zugehörigen Objektmenge notieren, lässt sich jeder Tabelleneintrag in konstanter Zeit berechnen und das Rucksackproblem kann in einer Rechenzeit von der Größenordnung $n \cdot a_{\text{sum}} \leq n^2 \cdot a_{\text{max}}$ gelöst werden.

Wenn wir ein Rucksackproblem mit großen Nutzenwerten approximativ lösen wollen, können wir folgendermaßen vorgehen. Für ein noch zu bestimmendes t kürzen wir die Nutzenwerte um die letzten t Binärstellen. Formal wird a_i durch $a_i' := \lfloor a_i 2^{-t} \rfloor$ ersetzt. Wenn t groß genug ist, kann das neue Problem mit dem obigen Algorithmus effizient exakt gelöst werden. Da die Gewichtswerte nicht verändert worden sind, ist die so gewonnene Lösung auch für das ursprüngliche Problem zulässig, aber nicht notwendigerweise optimal. Wir können uns auch vorstellen, dass wir bei den Nutzenwerten die letzten t Binärstellen durch Nullen ersetzt haben. Damit ist der Nutzen der berechneten Lösung nicht weiter als $n(2^t - 1)$ vom optimalen Nutzen entfernt. Es muss nun t so eingestellt werden, dass der entstehende Algorithmus $(1 + \varepsilon)$-gut ist. Dies ist für

$$t = \lfloor \log \frac{\varepsilon \cdot a_{\text{max}}}{(1+\varepsilon)n} \rfloor \qquad (3.17)$$

der Fall. Für diesen Wert von t ist $a_{\text{max}}' \leq 2(1+\varepsilon)n\varepsilon^{-1}$ und die Rechenzeit des Algorithmus für das abgeänderte Rucksackproblem von der Größenordnung $n^3 \varepsilon^{-1}$.

Während für das Rucksackproblem approximative Lösungen effizient berechenbar sind, gilt dies für das TSP ohne Einschränkungen nicht. Für jede Konstante c ist es ein NP-hartes Problem, c-gute Lösungen zu berechnen. Dies ändert sich, falls nicht alle Distanzmatrizen betrachtet werden. Falls d metrisch ist, also $d_{ij} = d_{ji}$ und $d_{ij} \leq d_{ik} + d_{kj}$ für alle Indizes gelten, gibt es einen polynomiellen $3/2$-guten Algorithmus, der mit minimalen Spannbäumen, gewichtsminimalen Matchings und Eulerkreisen arbeitet [3.3]. Liegen die n Orte in einem euklidischen Raum, also z.B. in der reellen Ebene, gibt es sogar für alle $\varepsilon > 0$ polynomielle $(1 + \varepsilon)$-gute Algorithmen, die das Prinzip der dynamischen Programmierung verwenden. Unser Ruhrgebietsbeispiel gehörte zu diesem Spezialfall (wobei wir die Kugelkrümmung der Erde vernachlässigen). Das folgende Beispiel zeigt eine kürzeste Rundreise durch das Ruhrgebiet.

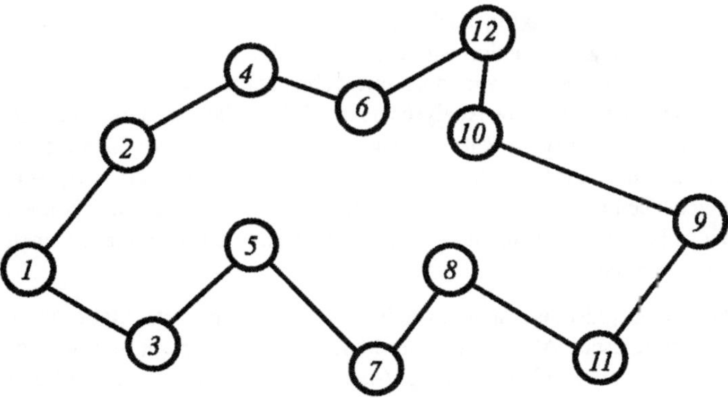

TSP-Lösung

3.8   Randomisierte Algorithmen

Auf den ersten Blick kann es erstaunen, dass es sinnvoll ist, den Ablauf eines Algorithmus von Zufallsbits abhängig zu machen. Zufall kann uns jedoch helfen, schwierige Situationen aufzulösen. Deutlich wird dies an einem Beispiel aus der *Spieltheorie*, dem bekannten *Stein-Schere-Papier* Spiel. Jeder deterministische Algorithmus, von dem wir uns unsere Spielstrategie vorschreiben lassen, kann unter Umständen vom Gegner durchschaut werden und in einer Niederlagenserie enden. Genau dies geschieht bei einem psychologisch geschulten Gegner, der unsere Verhaltensweise gut vorhersagen kann. Mit *Randomisierung* entziehen wir uns derartigen Niederlagenserien. Wenn wir jede der drei Möglichkeiten unabhängig von der Vergangenheit mit Wahrscheinlichkeit 1/3 wählen, hat das Spiel unabhängig von der Strategie des Gegners mit Wahrscheinlichkeit 1/3 jedes der Ergebnisse Sieg, Unentschieden und Niederlage.

Spieltheorie

Stein-Schere-Papier

Randomisierung

Auch beim Algorithmenentwurf haben wir es mit einem Gegner zu tun. Dieser Gegner wählt die zu bearbeitende Eingabe aus. Hierbei ist zu berücksichtigen, dass Algorithmen für allgemeine Probleme, z.B. Sortieren, und nicht für spezielle Probleme, z.B. das Sortieren einer bestimmten Menge von Objekten, entworfen werden. Bei der Ausführung des Algorithmus können wir dann das Pech haben, auf eine Eingabe zu stoßen, für die unser Algorithmus besonders langsam ist. Die Diskussion des QUICK SORT Algorithmus in 3.2 ist hierfür ein gutes Beispiel. QUICK SORT ist effizient, wenn alle $n!$ Möglichkeiten, wie die

Elemente angeordnet sein können, gleich wahrscheinlich sind. Diese Annahme ist sicherlich nicht angemessen. Listen von Daten enthalten typischerweise Struktur, auch wenn diese uns unbekannt ist. In dieser Situation kann Randomisierung helfen. Wir wählen bei einer Folge von n Elementen jedes von ihnen mit Wahrscheinlichkeit $1/n$ als Zerlegungselement. Dieselbe Analyse wie in 3.2 führt dann zu dem Ergebnis, dass die randomisierte Variante von QUICK SORT für *jede* Eingabe der Länge n im Durchschnitt (über die Zufallsentscheidungen) $V(n)$ Vergleiche benötigt. Dass die Zufallsbits wirklich zufällig sind, können wir selber steuern, während wir auf die zu bearbeitende Eingabe keinen Einfluss haben.

Allgemein [3.9] lässt sich feststellen, dass randomisierte Algorithmen deterministische Algorithmen verdrängen. Selbst für gut gelöste Probleme wie die Implementierung *dynamischer Dateien* lösen Skiplisten traditionelle baumbasierte Datenstrukturen wie AVL-Bäume ab. Der Grund ist, dass randomisierte Algorithmen oft einfacher zu beschreiben und zu implementieren sind. Zudem sind sie praktisch effizienter. Dies äußert sich manchmal in besseren konstanten Vorfaktoren bei asymptotisch gleicher Laufzeit und teilweise auch in besseren asymptotischen Laufzeiten. Das gute Verhalten wird nicht nur im erwarteten Fall erreicht, sondern oft mit einer Wahrscheinlichkeit, die sehr nahe bei 1 liegt. Wir gehen dann mit randomisierten Algorithmen ein sehr beschränktes Risiko ein. Allerdings erwarten wir nicht, dass randomisierte Algorithmen NP-harte Probleme in polynomieller Zeit lösen.

Neben randomisierten Algorithmen, die als einziges Risiko eine Rechenzeit weit über dem Erwartungswert haben, gibt es solche, die eine bestimmte Rechenzeit garantieren, aber mit einer vorgegebenen kleinen Wahrscheinlichkeit eine falsche Antwort geben. Wenn diese Irrtumswahrscheinlichkeit beispielsweise 2^{-100} ist, können wir in den meisten Anwendungen mit dieser Möglichkeit leben. Das berühmteste Beispiel eines solchen Algorithmus ist der *Primzahltest* von Solovay und Strassen [3.15]. In der Kryptographie, z.B. beim RSA-System, muss für n-stellige Zahlen a mit $n = 500$ oder gar $n = 1000$ festgestellt werden, ob a Primzahl ist. Deterministische Primzahltests sind für den praktischen Gebrauch viel zu langsam. Der randomisierte Primzahltest arbeitet für ungerade Zahlen $a \geq 3$, für alle anderen Zahlen ist die Entscheidung, ob sie prim sind, trivial. Es wird ein zufälliger *Zeuge* b mit $1 \leq b \leq a - 1$ „befragt". Eine Zahl b kann unter Umständen bezeugen, also beweisen, dass a keine Primzahl ist. Dann ist der Zeuge b erfolgreich gegen a. Ob b erfolgreich gegen a ist, kann effizient entschieden werden. Zunächst wird mit dem *euklidischen Algorithmus* effizient der größte gemeinsame Teiler von a und b berechnet. Ist dieser von 1 verschieden, ist a keine Primzahl. Ansonsten wird ein effizienter Algorith-

mus zur Berechnung des *Jacobi-Symbols* $J(b,a)$ aufgerufen. An dieser Jacobi-Symbol
Stelle ist die Bedeutung des Jacobi-Symbols unwesentlich. Zusätzlich
wird $c(b,a) = b^{(a-1)/2} \bmod a$ berechnet. Dies ist, falls a eine Primzahl ist, eine Formel für das *Legendre-Symbol* $L(b,a)$. Für Primzahlen Legendre-Symbol
a gilt $J(b,a) = L(b,a)$. Falls also $J(b,a)$ und $c(b,a)$ verschieden
sind, kann a keine Primzahl sein. Darüber hinaus folgt aus Ergebnissen
der Zahlentheorie, dass, falls a keine Primzahl ist, $J(b,a) = c(b,a)$
für höchstens die Hälfte der möglichen Zeugen b gilt. Wenn wir also im Fall $J(b,a) = c(b,a)$ die Entscheidung „a ist Primzahl" treffen,
beträgt die Irrtumswahrscheinlichkeit des Algorithmus höchstens $1/2$.
Wir können die Irrtumswahrscheinlichkeit auf 2^{-100} drücken, indem
wir unabhängig 100 Zeugen $b_i, 1 \le i \le 100$, auswählen und die Entscheidung „a ist Primzahl" nur treffen, wenn $J(b_i,a) = c(b_i,a)$ und
$\mathrm{ggT}(b_i,a) = 1$ für alle i gilt. Dabei ist zu beachten, dass wir für Primzahlen a stets die richtige Entscheidung treffen, wir haben es mit einem
randomisierten Algorithmus mit *einseitigem Fehler* zu tun. einseitiger Fehler

Im Abschnitt 3.6 über *lokale Suche* haben wir bereits diskutiert, dass es lokale Suche
sinnvoll sein kann, mit einem zufälligen Element aus dem Suchraum zu
starten. Beim k-Opting für das TSP hat die Nachbarschaft einer Rundreise eine Größe von der Größenordnung n^k. Selbst für $k = 3$ ist es
sehr kostspielig, die gesamte Nachbarschaft zu durchsuchen. Wenn wir
die Nachbarschaft systematisch nach einer besseren Rundreise durchsuchen, erhält unsere Suche eine Tendenz, je nachdem, welche Nachbarn
zuerst überprüft werden. Auch hier hilft Randomisierung, indem wir
Nachbarn so lange zufällig auswählen, bis wir eine bessere Rundreise
gefunden haben und von dieser Rundreise aus weitersuchen oder die
Zahl der erfolglosen Versuche eine vorgegebene Schranke überschreitet.

Bisher haben wir diskutiert, wie wir effiziente Algorithmen für bestimmte Probleme entwerfen können. Zwar haben wir dabei allgemeine Entwurfsmethoden verwendet, die jeweiligen Algorithmen waren
jedoch auf das jeweilige Problem zugeschnitten. Dies ist sicher auch
die empfehlenswerte Vorgehensweise, wenn wir das Problem und seine Struktur kennen und genügend Ressourcen für den Entwurf eines
spezialisierten Algorithmus haben. Diese Voraussetzungen sind jedoch
oft nicht gegeben. Der Entwurf eines spezialisierten Algorithmus lohnt
nicht, wenn der Algorithmus nur selten eingesetzt werden soll. Oft ist
niemand mit genügend Kenntnissen im Algorithmenentwurf verfügbar.
Schließlich gibt es das Szenario der *black box Optimierung*. Es ist black box
eine Funktion $f \colon X^n \to \mathbb{R}$ zu maximieren, wobei X typischerweise Optimierung
$\{0,1\}$ (der diskrete Fall) oder $\mathbb{R}$ (der stetige Fall) ist. Die Funktion
$f(x_1,\ldots,x_n)$ gibt den Nutzen der Parametereinstellungen $x_1,\ldots,x_n$
an. Die Funktion f ist jedoch nicht „gegeben", sondern kann nur „be-

obachtet" werden. Es kann sich um ein komplexes technisches System handeln, dessen Gesamtfunktionsweise noch nicht vollständig verstanden ist. Experimentell lässt sich $f(x_1, \ldots, x_n)$ messen. In all diesen Fällen sind wir an Strategien interessiert, die auf heuristische Weise zu guten Eingaben $x \in X^n$ führen. Diese Strategien sollten einfach zu implementieren sein, für viele verschiedene Problemtypen einsetzbar, also „robust" sein, und ohne problemspezifisches Wissen einsetzbar sein. Randomisierte lokale Suche, wie sie oben beschrieben ist, ist eine hierfür geeignete *randomisierte Suchstrategie*, die allerdings den großen Nachteil hat, lokale Optima nicht verlassen zu können. Dies gelingt mit *simulated annealing* und *evolutionären Algorithmen*, deren Grundprinzipien im Folgenden erläutert werden.

Algorithmen, die auf dem Prinzip des simulated annealing [3.13] beruhen, versuchen, in frühen Phasen lokalen Maxima zu entkommen und in späteren Phasen in guten lokalen Maxima zu verbleiben. Die Methode ist von einem Verfahren zur Erzeugung besonders reiner Kristalle abgeleitet. Wird der Kristall stark erwärmt, können sich die Moleküle frei bewegen. Bei einer schnellen Abkühlung befinden sich viele Moleküle nicht im Idealzustand und sie werden an ihrer Stelle „eingefroren". Bei einer langsamen Abkühlung haben die Moleküle in guter Lage wenig Tendenz, diese zu verlassen. Moleküle in schlechter Lage haben aufgrund der noch relativ hohen Temperaturen die Freiheit, sich zu bewegen und in bessere Positionen zu gelángen. Ein genaues Verständnis dieses physikalischen Prozesses ist nicht nötig, um die grundlegende Idee auf randomisierte Suchstrategien zu übertragen. Wir arbeiten wie bei der lokalen Suche mit Nachbarschaften und starten mit einem zufälligen Punkt $x \in X^n$. Wenn x der aktuelle Suchpunkt ist, wird $x' \in N(x)$ zufällig gewählt. Falls $f(x') \geq f(x)$, ersetzen wir x durch x' und suchen auf gleiche Weise weiter. Falls $f(x') < f(x)$, wird x nur mit einer Wahrscheinlichkeit von

$$e^{-(f(x)-f(x'))/T} \tag{3.18}$$

durch x' ersetzt. Dabei ist $e^{d/T}$ die so genannte *Metropolisfunktion* und T die *aktuelle Temperatur*. Bei hoher Temperatur ist auch die Wahrscheinlichkeit, x' zu akzeptieren, hoch. Bei $T = 0$ wird der Prozess eingefroren und wir führen eine randomisierte lokale Suche durch. Bei Anwendung von simulated annealing haben wir noch einige Freiheiten. Dazu gehören die Wahl der Anfangstemperatur und die Wahl der Strategie, wie die Temperatur abgesenkt werden soll. Es kann für jede Temperaturstufe eine absolute Schrittanzahl gegeben sein oder eine Schranke für die Anzahl der Schritte, in denen der neue Suchpunkt x' nicht akzeptiert wurde, oder eine Schranke für die Länge eines Zeitintervalls, in dem kein neuer Suchpunkt akzeptiert wurde, oder eine Kombination aus diesen Kriterien. Obwohl lokale Maxima verlassen werden können, ist doch zu beachten, dass in jedem Schritt ein Nachbar von x untersucht wird, die Veränderungen also lokaler Natur sind. Eine nötige Vielfalt wird erst durch Multistartstrategien erzielt, wie sie bereits in 3.6 beschrieben wurden.

Evolutionäre Algorithmen [3.2] bilden den Oberbegriff für eine Klasse randomisierter Suchstrategien, zu denen *genetische Algorithmen* [3.6], *Evolutionsstrategien* [3.11] und *evolutionäre Programmierung* [3.4] gehören. Die vier wesentlichen Module evolutionärer Algorithmen sind Initialisierung, *Selektion, Mutation,* und *Kreuzung* (crossover). Evolutionäre Algorithmen arbeiten nicht mit einem einzelnen aktuellen Suchpunkt, sondern mit einer Menge aktueller Suchpunkte, der so genannten Bevölkerung oder Population. Dies erlaubt die gleichzeitige Betrachtung einer Vielzahl verschiedener Suchpunkte, die in diesem Zusammenhang oft Individuen genannt werden. Der Algorithmus verwendet ein diskretes Zeitraster, die Populationen zu verschiedenen Zeitpunkten werden dabei *Generationen* genannt. Die Anfangspopulation enthält $p(n)$ zufällig gewählte Individuen, wobei $p(n)$ polynomiell in n beschränkt ist. Selektion bedeutet die Auswahl von Individuen, einerseits zur Erzeugung von neuen Individuen, andererseits zur Auswahl der Individuen, die die nächste Generation bilden. Im ersten Fall stehen die Individuen der aktuellen Generation zur Verfügung, im zweiten Fall die Individuen der letzten Generation und die neu erzeugten Individuen. Gemäß dem biologischen Vorbild der biologischen Evolution erfolgt die Auswahl aufgrund der Fitness der Individuen, die durch die zu maximierende Funktion $f(x)$ gemessen wird. Individuen mit höherer Fitness bekommen eine größere Chance, gewählt zu werden. Bei der Auswahl von Individuen zur Erzeugung neuer Individuen ist es durchaus sinnvoll, wenn ein Individuum mehrfach gewählt wird, was bei der Auswahl der Individuen der nächsten Generation nicht sinnvoll ist. Dann kann es vernünftig sein, das beste Individuum oder die k besten Individuen auf jeden Fall in die neue Generation zu übernehmen *(elitäre Auswahl).* In manchen Fällen wird die neue Generation nur aus neu erzeugten Individuen zusammengesetzt, um die Vielfalt der Individuen zu erhöhen und zu verhindern, dass sich alle Individuen zu ähnlich werden und die Bevölkerung sich in einem lokalen Maximum konzentriert („vorzeitige Konvergenz").

Mutation und Kreuzung dienen der Erzeugung neuer Individuen. Bei einer Mutation des Individuums $x = (x_1, \ldots, x_n)$ wird jedes x_i unabhängig von den anderen x_j zufällig verändert. Für $X = \{0, 1\}$ wird das Bit mit einer Wahrscheinlichkeit $q(n) < 1/2$, oft $q(n) = 1/n$, negiert. Für $X = \mathbb{R}$ wird eine normalverteilte Zufallsgröße mit Erwartungswert 0 addiert. Es ist möglich, die Varianz der Zufallsgröße oder die Wahrscheinlichkeit $q(n)$ im Laufe des Algorithmus einzustellen (zu adaptieren). In jedem Fall sind kleine Änderungen wahrscheinlicher als große Änderungen, aber im Gegensatz zum simulated annealing sind große Änderungen in einem Schritt nicht ausgeschlossen.

An einer Kreuzung sind zwei Individuen x und x' beteiligt. Sie sollen Erbinformationen, also bestimmte Teile x_i bzw. x'_i, austauschen. Bei der 1-Punkt-Kreuzung wird eine Stelle k, $1 \leq k \leq n - 1$, zufällig bestimmt und das neue Individuum x'' übernimmt an den ersten k Positionen die Informationen von x und an den übrigen $n - k$ Positionen die Informationen von x', d.h. $x'' = (x_1, \ldots, x_k, x'_{k+1}, \ldots, x'_n)$. Dies ist der klassische Kreuzungsoperator, bei dem benachbarte Informationen eine gute Chance haben, gemeinsam übernommen zu werden oder gemeinsam nicht übernommen zu werden. Bei den meisten Anwendungen hat diese Nachbarschaft im Vektor x keine besondere Bedeutung. Dann ist die zufällige Kreuzung (uniform crossover) angemessener. Dabei nimmt x''_i unabhängig von den anderen Positionen mit Wahrscheinlichkeit $1/2$ den Wert x_i und mit Wahrscheinlichkeit $1/2$ den Wert x'_i an. Schließlich muss es Kriterien geben, wann die Suche mit dem evolutionären Algorithmus beendet wird.

Randomisierte Suchstrategien haben viele freie Parameter, deren Einstellung Erfahrung und Intuition erfordert. Im Gegensatz zum Einsatz von Algorithmen mit garantiertem Verhalten ist hier ein ingenieurmäßiges Vorgehen erforderlich.

3.9 Zusammenfassung

Es wurde gezeigt, dass es zentrale Entwurfsmethoden für den Entwurf effizienter Algorithmen gibt. Mit deren Kenntnis lassen sich viele Probleme methodisch bearbeiten. Dabei müssen Methoden, die stets zur Lösung des Problems führen, von heuristischen Methoden unterschieden werden. Daneben gibt es Methoden, die eine bestimmte Güte der erzeugten Lösung garantieren. Randomisierte Algorithmen erweitern das Reservoir zum Entwurf effizienter Algorithmen erheblich. Schließlich liefert die Analyse von Algorithmen nicht nur Kriterien zur Bewertung der Algorithmen, darüber hinaus birgt sie oft den Schlüssel zur Verbesserung von Algorithmen. Entwurf und Analyse von Algorithmen erweisen sich insgesamt als erlernbares Handwerk.

3.10 Literatur

[3.1]   Aho, A.V., Hopcroft, J.E., Ullman, J.D.: *The Design and Analysis of Computer Algorithms.* Addison-Wesley, 1974

[3.2]   Bäck, T., Fogel, D.B., Michalewicz, Z. (Hrsg.): *Handbook of Evolutionary Computation.* Oxford Univ. Press, 1997

[3.3]   Cormen, T.H., Leiserson, C.E., Rivest, R.L.: *Introduction to Algorithms.* MIT Press, 1990

[3.4]   Fogel, D.B.: *Evolutionary Computation: Toward a New Philosophy of Machine Intelligence.* IEEE Press, 1995

[3.5]   Garey, M.R., Johnson, D.B.: *Computers and Intractability. A Guide to the Theory of NP-Completeness.* W.H. Freeman, 1979

[3.6]   Goldberg, D.E.: *Genetic Algorithms in Search, Optimization and Machine Learning.* Addison-Wesley, 1989

[3.7]   Hochbaum, D. (Hrsg.): *Approximation Algorithms for NP-Hard Problems.* PWS Publishing Company, 1995

[3.8]   Mayr, E., Prömel, H.J., Steger, A. (Hrsg.): *Lectures on Proof Verification and Approximation Algorithms.* Lecture Notes in Computer Science, Springer, 1998

[3.9]   Motwani, R., Raghavan, P.: *Randomized Algorithms.* Cambridge Univ. Press, 1995

[3.10] Ottmann, T., Widmayer, P.: *Algorithmen und Datenstrukturen.* Spektrum Akademischer Verlag, 1996

[3.11] Schwefel, H.-P.: *Evolution and Optimum Seeking.* Wiley, 1995

[3.12] Sedgewick, R.: *Algorithms.* Addison-Wesley, 1988

[3.13] van Laarhoven, P., Aarts, F.: *Simulated Annealing. Theory and Applications.* Kluwer, 1987

[3.14] van Leeuwen, J. (Hrsg.): *Handbook of Theoretical Computer Science, Volume A.* Elsevier, 1990

[3.15] Wegener, I.: *Effiziente Algorithmen für grundlegende Funktionen.* Teubner, 1996

[3.16] Wegener, I.: *Theoretische Informatik – eine algorithmische Einführung.* Teubner, 1999

Kapitel 4

Datenbanken

von Lutz Wegner

4.1 Die Aufgabe einer Datenbank

Komplexe Anwendungssysteme werden heute kaum noch von Grund auf neu erstellt, sondern setzen auf vorgefertigten, standardisierten Komponenten auf. Für die Teilaufgabe der Datenhaltung wird man auf ein *Datenbanksystem* (oder kurz eine *Datenbank*) zurückgreifen.

Datenbank
Datenbanksystem

Ein Datenbanksystem besteht aus der Verwaltungssoftware für die Haltung der Daten und den Zugriff darauf, dem sog. *Datenbankmanagementsystem* (*DBMS*) und den gehaltenen Daten selbst, der *Datenbasis* oder dem *Datenpool*.

Datenbankmanagementsystem
Datenpool

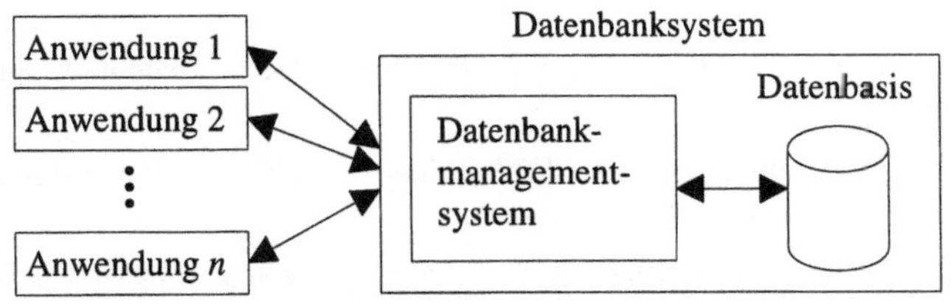

Abbildung 4.1
Aufbau eines
Datenbanksystems

Die Abbildung zeigt, dass in der Regel mehrere Anwendungsprogramme, die in unterschiedlichen Programmiersprachen geschrieben sein können, auf die Datenbank zugreifen. In einer *Mehrprogrammumgebung* kann dies auch (quasi-)gleichzeitig geschehen.

Daraus folgt, dass die Daten auf *nicht-flüchtigen* (persistenten) Datenspeichern, meist Platten, in einem neutralen, *programmunabhängigen Format* abgelegt werden. Für den Zugriff auf die Daten stellen die Programme Abfragen an die Datenbank, die Teile des meist sehr großen Datenbestands (heute bis in den Bereich mehrerer Terabytes hinein, 1 Terabyte = 2^{40} Bytes) in die Programme einlesen. Dort werden sie in das interne Format gewandelt und verarbeitet.

Persistente Speicherung
programmunabhängiges Format

Datenkonsistenz
Transaktionen

Geänderte Daten und neu hinzukommende Datensätze werden dann wieder in die Datenbank zurückgeschrieben, andere ggf. dort gelöscht. Geschieht dies in der oben genannten Mehrprozessumgebung, muss zusätzlich auf Erhaltung der *Datenkonsistenz* geachtet werden, d.h. gegenseitig verschränkte Lese- und Schreiboperationen von zwei oder mehr Programmen (genauer *Transaktionen*) auf dem selben Datensatz müssen so ausgeführt werden, dass ihre Auswirkung von einer Hintereinanderausführung nicht zu unterscheiden ist. Nicht vollständig ausführbare Transaktionen werden rückgängig gemacht, so dass sie keine Auswirkungen hinterlassen. Andererseits werden logisch abgeschlossene Transaktionen, deren Auswirkungen unter Umständen noch nicht auf den Plattenspeicher durchgeschlagen haben, wiederholt, bis sie wieder zu einem konsistenten Datenbankzustand geführt haben. Dies berücksichtigt auch den Fall eines Rechner- oder Datenspeicherausfalls. Wir werden darauf im Zusammenhang mit dem Transaktionsbegriff im Abschnitt 4.6 genauer eingehen.

An dieser kurzen Beschreibung erkennt man bereits, dass die Nutzung eines Datenbanksystems weit über die Möglichkeiten hinausgeht, die eine selbstgeschriebene Dateiverwaltung bietet. Man wird deshalb eine solche enge Bindung von Anwendungsprogramm und eigener Dateiverwaltung nur noch für isolierte Einbenutzerprogramme oder Spezialfälle mit höchsten Leistungsanforderungen an die Zugriffsgeschwindigkeit, etwa im CAD-Bereich, dulden.

Vorteile einer
Datenbanklösung

Offensichtliche Vorteile der Verwendung einer Datenbank sind demnach:

- geringerer *Erstellungs- und Verwaltungsaufwand* (jedenfalls auf längere Sicht),

- sichere Realisierung des *gleichzeitigen Zugriffs* auf Daten durch mehrere Anwender(-programme),

- Änderungen des Format der Daten bedingen keine Änderungen in allen darauf bezugnehmenden Programmen. (*Programm-Datenunabhängigkeit*),

- *Vermeidung von Redundanz* der Daten, d.h. zu jedem in der Datenbank gespeicherten Objekt der realen Welt existiert genau ein Satz von Daten,

- Damit verminderte mangelnde Übereinstimmung (*Inkonsistenz*),

- *Datensicherung und Zugriffskontrolle* sind nicht für jede Einzeldatei nötig,

- *spontane Abfragen* abweichend von existierenden Programmen werden ermöglicht.

Von allen oben genannten Gründen ist die *Datenunabhängigkeit* der schwerwiegendste Grund, auf die Verwendung einer Datenbank umzusteigen. Datenunabhängigkeit bezieht sich auf:

Datenunabhängigkeit

- die *physische Realisierung* (Blockung, dezimale, binäre, gepackte, entpackte Speicherung, Reihenfolge der Felder, Dateinamen, ...),

- *Zugriffsmethoden* (sequentiell, wahlfrei über binäres Suchen, Baumstruktur, Hash-Tabelle, Indexunterstützung, ...).

Datenbanken sind somit generische Programme zur sicheren, redundanzfreien, physisch unabhängigen Speicherung von Daten. Sie erlauben mehreren Anwendern den gleichzeitigen Zugriff auf die Datenbestände. Jedem Anwender wird dabei eine logische (von den physischen Realisierungen unabhängige) *Sicht der Daten* geboten.

logische Datensicht

Eine Formalisierung eines Konzepts zur Trennung der Sichten erfolgte durch die ANSI/X3/SPARC-Studiengruppe im Jahre 1975, die ein *Architekturmodell* in (mindestens) *3 Schichten* vorschlägt. Der Bericht der Gruppe [4.12] führt den Begriff *Schema* in seiner heute gebräuchlichen Form ein. Die drei Ebenen lauten:

ANSI/SPARC Schichtenmodell Schema

- *externe Modelle* (externe Schemata, Benutzersichten, external views),

- *konzeptuelles Modell* (konzeptuelles Schema, logische Gesamtsicht),

externes konzeptuelles internes Schema

- *internes Modell* (internes Schema, physische Sicht).

Zwischen den Schichten existieren automatisierte Transformationsregeln. Die Gesamtheit der Schemata werden vom *Datenbankadministrator* (DBA) aufgebaut und überwacht.

Datenbankadministrator

Abweichend vom obigen Konzept, das von einer unterschiedlichen Darstellung der Daten auf Extern- und Hauptspeicher ausgeht, gibt es seit längerem auch Ansätze, die Unterscheidung aufzuheben und mit einem *einstufigen, persistenten*, virtuellen *Adressraum* zu arbeiten.

einstufiger persistenter Adressraum

Anwendung und Datenbank verschmelzen mittels Programmierung in einer persistenten Programmiersprache, die meist auf objektorientierten Programmiersprachen wie C++ aufsetzen. Im Zusammenhang mit objekt-orientierten Datenbanksystemen im Abschnitt 4.8 gehen wir darauf nochmals ein.

4.2 Das Entity-Relationship Modell

Ein *Datenmodell* stellt die sog. *Miniwelt*, d.h. den relevanten und vereinfachten Ausschnitt der zu behandelnden Realität, implementie-

Datenmodell Miniwelt

rungsneutral dar. Die so gewonnenen konzeptuellen Schemata sind übersichtlicher und führen zu besseren Gesamtsichten als Entwürfe, die sich bereits an den Möglichkeiten eines konkreten DBMS orientieren.

ER-Modell
Entitäten
Beziehungen

Ein solches abstraktes Datenmodell ist das *Entity-Relationship-Modell* (ER-Modell). In ihm werden Objekte der realen Welt als sog. *Entitäten* (entities) angesehen, etwa ein Mitarbeiter „Peter Müller" oder das Projekt „Internet-Auftritt", zwischen denen *Beziehungen* (relationships) existieren, z.B. die Beziehung „arbeitet-an".

Entity-Klassen
Entity-Mengen
Entity-Typen

Entitäten mit gleichen Merkmalskategorien werden in einer Datenbank zusammengefasst. Sie bilden sog. *Entity-Klassen* (auch *Entity-Mengen* oder *Entity-Typen* genannt), z.B. Mitarbeiter eines Unternehmens (Typ MITARBEITER), Projekte (Typ PROJEKT) und Abteilungen (Typ ABTEILUNG).

Attribut

Merkmale einer Entity-Klasse werden als *Attribute* bezeichnet, also z.B. für Mitarbeiter die Attribute Mitarbeiter-Identifikator (MID, numerisch), Vor- und Nachname (NAME, Zeichenkette) und Geburtsjahr (GJAHR, numerisch).

Demnach könnte ein spezieller Mitarbeiter (ein Entity aus der Entitymenge MITARBEITER) durch die Attribute [MID: *3932*, NAME: *Peter Müller*, GJAHR: *1947*] vollständig beschrieben sein.

Wertebereich
Attributbezeichner
Attributname
Nullwert

Attribute werden durch Festlegung des *Wertebereichs* (engl. domain), also die Nennung des Attribut-Typs (hier z.B. numerisch), und der *Attributbezeichner* (hier MID, NAME, ...) bestimmt. Existiert für ein Attribut gegebenenfalls kein Wert, kann stattdessen ein sog. *Nullwert* gespeichert werden (Details siehe unten).

Abbildung 4.2
ER-Diagramm

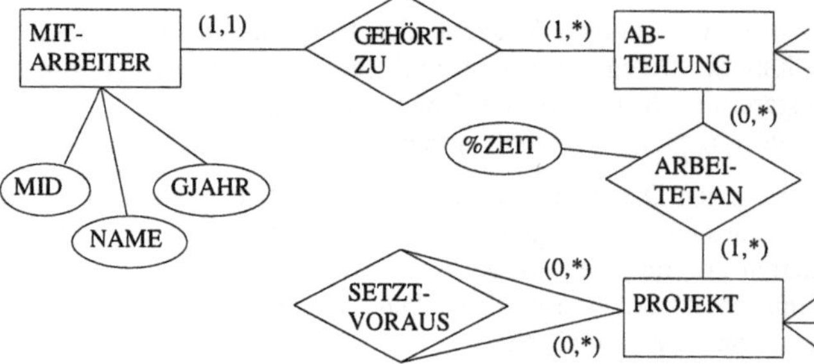

Beziehungen
Rollen

Zwischen den Entitäten herrschen *Beziehungen* (engl. relationships), z.B. zwischen MITARBEITER und PROJEKT die Beziehung ARBEITET_AN, bzw. die Umkehrung WIRD_BEARBEITET_VON. Dabei können zwischen zwei Entity-Typen auch mehrere Beziehungstypen existieren, z.B. zwischen Mitarbeitern und Projekten die

Beziehungen ARBEITET_AN und LEITET. Man spricht dann von mehreren *Rollen*, die ein Entity übernimmt.

Beziehungen können auch wieder Attribute zur Beschreibung allgemeiner Eigenschaften haben, z.B. könnte ARBEITET_AN zwischen MITARBEITER und PROJEKT mit PROZENT_ARBEITSZEIT, die Beziehung GEHÖRT_ZU zwischen MITARBEITER und ABTEILUNG mit dem Attribut SEIT (vom Typ Datum) versehen sein.

Attribute für Beziehungen

Das ER-Modell hat eine anschauliche graphische Darstellung: Im einfachsten Fall werden Entity-Mengen durch Rechtecke, Attribute durch Ellipsen, Beziehungen durch Rauten dargestellt, die durch Linien verbunden sind. Sind, wie in Abbildung 4.2 zwei Entity-Mengen an einer Beziehung beteiligt, spricht man von *binären Beziehungen* (Grad 2, die weitaus gebräuchlichste Form). Daneben sind Beziehungen vom Grad 1 (wie z.B. „setzt-voraus") und vom Grad 3 üblich.

ER-Diagramm
Grad einer Beziehung

An den Kanten können, wie in Abbildung 4.2, *Teilnahmebedingungen* und *Kardinalitäten* eines *Beziehungstyps* angegeben werden. Unter Teilnahmebedingungen (auch *Mitgliedschaften* genannt) versteht man die Forderung, dass jedes Entity an der Beziehung teilnehmen muss, d.h. dass die Beziehung total sein muss, bzw. die Erlaubnis, dass sie partiell sein darf (optionale Mitgliedschaft).

Teilnahmebedingungen
Kardinalitäten
Beziehungstyp
Mitgliedschaft

So besagt Abbildung 4.2 oben, dass nicht jede Abteilung ein Projekt, ggf. aber eine Abteilung viele Projekte bearbeitet und dass jedes Projekt von mindestens einer Abteilung, ggf. vielen, bearbeitet wird. Die Mitgliedschaft von ABTEILUNG an der Beziehung ist optional, PROJEKT dagegen nimmt zwangsweise an der Beziehung teil.

Man nennt dies dann auch eine *existentielle Abhängigkeit*, da ein Projekt nicht ohne eine „bearbeitet-Beziehung" existieren kann (entfernt man die Abteilung, sterben auch alle von ihr bearbeiteten Projekte).

existentielle Abhängigkeit

Der eigentliche Zahlenwert, der angibt, an wievielen Beziehungen $r \in R$ eine Entität $e \in E$ teilnehmen kann, heißt *Kardinalität* und sollte mit *Minimal- und Maximalwert* angegeben werden, wobei * für „beliebig viele" steht (vgl. Abbildung 4.2).

Kardinalität
(min, max)-Notation

Am gebräuchlichsten ist bei Zweierbeziehungen jedoch die recht ungenaue Angabe des *Verhältnisses der Kardinalitäten*, d.h. man klassifiziert sie als 1:1-, 1:*n*-, *n*:1-, *n*:*m*-Beziehungen, und zwar als

1:1-, 1:n-, n:m-Beziehungen

1:1   wenn die Kardinalitäten links und rechts (0, 1) oder (1, 1)
1:*n*   ~ rechts (0, 1) oder (1, 1) und links (0, *) oder (1, *)
n:1   ~ rechts (0, *) oder (1, *) und links (0, 1) oder (1, 1)
n:*m*   ~ links und rechts (0, *) oder (1, *) sind.

GEHÖRT_ZU zwischen MITARBEITER und ABTEILUNG ist demnach eine *n*:1-Beziehung (viele Mitarbeiter in einer Abteilung). In der englischsprachigen Literatur ist dann von *one-to-one*, *one-to-many*, *many-to-many relationships* die Rede.

Systementwurf
Systemanalyse
Normalisierung

Mitgliedsklassen und Kardinalitäten haben großen Einfluss auf den *Systementwurf*. Dazu gehört die Befragung der „Miniwelt-Experten" zur Ermittlung der Entity-Typen, Beziehungen und Restriktionen (z.B. Kardinalitäten), die als *Systemanalyse* bezeichnet wird. Auf der Basis des (erweiterten) ER-Modells, das auf Chen [4.14] zurückgeht, wird der Entwurf des konzeptuellen Schemas heute von vielen DB-Werkzeugen (z.B. ERwin, S-Designer, SELECT-SE) mit graphischen Editoren und automatisierten Übersetzungen in das relationale Modell unterstützt. Er bestimmt, wo Nullwerte erlaubt und wie Tabellen aufzuteilen sind (die sog. *Normalisierung*).

4.3 Das relationale Modell

Das relationale
Datenmodell

Die Grundlage der meistverbreiteten Datenbanksysteme ist das in einer Arbeit von E.F. Codd [4.16] 1970 vorgestellte *relationale Datenmodell* und seine Erweiterungen. Es eignet sich besonders für die Implementierung der aus einem ER-Modell gewonnenen Schemaentwürfe. Die Darstellung hier orientiert sich an [4.9] und [4.11], weitere verbreitete Standardwerke sind [4.2, 4.3, 4.8, 4.20].

Tabelle
Relation
Spalte
Attribut
Zeile
Tupel

Dazu werden Entitäten in *Tabellen* aufgelistet. Jede Tabelle stellt Beziehungen zwischen den Werten der Entitäten her und kann damit als *Relation* aufgefasst werden. Je *Attribut* wird eine *Spalte* angelegt, jede Entitätsausprägung ergibt eine *Zeile*, ein sog. *Tupel* (engl. tuple). Beziehungen zwischen Entitäten werden implizit über Attributwerte hergestellt (sog. Fremdschlüssel) oder bilden eigene Tabellen.

Abbildung 4.3 zeigt eine Mitarbeiter-Tabelle mit den Attributen Mitarbeitername, ~-Identifikation, Geburtsjahr und Mitarbeiterabteilung.

MITARBEITER

Abbildung 4.3
Mitarbeiter-
Tabelle

NAME	<u>MID</u>	GJAHR	ABTID
Peter	1022	1959	FE
Gabi	1017	1963	HR
Beate	1305	1978	VB
Rolf	1298	1983	HR
Uwe	1172	1978	FE

4.3.1 Relationen

Aus formaler Sicht ist eine n-stellige *Relation* eine *Teilmenge des Kreuzprodukts* (kartesischen Produkts) von n beliebigen Wertebereichen (engl.: domains) W_1, W_2, ..., W_n, kurz $W_1 \times W_2 \times ... \times W_n$ als Menge aller n-Tupel $(w_1, w_2, ..., w_n)$ mit Komponente $w_i \in W_i$ für $i = 1, 2, ..., n$.

Relation
Kreuzprodukt
Wertebereiche

Der Wert n bezeichnet den *Grad* (engl.: degree, arity) der Relation. Die Tabelle in Abbildung 4.3 ist demnach eine 4.stellige Relation und Teilmenge des Kreuzprodukts Mitarbeiternamen $\times$ Mitarbeiterids $\times$ Jahrangaben $\times$ Abteilungsbezeichner. Ein spezielles 4.Tupel daraus ist (*Gabi, 1017, 1963, HR*).

Grad n einer
Relation

Da Relationen Mengen sind, ist die *Reihenfolge der Tupel* (Zeilen) nicht festgelegt, jedoch darf jedes Tupel nur einmal auftreten. In einer konkreten Realisierung als Tabelle eines DBMS wird man aber oft feststellen, dass die Reihenfolge implementationsbedingt oder durch Sortieranweisungen festgelegt ist und dass gelegentlich aus Effizienzgründen *Duplikate* auftreten, deren Beseitigung ausdrücklich verlangt werden muss.

Relationen sind
Mengen
Reihenfolge der
Zeilen
Duplikate

Genauso ist – formal gesehen – die Anordnung der Spalten irrelevant. In der Realisierung erscheinen aber die *Spalten in der Reihenfolge* und mit den Attributbezeichnern, wie sie durch den Entwerfer im *Tabellenschema* angegeben wurden. Diese Angabe entspricht einer Typdeklaration in einer Programmiersprache und enthält neben den Attributnamen eine Deklaration des Wertebereichs. Sofern nicht von der sog. 1. Normalform (siehe 4.7.3) abgewichen wird, sind dafür nur atomare Bereiche zugelassen, also ganze Zahlen (*integer*), Einzelzeichen (*char*), Zeichenketten (*string*), Datumsangaben (*date*), nicht jedoch Unterrelationen oder Listen.

Spaltenreihenfolge
Tabellenschema
atomare Wertebereiche

Entsprechend lautet das Relationenschema für die Mitarbeiterrelation

Relationenschema

    MITARBEITER(NAME, MID, GJAHR, ABTID)

oder mit Angabe der Wertebereiche

    MITARBEITER(NAME: *string*, MID: *integer*,
            GJAHR: *integer*, ABTID: *string*).

4.3.2 Nullwerte

Kann man für einen Attributwert keine Angaben machen, etwa wenn für einen Mitarbeiter kein Geburtsdatum erfasst wurde oder er noch keiner Abteilung zugeordnet wurde, trägt man in dem Tupel in der Spalte einen Nullwert ein. Gleiches gilt auch, wenn eine Angabe keinen Sinn macht, etwa ein Heiratsdatum für einen ledigen Mitarbeiter.

Nullwert
unbekannter Wert
nicht anwendbarer
Wert

SQL NULL   Ein solcher Wert der Art „unbekannt", bzw. „nicht zutreffend" ist für alle Wertebereiche definiert. In SQL (siehe Abschnitt 4.4) hat er den symbolischen Namen NULL. Er bietet mehr Sicherheit als selbstvereinbarte Ausnahmewerte, wie z.B. die numerische Null oder die leere Zeichenkette.

dreiwertige Logik   Die Existenz von Nullwerten in Relationen führt allerdings dazu, dass eine dreiwertige Logik für Vergleichs- und Verknüpfungsoperationen eingeführt werden muss, die neben *wahr* (T, true) und *falsch* (F, false) noch *vielleicht wahr* (M, maybe) einführt, wie in der Wahrheitstafel für die UND-Verknüpfung in Abbildung 4.4 beispielhaft gezeigt.

Abbildung 4.4
Konjunktion mit
dreiwertiger Logik

UND	T	M	F
T	T	M	F
M	M	M	F
F	F	F	F

ISNULL Test   Vergleiche mit mindestens einem Null Operanden sollten Null ergeben. Speziell ergibt der Vergleich NULL = NULL wieder NULL und nicht wahr, was wenig intuitiv und Quelle der meisten Irrtümer ist! Deshalb sollte man das Vorliegen eines Nullwerts immer mit dem speziellen Test ISNULL abfangen, der *true* liefert, wenn tatsächlich ein Nullwert vorliegt, *false* sonst.

Ausschluss von
Nullwerten   *Nullwerte* können daneben auch für Attribute *ausgeschlossen* werden, z.B. für ABTID oben, wenn gefordert wird, dass jeder Mitarbeiter einer Abteilung zugeordnet ist. Auf weitere problematische Aspekte der Nullwerte im Zusammenhang mit Duplikatseliminierung und den SQL-Funktionen SUM (Summe), AVG (Durchschnitt) und COUNT (Anzahl) sei hingewiesen.

4.3.3 Schlüssel

Schlüssel
Schlüsselkandidat
Primärschlüssel   Das Relationenmodell ist *werteorientiert*, d.h. die Unterscheidung zweier Entitäten (Tupel) erfolgt durch Merkmalsunterschiede, also durch Attributwerte, nicht durch eindeutige Objektbezeichner (OIDs) wie z.B. im OO-Modell (Abschnitt 4.8). Die minimale Menge der Attribute, die eine eindeutige Unterscheidung der Tupel zulässt, heißt *Schlüssel*. Existieren mehrere minimale Mengen, spricht man von *Schlüsselkandidaten* (engl. candidate keys). Einen darunter bestimmt man zum *Primärschlüssel*, für den keine Nullwerte zugelassen sind.

Die Eigenschaft, ein Schlüssel zu sein, sollte allerdings vom Schema abhängen, nicht von der zufälligen, momentanen Ausprägung der

Menge der Tupel. Im Schema deuten wir Primärschlüssel durch Unterstreichung der Attribute an.

In der Beispielrelation MITARBEITER aus Abbildung 4.3 scheinen auf den ersten Blick die Attribute NAME, MID und die Kombination (GJAHR, ABTID) Schlüsselkandidaten zu sein. Tatsächlich ist aber nur das künstliche Attribut MID als Schlüsselkandidat geeignet und zum Primärschlüssel gemacht worden, da man Mitarbeiter mit dem selben Namen und solche mit gleichem Alter, die in der gleichen Abteilung beschäftigt sind, nicht ausschließen kann.

Man beachte ferner, dass natürlich auch die Erweiterung (NAME, MID) jedes Tupel eindeutig identifizieren würde, dies nach Definition aber kein Schlüssel wäre, da *minimale* Attributmengen verlangt werden und MID alleine bereits ein Schlüssel ist.

Schlüssel als minimale Attributmenge

Der schnelle *Zugriff auf Tupel* über die Angabe des Primärschlüsselwerts, hier MID, sollte vom System immer unterstützt werden. Der schnelle Zugriff auf gesuchte Tupel über andere Attribute kann unterstützt werden. Beispielsweise wird man auf Kundendaten nicht nur über den Schlüssel Kundennummer, sondern häufig auch per Kundenname zugreifen, da Kunden ihre Kundenummer nicht parat haben. Man spricht dann von *Sekundärschlüsseln* (engl. alternate keys). Allerdings wird dieser Begriff auch für Attribute benutzt, für die ein Index existiert, selbst wenn die Schlüsseleigenschaft nicht gegeben ist, z.B. „Sekundärschlüssel" ABTID in der Relation MITARBEITER, um schnell an alle Mitarbeiter einer Abteilung zu kommen.

Zugriff auf Tupel Sekundärschlüssel

4.3.4 Fremdschlüssel und referentielle Integrität

Der Begriff *Fremdschlüssel* (engl. foreign key) bezeichnet ein oder mehrere Attribut(e) in einer Relation R_1, die Primärschlüssel in Relation R_2 sind, wobei R_1 hierarchisch von R_2 abhängt.

Fremdschlüssel

ABTEILUNG

__ABTID__	__ABTBEZ__	__ORT__
FE	Forschung & Entwicklung	Dresden
HR	Personalabteilung	Kassel
EC	e-Commerce	?
VB	Vetrieb & Beratung	Dresden

Abbildung 4.5
Abteilungs-Relation

In Abbildung 4.3 erfüllt die MITARBEITER-Relation R_1 diese Forderung und enthält den Primärschlüssel ABTID aus der ABTEILUNG-Relation R_2 (Abb. 4.5) als Fremdschlüssel. MITARBEITER ist hierarchisch abhängig von ABTEILUNG (steht in einer n:1-Beziehung), d.h. jeder Mitarbeiter kann höchstens einer Abteilung angehören.

Keine Nullwerte für Fremdschlüssel bei Zwangsmitgliedschaft
Gibt es zusätzlich eine *Zwangsmitgliedschaft*, d.h. muss jeder Mitarbeiter genau einer Abteilung angehören, dann sind Nullwerte in der Fremdschlüsselspalte ABTID in MITARBEITER nicht zugelassen. Dagegen gibt es Abteilungen, die vielleicht noch keine Mitarbeiter haben, weil sie erst in Planung sind, wie z.B. EC oben mit unbekanntem Unterbringungsort (Nullwert in ORT-Attribut).

referentielle Integrität
Über Fremdschlüssel lässt sich *referentielle Integrität* erzwingen, z.B. wird man fordern, dass sich hinter ABTID in MITARBEITER genau eine (existierende) Abteilung verbirgt und dass unbeabsichtigte Namensänderungen von Abteilungen Fehlermeldungen auslösen, da sie „hängende" Mitarbeitertupel erzeugen. Verletzungen der referentiellen Integrität sind möglich durch Einfügen (INSERT), Ändern (UPDATE) oder Löschen (DELETE) eines Tupels.

kaskadierendes Löschen
Statt einer Fehlermeldung kann in einem DBMS auch das Löschen eines Tupels das automatisierte Löschen aller direkt existentiell abhängigen anderen Tupel (die über Fremdschlüssel verknüpft sind) auslösen. Hängen von diesen weitere Tupel ab, werden auch diese gelöscht, usw. Man spricht dann von *kaskadierendem Löschen* (cascading delete), vgl. hierzu auch ON DELETE CASCADE in SQL.

4.3.5 Operationen der relationalen Algebra

Relationenvariablen
Generell bezeichne $R(A_1: W_1, A_2: W_2, ..., A_n: W_n)$ eine n-stellige Relation mit Attributnamen $A_1, A_2, ..., A_n$ und Wertebereichen $W_1, W_2, ..., W_n$. Falls die Wertebereiche nicht interessieren schreiben wir $R(A_1, A_2, ..., A_n)$ oder nur R. R ist dabei der Name einer Relationenvariablen. Daneben können namenlose Relationen aus Literalen und Relationenausdrücken entstehen.

Ein Tupel aus $R(A_1, A_2, ..., A_n)$ werde mit $(A_1: a_1, A_2: a_2, ..., A_n: a_n)$ oder nur kurz mit $(a_1, a_2, ..., a_n)$ bezeichnet.

Restriktion oder Selektion

Restriktion Selektion
Restriktion und *Selektion* sind gleichwertige Begriffe für die Auswahl von Zeilen gemäß einer Bedingung.

$$\sigma_B(R) \qquad\qquad (4.1)$$

Eine Selektion liefert alle Tupel der Relation R, die Bedingung B erfüllen, im Beispiel unten etwa alle Mitarbeiter aus der Relation in Abbildung 4.3, die in der FE-Abteilung arbeiten.

$\sigma_{ABTID\,=\,FE}(MITARBEITER)$

NAME	__MID__	GJAHR	ABTID
Peter	1022	1959	FE
Uwe	1172	1978	FE

Abbildung 4.6
Ergebnis der
Selektions-
operation

Bedingungen werden formuliert mittels Vergleichsoperatoren <, >, = , $\leq$, $\geq$, $\neq$, die als Operanden Konstante (dargestellt durch Literale) und Attributwerte (angegeben durch Attributnamen A_i) enthalten. Bedingungen können über die *Boolschen Operatoren* UND ($\wedge$), ODER ($\vee$), NICHT ($\neg$) verknüpft werden.

Boolsche Operatoren

Die Selektions-Operation ist damit eine unäre Operation, genauso wie die folgende Projektion. Sie ist nicht zu verwechseln mit dem mächtigeren SELECT Befehl in SQL.

Projektion

Unter einer *Projektion* versteht man die Auswahl von Spalten einer Relation. Entstehen dadurch doppelte Zeilen (Duplikate), dann müssen diese entfernt werden (Mengeneigenschaft!).

Projektion

$$\prod_{L}(R) \qquad\qquad (4.2)$$

wobei Liste $L = A_{i1}, A_{i2}, ..., A_{im}$ Attribute aus Relation R enthält.

$\prod_{ABTID,\ ORT}(ABTEILUNG)$

__ABTID__	ORT
FE	Dresden
HR	Kassel
EC	?
VB	Dresden

Abbildung 4.7
Ergebnis einer
Projektions-
operation

Produkt

Die *Produktbildung* ist eine binäre Operation. Sie nimmt zwei Tabellen und erzeugt eine neue Tabelle aus der Kombination aller Zeilen (*kartesisches Produkt* oder *Kreuzprodukt*).

Produktbildung
kartesisches Produkt

$$R \times S \qquad \text{mit } R, S \text{ Relationen} \qquad (4.3)$$

Die Resultatsrelation hat die Attribute ($R.A_1, R.A_2, ..., R.A_n, S.A_1, S.A_2, ..., S.A_m$) mit Punktnotation zur Unterscheidung gleichnamiger Attribute.

MITARBEITER M × ABTEILUNG A
(hier nur 6 der 20 Resultatzeilen gezeigt)

M. NAME	M. MID	M. GJAHR	M.ABT ID	A.ABT ID	A. ABTBEZ	A. ORT
Peter	1022	1959	FE	FE	Forsch..	Dresden
Peter	1022	1959	FE	HR	Person...	Kassel
Peter	1022	1959	FE	EC	e-Comm	?
Peter	1022	1959	FE	VB	Vertr...	Dresden
Gabi	1017	1963	HR	FE	Forsch...	Dresden
...	...	...	...	...	...	...
Uwe	1172	1978	FE	VB	Vertr...	Dresden

Abbildung 4.8
Produkt

Vereinigung

Vereinigung
verträglicher
Relationen

Zwei Relationen R und S lassen sich *vereinigen*, wenn sie den gleichen Grad n haben und jedes Attribut der ersten Relation *verträglich* mit dem korrespondierenden Attribut der zweiten Relation ist, d.h. wenn für die Wertebereiche gilt: $R.W_i = S.W_i$ für $i = 1, ..., n$.

$$R \cup S \qquad (4.4)$$

Das Ergebnis ist eine namenlose Relation mit neuen Attributnamen U_i, z.B. der lexikographisch kleinere von $R.A_i$ und $S.A_i$. Wegen der beliebigen Anordnung der Attribute ist ggf. eine Umordnung der Spalten vor der Vereinigung nötig. Üblicherweise wird man auch eine semantische Verträglichkeit der Attribute fordern, d.h. NAME und ABTBEZ wären semantisch nicht verträglich, obwohl beides Namensattribute sind und für beide der Wertebereich *string* vereinbart wurde.

Vorstellen könnte man sich z.B. die Vereinigung der MITARBEITER-Relation mit einer Relation PRAKTIKANTEN(PNAME, PID, GJAHR, GAST_IN), wenn die Wertebereiche der Praktikanten-Relation so gewählt werden wie für Mitarbeiter.

Differenz

Differenz
verträglicher
Relationen

Finde alle Tupel in Relation R, die nicht in Relation S sind. Es wird *Verträglichkeit* der Relationen (engl. union-compatible) verlangt.

$$R - S \qquad (4.5)$$

Gäbe es etwa neben der MITARBEITER-Relation eine gleich aufgebaute Relation HIRE2000, die nach dem 1.1.2000 aufgenommene

Mitarbeiter enthält, dann würde MITARBEITER − HIRE2000 genau die Mitarbeiter liefern, die schon vor 2000 eingestellt wurden.

Die fünf genannten Operationen (4.1) − (4.5) sind notwendig und hinreichend für eine *relationale Algebra*. Zusammenfassend gilt also, dass sich *relationale Ausdrücke E* aufbauen lassen aus den Grundbausteinen *Relationenvariablen* und *Relationenkonstanten*, wobei aus relationalen Ausdrücken E_1 und E_2 mit

relationale Algebra

relationale Ausdrücke

- $E_1 \cup E_2$

- $E_1 - E_2$

- $E_1 \times E_2$

- $\sigma_P (E_1)$ mit P Prädikat über den Attributen von E_1

- $\Pi_S (E_1)$ mit S Liste von Attributen aus E_1

wieder ein relationaler Ausdruck (ggf. unter Umbenennung von Attributen) entsteht (Darstellung nach Silberschatz et al. [4.9]). Wie bei der Projektion oben angemerkt, ist auch bei der Vereinigung und dem unten erwähnten Durchschnitt auf das Entfernen gegebenenfalls entstandener Duplikate zu achten.

Als Beispiel für einen etwas komplexeren relationalen Ausdruck suchen wir nach Mitarbeitern, die nach 1975 geboren wurden. Es sollen ihr Mitarbeitername, Geburtsjahr und der Ort ihrer Abteilung aufgeführt werden.

$$\Pi_{\text{M.NAME, M.GJAHR, A.ORT}} \left(\sigma_{\text{M.ABTID = A.ABTID} \wedge \text{M.GJAHR} > 1975} (M \times A) \right) \qquad (4.6)$$

Im folgenden Abschnitt werden wir diese Abfrage mit SQL formulieren, die Ergebnisrelation kann man dem Abbildung 4.10 entnehmen.

4.3.6 Zusätzliche Operationen

Obwohl im strikten Sinne nicht notwendig, arbeitet man üblicherweise noch mit den zusätzlichen Operationen *Durchschnitt*, *Division* (manchmal *Quotient* genannt) und verschiedenen Formen von sog. *Joins*, um Tabellen eleganter verknüpfen zu können.

zusätzliche Operationen

Der Durchschnitt zweier verträglicher Relationen R und S, kurz $R \cap S$ ergibt eine Relation, die genau die Tupel enthält, die in R *und* S enthalten sind. Schwieriger ist die Definition der Division $R \div S$, die über Äquivalenzklassen auf den Attributen von S, den Divisionsattributen, definiert wird und nützlich ist für Abfragen der Art „finde in R ...so dass für alle Tupel in S ...". Wir übergehen die Behandlung hier.

Durchschnitt

Division

Join
Natural Join
Theta Join

Sehr viel wichtiger sind *Join*, *Natural Join*, und *Theta Join*. Sie beziehen sich auf die häufigen Operationen der Produktbildung mit anschließender Selektion, wie im Ausdruck (4.6) oben. Speziell der sog. *Natural Join*, d.h. die Selektion auf Gleichheit der beiden Joinattribute unter Aufnahme nur eines der beiden Attribute, wird zur Auswertung von Beziehungen benötigt. Wird keine weitere Einschränkung gemacht, versteht man unter Join immer den Natural Join.

Im allgemeinen Fall spricht man vom Theta Join,

$$R \bowtie_\Theta S \tag{4.7}$$

wobei Theta für ein Prädikat (z.B. einen Vergleich) über den Join-Attributen A_i aus R und A_j aus S steht. Damit gilt also $R \bowtie_\Theta S = \sigma_\Theta (R \times S)$ und $A_i \Theta A_j$ ergibt wahr auf den selektierten Attributen.

$M \bowtie A$

Lässt man in dem relationalen Ausdruck (4.6) oben das Prädikat M.GJAHR > 1975 weg, haben wir genau einen Natural Join über dem Joinattribut ABTID und schreiben einfach $M \bowtie A$.

Um ein Prädikat für die Verknüpfung zweier Relationen überhaupt definieren zu können, müssen natürlich die Wertebereiche der Joinattribute gleich sein. Sie brauchen aber keine Schlüsselattribute zu sein und müssen auch nicht dieselben Namen tragen. Generell darf man auch eine Relation durch einen Join mit sich selbst verbinden.

Bei komplexeren relationalen Ausdrücken gibt es mehrere Abarbeitungsstrategien mit großen Unterschieden im Aufwand. Speziell der Join mit der Produktbildung als Zwischenschritt ist wegen der Größe der entstehenden Tabellen teuer.

Implementierungs-
strategien für den
Join

Eine offensichtliche *Implementierungsstrategie* für den Join besteht darin, zwei Schleifen zu schachteln (*nested loop*), wobei man in der äußeren Schleife für jedes Tupel in R eine innere Schleife für alle Tupel in S startet. Hat R gerade m Tupel und S die Kardinalität n, dann ist der Aufwand von der Größenordnung $n \cdot m$ (quadratisch).

nested loop
sort-and-merge
hash join

Zum anderen kann man R und S sortieren und dann durch Mischen passende Paare finden (*sort-and-merge*). Der Aufwand beträgt dann größenordnungsmäßig nur $m \cdot \log m + n \cdot \log n + n + m$. Daneben kann man einen bestehenden Index oder eine Vorsortierung für Join-Attribute nutzen, bzw. versuchen, mittels *Hash-Funktionen* passende Paare zu finden.

Semi-Join

Semi-Join

Häufig interessieren nach einem Join nur die Attribute der linken Relation. Diese implizite Projektion nennt man *Semi-Join*, kurz

$$R \ltimes S = \prod_R R \bowtie S \tag{4.8}$$

wobei das tiefgestellte R die Abkürzung für „Attribute von R" ist. Für
A $\bowtie$ M ergäbe sich z.B. die Abteilungs-Relation A aus Abbildung
4.5, jedoch ohne das Tuple (EC, e-$Commerce$, ?), da dieses keinen
Treffer in der Mitarbeiter-Relation landen kann (es keinen Mitarbeiter
gibt, der den Fremdschlüsselwert EC im Attribut ABTID hat).

A $\bowtie$ M

Outer Join

In einem „normalen" Join nehmen nur die Tupel teil, die Bedingung Θ
erfüllen. Man nennt ihn auch *innerer Join* (inner join). Möchte man
generell auch alle Tupel „ohne Treffer" auflisten, bietet es sich an,
diese mit Nullwerten auf der trefferlosen Seite aufzufüllen. Man
spricht dann vom *äußeren Join* (outer join).

inner join
outer Join

Nimmt man nur die Tupel der linken oder rechten Seite auf, spricht
man vom linken und rechten äußeren Join (left outer join, bzw. right
outer join). Seit dem SQL-92 Standard (siehe Abschnitt 4.4) wird der
äußere Join auch von den meisten relationalen Systemen unterstützt.

4.3.7 NF^2-Algebra

Als Vorläufer der objekt-orientierten Datenbanksysteme betrachtete
man in den achtziger Jahren relationale Algebren, die mit *geschach-
telten Relationen* arbeiteten und somit auf die 1. Normalform verzichten (daher der Name *NF^2-Datenmodell*, NF^2 = NFNF, Non-First
Normal-Form). Dieses Datenmodell vermeidet, dass logisch zusam-
mengehörige komplexe Objekte auf mehrere „flache" Tabellen verteilt
werden und für die Verarbeitung aufwendig mit Joins verknüpft werden müssen. Abbildung 4.9 zeigt Abteilungen und Mitarbeiter zusammen in einer NF^2-Tabelle.

1. Normalform
geschachtelte
Relationen
NF^2-Datenmodell

ABT-ID	ABTBEZ	ORT	{ } MITARBEITER		
			NAME	MID	GJAHR
FE	Forschung& Entwicklung	Dresden	Peter	1022	1959
			Uwe	1172	1978
HR	Personal-abteilung	Kassel	Gabi	1017	1963
			Rolf	1298	1983
EC	e-Commerce	?	{ }		
VB	Vetrieb& Beratung	Dresden	Beate	1305	1978

Abbildung 4.9
NF^2-Tabelle
Abteilungen

Wie bei der klassischen Relationenalgebra werden Vereinigung, Differenz, Projektion und Join eingeführt, die Selektion wird erweitert um Relationen als Operanden und Mengenvergleiche. Mittels rekursiv aufgebauter Operationsparameter können Π und σ auch innerhalb von Projektionslisten und Selektionsbedingungen dort angewendet werden, wo relationenwertige Attribute auftauchen.

nest und unnest
PNF

Zusätzlich werden die Operatoren ν und μ eingeführt für die *Nestung* (engl. nest) und *Entnestung* (unnest, flattening). Leider sind *nest* und *unnest* nur inverse Operationen, wenn die geschachtelte Relation in der sog. *Partitioned Normal Form* (PNF) ist, d.h. wenn die Relation ein atomares Attribut (oder mehrere atomare Attribute) mit Schlüsseleigenschaft besitzt, wie ABTID im Fall des Beispiels in Abbildung 4.9. Damit ist die dort gezeigte NF^2-Relation in PNF.

4.3.8 Der tupel-relationale Kalkül

relationale
Algebra
tupel-relationaler
Kalkül

Die obigen Operationen der *relationalen Algebra* ergeben in geeigneter Schreibweise eine *prozedurale* Datenabfrage- und Manipulationssprache, bei der man die einzelnen Schritte zur Erlangung eines Abfrageresultats angeben muss. Im Allgemeinen wird man aber ein (Prädikaten-)Kalkül vorziehen, bei dem die Beschreibung der gewünschten Eigenschaften mittels einer Formel das Resultat bestimmt (sog. *tupel-relationaler Kalkül*). So lautet z.B. die Formel für Mitarbeiternamen und Geburtsjahr, sowie Ort der Abteilung für Mitarbeiter, die nach 1975 geboren wurden:

$$\{ s \mid \exists\, t\, (t \in M \wedge t[\text{GJAHR}] > 1975\ \wedge$$
$$s[\text{NAME}] = t[\text{NAME}] \wedge s[\text{GJAHR}] = t[\text{GJAHR}]\ \wedge$$
$$\exists\, u\, (u \in A \wedge s[\text{ORT}] = u[\text{ORT}] \wedge t[\text{ABTID}] = u[\text{ABTID}]))\}$$

relational vollständige Aussagen

Das Ergebnis ist wieder in Abbildung 4.10 zu sehen. Auf die genaue Angabe des Kalküls muss hier verzichtet werden. Generell ist er in seiner Aussagekraft („welche Abfragen lassen sich damit formulieren?") so mächtig wie die relationale Algebra. Man nennt beide Formalismen *relational vollständig*, was der *Prädikatenlogik 1. Stufe* entspricht.

transitiver
Abschluss

Gewisse Abfragen lassen sich damit allerdings nicht berechnen, etwa solche, die eine Berechnung des *transitiven Abschlusses* einer Relation verlangen. Dies wäre z.B. der Fall in einer Zugverbindungstabelle, in der man alle Zielorte berechnen will, die sich von einem Ausgangsort in, sagen wir, 24 h mit beliebig häufigem Umsteigen erreichen lassen. Da Realisierungen von relationaler Algebra, bzw. Relationenkalkül, z.B. in Form von SQL, meist in allgemeine Programmiersprachen eingebettet sind, die volle (sog. Typ 0) Berechnungsmächtigkeit haben, spielt diese Einschränkung in der Praxis keine große Rolle.

4.4 Die Datenbanksprache SQL

Relationale Algebra und Tupelkalkül sind für praktische Anwendun- SQL QBE OQL
gen wenig geeignet. Die *universelle Datenbanksprache* ist heute SQL
(Structured Query Language). Daneben sind vielleicht noch QBE
(Query-by-example) [4.18] und OQL, die Object Query Language der
ODMG [4.1], von Interesse.

Wir behandeln hier nur SQL, das Anfang der siebziger Jahre für das SQL-86 SQL-89
System/R, einer Forschungsentwicklung der IBM und Vorläufer von SQL-92 SQL-99
DB2 [4.13], entwickelt wurde. SQL ist inzwischen als ISO-Standard
in verschiedenen Entwicklungsstufen genormt (SQL-86, SQL-89,
SQL-92, SQL-99). SQL-89 wird von allen relationalen Datenbanksystemen, SQL-92 (auch SQL2 genannt) von den meisten großen SQL2
unterstützt.

Ferner existieren *Einbettungen* in alle höheren Programmiersprachen Programmierspra-
wie COBOL, FORTRAN, Pascal, PL/I, C, Ada und Java (ab SQL-99, cheneinbettungen
auch SQL3 genannt).

Die von SQL behandelten Objekte sind (im einfachen, nichtge- CREATE-Befehl
schachtelten Fall bis SQL2) *Tabellen* (tables), *Zeilen* (rows), *Spalten*
(columns) und *Felder* (fields). Tabellen werden z.B. angelegt mit dem
CREATE-Befehl. So definiert und erzeugt die folgende Anweisung
eine leere Mitarbeiter-Tabelle analog zu Abbildung 4.3.

```
CREATE TABLE MITARBEITER(NAME VARCHAR (40),
    MID INTEGER, GJAHR SMALLINT, ABTID CHAR(3))
```

In diese Tabelle fügen wir die fünf Mitarbeiter aus dem Beispiel ein.

```
INSERT INTO MITARBEITER VALUES('Peter', 1022,
    1959, 'FE')        ...
INSERT INTO MITARBEITER VALUES('Uwe' , 1172,
    1978, 'FE')
```

Existiert auch schon die ABTEILUNGS-Tabelle, können wir nach
Namen, Geburtsjahr und Abteilungsort von Mitarbeitern mit Geburtsjahr nach 1975 suchen.

```
SELECT NAME, GJAHR, ORT
    FROM MITARBEITER M, ABTEILUNG A
    WHERE M.ABTID = A.ABTID AND GJAHR > 1975
```

Dies ist die Abfrage im Ausdruck (4.6) und in der Formel für den
tupel-relationalen Kalkül. Das Ergebnis zeigt die Tabelle in der Abbildung 4.10.

Die hier gezeigte Abfrage mit den Elementen SELECT-FROM- Abfrage in SQL
WHERE ist dabei das prägende Element von SQL, weil es das Ergeb-

nis deskriptiv und nicht operational angibt, d.h. es gibt gewünschte
Eigenschaften (aus der MITARBEITER-Tabelle die Spalten NAME
und GJAHR mit allen Tupeln, die das Prädikat „MID > 1199" erfüllen) an, nicht aber, wie dieses Ergebnis zu erzielen ist (zuerst Selektion, dann Projektion, dann ...).

Abbildung 4.10
Ergebnis der SQL-
Abfrage

NAME	GJAHR	ORT
Beate	1978	Dresden
Rolf	1983	Kassel
Uwe	1978	Dresden

Impedance
Mismatch
Datenzeiger
CURSOR

Anzumerken ist, dass Abfragen in SQL genau wie die Operationen der
relationalen Algebra oder die Ausdrücke im Relationenkalkül als
Ergebnis wieder Tabellen (Relationen) liefern. Programmiersprachen
können aber nur einzelne atomare Werte oder ein Tupel nach dem
anderen verarbeiten, man spricht von einem sog. *Impedance Mismatch*
zwischen den Sprachen. Um über Tabellen iterieren zu können, führt
SQL deshalb zusätzlich das Konzept des *Datenzeigers* (CURSOR)
ein. Eine genauere Behandlung findet sich z.B. in [4.7].

Im Folgenden werden wir SQL an Beispielen etwas genauer erläutern.
Dabei werden wir auch die Tabellendefinition oben um die Angabe
von Primär- und Fremdschlüssel erweitern.

4.4.1 Datendefinitionsanweisungen

Datendefinitions-
und Datenmani-
pulationssprache

SQL ist zugleich eine *Schema- und Datendefinitionssprache*, d.h. sie
beschreibt Tabellen, Sichten und Privilegien, und sie ist eine *Datenmanipulationssprache* für den Zugriff und die Änderung der Daten.
Daneben ist SQL eine Modul-Sprache mit einer prozeduralen Schnittstelle zur Anwendungssprache, API (Application Programm Interface)
genannt, sowie eine Einbettungssprache für das Einstreuen von SQL-
Anweisungen in Anwenderprogramme als Alternative (abkürzende
Schreibweise) zur Modul-Sprache.

Unterstützung der
referentiellen
Integrität in SQL2

Die Schemadefinitionsanweisungen in SQL umfassen die Befehle
CREATE TABLE (Anlegen), DROP TABLE (Löschen), ALTER
TABLE (Ändern, z.B. permanentes Löschen einer Spalte), CREATE
VIEW (Anlegen einer Sicht) und DROP VIEW, sowie GRANT
(Rechte vergeben) und CREATE INDEX zum Anlegen eines Index
über Spalten einer Tabelle. Wir können hier nur einige Punkte anspre-
chen, speziell die ab SQL2 mögliche *Unterstützung der referentiellen
Integrität* über die Angabe von Schlüsseln und Bedingungen
(constraints).

Generell ist es möglich, für jede Spalte einer Tabelle das Auftreten   NOT NULL
von Null-Werten zu verbieten. Das Schlüsselwort lautet NOT NULL
und wird bei der Attributdefinition angefügt. Genauso kann man mit
dem Schlüsselwort UNIQUE Schlüsselkandidaten auszeichnen. Beide
Angaben sind bei der Auszeichnung einer Spalte als Schlüssel (oder
Spaltenkombination bei zusammengesetzten Schlüsseln) implizit
enthalten, da Nullwerte und mehrfaches Auftreten von Werten per
Definition für Schlüssel verboten sind.

Somit lautet die präzise Tabellendefinition für die Mitarbeiter-Tabelle   CREATE TABLE
jetzt:

```
CREATE TABLE MITARBEITER(NAME VARCHAR (40),
   MID INTEGER, GJAHR SMALLINT, ABTID CHAR(3))
      CONSTRAINT MIT_PK PRIMARY KEY (MID),
      CONSTRAINT MIT_FK FOREIGN KEY (ABTID)
         REFERENCES ABTEILUNG);
```

Wie man sieht, wird ABTID als Fremdschlüssel in die ABTEILUNG-
Tabelle hinein markiert. ABTID ist dort Primärschlüssel, deshalb ist
hinter ABTEILUNG nichts weiter anzugeben.

Für Fremdschlüsselbeziehungen können nun auch *Aktionen* definiert   ON UPDATE
werden, die beim Löschen oder bei Änderungen (ON UPDATE ...)   ON DELETE
des referenzierten Tupels augelöst werden. Zu nennen sind das Setzen
eines Default-Wertes, einer Null (ON DELETE SET NULL, nicht für
referenzierte Primärschlüssel) oder das (kaskadierende) Löschen oder
Ändern des Tupels, das diese Fremdschlüsselbedingung hat (ON DE-
LETE CASCADE, ON UPDATE CASCADE). Die Namen der Bedingungen (hier MIT_PK und MIT_FK) können für Fehlermeldungen
genutzt werden, z.B. wenn das DBMS bei einer Einfügung eines Tupels merkt, dass der Primärschlüsselwert schon vorhanden ist und die
Einfügung zurückweist.

In den Definitionen wurden auch *Angaben zu den Wertebereichen*
gemacht, wobei VARCHAR (*n*) die Kurzform von CHARACTER
VARYING ist und die ganze Zahl *n* die maximale Zeichenanzahl des
Werts angibt. Ohne VAR ist die Zeichenlänge fest, INTEGER ist eine
ganze Zahl, ggf. mit Vorzeichen, andere Typangaben sind SMALL-
INT, NUMERIC, DECIMAL (Festkommazahlen), FLOAT, REAL,
BIT, DATE, TIME und einiges mehr. Die Überprüfung auf Typver-
träglichkeit in Ausdrücken erfolgt wie bei den Programmiersprachen.
Details, speziell auch die Formatierung der Ausgabe, muss man dem
Handbuch des verwendeten DBMS entnehmen.

Die mit CREATE TABLE angelegten Tabellen werden *Basistabellen*   Basistabellen
genannt im Unterschied zu den *Sichten*, die zwar auch Tabellen sind,   Sichten
jedoch nur *virtuell* existieren. Tabellen-, Spalten und Sichtendefinitio-   Katalog
nen werden in einem DBMS in einer oder mehreren Systemtabelle(n)

gehalten. Diese heissen *Katalog* (Tabelle der Meta-Daten) und können nur vom Datenbankadministrator verändert werden.

Materialisierung einer Sicht

Wichtig ist, dass die Definition einer Sicht (virtuellen Tabelle) aus einer oder mehreren Basistabellen oder anderen Sichten keine physische Tabelle erzeugt, sondern zur *Abfragezeit* aus den Angaben der Definition jedesmal neu produziert wird, außer man verlangt explizit die *Materialisierung* einer Sicht (materialized view). Mit CREATE VIEW erzeugte Sichten vereinfachen den Zugriff, da man nicht immer wieder erneut die Abfragekriterien formulieren muss. Sie sind das wesentliche Element der *externen Ebene* (vgl. Abschnitt 4.1) in der Mehrschichtenarchitektur einer Datenbank und garantieren die Datenunabhängigkeit. Zuletzt sind sie ein Mittel des Datenschutzes, da sich damit Anwendern maßgeschneiderte Ausschnitte der Datenwelt liefern lassen.

CREATE VIEW

Die Syntax der Sichtdefinition (optionale Teile in eckigen Klammern) lautet

```
CREATE VIEW Sichtname [ (Spaltenname [, ...]) ]
      AS Abfrage [ WITH CHECK OPTION ]
```

Unter dem *Sichtnamen* lässt sich die virtuelle Tabelle ansprechen, *Spaltennamen* können entfallen, sie sind dann identisch mit den Originalnamen. Sie müssen als Synonyme neu vergeben werden bei Namensgleichheit in zwei oder mehr Quelltabellen oder wenn Spalten über Ausdrücke gebildet werden (vgl. Spalte ALT unten).

Als Beispiel betrachten wir eine Sicht, die Namen und Alter der Mitarbeiter der Personalabteilung (ABTID = HR) liefert.

```
CREATE VIEW HR_MITARB(NAME, ALT, ABTID)
      AS SELECT NAME,(YEAR(NOW() - GJAHR)), ABTID
      FROM MITARBEITER
      WHERE ABTID = 'HR'
```

Aktualisierbare Sichten

Sichten liefern nicht nur ein neugeformtes, temporäres Abbild der Datenwelt, sie können – unter Einschränkungen – auch für Datenänderungen (INSERT, DELETE, UPDATE) benutzt werden, wobei die so definierten *Änderungen auf die Basistabellen durchschlagen*. Die genannte CHECK-Option kann dann bei *aktualisierbaren Views* (siehe unten) prüfen, ob eine geänderte oder neue Zeile überhaupt nach der WHERE-Klausel in den View eingefügt oder verändert werden darf.

Problem: berechneter Wert

So wäre in der Sicht oben das Setzen von ABTID auf einen neuen Wert unsinnig, da die WHERE-Klausel speziell ABTID = 'HR' fordert. Der Begriff aktualisierbar bezieht sich auf *Probleme*, die beim Einfügen oder Ändern über die Sicht entstehen. Im Beispiel

HR_MITARB wäre das Einfügen nicht möglich, da erstens das Alter
ein errechneter Wert ist, den SQL nicht automatisch auf das Attribut
GJAHR zurückrechnen kann und da zweitens bei der Einfügung von,
sagen wir (*Egon*, *45*, *HR*), das MID-Attribut mit einem Nullwert zu
besetzen wäre, was für ein Schlüsselattribut verboten ist. Weitere
Probleme entstehen, wenn Sichten über Joins zusammengesetzt wurden und ORDER BY, GROUP BY oder DISTINCT-Klauseln enthalten.

Dagegen sind *Sichten über Sichten* durchaus möglich und werden zur   Sicht über einer
Laufzeit durch Verknüpfung der Abfragen in den AS-Klauseln gebil-   Sicht
det. Somit könnte man eine zweite Sicht über HR_MITARB von oben
bilden, die nur Mitarbeiter der Personalabteilung enthält, die jünger
als 35 Jahre sind, wobei „SELECT *" für „alle Spalten" steht.

```
CREATE VIEW HR_MITARB2
      AS SELECT * FROM HR_MITARB
      WHERE ALT < 35
```

Auf weitere Anweisungen zur Datendefinition in SQL, speziell zur
wichtigen *Schutzverwaltung*, verzichten wir hier.

4.4.2 Datenmanipulationsanweisungen

Zentral für den Umgang mit Daten in SQL ist die *SELECT-Klausel*,   SELECT-Klausel
die entweder als eigenständiges Kommando oder Teil anderer Kom-   Abfrage
mandos Tabellen liest und daraus neue Tabellen erzeugt (vgl. View-   Query
Definition oben). Man nennt diesen Vorgang des Lesens und Erzeu-
gens eines Resultats eine *Abfrage* (engl. query). Sie hat die folgende
Syntax.

Abfrage ::= (*Abfrage*) | *Abfrage* UNION *Abfrage* |
    Abfrage MINUS *Abfrage* | *Abfrage* INTERSECT *Abfrage* |
    SELECT [ALL | DISTINCT] *Spaltenangabe Tabellenangabe*

Spaltenangabe ::= [*Tabelle*.]* | *Spaltenausdruck* [, ...]

Spaltenausdruck ::= *Ausdruck* [*Alias-Name*]

Tabellenangabe ::= *from- Klausel* [*where-Klausel*] [*group-by-Klausel*]
    [*having-Klausel*]

Man erkennt sofort die relationalen Operationen Vereinigung, Diffe-   SELECT-FROM-
renz und Durchschnitt. Die letzte Alternative ist die eigentliche Ab- WHERE (SFW)
frage mittels des *SFW-Paradigmas*. ALL (Standardwert) liefert dabei
alle ausgewählten Zeilen, DISTINCT unterdrückt Duplikate.

Der Spaltenausdruck wählt anzuzeigende Spalten aus, entweder alle   Alias-Namen
Spalten aus einer angegebenen Tabelle bei "Tabelle.*", sonst alle

Spalten der Tabellen der from-Klausel wenn nur "*" angegeben wird wie im Beispiel oben. Als dritte Möglichkeit gibt jeder Ausdruck genau eine Spalte an, die über danachstehende (Spalten-)*Alias-Namen* (Schlüsselwort AS) ansprechbar sind.

Weitere Details, auch die Verwendung der zahlreichen SQL-Funktionen, wie z.B. COUNT, SUM, AVG, MAX, MIN, müssen hier übergangen werden.

COUNT()　Als Beispiel sollen die Abteilungen mit der Anzahl der dort beschäf-
GROUP BY　tigten Mitarbeiter aufgelistet werden. Diese müssen wir per Join aus der Mitarbeiter-Tabelle errechnen, was wiederum die GROUP BY-Klausel vorraussetzt, da die Elemente je Gruppe gezählt werden.

```
SELECT A.ABTID, A.ABTBEZ, COUNT(M.MID) AS ANMIT
      FROM ABTEILUNG A, MITARBEITER M
      WHERE A.ABTID = M.ABTID
      GROUP BY A.ABTID
```

Da MID in MITARBEITER Schlüssel ist, brauchen wir keine DISTINCT-Klausel innerhalb von COUNT(). Der eigentliche Join erfolgt in der WHERE-Klausel durch Vergleich der Abteilungs-Ids. Das Ergebnis ist die Abteilungstabelle aus Abbildung 4.5 ohne die ORT-Spalte, aber mit einer Zählspalte ANMIT und den Werten *2, 2, 0, 1*. Man beachte die optionale Verwendung der Alias-Tabellennamen *A* und *M* wie bereits bei der Abfrage für Abbildung 4.10.

Existenzquantor ∃　Abfragen können schnell sehr undurchschaubar werden, andererseits
EXISTS-Prädikat　spiegeln sie die Mächtigkeit der Sprache SQL (schon als SQL1 und SQL2) wieder. Wir schließen die Behandlung von Abfragen mit SQL hier mit einem Beispiel ab, das einen *Existenzquantor* enthält: Lösche alle Projekte, die nicht wenigstens eine bearbeitende Abteilung haben. Dabei gilt, dass das EXISTS-Prädikat in SQL genau dann wahr ergibt, wenn die Unterabfrage mindestens eine Zeile liefert. Die im Beispiel genannte Tabelle ARBEITET_AN findet sich in Abbildung 4.17.

```
DELETE FROM PROJEKT WHERE NOT EXISTS
      (SELECT *
      FROM PROJEKT,ARBEITET_AN
      WHERE PROJEKT.PID = ARBEITET_AN.PID)
```

DELETE　Das Beispiel oben enthält die Datenmanipulationsanweisung DELETE
UPDATE　FROM *Tabelle* [*where-Klausel*] zum Entfernen von Zeilen. Desweite-
INSERT　ren wären die Änderungsanweisung UPDATE *Tabelle* SET *Wertzuweisung* [, ...] [*where-Klausel*], sowie die Einfügeanweisung INSERT INTO *Tabelle* [(*Spaltenangabe* [, ...])] *Quellangabe* zu nennen, wobei *Quellangabe* die Form VALUES (*Wert* [, ...]) | *Abfrage* hat, also selbst wieder ein SELECT-Ausdruck sein kann.

4.4.3 Die SQL3-Entwicklung

Der Sprachvorschlag für SQL2 erschien vielen Anbietern von Daten- SQL2 Levels
banksystemen zunächst so groß, dass es in ein *Eingangsmodell* (entry
SQL2), ein *mittleres* (intermediate) und eines für den *vollen Umfang*
(full SQL2) aufgeteilt wurde. Inzwischen haben aber die größen Anbieter das volle SQL2 implementiert.

Allerdings kündigt sich jetzt mit SQL-99, bekannt als SQL3 und seit SQL3 Standard
7/99 als 5-teiliger Standard verabschiedet, die nächste Herausforde-
rung an. SQL-99 ist dabei die Antwort auf die Entwicklung in Richtung Objektorientierung auch im Bereich Datenbanken. Dies schließt
Merkmale wie komplexe (geschachtelte, strukturierte) Datenobjekte
und Datentypen, Vererbung, aktive Komponenten (Methoden, Prozeduren, überladbare Funktionen), neue imperative Sprachkonstrukte
(Blöcke, Zuweisungen, Ausnahmebedingungen), Tupelreferenzen
(Datenbankpointer), Tabellenhierarchien, Schemaevolution, Trigger
mit AFTER- und BEFORE-Auslösung und rekursive Abfragen ein.

Ebenfalls gehören neue Anbindungen an Wirts-Sprachen, darunter SQL/OLB
eine Java-Einbettung, dazu. Diese *Einbettung* (SQL/Object Language SQLJ
Bindings OLB) wird auch als SQLJ Teil 0 bezeichnet. In Teil 1 JDBC
kommt dann die Nutzung von Java-Methoden in SQL, in Teil 2 die
Manipulation von Java-Objekten in SQL. Die Entwicklung ist nicht zu
verwechseln mit Java Database Connectivity JDBC und ihrer API-
Schnittstelle ODBC.

Weitere Arbeiten, z.B. zur Integration externer Daten, für OLAP (On- OLAP
Line Analytical Processing, d.h. Verdichtung und Analyse von Daten Data Warehousing
z.B. im Zusammenhang mit *Data Warehousing*), für Multimedia-
Anwendungen und Geographische Informationssysteme (GIS) sowie
zur Verbesserung der Portabilität und des Laufzeitsystems sind in
Kürze zu erwarten.

4.5 Der Entwurf relationaler Datenbanken

4.5.1 Abhängigkeiten

Wir greifen die Diskussion aus Abschnitt 4.3.4 (Fremdschlüssel und
referentielle Integrität) wieder auf. In den Relationen

    MITARBEITER(NAME, MID, GJAHR, ABTID)

    ABTEILUNG(ABTID, ABTBEZ, ORT)

ist ABTID Primärschlüssel in ABTEILUNG und Fremdschlüssel in MITARBEITER. MITARBEITER hängt ferner *hierarchisch-existentiell* von ABTEILUNG ab, d.h. Mitarbeiter müssen genau einer Abteilung angehören.

Vermeidung von Anomalien

Ziel ist nun die *Vermeidung hängender Tupel* (z.B. Mitarbeiter ohne Abteilung) und anderer *Anomalien* durch Update-/Einfüge-/Entferne-Operationen. Solche Anomalien entstehen durch *Abhängigkeiten* in Kombination mit *Redundanz*, z.B. wenn in einer Relation PROJEKT(PID, TITEL, ABTID, ABTBEZ) die am Projekt beteiligten Abteilungen sowohl mit ABTID (dem Schlüssel in ABTEILUNG) als auch mit ABTBEZ aufgeführt werden (Abbildung 4.11). Die Anomalie entsteht durch zwei unterschiedliche Abteilungsnamen bei gleichem ABTID-Wert (siehe unten), bzw. zwei ABTID-Werte bei gleichem ABTBEZ-Wert.

Abbildung 4.11
Anomalie in zwei Projekttupeln

<u>PID</u>	TITEL	ABTID	ABTBEZ
IntAuf	Internet Auftritt	VB	Forschung&Entwicklung
QualSe	Quality of Service	VB	Vertrieb&Beratung

funktionale Abhängigkeit

Sie hängt damit zusammen, dass man den Wert eines Attributs „ableiten" kann, wenn man den Wert des anderen Attributs kennt. Im Beispiel ist es der Abteilungsname, wenn man den ABTID-Wert kennt. Wir nennen dies eine (funktionale) *Abhängigkeit* (functional dependency, kurz: fd).

Normalisierung

Anomalien werden vermieden durch die *Normalisierung* der Schemata gemäß der Regeln der 1. - 5. Normalform (NF) und der Boyce-Codd-Normalform (BCNF), die strikt hierarchisch aufeinander aufbauen (vgl. Abbildung 4.12). Für die Praxis relevant sind 3NF und BCNF.

Abbildung 4.12
Hierarchie der Normalformen

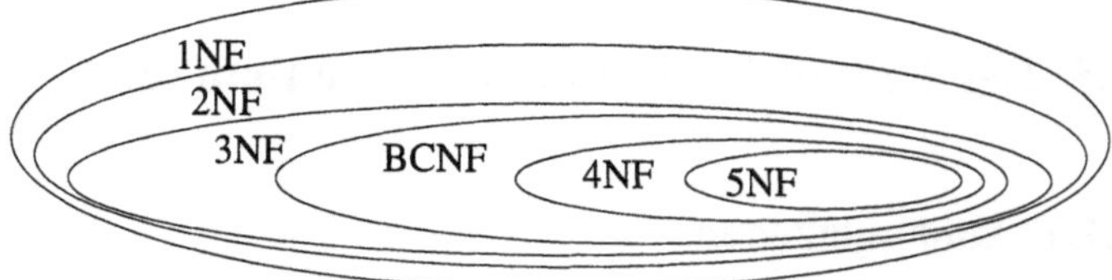

Abhängigkeiten von Attributen werden unterteilt in *funktional abhängig*, *voll funktional abhängig*, *transitiv abhängig* und *mehrwertig abhängig*, wie im Folgenden an Beispielen erläutert wird.

PROJEKT

PID	**TITEL**	**BUDGET**	**ABTID**
IntAuf	Internet Auftritt	550	VB
IntAuf	Internet Auftritt	550	FE
QualSe	Quality of Service	720	FE
QualSe	Quality of Service	720	HR

Abbildung 4.13
Projekt-Tabelle
mit Redundanzen

Als Ausgangstabellen dienen die oben eingeführten Relationen MIT-ARBEITER, ABTEILUNG und die bewusst „schlecht" entworfene PROJEKT-Relation aus Abbildung 4.13. ABTID gibt an, welche Abteilungen an einem Projekt beteiligt sind, BUDGET ist der Gesamtetat des Projekts in Tausend Euro.

Seien A und B Attributmengen des Relationenschemas R, d.h. $A \subseteq R$ und $B \subseteq R$. Wir sagen B ist von A *funktional abhängig*, kurz $A \to B$, wenn zu jedem Wert in A genau ein Wert in B gehört. Etwas formaler: es gilt $A \to B$, wenn in jeder gültigen Relation $r(R)$ für alle Tupelpaare t_1, t_2 aus der Gleichheit $t_1[A] = t_2[A]$ auch folgt $t_1[B] = t_2[B]$. Man sagt auch: *A bestimmt B* oder A ist *Determinante* von B.

funktional abhängig

Determinante
A bestimmt B

In PROJEKT sind PID und TITEL gegenseitig funktional abhängig ($\{PID\} \to \{TITEL\}$ und $\{TITEL\} \to \{PID\}$), weil der Projekt-Identifikator und der Projekttitel 1:1 gekoppelt sind. Dies gilt genauso für $\{ABTID\}$ und $\{ABTBEZ\}$ in ABTEILUNG.

Einseitige funktionale Abhängigkeiten existieren für BUDGET in PROJEKT. Die folgenden Sprechweisen sind gleichwertig, wobei wir ab jetzt die in der Literatur übliche „saloppe" Notation mit weggelassenen Mengenklammern für die Attributmengen übernehmen.

- BUDGET ist funktional abhängig von PID (PID $\to$ BUDGET) und BUDGET ist funktional abhängig von TITEL (TITEL $\to$ BUDGET),

- PID bestimmt BUDGET, TITEL bestimmt BUDGET,

- PID und TITEL sind Determinanten von BUDGET,

- $f\colon W(PID) \to W(BUDGET)$ und $f'\colon W(TITEL) \to W(BUDGET)$ sind Funktionen.

Da mehrere Projekte (zufällig) das gleiche BUDGET haben können, ist weder PID noch TITEL funktional abhängig von BUDGET (BUDGET $\nrightarrow$ PID, BUDGET $\nrightarrow$ TITEL).

Genauso bestimmt MID sowohl NAME, als auch GJAHR und ABTID in MITARBEITER. In ABTEILUNG bestimmt ABTID und ABTBEZ jeweils den ORT, d.h. jede Abteilung ist an genau einem Ort untergebracht.

volle, partielle, triviale Abhängigkeit

Eine Abhängigkeit $X \to Y$ heißt *voll*, wenn es keine echte Teilmenge $Z \subset X$ gibt, so dass $Z \to Y$. Gibt es eine solche echte Teilmenge Z, dann heißt $X \to Y$ *partielle* Abhängigkeit. Ferner nennen wir eine Abhängigkeit $A \to B$ *trivial*, wenn $B \subseteq A$.

In PROJEKT sind PID $\to$ BUDGET und TITEL $\to$ BUDGET volle Abhängigkeiten. {PID, TITEL} $\to$ BUDGET oder auch {PID, ABTID} $\to$ BUDGET sind dagegen partiell. {PID, BUDGET} $\to$ PID ist z.B. eine triviale Abhängigkeit, weil jedes Attribut immer sich selbst bestimmt.

Schlüssel Schlüsselkandidat primes Attribut

Mit dem Begriff der vollen funktionalen Abhängigkeit können wir auch die bereits in 4.3 eingeführten *Schlüssel* formal definieren: eine Attributmenge K ist ein Schlüssel von Relationenschema R, wenn $K \to R$ eine volle Abhängigkeit ist, d.h. aus $t_1[K] = t_2[K]$ folgt $t_1 = t_2$. Anders ausgedrückt: Schlüssel bestimmen immer alle anderen Attribute, wobei wir Schlüssel als *minimale* Attributmengen definieren. Gibt es mehrere minimale Mengen, sprechen wir von *Schlüsselkandidaten*. Ferner heiße ein Attribut *prim* wenn es Teil eines Schlüsselkandidaten ist, sonst *nicht-prim*.

In PROJEKT sind {PID, ABTID} und {TITEL, ABTID} Schlüsselkandidaten. Deshalb sind PID, ABTID, TITEL prim. Andere Schlüsselkandidaten existieren nicht, damit ist BUDGET nicht-prim. In MITARBEITER ist nur MID prim, in ABTEILUNG ABTID und ABTBEZ.

transitive Abhängigkeit

Seien $X \subseteq R$ und $Y \subseteq R$ Attributmengen aus R, wobei X Determinante von Y ist, aber nicht umgekehrt, d.h. $X \to Y$ und $Y \not\to X$. Sei $A \in R$ ein Attribut, das nicht in X oder Y auftrete und gelte $Y \to A$. Dann ist A *transitiv* abhängig von X.

In PROJEKT ist {PID, ABTID} Determinante von TITEL, aber TITEL $\not\to$ {PID, ABTID}. TITEL bestimmt BUDGET, damit haben wir mit {PID, ABTID} $\to$ TITEL $\to$ BUDGET eine transitive Abhängigkeit des Attributs BUDGET vom Schlüssel {PID, ABTID}. Man beachte, dass BUDGET nicht transitiv von PID alleine abhängt, da PID $\to$ TITLE *und* TITLE $\to$ PID, jedoch $Y \not\to X$ gefordert wird.

Funktionale Abhängigkeiten $A \to B$, in denen B von A abhängt, schließen gewisse Tupel aus: PID $\to$ BUDGET schließt aus, dass ein Projekt mit zwei unterschiedlichen Budgetangaben erscheint – eines der beiden Tupel wäre zu streichen.

Bei den *mehrwertigen* Abhängigkeiten ist gerade das Gegenteil der Fall. Sie treten bei Kombinationen von zwei unabhängigen Wiederholungsgruppen auf, z.B. wenn wir in PROJEKT neben den beteiligten Abteilungen (ABTID) auch noch beteiligte Fremdfirmen (FFIRMEN) aufnehmen würden, wobei ein Projekt mehrere Abteilungen und mehrere Fremdfirmen haben kann.

Mehrwertige Abhängigkeiten

PROJEKT mit fehlendem Tupel (...,..., *FE, XYZ&Co*)

PID	TITEL	BUDGET	ABTID	FFIRMEN
IntAuf	Internet Auftritt	550	VB	XYZ&Co
IntAuf	Internet Auftritt	550	FE	ABC GmbH
IntAuf	Internet Auftritt	550	VB	ABC GmbH

Abbildung 4.14
Anomalie durch
fehlendes Tupel

Die Anomalie entsteht durch fehlende Tupel, hier die Kombination (..., *FE, XYZ&Co*), vorausgesetzt dies ist nicht ausdrücklich gewünscht. Damit wäre ABTID, bzw. FFIRMEN mehrwertig abhängig von PID, kurz PID $\twoheadrightarrow$ ABTID, bzw. PID $\twoheadrightarrow$ FFIRMEN.

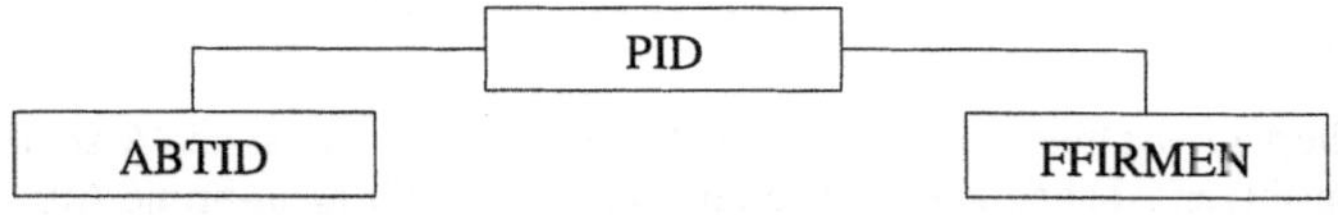

Abbildung 4.15
mehrwertige Abhängigkeiten

Auf die formelle Definition der mehrwertigen Abhängigkeiten wollen wir hier verzichten. Sie spielen eine Rolle bei den höheren Normalformen (4NF und 5NF).

4.5.2 Normalformen

Wie bereits besprochen, ist eine Relation in der *1. Normalform* (1NF), wenn alle Attribute nur atomare Werte enthalten. Eine NF^2 (Non-First Normal-Form) Tabelle haben wir in Abbildung 4.9 oben gezeigt. Im Folgenden gehen wir davon aus, dass unsere Relationen in 1NF sind.

1NF

Eine Relation ist in der *2. Normalform* (2NF), wenn jedes Attribut entweder prim oder voll funktional abhängig von einem Schlüssel ist.

2NF

In PROJEKT ist BUDGET nicht prim, d.h. nicht Teil eines Schlüssels. BUDGET ist aber auch nicht voll funktional abhängig von einem Schlüssel, also von {PID, ABTID} oder {TITLE, ABTID}, da es bereits funktional abhängig von PID, bzw. TITLE alleine ist. PROJEKT ist demnach nicht in 2NF.

Um PROJEKT in 2NF zu bringen, müssten wir das Attribut BUDGET in eine getrennte Relation verlagern. Dann wären nur PID, TITEL und

ABTID übrig, die alle prim sind. Wie wir gleich sehen werden, ist auch diese Aufteilung nicht ausreichend für 3NF und wird deshalb hier nicht gesondert gezeigt. Im Übrigen sei darauf hingewiesen, dass die 2. Normalform nur verletzt werden kann, wenn der *Primärschlüssel zusammengesetzt* ist, wie im Fall von PROJEKT. Sie spielt in der Normalisierungstheorie kaum noch eine Rolle, ganz im Gegensatz zur folgenden 3. Normalform.

3NF   Ein Relationenschema R ist in der *3. Normalform* (3NF), wenn für alle Abhängigkeiten $X \to A$ mit $X \subseteq R$, $A \in R$ gilt: Die Abhängigkeit $X \to A$ ist trivial, oder X ist Schlüssel von R, oder A ist prim.

Die Relation PROJEKT mit Attribut BUDGET ist trivialerweise nicht in 3NF, weil wir gerade gezeigt haben, dass sie nicht in 2NF ist und alle Normalformen strikt aufeinander aufbauen. Nehmen wir BUD-GET heraus, ist sie in 3NF, weil alle drei verbleibenden Attribute prim sind.

Auch ABTEILUNG ist in 3NF, wobei wir voraussetzen, dass eine Abteilung nur an einem Standort untergebracht ist, also ABTID $\to$ ORT und ABTBEZ $\to$ ORT gilt. ORT ist jetzt nicht prim (ORT ist nicht Teil eines Schlüssels), aber ABTID und ABTBEZ sind Schlüssel.

3NF: keine transitiven Abhängigkeiten   Alternativ ist eine Relation R in 3NF, wenn sie in 2NF ist und R keine transitiven Abhängigkeiten von einem Schlüssel für nicht-prime Attribute hat. In der Tat hat weder MITARBEITER, noch ABTEILUNG, noch PROJEKT (nach Streichung von BUDGET) transitive Abhängigkeiten.

Eine solche würde entstehen, wenn wir in ABTEILUNG eine Spalte für das Bundesland des Ortes (LAND) anfügen würden.

__ABTID__	__ABTBEZ__	__ORT__	__LAND__
FE	Forschung & Entwicklung	Dresden	Sachsen
HR	Personalabteilung	Kassel	Hessen
EC	e-Commerce	Frankfurt/M	Hessen
VB	Vetrieb & Beratung	Dresden	Sachsen

Abbildung 4.16 transitive Abhängigkeit

ORT bestimmt LAND, damit dann ABTID $\to$ ORT $\to$ LAND und ORT $\not\to$ ABTID. Das nicht-prime Attribut LAND hängt demnach transitiv vom Schlüssel ABTID ab, ein Verstoß gegen 3NF.

Durch Trennung in zwei Relationen ABTORT und ORTLAND könnte auch das neue Schema von ABTEILUNG aus Abbildung 4.16 in die 3. Normalform gebracht werden.

Eine Relation ist in *Boyce-Codd-Normalform* (BCNF), wenn jede BCNF
Determinante ein Schlüsselkandidat ist.

Anders ausgedrückt: für alle funktionalen Abhängigkeiten $X \to A$ des
Relationenschemas R mit $X \subseteq R$ und $A \in R$ gilt entweder $X \to A$ ist
eine triviale Abhängigkeit (also $A \in X$) oder X ist Schlüssel von R.

Im Gegensatz zu 3NF ist die Alternative „oder A ist prim" („A ist Teil
eines Schlüsselkandidaten") weggefallen. BCNF ist damit eine Ver-
schärfung gegenüber 3NF. Es sei angemerkt, dass jedes zwei-
attributige Relationenschema in BCNF ist.

ABTEILUNG (ohne das LAND Attribut) ist auch in BCNF, denn
ORT hängt nur von einem Schlüssel ab. PROJEKT (auch ohne BUD-
GET) ist nicht in BCNF, da z.B. PID $\to$ TITEL gilt, PID alleine aber
kein Schlüssel von PROJEKT ist.

Das überrascht nicht, denn die Redundanz in PROJEKT ist offen- Normalisierung
sichtlich. Sie wird erzeugt durch die Hereinnahme von ABTID. Erfah- einer *n:m*-
rene Entwerfer und die meisten Design-Tools hätten dies aus der Beziehung
Kenntnis der *n:m*-Beziehung von ABTEILUNG zu PROJEKT vermieden. Diese nicht-hierarchischen Beziehungen lassen sich nicht mit
Fremdschlüssel in einer der beiden Tabellen lösen, sondern verlangen
nach einer dritten (Verknüpfungs-)Tabelle. Das Resultat (Abbildung
4.17 unten) ist in beiden Fällen in BCNF.

PROJEKT   ARBEITET_AN

PID	TITEL	BUDGET
IntAuf	Internet Auftritt	550
QualSe	Quality of Service	720

ABTID	PID
VB	IntAuf
FE	IntAuf
FE	QualSe
HR	QualSe

Abbildung 4.17
Tabellen in BCNF

4.5.3 BCNF versus 3NF

Die Unterschiede zwischen BCNF und 3NF sind z.T. recht subtil,
wobei BCNF sicherer als 3NF ist. Warum bringt man nicht alle Tabellen durch entsprechende Aufspaltung in BCNF? Der Grund ist,
dass sich nicht jede Tabelle „verlustfrei und abhängigkeitserhaltend"
in BCNF, aber in 3NF bringen lässt.

Das Adjektiv *verlustfrei* für eine Aufteilung lässt sich präzisieren zu verlustfreie
„kein Informationsverlust beim Wiederzusammensetzen" (lossless abhängigkeitser-
join). Dabei versteht man unter Informationsverlust die Bildung von haltende
Tupeln beim Join, die so vor der Aufteilung nicht existierten, d.h Aufteilung

Verlust ist nicht gleichzusetzen mit fehlenden Tupeln. Abhängigkeitserhaltend wiederum bedeutet, dass eine „lokale Prüfung von Abhängigkeiten" möglich ist (dependency preservation).

4NF   Die Behandlung der *4. Normalform* sei hier nur kurz angesprochen, weil diese ganz analog zu BCNF ist, mit dem Unterschied, dass funktionale Abhängigkeit durch *mehrwertige Abhängigkeit* ersetzt wird. Danach ist ein Relationenschema in 4NF, wenn für alle nicht-trivialen mehrwertigen Abhängigkeiten der Form $X \twoheadrightarrow Y$ mit $X \subseteq R$, $Y \subseteq R$ gilt: X ist Schlüssel von R. Dabei heißt eine mehrwertige Abhängigkeit $X \twoheadrightarrow Y$ trivial, wenn $Y \subseteq X$ oder $R = X \cup Y$.

5NF   Die *5. Normalform* wird erreicht, wenn keine verlustfreien Aufteilungen mehr möglich sind. Wir übergehen die Präzisierung hier.

4.6 Das Transaktionsprinzip

4.6.1 Das ACID-Transaktionsprinzip

Transaktionen
ACID-
Eigenschaften

Wesentlicher Vorteil eines DBMS gegenüber einem Dateisystem ist – neben der Trennung der physischen von der logischen Sicht der Daten – das *Transaktionsprinzip*. Dazu verlangt man die Einhaltung der sog. *ACID-Eigenschaften*.

- *Atomicitiy* (atomares Verhalten): „Alles-oder-Nichts-Prinzip", d.h. eine Transaktion wird vollständig durchgeführt bis zum COMMIT oder bei Abbruch (ABORT) ganz ungeschehen gemacht.

- *Consistency* (Bewahrung der Konsistenz, ~ der logischen Integrität), d.h. jede mit COMMIT abgeschlossene Transaktion bewahrt per Definition die Konsistenz der Datenbasis.

- *Isolation*: schützt den einzelnen Benutzer vor den Auswirkungen des Mehrbenutzerbetriebs, d.h. die Ausführung der Transaktion erfolgt, wie wenn der Benutzer alleine wäre; dies wird meist durch Sperren von Datensätzen erreicht.

- *Durability* (Beständigkeit der Daten): garantiert, dass mit COMMIT abgeschlossene Transaktionen auch über Systemabstürze und Datenträgerverlust hinaus ihre Gültigkeit dadurch behalten, dass die gemachten Modifikationen sicher gespeichert sind.

Wie angedeutet, werden DB-Operationen geklammert mit

BEGIN-TRANSACTION

...

Operationen

...

COMMIT-TRANSACTION, bzw. ABORT-TRANSACTION

BEGIN-
TRANSACTION
COMMIT
ABORT

Zur Realisierung des Transaktionsprinzips muss man eine Steuerung der Nebenläufigkeit (engl. concurrency control) und Maßnahmen zur Wiederherstellung konsistenter Zustände (engl. recovery) einführen.

4.6.2 Sicherung vor Datenverlust

Recovery-Mechanismen bieten *Schutz vor Datenverlust und Verfälschung* (Inkonsistenzen) bei den drei Arten von Versagenssituationen

Recovery
Datenverlust

- Transaktionsabbruch (z.B. ungenügende Deckung bei Zahlungstransfer; Vorgang muss rückgängig gemacht werden)

- Systemfehler („Systemabsturz", Fehler im DBMS, Betriebssystemfehler, usw; flüchtige Daten im Hauptspeicher sind weg)

- Verlust des Datenträgers („Headcrash", Brand, Diebstahl, usw.)

Zur systematischen Behandlung unterteilt man die Speicher in drei Klassen: *flüchtig* (HS, Puffer), engl. volatile; *nicht-flüchtig* (Platte, Band), engl. persistent; *sicher, stabil* (Kopien auf unabhängigen Datenträgern), engl. stable storage.

Speicherklassen

Dabei ist zu beachten, dass ein Write-Befehl nur den Puffer, in dem die gewünschte Seite sich befindet, verändert. Der Puffer (Datenblock) wird erst später bei Verdrängung physisch geschrieben. Diese *Verdrängung* kann erzwungen werden durch die flush-Operation, man spricht von einem *forced write*.

forced write

Auf der Grundlage dieser physischen Gegebenheiten lässt sich nun ein Transaktionsprinzip realisieren. Die Implementierungstechniken hierzu sind im Wesentlichen:

undo redo

- Datenbank zurückfahren, *undo-Operationen*, Auswirkungen noch nicht abgeschlossener Transaktionen ungeschehen machen.

- Datenbank vorwärtsfahren, *redo-Operationen*, verlorene Auswirkungen bereits abgeschlossener Transaktionen wieder herstellen („repeat history").

Dazu benötigt man *Sicherungspunkte* (check-points), die einen konsistenten Zustand der Datenbank zum Zeitpunkt t_i markieren. Zweitens müssen Plattenkopien (dumps) auf stabilem Speicher, z.B. täglich oder einmal wöchentlich, angelegt werden. Drittens legt man *Log-Dateien* (log files) in stabilem Speicher an, in die *vor einer Operation*

Sicherungspunkte
Log-Dateien
WAL-Protckoll
Schattenseite (write-ahead logging, *WAL-Protokoll*) Aufzeichnungen über Start, Art der Operationen, beteiligte Daten, sowie der Abschluss von Operationen aufgezeichnet werden. Alternativ gibt es das Prinzip der *Schattenseiten* (shadow pages). Hierbei existieren zu jeder zu modifizierenden Seite wenigstens zwei Versionen. Genaue Beschreibungen der Verfahren finden sich in [4.5] und [4.6], sehr gut dokumentiert ist die von IBM stammende und in DB2 eingesetzte ARIES-Methode mit WAL und Log-Sequenznummern, die in die Datenseiten geschrieben werden [4.17]. Generell sind die verwendeten Algorithmen hochinteressant, weil sie auch den Fall „abstürzender" Wiederholungsoperationen berücksichtigen müssen.

4.6.3 Kontrolle der Nebenläufigkeit

Isolation im Mehrbenutzerbetrieb

Der *Mehrbenutzerbetrieb* verlangt die Abschirmung der einzelnen Transaktion vor Auswirkungen des quasi-parallelen Betriebs (vgl. ACID-Eigenschaften oben). Dies wird erreicht *durch Kontrolle der Nebenläufigkeit* (concurrency control).

So wird bei einer Platzbuchung zunächst die Anzahl verfügbarer Plätze gelesen. Ist noch ein Sitz frei, wird die Anzahl freier Plätze um einen Platz verringert und der neue Wert wird zurückgeschrieben.

Zwei *verzahnt ablaufende Transaktionen* T_1 und T_2 können dabei ein falsches Ergebnis liefern (z.B. ein Platz noch frei und jede Transaktion will einen Platz), wenn beide den selben Wert lesen und den selben (nur) um eins (statt um zwei) verringerten Wert zurückschreiben.

Serielle Ablauffolge

Dieses Ergebnis wäre nicht eingetreten, hätte man die Transaktionen T_1 und T_2 *hintereinander* (seriell) ablaufen lassen. Bei *der Ablauffolge* (engl. schedule) $<T_1, T_2>$ hätte T_1 den Platz bekommen, bei der Folge $<T_2, T_1>$ hätte T_2 ihn bekommen. Damit kann man aber jetzt ein *Korrektheitskriterium für den Mehrbenutzerzugriff* definieren:

Eine nebenläufige Ablauffolge S von Operationen heißt *serialisierbar*, wenn es eine serielle Ablauffolge S' gibt, die in ihren Auswirkungen äquivalent zu S ist. Allerdings gibt es zwei Formen der Serialisierbarkeit: die Sichtserialisierbarkeit und die Konfliktserialisierbarkeit.

Äquivalenz von Ablauffolgen bei Sichtserialisierbarkeit

Die *Äquivalenz zweier Folgen bei Sichtserialisierbarkeit* ist definiert durch die beiden Bedingungen: Jede der Leseoperationen in den Folgen liest Datenwerte, die von den selben Schreiboperationen in beiden Folgen erzeugt wurden, und die letzte Schreiboperation für jedes Datenobjekt ist die gleiche in beiden Folgen.

Konfliktserialisierbarkeit

Bei der *Konfliktserialisierbarkeit* betrachtet man nur sog. konfliktäre Operationen, das sind alle Lese-/Schreiboperationen zweier Transaktionen auf dem selben Datensatz, darunter mindestens eine Schreiboperation. Sichtserialisierbarkeit ist mächtiger als Konfliktserialisierbarkeit, aber in der Praxis nicht effizient genug garantierbar.

Generell gilt, dass Kontrollmechanismen, die nur serialisierbare Folgen von Operationen erzeugen, *korrekte Nebenläufigkeiten* garantieren, wobei zu beachten ist, dass nur die Äquivalenz zu *einem* seriellen Ablauf gefordert wird. Laufen n Transaktionen T_1, T_2, ..., T_n parallel, gibt es $n!$ unterschiedliche serielle Folgen. Die Anzahl der möglichen Ablauffolgen der Operationen ist sogar noch sehr viel größer, da jede Transaktion T_i aus mehreren Operationen besteht. Der Ablauf der Lese- und Schreiboperationen innerhalb einer Transaktion wird als gegeben und nicht veränderbar angesehen.

Serialisierbarkeit als Korrektheitskriterium

Speziell lässt sich das *Testen auf Konfliktserialisierbarkeit* auf das Prüfen der *Zyklenfreiheit in Abhängigkeitsgraphen* (Operationen auf gleichen Datensätzen werden durch gerichtete Kanten verbunden) reduzieren, ein Problem, das in größenordnungsmäßig n^2 Schritten lösbar ist.

In der Praxis lässt sich korrekte Nebenläufigkeit von Transaktionen im Wesentlichen mit den drei Techniken *2-Phasen Sperren* (2PL, 2-phase locking), *Zeitmarken*, und den *optimistischen Verfahren*, die nur eine nachträgliche Prüfung im Falle eines Konflikts vornehmen, erreichen.

2PL Zeitmarken optimistische Verfahren

Bei Sperren unterscheidet man verschiedene *Arten* (shared, exclusive, intentional) und *Granularitäten* (Feld, Tupel, Seite, Tabelle). Transaktionen, die eine benötigte Sperre nicht erlangen können, warten auf die Freigabe (Gefahr der *Verklemmung*) oder werden zurückgesetzt (Gefahr des *Aushungerns*). Sperren werden meist über *das Zweiphasen-Sperrprotokoll* (2PL) realisiert, das in der *Wachstumsphase* alle benötigten Sperren erlangt, und in der *Reduzierungsphase* Sperren aufgibt, ohne neue zu erlangen. Diese Technik ist schnell und hat eine einfache Implementierung. Sie ist hinreichend für Serialisierbarkeit, genügt aber nicht für Isolation, wenn andere Transaktionen Resultate vor dem COMMIT lesen können. Dies vermeidet man, wenn alle Sperren bis zum COMMIT gehalten werden, man spricht dann vom *strikten Zweiphasen-Sperrprotokoll.*

Sperrarten und Granularitäten Verklemmung Aushungern striktes 2PL

Alternativ kann mit Zeitmarken (time stamps) gearbeitet werden, wozu jede Transaktion T_i eine eindeutige Zeitmarke $TS(T_i)$, z.B. mittels Rechneruhr oder über einen Zähler erhält. Transaktionen werden so ausgeführt, als ob sie in *Zeitmarkenordnung serialisiert* wären. Alle Operationen führen die Zeitmarke ihrer Transaktion mit. Speziell kann eine Schreiboperation nie jünger sein als eine vorher erfolgte Leseoperation auf dem selben Datenobjekt. Generell lässt sich wieder zeigen, dass es Ablauffolgen durch den *Zeitmarkenalgorithmus* gibt, die durch 2PL nicht erzeugbar wären und umgekehrt.

Serialisierung durch Zeitmarkenordnung

optimistische
Verfahren

Die Idee der *optimistischen Verfahren* ist, statt vorausschauender Prüfung erst nachträglich die Verträglichkeit der Operationen zu untersuchen und einen erhöhten, aber seltenen Rücksetzaufwand zu akzeptieren. Optimistische Verfahren eignen sich besonders für solche Anwendungen, die viele *Nur-Lese-Transaktionen* aufweisen.

Prinzipiell sind *Wiederaufsetz- und Nebenläufigkeitssteuerung* (recovery and concurrency control) orthogonale Konzepte, wie die folgende Zusammenfassung der Ablaufklassen (aus [4.19]) zeigt.

Abbildung 4.18
Klassen von
Ablauffolgen

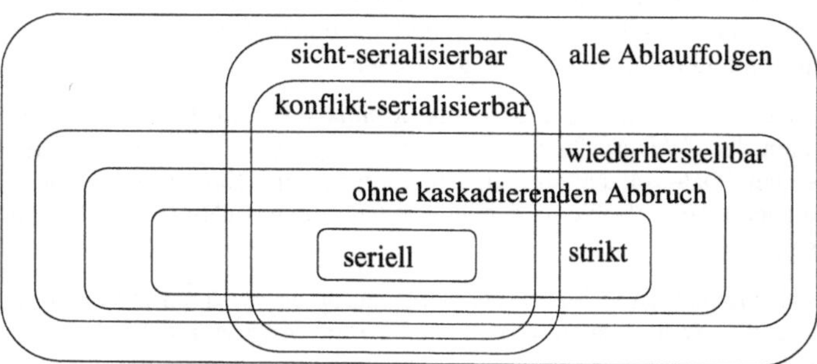

Zusammen sind sie ganz entscheidend für die Zuverlässigkeit und den Durchsatz eines DBMS.

Physische Aspekte
B*-Bäume

Zu diesem Thema gehört auch die *physische Speicherung der Sätze*, ihre *Adressierung*, der *Reorganisationsaufwand*, die *Speicherplatzausnutzung*, sowie die Zugriffsverfahren, speziell die *Indexstrukturen* über *Mehrwegbäume* (B*-Bäume) und *Hashtabellen*. Auf diese Themen kann hier nicht weiter eingegangen werden, es sei nochmals auf das ausgezeichnete Werk von Härder/Rahm [4.6] verwiesen.

4.7 Netzwerk- und hierarchisches Modell

CODASYL-
Modell

Vorläufer des relationalen Modells sind das *Netzwerkmodell*, auch als CODASYL- (nach dem Komitee Conference on Data Systems Languages [4.15]) oder DBTG-Modell (nach der Data Base Task Group) bekannt, und das *hierarchische Modell*, das mit dem Produkt IMS große Marktbedeutung hatte. Weil die heute diskutierten objektrelationalen Modelle durch die Einbeziehung geschachtelter Tabellen und durch Tupelreferenzen (siehe SQL-99) starke Ähnlichkeiten zu diesen beiden Modellen haben, lohnt es sich, deren Grundprinzipien zu kennen.

4.7.1 Das Netzwerkmodell

Das Netzwerkmodell orientiert sich an einem *allgemeinen Graphen-*   Datenbankzeiger
modell, ist aber praktisch eingeschränkt auf das ER-Modell mit binä-   navigierender
ren 1:*n*-Beziehungen. Die dort vorgestellten Entity-Mengen heißen   Zugriff
(logical) *record types*, dargestellt durch Knoten, einzelne Entitäten
sind (logical) *records*, ihre Feldnamen und ihre Typen bestimmen das
(logical) *record format*. Die Beziehungen werden dargestellt als gerichtete Kanten, realisiert durch (physische) Zeiger (Satzadressen),
sog. *Links*. Diese sind das Datenbankäquivalent zum Pointer in Programmiersprachen, wobei die Zeiger meist mit den Sätzen abgespeichert werden. Der Zugriff ist *navigierend*, nicht deklara-
tiv/mengenorientiert wie im relationalen Modell.

Zur Behandlung allgemeiner *n*:*m*-Beziehungen, etwa zwischen Abteilungen und Projekten, werden diese in mehrere 1:*n*-Beziehungen
aufgebrochen. Man führt eine „künstliche" Entity-Klasse, im Beispiel
Abteilung-Projekt AP, ein. Sie hat im Extremfall keine echten Felder
und stellt dann die 1:*n*-Verbindung als Links zwischen den gegebenen
und den neuen Sätzen her.

Dies deutet auch auf das generelle Problem des Netzwerkmodells hin,
die *mangelnde Trennung von logischer und physischer Sicht*. Das
Stichwort lautet *Pointer-Philosophie*.

4.7.2 Das hierarchische Datenmodell

Das *hierarchische Datenmodell* ähnelt dem Netzwerkmodell, erlaubt   ISAM VSAM
aber keine allgemeinen Graphen, sondern nur Mengen von Bäumen
(Wälder), d.h. Mengen von gerichteten Graphen, bei denen jeder
Knoten - außer der Wurzel - genau einen Vorgänger hat. Es entstand
aus Dateisystemen mit Sätzen variabler Länge (sog. Wiederholungsgruppen) und hat starke Verwandtschaft zu *physischen Speicherorga-
nisationsformen*, z.B. ISAM (indexsequentielle Zugriffsmethode) und
VSAM (virtual storage access method, IBM 1972),

IBM's IMS (ab frühe Sechziger Jahre) ist der bedeutendste Vertreter   IMS
mit der Datenmanipulationssprache DL/I (data language one) und
erfreut sich noch einer großen Verbreitung. Wie im Netzwerkmodell
wird die ungenügende Trennung des internen vom konzeptionellen
Schema bemängelt. Ferner gibt es wieder Schwierigkeiten bei der
Modellierung von *n*:*m*-Beziehungen, die über einen *virtuellen Satztyp*
dargestellt werden. Dazu treten dann häufig Kombinationen echter
Datenfelder mit virtuellen Feldern auf, d.h. mit Feldern, die *Links*
(Verweise) auf den gewünschten Satz eines anderen Typs enthalten.

4.8 Objekt-orientierte Datenmodelle

Vererbung
Kapselung
OODBMS

Das Aufkommen der objekt-orientierten Programmiersprachen mit *Vererbung* und *Kapselung* hat auch die Datenbankwelt beinflusst. Die grundsätzliche, eher revolutionäre als evolutionäre Vorgehensweise besteht darin, eine OO-Programmiersprache wie C++ (oder auch Java, Smalltalk und Eiffel) um *persistente Speicherung von Daten* zu erweitern. Über die Mächtigkeit der Programmiersprache werden dann Mängel des relationalen Modells, wie das Fehlen komplexer Objekte, keine Objektidentität, keine aktiven Komponenten (Methoden), leicht beseitigt. Da diese OODBMS, etwa ObjectStore, ORION, ONTOS, O_2, POET, VERSANT, Objectivity im Wesentlichen *hauptspeicherresident* sind und baumartige Strukturen über Pointer traversieren, ist die Verarbeitungsgeschwindigkeit hoch.

Mängel der
Programmier-
sprachenlösung

Mängel gab es allerdings zunächst noch durch das *Fehlen nichtprozeduraler Abfragesprachen* im Stil von SQL, bei *der Metadatenverwaltung*, bei Sichten und in der Transaktionsverarbeitung (Sicherheit, ACID-Prinzipien, hohe Nebenläufigkeit). Ferner scheinen Grundprinzipien der Datenbankwelt, z.B. die *physische Datenunabhängigkeit*, in der „Programmiersprachenlösung" nicht realisierbar. Genauso ist das Prinzip der Kapselung (verstecken von Inhalten) für eine Datenbank, die ja als Behälter von Inhalten mit möglichst einfachem Zugriff gedacht ist, eher unverträglich.

objekt-relational
ORDBMS

Hier haben die sog. *objekt-relationalen Datenbanksysteme* (ORDBMS), etwa UniSQL, Informix Universal Server und Open-ODB, sowie die großen Systeme Oracle und DB2, die SQL3 unterstützen (wollen), Vorteile, da sie evolutionär auf relationalen Grundsystemen aufbauen.

OMG, CORBA

Einfluss auf die Entwicklung nimmt die Object Management Group (OMG), die Modelle und Schnittstellen für objekt-orientierte Technologien etabliert. Dazu gehört auch eine *Makler-Architektur* für Objektabfragen (common object request broker architecture, CORBA). Dieses Kernobjektmodell basiert auf einigen wenigen Konzepten: Objekte, Operationen, Typen und Subtypbildung.

ODMG-93
ODL OQL
ODMG 3.0
Standard

Von einem anderen Industriekonsortium, der Object Database Management Group (ODMG) kommt ein Objektmodell für Objektdatenbanksysteme (ODBMS), das zunächst als ODMG-93 Standard, Version 1.2, veröffentlicht wurde. Der Vorschlag enthält 4 Komponenten (nach [4.7]): ein an C++ orientiertes Objektmodell, die Datenbanksprachen ODL (Object Definition Language) und OQL (Object Query Language), Spracheinbettungen (engl. bindings) für C++ und SMALLTALK, sowie einen Bezug zur OMG, zu CORBA und ANSI C++. Die gegenwärtig neuste Version des Standards wurde als ODMG

3.0 im Jahre 2000 veröffentlicht [4.1]. Das ODMG-Modell erlaubt die Konstruktion komplexer Typen durch Konstruktoren für Menge (set), Multimenge (bag), Liste (list) und Vektor (array).

Als Beispiel sei in einem sprachlich an O_2 angenäherten Modell (vgl. auch [4.10]) eine Klasse Mitarbeiter wie folgt eingeführt.

```
class Mitarbeiter
      type tuple(Mid: integer),
           Name: tuple(Vorname: string,
                       Nachname: string),
           Geburtsdatum: date)
```

Die Klasse *Mitarbeiter* wird nun erweitert zu Projektkoordinator *PKoord* mit Attribut *Ernennungsdatum* und *betreute Projekte*. Man beachte die *inherits*-Klausel für die *is-a-Beziehung*, d.h. jeder Koordinator ist ein (is a) Mitarbeiter. Ferner verwendet *PKoord* das objektwertige Attribut *PLeiter* (Projektleiter), das Objekte der Klasse *Mitarbeiter* referenziert.

is-a-Beziehung

Für *PKoord* wird zusätzlich die Methode *GesamtBudget* vereinbart. Definition der Methode und Rumpf erfolgen getrennt.

Methodenvereinbarung

```
class PKoord inherits Mitarbeiter
      type tuple(Ernennungsdatum: date),
           Projekte: set(tuple(BProjekt: string,
                   PBudget: integer),
                   PLeiter: Mitarbeiter))
           method GesamtBudget: integer

method body GesamtBudget: integer in class PKoord
      {int S;
       S = 0;
       for (t in self → Projekte)
           S = S + t.PBudget;
       return(S)
      }
```

Des Weiteren sei nochmals auf SQL3 (siehe Abschnitt 4.4.3), die Möglichkeiten der *Einbettung* in Java und die Verwendung von Java innerhalb von SQL hingewiesen. Zukünftige Entwicklungen werden auch *verteilte Datenbanken* einschließen. Diese sind ein altes und schwieriges Forschungsthema, da sich schneller Zugriff über Datencaches, Konsistenz und Redundanzfreiheit widersprechen. Genauso sind *langandauernde, geschachtelte Transaktionen* und die *Versionsverwaltung* mit Abfragen AS OF (Zustand zum Zeitpunkt ...) wichtig im computergestützten Konstruktionsbereich (CA*x*).

verteilte Datenbanken
lange Transaktionen
Versionsverwaltung

4.9 Datenbanken und das WWW

semi-strukturierte
Daten im WWW

Das Konzept der relationalen Datenbanken und auch der später entwickelten objekt-orientierten Datenbanken sind älter als das *World Wide Web*. Dessen stürmische Entwicklung als verteilte Sammlung *semistrukturierter*, verketteter *Dokumente*, ohne explizites Schema und mit navigierendem Zugriff, verlief zunächst losgelöst von der Datenbankwelt, die sich regelrecht überrollt fühlte.

dynamischer
Inhalt

Die Situation veränderte sich in dem Maße, wie das Internet für kommerzielle Zwecke eingesetzt wurde. Diese Form der Nutzung setzt voraus, dass Web-Seiten automatisiert mit *Datenbankinhalten zur Verbindungszeit* (dynamic content) gefüllt werden, etwa für aktuelle Preis- und Verfügbarkeitsdaten eines Anbieters. Somit muss auf der Seite des Web-Servers ein Mechanismus existieren, der z.B. mittels SQL-Abfragen Datenwerte aus einer (relationalen) Datenbank holt und die vom Datenbankserver gelieferten Tabellen so aufbereitet, dass eine Antwortseite (z.B. als HTML-Dokument) an den anfragenden Browser verschickt werden kann.

gateway
template

Übermittlungsprodukte (gateways), die mittels eines *Musters* (template) RDBMS Resultate in HTML Seiten wandeln, sind z.B. *Cold Fusion und Net.Data*. Dabei kann das Muster auch die Anfrageseite abdecken und eingebettete SQL Abfragen, sowie weitere URLs zum Verzweigen auf andere Datenseiten, enthalten. Über Erweiterungen von HTML für sog. *Cookies* kann sogar in Grenzen eine transaktionsartiger Zugriff in mehreren Anfrageschritten simuliert werden, obwohl das HTTP-Protokoll eigentlich *zustandslos* (stateless) ist, d.h. der Server keine Kenntnisse über vorhergehende Anfragen hat.

Skripte im Server

Ähnlich wie Templates arbeiten *serverseitige Skripte*, dagegen entsprechen compilierte Programmiergateways eher den klassischen Anwendungsprogrammen. Eingesetzte Skript- und Programmiersprachen auf Serverseite sind unter anderem C, Perl, Rexx CGI (Common Gateway Interface), Java servlets, JavaScript, PHP, Visual Basic, Active Server Pages und LiveWire.

Applets beim
Client
JDBC SQLJ

Genauso kann auf der *Client-Seite* im Browser mobiler Programmcode laufen, der vom Web-Server geladen wurde, im Fall von Java ein sog. *Applet* (Tcl: ein *Tclet*), das die Darstellung der Resultate übernimmt. Zugleich gibt es Programmcode, der Eingaben einsammelt und so codiert an den Server schickt, dass dieser daraus eine Datenbankabfrage gestalten kann. Applets verwenden dazu JDBC (Java Database Connectivity) oder SQLJ. Im Fall von JDBC steckt im Server meist ein JDBC Gateway, das ankommende Abfragen vorverarbeitet und an das richtige Datenbanksystem weiterleitet.

Große Unterschiede gibt es bei der *Prozess- und Thread-Verwaltung* für die Behandlung eingehender Abfragen, die ggf. *gebündelt* werden. Die Strategien bestimmen das Antwortverhalten des Servers, der auch damit fertig werden muss, dass zwischen aufeinanderfolgenden Klicks in eine Datenseite Tage statt der bei Datenbanken üblichen Minuten liegen können. Für die Performance spielt auch die Frage der *Datencaches* (Web proxy caches) eine Rolle, da sie *wie materialisierte Sichten* in einem DBMS eine schnelle Ausgabe (ggf. veralteter!) Daten erlauben.

Zuletzt sei auf die *Extensible Markup Language* (XML), eine Modifikation von SGML hingewiesen [4.4]. Anders als die Markup Language HTML ist XML eine *Metasprache*, deren Markierungsanweisungen (tags) frei definierbar sind und semantische Bedeutung tragen können. Zu einem Dokument lassen sich Schemavereinbarungen angegeben (*Document Type Definitions*, DTDs), deren Einhaltung überprüfbar ist. Die visuelle Darstellung (rendering) kann ebenfalls getrennt durch ein *Stylesheet* (z.B. in XSL) mit weitgehenden Sortier- und Filterfunktionen erfolgen.

Werkzeuge zur *Übersetzung von Datenbankinhalten* in (im Sinne von NF^2 hierarchisch strukturierte) XML Dokumente (und in Gegenrichtung) sind einfach zu schreiben und in großer Zahl auf dem Markt. Ob es allerdings sehr klug ist, Datenbankfunktionalität, etwa die Generierung einer Sicht, in XML/XSL-Middleware auszulagern, sei dahingestellt. Keinen Zweifel gibt es, dass XML eine große Rolle als universelle *Datenaustauschsprache* spielen wird.

4.10 Literatur

[4.1]   Cattell R.G.G., et al.: *Object Data Standard ODMG 3.0*, Morgan Kaufmann, San Francisco, CA, 2000

[4.2]   C.J. Date: *Introduction to Database Systems*, 7th Ed., Addison-Wesley, Reading, MA, 1999

[4.3]   Elmasri, R. und Navathe, S.: *Fundamentals of Database Systems*, Addison Wesley, Reading, 1999

[4.4]   Abiteboul, S., Buneman, P., and Suciu, D.: *Data on the Web : From Relations to Semistructured Data and Xml*, Morgan Kaufmann, San Francisco, CA, 2000

[4.5]   Gray, J. and Reuter, A.: *Transaction Processing: Concepts and Techniques*, Morgan Kaufmann, San Francisco, CA, 1993

[4.6]   Härder, T. und Rahm, E.: *Datenbanksysteme. Konzepte und Techniken der Implementierung*, Springer, Berlin, 1999

[4.7]   Heuer, A. und Saake, G.: *Datenbanken. Konzepte und Sprachen*, 2. erw. Ausgabe, MITP, Bonn, 2000

[4.8]   Kemper, A. und Eickler, A.: *Datenbanksysteme. Eine Einführung*, 3. korrig. Ausgabe, R. Oldenbourg Verlag, München, 1999

[4.9]   Silberschatz, A., Korth, H.F., and Sudershan, S.: *Database System Concepts*, 3rd Ed., McGraw-Hill, New York, 1998

[4.10] Lausen, G. und Vossen, G.: *Objekt-orientierte Datenbanken: Modelle und Sprachen*, .R. Oldenbourg Verlag, München, 1996

[4.11] Sauer, H.: *Relationale Datenbanken*, Theorie und Praxis, 4. akt. u. erw. Aufl., Addison-Wesley, München, 1998

[4.12] ANSI/X3/SPARC (American National Standards Committee/Standard Planning and Requirements Committee) *Study Group on Data Base Management Systems: Interim Report.* FDT (Bulletin of ACM SIGMOD) 7:2 (1975)

[4.13] Astrahan, M.M., et al.: *System-R: Relational approach to database management*, ACM ToDS 1:2 (June 1976) 97-137

[4.14] Chen, P.: *The Entity-Relationship Model, Toward a Unified View of Data*, ACM ToDS 1:1 (1976) 9-36

[4.15] CODASYL Data Base Task Group (April 1971) *Report*, ACM, New York

[4.16] Codd, E.F.: *A relational model for large shared data banks*, Comm. ACM 13:6 (June 1970) 377-387

[4.17] Mohan, C., et al.: *ARIES. A Transaction Recovery Method Supporting Fine-Granularity Locking and Partial Rollbacks Using Write-Ahead Logging*, ACM ToDS 17:1 (March 1992) 94-162

[4.18] Zloof, M.: *Query By Example: A data base language*, IBM Syst. J. Vol. 16, No. 4 (1977) pp. 324-343

[4.19] Ramakrishnan, R.: *Database Management Systems*, McGraw-Hill, Boston, Mass., 1998

[4.20] René Steiner: *Theorie und Praxis relationaler Datenbanken*: Eine grundlegende Einführung für Studenten und Datenbankentwickler, Vieweg, Wiesbaden, 1999

Kapitel 5

Softwaretechnik

von Peter Forbrig

5.1 Einführung

Der Begriff der Softwaretechnik bzw. des Software Engineering entstand in den 60er Jahren als man erkannte, dass die Probleme bei der Anwendung von Computern nicht nur mit immer leistungsstärkerer Hardware zu bewältigen waren. Bis zu diesem Zeitpunkt war das Hauptinteresse in der Forschung auf immer leistungsstärkere Geräte gerichtet worden. Trotzdem verliefen viele Projekte erfolglos. Es kam der Begriff der *Softwarekrise* in den Umlauf. Software war immer teurer geworden, arbeitete unzuverlässig und war am tatsächlichen Bedarf der Anwender vorbei entwickelt worden. Außerdem stellte sich auch heraus, dass die Kosten der Softwarewartung die Kosten der Softwareerstellung um ein Vielfaches übertrafen. Das Nachdenken über die Art und Weise der wirtschaftlichen Erstellung von 'guten" Programmen führte zu der Erkenntnis, dass nach der anfänglichen Arbeit von "Künstlern" die Arbeit von Ingenieuren gefragt ist. Die Softwaretechnik ist vom Charakter her eine Ingenieurdisziplin Softwarekrise

Softwaretechnik ist die praktische Anwendung wissenschaftlicher Erkenntnisse für die Herstellung und den wirtschaftlichen Einsatz zuverlässiger und effizienter Software. Softwaretechnik

Softwareentwicklung wurde anfänglich hauptsächlich als Schreiben von Programmen in einer Programmiersprache angesehen. Noch heute ist diese Ansicht bei Anfängern sehr verbreitet. Inzwischen weiß man aber, dass die davor anzustellenden Überlegungen zur Problemlösung noch wichtiger sind. Auch die Vorstellung darüber, was eigentlich gute Software ist, hat sich im Laufe der Jahre verändert. In den Anfängen der Softwareentwicklung waren der Bedarf an Speicherplatz und die benötigte Rechenzeit ganz herausragende Qualitätsmerkmale.

Es wurde um jedes Byte gefeilscht und mit Trickprogrammierung wurden Konstanten aus dem Code der Maschinenbefehle gewonnen.

Heutzutage sind diese Qualitätsmerkmale nicht mehr so entscheidend. Andere Qualitätskriterien haben ihre Bedeutung vergrößert.

Im folgenden sollen einige dieser Merkmale diskutiert werden.

Korrektheit Als *Korrektheit* bezeichnet man das Maß der Übereinstimmung zwischen Aufgabenstellung des Anwenders, Dokumentation und Implementation eines Softwareproduktes.

Flexibilität Das Maß für die Anwendbarkeit eines Softwareproduktes unter veränderten Bedingungen wird als *Flexibilität* bezeichnet. Solche veränderten Bedingungen können durch neue Nutzeranforderungen oder geänderte Hard- oder Softwarebedingungen geprägt sein.

Verständlichkeit Die Lesbarkeit der Spezifikationen von Software wird als Maß für die *Verständlichkeit* definiert. Mit der Nutzerverständlichkeit, die den Aufwand bei der Einarbeitung und der sachgerechten Nutzung der Software ausdrückt und der Entwicklerverständlichkeit, die den Aufwand zum Verständnis der inneren Struktur und der Funktionsweise eines Systems beschreibt, sind dabei zwei Aspekte zu unterscheiden .

Effizienz Das Maß der Wirksamkeit und der Eignung der Software für die gegebene Aufgabe wird als *Effizienz* bezeichnet. Die Effizienz kann in Bezug auf die Technik und den Anwender betrachtet werden. Technisch effizient ist eine Anwendung, wenn sie wenig Speicherplatz und Rechenzeit beansprucht. Für den Menschen ist sie effizient, wenn wenig Belastung bei Vorbereitung, Durchführung und Nachbereitung der Anwendung der Software besteht.

Robustheit *Robustheit* (auch Stabilität) ist die Eigenschaft eines Softwareproduktes, auch in Ausnahme- und Fehlersituationen ein sinnvolles Verhalten zu zeigen. Dabei handelt es sich um die Reaktion auf Eingabe-, Bedien-, Systemsoftware- oder Hardwarefehler.

	Programmierung im Kleinen (überwog in den 70er Jahren)	Programmierung im Großen (überwiegt aktuell)
Effizienz	Große Bedeutung *Speicherplatz und Rechenzeit entscheidend*	Geringe Bedeutung *Hardware sehr leistungsstark*
Verständlichkeit	Geringe Bedeutung *Trickprogrammierung gilt als Nachweis besonderer Klasse*	Große Bedeutung *Programm ist Teil der Dokumentation*
Flexibilität	Geringe Bedeutung *Neuprogrammierung einfach*	Große Bedeutung *-Wiederverwendbarkeit notwendig*

Abbildung 5.1
Gegenüberstellung von Bewertungskriterien von Software in den 70er Jahren und heute

Abbildung 5.1 verdeutlicht den Wandel in der Bewertung von "guter" Software. Das hat natürlich Auswirkungen auf die Charakterisierung "guter" Softwareentwickler. Ein guter Programmierer hat verständliche und flexible Software abzuliefern. Trickprogrammierer sind nicht gefragt.

5.2 Lebenszyklusmodelle

Um den Prozess der Softwareentwicklung zu beschreiben, wurden Modelle, die sogenannten Lebenszyklusmodelle, erarbeitet.

Der *Softwarelebenszyklus* ist die Menge der einzelnen Tätigkeiten, die während der Prozesse der Entwicklung und Anwendung von Software in einer vorgegebenen Reihenfolge ablaufen und sich technologisch bedingt oder bei veränderten Ausgangsbedingungen zyklisch wiederholen. Er ist in abgegrenzte Teilprozesse, die sogenannten *Phasen* unterteilt, um den Arbeitsablauf arbeitsteilig inhaltlich, technologisch, leitungsmäßig und organisatorisch effektiv zu beherrschen. Softwareentwicklung ist damit eine Folge von abgegrenzten Phasen. Jede Phase liefert ein abgeschlossenes Ergebnis. Die nächste Phase beginnt erst nach der Qualitätskontrolle der vorhergehenden Phase.

Softwarelebenszyklus

Phase

Der Grundzyklus eines Softwareproduktes lässt sich in folgende Phasen zerlegen:

- Analyse des Basisprozesses des Anwendungsgebietes
  Ergebnis: Aufgabenstellung zur Softwareentwicklung

  Analysieren

- Dokumentation der Funktionen des Softwareproduktes
  Ergebnis: funktionelle Spezifikation

  Spezifizieren

- Dokumentation der Problemlösung
  Ergebnis: logische Gliederung der Funktionen und Daten (fachlicher Entwurf) und Ablaufstruktur (programmtechnischer Entwurf)

  Entwerfen

- Kodierung der Problemlösung in einer Programmiersprache, Übersetzen und Verbinden
  Ergebnis: lauffähiges Softwareprodukt

  Implementieren

- Verwendung von vorbereiteten Testmitteln, Testverfahren und Testdaten zum Vergleich von Soll- und Ist-Eigenschaften des Programms, Fehlerfindung
  Ergebnis: Fehlerprotokoll

  Testen

- Anwendung des Softwareproduktes, Nachweis des stabilen Dauerbetriebs, Nutzereinweisung
  Ergebnis: laufendes Softwareprodukt

  Nutzen

- Änderung des fertigen Softwareproduktes zur weiteren Nutzbarkeit (Anpassung an neue Bedingungen, Mängelbeseitigung)
  Ergebnis: Aktualisiertes Softwareprodukt (samt Spezifikationen)

  Wartung

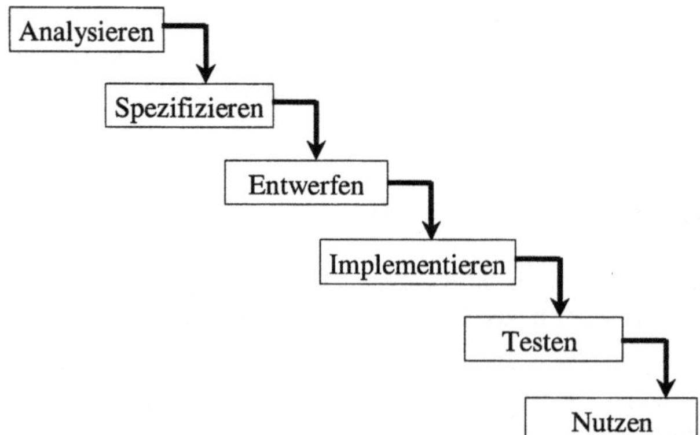

Abbildung 5.2
Ursprüngliches
Wasserfallmodell

Das erste Lebenszyklusmodell, das Wasserfallmodell, hat die Bedeutung der Wartung noch etwas unterschätzt. Es hat nur den Entwicklungsprozess bis zur Nutzung modelliert und ist davon ausgegangen, dass gründliches Analysieren zum Erfolg führt. Es zeigte sich jedoch bald, dass auch Projekte mit sehr gründlichen Analysen Probleme bei der Nutzung bekamen. Im Verlaufe der Projektentwicklung kommt es nämlich zu neuen Erkenntnissen im Anwendungsgebiet, die bei der Analyse noch nicht berücksichtigt werden konnten. Außerdem entstehen bei der Analyse häufig Kommunikationsprobleme zwischen Anwendern und Entwicklern, die erst zu Tage treten, wenn lauffähige Softwarebausteine vorhanden sind. Aus diesem Grund ist man zu der Erkenntnis gelangt, dass eine zyklische, evolutionäre Softwareentwicklung mit Präsentation von Prototypen notwendig ist. Die Phasen werden mehrfach durchlaufen. Der Anfang erfolgt mit einem kleinen Kernsystem, dass in jedem Zyklus an Umfang zunimmt.

Prototyping   Unter dem (rapid) *Prototyping* versteht man das schnelle (rapid) Erstellen eines lauffähigen Systems, das wesentliche Eigenschaften des endgültigen Softwaresystems besitzt. Oft wird dieser Begriff mit partizipatives dem partizipativen Prototyping gleichgesetzt, was nicht ganz korrekt Prototyping ist. Unter dem *partzipativen Prototyping* versteht man die Einbeziehung des späteren Nutzers in die Systementwicklung, insbesondere exploratives bei der Gestaltung der Benutzungsschnittstelle. Außerdem gibt es das Prototyping *explorative Prototyping*, bei dem kritische Teilprobleme erkundet werden. Vor der Erarbeitung einen Softwaresystems zum kooperativen Arbeiten wird man beispielsweise erst einmal einen Prototypen erstellen, der ein Byte zwischen zwei Orten überträgt. Von diesen Erfahrungen hängt dann die weitere Gestaltung des Softwaresystems ab.

Das Spiralmodell greift die Idee des Prototyping und des evolutionären Ansatzes auf. Es geht auf Barry W. Boehm [5.1] zurück und wiederholt zyklisch die Projektabschnitte Planung, Risikoanalyse, Realisierung, Bewertung. Dabei sind auch diese Abschnitte nicht streng getrennt, sondern überlappend.

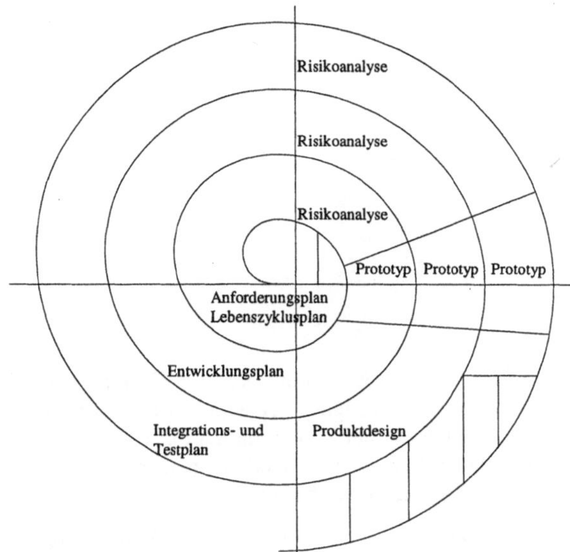

Abbildung 5.3
Vereinfachtes
Spiralmodell

In Deutschland ist für öffentliche Aufträge das V-Modell bindend. Ursprünglich entsprach es einer Variante des Wasserfallmodells, wobei der linke Schenkel des V die Projektentwicklung bis zur Implementation repräsentierte. Der rechte Schenkel entspricht den Test- oder Prüfungsaktivitäten der Ergebnisse der Entwicklungsphasen auf dem anderen Schen-kel. Die neue Version des V-Modells unterstützt einen evolutionären Ansatz. Es ist detailliert festgelegt, welche Aktivitäten in den einzelnen Phasen durchzuführen sind, wer die Verantwortung dafür hat und welche Werkzeuge genutzt werden sollen. Die Verantwortlichkeiten sind in Form von Rollen festgelegt. Ein guter Überblick über das V-Modell kann in [5.2] gefunden werden.

Ganz entscheidend für den Erfolg von Softwareentwicklern ist die Wiederverwendung. Ohne sie sind Projekte auf Dauer nicht mit ökonomischem Erfolg realisierbar. Die Wiederverwendung hat nicht nur den Vorteil, dass die bereits erarbeiteten Arbeitsergebnisse erneut genutzt werden können, sondern verringert die Fehlerwahrscheinlichkeit erheblich.

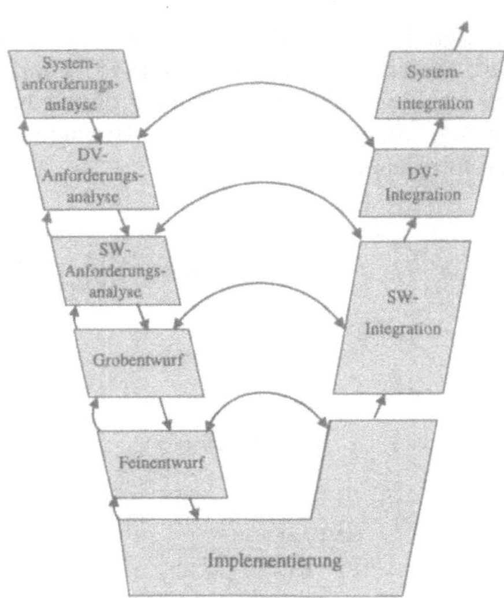

Abbildung 5.4
Vereinfachtes
V-Modell

Reverse-
Engineering Fremde Projekte müssen durch ein *Reverse-Engineering* für eine Wiederverwendung erst zugänglich gemacht werden. Dabei handelt es sich um die Formulierung der Eigenschaften eines vorhandenen Systems auf abstraktem Niveau. Damit erhält man Spezifikationen, die zum Verständnis des Quelltextes hilfreich sind.

Diese Spezifikationen können dann Ausgangspunkt der Neugestaltung eines Systems sein. Diesen Prozess der Durchführung des Reverse-Engineering und der Neugestaltung auf der Basis der gewonnenen

Re-Engineering abstrakten Beschreibung bezeichnet man als *Re-Engineering*.

5.3 Prinzipien, Konzepte, Methoden

Prinzip Ein *Prinzip* ist ein allgemeingültiger Grundsatz, der aus der Verallgemeinerung von Gesetzen und wesentlichen Eigenschaften der objektiven Realität abgeleitet ist. Es dient als Leitfaden im Denken und im Handeln. Bezogen auf die Software sind folgende Entwicklungsprinzipien wesentlich:

Komplex-
reduzierung Das Prinzip der *Komplexreduzierung* besagt, dass ein System nur so komplex wie notwendig gestaltet werden soll. Die Komplexität eines Systems ist eine Funktion aus der Anzahl seiner Elemente sowie der Anzahl der zwischen den Elementen existierenden Beziehungen.

Ist eine Entwicklungsaufgabe zu umfangreich, um in einem vertretbaren Zeitraum von einer einzigen Person bearbeitet zu werden, so

Arbeitsteilung wird nach dem Prinzip der *Arbeitsteilung* die Gesamtaufgabe in Teilaufgaben zerlegt, und die Teilaufgaben werden von verschiedenen Bearbeitern gelöst. Dabei muss beachtet werden, dass die notwendige Kommunikation ein bestimmtes Maß nicht überschreitet. Dafür gibt es verschiedene Organisationsstrukturen.

Kontrollierte zentralisierte Organisationsstruktur

Diese Organisationsform (auch „Chief Programmer Team" genannt) nutzt die folgende Komunikationsstruktur:

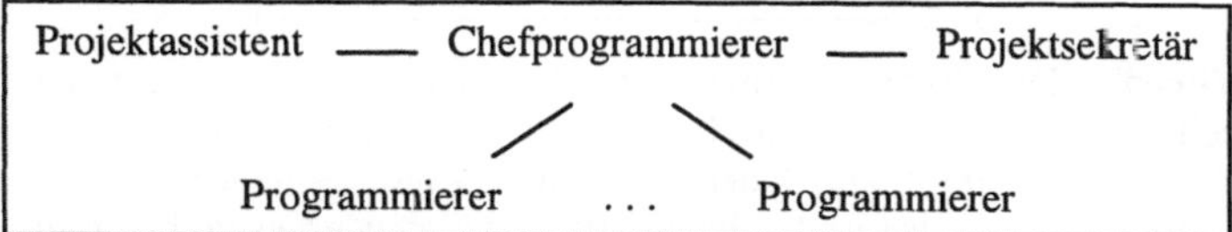

Abbildung 5.5 Kontrollierte zentralisierte Organisationsstruktur

Unter den Mitarbeitern liegt folgende Arbeitsteilung vor:

Der *Chefprogrammierer* ist für die technische Seite eines Projektes voll verantwortlich. Er führt den gesamten Entwurf durch und implementiert kritische Teile selbst. Ein *Projektassistent* unterstützt den Chefprogrammierer und kann ihn jederzeit vertreten. Der *Projektsekretär* verwaltet die zentrale Bibliothek aller aktuellen Programmversionen und unterstützt bei sonstigen Aufgaben. Ein *Programmierer* implementiert jeweils seine Teilaufgabe. Für das Management ist ein zusätzlicher Projektmanager zuständig, der alle ökonomischen Probleme klärt.

Vorteile: Die Spezialisierung der Teammitarbeiter erlaubt eine schnelle Projektbearbeitung. Gut strukturierte Probleme können vom Chefprogrammierer einfach auf die Programmierer aufgeteilt werden und Terminvorgaben sind gut kontrollierbar.

Nachteile: Der Flaschenhals bei der Kommunikationsstruktur ist der Chefprogrammierer. Erfolg und Misserfolg sind wesentlich durch ihn beeinflusst. Bei komplizierten Problemen ist er überfordert. Es ist schwierig, einen Chefprogrammierer der geforderten Qualität zu finden. Es besteht die Gefahr, dass zwischen den Programmierern ein geringer Zusammenhalt besteht. Da sie in wichtige Entscheidungsprozesse nicht integriert sind, fehlt die Motivation.

Demokratisch dezentralisierte Organisationsstruktur

Bei dieser Organisationsform sind alle Mitarbeiter gleichberechtigt und tragen damit in gleichen Teilen zum Erfolg bei. Autorität entsteht dabei durch Kompetenz einzelner Mitarbeiter in bestimmten Projektphasen.

Abbildung 5.6
Demokratisch
dezentralisierte
Organisations-
struktur

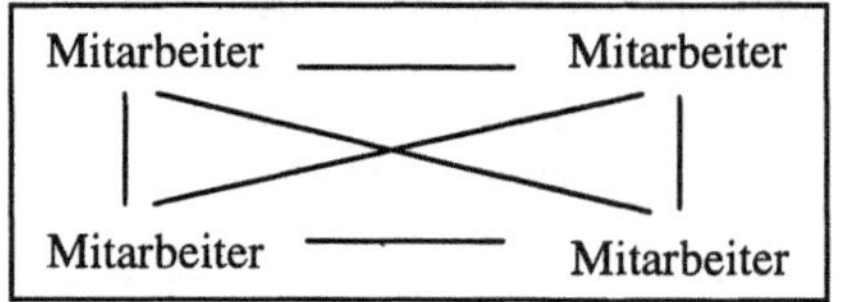

Vorteile: Das Team verfügt über eine gute Problemlösungsfähigkeit. Die Mitarbeiter sind hoch motiviert und es herrscht eine große Zufriedenheit im Team. Jeder ist an allen Entscheidungen beteiligt. Diese Arbeitsweise ist für langfristige und schwierige Problemstellungen gut geeignet.

Nachteile: Es besteht ein hoher Kommunikationsaufwand. Alle Entscheidungen werden aufwändig getroffen, da ein Gruppenkonsens notwendig ist.

Kontrollierte dezentralisierte Organisationsstruktur

Der Projektleiter leitet eine Gruppe von Teamleitern und ist verantwortlich für die Formulierung der Teamziele. Jeder Teamleiter steuert die Kommunikation mit dem Teamleitern, dem Projektleiter und seinen Mitarbeitern. Ein Mitarbeiter löst eine konkrete Aufgabe.

Abbildung 5.7
Kontrollierte de-
zentralisierte Or-
ganisationsstruktur

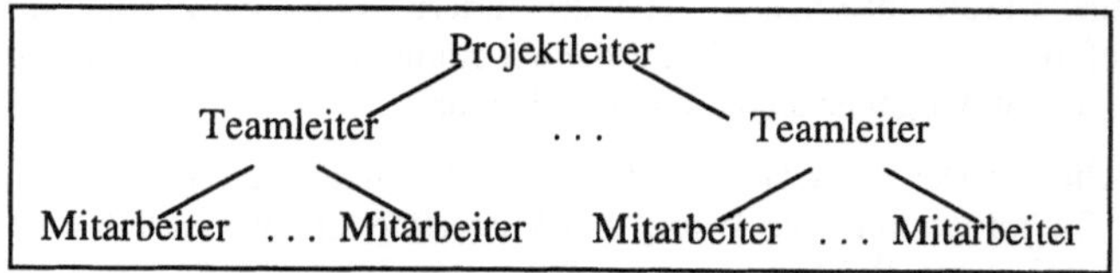

Vorteile: Schwierige Aufgaben können in einem Teilteam gut gelöst werden. Durch die Gruppenarbeit entsteht Software von hoher Qualität. Diese Organisationsform ist gut geeignet zur Lösung strukturierter Aufgaben in relativ kurzer Zeit.

Nachteile: Eine solche Organisationsstruktur ist schlecht geeignet für wenig strukturierte Aufgaben. Problemlösungen auf der Ebene der Teilteams sind nur mit großem Zeitaufwand möglich. Die dezentralisierte Organisationsstruktur wird durch die Rolle der Teilteamleiter gefährdet. Ihnen kommt eine Schlüsselrolle zu.

Nach dem Prinzip der *Nachnutzbarkeit* sind beim Konstruieren von Objekten vorgefertigte, typisierte und standardisierte Bauteile und Baugruppen einzusetzen. Dabei sind gleichzeitig neue, auch für andere Objekte verwendbare Bauelemente abzuleiten.

Eng mit dem Prinzip der Arbeitsteilung hängt das Prinzip der *Dekomposition und Komposition* zusammen. Die Zerlegung einer Aufgabe in überschaubarere Teilaufgaben bezeichnet man als Dekomposition. Es handelt sich dabei um eine analytische Tätigkeit. Die Zusammenfassung (Integration) von Teillösungen zu einer Gesamtlösung bezeichnet man als Komposition. Die Komposition ist eine synthetische Tätigkeit.

Den funktionellen Zusammenhang zwischen Ein- und Ausgabegrößen bezeichnet man als *Funktion eines Programmes*. Die Art und Weise, in der ein Programm gestaltet ist, um eine bestimmte Funktion zu erfüllen, bezeichnet man als *funktionserfüllende Struktur*. Dabei spielen der Strukturaspekt und der Prozessaspekt eine Rolle. Für die Softwareentwicklung gilt das Prinzip der *Trennung von Funktion und funktionserfüllender Struktur*.

Weiterhin ist das Prinzip der *Strukturdisziplinierung* zu beachten. Das bedeutet, dass Objektstrukturen diszipliniert (einfach und wiederkehrend gleich) zu gestalten sind. Disziplin ist insbesondere hinsichtlich der Gestaltung der Objektelemente sowie deren Beziehungen zueinander erforderlich. Je disziplinierter die Struktur eines Objektes ist, desto geringer ist seine Komplexität.

Ein größeres Objekt soll kein monolithisches Ganzes sein, sondern einen modularen Aufbau haben. Das folgt aus dem Prinzip der *Modularisierung*. Ein Objekt hat einen modularen Aufbau, wenn es aus einer Menge übersichtlicher, klar abgegrenzter und leicht austauschbarer Bausteine (Modulen) besteht.

Das grundlegende Herangehen bei der intellektuellen Bewältigung von komplexen Problemen bezeichnet man als Abstraktion. Das Prinzip der *Abstraktion* besagt, dass Spezifikationen nur so konkret wie notwendig formuliert werden sollen.

Entsprechend dem Prinzip der *Optimalität* soll der Entwicklungsprozess optimal verlaufen. Eine optimale Lösung ist im Sinne der Zielfunktion zu finden, wobei die gegebenen Randbedingungen zu erfüllen sind.

Nach dem Prinzip der *Automatisierung* ist die menschliche Arbeitskraft durch technische Mittel zu ersetzen bzw. durch Anwendung technischer Mittel zu vervollkommnen bzw. zu vervielfachen.

Konzept Ein *Konzept* basiert auf einem oder mehreren Prinzipien und ist Basis für eine Methode. Durch ein Konzept wird für eine Aufgabe ein grundlegender Lösungsansatz festgelegt, der unterschiedliche Lösungswege (Methoden) zulässt.

Jedes Programm hat drei Aspekte:
- a) Funktionsaspekt   -   Was leistet das Programm?
- b) Prozessaspekt   -   Wie funktioniert das Programm?
- c) Strukturaspekt   -   Wie ist das Programm aufgebaut?

Struktur Die *Struktur* ist die Eigenschaft eines Objektes, die besagt, aus welchen Teilen es besteht und welche Relationen zwischen ihnen bestehen

Böhm und Jacopini zeigten 1966 [5.3]:

Jeder Algorithmus ist mit den drei Grundstrukturen Sequenz, Selektion und Iteration darstellbar.

Damit war ein entscheidendes Argument gegen die Strukturierte Programmierung entkräftet, dass nicht alle Algorithmen nach dem Konzept der strukturierten Programmierung formulierbar seien.

5.4 Basistechniken

Im folgenden Abschnitt sollen grundsätzliche Techniken der Modellierung in der Informatik vorgestellt werden, bevor danach auf Entwicklungsmethoden eingegangen wird, die diese Techniken kombinieren.

5.4.1 Datenmodellierung

Für ein Softwaresystem und generell für die Beschreibung eines Anwendungsgebietes ist es von entscheidender Bedeutung, mit welchen Daten zu rechnen ist. Dabei haben sich verschiedene Beschreibungstechniken bewährt, die von Grammatiken über Jackson - Bäume bis zu Entity-Relationship-Modellen reichen. In diesem Abschnitt sollen nur die ersten beiden Techniken kurz erwähnt werden. ER-Modelle werden in diesem Buch in Kapitel 4 behandelt.

5.4.1.1 EBNF

Grammatiken werden genutzt, um Worte einer Sprache zu beschreiben. Solche Worte können auch Datensätze sein. Die Sprache ist damit die Menge aller gültigen Datensätze.

Eine Grammatik $G = (N, T, P, s)$ wird definiert durch

- eine endliche Menge N von Nichtterminalen oder grammatischen Begriffen,
- eine endliche Menge T von Terminalen, dem Alphabet,
- eine endliche Menge R Produktions- oder Erzeugungsregeln, kurz Regeln, die beschreiben, wie jedes Nichtterminal in Form von Terminalen und Nichtterminalen definiert ist,
- ein ausgewähltes Startsymbol s, wobei $s \in N$.

Eine Produktionsregel besteht aus einer linken und einer rechten Seite, die durch $\rightarrow$ getrennt sind. Die linke Seite ist ein Nichtterminal und die rechte Seite besteht aus beliebigen Folgen von Nichtterminalen und Terminalen.   [Nichtterminal $\rightarrow$ sf mit sf $\in (N \cup T)^*$]

In einer Satzform (einer Folge von Nichtterminalen und Terminalen) kann ein Nichtterminal durch die rechte Seite einer Regel ersetzt werden, auf deren linken Seite es selbst steht.

Die Sprache L(G) einer Grammatik G besteht aus allen aus dem Startsymbol ableitbaren Zeichenketten (Wörtern), die nur Terminale enthalten. Ein Wort ist eine Folge von Terminalen, die durch wiederholtes Anwenden von Regeln erzeugt werden kann, wobei s der Ausgangspunkt der Erzeugung ist.

Die EBNF ist eine spezielle Grammatikform, die sich für die Beschreibung von Daten bewährt hat. Für EBNF wird in der Informatik in der ausführlichen Form sowohl "Erweiterte Backus-Normal-Form" als auch "Erweiterte Backus-Naur-Form" benutzt. Sie besteht aus *Regeln* der Form.

Nichtterminal = rechte _Seite.

Dabei haben Sonderzeichen auf der rechten Seite folgende Bedeutung.

"t t t"   : terminales Symbol,
            ist in dieser Form Bestandteil des Satzes einer Sprache.
[ ]   : optionales (null- oder einmaliges) Auftreten.
{ }   : null- oder beliebig oftmaliges Auftreten.
            Eine Sonderform stellt n{ }m dar, die besagt, dass der
            Inhalt der Klammer mindestens n-mal aber höchstens
            m-mal auftritt.
( )   : Gruppierung von Elementen (einmaliges Auftreten).
 | : Trennung von Alternativen.

Grammatik
Nichtterminal
Terminal
Produktionsregel
Startsymbol

EBNF

Regel

=   : Trennung linker von rechter Regelseite.
.   : Ende der Regel.
Bezeichner : Nichtterminal, wird durch weitere Regeln erklärt.

Beispiel 5.1

Telefonnummer = [Land] [Anbieter][(Ort | Netz)] Anschluss.
Land = "0""0"1{Ziffer}4.
Anbieter = "0" 4{Ziffer}4.
Ort = "0" 2{Ziffer}6.
Netz = "0" 3{Ziffer}3.
Anschluss = 2{Ziffer}8.
Ziffer = "0" | "1" | "2" | "3" | "4" | "5" | "6" | "7" | "8" | "9".

Ersetzt man nun vom Startsymbol ausgehend die Nichtterminale durch die rechten Seiten solange, bis nur noch terminale Zeichenreihen aneinandergereiht vorliegen, so erhält man einen Satz der Sprache, der syntaktisch korrekt ist.

Eine gültige Ziffernfolge wäre bei dem Startsymbol *Telefonnummer* damit: 0049 01070 0381 4893434

5.4.1.2 Jackson Bäume

JSP   Michael Jackson hat mit seinem Ansatz [5.4] des Jackson Systematic Programming (JSP) die Idee der datengesteuerten Programmentwicklung vertreten. Danach wird die Struktur eines Programmes aus der Struktur der Ein- und Ausgabedaten abgeleitet. Speziell in der ökonomischen Datenverarbeitung gibt es dafür zahlreiche Anwendungsmöglichkeiten.

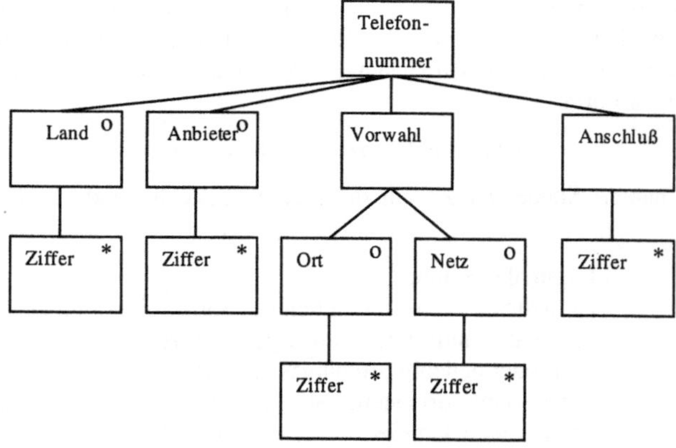

Abbildung 5.8
Jackson-Baum für
Telefonnummern

Auch wenn man JSP nicht vollständig anwenden will, so gibt die Notation eine gute Möglichkeit der grafischen Darstellung der Spezifikation von Datenstrukturen. Er nutzt eine Baumstruktur, die die hierarchische Struktur des Datenaufbaus widerspiegelt. Die Reihenfolge der Knoten von links nach rechts gibt die Reihenfolge ihres Auftretens an. Mit dem Symbol "0" wird das kein- oder einmalige Auftreten und mit dem Symbol "*" ein wiederholtes Auftreten spezifiziert. Die mit der EBNF spezifizierten Telefonnummern werden in der Abbildung 5.8 als Jackson-Baum dargestellt.

5.4.2 Prozessmodellierung

Ein bewährte Möglichkeit zur Darstellung der Struktur von Prozessen und Funktionen sind Funktionsbäume. Mit einem solchen Baum wird die Zerlegung von Prozessen in Teilprozesse dargestellt. Dabei handelt es sich aber nur um die strukturelle Sicht. Als Beispiel sei hier die Organisation einer Reise bei einem Reisebüro herangezogen

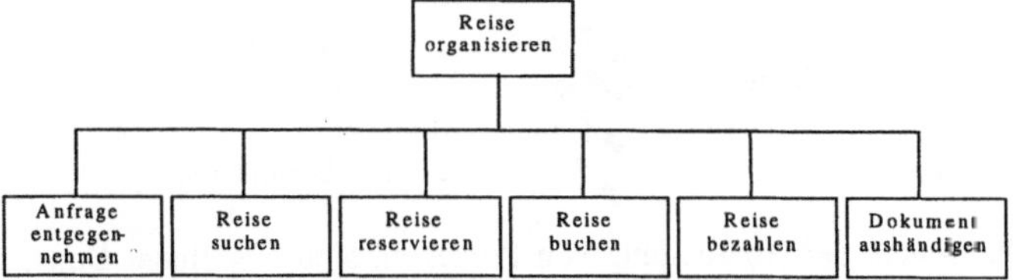

Abbildung 5.9
Funktionsbaum für Reisebüro

Weitere Beziehungen zwischen den Prozessen sind nicht darstellbar. Dazu bedarf es anderer Techniken, von denen eine das Datenflussdiagramm ist. Sie beschreibt die möglichen Datenflüsse zwischen Prozessen, Datenspeichern und externen Schnittstellen. Für die Organisation einer Reise könnte das wie folgt aussehen:

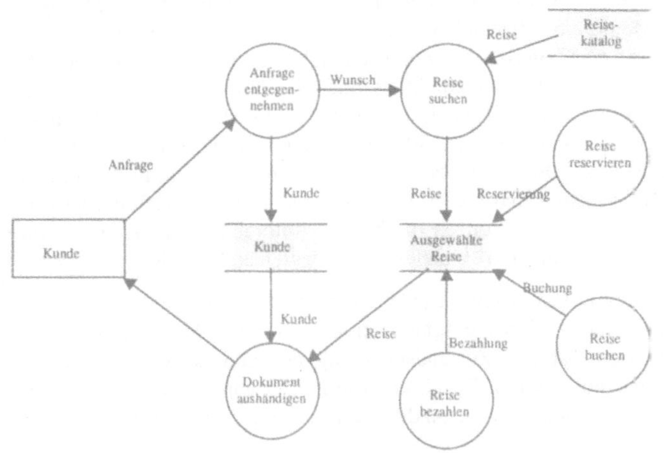

Abbildung 5. 10
Datenflussdiagramm für Reisebüro

Dabei haben die einzelnen Symbole folgende Bedeutung:

Abbildung 5.11
Elemente eines
Datenfluss-
diagrammes

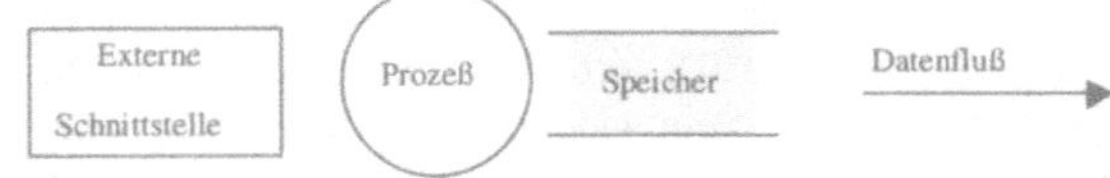

Prozess
Speicher

Datenfluss

Ein *Prozess* sollte immer durch ein Substantiv gefolgt von einem Verb bezeichnet werden, um die Lesbarkeit zu erhöhen. Die *Speicher* sollten im Singular bezeichnet werden und die Bezeichnung von Datenflüssen kann entfallen, wenn sie auf einen Speicher gerichtet sind, dessen Name dem Namen des *Datenflusses* entspricht. Nicht alle Elemente eines Datenflusses dürfen durch Datenflüsse verbunden werden. Folgende Verbindungen sind nicht gestattet.

Externe Schnittstelle	→	Externe Schnittstelle
Externe Schnittstelle	→	Speicher
Speicher	→	Speicher
Speicher	→	Externe Schnittstelle

Reihenfolgen der Abarbeitung von Prozessen sind aus einem Datenflussdiagramm nicht ablesbar. Es gab Bestrebungen, solche Notationen einzufügen, doch das hat sich nicht bewährt. Für zeitliche Reihenfolgen gibt es zusätzliche Beschreibungstechniken, von denen endliche Automaten eine Möglichkeit darstellen.

Grundsätzlich gibt es zwei Arten von endlichen Automaten, den Mealy- und den Moore-Automaten. Beide bestehen aus einer endlichen Menge von Zuständen, von denen einer als Startzustand ausgezeichnet ist. Weiterhin existieren endliche Eingabe- und Ausgabealphabete, eine Übergangsfunktion und eine Ausgabefunktion. Beim *Mealy-Automaten* erfolgt die Ausgabe beim Übergang von einem Zustand zu einem nächsten auf der Basis der Eingabe und des aktuellen Zustandes. Beim *Moore-Automaten* wird die Ausgabe in einem Zustand realisiert und basiert daher nur auf diesem Zustand. Die Zustandsübergangsfunktion ist bei beiden Automaten als Funktion von aktuellem Zustand und aktuellem Eingabeelement definiert.

Mealy-Automat

Moore-Automat

Beim Mealy-Automaten ist jeder Zustandsübergang durch ein Ereignis und eine Aktion (Ereignis/Aktion) markiert. Das Eintreffen des Ereignisses löst den Zustandsübergang aus und aktiviert dabei die entsprechende Aktion. Durch das Ereignis *b* wird im Zustand *reserviert* der Übergang zu Zustand *gebucht* ausgelöst. Dabei wird *buchen* aktiviert.

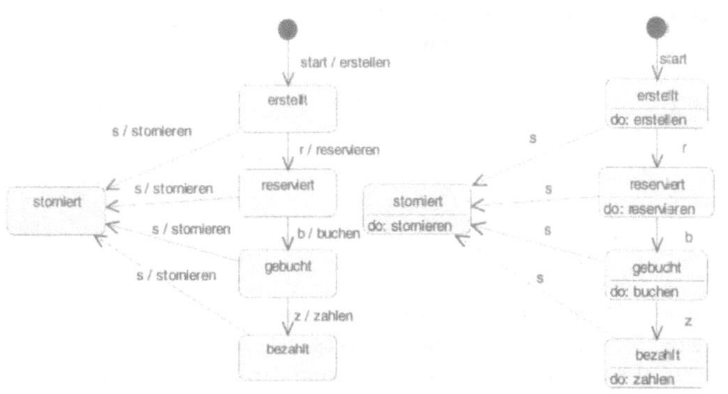

Abbildung 5.12
Beispiel eines
Mealy-Automaten
(links) und eines
Moore-Automaten
(rechts)

David Harel [5.5] hat beide Automatenarten kombiniert und hat damit
die *Zustandsdiagramme (statecharts)* eingeführt. Neben der Vereinigung der Automatencharakteristika hat er bedingte Zustandsübergänge, hierarchische Zustandsdiagramme, Zustände mit Gedächtnis und
nebenläufige Zustandsdiagramme definiert. Zunächst soll ein Beispiel
eines hierarchischen Zustandsdiagrammes betrachtet werden.

Zustands-
diagramm
(statechart)

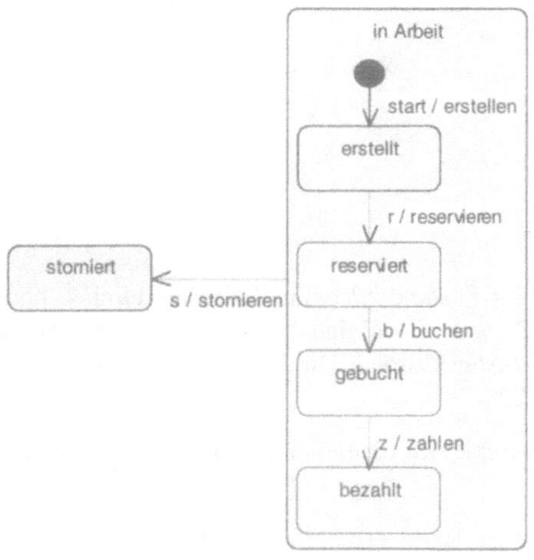

Abbildung 5.13
Hierarchisches
Zustandsdia-
gramm für das
Reisebüro

Für das Beispiel der Reiseunterlagen (Abb. 5.12) bietet es sich an, alle
Zustände, die charakterisieren, dass die Unterlagen noch aktuell sind,
zu einem Oberzustand zusammenzufassen. Damit könnte man sich
die vielen Übergänge zu dem Zustand *storniert* ersparen. Der Übergang aus einem komplexen Zustand bedeutet nämlich, dass bei Ein-

treffen des entsprechenden Ereignisses (hier s) der Übergang aus jedem Unterzustand ausgeführt wird.

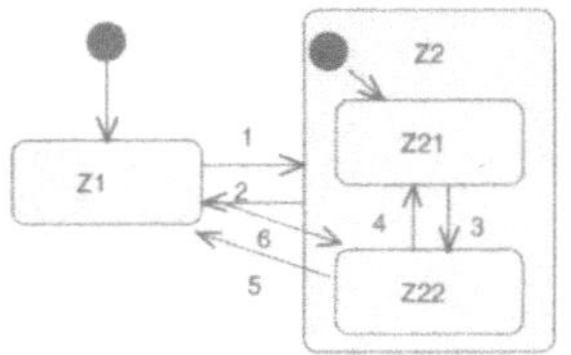

Abbildung 5.14
Übergangsmöglichkeiten bei hierarchischem Automaten

Übergänge können von Unterzuständen direkt zu anderen Zuständen erfolgen (5). Das gilt auch für den Weg zu einem anderen Unterzustand (6). Erfolgt der Übergang von einem Zustand zu einem Oberzustand (1), dann wird der spezifizierte Startzustand des Unterdiagrammes aktiviert (Z21).

Zustände mit Gedächtnis sind durch ein H (History) gekennzeichnet. Nur ein Hierarchischer Zustand kann diese Charakterisierung besitzen. Sie besagt, dass beim Verlassen des Zustandes der letzte Unterzustand gemerkt wird. Dadurch erfolgt beim erneuten Eintritt in diesen Zustand nicht die Aktivierung des markierten Startzustandes, sondern des zuletzt aktiven. Für einige Probleme ergibt sich dadurch eine exaktere Beschreibungsmöglichkeit dynamischer Vorgänge.

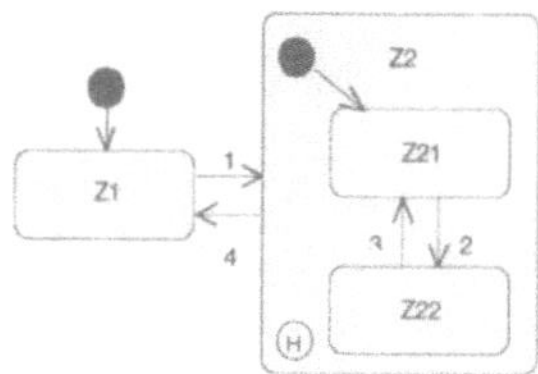

Abbildung 5.15
Automat mit Gedächtnis

In Abb. 5.15 merkt sich der Zustand Z2 beim Verlassen durch 4, ob er im Zustand Z21 oder Z22 war. Sollte danach 1 ausgelöst werden, so kehrt Z2 in diesen Unterzustand zurück Die Ereignisfolge 1,4,1 liefert Z21 und 1,2,4,1 liefert Z22.

Abschließend noch ein Beispiel für einen nebenläufigen Automaten.

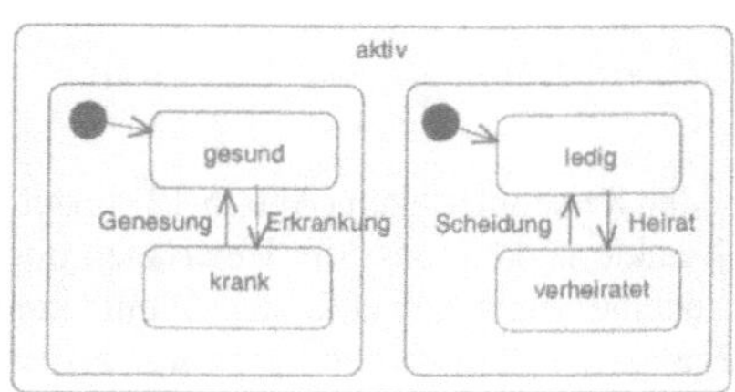

Abbildung 5.16
Nebenläufiger Automat

Hier wird eine Person modelliert, die als aktiv charakterisiert ist. Dieser Zustand ist durch die Tupel (gesund, ledig), (gesund, verheiratet), (krank, ledig) und (krank, verheiratet) beschrieben. Die Zustandsübergänge werden nun für jeden Bestandteil des Tupels getrennt spezifiziert. Die beiden Automaten arbeiten nebenläufig. Jedes Ereignis, was auf den Zustand *aktiv* trifft, wird an beide Unterautomaten weitergeleitet.

In diesem Beispiel reagiert jeweils nur ein Automat auf ein Ereignis. Das muss aber nicht immer so sein. Es kann vorkommen, dass mehrere Automaten ein Ereignis verarbeiten.

5.5 Strukturierter Ansatz für Analyse und Entwurf

Nachdem die strukturierte Programmierung bei der Implementierung ihren Siegeszug angetreten hatte, wurde das Konzept auch in die davor liegenden Phasen der Softwareentwicklung übertragen.

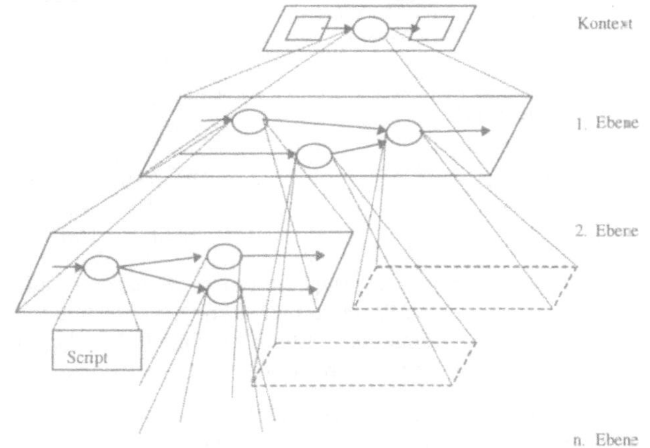

Abbildung 5.17
Hierarchie von Datenflussdiagrammen

Mit *SA (Structured Analysis)* wurde eine der meist verbreiteten Methoden durch De Marco [5.6] veröffentlicht. Er gab ein methodisches Zusammenspiel von Funktionsbäumen, Datenflussdiagramm und EBNF an.

SA (Structured Analysis)

Ein Projekt wird schrittweise in eine Hierarchie von Datenflussdiagrammen zerlegt. Aus dieser Hierarchie ist unter Vernachlässigung der Datenflüsse und Datenspeicher ein Funktionsbaum ableitbar, der die Projektstruktur charakterisiert. Bei der Verfeinerung der Prozesse sind auch die Datenflüsse zu verfeinern. Die Abstraktion von Prozessen und Daten muss in einer Ebene gut zusammenpassen. Es macht keinen Sinn, bei hoher Prozessabstraktion schon ganz detaillierte Daten zu modellieren.

Das Zusammenspiel zwischen den Datenflüssen auf den verschiedenen Detaillierungsebenen wird als EBNF spezifiziert. Die Sammlung der einzelnen Regeln wird hier Data Dictionary genannt. Aus diesem Data Dictionary ist auch erkennbar, welche Beziehung Datenflüsse in der gleichen Ebene zueinander besitzen, ob sie gemeinsam oder ob sie alternativ anliegen.

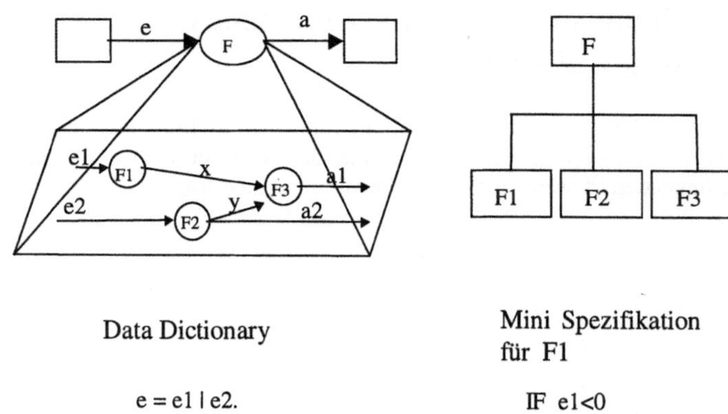

Abbildung 5.18 Basistechniken der SA und Beispiel ihrer Zusammenhänge

Bei obigem abstrakten Beispiel besteht ein Prozess *F* aus drei Teilprozessen *F1, F2* und *F3*. Diese Prozesse sind aus dem Kontextdiagramm und dem Datenflussdiagramm der 1. Ebene ersichtlich. Deutlich wird der Sachverhalt auch aus dem entsprechenden Funktionsbaum.

Im Kontextdiagramm ist der Eingabedatenfluss *e* und der Ausgabedatenfluss *a* erkennbar. Beide werden in zwei Datenflüsse *e1* und *e2* bzw. *a1* und *a2* verfeinert. Im Datenflussdiagramm ist dabei nicht erkennbar, ob *e1* und *e2* gemeinsam anliegen oder ob die Datenflüsse alternativ sind. Diese Information ist aus dem Data Dictionary ablesbar. Bei diesem Beispiel ist ersichtlich, dass die Datenflüsse *e1* und *e2* alternativ anliegen, während *a1* und *a2* beide vorhanden sind. Die EBNF wird im Data Dictionary meist in der dargestellten Form modifiziert. Der "+"-Operator wird benutzt, um die Verknüpfung zu realisieren, die normalerweise nur durch eine Aufzählung dargestellt wird.

Für den Prozess *F1* ist hier beispielhaft noch eine Mini Spezifikation in Form eines Pseudocodes angegeben. Alle vier Spezifikationsformen haben Beziehungen zueinander. Zur Überprüfung der Konsistenz ist eine Werkzeugunterstützung günstig.

Mit SA ist es nicht möglich, Reihenfolgen der Abarbeitung von Prozessen festzulegen. Aus einem Datenflussdiagramm können zwar über die Datenflussabhängigkeiten Schlussfolgerungen über Abarbeitungsreihenfolgen von Prozessen gezogen werden, explizit ist das aber nicht spezifiziert. Aus diesem Grunde wurden Steuerflüsse und endliche Automaten in die Methodik aufgenommen. Das bei der Prozessmodellierung vorgestellte Datenflussdiagramm kann durch den folgenden endlichen Automaten ergänzt werden, so dass eindeutig eine Reihenfolge bei der Prozessbearbeitung spezifiziert ist.

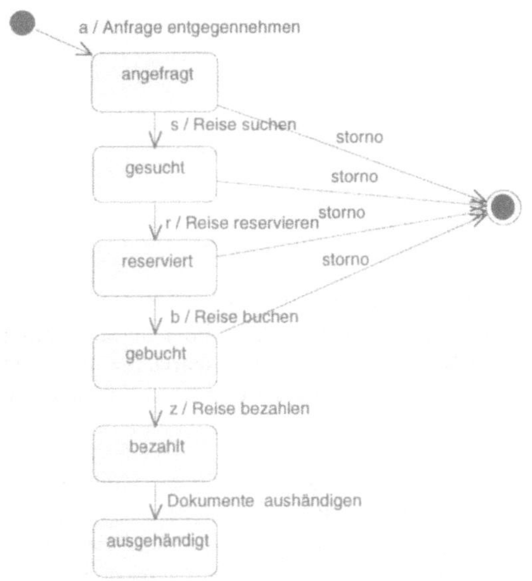

Abbildung 5.19
Automat zur Reihenfolgespezifikation von Prozesssen (a,s,r,b,z, und storno seien Ereignisse)

Im Datenflussdiagramm wird der Automat durch einen Balken repräsentiert, in den Ereignisse hinein- oder herausfließen. Ein Steuerfluss wird durch eine gestrichelte Linie gezeichnet. Das Datenflussdiagramm des Reisebürobeispiels kann um diese Informationen, wie in Abbildung 5.20 und 5.21 zu sehen, erweitert werden.

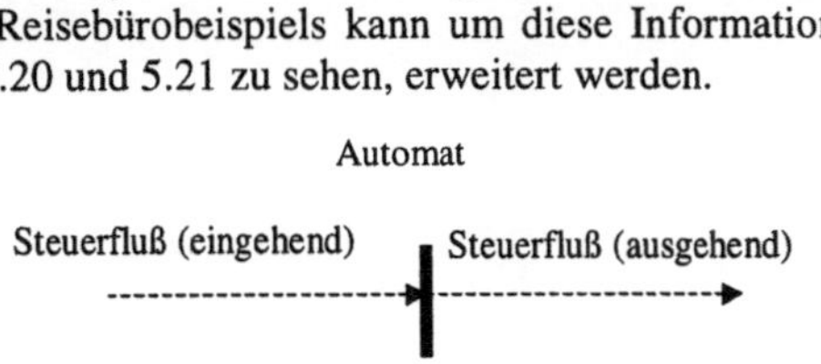

Abbildung 5.20
Repräsentation eines Automaten in einem Datenflussdiagramm

Der Automat zur Spezifikation der Reihenfolge der Abarbeitung der Prozesse hat nur einen eingehenden Steuerfluss. Die Ereignisse können *a, s, r, b, z* und *storno* sein. Diese Ereignisse gehen vom Kunden aus. Damit steuert der Kunde die Abarbeitung. Er hat aber nicht beliebigen Spielraum. Nach den Ereignissen *a, s* und *r* ist nur *b* sinnvoll. Die Eingabe von *z* oder *s* hätte keine Wirkung.

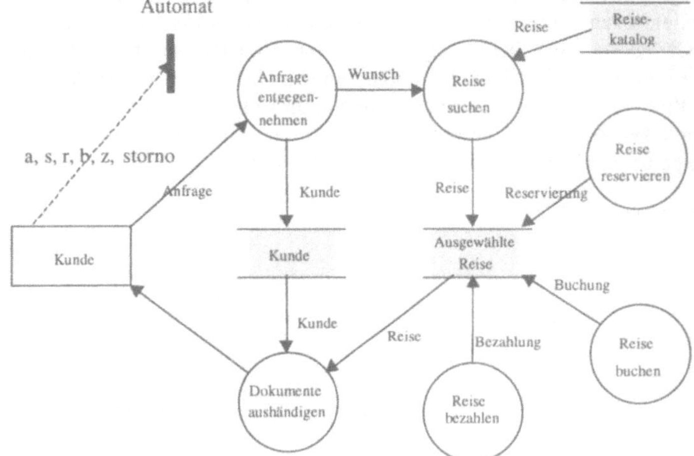

Abbildung 5.21
Beispiel für
Datenflussdiagramm
m mit Automat

Aus Gründen der Lesbarkeit wurden hier die Ereignisse gleich in das Datenflussdiagramm mit eingezeichnet. Es wäre auch möglich gewesen, den *Steuerfluss* nur mit Ereignis zu markieren und im Data Dictionary festzulegen, welche Werte das Ereignis annehmen kann.

Steuerfluss

Ereignis = "a" | "s" | "r" | "b" | "z" | "storno".

Die auf diese Weise erweiterte Methodik der Strukturierten Analyse wird SA/RT [5.7] genannt. RT steht für Real Time und drückt aus, dass Reihenfolgeprobleme spezifiziert werden können. Bei zeitbehafteten endlichen Automaten können auch derartige Probleme spezifiziert werden.

5.6 Objektorientierter Ansatz für Analyse und Entwurf

5.6.1 Konzepte

Mit der Objektorientierung ist in den letzten Jahren ein Paradigmawechsel bei der Softwareentwicklung eingetreten, der sich von der Implementation über den Entwurf bis zur Analyse durchgesetzt hat. Die zunächst gültige Trennung von Daten und Funktionen wurde überwunden. David Parnas propagierte in einem viel zitierten Artikel [5.8] bei der Modularisierung von Programmen die Nutzung von *Datenkapseln*. Dabei erfolgt der Zugriff auf Daten nur über eine Menge bereitgestellter Funktionen, die sogenannte Schnittstelle. Um eine Vielzahl von derartigen Datenkapseln schnell erzeugen zu können, folgte später die Idee der Programmierung von *abstrakten Datentypen*. Aus einem ADT können beliebig viele Datenkapseln mit der gleichen Schnittstelle erzeugt werden. Die Einordnung dieser Datentypen in eine Hierarchie, die über Vererbungsmechanismen verfügt, führte dann zu den Begriffen der *Klasse* und des Objektes. Die Klasse entspricht etwa dem ADT und die *Objekte* den daraus erzeugbaren Datenkapseln.

Datenkapsel

Abstrakter Datentyp (ADT)

Klasse

Ein Objekt wird durch Eigenschaften und Fähigkeiten beschrieben. Die Eigenschaften beschreiben den Zustand des Objektes, und die Fähigkeiten stellen Tätigkeiten dar, die auf das Objekt angewendet werden können, um seine Eigenschaften zu verändern oder Dienste aufzurufen, die es zur Verfügung stellt.

Objekt

Bei der objektorientierten Analyse wird von den Begriffen ausgegangen, die in der realen Welt existieren. Durch geeignete Abstraktion wird aus einem Objekt der realen Welt ein Objekt eines Modells. Eigenschaften werden durch Attribute und Fähigkeiten durch Methoden spezifiziert.

Dabei wird besonderes Augenmerk auf *Charakteristika* gelegt, die im Zusammenhang mit einer bestimmten Aufgabe, die umgestaltet oder automatisiert werden soll, von Interesse sind. Diese Aufgabe legt das Ziel der Modellierung fest. Eine Modellierung ohne ein bestimmtes Ziel ist nicht möglich, weil die Anzahl der Charakteristika ins unendliche steigt. Die Problematik der Modellierung der Charakteristika wird sicher schon am folgenden Beispiel deutlich. Eine Person soll modelliert werden. Da keine konkrete Zielvorgabe existiert, ist die Modellierung einer Person praktisch nicht möglich. Ist die Haarfarbe von Interesse? Sind die Kinderkrankheiten wichtig? Welche Bedeu-

Charakteristika

tung haben Hobbys? Niemand kann das wissen. Für ein Programm zur Beratung von Farbvorschlägen für einen Friseur ist die momentane Haarfarbe der zu betreuenden Kundin von großer Bedeutung. Für die Diagnose von Erkrankungen sind die bereits durchlaufenen Kinderkrankheiten sicher wichtig. Ein System, das Literatur für einen Kunden empfehlen soll, möchte sicher auf die Hobbys der betreffenden Person zurückgreifen. Hier soll eine Person im Kontext einer Universität exemplarisch modelliert werden.

Zunächst kann die Person als Paul identifiziert werden, der am 15.11.1970 geboren wurde und als Einkommen über ein Stipendium verfügt. Als besondere Fähigkeit fällt auf, dass er lernen und feiern kann. Diese Informationen können, wie in Abb. 5.22 dargestellt, repräsentiert werden.

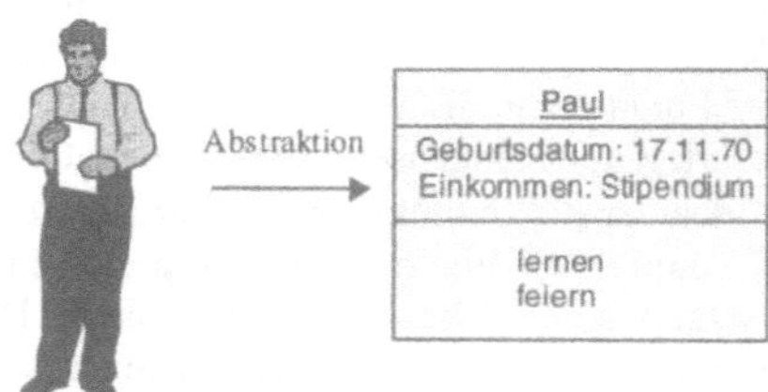

Abbildung 5.22
Beispiel der
Modellierung
eines Objektes

Fallen weitere Personen auf, die ähnliche Eigenschaften und Fähigkeiten besitzen, so sind diese als Gruppe zu beschreiben. Der schon aus der Schule bekannte Begriff einer Klasse, der eine Reihe von Schülern beschreibt, die in etwa den gleichen Ausbildungsstand besitzen, hat sich dafür eingebürgert. Damit wird in diesem Zusammenhang eine Sammlung von Objekten mit gleichen Charakteristika gemeint. Dabei handelt es sich um Objekte, die die gleichen Eigenschaften (Attribute) und Fähigkeiten (Methoden) besitzen. Für obiges Beispiel weisen die Charakteristika der Personen darauf hin, dass die Klasse als Student bezeichnet werden kann. Dabei ist das Attribut, welches das Einkommen charakterisiert, das entscheidende. Studenten verfügen über ein Stipendium. Auch die beobachteten Fähigkeiten wie lernen und feiern stehen zu der Erkenntnis nicht im Widerspruch.

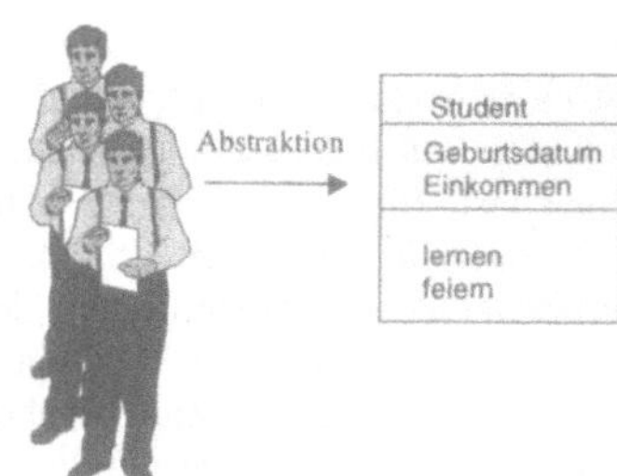

Abbildung 5.23
Beispiel der
Modellierung
einer Klasse

Eine recht anschauliche Abstraktion des Prozesses der Modellierung wurde von Heeg [5.9] gegeben. Abb. 5.23 stellt eine modifizierte Form dieser Idee dar.

Ein Problem der realen Welt wird aus einem subjektiven Blickwinkel modelliert. Der subjektive Blick des Modellierers wird durch das Auge symbolisiert. Dabei werden Personen, Phänomene oder reale Dinge erfasst, die für das *Modellierungsziel* als relevant eingestuft werden. Deren Bezeichnungen werden zunächst in einem Glossar festgehalten. Dabei ist bereits auf *Synonyme* (unterschiedliche Bezeichnungen für gleiche Sachverhalte - z.B. Behälter, Ablage und Container) und *Homonyme* (gleiche Bezeichnungen für unterschiedliche Sachverhalte - z.B. Schloss) zu achten. Das ist in unbekannten Anwendungsbereichen nicht immer ganz einfach.

Modellierungsziel

Glossar

Synonum

Homonym

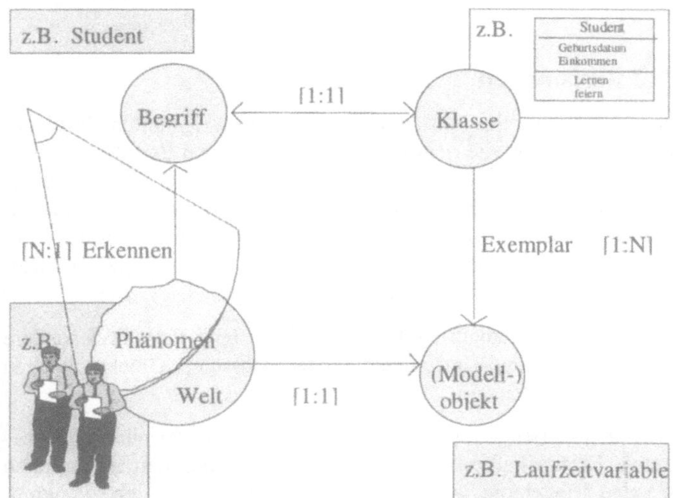

Abbildung 5.24
Objektorientierte
Sichtweise

Ist das Glossar ausreichend mit Informationen gefüllt, dann kann mit der Modellierung von Klassen begonnen werden. Zu den durch Begriffe charakterisierten Objekten werden Eigenschaften und Fähigkeiten ermittelt, die mit dem Modellierungsziel in Zusammenhang stehen.

Auf der Basis der so erstellten Klassen werden Programme entwickelt, in denen Objekte der Klassen erzeugt (instantiiert) werden. Während der Laufzeit der Programme werden die entsprechenden Objekte erzeugt und durch Variablen repräsentiert. Diese Variablen ermöglichen die Beschreibung des Zugriffs auf die Objekte bereits während der Programmierung.

Im allgemeinen entsprechen mehrere Objekte oder Phänomene der realen Welt einem Begriff. Zu jedem Begriff existiert dann eineindeutig eine Klasse gleichen Namens. Während der Laufzeit eines Programmes kann aus einer Klasse eine Vielzahl von Objekten erzeugt werden. Ist die Modellierung korrekt gelungen, dann sollte das beobachtbare Verhalten der Objekte im Modellbereich dem beobachtbaren Verhalten in der realen Welt unter Beschränkung auf das Modellierungsziel exakt entsprechen. Es sollte jedem Modellobjekt eineindeutig ein Objekt aus der realen Welt zuordbar sein.

Im folgenden werden einige grundlegende Konzepte und deren Notationen der objektorientierten Modellierung dargestellt. Daher soll ein Grundverständnis vom Basismodell, dem statischen Modell, dem dynamischen Modell und dem Modell der Systemnutzung vermittelt werden.

5.6.2 Basismodell

Zum Verständnis des Basismodells der objektorientierten Softwareentwicklung gehört die richtige Vorstellung von den Begriffen Objekt, Attribut, Methode und Klasse. Im vorigen Abschnitt wurden diese Ausdrücke bereits intuitiv benutzt. Hier sollen sie, teils unter Ausnutzung von Zitaten, etwas ausführlicher diskutiert werden. In der Literatur gibt es zahlreiche Nuancen der Definition des Begriffs Objekt. Hier sei auf die Definition von Balzert [5.10] zurückgegriffen.

Objekt   Ein *Objekt* ist allgemein ein Gegenstand des Interesses, insbesondere einer Beobachtung, Untersuchung oder Messung. Objekte können Dinge und Begriffe sein.

In der objektorientierten Softwareentwicklung besitzt ein Objekt bestimmte Eigenschaften und reagiert mit einem definierten Verhalten auf seine Umgebung. Außerdem besitzt jedes Objekt eine *Identität*, die es von allen anderen Objekten unterscheidet.

Identität

Attributwert   Die Eigenschaften eines Objektes werden durch dessen *Attributwerte*
Operation   ausgedrückt, sein Verhalten durch eine Menge von *Operationen*.

In dieser Begriffsbestimmung werden Fähigkeiten und Verhalten gleichgesetzt. Ein Objekt ist in der Lage, bestimmte Operationen auszuführen. Für das Eingangsbeispiel ist der Student Paul ein Objekt, das die Attribute Geburtsdatum und Einkommen besitzt. Die Attributwerte sind *17.11.1970* und *Stipendium*. Sein Verhalten ist durch *lernen* und *feiern* bestimmt.

Attributname   Der *Attributname* muss im Kontext eines Objektes eindeutig sein. Er beschreibt die gespeicherten Daten. Im allgemeinen wird ein Substantiv dafür verwendet.

Die *Attribute* beschreiben die Daten bzw. Eigenschaften einer Klasse.   Attribut
Alle Objekte einer Klasse besitzen dieselben Attribute, jedoch unterschiedliche Attributwerte. Das bedeutet für die Implementation, dass jedes Objekt Speicherplatz für alle seine Attribute erhalten muss.

Die Fähigkeiten eines Objektes werden durch eine Menge von   Botschaft
Botschaften oder Nachrichten definiert, die ein Objekt versteht. Es reagiert mit der Ausführung eines Algorithmus, der Operation oder Methode genannt wird.

Eine *Methode* ist ein Algorithmus, der einem Objekt zugeordnet ist   Methode
und von diesem abgearbeitet werden kann.

Auf die Botschaft (bitte) *feiern* führt ein freundlicher *Paul* in der Realität die entsprechenden Aktivitäten durch. In der Modellwelt würde ein Objekt *Paul* mit der Ausführung der entsprechenden Methode reagieren.

Eine *Klasse* beschreibt eine Sammlung von Objekten mit gleichen   Klasse
Eigenschaften (Attribute), gemeinsamer Funktionalität (Operationen), gemeinsamen Beziehungen zu anderen Objekten und gemeinsamer Semantik.

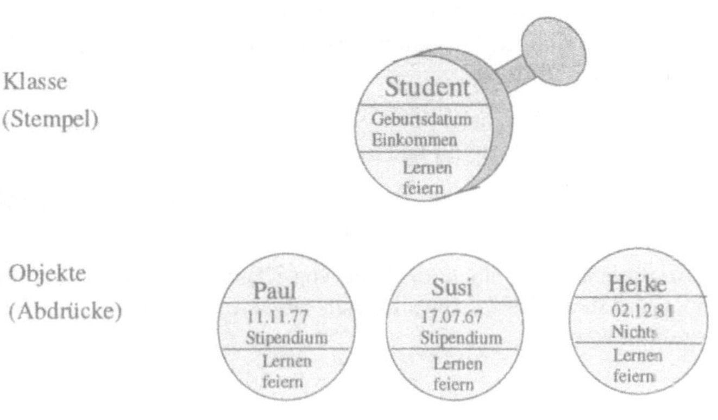

Abbildung 5.25
Klasse als
"Schablone"
(Stempelmetapher)

In [5.10] wird zur Verdeutlichung der Beziehung zwischen Klasse und Objekten die Metapher des Stempels herangezogen. Die Metapher stimmt nicht vollständig, gibt aber einen anschaulichen Eindruck. Die Besonderheit dieses Stempels ist, dass nicht nur eine vollständige Kopie der Attribute und Methoden erzeugt wird, sondern dass die Attribute mit Attributwerten versehen werden können. Das entspricht der Bildung von Exemplaren entsprechend Abb. 5.25. Die Abdrücke enthalten dabei mehr Informationen als der Stempel. Ein Attributwert für das Geburtsdatum ist in der Klasse Student noch nicht enthalten. Die Objekte Paul, Susi und Heike haben jeweils aber einen solchen Attributwert.

Damit sind zunächst die wichtigsten Begriffe des Basismodells des objektorientierten Paradigmas diskutiert worden. Die folgenden Abschnitte befassen sich mit weiteren grundsätzlichen Konzepten, die in Form spezieller Modelle ausgedrückt werden. Das statische Modell beschreibt Beziehungen zwischen Modellelementen, die strukturelle Zusammenhänge aufweisen. Das Verhalten der einzelnen Modellelemente wird durch ein dynamisches Modell beschrieben.

Der Aspekt der Systemnutzung ist im speziellen Fokus des letzten Modells, das auch den entsprechenden Namen trägt. Jacobsen hat es durch seine Arbeiten [5.11] verstanden, den Aspekt der Systemnutzung mehr in den Vordergrund zu stellen und als Ausgangsbasis für die Systemmodellierung zu nutzen. Seine auf Anwendungsfälle aufbauende Methodik erfreut sich großer Beliebtheit.

5.6.3 Statisches Modell

Assoziationen beschreiben Beziehungen zwischen Objekten. Sie werden zwischen Klassen formuliert, beziehen sich aber auf die Objekte (Instanzen) der Klassen.

Assoziation
Eine *Assoziation* beschreibt eine Sammlung von Verknüpfungen mit einer gemeinsamen Struktur und Semantik.

Verknüpfung
Die Beziehung zwischen den Objekten wird als *Verknüpfung* bezeichnet. Sie ist die Instanz einer Assoziation.

Assoziationen beschreiben mit Hilfe von Klassen mögliche Verknüpfungen der den Klassen zugeordneten Objekte. Sie können wie folgt dargestellt werden.

Abbildung 5.26
Darstellung einer
Assoziation

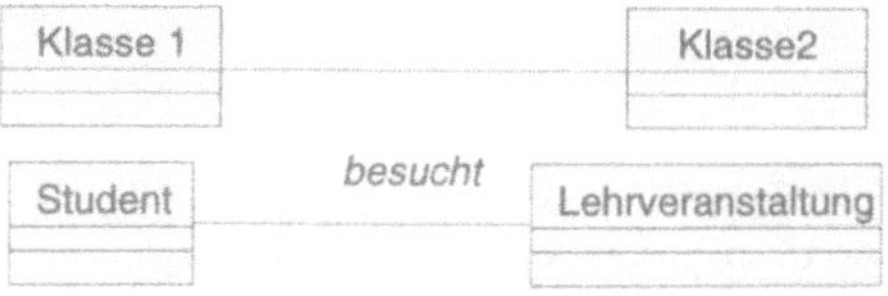

Rolle
Kardinalität
Welche Funktion ein Objekt in einer Assoziation erfüllt, ist durch eine *Rolle* beschreibbar. Der Rollenname wird dabei zusammen mit der *Kardinalität* an das Ende einer Assoziation geschrieben. Bei einer binären Assoziation sind das immer zwei Angaben.

Abbildung 5.27
Assoziationen mit Rollen

In dieser Assoziation spielt der Student die Rolle des Lesers und das Buch die Rolle des Lehrbuches. Außerdem wird ausgedrückt, dass ein Student keines oder viele Lehrbücher liest. Umgekehrt wird ein Buch von keinem oder mehreren Studenten gelesen. Diese zusätzliche Information wird als Kardinalität bezeichnet.

Eine *Aggregation* bezeichnet eine "Teil-Ganzes-" oder "ist-Teil-von-" Relation. Die Aggregation ist eine spezielle Form der Assoziation. Sie wird zur Modellierung genutzt, wenn die Beziehung zwischen den Objekten unterschiedlicher Klassen sehr eng sind und mit einer "ist-Teil-von"-Beziehung charakterisiert werden kann. Die Beziehung schließt die Mitgliedschaft in einer Gruppe ein. Ein Mitglied ist in diesem Sinne also ein Teil eines Vereins. Um diese noch etwas lockere "ist-Teil-von"-Beziehung von existentiellen Beziehungen zu unterscheiden, in denen das Teil ohne das Ganze gar nicht existieren kann, werden unterschiedliche Notationen für beide Varianten genutzt. Die etwas losere Beziehung wird durch ein nicht gefülltes Drachenviereck charakterisiert, während die enge Beziehung durch ein ausgefülltes Drachenviereck, wie in Abbildung 5.28 dargestellt, repräsentiert wird.

Aggregation

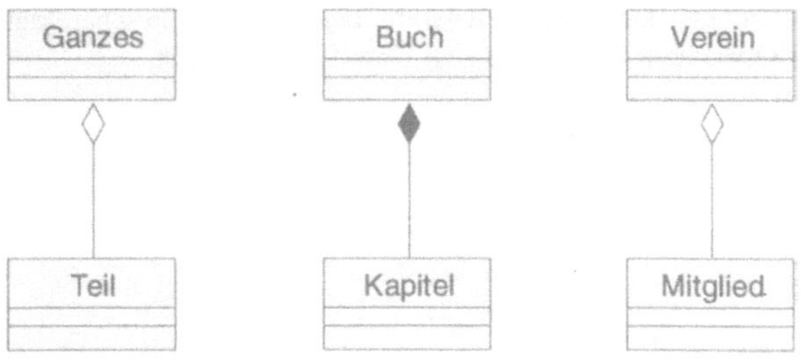

Abbildung 5.28
Darstellung der Aggregation

In Abbildung 5.28 wird das Beispiel der Beziehung eines Buches zu seinen Kapiteln modelliert. Die Kapitel eines Buches sind ohne das Buch im allgemeinen nicht existent. Deshalb ist eine sehr enge Kopplung in Form einer Aggregation gerechtfertigt. Die Verbindung zwischen einem Verein und seinen Mitgliedern ist noch so eng, dass der Verein ohne Mitglieder nicht mehr existiert und damit noch eine spezielle Assoziation vorliegt. Werden die Verbindungen, wie zwischen Haus und Mietern noch loser, dann sollte man eine Assoziation modellieren. Denn hier handelt es sich wirklich um eine Beziehung, die zwar wichtig ist, beide Seiten sind aber auch ohne einander nicht in der Existenz bedroht sind. Im Zweifelsfalle sollte man eine Assoziation modellieren.

Eine Aggregation ist transitiv (Wenn A Teil von B und B Teil von C, dann ist auch A Teil von C) und antisymmetrisch (Wenn A Teil von B, dann ist nicht B Teil von A). Sie liegt nach Rumbaugh [5.12] vor, wenn die folgenden Fragen mit ja beantwortet werden können:

- Ist die Beschreibung "Teil von" zutreffend?

- Werden manche Operationen auf das "Ganze" automatisch auch auf die "Teile" angewandt?

- Pflanzen sich manche Attribute vom "Ganzen" auf alle oder einige "Teile" fort?

- Ist die Verbindung durch eine Asymmetrie gekennzeichnet, bei der die "Teile" dem "Ganzen" untergeordnet sind ?

Vererbung   Im Gegensatz zur Assoziation und Aggregation, die zwar zwischen Klassen modelliert werden, aber die Verknüpfung zwischen Objekten beschreiben, ist die *Vererbung* nur eine Relation zwischen Klassen.

Vererbung findet nur zwischen Klassen statt!

Die zugehörigen Objekte sind nur indirekt beeinflusst. Man spricht auch von einer Spezialisierung der Oberklasse in eine Unterklasse oder von einer Generalisierung der Unterklasse in eine Oberklasse. Entsprechend kann man die Vererbungsrelation auch als "Spezialisieren" oder "Generalisieren" betrachten. Alle Charakteristika einer Oberklasse werden an eine Unterklasse vererbt.

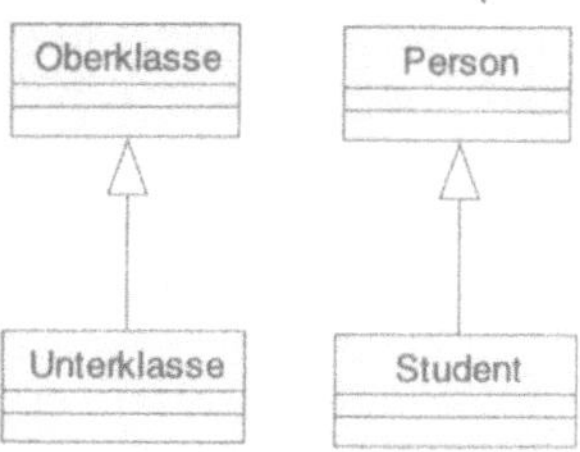

Abbildung 5.29
Darstellung der
Vererbung

Klassen werden in eine Hierarchie eingeordnet, die eine Weiterleitung von Informationen von oben nach unten ermöglicht. Eine Unterklasse verfügt dann über die Eigenschaften und das Verhalten der Oberklasse. Sie "erbt" diese Charakteristika. Entsprechend wird die Hierarchie
Klassenhierarchie   auch *Vererbungsstruktur* oder *Klassenhierarchie* genannt In dem Beispiel von Abbildung 5.29 erbt die Klasse Student alle Charakteristika von der Klasse Person. Das heißt, dass alle Attribute und Methoden der Klasse Person auch Attribute und Methoden der Klasse Student darstellen. Ein Student hat alle Charakteristika einer Person und zusätzliche Eigenschaften und/oder Methoden. Eine Klasse, zu der
abstrakte Klasse   keine Objekte existieren, bezeichnet man als *abstrakte Klasse*.

Abstrakte Klassen werden aus konzeptionellen Gründen benötigt, um Informationen gut zu strukturieren. Sie werden nie als Schablone oder Stempel benutzt. Man kann sie mit dem Gattungsbegriff vergleichen. In diesem Sinne gibt es keine Objekte vom Typ Mensch. Es gibt nur Frauen oder Männer. Jedes Objekt gehört eindeutig zu einer der beiden Klassen. Alle diese Objekte haben eine Beziehung zu der Klasse Mensch, sie sind aber keine Objekte von ihr.

Wenn zu einer Klasse Objekte erzeugt werden können, so bezeichnet man sie als *konkrete Klasse*.

konkrete Klasse

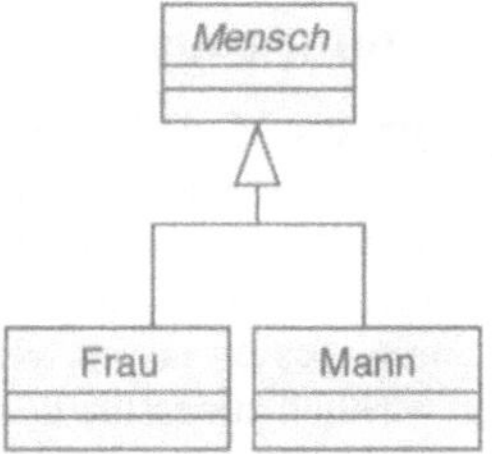

Abbildung 5.30
Beispiel einer Klassenhierarchie mit abstrakter Klasse und konkreten Klassen

Von einer abstrakten Klasse müssen immer konkrete Klassen spezialisiert werden, sonst liegt eine fehlerhafte Modellierung vor.

In Abbildung 5.30 stellt Mensch eine abstrakte Klasse dar, die durch zwei konkrete Klassen Frau und Mann spezialisiert wird.

Der Klassenname ist nach Coad und Yourdon [5.13] stets ein Substantiv im Singular, das durch ein Adjektiv ergänzt werden kann.

Klassen, deren Exemplare selbst wieder Klassen sind, bezeichnet man als *Metaklassen*. Jacobsen empfiehlt dem "normalen" Programmierer auf Metaklassen zu verzichten.

Metaklasse

5.6.4 Dynamisches Modell

Die bisherigen Modelle waren so einfach, dass die Ausführung einer Methode in Reaktion auf eine Botschaft immer die gleiche Auswirkung hat. In der Realität ist das aber nicht der Fall. Wenn beispielsweise ein Tourist an ein Touristeninformationssystem eine Botschaft schickt, dass er zu einem bestimmten Zeitpunkt eine bestimmte Reise buchen möchte, dann wird das System entweder eine Buchungsbestätigung erteilen oder mitteilen, dass die Reise leider schon ausgebucht ist oder zu dem angegebenen Zeitpunkt gar nicht organisiert wird. Systeme verhalten sich im allgemeinen nicht statisch. Sie haben ein dynamisches Verhalten, das von einem inneren Zustand abhängt. Dieser innere Zustand wird in objektorientierten Systemen durch die Wertebelegung der Attribute bestimmt.

Die Methoden, die ein Objekt ausführt, sind in der Lage, die Attribute eines Objektes zu lesen und zu verändern. Auf bestimmte Botschaften reagiert ein Objekt auch nur in gewissen Zuständen. Das oben bereits herangezogene Touristeninformationssystem wird im Internet nur reagieren, wenn es online geschaltet ist. Ansonsten wird man vergeblich auf eine Reaktion warten. Ein solches System könnte auch nur offline geschaltet werden, wenn es vorher online war. Statecharts (siehe Abschnitt 5.4.2) sind geeignet, um dieses dynamische Verhalten einer Klasse auszudrücken

5.6.5. Modell der Systemnutzung

Ein ganz wichtiger Aspekt bei der Modellierung eines Systems ist die Vorstellung seiner Nutzung. Einerseits kann aus dieser Vorstellung abgeleitet werden, welche Anforderungen ein Auftraggeber an ein zu entwickelndes Softwaresystem wirklich hat. Andererseits muss sich das fertige System auch daran messen lassen, wie es die Benutzer bei der Aufgabenerledigung wirklich unterstützt. Auch hier spielen Informationen aus dem Modell der Systemnutzung eine große Rolle.

Ein in letzter Zeit sehr beliebtes Modell zur Beschreibung der Systemnutzung ist das sogenannte Anwendungsfallmodell (use case model).

Use-Case   Ein Anwendungsfall (Use-Case) ist eine Menge von Transaktionsfolgen in einem System, deren Aufgabe die Erzielung eines messbaren Ergebnisses für einen individuellen Akteur, der in dem System agiert, darstellt. Er beschreibt damit eine Menge von Funktionen, die von einer Software erwartet werden, die das System automatisiert.

Akteur   Ein *Akteur* repräsentiert eine Person oder ein externes System, das in Form einer Rolle mit dem zu entwickelnden Softwaresystem kommuniziert.

Die identifizierten Anwendungsfälle werden in einem Anwendungsfalldiagramm zusammengefasst. Bei Abbildung 5.31 handelt es sich nur um einen identifizierten Anwendungsfall.

Abbildung 5.31
Grafische Darstellung eines
Anwendungsfalles

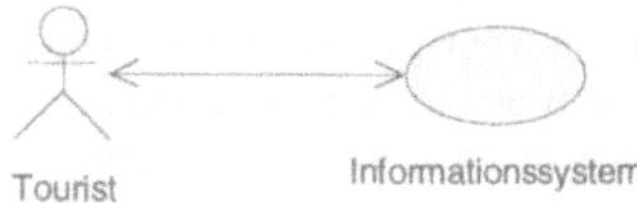

Für einen Anwendungsfall ist unbedingt zu spezifizieren, welches Ziel durch ihn im fachlichen Kontext für den Akteur erreicht werden soll. Außerdem ist es wichtig zu analysieren, durch welchen Auslöser der Anwendungsfall angestoßen wird, welche Vorbedingungen erfüllt sein

müssen und welche Nachbedingungen nach erfolgreicher und eventuell nicht erfolgreicher Abarbeitung vorliegen.

Anwendungsfälle können auch in Beziehung zueinander stehen. So kann ein Anwendungsfall von einem anderen benutzt werden, er kann eine Verallgemeinerung darstellen oder Sonderfälle spezifizieren.

Die Interaktion einzelner Objekte in einem Anwendungsfall kann durch ein Sequenzdiagramm genauer beschrieben werden. Die Übermittlung von Botschaften wird in ihrem zeitlichen Verlauf dargestellt. Die Zeit verläuft in einem solchen Diagramm von oben nach unten. In dem folgenden Beispiel fragt der Tourist Paul zunächst bei dem Informationssystem an, was sofort das Objekt Unterlagen mit der Nachricht *start* informiert. Danach gibt es eine Rückmeldung mit einigen Informationen an Paul, worauf dieser ein Angebot reserviert. Das wird auch dem Objekt Unterlagen mitgeteilt. Paul bekommt eine Rückmeldung über die Reservierung. Kurz darauf entschließt sich Paul jedoch seine Reservierung zu stornieren. Über die Stornierung wird Unterlagen informiert und Paul bekommt eine Rückmeldung, dass sich alles erledigt hat.

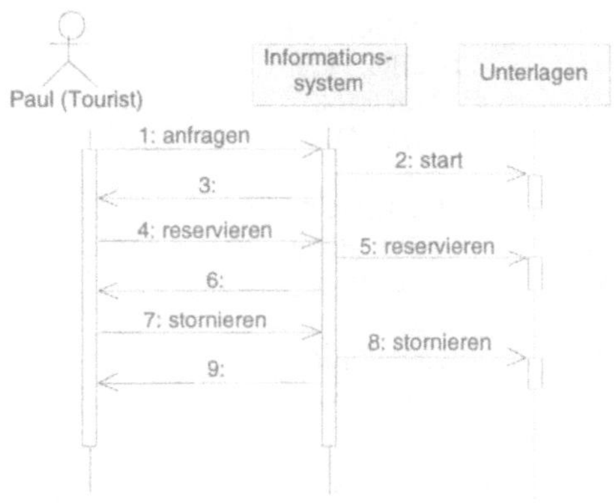

Abbildung 5.32
Beispiel eines Sequenzdiagrammes

Das Sequenzdiagramm stellt eine ganz spezielle Instanz des Anwendungsfalles dar. Von diesen Instanzen kann es unendlich viele geben. Man muss sich bei der Spezifikation auf ganz typische Fälle reduzieren. Man spricht in diesem Zusammenhang manchmal auch von *Szenarien* des Anwendungsfalles. So kann und so sollte der Anwendungsfall abarbeitbar sein.

Szenario

In diesem Rahmen war es nur möglich, wie auch bei den anderen Abschnitten, einen kurzen Einstieg in die Modellierung der Systemnutzung zu geben.

Unified Modeling Language (UML) Es gibt Bestrebungen, mit der Unified Modeling Language (UML) [5.14] einen Standard für die objektorientierte Spezifikation zu schaffen. In den Sprachspezifikationen oder der Sekundärliteratur können die hier fehlenden Informationen nachgelesen werden. Die hier dargestellten Beispiele haben sich an den Standard gehalten.

5.7 Implementieren

Will man Software implementieren, so steht man vor der Aufgabe, die richtige Programmiersprache auszwählen. Zunächst sollen einige bekannte Sprachen kurz charakterisiert werden.

Ein kleiner Überblick, welche "Väter" die Programmiersprachen besitzen, gibt Abbildung 5.33. Durch Ellipsen wurden diejenigen gekennzeichnet, die keine unmittelbaren Väter besitzen. Eingerahmt sind die "Urväter" der Programmiersprachen. Die "Geburtsjahre" der Sprachen liegen etwa wie folgt:

1954	FORTRAN
1960	ALGOL, COBOL, LISP
1967	BASIC, PL/1
1968	ALGOL-68
1970	PROLOG
1973	C
1977	MODULA-2
1980	CHILL HOPE
1983	ADA, SMALLTALK
1984	Miranda
1989	Haskell, Eiffel
1990	Sather, Java

Der Algorithmus zur Bestimmung des größten gemeinsamen Teilers soll dazu dienen, eine Vorstellung von den verschiedenen Programmiersprachen zu erlangen. Das kann natürlich nur ein oberflächlicher Eindruck sein. Bei allen Beispielen werden die Regeln der strukturierten Programmierung berücksichtigt. Deshalb zunächst noch einmal der Algorithmus für ggt(a,b) als Struktogramm.

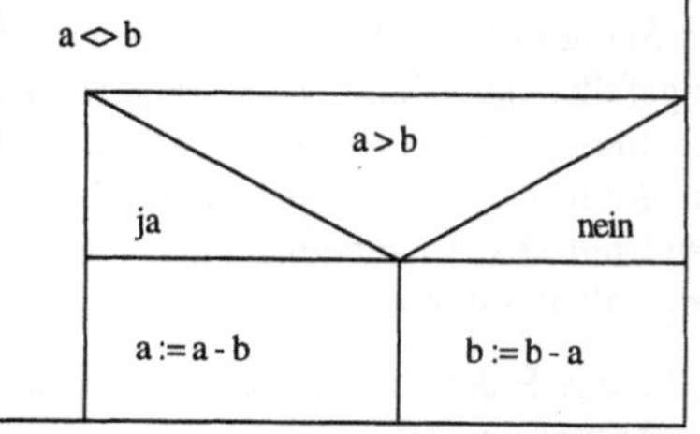

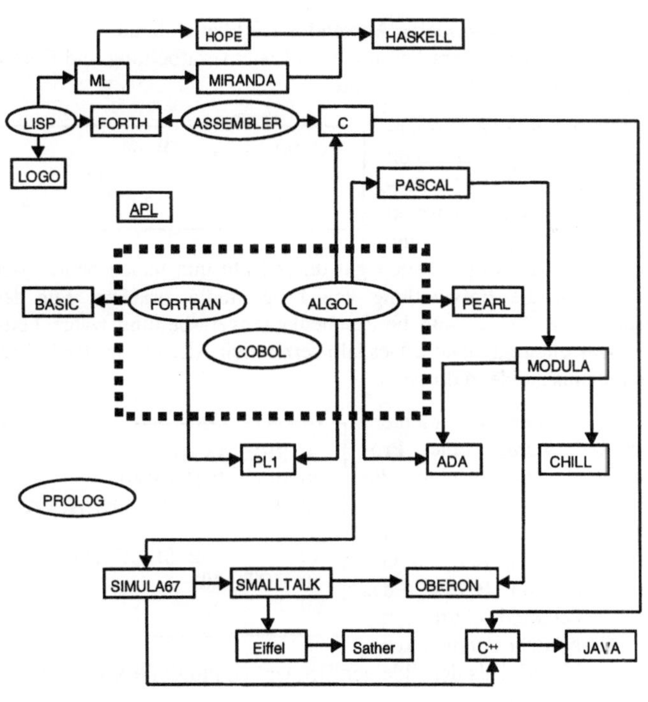

Abbildung 5.33 Übersicht über wichtige Programmiersprachen

Zunächst sollen die Väter der problemorientierten Programmiersprachen genutzt werden.

Das erste Programm ist in FORTRAN notiert. Es zeigt, dass viel mit Marken und Sprüngen gearbeitet wurde. Neuere FORTRAN-Versionen sind um strukturierte Sprachelemente erweitert worden. Unser Beispiel demonstriert etwas die klassische Form der Programmierung. FORTRAN spielt auch heute noch eine große Rolle bei wissenschaft-lich-technischen Berechnungen.

FORTRAN

```
C    FORTRAN
10   IF (A .EQ. B) GOTO 100
     IF (A .GT. B) GOTO 50
     B=B-A
     GOTO 10
50   A=A-B
     GOTO 10
100  CONTINUE
```

Die Sprache COBOL hat ein völlig anderes Aussehen. Hier wurde versucht, Programme der natürlichen (englischen) Sprache anzulehnen.

COBOL

```
NOTE  COBOL
ANFANG .
IF A EQUAL TO B THEN NEXT SENTENCE
ELSE
IF A GREATER  B THEN SUBTRACT B FROM A GOTO
ANFANG
```

COBOL hat sein besonderes Anwendungsfeld auch heute noch in der ökonomischen Datenverarbeitung, weil Listenverarbeitung und Datenformatierung recht praktikabel sind.

ALGOL ALGOL wurde von Wissenschaftlern der ganzen Welt entwickelt und hatte besonders den Ausbildungaspekt bei der Programmierung

```
'COMMENT'ALGOL 60;
'for'x: = a 'while' a < > b 'do'
'if 'a > b 'then'a: = a-b'else'b: =b-a;
```

beachtet. Die Konzepte waren gut durchdacht und haben heute noch Einfluss auf die Entwicklung von Programmiersprachen. Für den Einsatz in der Praxis war die Zeichenkettenverarbeitung wahrscheinlich etwas unterentwickelt. Deshalb setzte sich ALGOL in der Industrie nicht entscheidend durch.

BASIC Für aufkommende kleinere Computer wurde eine Programmiersprache gesucht, die in ihrem Umfang etwas reduziert ist und einfach interpretierbar ist. Das war die Geburtsstunde von BASIC, das seine Verwandtschaft mit FORTRAN nicht leugnen kann.

```
10  REM BASIC :
20  IF A = B THEN 60
30  IF A > B THEN LET A = A -
    B
40              ELSE LET B = B - A
50  GOTO 20
60  ...
```

Man kann BASIC als den "kleinen Bruder" von FORTRAN ansehen.

PL/1

```
PL/1
DO WHILE  (a = b);
    IF A > B THEN  a = a - b ;
                ELSE b = b - a ;
END ;
```

Für Großrechenanlagen wurde von IBM nach einer universellen Programmiersprache gesucht, die praktisch alles können sollte, was in den bekannten Programmiesprachen enthalten war. Dabei entstand PL/1 (programming language number one). Viele Großprojekte wurden mit PL/1 durchgeführt.

ALGOL 68 Von Seiten der Wissenschaft wurde der Programmiersprache PL/1 die Sprache ALGOL 68, ein Nachfolger von ALGOL 60, entgegengesetzt. Die Vorteile von ALGOL 68 sind aus diesem kleinen Beispiel hier nicht zu erkennen. Sie bestanden unter anderem in einem strengen Typkonzept.

```
'CO'  ALGOL-68 'CO'
'while' a < > b 'do'
    ' if '  a > b 'then' a : = a - b
            'else'  b : = b - a ;
```

Bei PL/1 und bei ALGOL 68 bestand das Problem, dass der Compiler ziemlich komplex war.

Dieses Problem sollte mit der Sprache C behoben werden. C erlaubt eine maschinennahe Programmierung und hat sich speziell in der Systemprogrammierung weit verbreitet. Man kann recht effiziente Programme schreiben, allerdings

```
/* C */  /*Java*/
  while (a ! = b) ;
  { if ( a > b) a - = b ;
    else b - = a ;
  }
```

C
JAVA

werden auch leicht Fehler im Programm übersehen. Deshalb sollte man die vorhandenen zusätzlichen Prüfprogramme unbedingt einsetzten. Mit Java ist in den letzten Jahren eine neue Sprache für das Internet in die Diskussion gekommen. Unser kleines Beispiel unterscheidet sich in Java nicht von C.

Die Programmiersprache ADA ist aus einem Wettbewerb als Sieger hervorgegangen, den das Verteidigungsministerium der USA ausgeschrieben hatte, um das Sprachwirrwarr in seinem Bereich zu überwinden. Forscher aus der ganzen Welt

```
-- ADA
while A /= B loop
  if A > B then A := A-B;
          else B := B-A;
  end if;
end loop;
```

ADA

hatten sich anonym an diesem Wettbewerb beteiligt. Der erwartete durchschlagende Erfolg von ADA ist bisher allerdings nicht eingetreten.

Alle bisher kurz diskutierten Progammiersprachen sind imperativ. Es gibt jedoch auch anderere Programmierstile, die hier kurz dargestellt sein sollen.

Listenorientierte Programmierung.   LISP

```
LISP:
 (DE GGT (A  B)
    (COND ( ( EQUAL A B) A)
          ( ( LESSP  A B)   (GGT A (DIFFERENCE B A)) ) )
          ( (T (GGT   (DIFFERENCE A B)  B) ) )
    )
 )
```

Logische Programmierung .   PROLOG

```
/* PROLOG */
ggt(A, A, A).
ggt(A, B, C): - A > B, A1 is A-B , ggt(A1, B, C).
ggt(A, B, C): - B > A, B1 is B-A , ggt(A, B1, C).
```

HOPE   Funktionale Programmierung.

```
HOPE:
dec  ggT : num # num  - - > num;
- - ggT(a,b)  <= if  a = b  then  a
                   else if  a>b  then  ggT(a-b, b)
                        else if  a<b  then  ggt(a. b-a)
```

Diesen funktionalen Programmierstil kann man auch in PASCAL anwenden:

```
FUNCTION ggT(a, b: INTEGER): INTEGER;
   BEGIN
   IF  a = b THEN ggT: = a
      ELSE IF  a>b THEN  ggT: = ggT(a-b,b)
            ELSE  IF  b>a  THEN ggT: = ggT(a,b -a);
   END;
```

Nachdem nun einige Programmiersprachen vorgestellt wurden, sollen die Bausteine der Softwareentwicklung etwas genauer untersucht werden. Neben den Details der Programmiersprachen gibt es allgemeine Prinzipien zum Aufbau von Softwaresystemen. Ein solches Prinzip ist die Modularisierung, die auch im Maschinenbau und in der Elektrotechnik Anwendung findet.

Baustein   *Bausteine* eines Softwareproduktes, die weitgehend unabhängig von-einander sind, getrennt bearbeitet werden können, einfach nachnutzbar sind und die nebenwirkungsfrei ausgetauscht werden können, heißen

Modul   *Modul.* Ein Modul ist eine funktionell abgeschlossene, wohldefinierte Einheit eines Algorithmus mit großer innerer Festigkeit. Operationen sind nur über die spezifizierte Schnittstelle nutzbar. Die programm- und datentechnische Realisierung der vom Modul realisierten Operationen ist nach außen hin nicht sichtbar.

Die Modularisierung kann nach unterschiedlichen Aspekten erfolgen:
* Strukturierung   - Zerlegung in Komponenten
* Abstraktion   - Abstrahieren von Implementationsdetails
* Schutz   - Verbergen der Implementationsdetails
* Wiederverwendung   - Einbeziehung existierender Module

Vorteile eines Moduls:
* Gute Arbeitsteilung ist möglich
* Bequeme Wartung kann erfolgen
* Einfache Nachnutzbarkeit ist möglich
* Separater Test kann erfolgen

Eigenschaften eines Moduls nach Nagl [5.15]:
* Ist logische Einheit und Einheit von Daten und Operationen
* Repräsentiert Entwurfsentscheidung
* Besitzt gewisse Komplexität

- Sollte keine Nebeneffekte zulassen
- Ist ersetzbar und sollte getrennt übersetzbar sein
- Ist Einheit der Wiederverwendung
- Korrektheit ist ohne Kenntnis der Nutzung nachweisbar

Ein *einfacher Modul* realisiert funktionale Abhängigkeiten. Die Mo- einfacher Modul
dulschnittstelle wird bestimmt durch die Namen der Transformatio-
nen, die Definitionsbereiche der zulässigen Übergabewerte an die
Transformationen und den Wertevorrat der möglichen Resultatwerte.
Dies soll an Beispielen in Object Pascal demonstriert werden.

```
UNIT EinfacherModul
INTERFACE
    PROCEDURE int_to_real( i: integer;  VAR y: real );
    PROCEDURE real_to_int( x: real; VAR j: integer);
IMPLEMENTATION
    PROCEDURE int_to_real( i: integer;  VAR y: real );
        BEGIN y:= i END;
    PROCEDURE real_to_int( x: real; VAR j: integer);
        BEGIN j:= trunc(x) END;
END.
```

Eine *Datenkapsel* hat eine Menge von Operationen und einen Zu- Datenkapsel
stand, der die Auswirkungen der ausgeführten Operationen speichert.

```
UNIT Datenkapsel_Keller;
INTERFACE
        PROCEDURE init;
        PROCEDURE push( e: integer);
        PROCEDURE pop;
        PROCEDURE top: real;
IMPLEMENTATION
        VAR stack: ...
            ...
        END.
```

Charakteristika einer Datenkapsel:

- Internes Gedächtnis ist außerhalb des Moduls nicht sichtbar (Ge-
  heimnisprinzip).

- Daten und Zugriffsoperationen werden im Modul zu einer Einheit
  zusammengefasst (Verkapselung).

- Auf die Daten kann nur über die Zugriffsoperationen zugegriffen
  werden.

- Von den Details der Datenstruktur wird abstrahiert. Sie sind verborgen.

Abstrakter Daten- Ein Modul, der in der Lage ist, Datenkapseln des gleichen Typs unter
typ (ADT) verschiedenen Bezeichnungen zu erzeugen, wird als *Abstrakter Datentyp (ADT)* bezeichnet. Durch einen abstrakten Datentyp erschaffene Datenkapseln werden abstrakte Datenstruktur genannt. Ein ADT beschreibt ein Objekt nicht durch dessen Struktur, sondern charakterisiert es ausschließlich durch die Definition der darauf ausführbaren Operationen. In Pascal kann der ADT eines Kellers wie folgt beschrieben werden:

```
UNIT Keller_1;
INTERFACE
    TYPE Element = REAL;
    TYPE Keller1 = CLASS
                            CONSTRUCTOR init;
                            PROCEDURE push(e: element);
                            PROCEDURE pop;
                            FUNCTION  top: element;
                 PRIVATE
                            Daten: ARRAY[1..10] OF element;
                            Anzahl: INTEGER;
                 END;
IMPLEMENTATION
    ....
END.
```

Durch **VAR** k1, k2: Keller1 und k1.init; k2.init werden zwei Keller k1 und k2 erzeugt, die abstrakte Datenstrukturen des ADT Keller1 darstellen.

Werden abstrakte Datentypen in eine Hierarchie eingeordnet, so spricht man von Klassen. Eine Nachfolgerklasse erbt alle Eigenschaften des Vorgängers. Ein Beispiel ist eine Klasse Keller2, die alle Eigenschaften von Keller1 erben und zusätzlich die Operation doublepop hat. Ein Objekt der Klasse Keller2 kann somit alle Aufgaben eines Objektes der Klasse Keller1 übernehmen.

```
UNIT Keller_2;
INTERFACE
    USES Keller_1;
    TYPE Keller2 = CLASS( Keller11 )
                            PROCEDURE doublepop;
                 END;
IMPLEMENTATION
    PROCEDURE Stack2.doublepop;
    BEGIN
        inherited pop; inherited pop;
    END;
END.
```

Grob vereinfacht kann man also feststellen:

Datenkapsel	**= verborgene Daten**	**+ Operationen**
Abstrakter Datentyp	**= Datenkapsel**	**+ Vervielfältigung**
Klasse	**= Abstrakter Datentyp**	**+ Vererbung**

Die folgende Abbildung verdeutlicht den gleichen Sachverhalt noch einmal grafisch. Sie gibt auch den historischen Verlauf des Erkenntnisgewinns wieder.

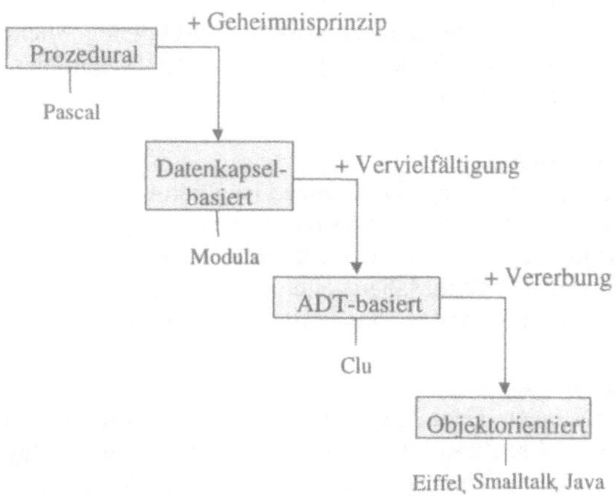

Abbildung 5.34
Von der prozeduralen zur objektorientierten Programmierung

5.8 Dokumentieren

Das Dokumentieren ist ähnlich wie das Testen eine häufig unterschätzte Tätigkeit bei der Softwareentwicklung. Es sollte projektbegleitend erfolgen. Ein Projektleiter muss angehalten werden, die Dokumentation jeder Entwicklungsetappe der Software zu kontrollieren. Als Unterstützung dient dabei das *rechnergestützte Dokumentieren*, das projektbegleitende Verwalten von Dokumentationen und selbstdokumentierende Programmtexte.

Rechnergestütztes Dokumentieren

Die Dokumentation sollte eine Anwendungsbeschreibung und eine Programmbeschreibung umfassen. Die Anwendungsbeschreibung enthält die Informationen, die zur Handhabung eines Programmes notwendig sind. Sie ist in der Fachsprache des Anwenders zu formulieren. Eine Programmbeschreibung ist so zu gestalten, dass mit ihrer Hilfe Wartung bzw. Weiterentwicklung des Softwaresystems möglich ist. Beide Teile sollten sowenig wie möglich aber soviel wie nötig Information enthalten. Bei der Erstellung der Dokumentation ist die Gliederung beizubehalten. Alle Punkte sind aufzuführen, eventuell mit der Bemerkung "entfällt", wenn zu diesem Punkt keine Angaben notwendig erscheinen.

Anwendungs-
beschreibung

Die *Anwendungsbeschreibung* sollte wie folgt aufgebaut sein:

1. Programmkenndaten
   Programmname, Freigabedatum, Deskriptoren: (gemäß gültigem
   Verzeichnis der Bibliothek), Aufgabe: (Kurzbeschreibung),
   Geräte, Programmgröße (Byte, zur Laufzeit, auf Speicher),
   Programmbedarf (Betriebssystem, andere Programme), Sprachen,
   Übersetzer (mit Versionsangabe), Betriebsart (Dialog, Stapel,
   Echtzeit), Dateien (Bezeichnung, Verwendung, Datenträger,
   Speicherbedarf, Dateiorganisation, Zugriffsart)

2. Aufgabenstellung
   Aufgabenbeschreibung, soweit eine Detaillierung notwendig ist,
   Theoretische Grundlagen (bekannte Algorithmen, Theorien, ...),
   Randbedingungen (fachlich / rechentechnisch), Maßeinheiten
   (Verwendete Größen, Maßeinheiten), Vorschriften
   (berücksichtigte Gesetze, Standards) und Literatur

3. Aufgabenlösung
   Vereinbarungen (Genauigkeiten, Rundungen, Koordinatensystem,
   Wertebereiche), Algorithmen und Fehlerbehandlung (Prüfungen,
   mit Angabe der Fehlermeldungen und Systemreaktionen)

4. Daten
   Datenmodell, Eingabedaten und Ausgabedaten

5. Anwendungsbedingungen (z.B. max. Datenmenge)

6. Datensicherheit
   (Wie reagiert das Programm auf Unterbrechungen ?
   Wie kann nach einem Absturz ein gesicherter Stand der
   Bearbeitung erreicht werden ?)

5. Anwendungsbeispiel

Programm-
beschreibung

Für eine *Programmbeschreibung* sind die Punkte 1. ... 3. unter Umständen detaillierter zu beantworten. Dopplungen sind durch Verweise zu vermeiden. Nach diesen drei Punkten sind die folgenden Informationen zu notieren.

4. Programmaufbau
   Programmstruktur (Programmgliederung, Programmbausteine,
   Module, grafische Darstellung der Struktur), Programmbausteine
   (Namen, Schnittstellen, Beziehungen untereinander), Quelltext,

Übersetzer/Linkerlisten (z.B. Compiler-, Linker-Optionen der Übersetzung)

5. Programmablauf
   Datenflussbeschreibung (E/A-Daten sowie Daten, die zwischen den Bausteinen übergeben werden, sind bzgl. ihrer Bedeutung, zeitlicher Folge und Datenträger zu beschreiben), Programmablaufbeschreibung (Struktogramme, Entscheidungstabellen, ...)

6. Daten
   Datenmodell, Eingabedaten, Ausgabedaten,Temporäre Daten, Interne Daten (Tabellen, Daten der Programmsteuerung, sonstige Daten, soweit nicht eindeutig aus dem Quelltext ersichtlich)

7. Testbeispiele mit Angabe der Teststrategie

Rückverweise von der Programmbeschreibung zur Anwendungsbeschreibung sind möglich (NIE umgekehrt!).

Die Dokumentation eines Projektes wird ganz wesentlich durch lesbare Quelltexte unterstützt. Es ist keine Kunst, Programme zu schreiben, die nicht zu verstehen sind. Die gute Lesbarkeit von Quelltext ist allerdings eine anerkennenswerte Leistung.

Der Quelltext sollte allein schon durch Einrücken die Programmgliederung widerspiegeln. Es sollte eine einheitliche Ausdrucksform gewählt werden, die selbsterklärende Namen enthält. Zu lange Namen sind allerdings auch wieder Fehlerquellen. Zu vermeiden sind auf jeden Fall Namen mit mehrfacher Bedeutung, ähnliche Bezeichnungen (Otto-Lotto) oder schwer auszusprechende Namen (Krzzug, Namns).

5.9 Testen

5.9.1 Allgemeine Bemerkungen

Für das Testen hat sich folgende Aufgabe als Motivation bewährt, die zunächst selbständig gelöst werden sollte.

Entwerfen Sie ein Programm, das 3 ganze Zahlen als Eingabe erwartet, diese als Seiten eines Dreieckes interpretiert und mitteilt, ob es sich um ein gleichseitiges, gleichschenkliges oder ungleichseitiges Dreieck handelt.

Die Aufgabe erscheint so übersichtlich, dass man sicher auf das Testen des entwickelten Programmes verzichten kann. Doch prüfen Sie Ihre Lösung unter Beachtung der folgenden Hinweise.

Wie reagiert Ihr Programm auf:

1. Eingabe von 0, 0, 0?
2. Eingabe von negativen Zahlen?
3. Eingabe von rationalen Zahlen?
4. Eingabe von Zeichenketten?

Haben Sie folgendes beachtet?

1. Richtiger Test auf Gleichseitigkeit. [(0,0,0), (-1,-1,-1), (1.5, 1.5, 1.5)]
2. Richtiger Test auf Gleichschenkligkeit. [(2,2,4), (3,3,-5)]
3. Länge einer Seite ist gleich der Summe der Länge der anderen beiden Seiten. [(0,0,0), (2,2,4), (1,2,3)]
4. Länge einer Seite ist größer als die Summe der Länge der beiden anderen Seiten. [(2,3,7)]

Ziel ist Finden von Fehlern

Das Testen ist ein Soll-Ist-Vergleich mit dem Ziel des Findens von Fehlern. Durch einen Test kann im allgemeinen nicht die Abwesenheit von Fehlern nachgewiesen werden. Dazu bedarf es der formaleren Methoden der Verifikation.

Fehler können in jeder Phase des Programmentwicklungsprozesses auftreten:

- Anforderung: formulierte Anforderungen stimmen nicht mit den gewünschten überein (nicht formal überprüfbar !)
- Spezifikation: Widersprüche zu den Anforderungen, Widersprüche in sich
- Entwurf: Fehler in Algorithmen
- Implementation: Programmierfehler

Je länger ein Fehler bei der Projektentwicklung unentdeckt bleibt, um so teurer wird seine Beseitigung. Fehler bei den Anforderungen können daher verheerende Folgen haben.

Testprinzipien

Hier seien einige *Testprinzipien* genannt:

- Tests durch Programmausführung erfordern Kenntnisse der richtigen Ergebnisse (bzw. Zwischenergebnisse) für gegebene Eingabewerte
- Programm nicht vom Autor (nicht von der produzierenden Einrichtung) testen lassen
- Gründliche Analyse der Testergebnisse kann zur Fehlervermeidung bei künftigen Projekten führen

- gründliche Ausarbeitung der Testdaten für korrekte und fehler-
  hafte Eingabedaten
- Abspeicherung von Testdaten und den zugehörigen Ergebnissen
- Fehler treten meist gehäuft auf

Die Testmethoden lassen sich einteilen nach:

Einteilung von
Testmethoden

Art des Objektes	Dokument-Durchsicht
	Test lauffähiger Programme
Art der Testausführung	statischer Test
	dynamischer Test
Umfang des Testobjektes	Modultest
	Integrationstest
Kenntnis über das Objekt	Strukturtest
	Funktionstest

Die folgenden Abschnitte sollen sich auf das Testen von Quelltext
beschränken.

5.9.2 Statisches Testen

Ein Quelltext wird durchmustert. Dabei kann es sich um Spezifikati-
ons-, Entwurfs- oder Programmtexte handeln, die unter anderem auf
Vollständigkeit und Konsistenz geprüft werden.

Vollständigkeit
und Konsistenz

Werden nur Daten benutzt, die bereitgestellt sind?
Sind die Variablen gesetzt, bevor sie benutzt werden?
Terminieren die Schleifen?

Es wird geprüft, ob der Text gewissen vorgegebenen Regeln (z.B.
Notationen) genügt. Regeln können zu Modulgröße, Verschachte-
lungstiefe der Ablauflogik, Verwendung verbotener Konstrukte und
Nutzung globaler Daten aufgestellt werden.

Eine weitere Möglichkeit ist die *Programminspektion*, bei der (mindestens) zwei Dokumente in Bezug auf Konsistenz überprüft werden.
Ergebnisse einer Phase werden gegen Spezifikationen einer vorhergehenden Phase der Programmentwicklung getestet.

Programm-
inspektion

Ein Text, der aus einem anderen abgeleitet wurde, muss mit dem Ori-
ginaltext inhaltlich übereinstimmen!

Trockentest   Der *Trockentest* nimmt eine Zwischenstellung zwischen statisch und dynamisch ein. Die Abarbeitung eines Programmes wird mit Bleistift und Papier simuliert. Der Test wird ohne Computer ausgeführt, dadurch ist er nicht dynamisch. Andererseits wird mit Daten gearbeitet und somit das Programm mehr als nur statisch getestet.

Debugger   Mittels *Debugger* lässt sich ein „Trockentest" (nun ist es keiner mehr) nachvollziehen, indem alle Variablen bei der Programmabarbeitung überwacht und protokolliert werden.

5.9.3 Dynamisches Testen

White-Box-Testen   Ein Programm wird unter Beachtung seiner Struktur gegen sich selbst getestet. Das eigentlich Testobjekt ist der Ablaufgraph des Programms.

Pfad   Ein Durchlauf durch den Ablaufgraphen wird als *Pfad* bezeichnet. Es ist das Ziel, die Überdeckung der möglichen (relevanten) Pfade des Programms durch geeignete Testdaten zu erreichen.

Überdeckungsgrad   In der Literatur wurden folgende Maßstäbe für den *Überdeckungsgrad* der Testmethoden eingeführt:

c_0	= Ausführung	*aller*	Anweisungen
c_1	= Ausführung	*aller*	Ablaufzweige
c_2	= Erfüllung	*aller*	Bedingungen
c_3	= Wiederholung	*alle*	Schleifen n-Mal
c_4	= Wiederholung	*aller*	unabhängigen Pfade
c_5	= Ausführung	*aller*	Vorwärtspfade
c_6	= Ausführung	*aller*	Pfade

c_2, c_3, c_4 sind oft zu aufwändig und c_6 ist unerreichbar (z.B. beliebig oft wiederholbare Schleifen).

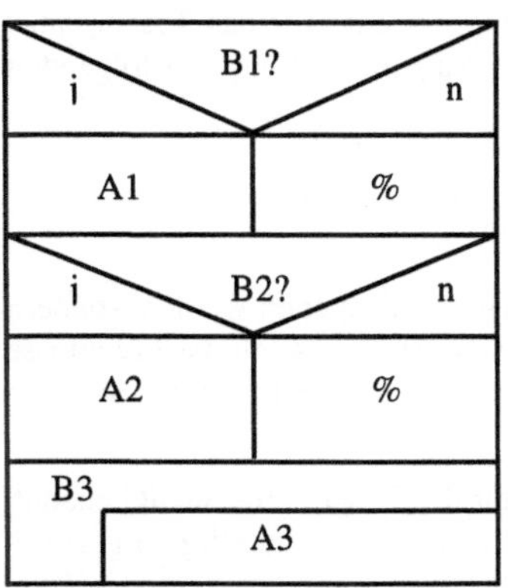

Anweisungsüberdeckung (c0)
B1, A1, B2, A2, B3, A3
Ablaufzweigüberdeckung (c1)
B1, A1, B2, A2, B3, A3
B1, B2, B3
Vorwärtspfadüberdeckung (c6)
B1, A1, B2, A2, B3, A3
B1, A1, B2, A2, B3
B1, A1, B2, B3, A3
B1, A1, B2, B3
B1, B2, A2, B3, A3
B1, B2, A2, B3
B1, B2, B3, A3
B1, B2, B3

Abbildung 5.35
Beispiel

Jede Variante stellt zwischen dem Testaufwand und dem Testen möglichst vieler Pfade einen kleineren oder größeren Kompromiss dar.

Die Überdeckung c2 wird auch *vollständige Bedingungsüberdeckung* genannt. Sie bedeutet, dass alle Kombinationen von Bedingungen ausgetestet werden. Weiter abgeschwächt ergibt sich die Ablaufzweigüberdeckung.

vollständige Bedingungsüberdeckung

Auch bei vollständiger Überdeckung aller Pfade sind nicht alle Fehler erkennbar. Es wird NUR geprüft, WAS das Programm tut und WIE es dies tut. ABER es wird NICHT geprüft, WAS es tun SOLL !

Nicht erkennbare Fehler sind beispielsweise vergessene Funktionen und Abweichungen von der Spezifikation. Erkennbare Fehler sind unerreichbare Zweige, endlose Schleifen, unvollständige Bedingungen und Abbruchfehler. Von Nutzen ist auf jeden Fall eine intensive Beschäftigung mit dem Programm

Nicht erkennbare Fehler

Ein Problem bleibt die *Zusammenstellung der Testdaten*, um die geforderten Überdeckungen zu erreichen. Die Erfüllung einer Überdeckungsart mit einem Testdatensatz ist dabei die Ausnahme.

Zusammenstellung der Testdaten

Für obiges Struktogramm sei angenommen:

    B1: K = 0
    B2: (A>B) AND (C<D)
    B3: N < 10

Dann gilt:
- Anweisungsüberdeckung:
    T1 : : K=0, A=8, B=2, C=2, D=4, N=6
- Ablaufzweigüberdeckung:
    T1 : : K=0, A=8, B=2, C=2, D=4, N=6
    T2 : : K=1, A=2, B=2, C=2, D=4, N=10

Testrahmen   Ein Testrahmen ist ein kleines Hauptprogramm für das Testen *eines* isolierten Moduls in einer simulierten Aufrufumgebung mit folgenden Aufgaben:

- Bereitstellen der Eingabedaten
- Aufruf von Unterprogrammen des zu testenden Moduls
- Ausgabe der Testergebnisse

Die Eingabedaten sollten nicht im Dialog eingegeben werden, sondern aus einer Datei oder Datenbank gelesen werden. Auch die Ergebnisse sollten gedruckt oder abgespeichert werden und nicht einfach auf dem Bildschirm ablaufen.

Black-Box-Testen   Beim *Black-Box-Testen* ist die Struktur des Programms nicht bekannt. Eine Möglichkeit besteht darin, die Eingabedaten zufällig zu generieren, eine andere in der Einteilung von Eingabedaten in *Äquivalenz-*

Äquivalenzklasse   *klassen*, die entsprechend Anforderungsspezifikation dieselbe Wirkung haben sollen. Bestehen die Äquivalenzklassen aus diskreten Werten, so wird mindestens einer dieser Werte getestet. Handelt es sich um zusammenhängende Wertebereiche, dann werden der Mittel-

Grenzwert   wert und die *Grenzwerte* (unterer Grenzwert, unterer Grenzwert vermindert um 1, oberer Grenzwert, oberen Grenzwert erhöht um 1) getestet.

5.9.4 Back-to-Back-Testen

Das Programm wird hierbei weder gegen sich selbst noch gegen seine

Programmversion   Spezifikation getestet, sondern mehrere *Programmversionen* werden gegeneinander getestet.

Dabei müssen beide Versionen von derselben Spezifikation abgeleitet worden sein. Sie werden nebeneinander ausgeführt.

Jeder Fehler, der nur in einer Version auftritt, ist erkennbar. Die Zuverlässigkeit der so erarbeiteten und getesteten Software ist höher als bei Verwendung der anderen Testmethoden.

5.10 Werkzeuge

Zur Unterstützung der Softwareentwicklung wurden Werkzeuge für alle Phasen des Lebenszyklusmodells entwickelt. Zunächst wurden Entwicklungsumgebungen für die Implementierungsphase bereitge-

Lower-Case-Tools   stellt. Diese Werkzeuge werden auch als Lower-Case-Tools (case = computer aided software engineering) bezeichnet. Heutzutage sind Visual Basic, Delphi, Visual Cafe, Visual Java oder der JBuilder weit verbreitete derartige Systeme.

Upper-case-tools unterstützen auch die frühen Phasen der Softwareentwicklung. Mit der steigenden Popularität von objektorientierten Spezifikationen gewinnen diejenigen Werkzeuge immer mehr an Einfluss, die UML unterstützen. Solche Case-Tools sind beispielsweise Rational Rose (siehe unter [5.16]) oder ObjectiF (siehe unter[5.17]).

Aber auch die Werkzeuge der *Strukturierten Analyse* wie case/4/0 oder Software Through Pictures haben noch große Marktanteile. Das gleiche gilt für Werkzeuge, die hauptsächlich die Datenmodellierung in Form von *ER-Diagrammen* zulassen. Sie werden häufig von Datenbankanbietern unterstützt.

Es ist aber zu beobachten, dass eine immer umfangreichere Integration von Methoden in einem Werkzeug realisiert wird. Dabei ist auch zunehmend eine Integration von Hilfsmitteln zur einfachen Erzeugung von Benutzungsoberflächen und Prototypen in die Case-Tools festzustellen. Ein Beispiele dafür sind case/4/0 und objectiF. In der gleichzeitigen Entwicklung von UML-Spezifikatioen und lauffähigen Prototypen wird die Zukunft der Softwareentwicklung liegen.

Viele Werkzeughersteller stellen kostenlos Evaluationslizenzen für Studierende bereit, die ein Experimentieren mit den Werkzeugen ermöglichen. Von diesem Angebot sollte umfangreich Gebrauch gemacht werden. Für Softwareprojekte im Studium sollten mit derartige Werkzeugen nutzen.

Upper-Case-Tools
objektorientierte
Spezifikation

5.11 Literatur

[5.1] Beohm, B. W.: *Aspiral model of software development enhancement*, IEEE Computer, Vol. 21, No. 5, 1988.

[5.2] Versteegen, G.:*Das V-Modell in der Praxis*, dpunkt.Verlag, 2000

[5.3] Böhm, C.; Jacopini, G.: *Flow diagrams, turing machines and languages with only two formations rules*, Communications of the ACM, Vol. 9, No. 5, p. 366-371, 1966.

[5.4] Jackson, M. A.:*Principles of Program Design*, Academic Press, 19975

[5.5] Harel, D.:*Statecharts: A Visual Formalism for Complex Systems*, Elsevier Science Publisher, 1987

[5.6] DeMarco, T.:.*Structured Analysis and System Specification*, Yourdon Press, 1978

[5.7] Ward, P. T.; Mellor, S. J.:*Structured Development for RealTimes Systems*, Yourdon Press, 1985

[5.8]   Parnas, D.L: *On The Criteria To Be Used in Decomposing Systems into Modules*, Communication. of the ACM, Vol. 15, No. 12, p. 1053-1058, 1972

[5.9]   Heeg, J: *Vortrag, Cebit*, 1997

[5.10] Balzert, H.: *Lehrbuch der Software-Technik*, Spektrum Verlag, 1996.

[5.11] Jacobsen, I.; Christerson, M.; Jonsson, P.; Övergaard, G.: *Objec-Oriented Software Engineering - A Use Case Driven Approach*, Addison Wesley, 1992.

[5.12] Rumbaugh, J.; Blaha, M.; Premerlani, W.; Eddy, F.; Lorensen, W.: *Object-Oriented Modelling and Design*, Prentice Hall, 1991

[5.13] Coad, P.; Yourdon, E.: *Object-Oriented Analysis*, Yourdon Press, 1991

[5.14] UML: http://www.omg.com

[5.15] Nagl, M.: *Softwaretechnik: Methodisches Programmieren im Großen*, Springer Verlag, 1990

[5.16] Rational: http://www.rational.com

[5.17] micro Tool: http://www.microTool.de

Kapitel 6

Rechnernetze und Verteilte Systeme

von Alexander Schill

6.1 Einleitung und Überblick

Die Vernetzung von Rechnern ermöglicht die ortsübergreifende Kooperation von Anwendungsprogrammen und gewinnt immer stärker an Bedeutung. Diese Entwicklung ist zum einen durch den wachsenden Bedarf in den verschiedenen Anwendungsbereichen wie etwa Büroautomatisierung, Fertigungssteuerung, Informationsdienste oder Buchungssysteme getrieben. Zum anderen spielen der rasche Fortschritt im Bereich der Netztechnologien sowie die umfassende Verbreitung von Internet-Diensten hierfür eine entscheidende Rolle.

Durch den Begriff des *Rechnernetzes* wird ein Übertragungssystem zwischen weitgehend oder vollständig autonomen Arbeitsstationen bzw. Servern charakterisiert, die über eigene Speicherbereiche, eigene Peripherie und eigene Rechenleistung verfügen können [6.14]. Ein *verteiltes System* basiert auf einem zugrundeliegenden Rechnernetz und erscheint dem Benutzer gegenüber als eine weitgehend homogene Verarbeitungsumgebung, die die räumliche Verteilung der angebotenen Funktionen und Dienstleistungen verbirgt.

Rechnernetz
Verteiltes System

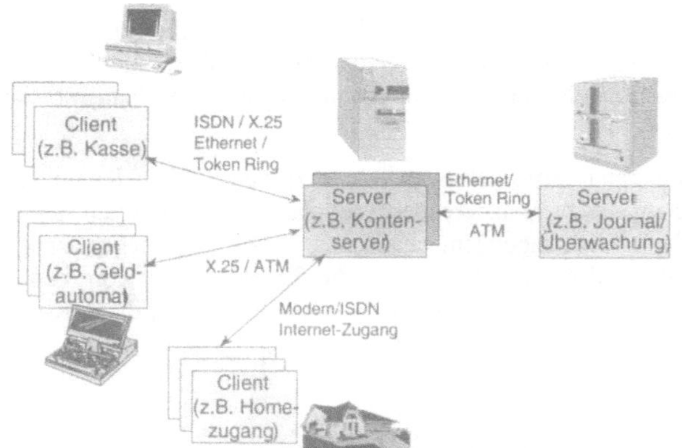

Abbildung 6.1
Beispiel eines verteilten Systems auf Basis eines Rechnernetzes

Abbildung 6.1 zeigt ein Beispiel für ein verteiltes System, das Dienstleistungen aus dem Bankenbereich realisiert: Verschiedene Client-Rechner mit Benutzerzugang können über ein Rechnernetz auf Server zugreifen, die z.B. Konten verwalten und im Hintergrund weitere Funktionen zur Datenverwaltung und Überwachung anbieten. Dabei sind die beteiligten Rechner üblicherweise relativ heterogen und reichen von einfachen PCs über Workstations bis hin zu Großrechnern auf Server-Seite. Auch die verwendeten Netztechnologien können recht unterschiedlich sein; Beispiele sind etwa das Ethernet und seine Weiterentwicklungen im lokalen Bereich oder ISDN, X.25 und ATM im weiträumigen Bereich (siehe Abschnitt 6.3).

Anforderungen an Rechnernetze

An Rechnernetze werden dabei recht umfassende Anforderungen gestellt:

- *Leistung:* Moderne Anwendungen, insbesondere im Multimedia-Bereich, erfordern Übertragungsraten bis hin zu mehreren Megabit pro Sekunde. Diese Leistungseigenschaften sind teilweise sogar fest zu garantieren (beispielsweise bei zeitkritischen Applikationen).

- *Zuverlässigkeit:* Grundsätzlich wird eine fehlerfreie Übertragung von Daten gefordert. Mögliche physikalische Übertragungsfehler sind daher durch zusätzliche Mechanismen zu kompensieren.

- *Skalierbarkeit:* Rechnernetze sollten bei der Erweiterung des Gesamtsystems ausbaufähig sein und insbesondere ohne wesentliche Leistungseinbußen eine wachsende Zahl beteiligter Rechner unterstützen.

- *Integration:* Die verschiedenen Netztechnologien müssen untereinander gekoppelt werden können, um große, integrierte Verbundnetze aufzubauen.

- *Mobile Kommunikation:* Neben der bisher üblichen ortsfesten Kommunikation wird auch die Kommunikation mit mobilen Teilnehmern immer wichtiger und ist durch funkbasierte Netze zu unterstützen.

- *Vereinheitlichung:* Durch die Anwendung sollten die verschiedenen Netztechnologien in vereinheitlichter Weise nutzbar sein, also beispielsweise einheitliche Kommunikationsmechanismen anbieten.

Die genannten Anforderungen führen zu einer hohen Komplexität in Bezug auf die zu realisierenden Lösungen: Aufsetzend auf den physikalischen Übertragungsmechanismen sind zahlreiche zusätzliche Protokolle, also Vereinbarungen zur Regelung der Kommunikation zwischen verschiedenen Rechnern, erforderlich. Um diese Komplexi-

tät handhabbar zu machen, entstand das ISO/OSI-7-Schichten-Modell
(siehe Abbildung 6.2).

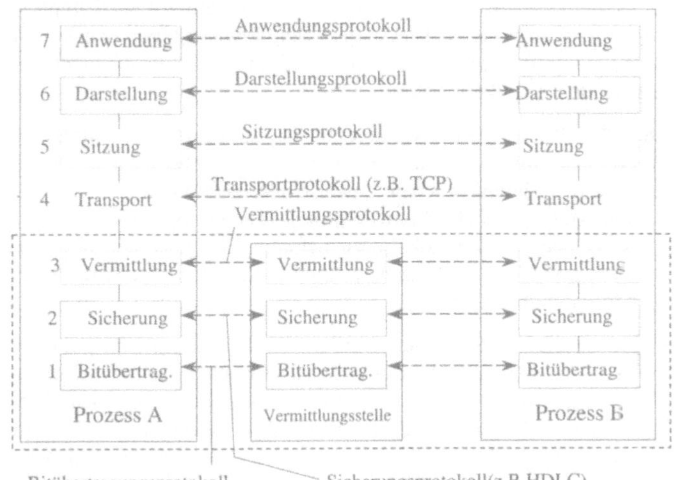

Abbildung 6.2
ISO/OSI-7-
Schichten-Modell

Dieses Modell gliedert die erforderliche Funktionalität in aufeinander
aufbauende Funktionsschichten, die in allen beteiligten Instanzen
(Rechner oder Elemente zur Kopplung von Netzen) in Software oder
Hardware realisiert werden (vergl. auch [6.26]). Die *Bitübertragungs-
schicht* ermöglicht die physikalische Übertragung binärer Daten. Dazu
werden diese in Form elektrischer oder optischer Signale kodiert. Die
Sicherungsschicht realisiert eine Fehlerbehandlung bei der Übertragung zwischen direkt gekoppelten Instanzen und fügt die Daten zu
Übertragungseinheiten (sog. Rahmen bzw. Frames) zusammen. Die
Vermittlungsschicht ist für die übergreifende Auswahl und Festlegung
des Übertragungsweges von Dateneinheiten (sog. Paketen) zwischen
zwei kommunizierenden Rechnern (Endsystemen) zuständig. Durch
die *Transportschicht* wird eine zusätzliche Sicherung dieser Ende-zu-
Ende-Übertragung gegen Fehler durchgeführt. Ferner erfolgt eine
Flusskontrolle zur Vermeidung von Überlastsituationen. Diese unteren
vier Schichten werden auch als transportorientierte Schichten bezeichnet. Hiervon finden sich die drei unteren Schichten auch in Koppel-
elementen zur übergreifenden Integration von Netzen wieder. Die
Transportschicht spielt dagegen nur in den Endsystemen eine Rolle.

Bitübertragung
Sicherung
Vermittlung
Transport

Aufbauend auf den transportorientierten Schichten existieren ferner
die anwendungsorientierten Schichten: Die Sitzungs- oder *Kommuni-
kationssteuerungsschicht* realisiert den Dialog zwischen verschiedenen Endsystemen, indem beispielsweise die Kommunikationsrichtung
festgelegt wird und bei Bedarf auch Sicherungspunkte zur Sicherung
von Zwischenzuständen der Datenübertragung geschrieben werden.

Die *Darstellungsschicht* ist für die Anpassung unterschiedlicher Datenformate der beteiligten Kommunikationspartner zuständig und kann bei Bedarf auch Funktionen der Verschlüsselung und Kompression von Daten erbringen. Die *Anwendungsschicht* bietet schließlich einheitliche Interaktionsmechanismen und Programmierschnittstellen gegenüber den Applikationen an.

Internetdienste Dieses Modell bildet eine wichtige Basis für die Beschreibung von Rechnernetzen und verteilten Systemen. Konkrete Realisierungen orientieren sich hieran, weichen teilweise aber auch von der strikten 7-Schichten-Architektur ab. Als wesentliche Technologie sind hier die Internet-Dienste und –Protokolle zu nennen. Diese werden auch innerhalb privater Netze sehr intensiv eingesetzt, wobei hierfür der Begriff des Intranet üblich ist.

Netztechnologien Die beiden unteren Schichten werden durch sehr unterschiedliche *Netztechnologien* realisiert. Dabei wird zwischen lokalen Netzen (LAN – Local Area Network) mit einer Ausdehnung von typischerweise einigen Kilometern und einem privaten Betreiber sowie Weitverkehrsnetzen (WAN – Wide Area Network) mit teilweise sehr großer bis hin zu weltweiter Ausdehnung und öffentlichen bzw. global agierenden privaten Betreibern unterschieden. Bei den lokalen Netzen ist die Technologie des Ethernet mit 10 Mbit/s mit seinen Weiterentwicklungen Fast Ethernet (100 Mbit/s) und Gigabit Ethernet (1 Gbit/s) am stärksten verbreitet. Ferner gehören der Token Ring und der Token Bus zu den lokalen Netzen. Auch die ATM-Technologie (Asynchroner Transfermodus) ist für den lokalen Bereich geeignet. Bei den Weitverkehrsnetzen sind ISDN (Integrated Services Digital Network; 2 x 64 kbit/s bis hin zu 2 Mbit/s), X.25 (üblicherweise 9,6 kbit/s), Frame Relay (bis zu mehreren Mbit/s) und wiederum ATM (mehrere Mbit/s bis hin zu mehreren Gbit/s) als wesentliche Ansätze zu nennen. Diese Technologien werden in Abschnitt 6.3 vertieft. Abbildung 6.3 zeigt ferner ein komplexeres Einsatzszenario, das sowohl lokale Netze als auch Weitverkehrsnetze integriert.

TCP/IP Aufbauend auf den genannten Netztechnologien wird meist das *Internet Protocol (IP)* auf der Vermittlungsschicht eingesetzt. Es realisiert Algorithmen zur globalen Wegewahl zwischen vernetzten Rechnern. Die Funktionalität der Transportschicht wird durch *TCP (Transmission Control Protocol)* bzw. das einfachere UDP (User Datagram Protocol) erbracht. Auf diese Protokolle wird in Abschnitt 6.4 vertieft eingegangen.

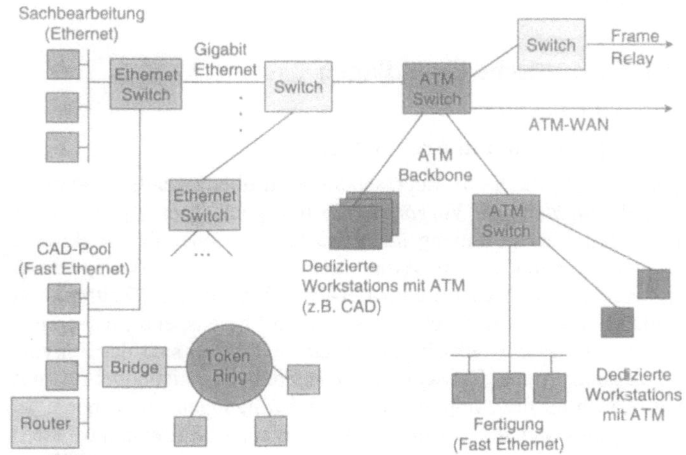

Abbildung 6.3
Einsatzszenario
aus dem Bereich
der Rechnernetze
TCP/IP

Die anwendungsorientierten Schichten werden meist in kompakter
Form durch sogenannte *Middleware* realisiert. Dabei handelt es sich   Middleware
um dedizierte Software für verteilte Systeme zur Überbrückung der
Heterogenität unterschiedlicher Netze und Rechner. Die dadurch ge-
botene, relativ hohe Abstraktion ermöglicht das geforderte Verbergen
der räumlichen Verteilung sowie die Vereinheitlichung der Programmierschnittstellen. Ferner werden wichtige zusätzliche Dienste, etwa
zur Suche nach geeigneten Server-Rechnern (Directory Service) oder
zur Sicherung der Kommunikation gegen unberechtigtes Mithören
oder gegen fremde Eingriffe (Security Service) erbracht. Wesentliche
Beispiele aus dem Bereich der Middleware sind CORBA (Common
Object Request Broker Architecture der Object Management Group)
und DCOM (Distributed Component Object Model von Microsoft mit
der aktuellen Weiterentwicklung COM+).

Ferner sind spezielle anwendungsorientierte Internet-Dienste zu nennen, die ausgewählte Funktionsbereiche abdecken. Beispiele sind das
weltweite Informationssystem WWW (World Wide Web), Electronic
Mail, File Transfer (ftp), Remote Login (telnet) sowie Multicast
Backbone (mbone) zur Videoübertragung im Internet. Diese Dienste
sowie die erwähnten Ansätze im Bereich von Middlware und verteilten Systemen werden in Abschnitt 6.5 erörtert.

6.2 Physikalische Übertragung

6.2.1 Theoretische Grundlagen

6.2.1.1 Spektrum und Frequenzgang

Zeitfunktion und Spektrum
Signale als physikalische Repräsentation zu übertragender Nachrichten sind *zeitabhängige Vorgänge*, die bezüglich ihrer Eigenschaften durch ihren Verlauf entlang der Zeitachse $x(t)$ oder ihre spektralen Bestandteile charakterisiert werden können. Dabei stellt das *Spektrum* $X(f)$ - mathematisch über die Fourier-Transformation der Zeitfunktion ermittelbar und in ein Amplituden- und ein Phasenspektrum separierbar - die Menge der Schwingungen dar, aus denen sich der Zeitvorgang zusammensetzt. In Richtung hoher Frequenzen ist dabei i.A. mit einer Abnahme der Amplituden der Schwingungen zu rechnen, so dass für jedes Signal die Spektralanteile ab einer bestimmten (oberen) Grenzfrequenz f_g vernachlässigt bzw. ohne einschneidende Qualitätsverluste entfernt werden können. Dieses frequenzbandbegrenzte Spektrum bezeichnet man auch als das Basisband des Signals. Grundsätzlich gilt bezüglich der zeitlichen und der spektralen Breite eines Vorgangs: je kürzer der Zeitvorgang, um so breiter sein Spektrum.

Die Übertragungseigenschaften eines Kommunikationssystems lassen sich ebenfalls zeitlich als auch spektral erfassen. Für lineare (und zeitinvariante) Systeme existieren hierfür einerseits die Ausgangsfunktion des Systems auf einen sehr schmalen Eingangsimpuls (Dirac-Funktion) - *Impulsantwort* $g(t)$ genannt - und andererseits der *Frequenzgang* $G(f)$. Der Frequenzgang, der mit der Impulsantwort wiederum über die Fourier-Transformation verknüpft ist, stellt ein Maß dafür dar, wie die spektralen Signaleigenschaften durch das Übertragungssystem verändert werden, denn das Spektrum der Ausgangsfunktion $Y(f)$ ergibt sich als Produkt des Eingangsspektrums $X(f)$ mit dem Frequenzgang $G(f)$. Die Ausgangszeitfunktion $y(t)$ ist durch Lösung des sog. Faltungsintegrals über $x(t)$ und $g(t)$ (symbolischer Operator: *) oder über die Fourier-Rücktransformation aus $Y(f)$ ermittelbar. Abbildung 6.4 veranschaulicht diesen Zusammenhang.

Bandbreite
Der Frequenzgang eines jeden realen physikalischen Systems besitzt eine obere Grenzfrequenz f_{go}, ab der sich die Übertragungseigenschaften deutlich verschlechtern. Sie kann durch spezielle Schaltungsmaßnahmen auch gezielt herabgesetzt werden (Tiefpaßcharakter). Hat das Übertragungssystem auch eine untere Grenzfrequenz f_{gu}, so besitzt es Bandpaßeigenschaften. Die Differenz zwischen f_{go} und f_{gu} (bei Tiefpässen ist $f_{gu} = 0$) heißt *Bandbreite* B des Systems.

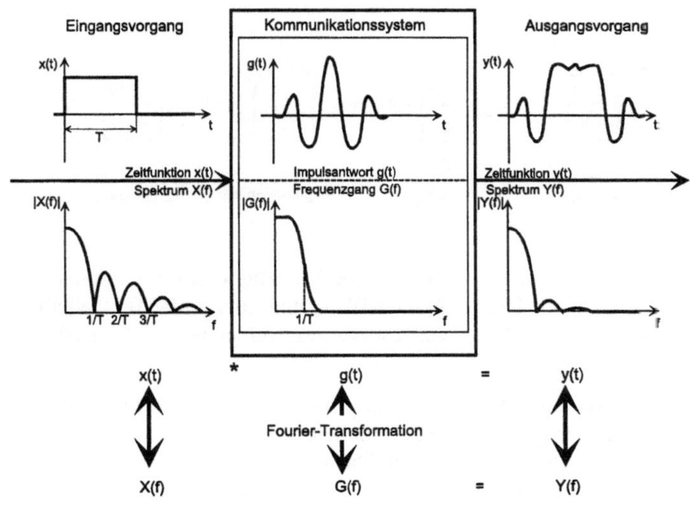

Abbildung 6.4
Zeitliche und spektrale Funktionen eines Übertragungssstems

6.2.1.2 Digitalisierung analoger Signale

Signale aus der realen Umwelt haben zumeist analogen Charakter, d.h. sie sind bezüglich des zeitlichen Verlaufs und der Amplitudenauflösung kontinuierlich. Um analoge Signale mit der störunempfindlichen digitalen Schaltungstechnik verarbeiten bzw. übertragen zu können, müssen sie digitalisiert werden. Dies beinhaltet sowohl die Zeit- als auch die Amplitudendiskretisierung. Das klassische Verfahren hierfür ist die Pulscodemodulation (PCM). Zur Zeitdiskretisierung werden dem analogen Signal nach einer Bandbegrenzung auf die Genzfrequenz f_g in periodischen Abständen T Probenwerte entnommen (*Abtastung* mit $f_A = 1/T$), wobei das Shannonsche Abtastheorem $f_A > 2\,f_g$ einzuhalten ist.

Abtastung

Die Amplitudenachse wird zwischen einem Minimal- und einem Maximalwert in (N - 1) Intervalle geteilt, um N diskrete Amplitudenwerte zu erhalten (*Quantisierung*), denen nach einer Schwellwertentscheidung die realen Amplitudenwerte zugeordnet werden. Der entstehende Fehler ist nicht behebbar und äußert sich bei genügend kleiner Intervallgröße nach der Rückwandlung in die analoge Darstellung als sog. Quantisierungsrauschen. Die quantisierten Abtastwerte können nun problemlos einer Kodierung (z.B. binär, ternär, quarternär) unterzogen werden. Abbildung 6.5 faßt den gesamten Vorgang zusammen.

Quantisierung

Abbildung 6.5
Blockschaltbild
der Pulscodemo-
dulation

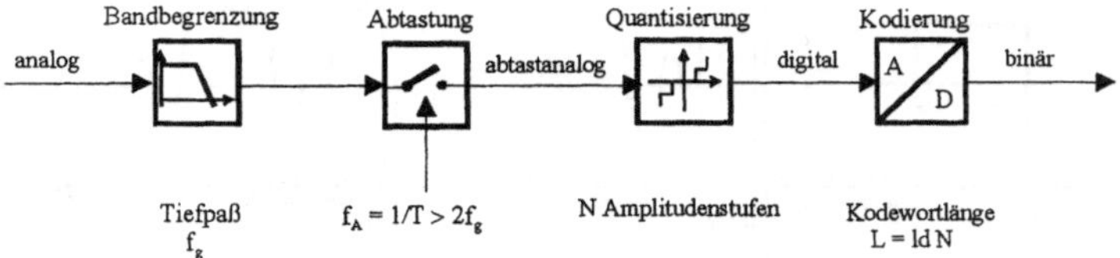

Demodulation

Zur *Demodulation* genügt nach Wiederherstellung eines abtastanalo-
gen Signals durch Digital-Analog-Wandlung eine einfache Tiefpaß-
filterung, wobei für die Grenzfrequenz des Tiefpasses f_{gTP} die Bedingung gilt: $f_g < f_{gTP} < f_A - f_g$

Redundanz-
redution

Um (insbesondere bei der Digitalisierung von Bewegtbildern) eine
möglichst niedrige Datenrate zu erhalten, sind Methoden der *Redun-
danzreduktion* entwickelt worden. Dazu zählen z.B. die differentielle
Pulskodemodulation (DPCM), bei der nur die Differenzen aufeinanderfolgender Amplitudenwerte mit verkürzten Wortlängen kodiert
werden, und die Abschneidung hoher Ortsfrequenzspektralanteile des
Bildinhaltes, wie es durch MPEG (Motion Picture Expert Group)
vorgeschlagen wird.

6.2.1.3 Nachrichtenquader

Die für eine Übertragung vorgesehene digitalisierte Nachricht lässt
sich symbolisieren durch einen Quader mit den Seiten: Übertragungsdauer T [s], Übertragungsschrittrate R [Schritte/s $\equiv$ Boud] und (Logarithmus der) Amplitudenauflösung *ld N* [bit/Schritt] gemäß Abbildung 6.6. Dem Volumen des Quaders $V = TR\ ld\ N$ entspricht die
Nachrichtenmenge [bit] und die Stirnfläche $D = R\ ld\ N$ repräsentiert
die Datenrate [bit/s]. Restriktionen bezüglich der Seitenlängen des
Quaders können durch das Übertragungssystem begründet sein. Deshalb müssen Stauchungen in einer Dimension durch Dehnungen in
einer anderen ausgeglichen werden, so dass das Volumen des Quaders
konstant bleibt. Die sich daraus ergebenden Konsequenzen sind leicht
ablesbar. Zwei wesentliche Einschränkungen, die der Übertragungs-
kanal bedingt, sind durch die Nyquist-Bedingungen formuliert:

1. Nyquist-Bedingung: In einem rauschfreien Kanal muß die
Schrittrate R kleiner sein als die doppelte Kanalbandbreite B, d.h.:
R [Boud] $< 2B$ [Hz].

2. Nyquist-Bedingung: In einem verrauschten Kanal gilt zwischen
der Datenrate D und dem Signal-Rausch-Abstand *SNR*:
$D < B\ ld\ (1 + SNR)$.

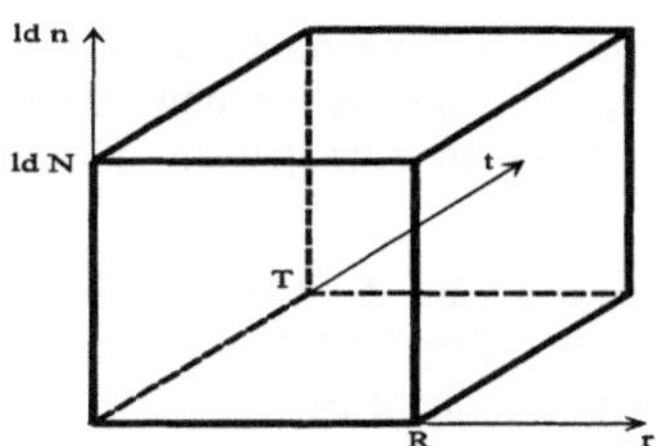

Abbildung 6.6
Nachrichtenquader

6.2.2 Übertragungsmedien

6.2.2.1 Wellenausbreitung

Die physikalische Ausbreitung von Signalen über entsprechend angepasste Medien erfolgt i.d.R. wellenförmig, wobei für das Umfeld der Rechnervernetzung insbesondere elektrische Wellen über elektrische Leitungen und elektromagnetische Wellen im freien Raum bzw. in Form optischer Wellen über Lichtwellenleiter von Interesse sind. Allen Wellen gemeinsam ist die Tatsache, dass es sich dabei um zeitlich und örtlich schwingende Vorgänge handelt, die zu einem Energietransport in die Ausbreitungsrichtung führen. Wellen werden bei ihrer Ausbreitung durch Streuung und Absorption mehr oder weniger stark gedämpft und an Hindernissen (Änderung der Medieneigenschaften) mehr oder weniger stark reflektiert.

6.2.2.2 Elektrische Leitung

Die gegenwärtig am weitesten verbreiteten Übertragungsmedien sind die elektrischen Leitungen. Sie werden entsprechend der Einsatzerfordernisse in unterschiedlichen Ausführungen verwendet. Spezielle Bauformen sind:

Leitungsformen

- die einfache Zweidrahtleitung

- die verdrillte Zweidrahtleitung ohne Abschirmung (UTP – unshielded twisted pair)

- die verdrillte Zweidrahtleitung mit Abschirmung (STP - shielded twisted pair)

- die Koaxialleitung.

Ohne auf die physikalischen Hintergründe näher einzugehen, seien hier wesentliche Eigenschaften elektrischer Leitungen zusammengefaßt:

Ausbreitungseigenschaften

1. Strom und Spannung breiten sich entlang der Leitung wellenförmig mit von den Leitungseigenschaften und der Frequenz abhängiger Dämpfung a' [dB/km] und Geschwindigkeit v [km/s] aus.

Zu hohen Frequenzen hin nimmt die Dämpfung typischerweise zu. In der Reihenfolge der Aufzählung haben die oben angegebenen Leitungsbauformen eine jeweils höhere Bandbreite (aber auch höhere Kosten).

2. Strom und Spannung auf der Leitung sind verknüpft durch den Wellenwiderstand Z, der ebenfalls von den Leitungseigenschaften und der Frequenz abhängig ist. Er besitzt im Allgemeinen einen Wirk- und einen Blindanteil. Um Reflexionen auf der Leitung zu vermeiden, ist entlang der gesamten Übertragungslänge der Wellenwiderstand Z konstant zu halten und die Leitung am Ende auch durch den Wellenwiderstand abzuschließen.

6.2.2.3 Lichtwellenleiter

LWL-Typen und Lichtausbreitungsprinzip

Für leitungsgebundene Kommunikation existiert als Aternative zur elektrischen die optische Übertragung mittels Lichtwellenleitern (LWL). Die zu übertragenden Signale werden dabei einer infraroten Lichtstrahlung aufmoduliert und mittels zylindrischer Wellenleiter aus Quarzglas, bestehend aus einem Kern (Brechungsindex n_K) und einem umgebenden etwas niedriger brechenden Mantel (n_M), transportiert. Die benutzbaren Wellenlängenbereiche des Lichtes ergeben sich aus den Lagen der Dämpfungs- und Verzerrungsminima des Glases und liegen bei 0,85 µm, 1,3 µm und 1,55 µm, wobei sich zu größeren Wellenlängen hin die Dämpfung verringert, dafür aber Aufwand und Preis der Komponenten steigen. Das strahlenoptische Modell der Lichtausbreitung (gegenüber der wellenoptischen Analyse vereinfachtes, damit aber auch nicht exakt zutreffendes Modell) geht davon aus, dass eine auf die Grenzfläche von einem optisch dichten zu einem dünneren Medium treffende Lichtwelle gemäß dem Snellschen Brechungsgesetz vom Einfallslot weg gebrochen wird. Unterschreitet der Auftreffwinkel des Lichts zur Grenzfläche den Grenzwinkel $\alpha_g = \arccos(n_M/n_K)$ wird die gesamte Welle reflektiert (Totalreflexion). Breitet sich also ein Lichtstrahl unter einem kleinen Winkel zur Längsrichtung des Lichtwellenleiters aus, so kann er durch mehrfache Totalreflexion an den Kern-Mantel-Grenzen über die gesamte Länge des LWL im Kern gehalten werden. Dieser Vorgang ist in Abbildung 6.7 angedeutet.

Abbildung 6.7
Veranschaulichung der Lichtübertragung im Stufenindex-LWL

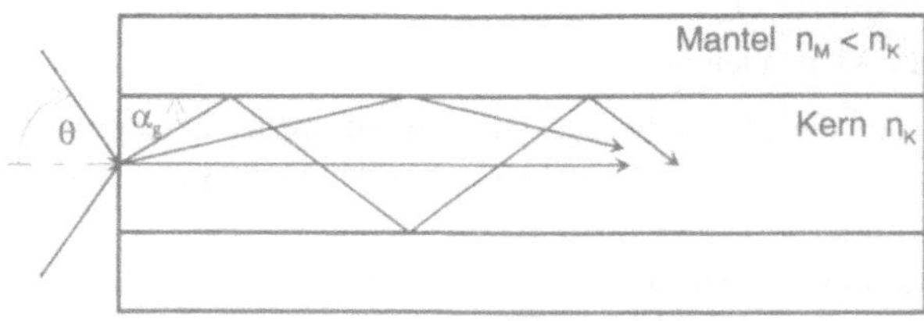

Im ersten Ansatz ist zu vermuten, dass jeder Strahl, der flacher als mit dem Grenzwinkel α_g auf die Kern-Mantel-Grenze fällt, auf o.g. Art ausbreitungsfähig ist. Dies ist jedoch nicht der Fall. Da jeder Strahl eine flache Welle repräsentiert, entstehen durch die Reflexionen Interferenzmuster, und nur diejenigen Wellen, die nach zweimaliger Totalreflexion eine stationäre Wiederholung des vorherigen Interferenzmusters bilden, sind ausbreitungsfähig. Dadurch entsteht eine endliche Anzahl von ausbreitungsfähigen Wellen, die *Moden* genannt werden. Die Anzahl der Moden nimmt mit sinkendem Kerndurchmesser d_K ab. Die beschriebene Anordnung ist ein sog. Stufenindex-Multimoden-LWL, dem das Problem anhaftet, dass sich beim Einspeisen eines Lichtimpulses dessen Energie gleichmäßig auf alle Moden verteilt, jeder Modus einen verschieden langen Laufweg zurücklegt und somit die Energieanteile der einzelnen Moden nacheinander am LWL-Ende eintreffen. Dies führt zu einer Impulsverbreiterung, die Modendispersion genannt wird. Um diesem Problem zu begegnen, sind weitere Konstruktionsformen von LWL entwickelt worden und im Gebrauch:

Gradientenindex-LWL: parabolischer Brechungsindexverlauf zwischen Kernmitte und Mantel; ca. drei Zehnerpotenzen geringere Modendispersion als bei Stufenindex-LWL; Kerndurchmesser 50 µm (Europa) / 62,5 µm (Nordamerika), Manteldurchmesser 125 µm; verfügbar in verschiedenen Dämpfungs- und Dispersionsklassen

Monomode-LWL: stufenförmiger Brechungsindexverlauf bei so kleinem Kerndurchmesser (8 .. 10 µm), dass sich nur noch ein Modus ausbreiten kann und damit keine Modendispersion auftritt (es sind aber andere Dispersionsarten, insbesondere die sog. Materialdispersion, die ihr Minimum bei der Lichtwellenlänge von 1,3 µm hat, zu beachten); Manteldurchmesser 125 µm.

Für die drei LWL-Arten kann man in der Reihenfolge ihrer Beschreibung mit einem jeweils ca. 1000fach (Faustregel) größeren Produkt aus Bandbreite und Übertragungslänge rechnen. Dafür nehmen aber in der gleichen Reihenfolge auch Herstellungsaufwand, Koppelprobleme und damit der Preis deutlich zu.

Als Lichtquellen werden Halbleiterlumineszenzdioden (LED) oder für höhere Ansprüche (hohe Leistung, schmales Spektrum, Kohärenz) Laserdioden (LD), als Empfangselemente PIN-Fotodioden oder Lawinen-Fotodioden verwendet. Für Monomode-LWL sind nur Lasersender sinnvoll.

Zusammenfassend zeichnet sich die leitungsgebundene optische Übertragungstechnik gegenüber der elektrischen durch folgende Vorteile aus:

- geringere Dämpfung

- wesentlich höhere Bandbreite

- galvanische Sender-Empfänger-Trennung, keine Erdschleifen

- hohe Abhörsicherheit, minimales Nebensprechen

- geringere Empfindlichkeit gegen elektromagnetische Störungen

- geringes Volumen, geringes Gewicht

6.2.2.4 Elektromagnetische Freiraumübertragung

Elektromagneti-
sche Wellen

Jeder offene Schwingkreis (d.h. jede Antenne) strahlt bei einer Erregung durch einen sinusförmigen Strom eine *elektromagnetische Welle* ab, bei der der elektrische Feldvektor, der Magnetische Feldvektor und der Richtungsvektor in Ausbreitungsrichtung ein Rechtsdreibein bilden. Die Schwingungsrichtung des elektrischen Feldes bestimmt dabei die Polarisation der Welle. Zur Erzeugung und zum Empfang verschieden polarisierter Wellen sind speziell gestaltete Antennenanordnungen erforderlich. Die Dämpfung der Welle am Empänger wird bestimmt durch die Strahlcharakteristik der Sendeantenne (Aufweitung des Strahls), Leitvorgänge an der Erdoberfläche (bei terrestrischer Übertragung), Absorption, Brechung und Streuung im Übertragungsweg, Reflexionen an Hindernissen sowie die Bündelungswirkung der Empfangsantenne. An Ausbreitungsformen kann unterschieden werden in

- Rundfunk (Verteilsystem mit mehr oder weniger starker Strahlaufweitung)

- Richtfunk (Punkt-zu-Punkt-Verbindung mit möglichst starker Bündelung)

Funkübertragung

Funkübertragung eines Basisbandsignals erfordet grundsätzlich die Modulation auf eine ausbreitungsfähige Trägerschwingung (s. Abschnitt 6.2.3.2). Mit wachsender Frequenz dieser Trägerschwingung äußert sich die Richtungstreue der Wellenausbreitung in sog. Bodenwellen, die der Erdkrümmung folgen, Raumwellen, die von bestimmten Atmosphärenschichten gebeugt werden, und Direktsichtwellen, die sich nahezu geradlinig ausbreiten. Für Richtfunkübertragung und Satellitenkommunikation ist immer Direktsicht erforderlich.

6.2.2.5 Strukturierte Verkabelung

Grundlage einer modernen Netz-Infrastruktur ist eine strukturierte Verkabelung. Sie stellt ein anwendungsunabhängiges, flexibles und damit wirtschaftliches Kommunikationsrückgrat dar und ist sowohl künftigen Weiterentwicklungen installierter Netze aber auch einem Umstieg auf neue Netzprinzipien gewachsen. Sie besteht aus drei separaten Verkabelungsbereichen, die im Weiteren stichwortartig charakterisiert werden.

Primärbereich:

> gebäudeverbindende Geländeverkabelung (horizontal)

> bestehend aus: Primärverkabelung (campus backbone cabling), Standortverteiler (campus distributor) mit Rangiereinrichtung

> Medium: Monomode- oder Gradientenindex-LWL

> Redundante Verkabelung mit Reserven für Datenratenerhöhung

Sekundärbereich:

> Gebäudeverkabelung im Steigleitungsbereich (vertikal)

> bestehend aus: Sekundärverkabelung (building backbone cabling), Gebäudeverteiler (building distributor) mit Rangiereinrichtung

> Medium: Gradientenindex-LWL oder verdrillte Zweidrahtleitung mit Kabel- und Adernpaar-Schirmung (screened shielded twisted pair - S/STP)

Tertiärbereich:

> Etagenverkabelung bis zum Endgerät (horizontal)

> bestehend aus: Tertiärverkabelung (horizontal cabling), Etagenverteiler (floor distributor) mit Rangierfeld und Rangierkabeln, passive Kabelverzweiger (transition points), Anschlußdosen (telecommunication outlets) und Anschlußkabeln (work area cabling)

> Medium: S/STP oder S/UTP Kategorie 5; für ausgewählte Arbeitsplätze zukünftig auch LWL

> Verkabelung sternförmig vom Etagenverteiler bis zu den Anschlußdosen

Normung: ISO-DIS 11801, CEN-EN 50173

6.2.3 Signalaufbereitung

6.2.3.1 Leitungskodierung

Zur Übertragung digitaler und insbesonderer binärer Signale in der Basisbandlage ist neben der Quellkodierung (Zuweisung eines Basis-Kodes für jedes Zeichen) und der Kanalkodierung (redundante Umkodierung mit Fehlertoleranz) eine Leitungskodierung erforderlich. Hauptaufgaben der Leitungskodierung sind die Reduzierung der Gleichsignalschwankungen und Taktgehalt

Gleichsignalschwankungen und die Taktmitführung zur Empfänger-synchronisation.

Ein kanalkodiertes Signal besitzt einen von der Information abhängigen und damit schwankenden Gleichanteil (X(f=0) im Spektrum), der von den meisten Übertragungssystemen nicht transportiert werden kann. Damit wird die Rekonstruktion des Originalsignals am Empfänger erheblich erschwert. Darüber hinaus ist bei langen 0- oder 1-Folgen die Ermittlung der Bitlage, d.h. eine Taktregenerierung, kaum möglich und kann zu Fehlentscheidungen führen. Um diese Probleme zu lösen, werden die kanalkodierten Signale so umkodiert, dass innerhalb bestimmter Zeitintervalle möglichst viele 1/0- bzw. 0/1-Sprünge entstehen. Dies ist durch Einbau von Redundanz möglich, die entweder zu einer Erhöhung der tatsächlich zu übertragenden Datenrate führt oder eine höhere Amplitudenauflösung erfordert. Bezüglich des Nachrichtenquaders heißt das, dass entweder die Seite R auf R' > R oder ld N auf ld N' > ld N zu vergrößern sind, wenn die Übertragungsdauer T konstant bleiben soll. Typische Vertreter von Leitungskodes sind:

- *mBnB-Kodes:* jeweils m bit des Originalsignals werden in n bit umkodiert, mit n > m; die Übertragungsrate ist um den Faktor n/m größer als die Signalrate bei gleicher (binärer) Amplitudenauflösung

- *mBnT-Kodes:* m bit des Originalsignals werden in n ternäre Schritte umkodiert, mit n < m; die Übertragungsrate verringert sich gegenüber der Signalrate um den Faktor m/n bei dreistufiger Amplitudenauflösung

Tabelle 6.1
Eigenschaften
einiger Beispiel-
kodes

Kode	Übertragungsrate Signalrate	Gleichsignal-schwankung	Taktgehalt	Anwend.-beispiel
1B2B	2	-	ein Takt / bit	Ethernet
4B5B	1,25	ca. 10 %	$\geq$ 2 Takte / 4 bit	FDDI
8B10B	1,25	ca. 10 %	$\geq$ 4 Takte / 8 bit	ATM
8B6T	0,75	< 10 %	$\geq$ 1 Takt / 4 bit	Fast-Ethernet

6.2.3.2 Modulation

Zweck
der Modulation

Zur Vermeidung spezieller Nachteile bzw. Unvollkommenheiten der Basisbandübertragung wird in vielen Kommunikationssystemen die modulierte Übertragung genutzt. Es können damit folgende Probleme gelöst werden:

1. Anpassung der Signal- an die Medieneigenschaften,

2. Reduzierung von Störeinflüssen,

3. Schaffung von Voraussetzungen zur Mehrfachausnutzung von Übertragungsmedien,

4. Verbesserung der Detektionssicherheit und Empfängersynchronisation

Die Modulation besteht in der Steuerung eines ausgewählten Parameters einer Trägerfunktion $x_T(t)$ (stetig in Form einer Schwingung oder unstetig in Form einer Impulsfolge) durch das Basisbandsignal $x_B(t)$. Für die Übertragung digitaler Signale spielen Impulsfolgen als Träger nur eine untergeordnete Rolle. Eine Trägerschwingung hat gemäß der Darstellung $x_T(t) = A_T \cos(\omega_T t + \phi_T)$ drei modulierbare Parameter, woraus drei mögliche Modulationsarten resultieren, für die jeweils eine Beispieldarstellung angegeben ist:

Prinzip der Modulation

- Amplitudenmodulation (AM), bei digitaler Modulation auch Amplitudentastung (amplitude shift keying - ASK) genannt,

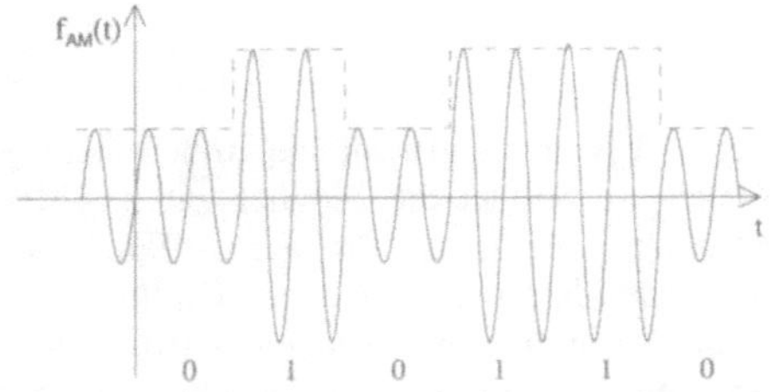

Abbildung 6.8
Amplitudentastung (1: hohe / 0: niedrige Amplitude)

- Frequenzmodulation (FM) / Frequenztastung (FSK)

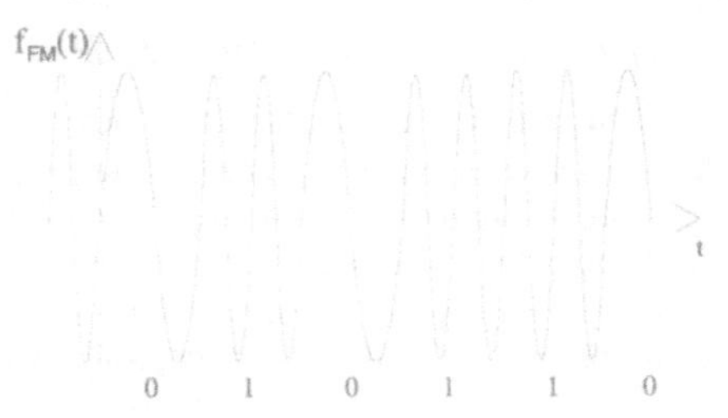

Abbildung 6.9
Frequenztastung (1: hohe / 0: niedrige Frequenz)

- Phasenmodulation (PM) / Phasentastung (PSK).

Abbildung 6.10
Phasentastung (Phasensprung um 180° bei Bitwechsel)

Modulationseigen-
schaften

Spektral haben alle drei Modulationsarten die Konsequenz, dass neben einer Spektrallinie bei der Trägerfrequenz f_T spiegelbildlich dazu zwei sog. Seitenbänder entstehen, d.h. die Spektralanteile des Signals werden in die Trägerfrequenzlage transformiert. Dabei entsprechen diese Seitenbänder bei AM in Form und Breite dem Basisbandspektrum, wohingegen sie bei FM und PM deutlich breiter und damit also redundanzbehaftet sind, wodurch diese beiden Modulationsarten gegenüber AM eine deutlich geringere Störempfindlichkeit aufweisen.

Bezüglich der Phasentastung sei noch angemerkt, dass durch die Wahl unterschiedlicher Phasensprünge auch ganze Bitgruppen moduliert werden können (z.B.: 00 - $\pi/4$, 01 - $3\pi/4$, 11 - $5\pi/4$, 10 - $7\pi/4$), wodurch sich die resultierende Bandbreite reduziert. Noch günstigere Verhältnisse sind bei Kombination von ASK und PSK erzielbar. Derartige Ansätze werden bei der Datenübertragung über traditionelle Telefonleitungen genutzt.

6.2.3.3 Multiplex

Mehrfachausnut-
zung des Mediums

Ist die Kanalkapazität eines Übertragungsmediums größer als diejenige eines einzelnen Signals, so besteht die Möglichkeit der Mehfachausnutzung dieses Mediums - Multiplex - für mehrere Einzelkanäle. Ausgehend von der Tatsache, dass die Signaleigenschaften entsprechend dem Nachrichtenquader in drei Dimensionen separierbar sind, entstehen Multiplexvarianten entlang dieser drei Achsen, die im Folgenden kurz charakterisiert werden:

1. Frequenzmultiplex, frequency division multiplexing - FDM:

Den verschiedenen Signalen steht für alle Zeiten (zumindest für die Dauer der Kommunikationsbeziehung) ein begrenzter Anteil der Kanalkapazität (Bandbreite) des Mediums zur Verfügung, ohne Veränderung der Amplitudenkodierung (des Basisbandsignals). Um die Signale in die jeweilige Kanalfrequenzlage zu transformieren, müssen sie moduliert werden. Abbildung 6.11 zeigt das Blockschaltbild für Frequenzmultiplex. Bezüglich des Nachrichtenquaders bedeutet Frequenzmultiplex die Aneinanderreihung der Quader der einzelnen Kanäle entlang der Schrittratenachse.

Abbildung 6.11
Blockschaltbild
Frequenzmultiplex

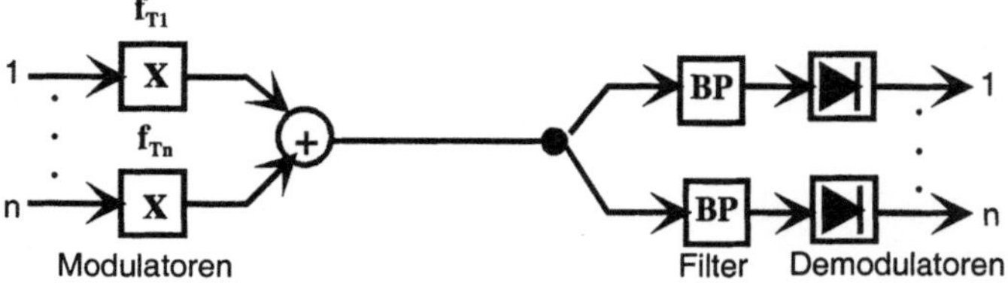

2. Zeitmultiplex, time division multiplexing - TDM:

Den verschiedenen Signalen steht für jeweils begrenzte Zeitabschnitte die gesamte Kanalkapazität (Bandbreite) des Mediums zur Verfügung, ohne Veränderung der Amplitudenkodierung. Die Kanalzuteilung kann starr, d.h. durch zyklische, reihenfolgetreue Verschachtelung der Kanäle, erfolgen (synchronous time division - STD). Abbildung 6.12 veranschaulicht dieses Prinzip und Abbildung 6.13 zeigt die entstehende Datenstruktur.

Synchrones Zeitmultiplex

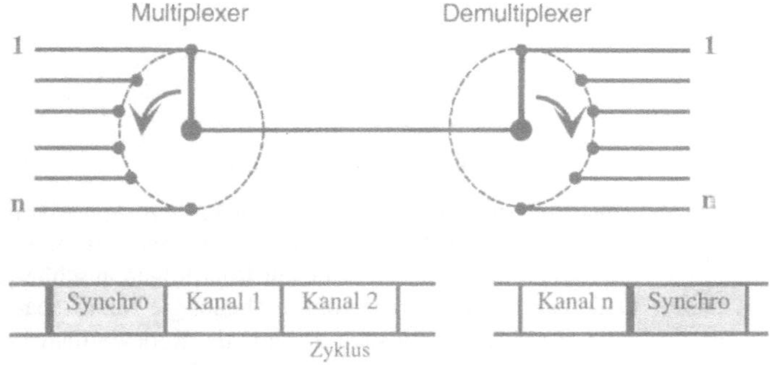

Abbildung 6. 12 Prinzip des synchronen Zeitmultiplex

Abbildung 6.13 Datenstruktur bei synchronem Zeitmultiplex

Synchrone Zeitmultiplexsysteme werden üblicherweise hierarchisch strukturiert, wobei als Grundmodul ein sog. Basiskanal (PCM-kodiertes Standardtelefonsignal mit 64 kbit/s) dient. Gegenwärtig noch im Gebrauch ist die *plesiochrone digitale Hierarchie (PDH)*, deren Primärmultiplexschnittstelle (2,048 Mbit/s, 30 Basiskanäle) auch im ISDN Verwendung findet.

PDH

Aufgrund spezieller Synchronisations- und Transparenzprobleme wird die PDH weltweit nicht weiterverfolgt und an ihre Stelle die *synchrone digitale Hierarchie (SDH)* gesetzt, bei der in jeder Hierarchiestufe Rahmen nach gleichen Konstruktionsprizipien aber unterschiedlicher Größe bestehend aus Steuer-Overhead und Nutzlastfeld gebildet werden und jedes Byte der Nutzlast einen Basiskanal repräsentiert, da die Übertragungsdauer eines jeden Rahmens genau der Abtastperiode für ein Telefoniesignal von 125 µs entspricht. Die für Europa genormte erste Hierarchiestufe STM-1 (synchronous transport module) ist beispielsweise in der Lage, 2340 Basiskanäle zu transportieren, bei einer Datenrate von 155,52 Mbit/s. Die SDH ist aber auch geeignet, Signale anderer Quellen und mit unterschiedlicher Datenrate zu multiplexen. Selbst ein durch asynchrones Zeitmultiplex (s. unten) gebildeter ATM-Zellstrom (s. Abschnitt 6.3.1.2) kann im Nutzlastfeld der SDH-Rahmen transportiert werden.

SDH

Asynchrones Neben dem starren ist aber auch das dynamische Zeitmultiplex (a-
Zeitmultiplex synchronous time tivision - ATD) von Bedeutung. Hierbei erfolgt die
Kanalzuordnung nicht zyklich sondern in der Reihenfolge der Nach-
richtenankunft. Dadurch entstehen Datenstrukturen regelloser Folge.
Um beim Demultiplexen wieder eine korrekte Zuordnung der Daten
zu den Kanälen vornehmen zu können, muß jeder Abschnitt seine
eigene Kanalkennung erhalten, wie es in Abbildung 6.14 dargestellt
ist.

Abbildung 6.14
Datenstruktur bei
asynchronem
Zeitmultiplex

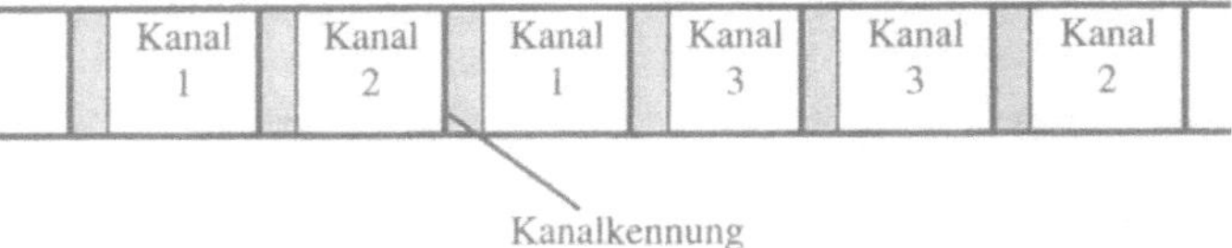

3. Kodemultiplex, code division multiplexing - CDM:

Die einzelnen Binärsymbole der zu multiplexierenden Signale werden
durch spezielle, dem Einzelkanal zugeordnete Kodewörter verschlüsselt und die Amplitudenwerte der entstandenen Binärfolgen anschließend addiert. Dadurch erhöhen sich sowohl die benötigte Kanalkapazität als auch die Amplitudenauflösung je um die Kodewortlänge.
Zum Demultiplex ist für jeden Kanal ein spezieller Korrelationsemp-
fänger erforderlich, der das empfangene Signalgemisch mit seinen
eigenen Kodewörtern korreliert und bei Auftreten von Autokorrelati-
onsmaxima sein eigenes Signal detektiert.

6.3 Netztechnologien

6.3.1 Weitverkehrsnetze

6.3.1.1 ISDN

Dienstintegration ISDN (Integrated Services Digital Network) ist ein diensteintegrieren-
des digitales Fernmeldenetz. Analoge Daten müssen digitalisiert wer-
den, z.B. Sprache mittels des PCM-Verfahrens. ISDN-Übertragungs-
kanäle bieten eine Übertragungsgeschwindigkeit von 64 kbit/s und
sind damit gut für den Fernsprechverkehr und den Faxversand geeignet, sowie für den Datenverkehr mit relativ niedrigen Datenraten. Bei
Bedarf können durch Kanalbündelung höhere Datenraten erreicht
werden.

ISDN ist ein leitungsvermitteltes Netz mit verbindungsorientierter Übertragung. Vorteilhaft sind die flächendeckende Verfügbarkeit und günstige Tarife.

Es gibt zwei Anschlußarten, den Basisanschluß für Privathaushalte und den für Firmen vorgesehenen Primärmultiplexanschluß.

Ein *ISDN-Basisanschluß* bietet dem Nutzer einen S_0-Bus für den Anschluß von bis zu acht digitalen Endgeräten. Ein Netzwerkterminator verbindet den S_0-Bus mit dem verdrillten Kupferkabel zur Ortsvermittlungsstelle.

ISDN-
Basisanschluß

Der S_0-Bus realisiert in zwei Übertragungsrichtungen eine Gesamt-Nettodatenrate von 192 kbit/s, die mittels Zeitmultiplex auf zwei B-Kanäle zu je 64 kbit/s für die Datenübertragung und einen D-Kanal mit 16 kbit/s aufgeteilt wird. Der D-Kanal dient Steuerzwecken, z.B. dem Auf- und Abbau von Verbindungen, der Übertragung einer Dienstekennung und anderer Zusatzinformationen.

B1	B2	D	S_0 intern

Abbildung 6.15
S_0-Bus-Frame

Eine 48-Bit-Nachricht, die pro B-Kanal 16 Bit für den D-Kanal 4 Bit und 12 Bit für interne Zwecke aufnimmt wird 4000 mal pro Sekunde über den Bus gesendet (Abbildung 6.15).

Die *Primärmultiplexanschlüsse* dienen dem Anschluß von Nebenstellenanlagen und bieten 30 B-Kanäle und einen D-Kanal mit je 64 kbit/s, insgesamt eine Bruttodatenrate von 2048 kbit/s.

Primärmultiplex-
anschluss

Die Bandbreite des klassischen ISDN ist den heutigen Erfordernissen nicht mehr angemessen. Die Weiterentwicklungen zum Breitband-ISDN basieren auf der ATM-Technologie.

6.3.1.2 ATM

Längere Zeit wurde ATM (Asynchroner Transfermodus) als die entscheidende Netztechnologie der Zukunft diskutiert, die zur Integration unterschiedlichster existierender Ansätze führen sollte. Aus technologischer Sicht wäre dies denkbar, da ATM sowohl für den LAN- als auch für den WAN-Bereich geeignet ist. Allerdings sprechen die noch immer recht hohen Kosten sowie das recht aufwendige Netzwerkmanagement von ATM gegen einen flächendeckenden Einsatz bis zu jedem Endgerät. Dabei ist auch zu berücksichtigen, dass sehr umfangreiche Investitionen in herkömmliche LAN-Technologien getätigt

Einsatzumgebung

wurden, die über Jahre hinweg fortzuschreiben sind. Daher gilt ATM heute primär als Technologie im WAN-Bereich sowie als Möglichkeit zur Kopplung verschiedener lokaler Netze durch ATM-Backbones. ATM bis zum jeweiligen Endgerät ist dagegen nur in besonderen Fällen zu empfehlen (z.B. bei sehr hohen Leistungs- und Qualitätsanforderungen).

ATM-Prinzip Das Grundprinzip von ATM beruht darauf, die zu übertragenden Daten in Zellen fester Länge (53 Byte) zu zerlegen, die dann völlig unabhängig von der jeweiligen Anwendung (z.B. Videokommunikation, Telefonie, konventionelle Datenkommunikation) in einheitlicher Art und Weise übertragen werden. Dabei wird mit einer hardware-basierten, besonders leistungsfähigen Vermittlung der Datenströme durch ATM-Switches gearbeitet. Beim Aufbau von ATM-Verbindungen können ferner Dienstgütemerkmale vereinbart werden, die dann garantierte Übertragungsqualitäten ermöglichen. Dies ist beispielsweise bei der Übertragung von Video und Audio wünschenswert. Die Datenrate kann pro Verbindung flexibel vereinbart werden und bewegt sich derzeit bei typischerweise 155 bzw. bis zu 622 Mbit/s.

B-ISDN Die Normung von ATM erfolgt für den Weitverkehrsbereich im zukünftigen *Breitband-ISDN (B-ISDN)* durch die International Telecommunications Union (ITU) und für den Lokalnetzbereich, wo gegenüber B-ISDN Funktionseinschränkungen und Sonderregeln möglich sind, übernimmt mit dem ATM-Forum ein Firmenkonsortium die Standardvorschläge.

Die ATM-Protokollstrukturierung entsprechend dem B-ISDN-Schichtenmodell zeigt Abbildung 6.16. Die Protokolle der physikalischen und der ATM-Schicht gelten jeweils für einen Übertragungsabschnitt (peer-to-peer), die der ATM-Anpassungsschicht (AAL) zwischen den Endgeräten (end-to-end).

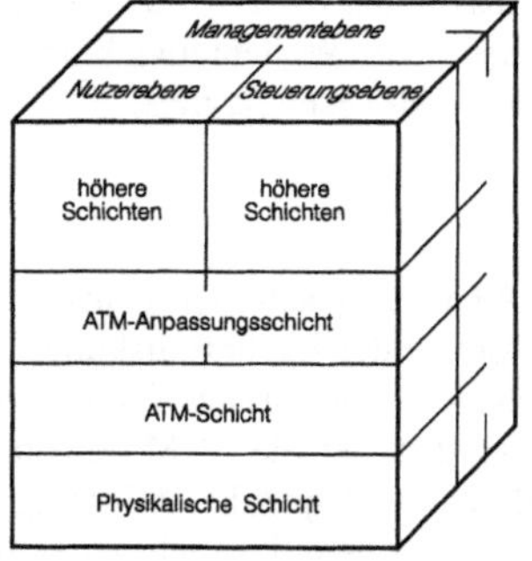

Abbildung 6.16
Breitband-ISDN-
Schichtenmodell

ATM-Funktionen Die ATM-Funktionalität umfasst im Wesentlichen Aufgaben der OSI-Schichten 2 und 3, von denen die wichtigsten nachfolgend aufgelistet sind. Die jeweiligen ATM-Lösungen für die Einzelfunktionen sind kursiv nachgestellt und werden im Anschluß näher beschrieben.

logische Topologie – *völlig beliebig auf einer physischen Topologie nach Abbildung 6.17*

Netzzugriff – *verbindungsorientierte Kommunikation über durch Signalisierung aufgebaute virtuelle Kanäle*

Multiplex von Verkehrsströmen – *asynchrones Zeitmultiplex gemäß Abbildung 6.18*

Vermittlung – *schnelle Paketvermittlung von 53 byte langen ATM-Zellen mit 5 byte Kopf und 48 byte Nutzlast*

Bereitstellung dienstspezifischer Zugangsschnittstellen – *Definition dienstklassenspezifischer Anpassungsprotokolle*

Topologisch sind für ATM-Netze die in Abbildung 6.17 angegebenen vier Schnittstellentypen definiert, die sich im Wesentlichen in den zugelassenen physikalischen Übertragungsformaten sowie den Signalisierungsregeln unterscheiden. Die weiter unten beschriebene zweistufige Vermittlungshierarchie erlaubt bezüglich der Netzknoten eine Differenzierung in ATM-Vermittlungsstellen, die die Vermittlung von Kommunikationsbeziehungen entlang virtueller Kanäle vornehmen, und ATM-Kreuzkoppler, die nur Kanalbündel in Form virtueller Pfade vermitteln können.

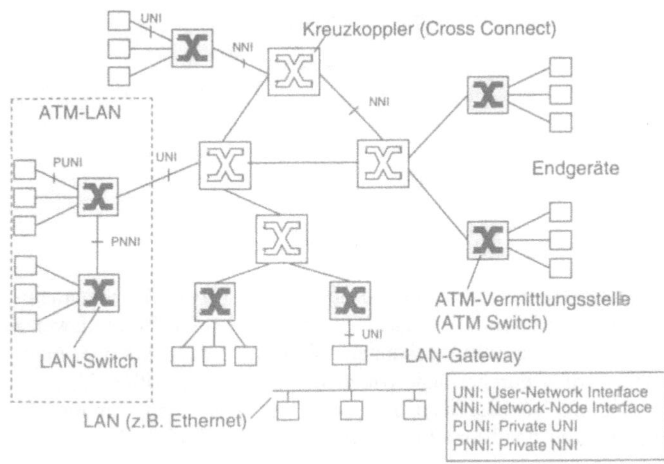

Abbildung 6.17
ATM-Topologie

Das in Abbildung 6.18 veranschaulichte *Multiplexprinzip*, bei dem die anliegenden Datenströme unabhängig von ihrer Eigenart in kurze Abschnitte (44 - 48 Byte) zerlegt und die Segmente in der Reihenfolge ihrer Ankunft gemultiplext werden, führt zu übertragbaren Datenstrukturen in Form kontinuierlicher Zellfolgen, wobei jede Zelle einen 5 Byte langen Kopf erhält. Die Zuordnung jeder Zelle zu „ihrer" Kommunikationsbeziehung und damit die logische Adressierung erfolgt durch Identifikatoren im Zellkopf, die den beim Verbindungsaufbau ausgehandelten Nummern der virtuellen Kanäle und Pfade für die jeweilige Kommunikationsbeziehung entsprechen.

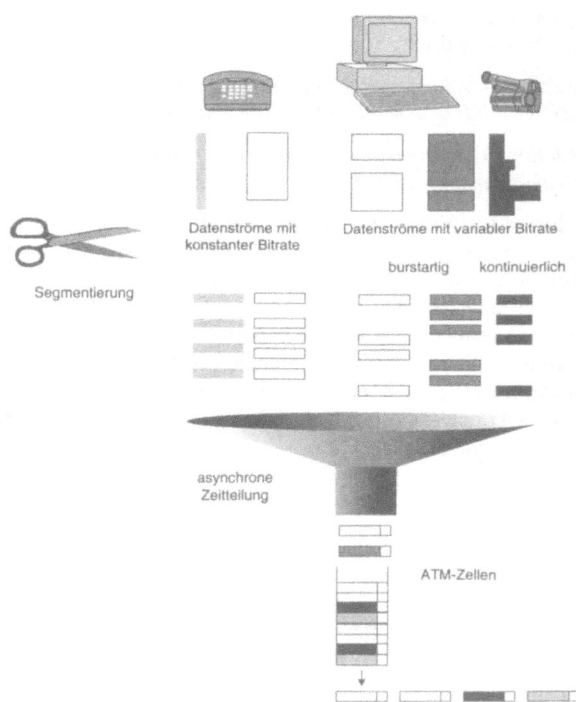

Abbildung 6.18
Prinzip des asynchronen Zeitmultiplex bei ATM

Virtuelle Kanäle und Pfade

Bei Aufbau einer Kommunikationsbeziehung (über die Signalisierungsebene) wird dieser über das Netz hinweg jeweils abschnittsweise ein *virtueller Kanal* (virtual channel – VC) zugeordnet. Ein oder mehrere VC werden durch einen *virtuellen Pfad* (virtual path – VP) zusammengefaßt, so dass sich auf jedem physikalischen Leitungsabschnitt eine logische Bündelung gemäß Abbildung 6.19 ergibt.

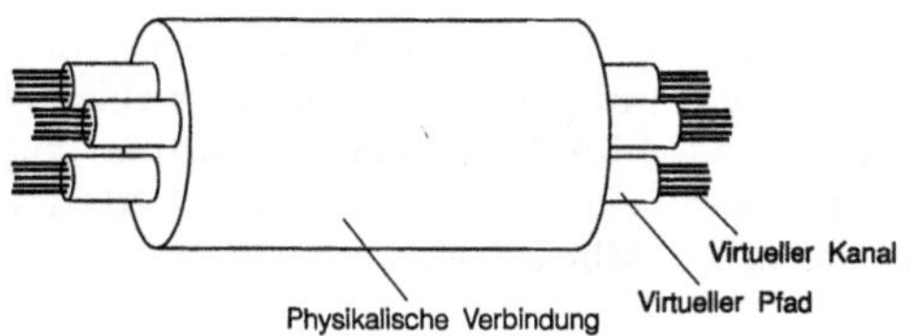

Abbildung 6. 19
Logische Beziehung zwischen virtuellen Kanälen und Pfaden einer physikalischen Verbindung

Die *Vermittlung* der ATM-Zellen erfolgt in den Netzknoten anhand der Kanal- und Pfadnummer (VCI/VPI – virtual channel/path identifier) im Zellkopf und beinhaltet die Leitweglenkung (Routing) sowie die Überschreibung der Identifikatoren mit den für den folgenden Übertragungsabschnitt ausgehandelten Nummern.

Vermittlung

Die *ATM-Anpassungsschicht* (AAL) stellt den höheren Protokollschichten des Netzes dienstspezifische Zugangsschnittstellen bereit, wobei die in Tabelle 6.2 charakterisierten Dienstklassen unterstützt werden. Die Klassifizierung der Dienstarten beruht auf drei Kriterien, die die wesentlichen Unterschiede bezüglich des Verkehrsaufkommens (konstante bzw. variable Datenrate), der Gestaltung der Kommunikationsbeziehung (verbindungsorientiert bzw. verbindungslos) sowie der Synchronisationsforderungen auf der Übertragungsstrecke charakterisieren. In die hierbei entstehenden vier Klassen lassen sich alle Kommunikationsformen einordnen. Den Dienstklassen angepasst wurden bisher fünf AAL-Typen (1, 2, 3/4 und 5 sowie eine Signalisierungs-AAL) mit speziellen Behandlungsregeln für die jeweiligen Dateneinheiten definiert und standardisiert.

ATM-Anpassungsschicht

DIENSTKLASSE	A	B	C	D
Bitrate	konstant	variabel		
Verbindungsart	verbindungsorientiert			verbindungslos
Quelle-Ziel-Synchronisation	notwendig		nicht notwendig	
Beispieldienste	Leitungs-emulation	VBR-Audio, VBR-Video	verbindungs-orientierte Daten-übertragung	verbindungs-lose Daten-übertragung
empfohlener AAL-Typ	1	2	3/4 / 5	

Tabelle 6.2
AAL-Dienstklassen (VBR: Variable Bit Rate)

Der in der ATM-Schicht erzeugte Zellstrom wird in der *physikalischen Schicht* (PHY) in Abhängigkeit vom Übertragungsformat, vom benutzten Medium (LWL favorisiert) und von der Übertragungsdatenrate entsprechend aufbereitet der Senderstufe übergeben. An Übertragungsformaten sind sowohl der kontinuierliche Zellstrom (cell based) als auch die Füllung von speziellen Übertragungsrahmen (frame ba-

Physikalische Schicht

sed) zugelassen, wobei die bedeutendsten Rahmenformate die der plesiochronen und der synchronen digitalen Hierarchie (PDH/SDH) sind. Während für ATM-LAN ein breites Spektrum zugelassener Übertragungsraten spezifiziert ist, sind an der UNI des B-ISDN 155,52 Mbit/s und 622,04 Mbit/s Standard.

6.3.1.3 GSM

Leitungsgebundene Übertragungstechniken schränken die Mobilität der Nutzer ein. Bei Funktechnologien ist die Mobilität dagegen im Rahmen der Sendereichweite voll gewährleistet. Allerdings müssen sich alle Netznutzer die begrenzte Bandbreite des Übertragungsmediums Luft teilen.

Lokale Funknetze Ein im lokalen Bereich verbreitetes System ist DECT (Digital European Cordless Telephone), das ein Frequenzband von 1,88 bis 1,90 GHz nutzt. Die zur Verfügung stehenden 20 MHz Bandbreite werden in einen Zeitmultiplexverfahren auf 120 Kanäle aufgeteilt, die jeweils eine Übertragungsgeschwindigkeit von 32 kbit/s realisieren. Die Sendeleistung ist derart begrenzt, dass 300 m Reichweite gerade erreicht werden. Damit eignet sich DECT zwar gut als Inhouse-System, jedoch nicht für den Einsatz in Weitverkehrsnetzen.

Flächendeckende Die flächendeckende Versorgung mobiler Teilnehmer erlauben
Funknetze Mischsysteme aus leitungsgebundener und funkorientierter Übertragungstechnik wie GSM (Global System for Mobile Communication), welches zum Beispiel in den D- und E-Mobilfunknetzen in Deutschland verwendet wird.

Bei GSM wird das Versorgungsgebiet in sechseckige Zellen eingeteilt, in denen sich jeweils eine Basisstation BS befindet (Abbildung 6.20).

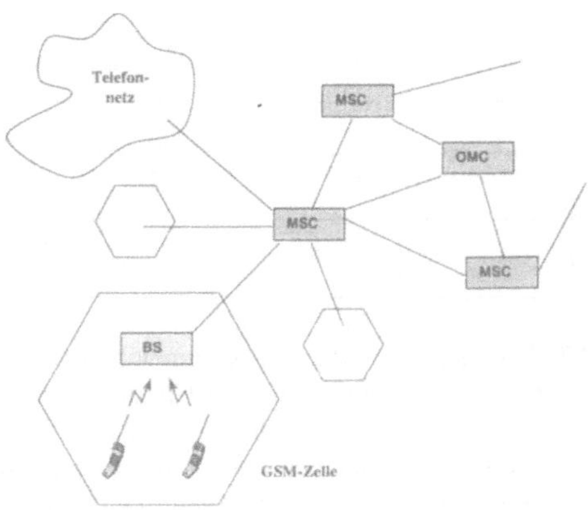

Abbildung 6.20
GSM-Architektur

Die Teilnehmer innerhalb einer GSM-Zelle können mit der Basisstation über Funk Nachrichten austauschen. Eine Gruppe von Basisstationen ist über Mietleitungen (2Mbit/s) mit einer Vermittlungsstelle MSC (Mobile Switching Center) verbunden. Alle Vermittlungsstellen sind über ein leistungsfähiges Leitungsnetz gekoppelt und realisieren auch die Anbindung an das Telefon-Festnetz. Zentral verwaltet wird das gesamte Mobilfunknetz durch ein Dienstzentrum OMC (Operation and Maintenance Centre).

GSM arbeitet im 900-MHz bzw. im 1800-MHz-Bereich auf jeweils zwei getrennten 25 MHz breiten Frequenzbändern für die Senderichtung vom Mobilgerät zur Basisstation bzw. umgekehrt. Die Frequenzbänder sind in 124 Kanäle zu 200 kHz aufgeteilt, die so auf die Funkzellen verteilt werden, dass benachbarte Zellen sich nicht stören. Innerhalb einer Zelle können mehrere Frequenzen verwendet werden. Jeder Kanal wird im Zeitmultiplexverfahren in 8 Zeitschlitze unterteilt. Innerhalb eines Zeitschlitzes werden 144 Bit in 4,615 ms übertragen. Die physikalischen Nachrichtenübertragungskanäle sind durch die Anzahl und Position von Zeitschlitzen definiert.

GSM Funktionsprinzip

Die zulässige Mobilität der GSM-Nutzer hat einen komplizierten Verbindungsaufbau und auch Probleme beim Verlassen eines Funkzellenbereiches zur Folge. Deshalb führt jede Vermittlungsstelle zwei Register, ein Heimatregister HLR (Home Location Register) und ein Besucherregister VLR (Visitor Location Register).

Jedes Mobilgerät erhält vom Netzbetreiber eine Rufnummer für einen Heimatbereich und wird dort im HLR registriert. Der aktuelle Standort ist innerhalb eines GSM-Netzes beliebig. Ein eingeschaltetes Mobilgerät steht in Kontakt mit der nächstgelegenen Basisstation. Die zuständige Vermittlungsstelle registriert einen Eintrag mit der Rufnummer in ihr VLR und informiert die Heimat-Vermittlungsstelle. So ist die Lokalisierung eines Mobilgerätes über diese Vermittlungsstelle immer möglich.

GSM wird hauptsächlich für die mobile Sprachkommunikation eingesetzt, erlaubt jedoch auch Datenübertragungen mit 9600 bit/s Übertragungsgeschwindigkeit. Die verbesserten Verfahren GSM2+ und HSCSD (High Speed Circuit Switched Data) erhöhen die Übertragungsrate durch Multiplexing mehrerer Funkkanäle. Bei HSCSD können z.B. mit vier gebündelten Kanälen 57,6 kbit/s erreicht werden.

Funknetze mit höheren Übertragungsraten

Noch leistungsfähiger ist das Verfahren GPRS (General Packet Radio Service), bei dem gleichzeitig mehrere Funkzeitschlitze verwendet und Übertragungsgeschwindigkeiten von bis zu 171 KBit/s erreicht werden. Bei GPRS wird kein kontinuierlicher Datenstrom gesendet, sondern es werden Datenpakete vermittelt.

Wesentlich höhere Datenraten wird das Nachfolgesystem UMTS (Universal Mobile Telecommunications System) bieten. UMTS besitzt ein leistungsfähiges Trägernetz für die Vermittlungsstellen und ein hierarchisches Funkzellenkonzept. Die erzielbaren Übertragungsraten betragen 144 kbit/s in der Makroebene (weiträumig; max. 500 km/h Bewegungsgeschwindigkeit der mobilen Nutzer), 384 kbit/s in der Mikroebene (Nachbarschaftsbereich; max. 120 km/h) und 2 Mbit/s in der Pikozone (Gebäudebereich; max. 10 km/h).

Mit der Realisierung hoher Datenraten werden Funknetze auch für anspruchsvolle Rechnernetzanwendungen interessant.

6.3.2 Lokale Netze

6.3.2.1 Ethernet, Fast-Ethernet, Gigabit-Ethernet

Ethernet

Der traditionelle und am stärksten verbreitete Ansatz im Bereich der lokalen Netze ist das *Ethernet* mit einer Datenrate von 10 Mbit/s (standardisiert gemäß IEEE 802.3). Es basiert auf dem Netzzugangsprotokoll CSMA/CD (Carrier Sense Multiple Access with Collision Detection), das einen wahlfreien Zugriff verschiedener Stationen auf ein Übertragungsmedium ermöglicht. Die auftretenden Zugriffskollisionen werden durch Mithören während der Übertragung erkannt und durch Wiederholungsmechanismen aufgelöst. Dies kann zu Leistungseinbußen führen, so dass grundsätzlich eine Netzauslastung im Bereich unterhalb von 50 % zu empfehlen ist. Aufgrund der starken Verbreitung sind Ethernet-Komponenten inzwischen sehr preiswert. Die Technologie ist wegen ihrer begrenzten topologischen Ausdehnung allerdings nur für den lokalen Bereich geeignet. Multimedia-Datenströme können zwar prinzipiell via Ethernet übertragen werden, dabei sind aber keine Qualitätsgarantien möglich. Aus diesem Grunde kann es insbesondere zu Einschränkungen bei der Audioübertragung kommen. Das Netzmanagement ist dagegen vergleichsweise einfach, und auch die schrittweise Migration auf Technologien mit höherer Datenrate ist gut möglich. Hierzu zählen insbesondere:

FastEthernet - 100BASE-X/T - (IEEE 802.3u)

GigabitEthernet - 1000BASE-X/T - (IEEE 802.3z)

FastEthernet
GigabitEthernet

Die Ethernet-Weiterentwicklungen – *FastEthernet* (Datenrate 100 Mbit/s) und *GigabitEthernet* (Datenrate 1 Gbit/s) – basieren direkt auf dem Ethernet-Konzept und sind in Bezug auf die verwendeten Übertragungsformate weitgehend kompatibel. Somit ist eine Kopplung von Ethernet-Segmenten mit unterschiedlichen Leistungskenngrößen recht einfach zu realisieren. Im Vergleich zum Ethernet sind die höhere

Datenrate sowie die dadurch etwas günstigeren Eigenschaften in Bezug auf Multimedia-Kommunikation zu nennen.

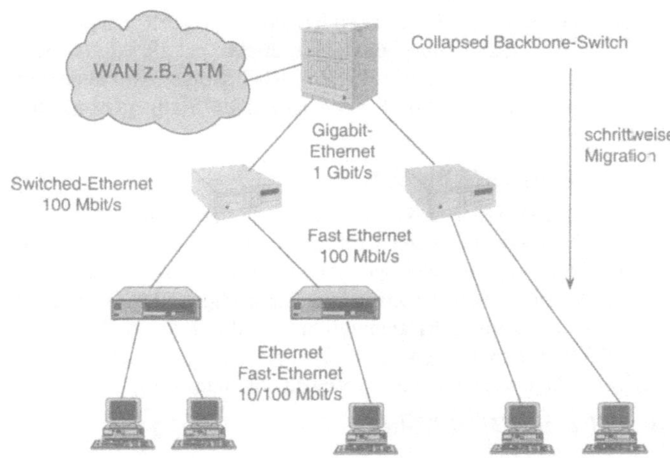

Abbildung 6.21 Backbone-Prinzip für den Einsatz von Fast-/GigabitEthernet

Die Spezifikationen von Fast- und GigabitEthernet lassen verschiedene Kabeltypen für unterschiedliche Übertragungslängen zu. Unter Beibehaltung der MAC-Protokolle können bei jeweils angepasster Gestaltung der physikalischen Schicht (PHY) sowohl LWL als auch Kupferkabel (UTP, STP) zum Einsatz kommen.

Beide Netzvarianten unterstützen die Konstruktion logischer Subnetze, die der physischen Topologie überlagert werden, in Form sogenannter virtueller lokaler Netze (VLAN) nach IEEE 802.1q, können jedoch keine Dienstgüteparameter (QoS) garantieren.

6.3.2.2 Tokenring, Highspeed-Tokenring

Der *Token Ring* ist ein weiteres traditionelles LAN-Konzept (standardisiert gemäß IEEE 802.5) und bietet Datenraten bis 16 Mbit/s. Im Gegensatz zum Ethernet erfolgt ein deterministischer Netzzugriff durch eine um das Netz rotierende Berechtigungsmarke (Token). Die Station, die den Token gerade besitzt, darf Daten übertragen und gibt den Token anschließend an ihren Nachfolger weiter. Somit sind Kollisionen ausgeschlossen. Aufgrund des deterministischen Zugriffs ist es möglich, zeitliche Garantien für die Dauer von Übertragungsvorgängen zu geben, die den Token Ring insbesondere für Echtzeitkommunikation als tauglich erscheinen lassen.

Tokenring

Eine der Ethernet-Migration vergleichbare Entwicklung kann in den letzten Jahren auch in der Tokenring-Welt beobachtet werden. So wird auch hier, ausgehend von der klassischen Variante mit Servern in den

Highspeed-Tokenring

Subnetzen, schrittweise über den Einsatz von Tokenring-Switches die Backbone-Kapazität erhöht und schließlich eine mehrstufige Switch-Topologie angestrebt. Dabei kann zwischen den Switches sowie zu einzelnen Servern mit dem Dedicated Token Ring (DTR - duplex 2 x 16 Mbit/s), dem Token Ring Piping (4 x duplex = 128 Mbit/s) oder dem High Speed Token Ring (HSTR – 100 Mbit/s) kommuniziert werden. Übertragungsraten von 1 Gbit/s sind mittelfristig zu erwarten.

6.3.2.3 ATM im LAN-Bereich

Die Vorteile ATM-basierter Netze favorisieren deren Einsatz in LAN speziell als Backbone sowie zur Anbindung multimedialer Endgeräte. Die damit einhergehende Heterogenität zu vorhandenen Installationen sowie der Wunsch, auch weiterhin die klassischen LAN-Dienste zu nutzen, haben zu Lösungsansätzen geführt, die durch das ATM-Forum und die IETF (Internet Engineering Task Force) gebündelt wurden. Einige Vorschläge seien hier stichwortartig charakterisiert:

Classical IP over ATM (IETF-RFC 1577):

> Kommunikation auf Basis des Internet-Protokolls (IP), das auf die Protokollschichten des ATM-Netzes aufgesetzt wird

> Zusammenfassung der am ATM-Netz angeschlossene Stationen zu logischen IP-Subnetzen (LIS)

> Adressauflösung von IP- zu ATM-Adressen innerhalb eines LIS über das ATM Address Resolution Protocol (ATMARP)

LAN Emulation (LANE) [6.11]:

> Einfügung einer MAC-Subschicht zwischen ATM und dem Netzwerkschichtprotokoll; es werden sowohl Ethernet- als auch Tokenring-MAC unterstützt

> Bildung eines oder mehrerer emulierte LAN (ELAN) über das ATM-Netz hinweg, mit je einem LAN Emulation Server (LES)

> Adressauflösung zuerst von Netzwerk- zu MAC-Adressen über Broadcast, anschließend von MAC- zu ATM-Adressen über LES

Multiprotocol over ATM (MPOA) [6.11]:

> Integration von LANE- und Classical IP-Ansätzen

> Unterstützung beliebiger Schicht-3-Protokolle ohne zusätzliche Router

> Aushandlung von Güteparametern (QoS – Quality of Service)

6.3.3 Zugangsnetze

Eine für die Zukunft anvisierte Netzhomogenisierung (z.B. in Richtung ATM) erfordert auch Migrationsüberlegungen im Teilnehmeranschlußbereich der Weitverkehrsnetze. Dabei steht gegenwärtig die schrittweise Heranführung von hochratigen Übertragungsstrecken von der Endvermittlungsstelle zum Teilnehmer im Mittelpunkt, wobei die Zielvorstellung lautet, Lichtwellenleiter bis in den Heimbereich (*FTTH – Fiber to the home*) zu verlegen. Entwicklungsschritte dahin werden mit FTTS/FTTC/FTTB (Fiber to the street/curb/building) bezeichnet. Um jedoch schon vor Erreichen dieses Ziels breitbandigen Netzzugang bereitzustellen, gibt es Bemühungen, bereits vorhandene Zugangsnetze, also Telefon- und TV-Kabelverteilnetz, übergangsweise für Breitbandkommunikation zu nutzen.

Fiber to the home

6.3.3.1 Digital Subscriber Line (DSL)

Der Nutzung vorhandener Telefonleitungen zum Angebot neuer und hochratiger Dienste widmen sich die unter xDSL zusammengefaßten Entwicklungsbestrebungen. Tabelle 6.3 gibt einen Überblick zu einigen Varianten dieser Technik.

Zugang über Telefonnetz

	DSL	SDSL	HDSL	ADSL	VDSL
Präfix x	-	symmetric	high data	asymmetric	very high data
Datenrate upstream	128 kbit/s	768 kbit/s	1,544 Mbit/s / 2,048 Mbit/s	176 kbit/s - 640 kbit/s	1,6 - 7 Mbit/s
Datenrate downstream	128 kbit/s	768 kbit/s	1,544 Mbit/s / 2,048 Mbit/s	1,54 Mbit/s - 6,14 Mbit/s	12,96 Mbit/s - 51,84 Mbit/s
maximale Entfernung	5 km	3,5 km	5 km	4 km (640/6,14) 6 km (176/1,54)	1,4 km

Tabelle 6.3
Vergleich verschiedener xDSL-Varianten)

Grundprinzip ist hierbei eine zweckmäßige Aufteilung der Übertragungsbandbreite der vorhandenen Kupferkabel, wobei der niedere Frequenzbereich den klassischen Telefoniediensten (POTS – Plain Old Telephone Service) vorbehalten bleibt und in den höheren Frequenzbereichen zusätzliche Kommunikationskanäle eingespeist werden, wie in Abbildung 6.22 für *ADSL* angedeutet.

ADSL

Auf ein gesondertes Netzzugriffsprotokoll kann dabei verzichtet werden, da der Telefonanschluß im Gegensatz zum TV-Kabelverteilprinzip einen exklusiven, vermittelten Netzzugang bereitstellt. Andererseits ist die Übertragungskapazität der Telefonleitungen deutlich geringer als die der TV-Koaxkabel, so dass bei den DSL-Varianten spezielle Kodierungs- und Modulationsverfahren zur effektiven Bandbreiteauslastung erforderlich sind. ([6.1], [6.9])

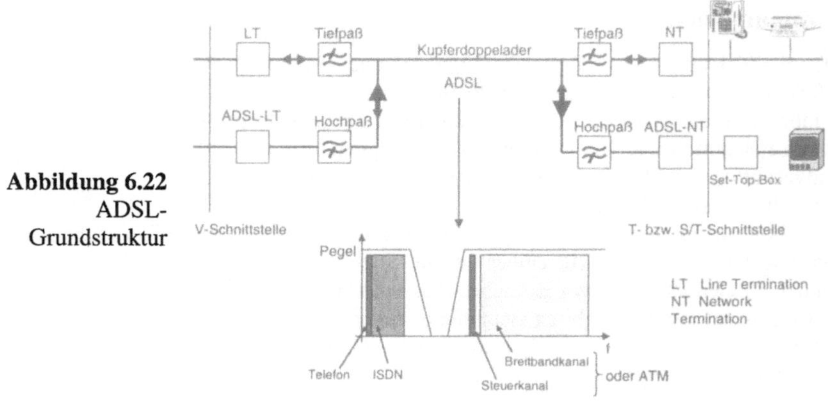

Abbildung 6.22
ADSL-
Grundstruktur

6.3.3.2 Broadband to the home (BTTH)

Zugang über Kabelfernsehnetz
Im Kabelfernsehnetz wird eine hybride LWL-Koax-Verkabelung (HFC – Hybrid Fiber/Coax) mit LWL von der Kopfstation bis zu den Verteilknoten und Koaxkabel zum Teilnehmer favorisiert. Die Übertragungsbandbreite wird aufgeteilt in:

0 - 5 MHz	frei
5 - 40 MHz	Aufwärtskanal (Sprache, Daten ...); in ca. 1 MHz breite Subkanäle geteilt
40 - 50 MHz	frei
50 - 450 MHz	Abwärtskanal für analoge TV-Kanäle zu je 6 MHz
450 - 1000 MHz	Abwärtskanal (Sprache, Daten, neue Dienste) in Subkanäle zu 6 MHz für eine Datenrate von je 30 Mbit/s geteilt

Abbildung 6.23 veranschaulicht dieses Versorgungsprinzip. Bezüglich des Netzzugriffsprotokolls, das gegenwärtig ethernetähnlich konfiguriert ist, wird mit der Standardisierung durch IEEE 802.14 eine Neuregelung zu erwarten sein [6.6].

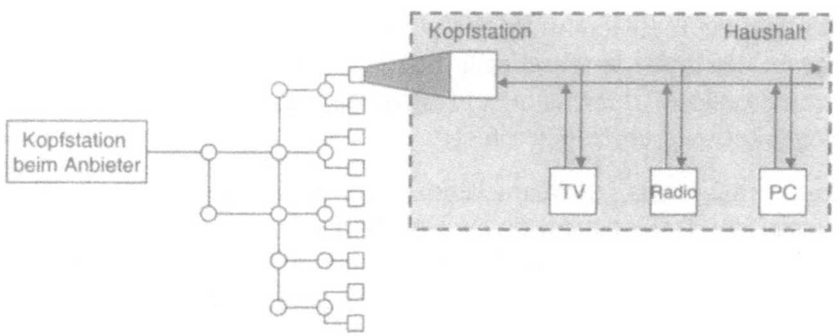

Abbildung 6.23
Nutzung des Fernsehverteilnetzes zur Breitbandkommunikation

6.4 Transportorientierte Dienste / Protokolle

6.4.1 Routing

Die Sicherungsschicht realisiert die Datenübertragung zwischen direkt gekoppelten Rechnern. Nur in einfachen Fällen sind aber alle Rechner eines Rechnernetzes direkt miteinander verbunden, z.B. bei Kopplung zweier Computer über ein Kabel, bei Nutzung eines gemeinsamen Sammelkanales in LAN oder Funknetzen und in Netzen mit vollvermaschter Topologie. In komplexeren Netzen, wie dem Internet, müssen die Datenpakete über mehrere Vermittlungsrechner (Router) bis zum Ziel geleitet werden. Gute Übersichtsdarstellungen sind in [6.26], in [6.10] und in [6.25] zu finden.

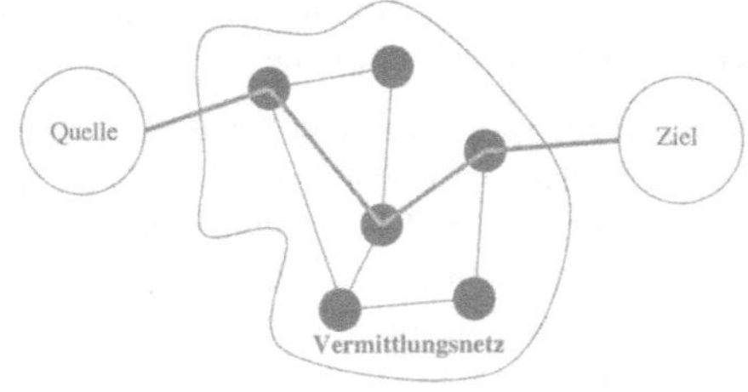

Abbildung 6.24
Wegewahl (Routing)

Dabei sind meist verschiedene Übertragungswege möglich (Abbildung 6.24) und es ergibt sich das Problem der optimalen Wegewahl (Routing).

Bei Netzen aus mehreren LAN ist es möglich, auf dem Niveau der Schicht 2 des ISO/OSI-7-Schichtenmodells durch intelligente Brücken das Routing zu realisieren. In Weitverkehrsnetzen erfolgt die Vermittlung in der dafür vorgesehenen Schicht 3. Im Weiteren wird nur auf verbindunglose Übertragung eingegangen, dass heißt jedes einzelne Datenpaket wird einzeln geroutet.

Routingalgorithmen

Ein Router muß seine Nachbarn kennen und in Abhängigkeit von der Zieladresse der Datenpakete einen Nachbarrouter mit der Weiterleitung beauftragen. Die erforderlichen Informationen stehen in Routingtabellen. Man spricht von statischem Routing, wenn diese Tabellen manuell konfiguriert werden. Nachteilig ist dabei, dass keine automatische Anpassung an veränderte Netzwerkbedingungen erfolgt. Beim dynamischen bzw. adaptiven Routing konfiguriert der Router sich selbst und kann automatisch auf veränderte Netztopologie und evtl. auch auf zeitweilige Ausfälle und Überlastungen reagieren. Dynamische Wegewahl realisieren der Distanzvektor-Algorithmus und der Link-State-Routing-Algorithmus.

Distanzvektor-Algorithmus

Beim *Distanzvektor-Algorithmus* besitzen alle Router eine Routingtabelle, in der zu allen bekannten Zieladressen der günstigste Weiterleitungsrouter und eine Kosteninformation verzeichnet sind. Kosten bewerten eine Übertragungsstrecke und können praktisch Zielabstand, Ausgabewarteschlangenlänge oder Übertragungszeit bedeuten. Die Router informieren periodisch oder bei Veränderungen ihre Nachbarn über ihre Übertragungskosten durch Senden eines Distanzvektors. Die Nachbarrouter speichern die empfangenen Distanzvektoren ab, addieren ihre Kosten und aktualisieren ihre Routingtabelle.

Link-State-Routing-Algorithmus

Beim *Link-State-Routing-Algorithmus* informiert jeder Router alle anderen über die Kosten der Verbindungen zu seinen Nachbarn. Damit kennt jeder Router die Eigenschaften aller Übertragungsstrecken im Vermittlungsnetz. Lokal wird dann aus diesen Informationen die Routingtabelle berechnet. Der Link-State-Routing-Algorithmus passt sich veränderten Netzbedingungen wesentlich schneller an.

Mit steigender Netzgröße wird auch der Overhead für die Vermittlung größer. In großen Netz wird deshalb ein hierarchisches Routing realisiert. Dabei wird das Vermittlungsnetz in Teilbereiche unterteilt, evtl. in mehreren Hierarchieebenen. Innerhalb eines Teilnetzes erfolgt dann ein normales Routing, das Weiterleiten von Datenpaketen in andere Teilnetze erfolgt über festgelegte Übergabestellen.

6.4.2 Internetprotokoll

Das Internet besteht aus einer Vielzahl unabhängiger Rechnernetze mit den unterschiedlichsten Netztechnologien.

Die Kommunikationsfähigkeit aller Rechner wird durch das Internetprotokoll IP erreicht, welches im Internet die Aufgabe der Vermittlungsschicht realisiert. Für die Anbindung der unteren Schichten existieren Lösungen für praktisch alle existierenden Rechnernetztechnologien, z.B. „IP over Ethernet" und „Classical IP over ATM".

IP realisiert eine verbindungslose Übertragung von Datenpaketen. Jedes einzelne Paket wird unabhängig von evtl. Vorgängern und Nachfolgern vermittelt. IP ist sehr robust, insbesondere werden selbständig Ersatzwege bei Leitungsausfällen realisiert. Die Dienstqualität ist dagegen relativ gering, da Übertragungsfehler, wie Paketverluste und Reihenfolgeverletzungen auftreten können.

Jeder Computer muß im Internet eine eindeutige Adresse besitzen. Beim klassischen Protokoll IPv4 hat eine IP-Adresse 32 bit Länge und wird mit vier durch Punkte getrennten Dezimalzahlen notiert. Die eigentliche Übertragung realisieren aber die unteren Schichten des Netzes, die keine IP-Adressen verwenden, sondern z.B. in LAN 48-Bit-MAC-Adressen. Der Ermittlung der Zuordnung der IP-Adressen zu diesen physischen Adressen dienen Hilfsprotokolle.

Adressierung

Die IP-Adressen sind mit Hilfe einer Maske untergliedert in einen Netzanteil und einen Hostanteil. Für das globale Routing ist nur die Netzadresse vorgesehen, damit die Routingtabellen nicht zu groß werden. Eine Substrukturierung innerhalb eines Netzes durch den Betreiber ist äquivalent möglich.

Die IP-Pakete können eine maximale Größe von 64 kByte annehmen. Sie bestehen aus einem max. 60 Byte großem Header und einem einem Datenteil. Im Header stehen die IP-Adressen von Quelle und Ziel und andere Informationen, wie eine Kontrollsumme zur Überprüfung des korrekten Empfanges, eine Lebensdauerinformation zum evtl. Verwerfen falsch vermittelter Pakete, und Informationen für ein evtl. erforderliches Fragmentieren von Paketen. Außerdem enthält der Header ein Optionsfeld, in dem z.B. bestimmte Vermittlungsrouten verlangt oder verboten werden können.

Paketaufbau

Das *Routing* von IP-Paketen basiert auf einer "next-hop"-Strategie. Folgende Weiterleitungsmöglichkeiten gibt es für einen Empfänger eines Datenpaketes. Erstens kann der eigene Rechner adressiert sein, dann erfolgt die Zustellung an eine Instanz der IP-Nutzerschicht. Zweitens kann der Zielrechner direkt erreichbar sein, z.B. als Nachbar oder in einem LAN. Drittens ist ein Transport zu einem nächsten Router erforderlich.

Routing

In einfachen Netzen erfolgt ein statisches Routing. So besitzt ein LAN in der Regel nur einen Gatewayrechner mit der Routerfunktion.

Allgemein wird zwischen internen und externen Routingprotokollen unterschieden, je nachdem ob ein Intranet vorliegt oder nicht. Verbreitet sind für das interne Vermitteln die dynamischen Protokolle RIP

(Routing Information Protocol), ein Distanzvektorverfahren, und OSPF (Open Shortest Path First), ein Link-State-Verfahren. Für die externe Vermittlung wird meist das Protokoll BGP (Border Gateway Protocol) genutzt, das einen modifizierten Distanzvektor-Algorithmus benutzt und umfangreiche Möglichkeiten der Routenbeeinflussung besitzt, z.B. Streckenwahl nach ökonomischen oder politischen Gesichtspunkten.

Für mobile Nutzer ist die territoriale Organisation des Internets von Nachteil, deshalb wurden Ergänzungen des Internetprotokolles vorgeschlagen, die unter Zwischenschaltung eines Agenten am Heimatstandort die Zustellung von Datenpaketen auch dann erlauben, wenn sich das Ziel in einem anderen Netz befindet.

Zum IP-Umfeld gehört auch das Steuerprotokoll ICMP (Internet Control Message Protocol), welches das Internetprotokoll zur Übertragung von Statusinformationen und Fehlermeldungen zwischen IP-Netzknoten nutzt.

Weiterentwicklung des klassischen Internetprotokolles

Theoretisch gibt es bei IPv4 ca. 4 Mrd. Adressen, praktisch jedoch bedeutend weniger, da der Adressvorrat nicht voll ausgenutzt werden kann. Ein Mangel an IP-Adressen ist abzusehen. Wesentliche Verbesserungen sind durch die Einführung eines neuen IP-Protokolles (IPv6) zu erwarten. Bei weitgehender Rückwärtskompatibilität zu IPv4 bietet IPv6 zusätzlich erweiterte Adressierungsmöglichkeiten, Autokonfiguration, vereinfachte Headerformate, Entlastung der Router, neue Möglichkeiten der Übertragung multimedialer Ströme, Unterstützung mobiler Teilnehmer und verbesserte Sicherheitsaspekte.

Mittelfristig wird weiterhin IPv4 gegenüber IPv6 dominieren. Deshalb sollten die Anwendungsrechner beide Protokolle beherrschen.

Häufig wird der Fall auftreten, dass zwischen IPv6-Rechner Nachrichtenpakete ausgetauscht werden und ein Teilstück mit IPv4 zu überwinden ist. Dafür wurden Tunnelstrategien entwickelt, bei denen die IPv6-Pakete in IPv4-Pakete eingekapselt werden.

Das Grundkonzept der verbindungslosen, nicht unbedingt zuverlässigen Kommunikation bleibt erhalten, ebenso die max. Paketgröße von 64 kByte. Die IPv4-Funktionen werden als Subset unterstützt.

Die IP-Adressen wurden auf eine Länge von 128 bit erweitert. Sie werden als eine Folge von acht durch Doppelpunkt getrennten vierstelligen hexadezimalen Zahlen dargestellt. Die größere Adresslänge erlaubt eine hierarchische Aufteilung des Adressraumes. Die Bildung regionaler Bereiche kommt einem effektivem Routing entgegen.

Ein IPv6-Paket besitzt einen Header von 40 Byte, gefolgt von den Nutzdaten. Der Header wurde gegenüber IPv4 vereinfacht. Damit wird die Auswertung in den Routern beschleunigt. Vorteilhaft ist die flexiblere Angabe von Dienstqualitätsparametern.

Ähnlich den Optionsfeldern in IPv4-Paketen gibt es bei IPv6-Paketen miteinander verkettete, optionale Erweiterungs-Header, die für spezielle Routing- und Verschlüsselungsinformationen bestimmt sind.

Die Netzadministration kann durch die Autokonfigurationsmechanismen von IPv6 erleichtert werden. So soll sich ein Rechner automatisch in eine Intranet-Umgebung einfügen.

IPv6 unterstützt die Mobilität von Teilnehmerrechnern. Diese besitzen eine permanente IP-Adresse an ihrem Heimstandort; bei einem Aufenthalt in einem anderen Netz wird dem Teilnehmerrechner dort eine neue temporäre IP-Adresse zugeteilt, die dem Heim-Proxy-Server mitgeteilt wird. Dieser übernimmt dann die Weiterleitung von Nachrichten für die Heimadresse.

Besonders komplex ist dieser Mechanismus, wenn ein Teilnehmer sich im Mobilfunknetz befindet, da hierbei die Zieladresse häufig wechselt.

Die Sicherheitsmechanismen im Internet sind für viele Anwendungen, z.B. im Geschäftverkehr, nicht ausreichend. IPv6 bietet die Sicherung der Integrität und Authentizität von IP-Paketen durch den Eintrag einer Prüfsumme über den Nachrichteninhalt in einen Authentication-Header. Bei Anforderung auf Vertraulichkeit werden auch die Nachrichteninhalte verschlüsselt.

6.4.3 Transportprotokoll

Die Internet-Protokollfamilie TCP/IP beinhaltet neben dem bereits erwähnten Internetprotokoll IP und anderen für die Vermittlung erforderlichen Protokollen noch die Transportprotokolle TCP (Transmission Control Protocol) und UDP (User Datagram Protocol).

Die Transportschicht bietet im Internet die Nutzerschnittstelle für die Anwendungsdienste, z.B. für den WWW-Dienst.

UDP ist ein einfaches verbindungsloses Transportprotokoll, welches dem Anwender evtl. Fehlerbehandlungen aufbürdet. UDP wird u.a. vom Netzwerkmanagementprotokoll SNMP (Simple Network Management Protocol) genutzt.

TCP bietet hingegen zuverlässige und fehlerfreie Vollduplexverbindungen. TCP zerlegt quellseitig die Nachrichten in numerierte Pakete und sendet diese über die IP-Schicht. Empfangene Pakete werden vom Zielrechner quittiert. Trifft keine Quittung ein, wird das Senden wiederholt. Empfangsseitig werden die Pakete nach ihrer Folgenummer sortiert, und evtl. Duplikate werden verworfen. Auf diese Weise wird die korrekte Übertragung von TCP-Nutznachrichten erreicht. Weiterhin realisiert TCP eine Flusssteuerung, damit im IP-Netz und beim Nachrichtenempfänger keine Überlastungen auftreten.

Die TCP/IP-Nutzerschnittstelle wird als Socket-API (Socket Application Programming Interface) bezeichnet. Die Endpunkte der Verbindung sind dabei jeweils durch einen Socketnamen charakterisiert (IP-Adresse des Rechners und eine 16-bit-Portnummer für den Anwendungsprozess). Die Portnummern sind zum Teil für bestimmte Anwendungen reserviert (z.B. 80 für einen WWW-Server-Prozess).

6.4.4 Reservierungstechniken

Das Internet auf Basis von IPv4 erlaubt die Übertragung multimedialer Ströme nur mit eingeschränkter Qualität. Die Verwendung von schnellen Netzen löst das Problem nur teilweise, da beim IP-Protokoll starke statistische Schwankungen der Übertragungszeit von Nachrichtenpaketen auftreten.

Eine Verbesserung kann durch Bandbreiten-Reservierung entlang der Übertragungsroute, dynamische Flusssteuerung, Pufferung der Daten beim Empfänger und Übertragung mit hoher Priorität erfolgen.

Damit die Übertragungswege effektiv genutzt werden, sollten Multimedia- und unkritische Datenströme parallel übertragen werden.

RSVP   Die erforderliche Dienstgüte kann am besten durch Reservierungstechniken erreicht werden. Das Internet *RSVP-Protokoll* (Resource Reservation Protocol) gestattet die Reservierung von Ressourcen, insbesondere einer ausreichenden Bandbreite. RSVP setzt auf dem IP-Protokoll auf und muß von allen beteiligten Netzknoten entlang der Übertragungsstrecke unterstützt werden.

Sender und Empfänger beteiligen sich an einer RSVP-Sitzung. Vom Sender werden Zustandsinformationen zum Übertragungsweg und zur Charakteristik des Datenstromes über alle Router hinweg zum Empfänger gesendet. Vom Empfänger werden über den gleichen Weg Zustandsinformationen zur Reservierung zurückgesendet. Gegebenenfalls läuft noch eine Bestätigung vom Sender zum Empfänger.

An die Reservierungsphase schließt sich die Nachrichtenübertragungsphase an. Das Flow-Label-Feld im Paketkopf von IPv6 kann dabei für die eindeutige Identifikation der Nachrichtenpakete auf reservierten Strecken dienen.

RSVP unterstützt auch Gruppenkommunikation und kann deshalb bei Videokonferenzen zur Gewährleistung der erforderlichen Dienstgüte eingesetzt werden.

Neben den Integrated Services (IntServ), die Reservierungen auf einem virtuellen Kanal vornehmen, gibt es auch Lösungsansätze für Differentiated Services (DiffServ). Bei dieser Technik der Dienstgütesicherung werden einige QOS-Klassen definiert und zugehörige Behandlungsregeln für die Weiterleitung von Datenpaketen in den Routern. DiffServ ist einfacher und hat Vorteile bezüglich der Skalierbarkeit auf große Netze, IntServ bietet bessere Möglichkeiten des Aushandelns von QOS-Parametern für einzelne Nachrichtenverbindungen. Gegenwärtig laufen Forschungsarbeiten zur optimalen Ergänzung beider Techniken.

6.5 Internetdienste und Verteilte Systeme

6.5.1 Internetdienste

Telnet

Telnet [6.15] ist eine Standardmethode zur Kommunikation von lokalen Terminals mit entfernten Anwendungsprogrammen bzw. Terminals auf der Basis eines einfachen, zeilenorientierten virtuellen Terminals. Der Nutzer kann auf Rechnern im Netz so arbeiten, als ob die eigene Tastatur und das Terminal direkt am entfernten Rechner angeschlossen wären - von zeitweise längeren Antwortzeiten bei langsamen Netzverbindungen abgesehen.

Telnet basiert hauptsächlich auf drei Ideen:

1. Network Virtual Terminal

   Beim Aufbau einer Telnet-Verbindung wird von beiden Kommunikationspartnern angenommen, dass netzwerkweit von einem einheitlichen virtuellen Terminal aus operiert wird. Telnet bildet die konkreten Eigenschaften der physikalischen Terminals der Kommunikationspartner auf das virtuelle Terminal ab; so benötigen Client und Server keine Kenntnis der Eigenschaften des Partnerterminals.

2. Aushandelbare Optionen

   Dieses Konzept erlaubt den Kommunikationspartnern Optionen auszuhandeln, die ihren Fähigkeiten entsprechen. Die Liste der zur Verfügung stehenden Optionen wurde im Laufe der Zeit ständig erweitert und beschränkt sich nicht nur auf die Eigenschaften von Terminals.

3. Symmetrische Verbindungen

   Protokollfunktionen und -mechanismen von Telnet können von
   beiden Partnern der Kommunikationsverbindung gleichberechtigt
   benutzt werden. Daher eignet sich das Telnet-Protokoll z.B. auch
   für die Interprozesskommunikation.

Folgende Verbindungen können aufgebaut werden:

- lokales Terminal zu einem entfernten Programm (Remote Login)

- lokales Terminal zu einem entfernten Terminal (Linking)

- lokales Programm zu einem entfernten Programm (Distributed
  Computing)

File Transfer Protocol (FTP)

Filetransfer Das *File Transfer Protocol* [6.16] dient der gemeinsamen Nutzung
von Files auf mehreren Rechnersystemen, dem Transfer von Files
zwischen verschiedenen Rechnersystemen und der vereinfachten
Durchführung von Fileverwaltungsfunktionen.

Dem Architekturmodell von FTP liegt das Client-Server-Prinzip
zugrunde. FTP-Server kann jeder Rechner sein.

Zentraler Bestandteil von FTP ist die Trennung von Steuer- und Da-
tenverbindung.

Der Client initiiert den Aufbau einer Verbindung zum FTP-Server und
schickt mit Steuerkommandos Parameter für die Datenübertragung an
den Server, die dieser beantwortet:

1. Die *Filetransferstruktur* (struct) gibt an, wie ein Quell-File auf ein
   Ziel-File abzubilden ist: unstrukturiert oder strukturiert (zeilen-
   bzw. seitenorientiert).

2. Der *Filetransfertyp* (type) wird zur Darstellung der Daten benutzt:
   ASCII oder BINARY.

   ASCII ist für die Übertragung von Textdateien entwickelt worden,
   weil die Darstellung des Zeilenendes unterschiedlich repräsentiert
   wird. Der sendende Rechner konvertiert die Daten in eine neutrale
   Form (*Network Virtual Terminal-ASCII*) und sichert damit, dass
   auf dem empfangenden Rechner wieder die jeweilige Form des
   Zeilenendes repräsentiert werden kann.

   BINARY ist u.a. für die Übertragung von Programmen und Bildern
   erforderlich. Eine Konvertierung findet nicht statt; d.h. nach der
   Übertragung eines Files ist dieses auf Client- und Server-Seite
   bitweise identisch.

3. Das *Filetransferformat* (mode) beschreibt die Übertragung der Daten über das Medium:

- Datenstrom ohne Strukur
- blockweise Übertragung oder
- einfache Datenkompression

Eine Besonderheit bilden Anonyme FTP-Server. Das sind frei zugängliche FTP-Server, auf denen große Mengen an unterschiedlichsten Dokumenten für fast alle denkbaren Rechnertypen zur Verfügung gestellt werden: Texte jeglicher Art in allen Formaten, Bilder, Videosequenzen, Sounddateien usw.

Für Anonyme FTP-Server braucht man keine individuellen Zugriffsrechte. Eine Verbindung kann man herstellen mit einem fest vereinbarten Nutzernamen wie beispielsweise *anonymous* und gegebenenfalls einem Paßwort.

Elektronische Post

In *E-Mailsystemen* wird der benutzereigene "Briefkasten" als Mailbox bezeichnet. Dieser besteht im Wesentlichen aus Ablagen (folders), in denen sich verschiedene Nachrichten (messages) befinden.   E-Mail

Im Internet wird für Electronic Mail das standardisierte Simple Mail Transfer Protocol (SMTP) verwendet und die Erweiterung Multipurpose Internet Mail (MIME). Letztere [6.17] bietet durch Erweiterung des Nachrichtenkopfes folgende zusätzliche Funktionalität:

1. Es können außer unformatierten Texten unter Verwendung des US-ASCII-Zeichensatzes Audio- und Videodaten, Grafiken oder formatierte Texte übertragen werden.

2. Der Nachrichtenkörper einer Mail ist in mehrere eigenständige Teile (multiparts) untergliederbar. Damit ist es möglich, in einer Mail Daten unterschiedlicher Typen zu versenden.

Es existiert eine Vielzahl von MIME-Implementierungen mit sehr unterschiedlicher Funktionalität: separates Versenden und Empfangen von Dateien mit einer Mail, Ver- und Entschlüsseln einer Nachricht, Hinzufügen einer elektronischen Unterschrift, automatische Bestätigung einer empfangenen Mail, Übersetzung einer Mail in eine andere Sprache u.a.

World Wide Web

World Wide Web (WWW) ist ein Kommunikationsdienst, der mit Hilfe von Hypermedia-Informationssystemen universellen Zugang zu global verteilten Dokumenten gewährt. Ausführliche Informationen sind im Kapitel 7 zu finden.   World Wide Web

MBone

MBone   Die Evolution des Internet hin zu einem voll integrierten Dienstenetz
ist in den vergangenen Jahren mit rapider Geschwindigkeit vorange-
schritten. Parallel zu den Entwicklungen im Bereich der Client-
Server-Kommunikation hat sich seit 1992 auch der Bereich der Nut-
zer-Nutzer-Kommunikation mit verschiedenen Echtzeitanwendungen
zu einer Massenanwendung etabliert. Applikationen, die z.B. das
Telefonieren über das Internet oder das Abspielen von Musik aus
entfernten Datenbanken ermöglichen, erfreuen sich steigender Beliebtheit. Diese Anwendungen basieren jedoch auf einfachen Punkt-
zu-Punkt Verbindungen. Greifen aber viele Zuhörer gleichzeitig auf
dieselben Ressourcen zu, führt dies zu einer Überlastung von Servern,
Netzen oder Routern.

Die synchrone Kommunikation (also Audio- oder Videokonferenzen),
bei der mehrere Zuhörer beteiligt sind, stößt auch bald an ihre Grenzen. Um dieses Problem zu lösen, bietet das Internet-Protokoll einen
besonderen Mechanismus zur Gruppenkommunikation - die Multi-
castadressierung.

Ein Sender schickt dabei nicht an jeden Empfänger eine Kopie seiner
Daten, sondern nur einmal an die Multicastadresse. Was perfekt z.B.
in einem Ethernet-LAN funktioniert, bei dem alle Gruppenempfänger
an demselben Übertragungsmedium angeschlossen sind, wird zum
Problem, wenn Zuhörer außerhalb des LANs an solch einer Kommunikation teilnehmen möchten. Deshalb wurden Routingverfahren
entwickelt, mit deren Hilfe es möglich ist, voneinander entfernte mul-
ticastfähige LANs zu koppeln.

Der MBone (Multicast Backbone) ist ein weltweit umspannendes
multicastfähiges Netz, welches auf der existierenden Internet-
Infrastruktur aufsetzt. Multicastpakete werden dabei von jedem Sender über eine Art virtuelle Baumstruktur zu den Gruppenempfängern
geschickt. Die Daten werden nur an den Knoten zu denjenigen Ästen
hin vervielfacht, an denen Empfänger vorhanden sind. Somit ist gewährleistet, dass kein unnötiger mehrfacher Verkehr den gleichen
Netzabschnitt durchzieht. Ein Videobild einer Konferenzübertragung
wird dadurch z.B. nur einmal aus den USA nach Europa versendet.
Hier wird es erneut weiterverteilt und erreicht jedes Land nur einmal
(vorausgesetzt es sind aktive Teilnehmer vorhanden).

Doch auch für andere neue Dienste - wie Mehrparteien-Konferenzen,
effiziente Übertragung von Lehrveranstaltungen, Versenden von
Newsgroups - ist Multicast interessant.

6.5.2 Verteilte Systeme

Die Entwicklung von Verteilten Systemen geht hin zu den sogenannten *Three-Tier-Architekturen*, die aus drei funktional unterschiedlichen Schichten bestehen:

Three-Tier-Architekturen

- der Präsentationsschicht, die die Funktionalität der Benutzeroberfläche zum Inhalt hat und auf der Client-Seite positioniert ist

- der Geschäftslogik-Komponente, die in Abhängigkeit vom inhaltlichen Gesichtspunkten auf Client- oder Serverseite oder einem weiteren Rechner untergebracht sein kann

- der Schicht der Datendienste, die auf der Basis von unterschiedlichen Datenbankservern (z.B. SQL, Oracle, Sybase) arbeiten können

Einleitend wurden bereits die wichtigsten aktuellen Middleware Lösungen erwähnt, von denen nun insbesondere der Remote Procedure Call (RPC) und die Common Object Request Broker Architecture (CORBA) vertieft werden sollen. Anschließend wird noch kurz auf Komponentensoftware, wie z.B. DCOM eingegangen.

Bezüglich weiterer Ansätze wie z.B. DCE, Transaktionsmonitore und Messaging Middleware sei etwa auf [6.22] verwiesen.

Der Remote Procedure Call (RPC)

Eines der ersten Modelle für die Kommunikation in Client-Server-Architekturen war der entfernte Aufruf von Prozeduren, der *Remote Procedure Call* (RPC).

Remote Procedure Call

Von einem Client aus, wird der Aufruf einer, entfernt auf einem Server abgespeicherten, Prozedur veranlaßt. Dieser Prozedur werden Parameter übergeben und danach wird die Prozedur ausgeführt. Die Ergebnisse dieser Verarbeitung werden vom Server an den Client zurückgeschickt.

Der grundlegende Ablauf der Kommunikation zwischen Client und Server ist in Abbildung 6.25 dargestellt.

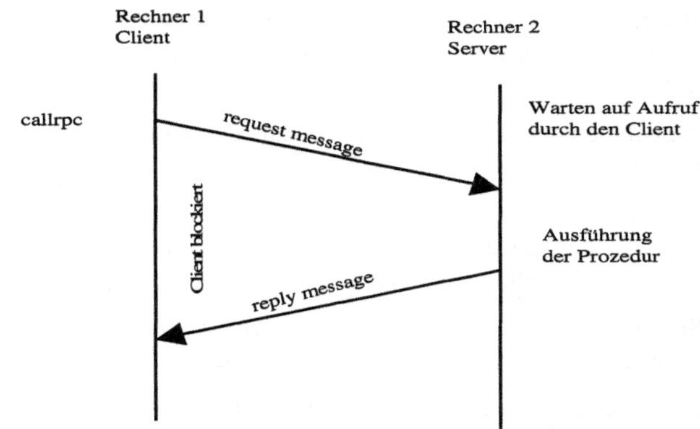

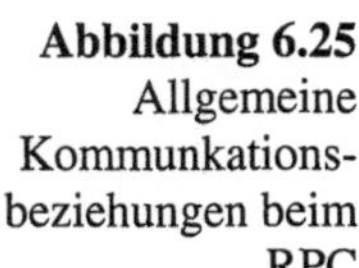

Abbildung 6.25
Allgemeine
Kommunkations-
beziehungen beim
RPC

Der Server befindet sich zu Beginn der Kommunikation in einem
Wartezustand. Er nimmt den Ruf vom Client entgegen, wertet die
empfangene Nachricht aus und veranlaßt die Ausführung der geforderten Prozedur. Die Verarbeitungsergebnisse werden an den Client
zurückgegeben. Nach Absenden des Rufes befindet sich der Client in
einem Zustand der Blockierung und behält diesen bis zum Empfang
der Verarbeitungsergebnisse bei.

Threads
Um die Zeiten dieser Blockierung zu minimieren existiert in verteilten
Systemen, z.B. dem DCE der OSF ein *Thread Service*, der auf Client-
und Server-Seite implementiert ist. Er ermöglicht es dem Client mehrere Aufrufe an den Server gleichzeitig abzusetzen. Ein Thread ist
jeweils für einen einzelnen Aufruf zuständig. Auf Server-Seite können
durch den Einsatz von Threads mehrere Aufrufe gleichzeitig entge-
gengenommen und bearbeitet werden. Durch den Einsatz solcher
Threads wird Nebenläufigkeit in den Kommunikationsbeziehungen
erreicht.

Stub-Prozeduren
Um den Anwendungen bzw. den Anwendungsprogrammierern eine
Schnittstelle für die Inanspruchnahme von entfernten Diensten anzubieten, die dem lokalen Aufruf einer Prozedur entspricht, sind auf
Client- und Server-Seite sogenannte *Stub-Prozeduren* vorhanden.
Aufgabe dieser Prozeduren ist es, die reibungslose Kommunikation zu
gewährleisten. Auf die Funktionalität dieser Stub-Prozeduren wird in
den Ausführungen zum Naming-Service innerhalb von CORBA noch
näher eingegangen.

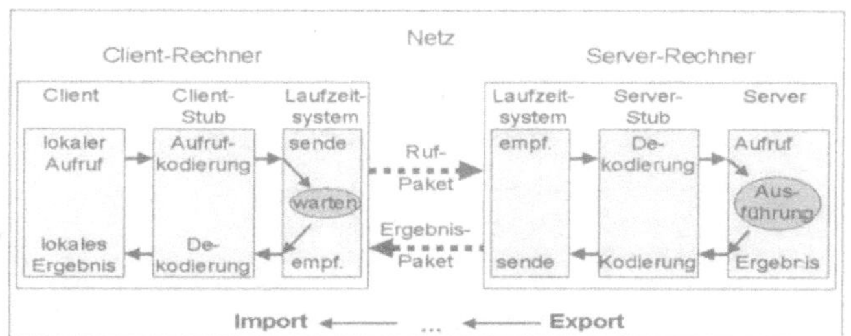

Abbildung 6.26
Detaillierter
Ablauf des RPC

CORBA - Common Object Request Broker Architecture

CORBA ist ein Standard, der von der OMG (Object Management Group) herausgegeben wurde. Diese Organisation ist ein Zusammenschluß von großen Softwareherstellern, Anwendern von Rechentechnik, Forschungseinrichtungen, Universitäten und staatlichen Stellen.

CORBA ein Standard der OMG

Innerhalb der OMG existieren sechs Mitgliederkategorien, die unterschiedliche finanzielle Beiträge leisten und daraus resultierende unterschiedliche Mitspracherechte bei der Entwicklung von Standards für Software besitzen. Ein Überblick über die Struktur und die Arbeitsweise der OMG ist von [6.12] aus zu erreichen.

In den von der OMG herausgegebenen Standards werden die Architektur und die Schnittstellen zwischen den Komponenten definiert. Eine Referenzimplementierung erfolgt in der Regel nicht. Dieses Vorgehen ermöglicht eine schnelle programmtechnische Spezifikation, führt aber auch zu einer Vielzahl von Produkten, die sich in ihrem Funktionsumfang teilweise deutlich unterscheiden. Die *OMA (Object Management Architecture)* ist mit ihren Komponenten in Abbildung 6.27 dargestellt.

Object Management Architecture

Der Object Request Broker (ORB)

Der *ORB* ist die zentrale Komponente der Gesamtarchitektur. Er stellt einen Basismechanismus dar, über den die Kommunikation der Anwendungsobjekte in einer verteilten heterogenen Umgebung abläuft. Als Basis hierfür dient ein einheitliches Interaktionsprotokoll, das IIOP (Internet Inter-ORB Protocol). Dieses Protokoll ermöglicht die systemunabhängige Interaktion zwischen heterogenen Partnern auf der

Basismechanismus ORB

Grundlage übergreifender Formatfestlegungen und setzt selbst wiederum auf TCP/IP auf.

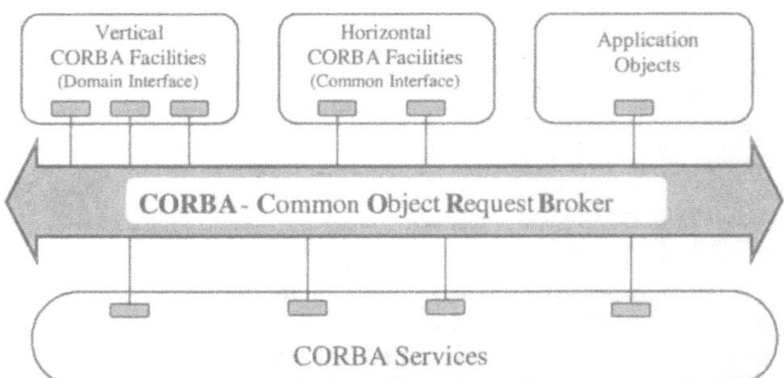

Abbildung 6.27
Die OMA und ihre
Komponenten

Aus der Sicht des Clients ergibt sich damit eine weitgehende Transparenz der Zugriffe auf die Anwendungsobjekte. Auch ein Unterschied zwischen lokalen und entfernten Aufrufen besteht aus der Sicht des Clients nicht. Die Formulierung der Aufrufe erfolgt in der IDL (Interface Definition Language).

Die Interface Definition Language IDL

Interface Definition Language IDL

Um die geforderte Transparenz für die Nutzer bzw. die Anwendungen zu gewährleisten, wird eine, von den lokal verwendeten Programmiersprachen unabhängige Sprache benötigt, welche die Beschreibung des verteilten objektorientierten Systems und seiner Schnittstellen zuläßt. Von der OMG wurde dafür die Interface Definition Language (IDL) standardisiert.

Durch Stubs, die aus einer IDL-Beschreibung generiert werden, wird ein Aufruf aus der lokal verwendeten Programmiersprache (C, C++, Java, ADA,..) in ein einheitliches Format umgesetzt, über den ORB zur Objektimplementierung auf dem Server weitergeleitet und dort wieder in die lokal verwendete Programmiersprache transformiert. Die Abbildungsregeln zwischen IDL und lokaler Programmiersprache sind in der Sprachbindung (Language Mapping) für die einzelnen Programmiersprachen zusammengefaßt. In der CORBA Version 3.0 sind Sprachanbindungen z.B. für C, C++, Smalltalk, ADA und Java vorgesehen.

In [6.13] wird ein guter Überblick über den Einsatz von Java und CORBA in Client/Server-Implementierungen gegeben.

Corba Dienste

Corba Dienste

In verteilten, heterogenen Systemen sind Dienste erforderlich, deren Funktionalitäten von vielen Anwendungen benötigt werden. In der OMA sind zwei Arten von Diensten vorgesehen:

Corba-Services: Dabei handelt es sich um Basisdienste, die von der OMG standardisiert wurden. Auf sie wird später noch eingegangen. Details sind in [6.3] zu finden.

Common Facilities: Das sind Dienste, die optional angeboten werden können. Sie unterteilen sich in die Horizontal Common Facilities (HCF), die allgemeine Funktionen anbieten, und die Vertical Common Facilities (VCF), die branchennahe Funktionen beinhalten.

Weitergehende Informationen zu den Common Facilities sind unter [6.4] zu finden.

Basisdienste für verteilte Anwendungen

Naming Service: Dieser Dienst bildet Namen von Objekten auf Objektreferenzen ab. Dadurch können Namenshierarchien entstehen. Der CORBA Standard ermöglicht die Einbindung von bereits existierenden Namensdiensten (X.500, DCE Cell / Global Directory Service, ...).

Diese Dienste werden zu Objekten erklärt, erhalten einen Namen und nutzen das vom Naming Service zur Verfügung gestellte, in IDL spezifizierte Interface. Dadurch wird eine recht flexible Integration vorhandener Verwaltungsmechanismen ermöglicht.

Event Management Service: Dieser Dienst propagiert asynchron die Zustandsänderung von Objekten. Von der OMG wurde ein Event Channel standardisiert, der die Möglichkeit bietet, Objekte nach dem Pull-Modell (Objekt erhält Informationen auf Anfrage) oder nach dem Push-Modell (Objekt erhält Information nach Eintreffen der Nachricht) über Ereignisse zu informieren.

Trading Service: Der Trader vermittelt Dienste und unterstützt ein Objekt bei der Suche nach einem geeigneten Service-Offer (Dienstanbieter). Der Trader registriert und speichert die Schnittstellen zu allen bei ihm angemeldeten Service-Offers, mit deren Eigenschaften und Leistungsparametern. Für die Auswahl eines geeigneten Dienstes ist es erforderlich, dass vom Objekt der gewünschte Service durch Quality of Service Parameter spezifiziert wird.

Basisdienste für die Datenhaltung

Security Service: Verteilte Anwendungssysteme werden in der Praxis nur akzeptiert, wenn gewährleistet ist, dass die Zugriffskontrolle auf alle Objekte jederzeit möglich ist. Die Sicherheitsmechanismen müssen die Kommunikation zwischen Client und Server mit folgenden Zielen überwachen:

Vertraulichkeit: Zugriff auf Informationen haben nur berechtigte Nutzer.

Integrität: Informationen können nur von berechtigten Nutzern, in festgelegter Art manipuliert werden.

Verantwortlichkeit: Jeder Nutzer ist für seine Manipulationen selbst verantwortlich, seine Aktionen werden so protokolliert, dass sie bewiesen werden können.

Verfügbarkeit: Das verteilte System steht dem Nutzer ohne Engpässe und Wartezeiten zur Verfügung.

Um diese Ziele zu erreichen, werden in CORBA die Sicherheitsmechanismen in den ORB eingebunden. Bei Aufruf eines Objektes durch den Nutzer werden die Authentisierung von Client und Server vorgenommen, die Autorisierung überprüft und mit der nachfolgenden Kommunikation protokolliert.

Um ein unberechtigtes Abhören zu verhindern, können kryptografische Verfahren, z.B. auf der Basis des Data Encryption Standards (DES) oder des Verfahrens von Rivest, Shamir und Adleman (RSA), eingesetzt werden. Für die sichere Kommunikation steht in CORBA, ab Version 2.2, ein einheitliches Protokoll, das Secure Inter-ORB Protocol (SECIOP), zur Verfügung.

Transaction Service: In verteilten Systemen tritt durch den gleichzeitigen Zugriff von mehreren Clients auf einen Server Nebenläufigkeit in den Serverobjekten auf. Das Gesamtsystem muß aber konsistent gehalten werden.

Der Transaction Service garantiert, dass eine Operation vollständig oder gar nicht ausgeführt wird. Das erfolgt in Zusammenarbeit mit dem Persistence Service (realisiert die persistente Abspeicherung von Objekten und Objektzuständen) und dem Consistency Control Service, der Thread-Mechanismen für die Organisation und Verwaltung der nebenläufigen Aufrufe zur Verfügung stellt. Durch Sperren von Ressourcen verhindert der Client, dass während seiner Transaktionen ein anderer Client ebenfalls auf diese Ressource zugreifen kann.

Der Concurrency Control Service stellt ein Zwei-Phasen-Commit-Protokoll zur Verfügung, welches alle Sperren bei Beendigung einer Transaktion automatisch wieder frei gibt. Dadurch wird gewährleistet, dass die geforderten Operationen von allen Servern realisiert bzw. korrekt ausgeführt werden können. Ist einer der beteiligten Server nicht in der Lage die Operation auszuführen, oder antwortet er auf die Anfrage nicht, so wird die gesamte Transaktion abgebrochen.

Heute sind bereits eine Vielzahl von CORBA-Produkten für die unterschiedlichen Hardwareplattformen auf dem Markt. Diese beinhalten oft nur eine begrenzte Teilmenge der CORBA Services. Der künftige Anwender sollte im Vorfeld recht genau wissen, welche Services er benötigt bzw. nutzen möchte und davon seine Kaufentscheidung abhängig machen.

Inzwischen haben eine Anzahl von Software-Firmen Produkte entwickelt, die in Form von Tools die Projektanden in die Lage versetzen, maßgeschneiderte verteilte Anwendungen für die unterschiedlichsten Prozesse zu entwickeln. Von Microsoft wird die Programmierarchitektur COM+ zur Verfügung gestellt, mit deren Unterstützung Applikationen als Componentware entwickelt werden können, die auf individuelle Geschäftslogik zugeschnitten sind.

Diese Architektur umfaßt die Programmierarchitektur von COM, eine Zusammenfassung von Diensten, sowie eine Laufzeitumgebung. In diese Architektur eingebunden sind der Microsoft Distributed Transaction Coordinator (MS DTC) der seinen Ursprung im MS SQL-Server hat und der Microsoft Transaction Server (MTS). Der DTC stellt seine Dienste für die Verwaltung der Transaktionen zur Verfügung und der MTS stellt die Laufzeitumgebung dar.

Im Zusammenhang mit Windows 2000 wird von Microsoft der Begriff der Windows-DNA (Distributed interNet Applications Architecture) geprägt und als Applikationsentwicklungsmodell auf den Markt gebracht. Einzelheiten zu COM+ lassen sich in [6.5] oder [6.24] nachlesen.

Tools für Verteilte Verarbeitung

6.6 Zusammenfassung

Der vorliegende Beitrag gab eine Übersicht über den Bereich der Rechnernetze und der verteilten Systeme. Es wurde verdeutlicht, dass standardisierte Netztechnologien und Protokolle eine wesentliche Basis für die verteilte Kommunikation in den verschiedensten Anwendungsbereichen darstellen. Die hohe Komplexität der erforderlichen Funktionalität wird dabei durch eine systematische Gliederung in Funktionsschichten bewältigt.

Aktuell zeigt sich weiterhin ein Trend zu einer intensiven Steigerung der Übertragsleistung der verschiedenen Technologien. So sind bereits erste Prototypen eines Ethernet mit 10 Gbit/s verfügbar, und auch im Bereich von ATM wird diese Größenordnung mittlerweile erreicht. Durch UMTS (Universal Mobile Telecommunication System) sind auch bei den Funknetzen erhebliche Leistungssteigerungen bis in den Bereich von mehreren Mbit/s zu erwarten.

Mittelfristig wird die Weiterentwicklung optischer Kommunikationstechnologien zusätzliche erhebliche Fortschritte mit sich bringen. So sind heute bereits Lösungen auf Basis von WDM (Wave Division Multiplex) verfügbar, die eine Vervielfachung der Übertragungsleistung einer Glasfaser auf der Basis von Wellenlängen-Multiplex ermöglichen. Durch Einführung optischer Vermittlungstechniken wird es ferner möglich, diese weitreichenden Leistungseigenschaften auch bei der Netzkopplung zu realisieren.

Im Bereich der Middleware zeichnet sich ein Trend zu komponentenbasierter Software ab, die ein hohes Maß an Wiederverwendbarkeit ermöglicht: Anwendungsbausteine werden aus Komponentenbibliotheken selektiert, geeignete parametrisiert und konfiguriert und anschließend zu einem Gesamtsystem integriert.

Wichtige aktuelle Beispiele hierfür sind etwa Enterprise Java Beans (EJB) sowie COM+ (Component Object Model). Schließlich sind auch bei den Internet-Protokollen Weiterentwicklungen zur Unterstützung noch größerer Teilnehmerzahlen sowie zur Realisierung mobiler Kommunikations-szenarien ersichtlich.

Eine völlig neue Dimension ergibt sich durch das aktuell vieldiskutierte „Ubiquitous Computing"; dabei werden beliebige Endgeräte bis hin zu kleinsten Embedded Devices in globale Netzinfrastrukturen, teilweise auf Basis von Funknetzen, integriert. Die darauf aufbauenden Anwendungsszenarien reichen von mobilen Tourismus-Informationssystemen bis hin zur Vernetzung und teilautomatischen Steuerung beliebiger Haushaltsgeräte.

6.7 Literatur

[6.1]   Aber, R.: *xDSL Supercharges Copper. Data Communications* (March 1997), 99 - 105

[6.2]   Chimi, E.: *High-Speed Networking*. Carl Hanser Verlag München Wien 1998

[6.3]   *CORBA, Services Available Electronically,* http://www.omg.org/library/csindx.html

[6.4]   *CORBA, Facilities Available Electronically,* http://www.omg.org/library/cfindx.html

[6.5]   Eddon, G.; Eddon, H.: *Inside COM+ Architektur und Programmierung*. Microsoft Press Deutschland Unterschleißheim, 2000

[6.6] Gareiss, R.: *Mapping a High Speed Strategy*. Data Communications (April 1997), 63 - 73

[6.7] Gerschau, L. (Hsgb.): *Strukturierte Verkabelung*. DATACOM-Buchverlag Bergheim 1995

[6.8] Hochmuth, M.; Wildenhain, F.: *ATM-Netze: Architektur und Funktionsweise. Intern.* Thomson Publ. Bonn 1995

[6.9] Huang, D.T.; Valenti, C.F.: *Digital Subscriber Lines: Network Considerations for ISDN* Basic Access Standard. Proc. of the IEEE 79 (1991) 2, 125 - 144

[6.10] Martin, J.;Leben, J.: *TCP/IP-Netzwerke Architektur, Administration und Programmierung*. Prentice Hall, München u.a O., 1994

[6.11] Minoli, D.; Alles, A.: *LAN, ATM, and LAN Emulation Technologies*. Artech House, Boston 1996

[6.12] OMG Object Management Group
http://www.omg.com

[6.13] Orfali, R.; Harkey, D.: *Client/Server Programmierung with Java and CORBA*, 2nd. Ed.; Wiley Computer Publishing, New York, 1998

[6.14] Proebster, W.E.: *Rechnernetze*. Oldenbourg, 1998

[6.15] RFC 854: *Telnet Protocol Specification*

[6.16] RFC 959: *File Transfer Protocol*

[6.17] RFC 2045: *Multipurpose Internet Mail Extensions*

[6.18] RFC 2616: *Hypertext Transfer Protocol -- HTTP/1.1*

[6.19] Sato, K.: *Advances in Transport Network Technologies*. Artech House Boston, London 1996

[6.20] Scheller, K. u.a.: *Internet: Werkzeuge und Dienste. Von Archie bis World Wide Web*; Springer Verlag Berlin, Heidelberg, 1994

[6.21] Schill, A; Hess, R.; Kümmel, S.; Hege, D.; Lieb, H.: *ATM-Netze in der Praxis*. Addison Wesley Longman Verlag Bonn u.a.O. 1997

[6.22] Schill, A: *Rechnergestütze Gruppenarbeit in verteilten Systemen*. Prentice Hall München, London, 1996

[6.23] Schill, A: *DCE – Das OSF Distributed Environment*. Springer Verlag, Berlin, New York, 2. Aufl., 1997

[6.24] Sessions, R.: *COM+ and the Battle for the Middle Tier*. Wiley Computer Publishing New York, 2000

[6.25] Stainov, R.: *IpnG Das Internetprotokoll der nächsten Generation*. *Intern*. Thomson Publ. Bonn u.a.O., 1997

[6.26] Tanenbaum, A. S.: *Computernetzwerke* (3. rev. Auflage). Prentice Hall, 1998

Kapitel 7

World Wide Web

von Volker Turau

Das World Wide Web (WWW) wurde Anfang der 90-ziger Jahre als Informationssystem für statische Dokumente entwickelt. Seit dieser Zeit fand eine enorme Entwicklung statt, treibende Kraft war der Erfolg im kommerziellen Bereich. Viele Anwendungen wie Informationssysteme oder Buchungssysteme werden zurzeit auf Web-basierte Systeme umgestellt. Der Web-Browser ist auf dem Weg, das universelle Front-End für viele Anwendungen zu werden. Web-basierte Techniken und Middleware Plattformen wie CORBA oder DCOM ergänzen sich sehr gut und verändern die Entwicklung verteilter Anwendungen. Es gibt wohl keine andere Innovation auf dem Gebiet der Informatik, welche in so kurzer Zeit eine so große Verbreitung gefunden hat.

7.1 Die Arbeitsweise des WWW

7.1.1 Das Protokoll HTTP

Das World Wide Web gehört zu der Gruppe der Client-Server Systeme. Es gibt im Prinzip zwei Arten von Teilnehmern in einem solchen System: Clients, sie stellen die Anfragen an die Server, welche ihrerseits diese Anfragen beantworten. Die Kommunikation zwischen Clients und Servern reguliert ein Protokoll. Für das WWW heißt dieses Protokoll HTTP (*Hypertext Transfer Protocol*). Das Protokoll legt die   HTTP Details der Kommunikation fest, der Aufbau der Verbindung und der Transport der Daten wird nicht geregelt. Die Kommunikation erfolgt

in der Regel über TCP/IP Verbindungen. Wie viele andere Internetprotokolle ist auch HTTP textbasiert. Wenn wir uns die Kommunikation
zwischen einem Web-Server und einem Web-Browser (d.h. einem Client) näher anschauen, so erkennen wir leicht die Grundstruktur dieses
Protokolls. Die Kommunikation beginnt damit, dass ein Web-Browser
ein Dokument anfordert. Hierzu muss er genau angeben, um welches
Dokument es sich handelt und auf welchem Server es sich befindet. Zur
Identifikation von Dokumenten wird ein spezielles Adressierungsschema verwendet. Ein Dokument (im weiteren Sinn, d.h. auch Bilder oder
Audiodaten) wird durch seine URL (*Uniform Resource Locator*) iden
URL tifiziert [7.2]. Eine URL legt sowohl den Server als auch das Dokument
fest. Darüber hinaus können noch weitere Angaben in der URL enthalten sein (Portnummer, Benutzereingaben etc.). Wird in das Eingabefeld
eines Web-Browsers eine URL eingegeben, dann geschieht vereinfacht
ausgedrückt folgendes:

- Der Web-Browser kontaktiert den in der URL angegebenen Web-
  Server. Es wird eine Verbindung aufgebaut.

- Der Web-Browser fordert das durch die URL referenzierte Dokument an.

- Der Web-Server schickt das angeforderte Dokument zurück.

- Der Web-Server schließt die Verbindung.

- Der Web-Browser analysiert die Metainformation.

- Der Web-Browser stellt das Dokument dar.

Im Folgenden wird ein einfaches Szenario betrachtet:
Ein Web-Browser fordert das Dokument mit der URL
`http://www.turing.de/skripte/netze.html` an. Nach
dem Verbindungsaufbau mit dem Server `www.turing.de` schickt
der Browser folgende Anfrage:

```
GET /skripte/netze.html HTTP/1.0
Connection: Keep-Alive
User-Agent: Mozilla/4.05 [en] (WinNT; I)
Host: www.turing.de
Accept: image/gif, image/jpeg, image/png, */*
Accept-Language: de,en,es
```

Der Aufbau dieser Anfrage ist sehr einfach. In der ersten Zeile wird
das gewünschte Dokument (`/skripte/netze.html`) und die verwendete Version des Protokolls angegeben. Zuvor wird in dieser Zeile
noch die verwendete HTTP Methode angegeben. Version 1.1 definiert

insgesamt sieben verschiedene Methoden, davon sind GET und POST
die wichtigsten. Die folgenden Zeilen enthalten zusätzliche Informationen über den Client und die Anfrage. Die Struktur ist sehr einfach:
In jeder Zeile steht ein durch einen Doppelpunkt getrenntes Name-Wert
Paar. Im Beispiel übermittelt der Client noch Angaben über die verwendete Software (`Mozilla/4.05 [en] (WinNT; I)`), den Namen des Zielservers (`www.turing.de`), die Mime-Typen der bevorzugten Bildformate (`image/gif`, `image/jpeg`, `image/png`,
`*/*`) und welche Sprachen er am liebsten hat (`de`, `en`, `es`). Die Antwort des Servers auf die obige Anfrage sieht wie folgt aus:

```
HTTP/1.0 200 OK
Date: Fri, 04 Feb 1999 14:34:11 GMT
Server: Apache/1.3.6
Content-Type: text/html
Content-Length: 2134
Last-Modified: Tue, 01 Feb 1999 16:04:11 GMT

<html>
   <head><title>Verf&uuml;gbare Skripte</title>
...
```

Die Antwort ist ebenfalls zeilenorientiert. Die erste Zeile enthält nach
den Angaben der verwendeten HTTP Version einen *Statuscode* in Form   Statuscode
einer dreistelligen Zahl und einem dazugehörenden Text. Ein Cli-
ent erkennt an dieser Zahl, ob die Anfrage erfolgreich war, bzw. ob
zusätzliche Aktionen notwendig sind. Der Statuscode 200 zeigt an, dass
die Anfrage erfüllt werden konnte. Ist unter der angegebenen Adresse
kein Dokument verfügbar, so zeigt dies der Server mit dem Statuscode
404 an. Es gibt etwa 40 verschiedene Statuscodes in HTTP 1.1. Auf die
Statuszeile folgen weitere Zeilen mit zusätzlichen Angaben zu dem Dokument. Die Syntax ist die gleiche wie bei den Angaben zur Anfrage.
Die Bedeutung der einzelnen Felder ist leicht zu erkennen:

- `Date:`   das aktuelle Datum,
- `Server:`   die Server Software,
- `Content-Type:`   der Mime-Typ des Dokumentes,
- `Content-Length:`   die Länge des Dokumentes in Bytes,
- `Last-Modified:`   das Datum der letzten Änderung.

Eine genaue Auflistung aller möglichen Angaben und deren Bedeutung
findet man in der Spezifikation von HTTP [7.5]. Nach diesen Angaben
schickt der Server eine Leerzeile. Ein Client erkennt an dieser Leerzeile, dass nun der eigentliche Inhalt des angefragten Dokumentes beginnt.

Er liest nun soviel Bytes, wie in dem Feld Content-Length angegeben sind. Fehlt diese Angabe, so liest ein Client bis der Server die Verbindung schließt.

7.1.2   Mime-Typen

Die Darstellung der verschiedenen Medientypen wie Text, Bild oder Ton erfordert spezielle Programme. Diese sind auch noch von den unterschiedlichen Datenformaten der Medientypen abhängig. Bei der Anforderung eines Dokumentes kann ein Web-Client angeben, welche Medientypen er darstellen kann bzw. bevorzugt (Abbildung 7.1). Viele Browser geben lediglich ihre bevorzugten Medientypen an, akzeptieren aber jeden Typ. Zur Angabe dieser Typen wird der MIME Standard (*Multipurpose Internet Mail Extensions*) verwendet [7.6]. Ein Web-Server schickt vor dem eigentlichen Dokument eine Antwortzeile mit dem Medientyp des Dokumentes. Ein Browser verwaltet eine Tabelle, die eine Zuordnung von Medientypen zu ihren Darstellungen enthält. Browser können Medientypen wie `text/html` oder `image/gif` darstellen, für andere benötigen sie Hilfsprogramme. Ist ein Medientyp eines empfangenen Dokumentes nicht in dieser Tabelle vorhanden, so bieten Browser den Benutzern an, das Dokument auf einem persistenten Speicher abzulegen. Die Tabelle mit der Zuordnung der Medientypen kann von Benutzern verändert werden und so das Spektrum der darstellbaren Dokumente erweitert werden (vergleichen Sie Abschnitt 7.3.1).

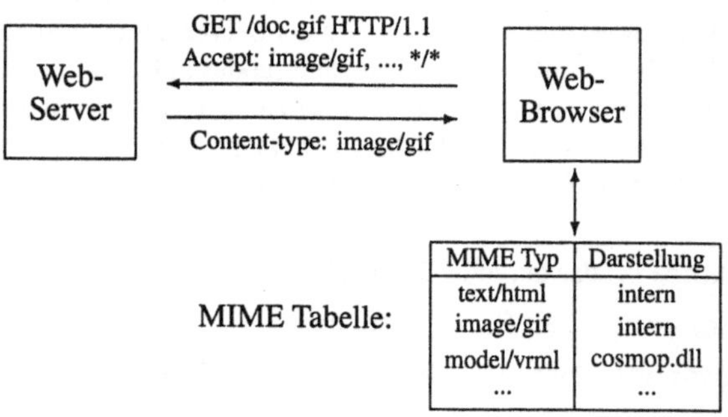

Abbildung 7.1
Übermittlung des
Mime-Typs

7.1.3   Web-Server

Ein Web-Server wartet auf seinem zugewiesenen Port (im Normalfall Port 80) auf Anfragen von Clients. Die Hauptaufgabe des Servers besteht darin, die zu den eingehenden Anfragen gehörenden Dokumente zu finden und den Inhalt zusammen mit der Zusatzinformation zurückzuschicken. Zum Auffinden der Dokumente wird dem Server ein Verzeichnis als so genanntes *Wurzelverzeichnis* zugewiesen. Alle Anfragen sind relativ zu diesem Wurzelverzeichnis. Die Anfrage `GET /skripte/netze.html` bezieht sich also auf die Datei `netze.html` im Unterverzeichnis `skripte` des Wurzelverzeichnisses. Fehlt bei einer Anfrage die Angabe einer Datei (z.B. `GET /skripte/`), so bezieht sich die Anfrage auf eine Defaultdatei in dem angegebenen Verzeichnis. Der Name dieser Datei ist in der Konfiguration des Servers festgelegt (z.B. `index.html`). Manche Server zeigen beim Fehlen dieser Datei eine Auflistung des Inhalts des angegebenen Verzeichnisses.

Wurzelverzeichnis

Das Protokoll HTTP legt nicht fest, dass ein angefragtes Dokument in einer Datei abgespeichert sein muss. Ein Server kann andere Programme zur Erzeugung der Dokumente aufrufen. Dies ermöglicht unter anderem den Zugriff auf Daten, welche statisch nicht im HTML-Format vorliegen. Ein wichtiges Beispiel sind Daten aus Datenbanken. Anstatt diese Daten statisch in HTML Dokumente zu transformieren und in Dateien abzuspeichern, kann ein entsprechendes Programm dies bei jeder Anfrage zur Laufzeit tun. Diese Vorgehensweise hat viele Vorteile. Eine redundante Haltung der Daten entfällt und die Dokumente enthalten immer die aktuellen Daten. Jede Änderung der Daten in der Datenbank ist bei der nächsten Anfrage schon sichtbar. Von Web-Servern aufgerufene Programme zur Erzeugung der Ausgabe nennen wir *Server-seitige Anwendungen*.

Zugriff auf
Datenbanken

Server-seitige
Anwendung

7.1.4 Auszeichnungssprachen

Das WWW ist ein verteiltes Hypertext-System. Die meisten Dokumente im Web sind mit der Auszeichnungssprache HTML (*Hypertext Markup Language*) ausgezeichnet [7.14]. Mit ihr kann die logische Struktur eines Dokumentes festgelegt werden. Die Bestandteile eines Dokumentes werden durch so genannte Tags repräsentiert. Dies sind in spitze Klamern eingeschlossene Schlüsselwörter, welche ein logisches Element des Dokumentes umfassen. In der Regel tritt jedes Tag als Paar auf, das den Beginn und das Ende eines darzustellenden Elementes beschreibt. Tags können ein oder mehrere Attribute haben. Verweise auf andere Dokumente (*Hyperlinks*) werden wie folgt angegeben:

HTML

Hyperlink

```
<a href="inhalt.html">Das Inhaltsverzeichnis</a>
```

Mit Hilfe eines Parsers erkennt ein Browser die Elemente des Dokumentes und erzeugt daraus ein Layout.

Prinzipiell dienen Auszeichnungselemente zur logischen Auszeichnung eines Dokumentes, allerdings gibt es inzwischen auch Elemente in HTML, welche von diesem Prinzip abweichen (z.B. Angaben über die Schriftgröße). Daneben gibt es noch Formularelemente zur Aufnahme von Benutzereingaben. Diese Mischung von inhalts- und darstellungsorientierten Tags erschwerte eine sinnvolle Weiterentwicklung von HTML. Spätestens mit Version 4 wurde klar, dass es nicht möglich sein würde, eine einzige Auszeichnungssprache zu definieren, die sämtliche Anwendungszusammenhänge mit Tags abdeckt. Das World Wide Web Konsortium (W3C) erarbeitete einen Standard, mit dem sich Web-Auszeichnungssprachen anwendungsspezifisch definieren lassen:

XML XML, die *Extensible Markup Language* [7.20]. Der Name der Sprache ist etwas irreführend: XML ist keine erweiterbare Auszeichnungssprache, sondern eine standardisierte Sprache zur Notation der Syntax von Auszeichnungssprachen (d.h. eine Sprache zur Beschreibung von kontextfreien Grammatiken).

Es gibt bereits mehrere Anwendungen von XML. Unter dem Namen XHTML XHTML (*Extensible Hypertext Markup Language*) wurde HTML neu formuliert, es handelt sich dabei um eine Familie möglicher Dokumenttypen, die HTML 4.0 entsprechen, es aber auch erweitern können.

WML Die *Wireless Markup Language* (WML) ist eine XML-Anwendung für Mobiltelefone und Personal Digital Assistants [7.19]. Über das *Wire-* WAP *less Application Protocoll* (WAP) können diese Geräte auf Web-Server zugreifen. Geplante Anwendungsfelder sind unter anderem der elektronische Handel und Bankgeschäfte. Die Sprache berücksichtigt, dass diese Geräte nur über einen kleinen Bildschirm und beschränkte Eingabemöglichkeiten verfügen.

XML beschreibt nur die logische Struktur eines Dokumentes, über die visuelle Darstellung sagt die Sprache nichts aus. Zu diesem Zweck XSL wurde die Sprache XSL (*Extensible Stylesheet Language*) entwickelt [7.21]. Mit ihr werden Stilvorlagen (*Stylesheets*) für XML-Dokumente beschrieben, um sie z.B. zwecks Darstellung im Web in HTML oder zum Druck auf Papier in PDF-Dokumente umzuwandeln. XSL ist ebenfalls eine XML-Anwendung. Diese Umwandlung soll zukünftig durch Clients durchgeführt werden. Diese laden neben dem XML-Dokument noch eine geeignete XSL Stilvorlage und nehmen die Umwandlung vor.

7.1.5 Web-Clients

Die primäre Aufgabe eines Web-Clients ist die Entgegennahme der Anfragen und die Darstellung der Dokumente. Die wichtigste Gruppe von

Web-Clients sind Web-Browser. Sie erzeugen für mit HTML ausgezeichnete Dokumente ein Layout und stellen das Dokument dar. Findet ein Browser so genannte inline-Elemente wie Bilder oder Frame-Dokumente, so startet er automatisch HTTP GET-Anfragen, um die entsprechenden Dokumente zu laden. Auf diese Art kann die Anfrage eines HTML-Dokumentes ohne Einwirkung des Benutzers mehrere Anfragen nach sich ziehen.

Enthält ein Dokument Hyperlinks, so hebt der Web-Browser diese farblich hervor. Wird ein solcher Verweis von einem Benutzer ausgewählt, so lädt der Browser das zugehörige Dokument mit einem GET Kommando. Web-Browser können in der Regel nur Text und einige Bildformate darstellen. Zur Darstellung anderer Medientypen wie Audiodaten oder Videos können sie sich externer Programme bedienen.

Das Protokoll HTTP sagt nichts über das Format der übertragenen Daten aus. Die Interpretation der Daten und ihre Darstellung ist Aufgabe der Clients. So können zum Beispiel Programme übertragen werden (Quellcode oder Maschinencode). Diese werden dann von Clients gestartet. Solche Programme nennen wir *Client-seitige Anwendungen*, da sie auf den Rechnern der Clients ausgeführt werden.

Client-seitige Anwendung

Neben Web-Browsern gibt es aber noch andere Web-Clients. Eine wichtige Gruppe sind so genannte *Web-Roboter*. Sie stellen automatisch Indizes für Suchdienste zusammen, in dem sie aus Dokumenten Schlüsselwörter extrahieren. Ein Web-Roboter startet mit einem Dokument und verfolgt dann rekursiv alle Verweise in diesen Dokumenten. Eine andere Aufgabe von Web-Robotern besteht in der Überprüfung der Gültigkeit von Verweisen in Dokumenten.

Web-Roboter

7.1.6 Web-basierte Anwendungen

Viele Anwendungen nutzen das WWW und verwenden Web-Browser als Benutzerschnittstelle. Sie stützen sich auf die weite Verbreitung dieser Programme. Die ansonsten notwendige Installation von Software auf den Rechnern der Benutzer entfällt dadurch. Dies fördert natürlich die Verbreitung einer Anwendung. Solche Anwendungen werden im Folgenden Web-basiert genannt. In Abhängigkeit ihres Ausführungsortes können Sie in zwei Gruppen aufgeteilt werden: Server-seitige und Client-seitige Anwendungen. Server-seitige Anwendungen sind für die Erzeugung bzw. Bereitstellung der Daten verantwortlich. Client-seitige Anwendungen sind für die Darstellung der Daten und die Benutzerinteraktionen zuständig. Die Möglichkeiten, welche diese Aufteilung erlaubt und die Offenheit des Protokolls HTTP und der Auszeichnunsgsprache HTML sind ein entscheidender Faktor für die stürmische Entwicklung des WWW.

Abbildung 7.2 zeigt die in diesem Kapitel verwendete Klassifikation von Web-basierten Anwendungen.

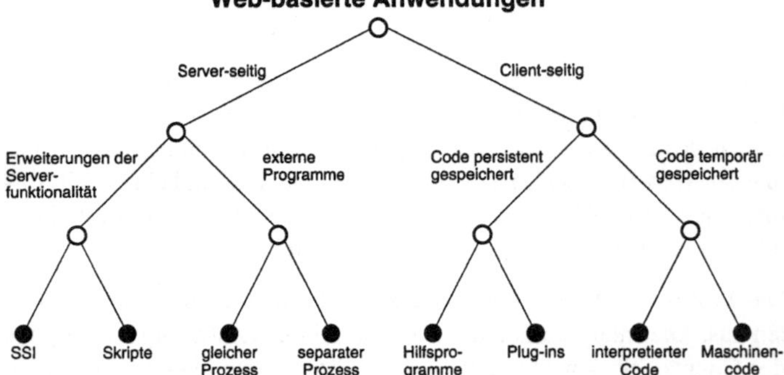

Abbildung 7.2
Klassifikation Web-basierter Anwendungen

7.1.7 Sicherheit

Web-basierte Anwendungen sind aus verschiedenen Gründen mit einem höheren Sicherheitsrisiko verbunden als Anwendungen auf Rechnern, welche nicht mit einem Netzwerk verbunden sind. Sie verwenden komplexe Dienste wie DNS oder IP-Routing und Sicherheitslücken in diesen Diensten wirken sich direkt auf die Anwendungen aus (siehe Kapitel 6). Die verwendeten Basiskomponenten Web-Server und Web-Browser sind komplexe Programme. Der Marktdruck zwingt die Hersteller dieser Komponenten zu immer kürzeren Entwicklungszyklen, was in letzter Zeit oft zu Produkten mit Sicherheitslücken führte. Die Erweiterbarkeit von Servern und Browsern und die Einfachheit, mit der Erweiterungen sogar von Laien vorgenommen werden können (z.B. das Installieren eines aus dem Internet geladenen Plug-ins), machen diese Komponenten sehr verletzlich. Mit der Ausführung von in Web-Seiten eingebetteten Anwendungen durch Browser wird einem unbekannten Programm der Zugriff auf lokale Ressourcen gegeben. Bei entsprechender Konfiguration der Browser kann dies sogar für Benutzer unbemerkt passieren. Damit wird einem potentiellen Angreifer eine breite Angriffsfläche geboten.

Die Verwendung eines Web-Browsers empfinden Benutzer oft als anonym und nicht nachvollziehbar. Dies stimmt allerdings nur zu einem gewissen Grad. So erlaubten z.B. die ersten Versionen von JavaScript die Weitergabe der Adressen der schon besuchten Sei-

ten. Erweiterungen des Protokolls HTTP durch so genannte *Cookies*   Cookie
ermöglichen das Sammeln von Informationen über Benutzerverhalten
bezogen auf einen Web-Server [7.9].

Die Konfiguration von Web-Servern ist eine komplexe Aufgabe und
Fehler können gravierende Folgen nach sich ziehen. Diese Gefahr
erhöht sich durch den Einsatz Server-seitiger Anwendungen. Dies kann
dazu führen, dass Unbefugte Zugang zu vertraulichen Informationen
bekommen oder sogar die komplette Kontrolle über ein System erlangen und diesem Schaden zufügen können.

Im Folgenden werden auch die im Zusammenhang von Web-basierten
Anwendungen auftretenden Sicherheitsprobleme diskutiert. Nicht betrachtet werden Probleme, welche von der Server- oder Browser-
Software an sich ausgehen und solche, welche durch die Verwendung
anderer Dienste oder bei der Übertragung der Daten entstehen. Diese Problematik wird an anderer Stelle ausführlich behandelt [7.7, 7.12,
7.16].

7.2 Server-seitige Anwendungen

Web-Server sind für die Bereitstellung der Daten zuständig. Ursprünglich waren alle Daten in Dateien abgespeichert. Server-seitige
Anwendungen ermöglichen den Zugriff auf Daten, welche nicht statisch vorliegen und auch nicht mit HTML ausgezeichnet sind. Die Daten können aus komplexen Informationsquellen (wie z.B. Datenbanken)
stammen oder dynamisch erzeugt werden. Bei Server-seitigen Anwendungen muss unterschieden werden zwischen externen Programmen,
welche von Servern gestartet werden und Erweiterungen der Server-
funktionalität (Abbildung 7.2). Auch muss zwischen Anwendungen
unterschieden werden, welche komplette Dokumente erzeugen und solchen, welche nur Teile in bestehende Dokumente einfügen.

7.2.1 Common Gateway Interface

Der erste Schritt in Richtung dynamisch erzeugter Dokumente bildete das *Common Gateway Interface (CGI)*. Ein CGI-Programm reali-   CGI
siert den interaktiven Zugriff auf eine Informationsquelle, sodass die
Information für einen Client wie eine Datei auf einem Web-Server erscheint. Auf diese Art können leicht komplexe Anwendungen erstellt
werden: Zugriff auf Datenbanken, Datenvisualisierung, Datenerfassung
etc. Ein CGI-Programm ist ein ausführbares Programm. Bei jeder Anfrage startet der Web-Server dieses Programm in einem separaten Pro-

Umgebungs-
variable

zess. Zur Übergabe von Daten (beispielsweise die Adresse des Clients oder Formulareingaben) an das Programm belegt der Server *Umgebungsvariablen* mit festgelegten Namen. Diese werden dann von dem Programm gelesen. Dieses schreibt das erzeugte HTML-Dokument einfach auf die Standardausgabe, der Web-Server liest die Daten von dort ein und schickt sie unverändert an den anfragenden Client. Die Popularität von CGI-Anwendungen rührt unter anderem daher, dass sie fast mit jeder Programmiersprache erstellt werden können. Die Sprache muss nur den Zugriff auf Umgebungsvariablen und auf Standardeingabe bzw. -ausgabe unterstützen. Existierende Anwendungen können dadurch auch leicht auf verschiedene Web-Server portiert werden.

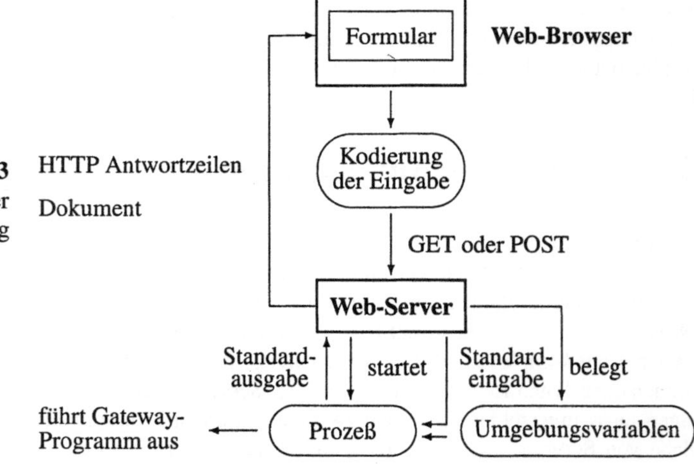

Abbildung 7.3
Ablauf einer
CGI-Anwendung

CGI-Anwendungen sind hauptsächlich für einfache Anwendungen geeignet. Das folgende Beispiel zeigt einen in Perl geschriebene Seitenzugriffszähler ohne Fehlerbehandlung. Die nicht dargestellte Routine *grafic_zaehler()* erzeugt aus der Anzahl der Zugriffe eine Grafik und schreibt die Daten auf die Standardausgabe.

```perl
#!/usr/local/bin/perl
....
$zaehler_datei = "zaehler.txt";
if (open (FILE, "<" . $zaehler_datei)) {
    $zugriffe = <FILE>;
    close(FILE);
    if (open (FILE, ">" . $zaehler_datei)) {
        $zugriffe++;
        print FILE $zugriffe;
```

```
        close(FILE);
    } else {
        &return_error(500, "Fehler", "Datei nicht
        beschreibbar");
    }
} else {
    &return_error(500, "Fehler", "Datei nicht lesbar");
}
&graphic_zaehler();
exit(0);
```

Werden die Anwendungen komplexer, so stößt man bald an die Grenzen
von CGI. Der Zugriffszähler ist nicht sehr effizient. Bei jedem Zugriff
wird die Datei geöffnet, der Wert ausgelesen, der neue Wert geschrieben und am Schluss wird die Datei wieder geschlossen. Da der Dateizugriff nicht prozessübergreifend synchronisiert wird, kann die parallele
Ausführung des Programmes zu Fehlern führen.

Viele Vorgänge laufen bei einer Web-Anfrage innerhalb des Web-
Servers ab, das CGI-Konzept ermöglicht aber nicht den Zugang zu diesen Interna (Authentifizierung, die Zuordnung von URLs zu Pfadnamen
etc.). Web-Server erzeugen für jede CGI-Anfrage einen eigenen Prozess. Darin liegt der wohl größte Nachteil dieser Technik. Der mit jeder
Anfrage einhergehende Verbrauch von Betriebssystemressourcen kann
sich negativ auf die Verfügbarkeit des Servers auswirken. Des Weiteren
wird dadurch die Realisierung von sitzungsorientierten Anwendungen,
d.h. die Umsetzung eines Transaktionskonzeptes sehr erschwert.

7.2.2 Web-Server-APIs

Aufgrund der beschriebenen Defizite wurden alternative Protokolle zur
Kommunikation zwischen Web-Server und Anwendungen entwickelt.
Kennzeichnend für diese Protokolle ist, dass nicht mehr für jede Anfrage ein neuer Prozess gestartet wird. Die Anwendungen werden bei
der ersten Anfrage dynamisch geladen und verbleiben dann im Speicher. Anfragen werden innerhalb von separaten Threads bearbeitet. Die
Kommunikation erfolgt über Funktionsaufrufe. Hierzu stellen Web-
Server entsprechende Schnittstellen zur Verfügung (*Application Programming Interfaces (APIs)*). Beispiele hierfür sind ISAPI für den Microsoft Internet Information Server, die Apache-API für den Apache
Web-Server und Java Servlets von Sun Microsystems.

Web-Server-API

Realisiert werden solche Anwendungen mit dynamisch ladbaren Bibliotheken. Web-Server-APIs vereinfachen viele Anwendungen wie z.B.
den oben diskutierten Zugriffszähler. Die Anzahl der Zugriffe wird in

einer Variablen gehalten. Diese wird beim erstmaligen Laden der Anwendung mit dem Wert aus der Datei initialisiert. Beim Entladen der Anwendung (z.B. beim Herunterfahren des Servers) wird der aktuelle Wert wieder in die Datei geschrieben. Wird der Zugriff auf diese Variable synchronisiert, kann die Anwendung von mehreren Benutzern parallel verwendet werden.

Web-Server-APIs haben viele Vorteile gegenüber CGI-Anwendungen: bessere Performanz, Zugriff auf interne Strukturen des Web-Servers, einfache Realisierung eines Transaktionskonzeptes etc. Diesen Vorteilen stehen einige Nachteile gegenüber: da die APIs verschieden sind, lassen sich Anwendungen in den meisten Fällen nur schwer von einem Web-Server zu einem anderen portieren, Anwender sind an die vorgegebene Programmiersprache gebunden. Die Erstellung von Anwendungen ist im Vergleich zu CGI-Programmen aufwendiger, so sind beispielsweise detaillierte Kenntnisse über die Schnittstelle erforderlich.

Mit Server-APIs lassen sich einige technische Nachteile von CGI-Anwendungen überwinden. Ein zentrales Problem von Web-basierten Anwendungen wird aber nicht gelöst, sondern es wird eher noch größer: Die Trennung von Anwendungslogik und Anwendungspräsentation. Web-basierte Anwendungen haben immer eine grafische Benutzeroberfläche. Die Anforderungen an das Design von Web-Seiten ist mit der Verbreitung des WWW in kommerzielle Bereiche stark angestiegen. Der HTML-Code des erzeugten Dokumentes steht im Quellcode der Anwendung. Daraus ergibt sich der Nachteil, dass jede Änderung des Layouts eine Neuübersetzung erfordert. Schwerwiegender ist jedoch der Umstand, dass entweder der Programmierer auch gestalterische Kenntnisse haben muss oder der Gestalter auch programmieren können muss.

Betrachten wir als Beispiel eine web-basierte Buchhandlung mit einem sehr großen, sich ständig ändernden Angebot an Büchern. Die Daten zu den Büchern wie Autor, Titel und Preis werden zweckmäßigerweise in einer Datenbank gehalten. Es ergeben sich zwei inhaltlich relativ klar voneinander abgegrenzte Aufgaben:

- Zugriff auf die Daten, Speicherung von Bestellungen, Umsetzung der Warenkorb Metapher und

- Gestaltung der Bestellformulare, Suchmasken und Buchbeschreibungen in HTML.

Die erste Aufgabe erfordert Datenbank- und Programmierkenntnisse, während die zweite Aufgabe gestalterische Fähigkeiten verlangt. Es

gibt leider nur wenige Personen, welche in beiden Bereichen ausgebil-
det sind. Eine Trennung der beiden Aspekte Anwendungsprogrammierung und Design ist daher wünschenswert. Ein weiterer Unterschied
fällt bei der Betrachtung der verwendeten Werkzeuge auf. Designer
arbeiten vorwiegend mit grafischen Editoren, während zur Erstellung
von Programmen Texteditoren oder spezielle Entwicklungsumgebungen verwendet werden.

Eine saubere Trennung dieser beiden Aufgabenbereiche ist sehr schwer
und sicherlich auch nur bis zu einem gewissen Grad zu realisieren. Idealerweise arbeiten beide Gruppen, Programmierer und Designer, mit ihren bevorzugten Werkzeugen.

Bei CGI- oder Server-API Anwendungen werden HTML-Anweisungen
in den Programmcode eingebettet (als Strings in Ausgabeanweisungen).
Der Quellcode ist also kein HTML-Dokument sondern ein Programm
der verwendeten Programmiersprache. Die Bearbeitung kann also nicht
mit einem HTML-Editor erfolgen. Das folgende Beispiel zeigt einen
Ausschnitt aus einem *Servlet*, welches Daten aus einer Datenbank dar-   Servlet
stellt. Die Methode `init` wird beim erstmaligen Laden und die Methode `destroy` beim Entladen des Servlets einmal aufgerufen. Bei jedem
Aufruf des Servlets wird die Methode `doGet` innerhalb eines eigenen
Threads aufgerufen. Der HTML-Code wird mit Hilfe der Anweisung
`out.println` ausgegeben.

```java
public class DBServlet extends HttpServlet {
  Connection verbin;
  String query = "Select Name, Address from suppliers";

  public void init() {// Oeffnen der DB Verbindung}
  public void destroy() {// Schliessen der DB Verbindung}
  public void doGet(HttpServletRequest req,
                    HttpServletResponse res)
                        throws IOException, ServletException {
    ResultSet rs;
    res.setContentType("text/html");
    PrintWriter out = res.getWriter();
    out.println("<h1 align='center'>Firmenverzeichnis</h1>");
    out.println("<table border='1'>");
    out.println("<tr><th>Name</th><th>Adresse</th></tr>");
    try {
        rs  = verbin.createStatement().executeQuery(query);
      while(rs.next())
          out.println("<tr><td>" +rs.getString(1) +
              "</td><td>" + rs.getString(2) + "</td></tr>");
      rs.close();
    } catch (SQLException s) {
      throw new UnavailableException("DB Fehler");
    }
  }
}
```

7.2.3 Server-Side Includes

Die gerade beschriebene Vorgehensweise lässt sich auch umkehren: Programmcode wird in HTML-Dokumente eingebettet. In diesem Fall liegt weiterhin ein HTML-Dokument vor, welches mit einem entsprechenden Editor behandelt werden kann. Die erste Umsetzung dieser Vorgehensweise wurde durch den NCSA Web-Server realisiert und wird *Server-Side Includes (SSI)* genannt. Hierbei werden in HTML-Dokumente einfache Anweisungen eingefügt. Anders als im normalen Betrieb wird der Inhalt eines solchen Dokumentes vom Server nach eingebetteten Anweisungen untersucht und diese werden ausgeführt. Die von den Anweisungen erzeugte Ausgabe wird anstelle dieser in die Dokumente eingefügt. Danach wird das gesamte Dokument an den Client geschickt.

Server-Side Includes stellen je nach Server zwischen 5 und 10 Anweisungen zur Verfügung. Der Umfang der verfügbaren Anweisungen hängt vom Web-Server ab. Die Syntax für SSI ist sehr einfach und ähnelt der Syntax für HTML-Elemente. Da nur zusammenhängende Teile in Dokumente eingefügt werden können und diese auch nachträglich nicht mehr verändert werden können, sind die Möglichkeiten von SSI jedoch relativ beschränkt.

7.2.4 Server-seitige Skripte

Das Prinzip von SSI wurde zu so genannten Server-seitigen Skripten oder aktiven Server-Seiten erweitert. Anstatt einem festen Satz von Anweisungen wird hier eine komplette Programmiersprache zur Verfügung gestellt. Anweisungsfolgen der Programmiersprachen können in Dokumente eingefügt werden. Ein Web-Server enthält in diesen Fällen einen Interpreter, welcher die eingebetteten Programmstücke (durch besondere Auszeichnungselemente gekennzeichnet) interpretiert und die Ausgabe in die Dokumente einfügt. Für den Apache Web-Server gibt es beispielsweise ein Modul mit einem Interpreter für die populäre Server-seitige Skript-Sprache PHP (Personal Home Page).

Eine zweite Vorgehensweise besteht darin, die Dokumente mit den Anweisungen in äquivalente CGI-Programme oder Server-API Anwendungen zu übersetzen (dieser Schritt ist für Anwender transparent). Die generierten Programme werden dann zur Laufzeit ausgeführt. Java Server Pages verwenden diese Alternative.

Zwar werden die Aufgaben Design und Programmierung auch hierbei noch nicht sauber getrennt, die Verwendung von Interpretern macht jedoch Neuübersetzungen nach Änderungen überflüssig. Da es sich syntaktisch gesehen um HTML-Dokumente handelt, können HTML-Editoren verwendet werden. Werden die Anwendungen komplizierter, so steigt der Umfang der eingebetteten Programmstücke an. Dies erschwert eine getrennte Entwicklung von Präsentation und Programmlogik. Wünschenswert wäre eine Auslagerung der Programmfragmente. Dadurch würde sich der in die Dokumente eingefügte Code auf wenige Anweisungen beschränken.

Viele Server-seitige Skriptsprachen stellen spezielle Objekte mit einer vorgegebenen Schnittstelle zur Verfügung. Diese Objekte können in Anwendungen verwendet werden. Sie sind entweder Bestandteil der Sprache oder über Bibliotheken verfügbar. Das nächste Beispiel zeigt eine Server-seitige JavaScript-Anwendung (SSJS), welche zum Zugriff auf eine Datenbank das JavaScript-Objekt *database* verwendet.　SSJS

```
<html><head>
<title>Abteilungsberichte</title>
  <server>
    // Aufbau der Datenbankverbindung
    database.connect("dbServ", "user", "pw", "abtdB");
 </server>
</head>
<body>
<table border="2">
<tr>
  <th>Abteilungsnummer</th> <th>Abteilungsleiter</th>
  <th>Standort</th> <th>Jahresetat</th>
</tr>
  <server>
    // Anfrage ausfuehren, zeilenweise Ausgabe der Antwort
    deptCursor = database.cursor("select * from abteilung");
    while (deptCursor.next()) {
      write("<tr><td>" + deptCursor.nummer + "</td>");
      write("<td>" + deptCursor.leiter + "</td>");
      write("<td>" + deptCursor.ort + "</td>");
      write("<td>" + deptCursor.etat + "</td></tr>");
    }
    deptCursor.close();
  </server>
</table></body></html>
```

Neben Sprachen mit einen festen Satz von Objekten gibt es auch Sprachen, bei denen neue Objekte erstellt werden können. Im Idealfall werden diese von Programmierern erstellt und können danach in Dokumenten verwendet werden. Dabei werden die Objekte durch einfache Methodenaufrufe konfiguriert und miteinander verbunden.

An dieser Stelle wird eine neuere Entwicklung auf dem Gebiet der Softwaretechnik eingesetzt: Softwarekomponenten und Anwendungsframeworks. Dies sind Bibliotheken von Objekten und Komponenten, welche die Erstellung von Anwendungen für bestimmte Bereiche erleichtern. Softwarekomponenten sind unabhängige Einheiten, welche zu größeren Anwendungen zusammengefügt werden können. Die Konfiguration und Kombination von Komponenten erfolgt durch Skriptsprachen oder durch so genanntes *visuelles Linking* innerhalb von Werkzeugen. Softwarekomponenten fanden bisher hauptsächlich bei der Erstellung grafischer Benutzeroberflächen Verwendung, sie eignen sich aber auch für andere Anwendungsgebiete. Bekannte Softwarekomponenten-Modelle sind *ActiveX* von Microsoft oder *Java Beans* von Sun Microsystems.

Für den Einsatz in Server-seitigen Anwendungen eignen sich Softwarekomponenten sehr gut. Sie ermöglichen eine bessere Trennung von Anwendungsprogrammierung und Design. Die Komponenten werden von Programmierern mit speziellen Werkzeugen erstellt und eventuell schon konfiguriert. Die fertigen Komponenten können dann entweder mittels Skriptsprachen angepasst und in HTML-Dokumente integriert werden oder direkt in speziellen HTML-Editoren verwendet werden. Oft werden zur Erstellung der Komponenten komplexe Programmiersprachen wie C++ oder Java eingesetzt, zur Einbettung in Dokumente werden einfache Skriptsprachen wie JavaScript oder VBScript verwendet.

7.2.5 Active Server Pages

Active Server Pages (ASP) von Microsoft waren eines der ersten Systeme, welche ein Anwendungsframework für Server-seitige Skripte zur Verfügung stellten. Es handelt sich dabei um eine Erweiterung des Microsoft Internet Information Servers. Diese besteht aus einer Laufzeitumgebung für die Verarbeitung von ASP-Skripten zur Aufrufzeit einer Seite und aus mehreren ActiveX-Komponenten, welche das ASP-Framework bilden. Die Laufzeitumgebung ist mit ISAPI, der Server-API von Microsoft, realisiert. Es gibt keine eigene ASP-Programmiersprache, es können vielmehr mehrere Skriptsprachen verwendet werden. Voraussetzung für die Verwendung einer Sprache ist ein entsprechender Interpreter in Form einer ActiveX-Komponente.

Das folgende Beispiel zeigt die Verwendung der Komponente `ContentRotator` aus dem ASP-Anwendungsframework. Diese Komponente liest bei jedem Aufruf einen Text aus einer Datei und fügt diesen in das Dokument ein. Der ausgewählte Text wird dabei zufällig aus den Texten in der Datei ausgewählt. Die Einbindung erfolgt mit Hilfe der Sprache VBScript. Zur Unterscheidung der Anweisungen von HTML-Code werden diese durch die Zeichenketten <% und %> begrenzt. Insgesamt stehen in ASP mehr als zehn verschiedene Komponenten zur Verfügung. Selbst erstellte AktiveX Komponente können ebenfalls verwendet werden.

```
<html><body>
  <h2 align="center">Produktcenter</h2>
  Testen Sie unser neues Produkt:
  <%
    Set Tip = Server.CreateObject("MSWC.ContentRotator")
    Tip.ChooseContent("/info/produkte.txt")
  %>
  .....
</body></html>
```

ASP-Anwendungen werden neben dem weit verbreiteten Microsoft Web-Server nur von wenigen anderen Servern unterstützt. Dies erschwert die Portierung von ASP-Anwendungen.

7.2.6   Java Server Pages

Die von Sun Microsystems entwickelte Server-seitige Skriptsprache *Java Server Pages* (JSP) stützt sich auf die Programmiersprache Java und auf *Java Beans*, dem Softwarekomponenten-Modell von Java [7.15]. Da Java unter verschiedenen Betriebssystemen einsetzbar ist und JSP von vielen Web-Servern unterstützt wird, lassen sich JSP-Anwendungen leicht portieren. Durch die konsequente Integration von Java Beans und der Einführung von Tag-Bibliotheken wird gegenüber anderen Server-seitigen Technologien eine wesentlich weitergehende Aufteilung zwischen Anwendungsprogrammierung und Oberflächengestaltung erreicht.

Die Integration von Komponenten in Web-Dokumente erfolgt über spezielle Tags, d.h. die von HTML bzw. XML bekannte Syntax wird beibehalten. JSP stellt einige Tags standardmäßig zur Verfügung, Benutzer können darüber hinaus eigene Tags definieren. Die Syntax dieser Tags entspricht der von XML Elementtypen. Die Semantik wird durch die Implementierung vorgegebener Java Interfaces festgelegt. Das folgende Beispiel zeigt eine JSP-Anwendung, welche Daten aus einer Datenbank anzeigt.

```
<%@ taglib uri="http://berlin/tags/dbTags" prefix="db"%>
<html>
<head><title>Abteilungsberichte</title></head>
<body>
 <db:verbindung id="con" config="db.xml">
   <db:anfrage id="abtData" verbindung="con"/>
   <jsp:setProperty name="abtData" property="query"
   value= "Select nummer, leiter, etat from abteilung
           where ort = <%=request.getParameter(\"Ort\")%>"/>
   <h2>Abteilungen in <%=request.getParameter("Ort")%></h2>
   <jsp:useBean id="table" type="db.table"
               beanName="db.AbteilungsTabelle"/>
   <jsp:setProperty name="table" data="abtData"/>
   <jsp:setProperty name="table" spaltenNamen=
           "Abteilungsnummer, Abteilungsleiter, Jahresetat"/>
   <jsp:getProperty name="table" property="htmlTabelle"/>
 </db:verbindung>
</body></html>
```

Die Anwendung verwendet zwei benutzerdefinierte Tags: *db:verbindung* und *db:anfrage*. Die Bedeutung dieser Tags ist in der
Tag-Bibliothek *Tag-Bibliothek dbTags* festgelegt. Die Implementierung dieser Tags ist für Benutzer nicht von Bedeutung. Das Tag *db:verbindung* realisiert den Aufbau einer Verbindung zu einer Datenbank. Alle Konfigurationsparameter (Name der Datenbank, Treiber, Benutzerkennung etc.) sind in der Datei *db.xml* festgelegt. Das Verbindungsobjekt steht im Weiteren unter dem Namen *con* allen Elementen der Anwendung zur Verfügung. Die Verbindung wird beim Erreichen des zugehörenden End-Tags wieder geschlossen. Führt ein Tag ein neues Objekt ein, so wird mit dem Attribut *id* der Name für dieses Objekt festgelegt.

Das Tag *db:anfrage* ist für die Durchführung der Datenbankanfrage zuständig. Der Wert des Attributes *verbindung* referenziert das oben erzeugte Verbindungsobjekt. Die auszuführende SQL-Anfrage wird mit dem nächsten Tag festgelegt. Das Ergebnis der Anfrage ist unter dem Namen *abtData* verfügbar.

Eine Besonderheit an dieser Stelle ist die Verwendung des impliziten Objektes *request*. Jeder JSP-Anwendung stehen mehrere Objekte standardmäßig zur Verfügung. Diese können ohne Vereinbarung oder Initialisierung verwendet werden. Das Objekt *request* repräsentiert die Anfrage.

Der restliche Teil der JSP-Anwendung ist für die Umsetzung des Anfrageergebnisses in eine HTML-Struktur zuständig. Zu diesem Zweck wurde eine Softwarekomponente zur Darstellung von HTML-Tabellen entwickelt. Mit einem entsprechenden Werkzeug wurde die Tabelle konfiguriert (Hintergrundfarbe, Überschriften, Rahmendicke etc.). Die
Serialisierung konfigurierte Komponente wurde dann serialisiert und in der Datei *Ab-*

teilungsTabelle im Verzeichnis *db* abgespeichert. Komponenten werden mit dem Tag *jsp:useBean* in JSP-Anwendungen eingefügt. Mit dem Tag *jsp:setProperty* können Eigenschaften von Komponenten verändert und mit *jsp:getProperty* können Werte von Eigenschaften in Dokumente eingefügt werden. Im vorliegenden Fall enthält die Eigenschaft *HTMLTabelle* den HTML-Quellcode.

Tabelle 7.1 fasst die Eigenschaften von Server-seitigen Anwendungen zusammen.

| | **Programmieraufwand** | **Anwendungen** | **Abhängigkeit von** | |
			Server	**Programmiersprache**
SSI	sehr gering	Wiederverwendung von Dokumententeilen	gering	keine
CGI	mittel	Dezidierter Zugriff auf Informationsquellen	keine	fast keine
Skripte	mittel	dito	hoch	sehr hoch
Server-API	hoch	komplexe oder kooperative Anwendungen	hoch	meistens C/C++
Servlets	mittel	dito	mittel	nur Java

Tabelle 7.1
Gegenüberstellung Server-seitiger Anwendungen

7.2.7 Sitzungsorientierte Anwendungen

HTTP ist ein zustandsloses Protokoll: ein Server kann nicht feststellen, dass eine Folge von Anfragen von dem selben Client kommt. In den meisten Fällen wird sogar für jede Anfrage eine neue Verbindung aufgebaut. Für einfache Anwendungen ist diese Vorgehensweise vollkommen ausreichend. Neuere Anwendungen wie *Electronic Commerce* erfordern jedoch ein *Sitzungskonzept*. Einzelne Anfragen müssen individuellen Clients zugeordnet werden und der Server muss in der Lage sein, Informationen über Anfragen hinweg zu verwalten. Ein wichtiges Beispiel hierfür ist ein Online-Buchladen. Ein Anwender fordert seitenweise Beschreibungen von Büchern an und entscheidet jeweils, ob er das Buch kaufen möchte. Der Server muss für die Dauer einer Sitzung den *Warenkorb* des Kunden, d.h. die Liste der gekauften Bücher, verwalten. Zu jedem Zeitpunkt kann der Anwender seinen Warenkorb einsehen, verändern und schließlich eine Bestellung aufgeben.

Damit ein Server die Zugehörigkeit einer Anfrage zu einer Sitzung erkennen kann, muss ein Client bei jeder Anfrage ihn eindeutig identifizierende Informationen mitschicken. Im Folgenden werden Alternativen zur Übertragung dieser Informationen vorgestellt.

7.2.7.1 Authentifizierung durch Web-Server

Web-Server unterstützen die Authentifizierung von Benutzern um den Zugang zu Teilen des Web-Angebotes einzuschränken. Zu diesem Zweck verwaltet ein Server eine Liste von Namen und Passwörtern. Des Weiteren werden einzelne Dokumente oder ganze Verzeichnisse als geschützt markiert. Jeder geschützten Ressource wird eine Liste mit den Namen der berechtigten Benutzer zugeordnet. Kommt eine Anfrage an eine geschützte Ressource, so antwortet der Server mit dem HTTP Statuscode 401. Kennt der Web-Browser Benutzername und Passwort für den angefragten Server, so schickt er die Anfrage erneut mit diesen zusätzlichen Angaben (als Klartext oder verschlüsselt). Ansonsten wird diese Information zuerst vom Benutzer erfragt und dann für weitere Anfragen im Web-Browser temporär gespeichert.

Neben der Zugangskontrolle kann die Benutzerkennung auch zur Sitzungsverfolgung verwendet werden. Eine Server-seitige Anwendung hat Zugriff auf diese Angaben und kann anhand des Benutzernamens Anfragen Sitzungen zuordnen. Dieses Verfahren lässt sich sehr leicht umsetzen. Der Hauptnachteil besteht darin, dass nur beim Web-Server registrierte Benutzer an Sitzungen teilnehmen können. Die Registrierung lässt sich im Allgemeinen nicht dynamisch durchführen. Viele Anwender sind auch nicht bereit, sich explizit anzumelden. Um diese Hürde zu umgehen, ist eine anonyme Sitzungsverfolgung vorzuziehen.

7.2.7.2 Versteckte Felder in Formularen

HTML Formulare erlauben die Angabe von so genannten versteckten Feldern. Diese werden nicht durch einen Browser dargestellt. Sie werden bei der Übertragung einer Anfrage aus einem Formular mitgeschickt. Serverseitige Anwendungen können diese versteckten Felder auslesen und so die Zugehörigkeit zu einer Sitzung erkennen. Bei der
Sitzungskennung ersten Anfrage wird eine eindeutige *Sitzungskennung* erzeugt und in einem versteckten Feld zum Client geschickt.

```
<form>
  ...
  <input type="hidden" name="sitzungsID" value="2k303">
</form >
```

Schickt der Client das Formular zurück, so erkennt eine Server-seitige
Anwendung anhand der Sitzungskennung, zu welcher Sitzung die Anfrage gehört. Das Antwortdokument enthält wieder ein Formular mit
dem gleichen versteckten Feld. Diese Technik funktioniert nur für dynamisch erzeugte Seiten. Des Weiteren ist die Realisierung recht aufwendig und somit auch sehr fehleranfällig. Verwenden Benutzer lokal
gespeicherte Kopien einer Seite oder ändern sie gar die Werte der versteckten Felder vor dem Abschicken, so kann eine Anfrage nicht mehr
eindeutig einer Sitzung zugeordnet werden. Der Hauptvorteil liegt darin, dass die Sitzungsverfolgung anonym ist und keine speziellen Anforderungen an Client- oder Server-Software stellt.

7.2.7.3   Umschreiben von URLs

Beim so genannten *URL Rewriting* wird jede URL in einer Sei-   URL Rewriting
te bei jeder Anfrage dynamisch modifiziert, sodass sie eine eindeutige Sitzungsnummer enthält.   Zur Umsetzung gibt es mehrere Möglichkeiten: zusätzliche Pfadangaben, angehängte Parameter
und modifizierte URLs. Diese Alternativen sind im Folgenden für
die URL `http://sanfrancisco.de/buecher/liste` und die
Sitzungskennung `2k303` dargestellt.

```
http://sanfrancisco.de/buecher/liste/2k303
http://sanfrancisco.de/buecher/liste?sitzungsID=2k303
http://sanfrancisco.de/buecher/liste;$ID$2k303
```

Die Vor- und Nachteile sind ähnlich wie bei versteckten Feldern in For-
mularen. Allerdings unterstützen nicht alle Web-Server die Modifizierung von URLs so weit, dass auch statische HTML-Dokumente verwendet werden können. Vorteilhaft ist, dass keine Formulare benötigt
werden.

7.2.7.4   Cookies

Ein so genanntes *Cookie* wird zwischen Web-Browser und Web-Server
hin- und hergeschickt und enthält Daten. Ein Server kann mit den HTTP
Headern der Antwort beliebig viele Cookies an den Client schicken.
Darin kann zum Beispiel eine Sitzungskennung enthalten sein. Ein
Web-Browser speichert die Angaben in einem Cookie temporär oder
persistent in einer Datei und schickt die Cookies bei allen zukünftigen
Anfragen an diesen Server unaufgefordert mit. Obwohl Cookies noch
nicht in die HTTP Spezifikation aufgenommen wurden, werden sie von

fast allen Browsern unterstützt. Sie bilden die Grundlage für die meisten Verfahren zur anonymen Sitzungsverfolgung. Nachteilig ist die Tatsache, dass Benutzer aus Vorsicht einzelne Cookies ablehnen können oder sogar ihren Browser so konfigurieren, dass Cookies generell abgelehnt werden.

7.2.7.5 SSL Sessions

HTTPS Der so genannte *Secure Sockets Layer* (SSL) (oder die Weiterentwicklung TLS), welcher die Verschlüsselungstechnologie für das Protokoll *HTTPS* bereitstellt, enthält explizit ein Sitzungskonzept. Dieses kann auch zur anwendungsorientierten Sitzungsverfolgung verwendet werden. Allerdings ist das Protokoll HTTPS zurzeit nicht sehr verbreitet und wird nur durch spezielle Web-Server unterstützt.

7.2.8 Eingebettete Web-Server

Eine Alternative zum Zugriff auf Informationsquellen über Server-seitige Anwendungen bildet die Erweiterung einer Anwendung um Web-Server-Funktionalität. Viele Hersteller von Datenbanken integrieren in ihre Produkte Web-Server, so dass die Datenbanksysteme mit jedem Browser über das Protokoll HTTP angesprochen werden können. Durch die sofortige Behandlung einer Anfrage im Datenbank-Server wird eine enorme Effizienzsteigerung erzielt. Des Weiteren kann eine Datenbank ohne spezielle Client-Software in einem Intranet nutzbar gemacht werden.

Embedded Systems Die Integration von Web-Server in Geräte, welche mit einem Mikroprozessor ausgestattet sind (*embedded systems*), eröffnet viele Möglichkeiten zur Fernwartung und Diagnose. Die Geräte müssen hierzu weder über eine Festplatte noch über ein Betriebssystem verfügen. Ein TCP/IP-Stack und eine entsprechende Netzwerkverbindung (z.B. Ethernet oder RS-232) sind die wesentlichen Voraussetzungen. Es gibt HTTP 1.1 konforme Web-Server, welche nur 10 Kbytes Speicher benötigen [7.1]. Die Server-Software muss neben der Erzeugung von HTML-Dokumenten auch die Verarbeitung von Benutzereingaben in Formulare unterstützen.

7.3   Client-seitige Anwendungen

Bei Server-seitigen Anwendungen wird ein Browser im Prinzip nur zur
Ein- und Ausgabe verwendet. Zur Reduktion der Netzbelastung und
Verbesserung der Antwortzeiten ist z.B. eine Validierung von Eingaben
durch den Client wünschenswert. Mit HTML ist dies nicht zu erreichen.
Aus diesem Grund wurden Techniken für Client-seitige Anwendungen
entwickelt. Abbildung 7.2 zeigt eine Einteilung dieser Techniken. Bei
Client-seitigen Anwendungen haben Abhängigkeiten von Betriebssystem und Browser-Software eine viel höhere Bedeutung als bei Server-
seitigen Anwendungen.

7.3.1   Persistent gespeicherte Anwendungen

In den Anfangszeiten des Web gab es noch wenige mit HTML ausgezeichnete Dokumente. Die Konvertierung existierender Dokumente
nach HTML war entweder zu aufwendig oder nicht möglich. Um solche Dokumente trotzdem komfortabel über das Netz zugänglich zu machen, wurde es Browsern ermöglicht, *Hilfsprogramme* aufzurufen. Dies   Hilfsprogramme
sind vom Browser unabhängige Programme, welche eigene Fenster zur
grafischen Darstellung verwenden. Dokumentenanzeigeprogramme für
spezielle Formate wie PostScript oder DVI sind Beispiele für solche
Hilfsprogramme.

Im Gegensatz zu Hilfsprogrammen sind *Plug-ins* keine eigenständigen   Plug-in
Programme, sondern dynamisch ladbare Module, welche die Funktionalität des Browsers erweitern. Zur grafischen Darstellung steht ihnen
innerhalb des Browser-Fensters ein rechteckiger Bereich oder auch das
gesamte Fenster zur Verfügung. Sie erlauben somit eine in HTML-
Dokumente integrierte, interaktive Darstellung von Informationen. Auf
diese Art können zum Beispiel Video-Clips oder dreidimensionale, interaktive Animationen in Web-Seiten aufgenommen werden. Plug-
ins müssen aber keine grafische Darstellung erzeugen. Nicht sichtbare Plug-ins können beispielsweise zur Wiedergabe von Audiodaten
genutzt werden. Plug-ins ermöglichen auch die Nutzung der Web-
Technologie für existierende Anwendungen wie z.B. Tabellenkalkula-
tionsprogramme.

Zum Erstellen von Plug-ins bieten die Hersteller von Browsern spezielle APIs an. Diese sind Browser-abhängig und meistens in C/C++ geschrieben. Hieraus ergibt sich einer der Nachteile von Plug-ins, sie sind
plattformabhängig. Eine auf Plug-ins basierende Anwendung muss für
alle Hardware-Plattformen und alle Browser angeboten werden.

7.3.2 Temporär gespeicherte Anwendungen

Ein Kennzeichen von Plug-ins und Hilfsprogrammen ist, dass ihr Code
einmal durch einen Benutzer auf dem Client-Rechner installiert werden
muss und dann dort verbleibt. Demgegenüber stehen Anwendungen,
bei denen der Code dynamisch, d.h. nur für die Dauer einer Sitzung, automatisch geladen und danach wieder gelöscht wird. Das Laden erfolgt
genauso wie das Laden normaler HTML-Dokumente mit der HTTP
Methode GET. Dabei muss zwischen ausführbarem Maschinencode und
interpretiertem Code unterschieden werden. Die erste Variante hat zwar
den Vorteil, dass kein Interpreter notwendig ist, aber dieser Vorteil wird
mit der Aufgabe der Plattformunabhängigkeit erkauft. Um diese, für
die Verbreitung des Web so wichtige Eigenschaft zu erhalten, müssten
für alle erdenkliche Plattformen Versionen bereit gehalten werden.

Bei der Verwendung eines Interpreters erübrigt sich die Bereitstellung
verschiedener Varianten, lediglich der Interpreter muss in verschiedenen Varianten erstellt werden. Liegt der zu interpretierende Code in
ASCII-Form vor, so spricht man auch von Skripten.

7.3.2.1 Skripte

Die Skripte Client-seitiger Anwendungen können sowohl in HTML-
Dokumente eingebettet oder auch separat übertragen werden. Ein Web-
Browser führt ein Skript entweder direkt beim Laden des Dokumentes
oder aufgrund eines vom Browser erzeugten Ereignisses aus (z.B. beim
Abschicken eines Formulares). Der HTML 4.0 Standard ist unabhängig
von speziellen Skriptsprachen gehalten, es wird lediglich die Form der
Einbettung von Skripten und eine Liste von Ereignissen festgelegt.

Eine wichtige Anwendung von Skripten besteht in der Validierung von
Benutzereingaben in Form-Elemente. Dies erleichtert Server-seitige
Anwendungen, denn eine eventuell zusätzliche Kommunikation mit
dem Server bei fehlerhaften Eingaben entfällt. Im folgenden Beispiel
JavaScript wird eine *JavaScript* Funktion verwendet um festzustellen, ob die Ein-
gabe in ein Textfeld eine positive Zahl ist.

```
<script type="text/javascript">
  function pruefen(item) {
    if (parseInt(item.value) <= 0) {
      alert("Bitte positive " + item.name + "  eingeben");
      return false;
    }
    return true;
  }
```

```
</script>
<input type="text" name="Anzahl"
                        onchange="pruefen(this)">
```

Die Möglichkeiten von Skript-Sprachen gehen aber viel weiter als die
Validierung von Eingaben. Sie können den Inhalt, die Struktur und die
Präsentation von Dokumenten dynamisch verändern. Die Grundlage
hierfür bildet ein *Dokumentenobjektmodell*. Dieses macht das gesamte Dokumenten-
HTML-Dokument inklusive aller Auszeichnungselemente für Skripte objektmodell
zugänglich und erlaubt dessen Manipulation. Dabei können Auszeichnungselemente und deren Attribute entfernt oder hinzugefügt und der
eigentliche Inhalt des Dokumentes geändert werden. Das W3C Konsortium hat einen Standard für ein solches Modell (*Document Object
Model*) entwickelt [7.17]. Der Standard ist unabhängig von bestimmten Skriptsprachen. Die Definition erfolgt mit der *Interface Definition
Language* der Object Management Group [7.11].

Existierende Skriptsprachen verwenden zurzeit ihre eigenen Dokumen-
tenobjektmodelle. Das Modell der Sprache JavaScript [7.10] ist hierarchisch aufgebaut. An der Spitze dieser Hierarchie steht das *Window*
Objekt mit den Unterobjekten *Frame, Document, Location* und *History*. Das Objekt *Document* hat wiederum mehrere Unterobjekte, so zum
Beispiel für Bilder, Verweise oder Form-Elemente. Auf diese Unterobjekte kann in Form eines Feldes zugegriffen werden, beispielsweise bezeichnet `document.forms[3].elements[0]` das erste Element
im vierten Form-Element (z.B. ein Textfeld). Die einzelnen Objekte haben veränderbare Eigenschaften und es gibt eine Schnittstelle mit Methoden zur Manipulation dieser Objekte. Das Objekt `document` hat
z.B. die Eigenschaften `title`, `fgColor`, `bgColor` und das Objekt `window` versteht die Methoden `prompt`, `scrollTo`, `clo-
se`. Beim Laden eines Dokumentes erzeugt ein JavaScript-fähiger
Browser zunächst die Objekte, welche das Dokument repräsentieren
und erzeugt das `onload` Ereignis. Sind mit diesem Ereignis Aktionen verknüpft, so wird der zugehörige Code vom Interpreter ausgeführt.
Weitere Ereignisse werden dann aufgrund von Benutzerinteraktionen
erzeugt. So kann zum Beispiel beim Abschicken der Daten eines Form-
Elementes automatisch ein neues Dokument geladen oder das Form-
Element komplett neu gestaltet werden.

Das Zusammenspiel von Skript-Sprachen und einem Dokumentenobjektmodell wird auch als DHTML (*Dynamic HTML*) bezeichnet. Durch DHTML
das dynamische Positionieren von Elementen mittels Skripten können
z.B. einfache Animationen realisiert werden.

JavaScript ist eine einfache objektorientierte Sprache basierend auf Prototypen. Es ist nicht möglich, auf Dateien zuzugreifen oder Netzwerk-

verbindungen aufzubauen. Neben JavaScript werden noch VBScript und Tcl häufig für Client-seitige Anwendungen verwendet. Entweder sind die zugehörigen Interpreter in die Browser integriert oder sie werden durch Plug-ins realisiert. Das ECMA-Kommittee entwickelt unter dem Namen *ECMAScript* einen Standard für Skriptsprachen zur Verwendung in Web-basierten Anwendungen [7.4].

ECMAScript

7.3.2.2 Applets

Mit der Einführung von Applets wurde ein neues Anwendungsfeld eröffnet: plattformübergreifende Programmausführung über das Web. Analog zu Skriptsprachen wird der Code von Applets über das Netz übertragen und von einem Interpreter ausgeführt. Innerhalb von HTML-Dokumenten steht einem Applet ein rechteckiger Bereich zur grafischen Ausgabe zur Verfügung. Im Gegensatz zu JavaScript ist Java eine mächtige Programmiersprache mit der auch eigenständige Anwendungen realisiert werden können.

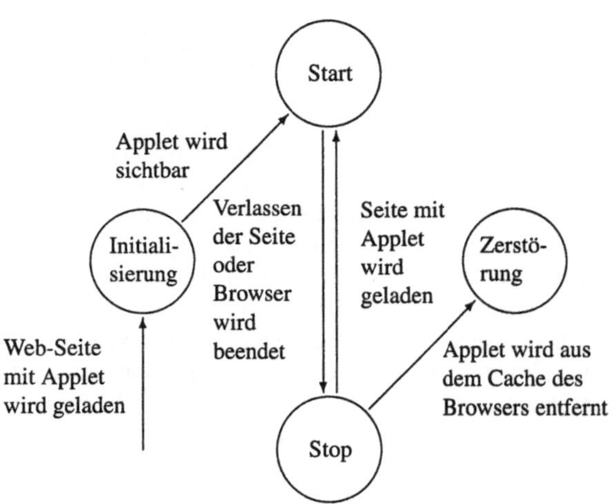

Abbildung 7.4
Lebenszyklus eines Applets in einem Web-Browser

Java unterstützt eine automatische Freispeicherverwaltung und abstrahiert den Zugriff auf Betriebssystemfunktionen durch APIs für Ein-/Ausgabe, Netzwerkprogrammierung, Nebenläufigkeit und für grafische Oberflächen [7.8]. Diese Eigenschaften erlauben den plattformübergreifenden Einsatz im Web. Viele Browser enthalten Java-Interpreter und die Klassen der Standard-APIs. Java-Quellcode wird von einem Compiler in *Bytecode* übersetzt. Dieser wird von einem Interpreter ausgeführt, wobei die verwendeten Klassen dynamisch gela-

Bytecode

den werden (von der Festplatte oder über das Netzwerk).

Ein Applet durchläuft von dem Zeitpunkt, an dem es geladen wird, bis zu dem, an dem kein Zugriff mehr möglich ist, einen Zyklus (Abbildung 7.4). Die Übergänge in diesem Zyklus werden durch vier Methoden realisiert, welche ein Applet implementieren muss. Diese werden von Web-Browsern automatisch aufgrund der entsprechenden Ereignisse aufgerufen.

Java Applets ermöglichen Web-Anwendungen mit komplexen grafischen Benutzeroberflächen. Des Weiteren können sie Netzwerkverbindungen zu dem Server herstellen, von dem der zugehörige Code geladen wurde. Auf diese Art kann die *Zustandslosigkeit* des Protokolls HTTP überwunden und beliebig lange Transaktionen unter Nutzung von zweiphasigen Commit-Protokollen realisiert werden. Lediglich der Code des Applets wird mittels HTTP übertragen. Die weitere Kommunikation mit Anwendungen auf dem Rechner des Web-Servers basiert auf anderen Protokollen. Hierzu werden Techniken wie RMI (*Remote Method Invocation*) oder CORBA eingesetzt. Einige Browser enthalten zu diesem Zweck schon einen in Java implementierten ORB (*Object Request Broker*). Im Gegensatz zu CGI-Anwendungen, bei denen alle Parameter als Strings übergeben werden, können Parameter beliebigen Typs übergeben werden. Weiterhin kann ein Server jederzeit auf Änderungen der von einem Applet dargestellten Daten reagieren und die neuen Daten übertragen (*Server Callbacks*) .

Zustandslosigkeit

RMI
CORBA

Server Callback

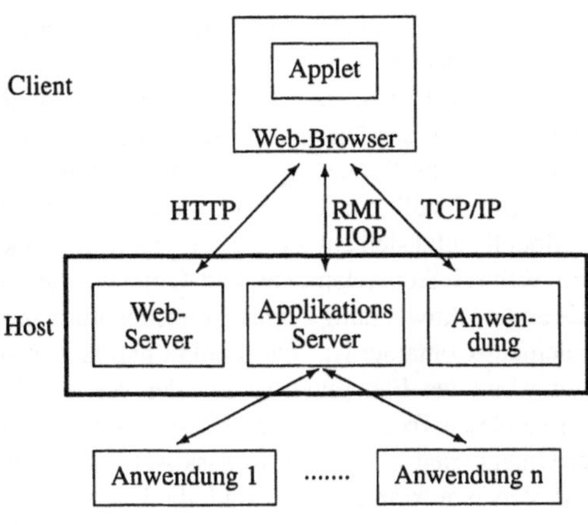

Abbildung 7.5
Realisierung der Zwei- und Drei-Ebenenarchitektur

Auf diese Art kann eine Zwei- oder Drei-Ebenenarchitektur über das Internet realisiert werden (Abbildung 7.5). Solche Ansätze verbessern nicht nur die Skalierbarkeit und Performanz einer Anwendung, sondern auch die Verfügbarkeit. Server-Komponenten können repliziert und auf eine Reihe von Rechnern verteilt werden. Dadurch können diese jederzeit modifiziert bzw. ersetzt werden. Die Drei-Ebenenarchitektur erlaubt eine Aufteilung in Präsentationslogik, Anwendungslogik und die Datenhaltung. Hierdurch kann die Client-Software, welche nur noch die Präsentationslogik enthält, klein gehalten werden (*thin client*) und eine Realisierung als Applet ist möglich. Diese Vorgehensweise eröffnet viele Anwendungsmöglichkeiten und macht den Web-Browser zum universellen Front-End für Client-Server Anwendungen.

Viele Netzwerke versuchen sich nach außen durch so genannte Firewalls zu schützen. Diese erlauben oft nur die Verwendung des Protokolls HTTP. Soll ein anderes Protokoll, wie z.B. IIOP, eingesetzt werden, so muss dieses Protokoll über HTTP realisiert werden (*HTTP Tunneling*). Das Sicherheitskonzept von Java erfordert, dass die Middleware auf dem gleichen Rechner wie der Web-Server abläuft.

Der Aufwand zum Erstellen von Applets ist in der Regel wesentlich höher als der für Skripte. Mit der Einführung des Softwarekomponenten-Modells *Java Beans* wurde die Möglichkeit geschaffen, Applets in Form von Komponenten in Dokumente einzubetten und diese mittels Skripten zu konfigurieren und den Zugang zum Dokumentenobjektmodell zu ermöglichen.

7.3.2.3 ActiveX

ActiveX ist die Bezeichnung für eine von Microsoft entwickelte Sammlung von Techniken, Protokollen und APIs zur Realisierung von netzwerkweiten Anwendungen [7.18]. Die ActiveX Technik erlaubt zum Beispiel die Einbindung von ausführbaren Programmen in Web-Seiten ähnlich zu Applets. Aber die Bedeutung von ActiveX geht weiter als die von Applets: ActiveX stellt ein Softwarekomponenten-Modell zur Verfügung. Das Modell stützt sich auf andere Microsoft-Techniken wie COM und OLE. ActiveX-Steuerelemente sind Objekte, die in Web-Seiten und in jede andere Anwendung eingefügt werden können, die ein ActiveX-Steuerelement-Container ist. Die Funktionalität von solchen in Web-Seiten eingebetteten Elementen ist mit der von Applets vergleichbar, die verwendeten Techniken unterscheiden sich aber wesentlich. Ein großer Unterschied besteht darin, dass ActiveX Anwendungen gegenüber Applets plattformabhängig sind, da der Maschinencode verteilt wird. Dadurch können sie im Gegensatz zu Applets in jeder Sprache, die auf Maschinencode übersetzbar ist, realisiert werden. Zurzeit ist diese Technik nur unter Windows und mit einem COM-fähigen Web-Browser nutzbar. Ein weiterer Unterschied zwischen ActiveX und Applets besteht in dem zugrunde liegenden Sicherheitskonzept.

7.3.3 Sicherheit Client-seitiger Anwendungen

Client-seitige Anwendungen basieren oft auf Zusatzprogrammen wie
Plug-ins oder Interpreter, welche willentlich oder versehentlich Fehler
enthalten können. Diese Programme verarbeiten Daten, die von Benutzern ohne weitere Prüfung über das Netz geladen werden. Die Kombination von unbekannten Programmen und unbekannten Eingaben ist für
Benutzer nicht mehr einfach zu kontrollieren. Die von den Entwicklern
solcher Programme entworfenen Sicherheitsvorkehrungen haben sich
in der Vergangenheit häufig als unzureichend erwiesen. So wurden seit
der Einführung von JavaScript-Interpretern in Browsern ständig neue
Sicherheitslücken entdeckt. Diese erlaubten oft das Ausspähen von Informationen über Benutzer. Zwar wurden viele dieser Lücken in neueren Versionen der Browser geschlossen, es bleibt jedoch immer ein Risiko,
da eine formale Verifikation eines Sicherheitskonzeptes und dessen
Umsetzung bisher noch nicht durchgeführt werden konnte.

Die diskutierten Anwendungen Java und ActiveX haben ganz unterschiedliche Sicherheitskonzepte. Java schränkt die Aktionen, welche
ein Applet ausführen kann, auf ein Minimum ein (*Sandkastenprinzip*). Sandkastenprinzip
So sind weder Zugriffe auf das lokale Dateisystem noch Netzwerkverbindungen zu beliebigen Rechnern erlaubt. Darüberhinaus enthält ein
Java-Interpreter einen so genannten Bytecode-Verifier, dieser versucht
sicherzustellen, dass der Code von einem korrekten Compiler erzeugt
wurde. Ein Klassenlader überwacht das Laden der Klassen und stellt
unter anderem sicher, dass keine Systemklassen überschrieben werden.

ActiveX Steuerelemente unterliegen keinen solchen Einschränkungen.
Stattdessen tragen sie eine *digitale Signatur* des Autors, welche durch Digitale Signatur
digitale Zertifikate verifizierbar gemacht werden soll. Dieses Konzept
soll das anonyme Verteilen und das nachträgliche Ändern von ActiveX
Anwendungen verhindern. Dabei wird aber keine Aussage über das
Verhalten solcher Anwendungen gemacht.

Ein Nachteil des Sandkastenprinzips ist, dass der Einsatz von Applets
stark eingeschränkt wird. In vielen Anwendungen wäre es zum Beispiel sinnvoll, wenn ein Applet Dateien im lokalen Dateisystem erzeugen dürfte. Aus diesem Grund wurden in Version 1.1 von Java signierte Applets eingeführt. Das Konzept erlaubt die Konfiguration der von
einem Applet ausführbaren Aktionen durch die Benutzer. Einem Applet von einem als vertrauenswürdig eingestuften Autor können zum
Beispiel Schreibrechte in einem lokalen Verzeichnis eingeräumt werden. Wie auch bei ActiveX-Anwendungen sagt eine digitale Signatur
natürlich noch nichts über das wirkliche Verhalten eines Applets aus.
Man weiß höchstens wer ein ungewolltes Verhalten verursacht hat.

Die Realität hat gezeigt, dass zumindest die Umsetzung, wenn nicht sogar das ganze Sicherheitskonzept von Java keinen vollständigen Schutz garantiert. Ein Beleg hierfür sind die in regelmäßigen Abständen entdeckten Sicherheitslücken. Erhebliche Zweifel an der Vertrauenswürdigkeit von ActiveX Anwendungen kamen auf, als signierte ActiveX Steuerelemente auftauchten, welche in der Lage waren, die Festplatte eines Benutzers komplett zu löschen [7.7].

Client-seitige Anwendungen können Benutzer auf subtile Art ausspähen. So können sie Fenster öffnen, welche Benutzer zur Eingabe des Passwortes auffordern und dieses dann zurück an den Server übertragen. Sind diese Fenster durch ihre Gestaltung dem vom Betriebssystem her bekannten Fenster sehr ähnlich, so können naive Benutzer einen solchen Angriff nicht erkennen und geben sicherheitsrelevante Information an Unbekannte weiter. Das Sicherheitskonzept von Applets erzwingt die *untrusted applet* Kennzeichnung aller geöffneten Fenster durch den Text *untrusted applet*, um diese von anderen Fenstern unterscheidbar zu machen. Eine ausführliche Diskussion der Sicherheitsaspekte von Java enthält [7.13].

In Tabelle 7.2 sind die Eigenschaften der verschiedenen Client-seitigen Anwendungen zusammengefasst.

Tabelle 7.2
Gegenüberstellung
Client-seitiger
Anwendungen

| | **Programmieraufwand** | **Anwendungen** | **Abhängigkeit vom** | |
			Browser	**Betriebssytem**
Hilfsprogramme	-	Darstellung besonderer Medientypen	keine	hoch
Plug-ins	sehr hoch	dito	hoch	hoch
Skripte	mittel	Eingabevalidierung, dynamische Änderung von Dokumenten	mittel	keine
Applets	hoch	komplexe Anwendungen mit grafischer Oberfläche	gering	gering
ActiveX	hoch	dito	hoch	extrem

7.4 Literatur

[7.1] Agranat, I. D. *Engineering Web Technologies for Embedded Applications*, IEEE Internet Computing, Vol. 2, Nr. 3, S. 40 - 45, May/June 1998.

[7.2] Berners-Lee, T.,Masinter, L., McCahill, M. *Uniform Resource Locators*, RFC 1738, Dezember 1994.

[7.3]   Coar, K, Robinson, D. *The WWW Common Gateway Interface Version 1.1*, Internet-Draft, http://www.w3c.org/pub/WWW/CGI/Overview.html, 1998.

[7.4]   ECMA-Kommittee, *ECMAScript: A general purpose, cross-platform programming langugae*, Standard ECMA-262, http://www.ecma.ch/stand/ecma-262.htm, Juni 1997.

[7.5]   Fielding, R. et al, *HTTP Version 1.1*, RFC 2616, Juni 1999.

[7.6]   Freed, N., Borenstein, N. *Multipurpose Internet Mail Extensions (MIME) Part One: Format of Internet Message Bodies, Part Two: Media Types*, RFC 2045/2046, 1996.

[7.7]   Garfinkel, S., Spafford, G. *Web Security & Commerce*, O'Reilly & Associates, 1997.

[7.8]   Gosling, J., Joy, B., Steele, G. *The Java Language specification*, Addison-Wesley, Reading Mass., 1996.

[7.9]   Kristol, D., Montulli, L. *HTTP State Management Mechanism*, RFC 2109, Februar 1997.

[7.10] Netscape Communications Corp., *Die JavaScript Sprachdefinition*, http://developer.netscape.com/docs/, 1997.

[7.11] OMG, *CORBA Specifikation* (http://www.omg.org/corba).

[7.12] Oppliger, R. *Internet and Intranet Security*, Artech House,Norwood, Mass., 1998.

[7.13] Posegga, J. *Die Sicherheitsaspekte von Java*, Inf.-Spektrum, 21, S. 16 -22, 1998.

[7.14] Raggett, D., Le Hors, A., Jacobs, I. *HTML 4.0 Specification.* W3C Empfehlung, Dezember 1997.

[7.15] Turau, V. *Java Server Pages*, dpunkt.verlag, Heidelberg, 2000.

[7.16] Stein, L. *The World Wide Web Security FAQ*, http://www.w3c.org/Security/Faq, 2000.

[7.17] W3C Working Draft, *Document Object Model Specification.* 1998.

[7.18] Wille, P. *Unlocking Active Server Pages*, Indianapolis (Ind.), 1997.

[7.19] WAP Forum, *Wireless Markup Language Specification, Version 1.1*, 1999.

[7.20] W3C Recommendation, *Extensible Markup Language (XML) 1.0*, 1998.

[7.21] W3C Recommendation, *XSL Transformations (XSLT), Version 1.0*, 1999.

Alle RFC-Dokumente findet man unter der Adresse http://ds.internic.net und die Dokumente des W3C Konsortiums sind über die Adresse http://www.w3c.org/TR verfügbar.

Kapitel 8

Künstliche Intelligenz

von Ingbert Kupka

8.1 Aufgaben und Sichtweisen der Künstlichen Intelligenz

Das Fachgebiet der *Künstlichen Intelligenz* (KI, engl. ,*artificial intelligence'*) befasst sich mit Methoden, den Computer Aufgaben erledigen zu lassen, deren Erledigung durch einen Menschen man als intelligent bezeichnen würde. Innerhalb der Informatik ist die KI zu einem starken Motor der Entwicklung in Forschung und Anwendung geworden, sie reicht aber über die Informatik hinaus in andere Gebiete wie Biologie, Sprachwissenschaften oder Psychologie.

Künstliche Intelligenz

In der KI lassen sich drei miteinander eng zusammenhängende Zielsetzungen unterscheiden:

Die Simulation der Intelligenz des Menschen durch Computerprogramme: Im Einzelnen ist dabei zu simulieren

Simulation der Intelligenz des Menschen

- Denken und rationales Handeln,

- Erkennen von Situationen und zielgerichtetes Reagieren darauf,

- Sprechen und (allgemeiner) Kommunikation.

Die Schaffung einer unabhängigen technischen Intelligenz:

Technische Intelligenz

Man kann maschinelle Intelligenz möglichst ähnlich zur natürlichen Intelligenz gestalten oder nach völlig neuen Prinzipien, womit sich eine strukturelle Unabhängigkeit ergibt. Noch weitergehender ist die Vorstellung einer technisch realisierten Intelligenz, die in ihrer Zielvorstellung oder in ihren Methoden vom Menschen unabhängig ist.

Was ist Intelligenz? *Die Klärung der Frage, was Intelligenz genauer ist:*

Die Untersuchung der Möglichkeiten Künstlicher Intelligenz dient auch der Erkenntnis über Intelligenz generell. Human- und Geisteswissenschaften wie zum Beispiel die Psychologie können aus den Experimenten zur KI großen Nutzen ziehen, geraten aber auch in die Gefahr, Intelligenz nur noch so zu begreifen, wie sie sich in der KI darstellt.

Ist der Computer zu intelligenten Leistungen fähig? Mit der Frage, ob und in welchem Maße Computer zu intelligenten Leistungen fähig sind, haben sich bereits die Erfinder der universellen Rechenmaschine befasst. Ihnen war bereits klar, dass man von einer solchen Maschine Leistungen erwarten konnte, die den intelligenten Leistungen des Menschen nahestehen. Bereits *Charles Babbage* hatte diese Erwartungen an seine 1833 entwickelte, aus technischen Gründen aber nicht funktionsfähige, *Analytical Engine* beschrieben: Sie sollte zur Planung und Organisation in allen Bereichen von Industrie und Verwaltung eingesetzt werden. Auch *Alan Turing* war davon überzeugt, dass Computer Denkfähigkeit im menschlichen Maßstab entwickeln würden (1950). Ähnlich hat sich *Konrad Zuse* geäußert. Es ist daher nur folgerichtig, dass nach Erreichen der Funktionsfähigkeit der Computer auch für komplexere Aufgaben konsequent der Weg in Richtung auf die Künstliche Intelligenz beschritten wurde. Die jetzt schon fast ein halbes Jahrhundert andauernde Geschichte der KI – man kann ihren Beginn 1955 mit der Entwicklung eines Schachprogramms auf der IBM 704 ansetzen – weist bedeutende Erfolge aber auch bis jetzt unerfüllte Erwartungen auf.

Symbolorientierter Ansatz Heute unterscheiden wir zwei methodisch sehr unterschiedliche Ansätze zur KI. Der ältere *symbolorientierte Ansatz* beruht auf der Darstellung komplexer Situationen durch Symbole und der Zurückführung von Handlungen auf die algorithmische Verarbeitung von Symbolen. Hierbei wird ein präzises Modell der Zusammenhänge zugrundegelegt. **Softcomputing Computational Intelligence** Der neuere *Softcomputing-Ansatz*, im Amerikanischen auch als *Computational Intelligence* bezeichnet, ist hingegen *modellfrei* und lehnt sich an natürliche Vorbilder an.

Teilgebiete der KI Aus Spezialfällen intelligenten Verhaltens kann man *Teilgebiete der KI* ableiten. Diese Gebiete bilden eine erste Strukturierung des Gebietes der KI nach folgenden Aufgaben.

Logisches Schließen Das logische Schließen lässt sich ohne Kenntnis der inhaltlichen Bedeutung automatisch durchführen. Ziel einer Automatisierung ist das *maschinelle Beweisen*, also die Ableitung gültiger Aussagen auf der Basis vorgegebener Aussagen in einem festgelegten Kontext.

Wahrnehmung: Dabei geht es um Aufnahme von Sinnesreizen, die Selektion relevanter Informationen daraus und den Aufbau eines inneren Abbildes des Objekts, das den Reiz hervorgerufen hat. Die Reizaufnahme erfolgt dabei durch Sensoren.
Wahrnehmung

Die wichtigsten Beispiele einer automatisierten Wahrnehmung sind das *Bildverstehen* und das *Sprachverstehen*.

Planung: Die Planung einer Handlung besteht aus der Auswahl von Aktionsfolgen zwecks Erreichen eines Ziels. Zur Automatisierung benötigt man eine Modellierung des Handlungsspielraums zusammen mit der Zielsetzung und aus Gründen des Aufwandes auch geeignete Strategien. Methoden der Planung wurden u. a. an *Spielprogrammen* entwickelt. Zu den Anwendungen gehört zum Beispiel die Planung naturwissenschaftlicher Laborexperimente.
Planung

Kontrolle: Hierunter wird die Überwachung eines Prozessablaufs mit Bewertung bzw. mit Eingriff in den Ablauf verstanden. Hierbei muss man Wirkungen vorhersehen können. Die automatische Kontrolle ist eine regelungstechnische Aufgabe mit der zusätzlichen Anforderung eines intelligenten Verhaltens.
Kontrolle

Diagnose: Die Aufgabe der Diagnose ist der Rückschluss von Symptomen auf Ursachen. Hauptfälle sind die medizinische und die technische Diagnose.
Diagnose

Vorhersage: Darunter versteht man die Extrapolation des Verhaltens beobachteter Prozesse. Anwendungen findet man in der Meteorologie, der Seismologie, der geologischen Erkundung usw. Man kann hier zwischen modellbasierter Vorhersage und modellfreier Vorhersage unterscheiden.
Vorhersage

Fachverständnis: Die hiermit bezeichnete intelligente Fähigkeit besteht in der Kenntnis der fachlichen Zusammenhänge innerhalb eines Spezialgebietes und deren Anwendung auf konkrete Situationen. Dies ist eine der Hauptanwendungen von *Expertensystemen*.
Fachverständnis

Zweckgerichtetes Handeln: In der vollen Allgemeinheit bedeutet die Automatisierung zweckgerichteten Handelns die Tätigkeit eines universellen Roboters. Die Beschränkung auf Spezialaufgaben in bestimmten Umgebungen führt zum Konzept des *intelligenten Agenten*.
Zweckgerichtetes Handeln

Problemlösen: Dies ist ebenfalls eine universelle Aufgabe, aber beschränkt auf ihren logischen Planungsanteil ohne Umsetzung in reale Handlungen. Erfahrungen menschlicher Problemlöser gehen in Form sog. *Heuristiken* in die Methoden ein. *Suchverfahren* haben hier ihr Einsatzgebiet.
Problemlösen

Heuristik

Abstraktion und *Abstraktion und Analogiebildung*: Diese Fähigkeiten gehören zum
Analogiebildung Problemsolving. Es gibt einige Ansätze zur Automatisierung. Diese
gehören in das Gebiet der *Heuretik*, der Lehre von der Heuristik.
Heute bieten die *neuronalen Netze* Möglichkeiten zur modellfreien
Automatisierung dieser Fähigkeiten.

Lernen *Lernen*: Lernen ist eine der charakteristischen Fähigkeiten intelligenten Verhaltens. Die bisherigen Erfahrungen sprechen für die Annahme, dass das Lernen auf symbolorientierter Basis eher an seine Grenzen stößt als die Softcomputing-Ansätze dazu.

Aufwandsanalysen Theoretische Aufwandsanalysen lassen zusammen mit praktischen
Erfahrungen auch die folgende Charakterisierung der Aufgaben der KI
als sinnvoll erscheinen. Es handelt sich durchweg um Aufgaben, die
Klasse NP ihres Lösungsaufwandes wegen in die Komplexitätsklasse **NP** fallen.
Dies bedeutet folgendes: Bestimmt man den Aufwand für eine *nicht-
deterministische Lösungsberechnung* – bei der ein Lösungsansatz
geraten werden darf – in Abhängigkeit von der Problemgröße n, so ist
traktable Probleme dieser durch ein Polynom $p(n)$ nach oben beschränkt. Als *traktabel*,
d.h. im praktischen Sinne behandelbar, sieht man Probleme an, für die
sich mit einem *deterministischen* Verfahren eine polynomiale Auf-
Klasse P wandsbeschränkung ergibt. Diese Probleme bilden die Klasse **P**, für
welche $\mathbf{P} \subseteq \mathbf{NP}$ gilt. Zwar ist ungeklärt, ob nicht sogar $\mathbf{P} = \mathbf{NP}$ gilt,
jedoch lassen sich nach heutigem Erkenntnisstand nichtdeterministi-
sche Lösungsverfahren mit polynomialem Aufwand generell nur in
deterministische Verfahren mit exponentiellem Aufwand transformie-
intraktable ren. Probleme, die in **NP**, aber nicht in **P** liegen, heißen *intraktabel*.
Probleme Typische Aufgaben der KI scheinen zu den intraktablen Problemen zu
gehören. Hierin könnte ein Grund für das Vordringen der Methoden
des Softcomputing liegen.

8.2 Methoden der symbolorientierten Verarbeitung von Wissen

Die klassischen Methoden der KI lassen sich gut unterscheiden nach
den ihnen zugrunde liegenden, anwendungsunabhängigen Konzepten
der *Wissensrepräsentation*. Die einzelnen Wissensrepräsentationsme-
Wissens- thoden sind mit – unterschiedlich mächtigen – Verarbeitungsmecha-
repräsentation nismen verknüpft. In der praktischen Anwendung kommt der Reprä-
sentationsmethode auch eine Mittlerrolle zwischen den Strukturen und
Konventionen des Anwendungsgebietes einerseits und den Erfordernissen der automatischen Verarbeitung andererseits zu. Es sind auch –
Kategorien des natürlich anwendungsabhängig – *verschiedene Kategorien des Wis-
Wissens sens* zu berücksichtigen.

Datales oder *statisches Wissen* erfasst vorgegebene elementare Sachverhalte.

Prozedurales oder *dynamisches Wissen* bezieht sich auf Verarbeitungsschritte.

Metawissen, im Sinne von Wissen über Wissen, enthält übergeordnete Zusammenhänge.

Unsicheres und *vages Wissen* modelliert unterschiedliche Grade von Präzision und Zuverlässigkeit des vorliegenden Wissens.

Ein System mit unterscheidbaren Komponenten für statisches Wissen (*Wissensbasis*) und dynamisches Wissen (*Wissensverarbeitungskomponente*) wird *wissensbasiertes System* genannt. *Expertensysteme* bilden einen Spezialfall.

    Wissensbasiertes System

8.2.1 Hierarchische Listen, Semantische Netze und Frames

Als einheitliches Darstellungsmittel für beliebige Strukturen wurde in der Anfangszeit der Forschung zur KI die hierarchische Liste, bei der also Listen wieder Elemente von Listen sein können, eingeführt. *Mc-Carthy* entwickelte dazu 1960 die Sprache *LISP* (*list processing*), die die Entwicklung der Methoden der KI maßgeblich beeinflusst hat.

    LISP

Eine *Liste* ist hier von der Form $(x_1\ x_2\ \ldots x_n)$, $n \geq 0$, wobei die Elemente x_i sowohl elementare Größen, hier *Atome* genannt, oder wieder Listen sein können.. Die Standardzugriffe auf Listen zielen auf das erste Element (in *LISP* ,*car*') und auf den Rest der Liste (,*cdr*'). In Listenform lassen sich sowohl sehr allgemeine Sachverhalte darstellen als auch Funktionen, Formeln und Algorithmen.

    Liste

Die Verarbeitungsmechanismen der Programmiersprache *LISP* stützen sich auf den sehr mächtigen λ-*Kalkül* von *Church*. Daher ist auch LISP eine universelle Sprache, d.h. man kann in ihr alles ausdrücken, was generell auf einem digitalen Computer programmierbar ist.

    λ-Kalkül

Aus Darstellungstechniken für die semantischen Beziehungen in natürlichen Sprachen entstanden die *Semantischen Netze*, vgl. *Keller* [8.8], S. 75ff und S. 375 Die Worte oder Begriffe bilden die Knoten eines Graphen, dessen Kanten Beziehungen oder Relationen repräsentieren. Wichtige Relationen sind dabei

    Semantisches Netz

- die Relation "*is-a*" für Hierarchien, z.B. "Tiger *is-a* Säugetier",
- die Relation "is-*instance-of*": zeigt die Instanz einer Klasse an,
- die Relationen "*has-part*", "*has-colour*" für Beziehungen zu Teilobjekten.

Da es sich dabei um binäre Relationen handelt, müssen zur Darstellung von mehrstelligen Relationen Hilfsbegriffe eingeführt werden. Für größere Wissensbasen erweisen sich die semantischen Netze als weniger geeignete Darstellungen. Allerdings lassen sie sich leicht in eine prädikatenlogische Form bringen.

Frames

Aus den semantischen Netzen mit hierarchischen Objektbeschreibungen haben sich die *Frames* (= Rahmen) als komplexe Strukturierungseinheiten entwickelt. Eine kurze Einführung gibt Keller [8.8], S. 79ff. Im Bereich der Programmiersprachen und der Datenbanken entstand parallel dazu der analoge Begriff des Objekts und der Klasse. Ein Frame enthält sog. Slots für die Zuweisung von Attributen. Dabei können Slots noch feiner in Facetten unterteilt sein. Wie Objekte können auch Frames mit Methoden ausgestattet werden. Die Verarbeitung kann durch Regeln organisiert sein oder wie in objektorientierten Sprachen. Es gibt auch Ansätze, die Logik-Programmierung hierfür zu erweitern.

8.2.2 Regeln und Produktionssysteme

Regeln

Zu den ältesten für Planungsaufgaben entwickelten Methoden der Wissensrepräsentation gehört die Darstellung des dynamischen Wissens durch *Regeln* L → R, wobei L und R Situationsbeschreibungen vor bzw. nach Anwendung der Regel darstellen. Die Situationsbeschreibungen enthalten statisches Wissen, welches entweder durch Prädikate p(x, y, . . .) oder in Listenform, z.B. (P (X Y . . .)), wiedergegeben wird.

Beispiel
8er-Puzzle

Als Beispiel betrachten wir eine Darstellung eines einfachen strategischen Spiels, des 8er-Puzzles.

Die 9 Felder (1, 1), (1, 2), (1, 3), (2, 1), . . . , (3, 3) sind mit 8 Steinen 1, 2, . . . 8 belegt. Durch nachb(x, y) werde ausgedrückt, dass 2 Felder x, y horizontal oder vertikal benachbart sind. Zur Wissensbasis gehören also die unveränderlichen Aussagen nachb((1, 1), (1, 2)), nachb((1, 1), (2, 1), . . . , nachb((3, 3), (2, 3)). Mit auf(s, x) werde ausgedrückt, dass der Stein s auf dem Feld x liegt, frei(x) bedeutet, dass auf dem Feld x kein Stein liegt. Eine Spielsituation enthält demnach 8 Aussagen der Form auf(s, x), wobei s alle Steine durchläuft, und eine Aussage der Form frei(x). Ein erlaubter Zug wird dann durch die Regel

$$\text{auf(s, x), nachb(x, y), frei(y)} \rightarrow \text{frei(x), nachb(x, y), auf(s, y)}$$

STRIPS

beschrieben. Bei Anwendung sind aus der gesamten Situationsbeschreibung die links stehenden Aussagen durch die rechts stehenden zu ersetzen. In der Sprache *STRIPS* (s. *Nilsson* [8.15], S. 373) wird eine solche Regel durch Angabe einer Ausführungsbedingung (*precondition*), der hinzuzufügenden Aussagen (*add*) und der zu tilgenden Aussagen (*delete*) formuliert:

precondition: $auf(s, x), nachb(x, y), frei(y)$
add: $frei(x), auf(s, y)$
delete: $auf(s, x), frei(y)$

Bei dem Spiel wird eine Endsituation vorgegeben. Sie gilt es durch möglichst wenige Schritte zu erreichen. Das ausführende System heißt *Produktionsregelsystem*. Es arbeitet nach dem Konzept des sog. *Recognize-Act-Cycles*.

Produktionsregel-system

> **until** Ziel erreicht **do begin**
> Bestimme anwendbare Regeln {*recognize*};
> Wähle eine Regel aus;
> Wende diese an {*act*} **end**

Sowohl das Auswählen der anzuwendenden Regel als auch die Anwendung der Regel selbst erfolgt i.A. nichtdeterministisch. Entscheidend ist jedoch das Vorhandensein von Strategien für die Regelauswahl und auch für die konkrete Anwendung, die das Erreichen des Ziels beschleunigen und den Gesamtarbeitsaufwand gering halten.

Produktionsregelsysteme sind strukturell mit Grammatiken zur Beschreibung formaler Sprachen und auch mit den regelbasierten Programmiersprachen, die zu den deklarativen Sprachen gehören, verwandt.

8.2.3 Logikkalküle und Systeme des automatischen Schließens

Die mächtigste und in Bezug auf Theorien und Verfahren am weitesten entwickelte Darstellungsmethode ist die durch logische Formeln. Als Verarbeitungsschritte stehen die logischen Schlussweisen zur Verfügung. Wesentlich ist die exakt beweisbare Ersetzbarkeit inhaltlich korrekter logischer Schlüsse (*semantisches Schließen*) durch die formale Manipulation auf den Symbolen der Darstellung (*syntaktisches Schließen*). Es gibt verschiedene Kalküle logischer Formeln.

semantisches und syntaktisches Schließen

Der Aussagenkalkül: Dieser Kalkül verwendet die booleschen Werte *TRUE* und *FALSE*, aussagenlogische Variable (mit diesen Werten) und die logischen Verknüpfungen Negation ($\neg$), Konjunktion ($\wedge$), Disjunktion ($\vee$), Implikation ($\Rightarrow$) usw., um daraus Formeln aufzubauen. Der logische Wert einer Formel hängt nur von den Belegungen der

Aussagenkalkül

entscheidbar   Variablen (mit *TRUE* bzw. *FALSE*) ab. Der Aussagenkalkül ist *entscheidbar*, d.h. es gibt einen stets abbrechenden Algorithmus, welcher zu einer vorgelegten Formel feststellt, ob sie allgemeingültig (eine *Tautologie*) ist, also für jede Variablenbelegung den Wert *TRUE* liefert, oder nicht. Der Aussagenkalkül ist die logische Grundlage der Schalttechnik. Für die Wissensverarbeitung ist er nur begrenzt einsetzbar.

Prädikatenlogik   *Der Kalkül der Prädikatenlogik 1. Stufe*: Im Vergleich zum Aussa-
1. Stufe   genkalkül werden folgende Konstrukte zusätzlich zugelassen:

Terme   *Terme*, d.h. verschachtelte Funktionsanwendungen über Variablen und Werten, z.B. $f(g(x,3),h(7,y,y))$.

Literale   *Literale*, das sind unnegierte oder negierte Prädikate über Termen, z.B. $\neg p(f(g(x,3),h(7,y,y)), g(f(z,u),g(w,y)))$.

Quantoren   *Quantoren* $\forall\, x$ (*Allquantor*, „für alle x gilt") und $\exists\, x$ (*Existenzquantor*, „es gibt ein x, für das gilt") bei der Formelbildung, wobei x nur für einfache Variable steht.

Man betrachtet die Formeln unabhängig von Interpretationen der Funktionen und Prädikate. Belegungen gibt es nur für die Variablen, nicht für Funktions- oder Prädikatssymbole. Dies würde den Prädikatenkalkül erster Ordnung überschreiten. Als Beispiel betrachten wir im Kontext des Beispiels *8er-Puzzle* die Darstellung des Sachverhaltes „alle zum Feld x benachbarten Felder sind mit einem Stein belegt":

$$(\forall\, y)\ (nachb(x,y) \Rightarrow (\exists\, s)\ (auf(s,\, y)\,)\,)$$

Es muss darauf hingewiesen werden, dass der Übergang von verbalen Formulierungen zu prädikatenlogischen Formeln auch bei ganz klaren Sachverhalten ein unendlich vieldeutiger Vorgang ist. Hierzu vergleiche man die alternativen Formulierungen zu dem Beispiel „Der Würfel ist groß und rot":

$$\text{würfel(X)} \wedge \text{groß(X)} \wedge \text{rot(X)},$$
$$\text{form(X,würfel)} \wedge \text{größe(X,groß)} \wedge \text{farbe(X,rot)},$$
$$\text{eigenschaften(X,würfel,groß,rot)}.$$

Oft ist schwer zu sehen, welche generellen oder auf Allgemeinwissen bezogenen Tatsachen für die Lösung benötigt werden. Wird zum Beispiel mit einem transitiven Begriff (größer, kleiner, besser) gearbeitet, dann muss die Transitivität durch eine Formel ausgedückt werden.

semi-entscheidbar   Der Prädikatenkalkül ist *semi-entscheidbar*. Dies bedeutet, dass die Allgemeingültigkeit einer Formel, d.h. die Gültigkeit bei jeder Interpretation, durch ein programmiertes Verfahren immer in endlicher Zeit festgestellt werden kann, jedoch nicht ihr Gegenteil. Verlässt man den Prädikatenkalkül erster Ordung, so geht auch die Semi-

Entscheidbarkeit verloren. Der Prädikatenkalkül ist die Grundlage jeder Art von komplexer, programmierbarer Logik. Er ist aber als Ganzes zur automatischen Anwendung von Schlussregeln recht unhandlich; es bedarf des Übergangs zu normierten, übersichtlicheren Formen, sog. *Normalformen.*

Der Klauselkalkül: Dieser entsteht durch Einschränkung des Prädikatenkalküls 1. Ordnung. Eine *Klausel* ist eine Disjunktion von Literalen, z.B.   Klauselkalkül
                                                                      Klausel

$$p(x, y) \lor q(z, x) \lor \neg r(x, y, z\,).$$

Dabei ist eine Folge von Allquantoren zu allen vorkommenden Variablen voranzustellen: $\forall\, x \ \ \forall\, y \ \forall\, z$. Diese wird aber nicht explizit hingeschrieben.

Eine *Klauselmenge* repräsentiert die Konjunktion ihrer Elemente. Es gibt verschiedene Schreibweisen für Klauseln. Die disjunktive Form kann in die Form $A \Rightarrow B$ einer Implikation gebracht werden, bei der die Konjunktion der negativen Literale die Prämisse A und die Disjunktion der positiven Literale die Konklusion B bilden:

$$\neg P_1 \lor \neg P_2 \lor \ldots \lor \neg P_n \lor Q_1 \lor Q_2 \lor \ldots \lor Q_m$$

ist äquivalent zu

$$P_1 \land P_2 \land \ldots \land P_n \Rightarrow Q_1 \lor Q_2 \lor \ldots \lor Q_m.$$

Klauseln stellen eine Normalform für den Prädikatenkalkül 1. Ordnung dar. Die Mächtigkeit beider Kalküle ist daher gleich, d.h. auch der Klauselkalkül ist semi-entscheidbar. Viele Schlussregeln sind besonders gut für diesen Kalkül geeignet.

Der Hornklauselkalkül: Dieser Kalkül entsteht durch weitere Einschränkung: Die Klauseln enthalten höchstens 1 positives Literal. Es treten dann die folgenden Fälle auf (n bzw. m ist die Anzahl der negativen bzw. der positiven Literale):   Hornklauselkalkül

$n = 0, m = 1$: Q_1: dies ist ein *Fakt*;   Fakt

$n > 0, m = 1$: $P_1 \land P_2 \land \ldots \land P_n \Rightarrow Q_1$: dies ist eine *Regel*;   Regel

$n > 0, m = 0$: $\neg P_1 \lor \ldots \lor \neg P_n$, äquivalent zu $\neg(P_1 \land \ldots \land P_n)$:

      dies ist die *Negation einer Anfrage.*   Negation einer
                                                                      Anfrage

Die Einschränkung auf Hornklauseln ist echt, d.h. es gibt Klauseln, zu denen keine äquivalente Hornklausel existiert. Trotzdem kann man alle Sachverhalte, die man mit Formeln des Prädikatenkalküls bzw. mit Klauseln programmieren kann, auch mit Hornklauseln programmieren. Man kann zeigen, dass auch der Hornklauselkalkül semi-entscheidbar ist. Der Hornklauselkalkül ist die Basis von *PROLOG*   PROLOG und von speziellen Verfahren der programmierten Logik. Sein Vorteil ist die Verfügbarkeit geeigneter Strategien für die Ableitungen.

Theorieabhängige Kalküle
Theorieabhängige Kalküle: In allen bisher erwähnten Kalkülen kann nur formal manipuliert werden. Will man z.B. numerisch rechnen, so benötigt man die gesamte Axiomatik – in Form von Formeln –, welche dem numerischen Rechnen zugrunde liegt. Für solche Fälle gibt es spezielle Kalküle, die sich vom Prädikatenkalkül wie folgt unterscheiden: Die Interpretationen werden auf solche eingeschränkt, die die

Theorie
Formeln einer bestimmten sog. *Theorie* erfüllen. Dies verändert natürlich den Begriff Tautologie ebenso wie das Schließen. Eine Einführung hierzu findet man in *Thayse* [8.21].

System logischen Schließens
Systeme logischen Schließens: Ein System zur Verarbeitung logischer Formeln, welches auf syntaktischer Basis automatisch Schlussfolgerungen durchführen kann, heißt ein *System logischen Schließens*. Soll eine Anfrage in Bezug auf eine vorgegebene Wissensbasis beantwortet werden, so geschieht dies durch logische Ableitung aus den Formeln der Wissensbasis. Wird die Ableitung so vorgenommen, dass eine Folge von Formeln abgeleitet wird, an deren Ende im Erfolgsfall

Deduktionssystem
die gesuchte Formel steht, so liegt ein *Deduktionssystem* vor. Wird hingegen nach dem Prinzip des Widerspruchsbeweises die Negation der abzuleitenden Formel der Wissensbasis hinzugefügt, um dann

Refutationssystem
einen Widerspruch herzuleiten, so spricht man von einem *Refutationssystem*. Der Wissensbasis wird ein Kalkül logischer Formeln zugrundegelegt. Handelt es sich dabei um den Prädikatenkalkül 1. Ordnung, so ist zugleich festzulegen, auf welche Normalformen die unmittelbar eingegebenen Formeln abgebildet werden sollen. Für die Umwandlung in Klauseln gibt es ein algorithmisches Verfahren.

Schlussregeln
Für das logische Schließen werden sog. *Schlussregeln* benötigt. Diese müssen *vollständig* in Bezug auf die Deduktion (Ableitung) oder Refutation (Herleitung eines Widerspruchs) sein. Jede Tautologie in der Form einer Implikation lässt sich als Schlussregel verwenden. Es gibt Schlussregeln, die dem menschlichen Denken nahe stehen, etwa der ‚*modus ponens*‘ oder die *Kettenregel*, und andere, die sich besser für automatische Verfahren eignen, wie z.B. die Resolution: ($n, m \geq 0$)

$$P \lor Q_1 \lor Q_2 \lor \ldots \lor Q_n$$

$$\neg P \lor R_1 \lor R_2 \lor \ldots \lor R_m$$

$$\overline{Q_1 \lor Q_2 \lor \ldots \lor Q_n \lor R_1 \lor R_2 \lor \ldots \lor R_m}$$

Zusammen mit der *Substitution*, d.h. dem Einsetzen von Formeln für Variable, ist der Resolutionsschluss vollständig in einem Refutationssystem mit Klauseln. Die logische Verknüpfung vieler Formeln ist im Allgemeinen sehr aufwendig. Daher werden in der Praxis *Ableitungs-*

Ableitungsstrategie
strategien eingesetzt, die den Aufwand vermindern können. Ausführ-

liche Darstellungen zu den logischen Kalkülen und den Verfahren des automatischen Schließens findet man in den Standardwerken zur KI, z.B. in *Nilsson* [8.15] und *Russell, Norvig* [8.20].

8.2.4 Constraintsysteme

Aus dem Bereich des Problemsolving stammt die Darstellung von Problemwissen durch *Constraints*. Dabei wird ein Lösungsraum modelliert und durch einen Satz von Variablen dargestellt. Die Wertebereiche der Variablen heißen *Domänen* (engl. ‚*domains*'). Das Problemwissen wird dann durch Constraints, das sind Bedingungen an die Werte der Variablen, erfasst. Ein bekanntes Beispiel ergibt sich aus der *Szenenanalyse* , vgl. *Nalwa* [8.14]:
Im sog. *trihedralen Modell* werden zur dreidimensionalen Interpretation zweidimensionaler Strichzeichnungen Kantenbeschriftungen "+ , - , $\rightarrow$, $\leftarrow$ " für konvexe, konkave und umlaufende Kanten, bei denen rechts in Pfeilrichtung das Objekt liegt, eingeführt. Variable werden für die Punkte des Objekts definiert, in denen sich zwei bzw. drei Kanten treffen. Die Domänen sind dann Paare oder Tripel elementarer Kantenbeschriftungen. Dann modelliert man zunächst Constraints, welche die physikalisch möglichen Kombinationen von den physikalisch unmöglichen unterscheiden. Diese reduzieren die Domänen. Eine zweite Gruppe von Constraints beschreibt den Nachbarschaftszusammenhang der Eckpunkte.

Die folgenden sehr abstrakt erscheinenden Problemklassen spiegeln die Struktur vieler in der Praxis auftretender Probleme wieder:

Ein *Erfüllungsproblem*, auch *SAT-Problem* (‚*satisfiability problem*') genannt, liegt vor, wenn alle Domänen boolesche Domänen sind, also nur Werte *TRUE* und *FALSE* enthalten, und alle Constraints Klauseln, also disjunkte Verknüpfungen von Literalen x_i bzw. $\neg x_i$, darstellen. Solche Probleme treten u. a. beim Entwurf logischer Schaltungen auf.

Graphfärbungsprobleme modellieren Zuordnungen von Objekten zu Klassen (abstrakt „Farben"), wobei zwischen den Objekten Nachbarschaften definiert sind und benachbarte Objekte nicht derselben Klasse angehören dürfen. Diese Struktur liegt dem Problem der Frequenzzuordnung in der Telekommunikation zugrunde.

Eine auch Laien bekannte Problemklasse bilden die *kryptoarithmetischen Probleme* wie z.B. SEND + MORE = MONEY. Hier sind Symbole unter Einhaltung der Constraints über Gleichheit bzw. Ungleichheit und des arithmetischen Zusammenhangs durch Ziffern zu ersetzen.

Constraintsysteme

Domänen-
restriktion

Modelle, die den Formulierungsspielraum von Constraintproblemen festlegen, heißen *Constraintsysteme*. Die wichtigsten allgemeinen Lösungsalgorithmen dazu kombinieren Reihenfolgestrategien, die sich auf die Besetzung der Variablen beziehen, mit Techniken der *Domänenrestriktion*. Die letztgenannte Technik lässt sich gut am Beispiel der Operation *REVISE* erläutern, die Bestandteil vieler Lösungsverfahren ist: x, y seien zwei Variable eines Constraintproblems, D_x, D_y deren Domänen und $c(x,y)$ ein beide Variable zugleich betreffendes Constraint. Die Operation *REVISE*(x, y) tilgt in D_x alle Werte x', zu denen in D_y kein Wert y' existiert, der $c(x', y')$ erfüllt. Ziel der Domänenrestriktion ist die Herstellung verschiedenen sog. *Konsistenzbedingungen* für das Problem. Ältere Techniken unter der Bezeichnung *Constraint-Propagation* ordnen sich hier unter, ebenso wie der in der Szenenanalyse bekannte *Waltz-Algorithmus*. Für bestimmte Konsistenzbedingungen kann man je nach Abhängigkeitsstruktur der Variablen untereinander den Backtrack-freien Ablauf von Backtracking-Algorithmen zur Lösung des Problems garantieren. Solche Algorithmen spielen alle Möglichkeiten der Reihe nach durch und setzen dabei an früherer Stelle wieder auf, wenn sich ein Misserfolg ergibt. Eine umfassende Darstellung der Constraint-Methoden ist in *Tsang* [8.22] gegeben.

Constraint-
Propagation
Waltz-
Algorithmus

8.2.5 Begriffsverbände

Begriffsanalyse

Für die Darstellung von Wissen durch Begriffe wurde die mathematisch begründete und in verschiedenen Anwendungsbereichen erprobte Methode der *Begriffsanalyse* entwickelt, siehe *Ganter, Wille* [8.5]. Obwohl wenig beachtet in der Literatur zur KI, gehört diese Methode zu den wichtigen Ansätzen zur Automatisierung der Begriffsbildung in der symbolorientierten KI.

Inhalt und
Umfang eines
Begriffs

Aus sprachwissenschaftlicher Sicht unterscheidet man bei einem Begriff dessen *Inhalt*, d.h. was ihn wesentlich - etwa durch Merkmale - charakterisiert, und dessen *Umfang*, d.h. worauf der Begriff angewendet werden kann. Zum Umfang des Begriffes ‚Stadt' gehören die konkreten Orte wie Hamburg, München, Paris usw., auf die wir den Begriff anwenden wollen. Zum Inhalt des Begriffs ‚Stadt' gehören Eigenschaften wie Ort, Siedlung, verliehenes Stadtrecht usw.

Kontext
Gegenstände
Merkmale

Grundlage der formalen Begriffsbildung ist ein sog. *Kontext*, bestehend aus einer einer Menge G von *Gegenständen*, einer Menge M von *Merkmalen* und einer *Inzidenzrelation* $k \subseteq G \times M$. Dabei bedeutet $(g, m) \in k$, auch in der Form $g\ k\ m$ notiert, dass der Gegenstand g das Merkmal m besitzt.

Kontexte können durch Kreuztabellen dargestellt werden. Das folgende Beispiel zeigt einen Kontext zur Modellierung von Begriffen über Gewässer:

	groß	klein	stehend	fließend	bewegt
Nordsee	+	-	-	-	+
Bodensee	+	-	+	-	-
Rhein	+	-	-	+	-
Hasenbach	-	+	-	+	-
Prinzenteich	-	+	+	-	-

Tabelle 8.1
Kontext Gewässer

Zu jedem Kontext werden Ableitungsoperatoren ' zwischen den Potenzmengen $\wp(G)$ und $\wp(M)$ wie folgt definiert:

$$X' = \{m \in M \mid g \, k \, m \text{ für alle } g \in X\} \quad \text{für } X \subseteq G,$$
$$Y' = \{g \in G \mid g \, k \, m \text{ für alle } m \in Y\} \quad \text{für } Y \subseteq M.$$

Ein Paar (A,B) heißt dann *Begriff* des Kontextes, wenn $A \subseteq G$, $B \subseteq M$, $A' = B$ und $B' = A$ gilt. A heißt Extension oder Umfang des Begriffs, B dessen Intension oder Inhalt. Alle Begriffe bilden einen *vollständigen Verband*. Sie werden automatisch bestimmt. Der Verband zu dem obigen Beispiel hat folgende Struktur:

Begriff eines
Kontextes

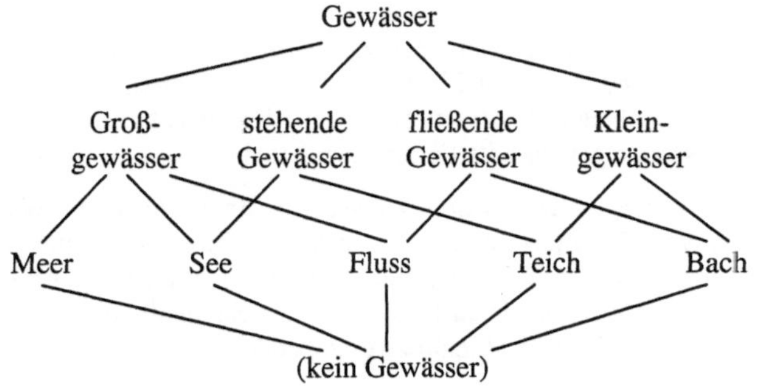

Abbildung 8.1
Verband der
Begriffe zum
Kontext Gewässer

Die Begriffe sind hier durch Namen dargestellt. Dabei steht z.B. der Name „fließende Gewässer" für das Paar ({Rhein, Hasenbach},{fließend}). Nicht zu jedem Merkmal gibt es einen Begriff, der nur dieses Merkmal enthält, im Beispiel trifft dies nur auf das Merkmal „bewegt" zu.

Mit der formalen Begriffsanalyse lassen sich wie hier gezeigt Begriffe ableiten, aber auch Begriffsinformationen auf Konsistenz überprüfen. Die Methode liefert daneben einen Ansatz zur Strukturierung von Wissenserwerbskomponenten in wissensbasierten Systemen.

8.3 Heuristische Suchverfahren

Der Einsatz von Heuristiken für die Bewältigung von Aufgaben der KI ist aus zwei Gründen naheliegend. Der Anspruch von Intelligenz legt es nahe, Erfahrungen des Menschen in die Automatisierung einzubringen. Aus Aufwandsbetrachtungen ergibt sich die Notwendigkeit, den prinzipiell hohen Aufwand für die sog. intraktablen Probleme mindestens in Einzelfällen etwas herabzusetzen oder generell unter Verzicht auf vollständige, exakte Lösungen zu reduzieren. Die Modellierung der Lösungsmöglichkeiten durch sog. Suchräume führt dazu, dass Heuristiken in der Form von Suchverfahren realisiert werden.

8.3.1 Strategien

Im Umfeld der frühen Forschung zu einen sog. *Allgemeinen Problemlöser („general problemsolver')* entstand eine Reihe allgemeiner Strategien, welche die Vorgehensweise des Menschen beim Lösen von Problemen nachzeichnen und als Richtschnur bei der automatischen Problemlösung verwendet werden können. Sie treten auch als implementierte Strategien in wissensbasierten Systemen auf.

Vorwärtsstrategie *Vorwärtsstrategie („forward reasoning')*: Die Grundidee dieser Strategie ist es, in Anlehnung an einen Zustandsraum einen Pfad von einem Startzustand zu einem Zielzustand zu konstruieren. Beim automatischen Schließen bedeutet dies, aus den gegebenen Formeln schrittweise eine gewünschte Formel abzuleiten.

Rückwärts- *Rückwärtsstrategie („backward reasoning')*: Es ist auch umgekehrt
strategie denkbar, von der Zielsituation aus rückwärts einen Pfad zur Ausgangsinformation zu bilden. Formal lässt sich dies auch als Anwendung der Vorwärtsstrategie auffassen, das Entscheidende ist aber, dass bei jeder Anwendung im Prinzip zwei gegenläufige Vorgehensweisen möglich sind.

Erschöpfende *Erschöpfende Suche („exhaustive search')*: Hier steht nicht das
Suche schrittweise Konstruieren oder Annähern einer Lösung im Vordergrund, sondern die blinde, aber vollständige Suche nach einer Lösung in einem Raum von Kandidaten hierfür. Dabei kommen Backtracking-Algorithmen zur Anwendung.

Generate and *Generate and Test*: Diese Strategie bezieht sich auf eine Zerlegung
Test des Lösungsvorgangs in zwei Schritte, die von zwei Modulen auszuführen sind: Der erste generiert einen Lösungskandidaten, der zweite überprüft, ob es sich um eine Lösung handelt.

Means-End-Analysis: Dies ist eine spezielle Lösungsstrategie, die voraussetzt, dass die Zustände im Lösungsraum mit Attributen versehen sind, die eine sinnvolle Messung des Abstandes zum Ziel ermöglichen, und dass man von den Operatoren („means' = Mittel) weiß, wieweit sie Abstände zum Ziel („end') in den einzelnen Attributen verringern können. Hierfür wird dann eine entsprechende Tabelle verwendet. Die Strategie besteht dann darin, den Operator anzuwenden, der die beste Annäherung verspricht.

Means-End-Analysis

Split and Prune: Die Strategie des Aufteilens („split') und Abschneidens („prune') zielt auf ein sukzessives Aufteilen des Lösungsraums derart, dass stets Teile des Raums verworfen werden können.

Split and Prune

Problemzerlegung: Hier wird ebenfalls der Lösungsraum aufgeteilt, jedoch mit dem Ziel, das aktuelle Problem auf unabhängige Teilprobleme zurückzuführen.

Problemzerlegung

Problemrestriktion: Dies bedeutet eine Einschränkung auf eine Teilklasse der Probleme mit günstigeren Lösungsbedingungen, die durch Hinzufügen von Restriktionen gewonnen werden.

Problemrestriktion

Problemrelaxation: Bei dieser Strategie werden durch Fortlassen einschränkender Bedingungen günstigere Lösungsvoraussetzungen geschaffen. So gewonnene Lösungen können den Ausgangspunkt für die weitere Suche nach einer Lösung des ursprünglichen Problems liefern.

Problemrelaxation

Auch das *fallbasierte Schließen* („*case-based reasoning*') kann als eine Strategie angesehen werden: Auf der Grundlage eines Vorrats unterschiedlicher Probleme und ihrer Lösungen in einer Falldatenbasis wird der Lösungsansatz für ein neues Problem in Anlehnung an die Lösung desjenigen Problems gebildet, das die größte Nähe zum vorliegenden Problem aufweist.

fallbasiertes Schließen

8.3.2 Formale Problemdarstellungen und Suchräume

Im Hinblick auf heuristische Suchverfahren werden Probleme oft in der Form eines Tripels (L, c, f) notiert. Dabei bedeutet L eine Menge von Lösungskandidaten, auch der *Lösungsraum* genannt, $c : L \to \{TRUE, FALSE\}$ ein auf dem Lösungsraum definiertes Prädikat, das als *Constraint* bezeichnet wird, und $f : L \to \mathbb{N}$ (bzw. $\mathfrak{R}$) eine Funktion auf L mit natürlichen (reellen) Zahlen als Werten, die sog. *Zielfunktion*. Ein Element $x \in L$ mit $c(x) = TRUE$ heißt eine *zulässige Lösung*, genauer ein zulässiger Lösungskandidat. Gilt darüber hinaus $f(y) \geq f(x)$ bzw. $f(y) \leq f(x)$ für alle zulässigen Lösungen y, so heißt x eine *optimale Lösung* des Problems im Sinne eines Minimierungsproblems bzw. eines Maximierungsproblems.

Lösungsraum

Constraint
Zielfunktion
zulässige Lösung

optimale Lösung

Constraintproblem · Ist f konstant, so dass f wegfallen kann, so stellt $(L,\ c)$ ein
Optimierungs- · *Constraintproblem* dar. Ist $c = TRUE$, dann entfällt c und (L, f) stellt
problem · ein *Optimierungsproblem* dar. Ein Standardbeispiel für beide Formen
Traveling · und mit großer praktischer Relevanz ist das *Traveling-Salesman-*
Salesman Problem · *Problem*, bei dem zu n Orten die wechselseitigen Distanzen gegeben
sind und eine Rundtour minimaler Länge durch alle Orte gesucht
Contraint- · wird. Die allgemeine Form $(L,\ c,\ f)$ beschreibt ein *Constraint-*
Optimierungs- · *Optimierungsproblem*. Als Beispiel diene hier das *Rucksackproblem*:
problem · Gegeben sind zu n Objekten i je ein Gewicht k_i und ein Wert v_i sowie
Rucksackproblem · eine Kapazität K. Es ist dann eine Auswahl der Objekte so zu treffen,
dass die Summe der Werte der Objekte maximal ist und die Summe
der Gewichte die Größe K nicht überschreitet. Man beachte, dass ein
konkretes Problem auf verschiedene Weisen in eine der hier genannten Formen gebracht werden kann. Dies eröffnet dann auch die Anwendung alternativer Lösungsverfahren.

Suchraum · Grundlage vieler heuristischer Suchmethoden ist der Begriff des Suchraums oder Zustandsraums: Ein *Suchraum* („*state space*') ist ein Paar
(S,T), wobei S eine Menge sog. Problemlösungszustände ist und T
eine Menge partieller Abbildungen (Transformationen) $t : S \rightarrow S$, so
dass für jedes $s \in S$ nur endlich viele $t \in T$ anwendbar sind. Im Gegensatz zur formalen Problemdarstellung enthält der Suchraum mit
den Transformationen bereits elementare Schritte für die Gewinnung
der Lösung. Dabei werden zwei alternative Lösungsstrategien erfasst.
schrittweise · Bei der Strategie der *schrittweisen Lösungskonstruktion* wird die
Lösungs- · Menge S so gebildet, dass sie alle bei der Konstruktion einer Lösung
konstruktion · zu durchlaufenden Zustände enthält. Die gesuchte Lösung ist dann im
Erfolgsfall entweder der zuletzt erreichte Zustand oder die Folge der
Lösung durch · dabei angewandten Transformationen. Bei der *Lösung durch Variati-*
Variation · *on* enthält S nur Lösungskandidaten. Zum Beispiel läuft bei
Constraintproblemen die inkrementelle Lösungskonstruktion über
partielle Belegungen der Variablen, während bei einer Lösung durch
Variation nur vollständige Belegungen der Variablen betrachtet wer-
den.

8.3.3 Greedy-Algorithmen und Dynamische Programmierung

Greedy- · Die den *Greedy-Algorithmen* (engl. ‚greedy' = gierig) zugrundelie-
Algorithmus · gende Heuristik ist denkbar einfach. Die Lösung wird schrittweise aus
Komponenten aufgebaut. Für das Hinzufügen jeder weiteren Komponente werden die dafür vorhandenen Alternativen bewertet und es
wird die günstigste ausgewählt bzw. eine der günstigsten wird nichtdeterministisch gewählt, falls mehrere dafür in Frage kommen. Die

Heuristik hängt also von der Bewertungsfunktion ab. Für das Traveling-Salesman-Problem existiert die folgende Greedy-Heuristik: Man beginnt die Konstruktion mit einem beliebigen Ort als Anfang und fügt jeweils eine kürzeste Strecke zur Erweiterung der unvollständigen Rundtour hinzu. Zum Rucksackproblem erhält man eine Greedy-Heuristik mit der Bewertung v_i/k_i, bei der jeweils der größere Wert als günstiger angesehen wird. Für beide Beispiele gilt, dass die optimale Lösung zwar erreicht werden kann, aber dass dies nicht garantiert ist.

Ein Greedy-Algorithmus heißt *korrekt*, wenn er stets eine optimale Lösung liefert. Das folgende Kriterium garantiert die Korrektheit eines Greedy-Algorithmus.

Eine Teillösung heiße *optimal*, wenn sie zu einer optimalen Lösung erweitert werden kann. Bleibt bei der Erweiterung einer Teillösung um eine nach der Greedy-Heuristik ausgewählte Komponente die Optimalität erhalten, so ist der Greedy-Algorithmus korrekt. Dabei wird vorausgesetzt, dass die Konstruktion mit einer optimalen Teillösung (z.B. einer leeren Menge oder Folge) beginnt.

Zu verschiedenen auf Graphen definierten Problemen kennt man korrekte Greedy-Algorithmen. Ein Beispiel hierzu ist der *Algorithmus von Dijkstra* zur Bestimmung der kürzesten Pfade von einem Knoten zu allen anderen in einem Graphen mit (nichtnegativ) bewerteten Kanten, s. *Brassard, Bratley* [8.3]. Dazu sei erwähnt, dass es sich hierbei um ein Problem aus der Klasse **P** handelt mit maximal quadratischem Aufwand.

Als *dynamische Programmierung* oder auch *dynamische Optimierung* bezeichnet man eine Technik aus dem Bereich des sog. *Operations Research*, bei der das Ergebnis einer Folge von Entscheidungen dadurch optimiert wird, dass jede einzelne Entscheidung optimiert wird. Als Heuristik betrachtet bedeutet dies den Lösungsvorgang sukzessive in Teile zu untergliedern, die einzeln optimiert werden. Das Verfahren liefert eine optimale Lösung wenn das folgende *Optimalitätsprinzip* gilt: Die in der Aufteilung vorkommenden Komponenten einer optimalen Lösung sind für sich betrachtet optimal. Bei dem Problem der kürzesten Pfade gilt dieses Prinzip. Liegt nämlich ein Knoten k auf dem kürzesten Pfade von einem Knoten i zu einem Knoten j, so sind die Teilpfade von i nach k und von k nach j ebenfalls kürzeste Pfade. Für das Traveling-Salesman-Problem gibt es ebenfalls eine exakte Lösung auf der Grundlage des Optimalitätsprinzips mit deutlich geringerem, aber immer noch exponentiellem Aufwand als die Lösung der erschöpfenden Suche, siehe hierzu *Brassard, Bratley* [8.3].

8.3.4 Graphsearch-Algorithmen

Zustandsgraph   Der *Zustandsgraph* zu einem Suchraum (S,T) ist gegeben durch den Graphen G mit S als Knotenmenge und den Anwendungen der Transformationen als Kanten, also

$$G = (S, \{ <s_1,s_2> \in S \times S \mid \text{es existiert } t \in T \text{ mit } t(s_1) = s_2 \}).$$

Der Zustandsgraph ist ein gerichteter Graph. Dieser ist lokal endlich, das heißt jeder Knoten hat höchstens endlich viele Nachbarknoten, die von ihm in der erlaubten Richtung erreichbar sind.

Graphsearch-Verfahren   Beim *Graphsearch-Verfahren* geht es um den schrittweisen Aufbau eines Teilgraphen des Zustandsgraphen. Der Teilgraph soll einen Lösungspfad enthalten und im Idealfall nur aus diesem bestehen. Er enthält aus verfahrenstechnischen Gründen dann auch alle betrachteten Alternativen. Dabei wird der Zustandsgraph als Entscheidungsbaum aufgefasst. Hierin muss das mehrfache Auftreten desselben Knotens vermieden werden. Dies geschieht mit Hilfe einer Verwaltung der bereits bekannten Knoten in Listen. Für die Beschreibung der Graphsearch-Verfahren hat sich eine feste Terminologie eingebürgert:

Ein Knoten im Zustandsgraphen heißt zu einem bestimmten Zeitpunkt des Verfahrens *generiert*, wenn er zu diesem Zeitpunkt im Entscheidungsbaum durch das Verfahren erzeugt worden ist. Er heißt *exploriert*, wenn mindestens ein Nachfolger von ihm im Baum erzeugt worden ist, und er heißt *expandiert*, wenn alle seine Nachfolger im Baum erzeugt worden sind. Die Verwaltung erfolgt in zwei Listen. Die Liste *OPEN* enthält alle generierten und nicht expandierten Knoten; die Liste *CLOSED* enthält alle expandierten Knoten.

Graphsearch-Algorithmus   Ein *Graphsearch-Algorithmus* genügt dem folgenden Grundschema:

1. Beginne mit dem Startknoten.
2. Bereits vorhandene Knoten werden exploriert bzw. expandiert.
3. Ein neu generierter Knoten wird darauf untersucht, ob er bereits vorliegt. In diesem Fall wird entschieden, welche Instanz beibehalten wird. Hierdurch wird über die Stellung dieses Knotens im Baum entschieden. Weiter bei 2.

Wir unterscheiden dabei die folgenden Arten von Graphsearch-Algorithmen:

Nichtinformierte Algorithmen   *Nichtinformierte Algorithmen*: Diese verwenden keine Heuristiken mit spezieller Probleminformation. Beispiele sind Tiefensuche, Backtracking und Breitensuche.

Informierte Algorithmen: Bei diesen finden problemspezifische Bewertungen Anwendung. Als Grenzfall können nichtinformierte Algorithmen entstehen.

Informierte Algorithmen

Die *Bestfirst-Algorithmen* (BF) verwenden eine Knotenbewertungsfunktion und expandieren jeweils den nach dieser Bewertung günstigsten Knoten. Eine Variante davon bilden die BF*-Algorithmen. Diese arbeiten mit *verzögerter Terminierung*: Bevor untersucht wird, ob ein Knoten ein Ziel darstellt, muss er bewertet und gemäß der Bewertung ausgewählt worden sein.

Bestfirst-Algoritmen

Weitere Spezialisierung führt zu den *Algorithmen A**, bei denen die Bewertungsfunktion $f(n)$ sich additiv aus einer Bewertung $g(n)$ des Pfades zum aktuellen Knoten n und einer Schätzung $h(n)$ für den Restpfad zu einem Ziel zusammensetzt.

*Algorithmen A**

Als *zulässige Algorithmen A** erhält man solche Algorithmen A*, bei denen garantiert ist, dass eine optimale Lösung angesteuert wird, falls eine Lösung existiert. Es gibt ein einfaches hinreichendes Kriterium hierfür, nämlich die *optimistische Schätzung* für h. Bezeichnet h^* die wirklichen Kosten für den optimal gewählten Restpfad, so muss stets $0 \le h(n) \le h^*(n)$ gelten. $h(n)$ heißt dann eine *zulässige Heuristik*. Je näher h an h^* liegt, umso günstiger verläuft die Suche. Man kann zulässige Heuristiken systematisch und sogar automatisch durch *Relaxation* gewinnen. In Bezug auf einen Suchraum bedeutet Relaxation, dass mehr Zustände zugelassen werden bzw. mehr Transformationen. Im relaxierten Modell kann man oft das Problem unmittelbar lösen. Die Kostenberechnung für diese Lösung wird als Schätzfunktion für die Lösung des Ausgangsproblems verwendet. Da das relaxierte Modell nie ungünstigere Möglichkeiten bietet als das Ausgangsproblem, ist die so gewonnene Schätzung immer optimistisch.

*zulässige Algorithmen A**

optimistische Schätzung

Relaxation

Nilsson nennt erst die zulässigen Algorithmen A*-Algorithmen. Die hier verwendete Bezeichnung stammt von *Pearl*, s. [8.17].

Das Verhalten von Algorithmen A* in Bezug auf den Aufwand gemessen an der Zahl der insgesamt expandierten Knoten ist theoretisch sehr gut erforscht. Eine zu dieser Theorie analoge Theorie der sog. *Algorithmen AO** bezieht sich auf Problemlösungen unter Einbeziehung von Problemzerlegungen. Dabei wird der Suchraum durch sog. *AND/OR-Graphen* modelliert und eine Lösung wird im Allgemeinen nicht durch einen Pfad sondern durch einen Baum dargestellt.

AND/OR-Graph

8.3.5 Spielbäume

Die Modellierung von Zweipersonenspielen wie z.B. Schach oder Go führt im ersten Ansatz zu den als Spielbäume bezeichneten speziellen *AND/OR*-Graphen. Ein *Spielbaum* ist der Entscheidungsbaum eines Spieles. Er enthält alle möglichen Spielverläufe als Pfade. Der Wurzelknoten ist die Anfangsstellung. Jedem Endknoten wird eine Spielbewertung zugeordnet, z.B. 1 für Gewinn (des ersten Spielers), 0 für Unentschieden, -1 für Verlust. Als zu lösendes Problem gilt das Erreichen der bestmöglichen Endbewertung für den ersten Spieler.

Für die systematischen Überlegungen benötigt man eine Bewertung aller Knoten im Spielbaum, welche von den Blättern des Baumes ausgehend auf die jeweiligen Vorgängerknoten übertragen wird. Dabei sind diese Knoten danach zu unterscheiden, welcher der Spieler an der Stelle am Zug ist. Ist Spieler 1 am Zug, so wird der günstigste Wert übertragen, anderenfalls der ungünstigste. Numerisch führt das zu sich abwechselnder Minimum- und Maximumbildung (*Minimax-Verfahren*). Im Hinblick auf Spielbäume, die viel zu groß sind als dass für sie eine vollständige Bewertung durchgeführt werden könnte, sucht man nach Strategien für realistische Schätzungen der Bewertungen.

Elementare Spielstrategien ermöglichen Bewertungen, bei denen nicht alle Knoten des Entscheidungsbaums zu durchlaufen sind. Beim *SOLVE-Verfahren* für binäre Bewertungen wird ausgenutzt, dass es für jeden Spieler ausreicht, eine einzige für ihn positive Variante zu finden. Das *ALPHA-BETA-Verfahren* ist für Bewertungen mit beliebigen numerischen Werten anwendbar. Durch sog. α- und β-*Schnitte* werden irrelevante Varianten abgetrennt. Der α-Schnitt nutzt aus, dass für $a \leq b$

$$min(a, max(b, u)) = a$$

ist, unabhängig vom Wert von u. Ensprechend beruht der β-Schnitt darauf, dass für $a \geq b$

$$max(a, min(b, u)) = a$$

gilt, ebenfalls unabhängig von u. Die Literatur kennt eine Vielzahl weiterer ähnlicher Strategien, z.B. die Verfahren *SCOUT* und *SSS**.

Setzt man für die Endsituationen eines Spiels lediglich die Wahrscheinlichkeiten P_0 für einen Sieg des ersten Spielers und $1 - P_0$ für dessen Verlust voraus, so lassen sich die mit P_n bezeichneten Gewinnwahrscheinlichkeiten n Spielzüge vor Erreichen des Endes rekursiv ermitteln. Ist der Verzweigungsgrad im Baum konstant b, d.h. hat jeder Spieler vor Spielende immer b Alternativen zur Fortsetzung, so gilt für $n > 0$ die Rekursionsformel

$$P_n = 1 - (1 - P_{n-1}{}^b)^b.$$

Für wachsendes n zeigt dieser Wert das folgende Konvergenzhalten:
Sei ξ_b die zwischen 0 und 1 liegende eindeutige Lösung der Gleichung

$$x = 1 - (1 - x^b)^b.$$

Dann gilt:

1) $P_n = \xi_b$ für alle n falls $P_0 = \xi_b$.
2) $\lim_{n \to \infty} P_n = 1$ falls $P_0 > \xi_b$.
3) $\lim_{n \to \infty} P_n = 0$ falls $P_0 < \xi_b$.

Eine entsprechend verallgemeinerte Aussage für den Fall, dass eine Verteilung beliebiger Werte für die Werte der Endknoten vorgegeben ist, enthält das *Minimax-Konvergenz-Theorem*. Details entnehme man *Pearl* [8.17].

8.3.6 Lokale Suche

Die Verfahren der lokalen Suche werden bei Suchräumen für Lösungen durch Variation angewendet, die aus bewerteten Lösungskandidaten bestehen. Statt eines Suchraums (S, T) mit Transformationen $t \in T$ betrachtet man zum Lösungsraum S eines Optimierungsproblems (S, f) *Nachbarschaften* $N: S \to \wp(S)$. Beide Darstellungsformen lassen sich ineinander transformieren.

Nachbarschaft

Ein *Algorithmus der lokalen Suche* besteht im Prinzip aus den folgenden Schritten, wobei der 2. Schritt solange wiederholt wird, bis die Terminierung erreicht ist:

Algorithmus der lokalen Suche

1. Initialisierung: Wahl eines geeigneten Startelementes $x \in S$.
2. Bestimmung eines Nachbarn $y \in N(x)$, der einer Auswahlbedingung genügt, und Ersetzen von x durch y.
3. Terminierung durch Erreichen einer Terminierungsbedingung.

Zur *Initialisierung* werden oft Methoden zur schrittweisen Lösungskonstruktion wie z.B. Greedy-Algorithmen eingesetzt.

Beispiele für *Terminierungsbedingungen* sind leere Nachbarschaft oder das Erreichen einer vorgegebenen Schranke für die Anzahl der Iterationen bzw. der Iterationen ohne Verbesserung.

Optimierung
Akzeptanz

Die Auswahlbedingung für das jeweils nächste Element beinhaltet entweder eine *Optimierung* („*best improvement*") oder eine *Akzeptanz* („*first improvement*"). Die Optimierung ist aufwändiger, da die Nachbarschaft vergleichend durchsucht werden muss. Daher wird auch mit eingeschränkten Nachbarschaften gearbeitet. Für Minimierungsaufgaben ergeben sich die *Algorithmen des steilsten Abstiegs* bzw. *schwächsten Anstiegs*. Da das Erreichen lokaler Minima im Allgemeinen unzureichend ist, führt man zusätzlich Techniken ein, welche die Rückkehr in bereits erkundete Bereiche verhindern und das Verlassen lokaler Minima ermöglichen sollen.

steilster Abstieg
schwächster
Anstieg

Tabu-Suche

Ein mit mehreren heuristischen Techniken ausgestattetes und auch in der Praxis erfolgreiches Verfahren dieser Art ist die *Tabu-Suche*. Siehe hierzu die ausführliche Darstellung in *Glover*, *Laguna* [8.6]. Es werden dynamische *Tabu-Bedingungen* eingeführt, welche die aktuell zu durchsuchenden Nachbarschaften geeignet reduzieren, sowie weitere sog. *Aspirationsbedingungen*, welche den Tabu-Bedingungen entgegenwirken. Ferner kann bei der Suche die Bewertungsfunktion verändert werden durch Hinzufügen sog. *Strafterme*. Mit einem Strafterm proportional zur Distanz zu einem festen Element z des Suchraums erreicht man eine *Intensifikation*, d.h. eine Verstärkung der Suche in der Nähe von z. Ein mit der Distanz zu z kleiner werdender Term führt zur *Diversifikation*, d.h. einer verstärkten Suche in Regionen, die von z weiter entfernt sind.

Bei den Verfahren mit einer Auswahlbedingung zwecks Akzeptanz wird deterministisch oder probabilistisch ein Element der Nachbarschaft gewählt und zur Fortsetzung verwendet, wenn es die Bedingung erfüllt. Sei x das aktuelle Element und $y \in N(x)$ gewählt. Dann führt, für Aufgaben der Minimierung, die Akzeptanzbedingung $f(y) - f(x) > 0$ zum *Algorithmus der iterativen Verbesserung* und die Bedingung

Schwellwert-
verfahren

$f(y) - f(x) \geq -t$, $t > 0$, zum *Schwellwertverfahren* mit t als Schwellwert. Der Wert t ist dabei dynamisch veränderlich. Seine Werte müssen eine absteigende Folge bilden. Das entsprechende Verfahren mit der Bedingung $f(y) \geq t$ mit einem steigenden Wert t wird *Sintflut-Algorithmus*

Sintflut-
Algorithmus
Simulated
Annealing

genannt. Zu diesen Verfahren siehe auch *Reeves* [8.18] und *Goos* [8.7]. Mit dem Schwellwertverfahren eng verwandt ist das *Simulated Annealing*, bei dem für ein zufällig gewähltes $y \in N(x)$ eine Verbesserung immer akzeptiert wird, eine Verschlechterung des Wertes jedoch nur mit einer Wahrscheinlichkeit, die umso geringer ist je größer die Verschlechterung ist und je weiter die Iteration fortgeschritten ist. Das Verfahren ist genauer unter den probabilistischen Methoden des Softcomputing im folgenden Abschnitt erläutert.

Die Verfahren der lokalen Suche zeichnen sich dadurch aus, dass sie unter Verzicht auf eine Optimalitätsgarantie effiziente Approximatio-

nen ermöglichen. Sie bilden hierdurch auch eine Brücke zu den Soft-
computingmethoden. Die lokale Suche wird oft noch als eine rein
empirische Methode angesehen. Inzwischen ist eine *Theorie der lokalen Suche* im Entstehen begriffen. Siehe hierzu *Yannakakis* in [8.1],
S. 19ff.

8.4 Softcomputing

Zum *Softcomputing* rechnet man Fuzzy-Techniken, Neuronale Netze,   Softcomputing
Evolutionäre Verfahren und zum Teil auch Probabilistische Verfahren
wie Simulated Annealing und ebenso alle Kombinationen dieser
Techniken in sog. *hybriden Verfahren*. Die Bezeichnung *Softcompu-*   hybride
ting geht auf Anwendungen der Fuzzy-Regelungstechnik zurück, bei   Verfahren
denen sanfte Übergänge zwischen verschiedenen Verhaltensweisen
dadurch erreicht werden, dass Zugehörigkeiten zu Zuständen nicht
durch Ja/Nein-Entscheidungen sondern durch kontinuierliche Übergänge dazwischen modelliert werden. Da die Problemlösungen ohne
Verwendung analytischer Modelle gewonnen werden spricht man
auch von *nichtanalytischen Lösungsverfahren* (s. *Goos* [8.7]). In den   nichtanalytische
Anwendungen der KI konkurrieren die symbolorientierten und die   Lösungsverfahren
Softcomputing-Methoden generell miteinander. Es zeichnet sich jedoch ab, dass sich in konkreten Anwendungen Präferenzen für die
eine oder andere methodische Richtung ergeben. Oft sind hybride
Methoden besonders erfolgreich, zum Beispiel Neuronale Netze, die
mit Hilfe evolutionärer Verfahren initialisiert werden oder Neuro-
Fuzzy-Systeme. Der Ansatz der Neuronalen Netze wird im Gegensatz
zu den symbolorientierten Methoden der KI als *konnektionistisch*   konnektionistisch
bezeichnet.

8.4.1 Merkmale nichtanalytischer Lösungsverfahren

Als gemeinsamen Kern dieser Methoden sehen wir die folgenden
Merkmale an:

Black-Box-Lösungen: Die Problemlösung basiert nicht auf einem   Blackbox-
präzisen, analytischen Modell der Problemstellung. Sie wird daher   Lösungen
nicht direkt konstruiert sondern gründet sich auf Lernen. Die analytischen Modelle der symbolorientierten Techniken entsprechen *White-
Box-Lösungen*, welche modellbasiert konstruierbar sind.

Natürliche Vorbilder: Die tragenden Ideen der Methoden entstanden   Natürliche
in Analogie zu natürlichen Vorbildern. Künstliche Neuronale Netze   Vorbilder
entsprechen einem vereinfachten Verständnis von Gehirn und Nerven.
Evolutionäre Algorithmen simulieren die biologische Evolution. Die

Verfahren des Simulated Annealing sind dem physikalischen Vorgang der Erstarrung von Schmelzen abgeschaut und in den Fuzzy-Techniken findet man Verhaltensweisen intelligenter Akteure wie des Menschen wieder, die komplexe Probleme durch die angelernte Kombination einfacher Aktionen approximativ lösen.

Kontinuierliche Daten
Kontinuierliche Daten: Während symbolorientierte Methoden sich grundsätzlich nur auf diskrete Daten beziehen, treten bei den nicht-analytischen Verfahren kontinuierliche Daten und Parameter stärker in den Vordergrund. Neuronalen Netzen liegen oft kontinuierliche Modelle oder Diskretisierungen solcher zugrunde.

Vage Daten
Vage Daten: Die Voraussetzung präziser Daten ist für viele praktische Probleme ebensowenig gegeben wie die Notwendigkeit präziser Resultate oder die Erreichbarkeit letzterer in akzeptabler Zeit. Bei der Fuzzy-Technik besteht darin gerade der charakteristische Ansatz.

Probabilistische Daten
Probabilistische Daten: Da natürliche Vorgänge oft Regeln unterliegen, die sich auf Wahrscheinlichkeiten beziehen, überträgt sich dieser Aspekt auch auf davon abgeleitete Verfahren. Daher verwenden manche Lösungsverfahren probabilistische Steuerungen. Dies gilt für Evolutionäre Algorithmen und Simulated Annealing. Allen Softcomputing-Methoden gemeinsam ist, dass sich ihre Leistung am besten probabilistisch beschreiben lässt.

Fehlertoleranz und Robustheit
Fehlertoleranz und Robustheit: Informationsverarbeitende Systeme des Softcomputing sind von ihren Arbeitsprinzipien her besser mit diesen beiden praktischen Eigenschaften ausgestattet als symbolorientierte Systeme. Besonders deutlich wird dies bei den neuronalen Netzen und Fuzzy-Systemen.

8.4.2 Fuzzy-Technik

Unscharfe Mengen
Die heutige Fuzzy-Technik gründet sich zum einen auf die von *Lotfi Zadeh* 1965 eingeführte Theorie der *unscharfen Mengen* ('*fuzzy set theory*') und zum anderen auf die erfolgreiche Anwendung der darauf beruhenden *unscharfen* ('*fuzzy*') *Informationsverarbeitung* in der Regelungstechnik. Als erste Einführungen eignen sich die Artikel *Munakata, Jani* [8.13] und *Zadeh* [8.23]. Ausführlichere Darstellungen sind gegeben in *Keller* [8.8] und *Kruse, Gebhardt, Klawonn* [8.10].

Unscharfe Mengen: Über einer *Grundmenge U* (auch *Universum* genannt) werden diese als Abbildungen μ der Grundmenge in das Einheitsintervall der reellen Zahlen eingeführt: $\mu: U \to [0, 1]$.

Zu $x \in U$ stellt $\mu(x)$ den *Zugehörigkeitsgrad* von x zu der betreffenden Menge dar. Die Mengen gemäß der herkömmlichen Mengenlehre sind dabei als Spezialfälle mit Zugehörigkeitsgraden 0 bzw. 1 mit erfasst. Sie heissen hier *scharfe Mengen* (engl. ‚*crisp sets*'). Mit unscharfen Mengen lassen sich vage Informationen wie z.B. ‚ungefähr 20 Personen', ‚etwas rechts' und unscharfe Begriffsbildungen wie ‚jung' und ‚alt' modellieren. Anschaulich lassen sich unscharfe Mengen durch Funktionsgraphen darstellen mit U als Menge der Koordinaten. In den meisten Anwendungen beschränkt man sich dabei auf trapezförmige Funktionsgraphen. Abb. 8.2 illustriert diesen Fall mit sich überlappenden Begriffen.

Zugehörigkeits-
grad

scharfe Menge

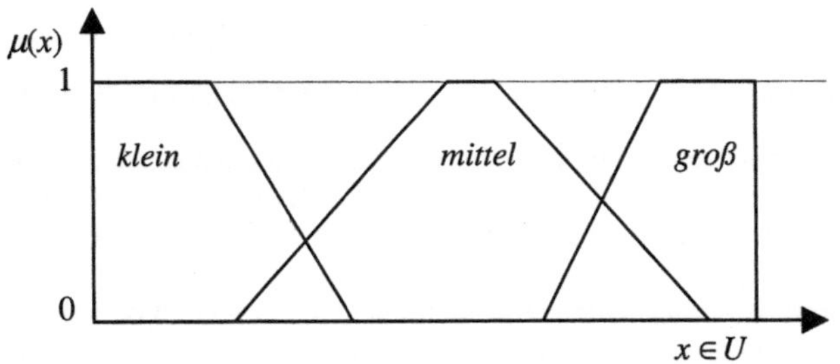

Abbildung 8.2
Funktionsgraph zu drei sich überlappenden unscharfen Mengen

Alle bekannten Mengenoperationen können auf unscharfe Mengen ausgedehnt werden. Für zwei unscharfe Mengen A und B mit Zugehörigkeitsfunktionen μ_A bzw. μ_B definiert man die Inklusion $A \subseteq B$ durch $\mu_A(x) \leq \mu_B(x)$ für alle $x \in U$.

Inklusion

Für Komplementbildung, Durchschnitt und Vereinigung gibt es unterschiedliche Konstruktionen, für die Regeln existieren, welche die Gültigkeit der notwendigen mengentheoretischen Axiome garantieren (außer $A \cup \mathbf{C}A = U$ und $A \cap \mathbf{C}A = \varnothing$, wobei $\mathbf{C}A$ das Komplement von A bedeutet). Das *natürliche Komplement* nach *Zadeh* ist durch $1 - \mu_A(x)$ beschrieben. Der Durchschnitt wird berechnet nach der Formel $\mu_{A \cap B}(x) = f(\mu_A(x), \mu_B(x))$ mit einer sog. *t-Norm* f, die den Forderungen

natürliches
Komplement

t-Norm

(1) $f(a, 1) = a$,   (2) $f(a, b) = f(b, a)$,

(3) $a \leq b \Rightarrow f(a, c) \leq f(b, c)$,   (4) $f(f(a, b), c) = f(a, f(b, c))$

genügt. $f(a, b) = min(a, b)$ erfüllt z.B. diese Bedingung neben einer Vielzahl anderer bekannter Funktionen. Für die Vereinigung definiert man jeweils eine zugehörige sog. *assoziierte Co-t-Norm* oder *s-Norm* $g(a, b) = 1 - f(1- a, 1- b)$. Diese erfüllt die Forderungen (1') $g(a, 0) = a$ sowie (2), (3) und (4). Es wird dann $\mu_{A \cup B}(x) = g(\mu_A(x), \mu_B(x))$ gesetzt. Zu $f(a, b) = min(a, b)$ ergibt sich als Co-*t*-Norm $g(a, b) = max(a, b)$.

s-Norm

Unscharfe Relationen *Unscharfe Relationen*: Eine n-stellige *unscharfe Relation R* wird durch eine Zugehörigkeitsfunktion μ_R: $U_1 \times \ldots \times U_n \to [0, 1]$ über dem kartesischen Produkt von n Grundmengen definiert. Aus unscharfen Mengen über den Grundmengen lassen sich unscharfe Relationen als *unscharfes kartesisches Produkt* konstruieren: Für $n = 2$ wird die Zugehörigkeitsfunktion $\mu_{A\times B}$ des kartesischen Produktes $A \times B$ zweier unscharfer Mengen mit Zugehörigkeitsfunktionen μ_A und μ_B durch

$$\mu_{A\times B}(x, y) = min(\mu_A(x), \mu_B(y))$$

definiert. Dabei kann die Funktion *min* auch durch eine andere *t*-Norm ersetzt werden. Die Komposition zweier zweistelliger Relationen

$$\mu_R: U_1 \times U_2 \to [0, 1] \quad \text{und} \quad \mu_S: U_2 \times U_3 \to [0, 1] \text{ wird durch}$$

$$\mu_R \circ_S: U_1 \times U_2 \times U_3 \to [0, 1], \ \mu_R \circ_S(x, z) = \underset{y}{max} \ (min(\mu_R(x, y), \mu_S(y, z)))$$

unscharfe Logik definiert. Auch zu einer Vielzahl weiterer mathematischer Begriffe gibt es unscharfe Erweiterungen. In der *unscharfen Logik* (*,fuzzy logic'*) sind die Wahrheitswerte die Zahlen des Einheitsintervalls.

unscharfe Regelung *Unscharfe Regelung*: Abhängigkeiten der Art $y = f(x)$ zwischen zwei Größen x und y werden bei der *unscharfen Regelung* (*,fuzzy control'*) wie folgt modelliert: Jede Größe wird durch eine kleine Anzahl (etwa 3 bis 7) einander sukzessive überlappender unscharfer Mengen, wel-

linguistischer Term che *linguistische Terme* genannt werden, approximiert. Diese Terme bilden eine sog. *linguistische Variable*. Eine durch einen Winkel von –

linguistische Variable 90° bis +90° dargestellte Richtungsgröße φ kann z.B. durch eine linguistische Variable mit Termen ,ganz links', ,etwas links', ,geradeaus', ,etwas rechts', und ,ganz rechts' modelliert werden:

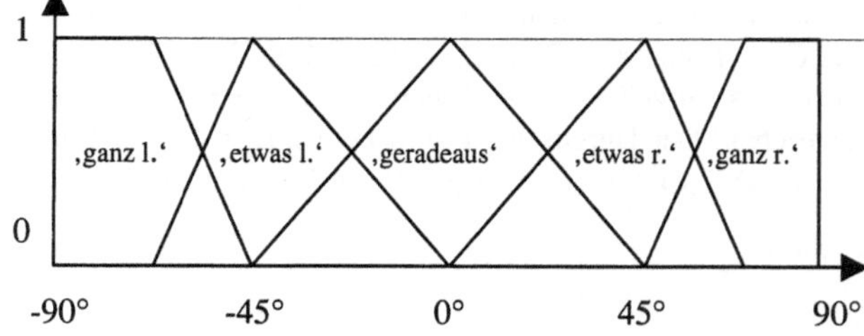

Abbildung 8.3
Linguistische Variable mit 5 Termen

Regeln Die Abhängigkeiten, etwa einer Stellgröße y von einer Führungsgröße x bei einem Regelungsproblem, werden durch Regeln der Form
$$\textbf{if } x_i \textbf{ then } y_j$$
erfasst mit Termen x_i bzw. y_j der linguistischen Variablen zu x und y. Die Anwendung solcher Regeln erfolgt in 3 Schritten.

1. *Fuzzifizierung*: Ein exakter Wert für x sei vorgegeben. Dazu werden seine Zugehörigkeitsgrade $\mu(x_i)$ zu allen Termen x_i bestimmt.
2. *Inferenz*: Der Wert $\alpha = \mu(x_i)$ wird als *Erfüllungsgrad* der Regel **if** x_i **then** y_j betrachtet. Die Anwendung der Regel liefert dann die unscharfe Menge $\mu(y) = min(\alpha, \mu_{yj}(y))$.

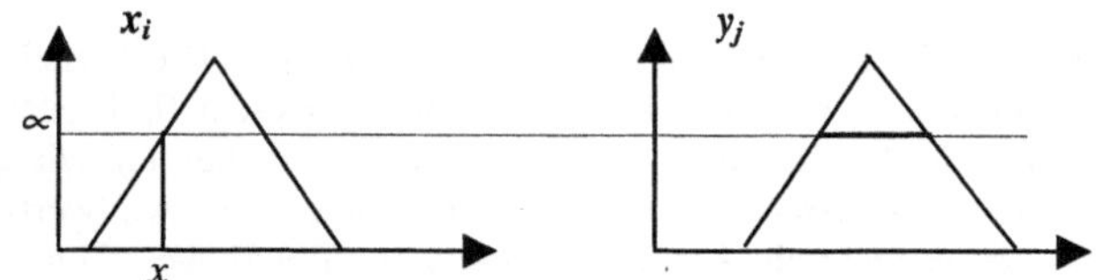

Abbildung 8.4
Inferenz

Die Resultate aller Regeln mit Erfüllungsgrad > 0 sind so zu bilden.
3. *Defuzzyfizierung*: Aus den Resultaten aller anwendbaren Regeln wird ein exakter Wert für die Größe y gebildet durch Überlagerung derselben und Berechnung eines mittleren Wertes dazu. Für diese letzte Berechnung gibt es alternative Verfahren wie Maximumbildung oder Schwerpunktbildung usw.

Ein Regler nach der hier beschriebenen Methode heißt ein *Mamdani-Regler*. Bei dem Regler nach *Takagi* und *Sugeno* wird die Stellgröße im Inferenzschritt gleich exakt bestimmt (s. *Goos* [8.7], S. 229ff). Die einzelnen Resultate werden danach gemittelt. Treten zwei Führungsgrößen gemeinsam auf, z.B. **if** x_i **and** y_j **then** z_k, so lassen sich alle Regeln gemeinsam in einer Matrix erfassen mit den Termen x_i und y_j als Zeilen- bzw. Spaltenindizes und den Termen z_k als Einträgen.

Fuzzyfizierung

Inferenz
Erfüllungsgrad

Defuzzyfizierung

Mamdani-Regler
Takagi-Sugeno-
Regler

8.4.3 Neuronale Netze

Betrachtet man künstliche Neuronale Netze als informationsverarbeitende Systeme, so unterscheiden sich diese dadurch von symbolorientierten Systemen, dass ihre Funktionalität nicht durch eine exakt bekannte Funktion auf dem Eingaberaum beschrieben sondern vielmehr durch Training an Beispielen erlernt wird. Formal lassen sich *Neuronale Netze* als *dynamische Systeme* auffassen, die als veränderliche Größen, also Systemvariable, *Neuronen* x_i und *Synapsen* m_{ij} enthalten. Analog dem biologischen Vorbild leiten die Synapsen m_{ij} Signale von einem Neuron x_i zu einem benachbarten Neuron y_j. Jedes Neuron x_i besitzt einen von einem diskreten Zeitparameter t abhängigen *Aktivierungswert* $x_i(t)$ und sendet ein *Signal* $s_i(x_i(t))$ aus mit einer für das Neuron charakteristischen Signalfunktion s_i. Während *Eingabeneuronen* ihre Aktivierungswerte unmittelbar erhalten, ergibt sich für alle anderen Neuronen y_j der Wert als gewichtete Summe aller Signale von den Neuronen x_i, von denen Synapsen zu y_j führen.

Neuronale Netze
Neuronen
Synapsen

Aktivierungswert
Signal
Eingabeneuron

Abbildung 8.5
Neuronen und
Signale

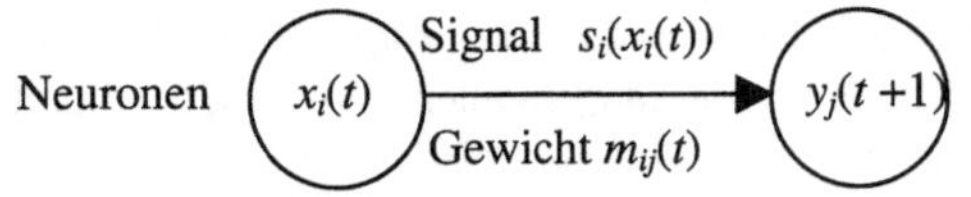

Gewichte Die *Gewichte* sind Werte $m_{ij}(t)$, die den Synapsen zugeordnet sind:

$$y_j(t+1) = \sum_i m_{ij}(t)\, x_i(t).$$

Ausgabeneuronen Die Systemausgabe erfolgt über sog. *Ausgabeneuronen*. Die Signalwerte der Neuronen können diskret, mit binären Werten 0, 1 oder
bipolaren Werten -1, $+1$, oder kontinuierlich sein, sind aber auf jeden
Signalfunktionen Fall beschränkt. Als *diskrete Signalfunktionen* werden Schwellwert-
funktionen verwendet, als *kontinuierliche Signalfunktionen* dienen
sigmoide Funktion *sigmoide* Funktionen wie z.B. (mit Parameter c)

$$s(x) = \frac{1}{1 + e^{-cx}} \quad \text{oder} \quad s(x) = tanh(cx),$$

radiale gelegentlich aber auch Gauß-Funktionen, die hier als *radiale Basis-*
Basisfunktion *funktionen* bezeichnet werden.

Die formale Beschreibung Neuronaler Netze ist in der Literatur un-
einheitlich. Hier ist sie an *Kosko* [8.9] angelehnt. Oft wird für ein
Neuron y_j ein Eingabewert net_j, ein Aktivierungswert a_j und ein Aus-
gabewert o_j unterschieden, die durch Funktionen f_{net}, f_a und f_o berechnet werden. Dabei kann die Signalfunktion in f_a oder f_o eingehen. Man
vgl. auch *Zell* [8.24]. Das Neuronale Netz als Ganzes ist ein hochgra-
dig parallel arbeitendes System, welches synchron oder asynchron
betrieben werden kann. Der Zusammenhang der Neuronen über die
Synapsen bestimmt die Struktur des Neuronalen Netzes. Es folgen
einige Grundtypen.

Feedforward- *Feedforward-Netze*: Ein aus mehreren Neuronenschichten F_0, F_1, . . .
Netze F_k bestehendes Netz, bei dem nur Synapsen (mit Wert $\neq 0$) von Neuronen einer Schicht F_i zu Neuronen der nächsten Schicht F_{i+1} führen,
heißt ein *Feedforward-Netz* oder *vorwärtsgerichtetes Netz*. Zu diesen
zählt das bereits Anfang der 60er Jahre von *Rosenblatt* eingeführte
Perzeptron *Perzeptron*. Die Perzeptronen verwenden binäre Schwellwertfunktio-
nen. Daher ist jedes Neuron in der Lage, seine Eingaben linear, d.h.
getrennt durch eine Hyperebene des Eingaberaums, in zwei Klassen
selbstorganisie- aufzuteilen. Die *selbstorganisierenden Karten* von *Kohonen* stellen
rende Karten einschichtige Feedforward-Netze dar, welche die topologische Zu-
sammenhangsstruktur des Eingaberaums erlernen können. Dabei wird
eine Nachbarschaftsstruktur für die Neuronen zugrundegelegt.

Hopfield-Netze *Hopfield-Netze*: Ein einschichtiges neuronales Netz mit rückgekop-
peltem Informationsfluss, bei dem die Matrix M der Synapsenwerte
m_{ij} symmetrisch ist und in der Hauptdiagonalen nur Werte 0 enthält,
heißt ein *Hopfield-Netz*. Bezeichnet X den Vektor der Neuronen, S die
vektoriell verallgemeinerte Signalfunktion, in diesem Fall eine

Schwellwertfunktion, und I den Vektor einer konstanten Eingabe (oft $= \mathbf{0}$), dann gilt mit Zeitindex t

$$X_{t+1} = S(X_t)\, M + I.$$

Das Hopfield-Netz kann als *Assoziativspeicher* verwendet werden: Ein Eingabevektor wird auf das nächstgelegene von mehreren erlernten Muster abgebildet, zu dem die Aktivierungswerte oder Signalwerte konvergieren. Das *Stabilitätsverhalten* folgt aus den Eigenschaften der Matrix. Man kann zeigen, dass die sog. *Signalenergie* $L = - S(X)\, M\, S(X)^{\mathrm{T}} - S(X)\, [I - U]^{\mathrm{T}}$ mit U als Vektor der Schwellwerte und ^{T} als Zeichen für die Bildung der Transponierten nur abnehmen kann und nach unten beschränkt ist.

Bidirektionale Assoziative Speicher: Dies sind schichtweise rückgekoppelte neuronale Netze mit zwei Schichten X und Y, bei denen die beiden Matrizen, welche die Werte der Synapsen von der ersten zur zweiten sowie von der zweiten zur ersten Schicht enthalten, durch Transposition auseinander hervorgehen, in Vektorschreibweise gilt also (mit I und J als konstanten Eingaben)

$$X_{t+1} = S(Y_t)\, M^{\mathrm{T}} + I, \quad Y_{t+1} = S(X_t)\, M + J.$$

Auch hierfür ist die Stabilität garantiert. Diese Netze können Eingaben an erlernte Muster anpassen und dazu Ausgabemuster assoziieren.

Die funktionale Leistung eines neuronalen Netzes ergibt sich aus dessen Struktur und aus den Werten der Synapsen. Für Bidirektionale Assoziative Speicher lassen sich die Matrizen aus den Vektoren der Trainingsmuster direkt konstruieren. Im Allgemeinen werden Netze trainiert. Dabei verändern sich die synaptischen Werte. Für das sog. *unüberwachte Lernen* gibt es hierzu Lernregeln wie die *Hebb'sche Regel*

$$\Delta m_{ij} = \eta\, s_i(x_i)\, s_j(x_j)$$

(mit einem Lernfaktor η), von der weitere Regeln abgeleitet werden. Beim *Wettbewerbslernen* reagiert in der Ausgabeschicht nur ein Neuron mit dem Signal 1, alle anderen mit dem Signal 0. Dies wird dadurch erreicht, dass ein Neuron mit dem höchstwertigen Signal die 1 ausgibt, während die Signale der konkurrierenden Neuronen auf 0 gesetzt werden. Nur die zum Gewinnerneuron führenden Synapsen werden dann verstärkt. Unüberwachtes Lernen eignet sich zum Beispiel zur Klassifikation von Mustern. Dabei wird ein n-dimensionaler Eingaberaum auf k Vektoren angebildet, von denen jeder eine Region des Raumes, d.h. eine Eingabeklasse repräsentiert. Das Netz schätzt damit eine unbekannte Wahrscheinlichkeitsdichte des Eingaberaums aufgrund von Trainingsdaten. Lernen erscheint so als *adaptive Vektorquantisierung (AVQ)*.

überwachtes Lernen

Ein allgemeiner Ansatz für das *überwachte Lernen* besteht darin, aus den Abweichungen der Ausgaben von erwarteten Werten bei vorgegebenen Trainingsdaten Veränderungen der synaptischen Werte so zu errechnen, dass der Fehler geringer wird. Bei der *stochastischen Approximation* wird ein *Gradientenabstieg* zur Minimierung des Erwartungswertes $E[F]$ eines Gesamtfehlers F vorgenommen. Man bildet aus allen synaptischen Gewichten einen einzigen Vektor $m = (m_j)$ Bezeichnet ∇_m den Gradienten bezüglich m, so ist $-\nabla_m E[F]$ zu minimieren. Dabei wird $E[F]$ durch F abgeschätzt. Dies führt mit t als diskretem Zeitindex zu der Lernregel

stochastische Approximation Gradientenabstieg

$$m_{t+1} = m_t - c_t \nabla_m F_t.$$

Die Koeffizienten c_t der Lernrate müssen mit wachsenden t abnehmen. Langsame Abnahme bedeutet dabei schnelles Lernen neuer Information (*Plastizität*), schnelle Abnahme hingegen geringeres Vergessen bereits gelernter Information (*Stabilität*).

Im linearen Fall entsteht die lineare stochastische Approximation. Hierfür hat *Widrow* seinen *LMS* („*least mean square*') – *Algorithmus* für ein zweischichtiges Netz mit nur einem Ausgabeneuron y mit $s(y)$ = y entwickelt: Sei x_t der Eingabevektor, d_t die erwartete und y_t die errechnete Ausgabe, also $\delta_t = d_t - y_t$ der Fehler zum Zeitpunkt t, dann wird die Regel (mit c als Konstante)

LMS-Algorithmus

$$m_{t+1} = m_t + c\, \delta_t x_t$$

angewendet. In der auf zwei benachbarte Neuronen bezogenen Form ohne Zeitindex,

$$\Delta m_{ij} = \eta\, x_i \delta_j,$$

und mit δ_j als Fehler der Ausgabe des Neurons x_j wird die Regel als *Widrow'sche Delta-Regel* bezeichnet. Eine nichtlineare Erweiterung des LMS-Algorithmus ist der auf mehrschichtige Feedforward-Netze anzuwendende *Backpropagation-Algorithmus*. Bei diesem handelt es sich also ebenfalls um ein Gradientenabstiegsverfahren.

Widrow'sche Deltaregel Backpropagation-Algorithmus

Fuzzy Cognitive Maps

Mit neuronalen Netzen eng verwandt sind die *Fuzzy Cognitive Maps*, mit welchen qualitative rückgekoppelte Beziehungen zwischen dynamischen Größen eines Systems modelliert werden können. Sie werden in der Simulation eingesetzt, siehe *Kosko* [8.9], S. 152ff.

8.4.4 Probabilistische Techniken

Wenn das Durchsuchen großer Problemräume nach einem globalen Optimum zu aufwendig ist, muss eine Beschränkung des Suchraums vorgenommen werden. Dabei sind zwei Forderungen zu erfüllen.

Die Forderung der hinreichenden *Exploration* besagt, dass der ge-samte in Frage kommende Suchraum erkundet (*exploriert*) werden muss, während die Forderung der *Exploitation* beinhaltet, dass eine vielversprechende lokale Region intensiv untersucht werden muss. In vielen Fällen lassen sich diese Forderungen mit probabilistischen, d.h. wahrscheinlichkeitsgestützen Mitteln leichter erreichen. Die von *Rabin* (1976) eingeführten *probabilistischen Algorithmen* bieten einen Ansatz dafür. Sie erlauben endlich viele Alternativen bei einzelnen Schritten. Damit lassen sich heuristische Verfahren leicht abwandeln. Ist nämlich wie bei den Greedy-Algorithmen eine Bewertung der jeweiligen Alternativen vorhanden, so kann diese auch probabilistisch verwendet werden, vgl. *Resende* [8.19]. Es seien Alternativen a_i mit Bewertungen f_i gegeben, wobei bessere Bewertungen durch kleinere Werte dargestellt seien. Dann werden den Alternativen a_i Wahr-scheinlichkeiten p_i so zugeordnet, dass für alle i, j gilt: $f_i \leq f_j \Rightarrow p_i \geq p_j$ sowie $\Sigma\, p_i = 1$. Das Verfahren wird dann N-mal unter Zuhilfenahme eines (Pseudo-)Zufallsgenerators so ausgeführt, dass alternative Akti-onen mit den für sie berechneten Wahrscheinlichkeiten ausgeführt werden. Die Zuordnung der Wahrscheinlichkeiten zu den Bewertun-gen lässt sich durch zu schätzende Entropien über alle Entscheidungen steuern. Die minimale Entropie führt zur N-fachen Ausführung eines Greedy-Algorithmus, die maximale Entropie zur gleichmäßigen Ex-ploration des Suchraums. Experimentelle Untersuchungen zeigen, dass eine Gesamtentropie der Größenordnung $ld\,N$ für die Exploration günstig ist. Wird nur ein globales Bewertungskriterium verwendet, so kann eine hinreichende Exploitation jedoch nicht erreicht werden. (Zur Berechnung von Entropien siehe *Mildenberger* [8.11], Kap 4.)

Lokale Suchverfahren sind vom Prinzip her gut geeignet für die Exploitation in einem Suchraum. Das *Simulated Annealing*, bei *Goos* [8.7] auch *Simuliertes Tempern* genannt, stellt eine probabilistische Abwandlung des Schwellwertverfahrens dar und erreicht auch ein gewisses Maß an Exploration durch Akzeptieren schlechter bewerteter Elemente. Der folgende Algorithmus beschreibt das Grundschema des Verfahrens: S bezeichne den Suchraum, N die Nachbarschaftsfunkti-on, f die (zu minimierende) Bewertungsfunktion und α eine Konstante mit $0 < \alpha < 1$:

1. Wähle Startelement $x \in S$. Initialisiere Temperatur c.
2. Erzeuge zufällig $y \in N(x)$.
3. Wenn $f(y) \leq f(x)$, dann setze $x := y$.
4. Wenn $f(y) > f(x)$,
   dann setze $x := y$ mit der Wahrscheinlichkeit $e^{-(f(y)-f(x))/c}$
5. Abkühlung: $c := \alpha c$.
6. Falls eine Terminierungsbedingung erfüllt ist, beende, sonst weiter bei 2.

Exploration

Exploitation

probabilistische
Algorithmen

Entropiesteuerung

Simulated
Annealing

Das Verfahren ist in Analogie zum Erstarren einer Metallschmelze gebildet, bei dem nach der statistischen Thermodynamik die Energie abnimmt, jedoch mit einer temperaturabhängigen Wahrscheinlichkeit für einen Energieanstieg ΔE, die durch $P(\Delta E) = e^{-\Delta E/kT}$ mit der Boltzmann-Konstanten k und der absoluten Temperatur T gegeben ist.

8.4.5 Evolutionäre Verfahren

Evolutionäre Verfahren

Die Evolutionären Verfahren zur Optimierung sind Suchverfahren, bei denen konkurrierende Lösungskandidaten parallel weiterentwickelt und dabei einer Selektion entsprechend einer Bewertungsfunktion f unterworfen werden. f wird als Maximierungsfunktion angesetzt und als *Fitnessfunktion* bezeichnet. Vorbild ist hier die biologische Evolution. Die Lösungskandidaten heißen *Individuen*, ihre Gesamtheit zu einem festen Zeitpunkt wird als aktuelle *Population* bezeichnet. Jedes Individuum ist durch einen *Merkmalsvektor* bestimmt, welcher in der Biologie dem *Chromosom* entspricht und hier auch so genannt wird. Seine Komponenten heißen *Gene*. Aus vorhandenen Individuen entstehen zufallsgesteuert neue unter Veränderung der Chromosomen. Dieser Vorgang wird *Mutation* genannt, wenn das neue Individuum aus einem vorhandenen hervorgeht und *Kreuzung* (engl. ‚*crossover*‘) oder *Rekombination*, wenn zwei oder mehr *Eltern* beteiligt sind. Der Fitness entsprechend werden in jedem Abarbeitungszyklus des Verfahrens Individuen herausselektiert, so dass die Größe der Population (exakt oder annähernd) konstant gehalten werden kann.

Fitnessfunktion
Individuen
Population

Chromosom
Gen

Mutation
Kreuzung
Rekombination

Die von *Rechenberg* und *Schwefel* in den 60er Jahren eingeführten *Evolutionsstrategien* verwenden reellwertige Merkmalsvektoren. Bei der $(\mu + \lambda)$-Strategie besteht die Population aus μ Individuen, es werden jeweils λ neue Individuen durch Mutation gewonnen und aus den dann vorhandenen $\mu + \lambda$ Individuen die μ besten für die nächste Population gewonnen. Die (μ, λ)-Strategie mit $\lambda \geq \mu$ sieht vor, dass die neue Population nur aus den neu erzeugten Individuen gewählt wird. Die Mutation wird als Addition einer gleichverteilten Zufallsgröße realisiert. Deren Streuung kann ebenfalls adaptiv verändert werden. Unter der $(\mu / \rho + \lambda)$-Strategie bzw. der $(\mu / \rho, \lambda)$-Strategie entstehen die neuen Individuen jeweils aus $\rho < \mu$ Eltern.

Evolutions-
strategien

Genetische Algorithmen (GA) wurden durch *Holland* (1975) eingeführt. Sie verwenden ursprünglich nur binärwertige Chromosomen. In neuerer Zeit werden zunehmend dem Problem angepasste, diskrete Werte als Gene verwendet. Das Grundschema eines GA sieht wie folgt aus:

Genetische
Algorithmen

1. Initialisierung einer Population der Größe N.
2. Bewertung aller Individuen anhand der Fitnessfunktion.
3. Selektion von N Individuen gemäß Fitnessfunktion, ggf. unter Duplizierung besserer und Fortfallen schlechterer Individuen.
4. Erzeugung von Nachkommen durch Rekombination der selektierten Individuen mit einer Rekombiationswahrscheinlichkeit p_r.
5. Ausführung der Mutation mit einer Wahrscheinlichkeit p_m.
6. Fortsetzung bei 2. mit der neuen Population.

Der Schritt 3. erfolgt durch Berechnung einer Wahrscheinlichkeit für die Übernahme eines Individuums aufgrund der Bewertung und anhand eines *Selektionsverfahrens* (z.B. *proportionale Selektion, lineares* oder *exponentielles Ranking* usw.) und einer anschließenden ganzzahligen Umrechnung der erhaltenen Werte nach einem *Sampling-Verfahren* (z.B. *Stochastic Universal Sampling*).

> Selektions-
> verfahren
> Sampling-
> verfahren

Als *Beispiel* werde eine Population aus $N = 8$ Individuen x_1, x_2, . . . , x_8 betrachtet mit Fitnesswerten $f(x_i)$ wie folgt: 8, 10, 16, 11, 9, 14, 12, 20. Bei der *proportionalen Selektion* wird zu jedem x_i eine Übernahmewahrscheinlichkeit

> proportionale
> Selektion

$$a_i = N f(x_i) / \Sigma_j f(x_j)$$

errechnet. Dies ergibt folgende Werte (Gesamtsumme 8):

$$0.64 \quad 0.80 \quad 1.28 \quad 0.88 \quad 0.72 \quad 1.12 \quad 0.96 \quad 1.60$$

Zur Anwendung des *Stochastic Universal Sampling* werde das Intervall [0, 8] im Verhältnis dieser Werte aufgeteilt. Dies ergibt durch Aufsummieren der Wahrscheinlichkeiten die Intervallgrenzen

> Stochastic
> Universal
> Sampling

$$0.00 \quad 0.64 \quad 1.44 \quad 2.72 \quad 3.60 \quad 4.32 \quad 5.44 \quad 6.40 \quad 8.00$$

Jetzt wird eine Zufallszahl s aus dem reellen Intervall [0, 1) bestimmt und errechnet, in welche Intervalle die Zahlen s, $s + 1$, . . . , $s + 7$ fallen. Dabei werde die Intervallgrenze zum links davon stehenden Intervall gerechnet, 0 zum höchstwertigen Intervall. $s = 0.33$ führt zu 0 Treffern im 5. Intervall, 2 Treffern im 6. Intervall und je einem in allen anderen. Die veränderte Population besteht dann aus den Elementen x_1, x_2, x_3, x_4, x_6, x_6, x_7, x_8. Die Chance, doppelt übernommen zu werden, haben nur die Elemente mit $a_i > 1$, wegfallen können nur Elemente mit $a_i < 1$. Das Verfahren lässt sich übrigens mit einem Roulette-Rad veranschaulichen, das in Sektoren entsprechend den Werten a_i aufgeteilt ist und bei dem zugleich N äquidistante Treffer ermittelt werden.

Für die Rekombination in Schritt 4 gibt es bei binärwertigen Chromosomen einfache, der Biologie entlehnte, Schemata.

In anderen Fällen werden Rekombinationsoperatoren problemspezifisch bestimmt. Gleiches gilt für die Mutation. Die Operatoren der Rekombination und der Mutation werden *genetische Operatoren* genannt.

(Randbemerkung: genetische Operatoren)

Der Erfolg eines Genetischen Algorithmus hängt in hohem Maße von den gewählten allgemeinen Verfahrensparametern ab, wie der Wahl der Chromosomendarstellung und der genetischen Operatoren, der Größe der Population, den Selektionsverfahren und Samplingverfahren, den Wahrscheinlichkeiten für Kreuzung und Mutation sowie den Terminierungsbedingungen. Brauchbare Ergebnisse setzen Erfahrungen mit dem Einsatz Genetischer Algorithmen und eine gute Problemeinsicht voraus. Genetische Algorithmen können außer für Optimierungsprobleme auch für Constraintprobleme eingesetzt werden. Es ist dann eine geeignete Fitnessfunktion zu definieren, z.B. die Anzahl der erfüllten Constraints. Eine Übersicht über Evolutionsstrategien, Genetische Algorithmen und die weitere Variante der *Evolutionären Programmierung* geben *Bäck* [8.2] und *Nissen* [8.16].

(Randbemerkung: Evolutionäre Programmierung)

8.5 Systeme der Anwendung

Die Forschung auf dem Gebiet der KI hat in erster Linie breit anwendbare Methoden entwickelt. Deren erfolgreiche Nutzbarmachung in praktischen Anwendungen hängt davon ab, ob für konkrete Anwendungen eine Gesamtarchitektur für das Anwendungssystem gefunden werden kann, in welche die ‚intelligente' Komponente, welche die betreffende Methode anwendet, integriert werden kann, und in der auch alle anderen Komponenten den praktischen Anforderungen entsprechend realisiert werden können. Ein Entwurf hierzu muss auch Festlegungen über die Repräsentationstechniken, Datenhaltung, verwendete Sprachen und Ressourcen etc. enthalten. Viele Methoden wie zum Beispiel die des Softcomputing sind erst praktikabel geworden, nachdem geeignete Rechnerkapazitäten verfügbar wurden.

Die Anwendungssysteme selbst durchlaufen eine Reihe von Entwicklungsstufen, vom Demonstrationsprototyp, der die Anwendbarkeit in einigen Fällen nachweist, über den Forschungsprototyp, der höheren Anforderungen des Problemlösungsverhaltens genügt bis zum erprobten Feldtyp und dem wirtschaftlich einsetzbaren System.

Expertensysteme besitzen inzwischen eine recht lange Tradition. Ihre Entwicklung beginnt um 1970, ihr Einsatz um 1980. Die Zielsetzung bei diesen Systemen ist die Simulation des Fachverständnisses einer Gruppe von Experten für ein Fachgebiet, s. *Castillo et al.* [8.4]. Die Architektur von Expertensystemen sieht neben den Komponenten für die Wissensbasis und das logische Schließen auch solche für den *Wis-*

(Randbemerkung: Expertensysteme)

senserwerb und für *Erklärungen* vor. Für sehr enge Spezialgebiete, die eher einer Teilaufgabe eines Produktions- oder Entscheidungsprozesses als einem wissenschaftlichen Fachgebiet gleichen, sind sie erfolgreich eingesetzt worden.

In *Systemen des künstlichen Sehens* und *der Bilderkennung* kommen überwiegend speziell für diese Anwendung entwickelte Methoden, z.B. zur Bilderstellung, Kantenerkennung, Segmentierung usw., siehe *Nalwa* [8.14], und nur wenige allgemeine Methoden der KI zur Anwendung. Ähnliches gilt für die *Spracherkennung*.

Systeme des
künstlichen
Sehens

Die neuere Anwendungsentwicklung konzentriert sich einerseits auf *Entscheidungsunterstützende Systeme* („*decision support systems*"), zu denen im weiteren Sinne auch *Intelligente Informationsgewinnungssysteme* („*intelligent retrieval systems*") und Anwendungen des sog. *Data Mining* (s. *Mitchell* [8.12]) zählen, und andererseits auf *intelligente Systemkomponenten* in vielen technischen Bereichen, etwa im Automobilbau.

Entscheidungs-
unterstützende
Systeme
intelligente
Systemkompo-
nenten

Ein neueres Konzept ist das des *Intelligenten Agenten*. Darunter versteht man ein System, welches eine Umgebung wahrnimmt und in ihr zielgerichtet agiert auf der Grundlage einprogrammierten und selbst erlernten Wissens. Siehe hierzu *Russell, Norvig* [8.20], S.31- 52.

Intelligente
Agenten

8.6 Literatur

[8.1] Aarts, E.:, Lenstra, J. K. (eds.): *Local Search in Combinatorial Optimization*, Wiley, Chichester, 1997

[8.2] Bäck, T.: *Evolutionary Algorithms in Theory and Practice*, Oxford University Press, New York, Oxford, 1996

[8.3] Brassard, B., Bratley, P.: *Algorithmik, Theorie und Praxis*, Wolfram, Attenkirchen, 1993

[8.4] Castillo, E., Gutiérrez, J. M., Hadi, A. S.: *Expert Systems and Probabilistic Network Models*, Springer-Verlag, New York, 1997

[8.5] Ganter, B., Wille, R.: *Formale Begriffsanalyse, Mathematische Grundlagen*, Springer-Verlag, Berlin, Heidelberg, 1996

[8.6] Glover, F., Laguna, M.: *Tabu Search*, Kluwer, Boston, Dordrecht, London, 1999

[8.7] Goos, G.: *Vorlesungen über Informatik, Bd. 4: Paralleles Rechnen und nicht-analytische Lösungsverfahren*, Springer-Verlag, Berlin, Heidelberg, New York, 1998

[8.8] Keller, H. B.: *Maschinelle Intelligenz*, Vieweg, Braunschweig, Wiesbaden, 2000

[8.9]   Kosko, B.: *Neural Networks and Fuzzy Systems, A Dynamical Systems Approach to Machine Intelligence*, Prentice Hall, New Jersey, 1992

[8.10] Kruse, R., Gebhardt, J., Klawonn, F.: *Fuzzy-Systeme*, Teubner, Stuttgart, 1993

[8.11] Mildenberger, O. (Hrsg.): *Informationstechnik kompakt, Theoretische Grundlagen*, Vieweg, Braunschweig, Wiesbaden, 1999

[8.12] Mitchell, T. M.: *Machine Learning and Data Mining*, Comm. of the ACM, Vol. 42, No. 11, 1999, 30 – 36

[8.13] Munakata, T., Jani, Y.: *Fuzzy Systems, An Overview*, Comm. of the ACM, Vol. 37, No. 3, 1994, 69 - 76

[8.14] Nalwa, V. S.: *A Guided Tour of Computer Vision*, Addison-Wesley, Reading, Mass., 1993

[8.15] Nilsson, N. J.: *Artificial Intelligence, A New Synthesis*, Morgan Kaufmann, San Francisco, 1998

[8.16] Nissen, V.: *Einführung in Evolutionäre Algorithmen, Optimierung nach dem Vorbild der Evolution*, Vieweg, Braunschweig, 1997

[8.17] Pearl, J.: *Heuristics, Intelligent Search Strategies for Computer Problem Solving*, Addison-Wesley, Reading, Mass., 1984

[8.18] Reeves, C. R. (ed.): *Modern Heuristic Techniques for Combinatorial Problems*, McGraw-Hill, London, 1995

[8.19] Resende, M. G. C.: *Computing Approximate Solutions of the Maximum Covering Problem with GRASP*, J. of Heuristics, Vol. 4, No. 2, 1998

[8.20] Russell, S. J., Norvig, P.: *Artificial Intelligence. A Modern Approach*. Prentice Hall, New Jersey, 1995

[8.21] Thayse, A. (ed.): *From Standard Logic to Logic Programming*, John Wiley, Chichester, 1989

[8.22] Tsang, E. P. K., *Foundations of Constraint Satisfaction*, Academic Press, London, San Diego, 1993 (seit 1995 vergriffen, über Internet erhältlich)

[8.23] Zadeh, L. A.: *Fuzzy Logic, Neural Networks, and Softcomputing*, Comm. of the ACM, Vol. 37, No. 3, 1994, 77 – 84

[8.24] Zell, A.: *Simulation Neuronaler Netze*, Oldenbourg, München, 1994

Kapitel 9

Modellbildung und Simulation

von Timm Grams

9.1 Einführung in die Simulation

9.1.1 Zweck und Werkzeuge

Mittels Simulation lassen sich schwer durchschaubare Zusammenhänge spielerisch erkunden. Sie ist eine ideale Lernhilfe. Sie erlaubt ungefährliche und preiswerte Experimente mit komplexen oder experimentell unzugänglichen Systemen (Fahrzeuge, Kraftwerke, Ökosysteme, Volkswirtschaften). Experimente lassen sich wiederholen und in beliebigen räumlichen und zeitlichen Maßstäben darstellen (Lupe, Zeitlupe).

Simulation spart Kosten und ersetzt gefährliche Experimente

Die vorliegende kurze Einführung in die Simulation stellt exemplarisch die grundlegenden Simulationstechniken vor. Die folgenden Ziele werden verfolgt:

- Darstellung der Möglichkeiten und Grenzen der Simulation auch für denjenigen, der ein bereits fertig vorliegendes Simulationsprogramm anwenden will.

- Orientierungshilfe und Einstieg in die wichtigsten Techniken für den angehenden Entwickler eines Simulationssystems.

- Hilfestellung für das Erstellen kleinerer Simulationsanwendungen mit allgemein verfügbaren Werkzeugen.

Zu den allgemein verfügbaren Werkzeugen zählen

Programmiersprachen und Simulationswerkzeuge

- die Tabellenkalkulation

- die imperativen (Pascal, C), und

- die objektorientierten Programmiersprachen (Delphi, Java).

Spezielle Simulationswerkzeuge sind

- anwendungsorientierte Simulationsprogramme (Spice, Simulink), und

- Simulatoren (ICE-Simulator, Kraftwerkssimulatoren).

Simulation ist eine interdisziplinäre Aufgabe

Neben den wissenschaftlichen Grundlagen des Anwendungsgebiets finden sich in der Simulationstechnik eine Reihe von weit entwickelten Fachgebieten: Systemanalyse, Softwaretechnik, Interface-Design, Angewandte und Numerische Mathematik, Qualitätssicherung, Daten- und Versionsverwaltung, Dokumentation. Simulation ist interdisziplinär.

Eine Auswahl von Büchern zum Thema Simulation: [9.1-9.6].

9.1.2 Simulation ist alltäglich

Warum simulieren wir? Fragen nach Sinn und Zweck unserer Handlungen stellt man am besten dem Verhaltensforscher. Er meint: "Angetrieben von seiner Neugier setzt sich der Mensch von frühester Kindheit an aktiv mit seiner Umwelt auseinander; er sucht nach neuen Situationen, um daraus zu lernen. Er manipuliert die Gegenstände seiner Umwelt auf vielerlei Art, und seine Neugier endet erst, wenn ihm das Objekt oder die Situation vertraut wird oder wenn er die Aufgabe, die sich ihm stellte, gelöst hat" [9.7].

Informationsgewinn durch Experimente

Das natürliche Verfahren zur Befriedigung der Neugier - zur Informationsgewinnung also - ist das Experiment mit dem zu erforschenden System: Will ich wissen, ob das Hemd passt, ziehe ich es probeweise an.

Aber manchmal geht das nicht so einfach. Dann heißt es, nachdenken! Die folgende kleine Denksportaufgabe soll klar machen, was dabei passiert.

Die "rutschende Leiter"

Aufgabe: Eine Leiter steht zunächst senkrecht an der Wand. Dann wird ihr Fußende langsam von der Wand weggezogen, bis die Leiter ganz auf dem Boden liegt. Auf welcher Kurve bewegt sich dabei der Mittelpunkt der Leiter? Ist die Kurve konkav oder konvex - also nach unten oder nach oben gekrümmt?

Lösungsversuche: Intuitiv wird meist eine konvexe, tangential an Wand und Boden anliegende Kurve vermutet. Richtig aber ist, dass sich der Mittelpunkt der Leiter, die an der Wand herabrutscht, genau so bewegt wie der Mittelpunkt einer Leiter, die einfach kippt, bei der also der Fußpunkt unverändert an der Wand bleibt.

Dass das so ist, ergibt sich aus folgendem Gedankenexperiment: Man stelle sich die beiden Leitern in der Mitte verbunden vor, wie eine Schere. Beim Öffnen dieser "Schere" rutscht die eine Leiter an der Wand entlang und die andere kippt. Der Verbindungspunkt beider ist ihr jeweiliger Mittelpunkt. Der Mittelpunkt bewegt sich also auf einem Viertelkreis, dessen Enden auf Wand und Boden senkrecht stehen; er beschreibt eine konkave Kurve.

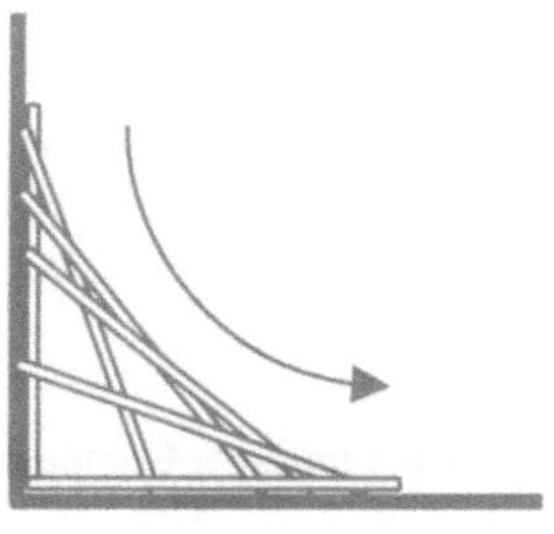
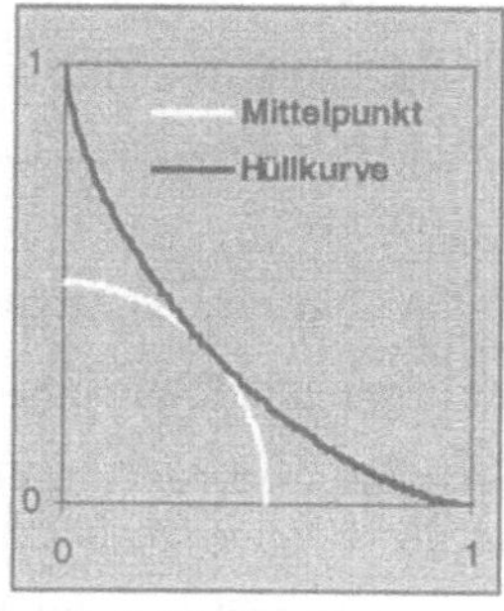

Abbildung 9.1
Die rutschende
Leiter

Wie kommt es zu der ursprünglichen intuitiven und falschen Antwort? Man kann sich den Irrtum etwa so erklären: Wir stellen uns vor, wie die Leiter fällt. Dazu bilden wir im Kopf Modelle der Gegenstände und bewegen sie probeweise.

Dieses Probehandeln im vorgestellten Raum ist eine Art *Simulation im Kopf*. Albert Einstein sieht darin - wie zuvor bereits Sigmund Freud - das Wesen des Denkens: "Die geistigen Einheiten, die als Elemente meines Denkens dienen, sind bestimmte Zeichen und mehr oder weniger klare Vorstellungsbilder, die 'willkürlich' reproduziert und miteinander kombiniert werden können ... dieses kombinatorische Spiel scheint die Quintessenz des produktiven Denkens zu sein" [9.8].

Denken als
Simulation im
Kopf

Wie so oft, wurde auch hier ein Mechanismus dadurch entdeckt, dass er zu einem Irrtum führte. Der Irrtum hat seine eigentliche Ursache aber nicht im Probehandeln. Unsere Beobachtung und Auswertung wurde durch die sogenannte Prägnanztendenz fehl geleitet: Die prägnante Hüllkurve (Einhüllende, Enveloppe) der Leiterbewegung drängt die schwer zu verfolgende Kurve der Mittelpunktsbewegung in den Hintergrund, Abbildung 9.1.

9.1.3 System, Modell, Experiment

Experimente mit dem realen Objekt sind nicht immer durchführbar: Versuchsobjekte können unzugänglich sein (zu groß und zu weit weg wie die Planeten - oder auch zu klein wie die Moleküle); die Dauer der Experimente übersteigt manchmal unsere Geduld oder gar unsere Lebensdauer (bei Evolutionsprozessen beispielsweise); manches (wie ein elektrischer Vorgang) geht einfach zu schnell; der Versuch kann zu gefährlich sein (wie das in der Chemie und in der Kerntechnik der Fall ist); mit dem Wetter oder einer Volkswirtschaft zu experimentieren, verbietet sich von selbst.

Simulation ist das Experimentieren mit Modellen

Einen Ausweg bietet das *Experimentieren mit einem Modell*. Und genau das nennen wir Simulation. Dabei spielt es zunächst keine Rolle, aus welchem Material die Modelle sind. Sie können

- aus Pappe, Holz, Blech und manch anderem Material sein;

- auf dem Papier in Form von Zeichnungen und Berechnungen vorliegen;

- im Computer als Programm existieren;

- in unserem Kopf vorhanden sein.

Digitale Simulation ist die Durchführung von Berechnungsexperimenten mit dem Computer

Hier geht es speziell um Berechnungsexperimente mit dem Computer, um die *Digitale Simulation*.

Was genau will man mit einer Simulation erreichen? Dem Naturwissenschaftler geht es um das Überprüfen von Theorien: Er baut ein Modell nach den Vorgaben der Theorie und untersucht, ob die Vorhersagen des Modells mit der Wirklichkeit zusammenpassen. Der Betriebswirtschaftler hingegen sucht nach einer optimalen unternehmerischen Entscheidung durch experimentelles Durchspielen von Alternativen. Der Ingenieur benötigt Unterstützung beim Entwurf und bei der Optimierung technischer Systeme. Weitere Simulationszwecke sind: die Wettervorhersage, Prognosen zur Entwicklung der Umwelt oder des Marktes, das computer-basierte Training (Beispiele: ICE-, Kraftwerks-, Flugsimulator).

Simulation erweitert Denkfähigkeit

Über eines müssen wir uns bei der Simulation immer im Klaren sein: Simulationsmodelle sind keine Abbildungen oder bloße Abstraktionen der realen Welt. Sie sind Abbildungen unserer Vorstellungen von der Welt. Und unsere Vorstellungen sind nur Anpassungen an die Welt. Ihre Güte wird daran gemessen, inwieweit sie uns helfen, in der Welt zurechtzukommen. "Simulation is really only an extension of human intellect, not the way things behave in nature" meint Eugene Miya dazu (The Risk Digest, ACM, 23.4.86).

Skepsis ist die rationale Einstellung gegenüber unseren Programmen und gegenüber dem Computer. Insbesondere bei der Simulation heißt es, immer wieder kritisch zu prüfen, ob die Theorie korrekt in ein Computerprogramm übertragen worden ist und ob die Theorie wirklich richtig und der Sache angemessen ist.

Irrtümer drohen nicht nur bei der Beobachtung und der Auswertung von Experimenten, wie wir oben gesehen haben. Wir haben große Chancen, unsere Irrtümer bereits in die Modelle einzubauen.

Vor allem sollten wir nie Experimente mit dem Computer durchführen, wenn wir von den Resultaten noch gar keine Ahnung haben. Unser Wahrnehmungsapparat, der ganz auf Sinnsuche in der Welt eingestellt ist, wird sonst nämlich auch in absurde Ergebnisse noch Zusammenhänge hineinkonstruieren und irgend etwas Verwertbares sehen. Wir verspielen so die Chance, den Unsinn zu bemerken.

Die Gefahr, dass uns der Computer fehl leitet, lässt sich verringern. Grundsätzlich wird man die Experimente planen. Noch vor der Durchführung wird eine - vielleicht zunächst nur grobe - Erwartung hinsichtlich des Ergebnisses gebildet und festgehalten. Erst dann folgt der Versuch.

Fehler drohen bei Modellbildung und Versuchsauswertung

Simulation planen und erwartetes Ergebnis vorab formulieren

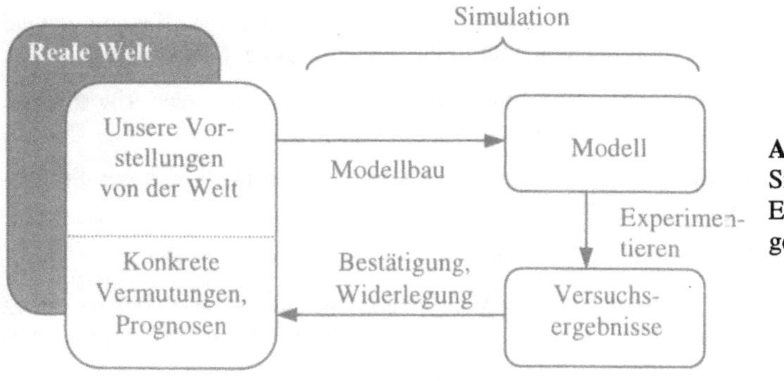

Abbildung 9.2
Simulation zur Erkenntnisgewinnung

Ein von der Erwartung abweichendes Simulationsergebnis sollte uns freuen, denn in genau diesem Fall können wir etwas hinzulernen. Das gelingt uns aber nur, wenn wir die Abweichung genau untersuchen und ihrer Ursache nachgehen. Zunächst ist zu prüfen, ob die Abweichung auf einen Programmierfehler oder etwas Ähnliches zurückgeht. Ist das ausgeschlossen, kann es an unserem schlechten Verständnis des simulierten Gegenstands liegen. Eine Fehleranalyse zeigt uns, wo wir falsch liegen und wie wir zu besseren Prognosen kommen können, Abbildung 9.2.

Aus Fehlern lernen

Da wir nicht Bestätigung suchen, sondern uns über entdeckte Fehler freuen, sprechen wir auch von der *negativen Methode* [9.9]. Sie ist die Methode der Wissenschaft.

Die negative Methode

9.1.4 Vorgehen bei der Simulation

Bei der Durchführung von Simulationen lassen sich die Phasen Problemformulierung, Modellerstellung, Experimentieren und Dokumentieren unterscheiden. Hier die Tätigkeiten in Stichworten.

PROBLEM formulieren
Festlegung der Ziele. Bestimmung des Anwendungsbereichs. Vergewisserung, dass tatsächlich am richtigen Problem gearbeitet wird.

Klärung der Fragen: Welche Art von Ergebnissen wird von der Simulation erwartet? In welcher Form werden die Ergebnisse erwartet?

MODELL erstellen
Modellkonzipierung: Beschreibung der inneren Struktur und des Wirkungsgefüges des zu untersuchenden Systems. Aufstellen der Systemgleichungen.

Datenerfassung. Abschätzung der Parameter des Modells.

Modellformulierung. Spezifikation des Programms.

Validierung der Spezifikation. Überprüfung der Spezifikation anhand analytischer Lösungen für Teilaspekte und Grenzfälle.

Auswahl der Programmiersprache. Formulierung des Algorithmus. Programmkonstruktion.

Verifikation des Programms: Nachweis, dass das Programm die Spezifikation erfüllt. Programmbeweis, Test.

Validierung des Modells: Überprüfung anhand realer Daten.

Zu den Begriffen: Die Verifikation sagt, ob wir *das System richtig gebaut* haben, und die Validierung sagt, ob wir *das richtige System gebaut* haben.

EXPERIMENTE planen, durchführen, und auswerten
Vor Durchführung der Experimente ist festzulegen, für welche Zeit- und Parameterbereiche die Berechnungen durchgeführt werden sollen und welche Daten zur Weiterverarbeitung aufzuheben sind.

Man beginnt die genaue Untersuchung des Gegenstands erst dann, wenn das "Fernrohr" grob eingestellt ist.

ERGEBNISSE darstellen
Dokumentation: Allgemeinverständliche und prägnante Zusammenfassung der Ergebnisse. Sicherstellung der Wiederauffindbarkeit im Rahmen eines Dokumentationssystems.

9.1.5 Eignung von Programmen für die Simulation

Wenn man die Eignung einer bestimmten Software für die Simulation beurteilen will, sind zumindest die folgenden Gesichtspunkte zu berücksichtigen:

Was sind Gegenstand und Art der Simulation? Um welches Fachgebiet (Biologie, Ökologie, Physik, Technik, Ökonomie, Soziologie) handelt es sich? Ist die Weltsicht und damit das Modell mikro- oder makroskopisch, deterministisch oder stochastisch, kontinuierlich oder diskret? Welchen Umfang wird das Modell haben?

Anwendungsbereich

Sind Hard- und Software verfügbar? Wie groß sind Einarbeitungs- und Programmieraufwand? Wie sind Lesbarkeit und Verständlichkeit der Modelle? Wie groß ist der Speicherbedarf? Wie verlässlich sind die Ergebnisse? Gibt es Tools zur Validierung und Verifikation des Modells? Lässt sich die Rechengenauigkeit gut kontrollieren?

Programmiertechnik

Wie groß ist der Rechenaufwand, welcher Zeitbedarf fällt für die Durchführung der Experimente an? Ist ein Modulkonzept vorhanden, lassen sich die Modelle einfach ändern und erweitern? Sind Strukturänderungen und Parametervariationen leicht möglich?

Durchführung der Experimente

Sind Ergebnisdarstellung und -protokollierung komfortabel realisierbar?

Dokumentation

9.1.6 Simulation mit Tabellenkalkulation

Eine elementare Einführung in die Simulation mit Tabellen bietet der Hypertext "Umweltsimulation mit Tabellenkalkulation":

```
http://www.fh-fulda.de/~grams/oekosim
```

Hier soll ein einfacher Wachstumsprozess mit Hilfe der Tabellenkalkulation simuliert werden.

Im einfachsten Fall nimmt man an, dass das Wachstum einer Population dem Gesetz der Zinseszinsrechnung gehorcht. $N(t)$ möge den Bestand der Population im Jahre t bezeichnen. Mit r bezeichnen wir die jährliche Zuwachsrate in Prozent ("Zinssatz"). Für das Wachstum des Bestands vom Jahr t bis zu Folgejahr $t+1$ ergibt sich das folgende einfache Wachstumsgesetz

Wachstumsgesetz

$$N(t+1) - N(t) = r\, N(t).$$

In Worten:

$$\text{Bestandsänderung} = \text{Zuwachsrate} \cdot \text{Bestand}.$$

Der Anfangsbestand $N(0)$ sei bekannt. Wir setzen im Wachstumsgesetz $t=0$ und setzen den Anfangsbestand ein. Es ergibt sich eine Gleichung für $N(1)$. Jetzt wiederholen wir das für $t=1$ und erhalten $N(2)$, usw. Das Wachstumsgesetz liefert uns also Schritt für Schritt die Folge der Bestandswerte.

Es ist nicht sinnvoll, stets eine bestimmte vorgegebene Periodendauer zu Grunde zu legen. Zinsen werden ja nicht ausschließlich im Jahres-

Variable Schrittweite

rhythmus gutgeschrieben, sondern auch in kürzeren Zeitabschnitten. Stattdessen wird man den Zinssatz proportional zur Länge des Zeitschritts h ansetzen; $h \cdot r$ ist dann der Zinssatz und r die auf die Zeiteinheit bezogene Zuwachsrate. Nehmen wir eine Zuwachsrate von $r = 6$ %/Jahr. Dann ergibt sich der Zinssatz für einen Monat, also $h = 1/12$ Jahr, zu $h \cdot r = 1/12 \cdot 6\,\% = 0.5\,\%$.

Die Wachstumsgleichung sieht in diesem verallgemeinerten Fall so aus

$$N(\text{t}+h) = N(t) + h \cdot r \cdot N(t)$$

oder so

$$\frac{N(t+h) - N(t)}{h} = r \cdot N(t) \, .$$

Beim Grenzübergang $h \to 0$ wird der Differenzenquotient auf der linken Seite der obigen Gleichung zum Differentialquotienten $\mathrm{d}N(t)/\mathrm{d}t$ (Wachstumsgeschwindigkeit).

Kontinuierliche Wachstumsgleichung:
$$N = r \cdot N$$

Das führt von der diskreten zu einer *kontinuierlichen Sicht* der Dinge; die Wachstumsgleichung nimmt die Form einer Differentialgleichung an:

$$\frac{\mathrm{d}N(t)}{\mathrm{d}t} = r \cdot N(t) \, .$$

In Worten: Wachstumsgeschwindigkeit = Zuwachsrate · Bestand. Anstelle von $\mathrm{d}N(t)/\mathrm{d}t$ schreibt man auch $\mathrm{d}N/\mathrm{d}t$ oder $N(t)$ bzw. N.

Exponentielles Wachstum:
$$N(t) = N(0) \cdot e^{rt}$$

Es existiert eine symbolische (geschlossene) Form der Lösung dieser einfachen Wachstumsgleichung, die Formel für *exponentielles Wachstum*.

Die Formel des einfachen Wachstumsgesetzes ist näherungsweise nur dann gültig, wenn die Population aufgrund ihrer Größe die Tragfähigkeit ihres Lebensraums noch nicht überstrapaziert hat. Ein genaueres Modell zieht die Wachstumsgrenzen in Betracht. Für diesen etwas komplizierten Fall ist eine geschlossene Lösung nicht mehr ganz so einfach zu haben.

Begrenztes Wachstum

Begrenztes Wachstum ergibt sich, wenn die Zuwachsrate r durch die bestandsabhängige Zuwachsrate $r(1-N/K)$ ersetzt wird. Solange die Populationsgröße unterhalb der Kapazität K bleibt, ist die Zuwachsrate positiv, oberhalb negativ, und wenn die Population genau die Größe der Kapazität hat, stagniert das Wachstum.

Zahlenbeispiel: Eine Population mit einem Anfangsbestand von 2 Mio. möge jährlich um $r = 5$ % wachsen. Je größer die Population ist, umso mehr verringert sich diese Zuwachsrate, weil nicht genug Futter für den Nachwuchs da ist. Die Wachstumsgrenze möge bei 100 Mio. liegen. Wir wählen die diskrete Form der Wachstumsgleichung mit einer Schrittweite h von einem halben Jahr.

	A	B	C
1	**Konstantendefinitionsteil**		
2	r=	0.05	
3	h=	0.5	
4	K=	100	
5			
6	**Ablauftabelle**		
7	t	N	dN/dt
8	0	2	=$B$2*(1-B8/$B$4)*B8
9	=A8+$B$3	=B8+B$3*C8	=$B$2*(1-B9/$B$4)*B9
10	=A9+$B$3	=B9+B$3*C9	=$B$2*(1-B10/$B$4)*B10
11	=A10+$B$3	=B10+B$3*C10	=$B$2*(1-B11/$B$4)*B11

Abbildung 9.3
Formelansicht des Arbeitsblatts

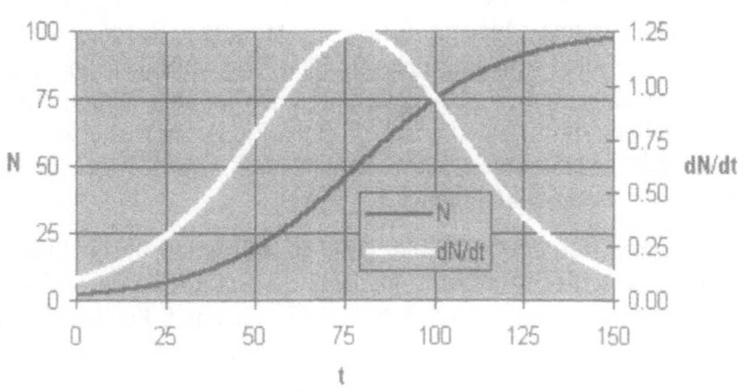

Abbildung 9.4
Begrenztes Wachstum

Die Berechnungen führen wir in einem Tabellenkalkulationsblatt (Excel) durch. Die Formelansicht des Blattes ist in Abbildung 9.3 wiedergegeben. Das Wachstum der Population über einen Zeitraum von 150 Jahren ist in Abbildung 9.4 als dunkle Kurve dargestellt. Die Steigung dieser Kurve ist gleich der Wachstumsgeschwindigkeit, also gleich dem Zuwachs des Bestands je Zeiteinheit (helle Kurve).

Hier haben wir ein Beispiel für die makroskopische Weltsicht: Durch Aggregation und Mittelwertbildung werden die Einzelschicksale unsichtbar. Letztere sind Gegenstand einer mikroskopischen Weltsicht.

9.1.7 Eignung der Tabellenkalkulation

Eine Software-Beurteilung nach den oben aufgeführten Kriterien wird exemplarisch für die Tabellenkalkulation durchgeführt.

Anwendungsbereich der Tabellenkalkulation
Die Tabellenkalkulation ist das "Taschenmesser" unter den Simulationswerkzeugen. Sie ist auf praktisch jedem Rechner verfügbar und einfach zu bedienen. Man wird die Tabellenkalkulation für den ersten Einstieg in die Simulationstechnik nutzen und auch zur Demonstration von Simulationsmethoden in der Ausbildung. Systeme geringer Ordnung, beispielsweise Ökosysteme mit einer, zwei oder drei Populationen [9.1], lassen sich ohne weiteres bewältigen; desgleichen gilt für einfache schwingfähige Systeme aus Physik und Technik.

Lassen sich die Beziehungen zwischen den Zustandsgrößen des Systems nach einheitlichen Regeln formulieren, dann sind auch umfangreicherer Systeme modellierbar. Es entstehen dann zwar große aber gleichförmige Arbeitsblätter. Ein Arbeitsblatt gilt als gleichförmig, wenn seine Zellinhalte im Wesentlichen durch Kopieroperationen auseinander hervorgehen [9.10].

Programmiertechnik
Die Programmierung der Modelle in der Tabellenkalkulation ist einfach. Die Objekte - hier die Daten des Modells - lassen sich direkt manipulieren. Nach Shneiderman [9.11] ist die direkte Manipulation eine der erwünschten Eigenschaften von Bedienoberflächen. Sie ist gekennzeichnet durch Sichtbarkeit der Objekte, schnell und reversibel durchführbare Änderungen, und Verzicht auf Anweisungen in einer komplexen Programmiersprache.

Die Lesbarkeit der Arbeitsblätter lässt zu wünschen übrig. Dass die Arbeitsblätter schlecht lesbar sind, liegt zum einen an der Adressierungsmethode: Beispielsweise steht "$C$5" für einen Parameter- oder Variablennamen. Noch schwerer wiegt, dass die Formeln auf Zellen verteilt sind und der Algorithmus nicht als fortlaufender Text erscheint - wie etwa bei einer höheren Programmiersprache.

Die Tabellenkalkulation ist nicht geeignet für die Simulation großer Systeme. Modularität ist nicht gegeben. Strukturänderungen verlangen eine komplette Überarbeitung des Arbeitsblattes.

Die Frage nach der Speichereffizienz ist nicht losgelöst vom gewählten mathematisch-numerischen Verfahren zu beantworten; das gilt auch für die Frage nach der Verlässlichkeit der Ergebnisse.

Das Experimentieren mit Tabellenkalkulationsprogrammen ist einfach. Parameteränderungen werden direkt in den entsprechenden Speicherzellen durchgeführt. Die automatische Neuberechnung des Arbeitsblattes sorgt dafür, dass sofort ein neues Berechnungsexperiment gestartet wird.

Das vollautomatische Abspulen von Experimentsequenzen ist nicht möglich. Optimierungen sind nur "von Hand" durchführbar.

Ergebnisdarstellung und Protokollierung werden durch die Grafikfunktionen der Tabellenkalkulation sehr gut unterstützt. Die Dokumentation der Modellstruktur hingegen wird kaum unterstützt.

Durchführung von Experimenten

Dokumentation

9.2 Deterministische Simulation

9.2.1 Zustandsraumdarstellung und Diskretisierung

Die *Zustandsraumdarstellung* kontinuierlicher dynamischer Systeme sieht in der Normalform so aus:

Zustandsraumdarstellung

$$\mathrm{d}z(t)/\mathrm{d}t = f(z(t), x(t), t)$$

$$y(t) = g(z(t), x(t), t)$$

Dabei ist $x(t)$ der m-dimensionale zeitabhängige Vektor der Eingangsfunktionen, $y(t)$ der n-dimensionale Vektor der Ausgangsfunktionen und $z(t)$ der q-dimensionale Zustandsvektor. Die Ableitung eines Vektors ist der Vektor der abgeleiteten Komponenten:

$$\mathrm{d}z(t)/\mathrm{d}t = (\frac{\mathrm{d}z_1(t)}{\mathrm{d}t}, \frac{\mathrm{d}z_2(t)}{\mathrm{d}t}, ..., \frac{\mathrm{d}z_q(t)}{\mathrm{d}t}) = (\zeta_1(t), \zeta_2(t), ..., \zeta_q(t)) \ .$$

Die Funktionen f und g heißen Übergangsfunktion bzw. Ausgabefunktion.

Die Differentialgleichung für *exponentielles Wachstum* $N = r \cdot N$ ist eine Zustandsraumdarstellung in Normalform: Die Vektoren sind alle eindimensional und es gilt $z(t) = N(t)$. Es gibt keine Eingangsgrößen und eine explizite Zeitabhängigkeit fehlt; daher ist $f(z(t), x(t), t) = f(z(t)) = r \cdot N(t)$. Die Ausgabefunktion ist, da wir uns für den Populationsverlauf interessieren, gegeben durch $g(z(t), x(t), t) = g(z(t)) = N(t)$.

Beispiel: exponentielles Wachstum

Allgemein gilt: Für jeden Simulationslauf ist der Zeitverlauf des Vektors der Eingangsgröße $x(t)$ fest vorgegeben. Die Eingangsgröße vermittelt nur einen weiteren Einfluss der Zeit auf die Übergangsfunktion.

Anfangswert-problem

Für den Fall fest gegebener Eingangsgrößen kann man deshalb die Übergangsbeziehung in Form der folgenden Differentialgleichung angeben:

$$\mathrm{d}z(t)/\mathrm{d}t = f(z(t),\, t)$$

Außerdem sei der Anfangsvektor der Zustandsgrößen gegeben

$$z(0) = z_0$$

Die Aufgabe, die Zeitfunktion $z(t)$ so zu bestimmen, dass sie der Differentialgleichung und der Anfangsbedingung genügt, wird *Anfangswertproblem* genannt. Die Lösung ist durch die Differentialgleichung und die Anfangsbedingungen festgelegt, daher heißt die darauf aufbauende Simulation deterministisch.

9.2.2 Numerische Integration

Für die Lösung des Anfangswertproblems mittels Computer sind die Systemgleichungen zu diskretisieren. Bei Zeitschritten konstanter Schrittweite h werden die Zeitpunkte t_i - ausgehend vom Startzeitpunkt t_0 - folgendermaßen rekursiv bestimmt: $t_{i+1} = t_i + h$.

Die Diskretisierung der Systemgleichungen lässt sich grundsätzlich so durchführen, dass man linke und rechte Seite die Übergangsbeziehung jeweils über ein Intervall von t_i bis t_{i+1} integriert und auf die rechte Seite der Gleichung die Rechteckregel, die Trapezregel oder irgendeine andere Formel der numerischen Integration anwendet. Hierzu geben die Bücher der numerischen Mathematik Auskunft, beispielsweise das von Stoer und Bulirsch [9.12].

Die numerischen Verfahren zur Integration der Übergangsbeziehung (Differentialgleichung) gehen für den Fall, dass f eindimensional ist und nicht vom Zustandsvektor abhängt in die Integrationsformeln für reelle Funktionen über.

Euler-Cauchysches Polygonzugverfahren

Die Rechteckregel der Integration führt nach diesem Rezept auf das *Euler-Cauchysche Polygonzugverfahren:*

$$z_{i+1} = z_i + h \cdot f(z_i,\, t_i)$$

Die rechte Seite dieser Gleichung ist die diskrete Form der Übergangsfunktion: $f_{\text{diskret}}(z_i,\, t_i) = z_i + h \cdot f(z_i,\, t_i)$. Das Verfahren wurde bereits bei der Lösung der Wachstumsgleichung angewandt. Wenn die Übergangsfunktion nicht vom Zustand z abhängt und eindimensional ist, ergibt sich die ursprüngliche Rechteckregel für die Integration reeller Funktionen.

Die Trapezregel liefert genauere Resultate als die Rechteckregel:

$$z_{i+1} = z_i + h \cdot (f(z_i, t_i) + f(z_{i+1}, t_{i+1}))/2$$

Wenn sich der obige Ausdruck nach z_{i+1} auflösen lässt, erhält man wieder eine Rekursionsformel für die z_i. Falls sich der auf einen Zustand z_i folgende Zustand z_{i+1} nicht mehr explizit angeben lässt, liegt ein implizites Integrationsverfahren vor.

Die Schwierigkeiten mit dem impliziten Verfahren lassen sich durch eine geringfügige Modifikation umgehen: Für den Zustandsvektor z_{i+1}, der auf der rechten Seite vorkommt, liefert das Euler-Cauchy-Verfahren einen Näherungswert: $z_{i+1}^* = z_i + h\, f(z_i, t_i)$. Dieser tritt auf der rechten Seite der Gleichung an die Stelle von z_{i+1}.

Das führt auf das *Verfahren von Heun*. Der neue Wert des Zustandsvektors z_{i+1} wird über die Hilfsvektoren k_1 und k_2 ermittelt, die so definiert sind:

Das Verfahren von Heun

$$k_1 = f(z_i, t_i)$$

$$k_2 = f(z_i + h \cdot k_1, t_i + h)$$

Der neue Wert des Zustandsvektors ergibt sich damit zu

$$z_{i+1} = z_i + h \cdot (k_1 + k_2)/2$$

Die rechte Seite dieser Gleichung ist die diskrete Form der Übergangsfunktion. Offensichtlich soll der Teilausdruck $(k_1 + k_2)/2$ eine Schätzung des Mittelwerts von f im betrachteten Zeitschritt liefern. Für den Fall, dass f nicht vom Zustandsvektor z abhängt, geht das Verfahren von Heun in die Trapezregel zur Integration reeller Funktionen über.

Beim *Verfahren von Runge-Kutta* werden zunächst Hilfsvektoren k_1, k_2, k_3 und k_4 ermittelt:

Ein Runge-Kutta-Verfahren

$$k_1 = f(z_i, t_i)$$

$$k_2 = f(z_i + \frac{h}{2} \cdot k_1, t_i + \frac{h}{2})$$

$$k_3 = f(z_i + \frac{h}{2} \cdot k_2, t_i + \frac{h}{2})$$

$$k_4 = f(z_i + h \cdot k_3, t_i + \text{h})$$

Der neue Wert des Zustandsvektors ergibt sich damit zu

$$z_{i+1} = z_i + h \cdot (k_1 + 2k_2 + 2k_3 + k_4)/6$$

Die rechte Seite dieser Gleichung ist die diskrete Form der Übergangsfunktion. Der Teilausdruck $(k_1 + 2k_2 + 2k_3 + k_4)/6$ ist wiederum eine Schätzung des Mittelwerts von f im betrachteten Zeitschritt. Für den Fall, dass f nicht vom Zustandsvektor z abhängt, geht das Verfahren von Runge-Kutta in die Simpsonsche Regel zur Integration reeller Funktionen über.

Die Verfahren sind, beginnend mit Euler-Cauchy zu Heun und Runge-Kutta, zunehmend genauer. Andersherum: Bei gleicher geforderter Genauigkeit dürfen beim Verfahren von Heun größere Schrittweiten gewählt werden als beim Verfahren von Euler-Cauchy. Und das Verfahren von Runge-Kutta kommt mit noch weniger Schritten bei noch größerer Schrittweite aus. Der größere Rechenaufwand je Schritt zahlt sich dadurch aus.

Lokaler Integrationsfehler und automatische Schrittweitenanpassung

Als *lokalen Integrationsfehler* bezeichnet man den Fehler, der je Schritt der numerischen Integration anfällt. Dabei wird vorausgesetzt, dass die Integration bis dahin fehlerfrei war. Lokale Fehlerabschätzungen können zur Steuerung einer automatischen *Schrittweitenanpassung* herangezogen werden. Einzelheiten dazu bietet die Literatur über numerische Mathematik.

9.2.3 Beispiel: Das mathematische Pendel

Eine punktförmige Masse m ist an einem masselos gedachten Stab der Länge l aufgehängt. Im Aufhängepunkt ist das Pendel reibungsfrei gelagert, so dass die Masse eine Kreisbahn beschreiben kann. Luftwiderstand und Reibung werden vernachlässigt.

Differentialgleichung des reibungsfrei gelagerten Pendels

Die Bewegung dieses (mathematischen) Pendels erfüllt eine Differentialgleichung zweiter Ordnung:

$$\frac{\mathrm{d}^2 w(t)}{\mathrm{d}t^2} + \frac{g}{l} \cdot \sin(w(t)) = 0 \, .$$

Darin ist w der Winkel der Auslenkung von der Vertikalen, gemessen im Bogenmaß. Die Konstante g ist das Maß für die Erdbeschleunigung: $g = 9{,}81 \ \text{m/s}^2$.

Zur Überführung der Differentialgleichung in die Normalform wird,
neben w, eine weitere Zustandsvariable eingeführt, nämlich die Win-
kelgeschwindigkeit: $v = dw/dt$.

$$\frac{dw(t)}{dt} = v(t) \qquad\qquad\text{(P1)}$$

Pendelgleichung
in Normalform

$$\frac{dv(t)}{dt} = -\frac{g}{l} \cdot \sin(w(t)) \qquad\qquad\text{(P2)}$$

Wir schreiben diese Gleichung noch mit den allgemeinen Symbolen
der Zustandsraumdarstellung auf und setzen.

$$\mathbf{z}(t) = (w(t),\ v(t))$$

$$f(\mathbf{z}(t),\ t) = (f_w(w(t),\ v(t),\ t),\ f_v(w(t),\ v(t),\ t))$$

$$= (\ v(t),\ -\frac{g}{l} \cdot \sin(w(t))\ )$$

Nun erkennen wir in den Differentialgleichungen (P1) und (P2) die
Übergangsbeziehung der Zustandsraumdarstellung in Normalform
wieder: $dz(t)/dt = f(z(t), t)$.

Das Integrationsverfahren lässt sich nun direkt in ein Programm umsetzen. Abbildung 9.5 zeigt ein Programm in der Sprache C, das die
Schwingungsverläufe berechnet und als Textdatei zur weiteren Bearbeitung mit einem Tabellenkalkulationsprogramm ausgibt. Zur
Vervollständigung sind nur noch die Header-Dateien der benötigten
Bibliotheken per `include`-Direktiven einzubinden: `stdlib.h`, `math.h`
und `stdio.h`.

Ein C-Programm
mit Schnittstelle
zur Tabellenkalku-
lation

Der zentrale Teil des Programms steckt in der diskreten Übergangsfunktion `tr` für den Zustand `z`. Sie nutzt die kontinuierliche Übergangsfunktion `f` und realisiert den Zustandsübergang auf Grundlage
des Runge-Kutta-Integrationsverfahrens. Der Übergang auf den Zustand des jeweils nächsten Zeitschritts geschieht mit dem Zuweisungs-
ausdruck `z=tr(z)` in der `for`-Schleife am Ende des Programms.

Die Funktionen `f` und `tr` lassen sich so oder ähnlich in jeder imperativen Programmiersprache realisieren.

Abbildung 9.5 C-Programm zur Simulation der Pendelschwingung

```
#define state struct st
struct st {float w, v;};     /*Vektorstruktur des Zustands*/

const float g=9.81;
float l, h;                   /*Pendellaenge, Schrittweite*/

/*f ist die kontinuierliche Übergangsfunktion*/
state f(float w, float v){
 state zp;                                /*Funktionswert*/
 zp.w=v;
 zp.v=-g/l*sin(w);
 return zp;
}

/*tr ist die diskrete Uebergangsfunktion (Transition)*/
state tr(state z){
 state k1=f(z.w, z.v),
       k2=f(z.w+h/2*k1.w, z.v+h/2*k1.v),
       k3=f(z.w+h/2*k2.w, z.v+h/2*k2.v),
       k4=f(z.w+h*k3.w, z.v+h*k3.v),
       zp;                                /*Funktionswert*/
 zp.w=z.w+h*(k1.w+2*k2.w+2*k3.w+k4.w)/6;
 zp.v=z.v+h*(k1.v+2*k2.v+2*k3.v+k4.v)/6;
 return zp;
}

void main(void){
 float a=0, b, t,           /*Zeitgrenzen und Zeitvariable*/
       sf=atan(1)/45;  /*Skalierungsfaktor Bogenmass/Grad*/
 state z;
 FILE *textfile;
 if ((textfile=fopen("Pendel.TXT", "w"))==NULL) {
   printf("Fehler beim Oeffnen zum Schreiben"); exit(0);
 }

 /*Eingabe*/
 printf("Pendel\n");
 printf("? l: "); scanf("%f", &l);
 printf("? h: "); scanf("%f", &h);
 printf("? b: "); scanf("%f", &b);
 printf("? z.w (in Grad): ");
 scanf("%f", &z.w); z.w*=sf;
 printf("? z.v (in Grad)= ");
 scanf("%f", &z.v); z.v*=sf;

 /*Verarbeitung und Ausgabe*/
 fprintf(textfile, "Pendel (l=%.3f)", l);
 fprintf(textfile, "\nt\tw\tv");

 for(t=a; t<b; t+=h, z=tr(z))
 fprintf(textfile, "\n%e\t%e\t%e", t, z.w/sf, z.v/sf);

 fclose(textfile);
}
```

Für die Validierung des Programms bietet sich die analytische (symbolische) Behandlung des Spezialfalls kleiner Auslenkungen an. Für kleine Auslenkungen, also für $|w|\ll 1$, gilt $\sin(w(t)) \approx w(t)$. Die nichtlineare Differentialgleichung des Pendels geht damit über in die wesentlich leichter lösbare lineare Differentialgleichung:

$$d^2w(t)/dt^2 + (g/l)\, w(t) = 0.$$

Die Direktansatzmethode beispielsweise liefert für diese Differentialgleichung die allgemeine Lösung $w(t) = A\cdot\cos(2\pi ft+\alpha)$. Die Frequenz f der Schwingung ist gegeben durch $f = \dfrac{\sqrt{g/l}}{2\pi}$. Die Konstanten A und α sind von den Anfangsbedingungen abhängig.

Bei einem Pendel von einem Meter Länge ist $f \approx 0{,}498/s$. Die Dauer einer Halbschwingung, also der zeitliche Abstand zweier Nulldurchgänge, ist bei diesem Pendel etwa gleich einer Sekunde ("Sekundenpendel"). Wird das Pendel sehr weit ausgelenkt, dann gilt das nicht mehr. In Abbildung 9.6 ist der Fall dargestellt, dass das "Sekundenpendel" nahezu auf dem "Kopf stehend" gestartet wird.

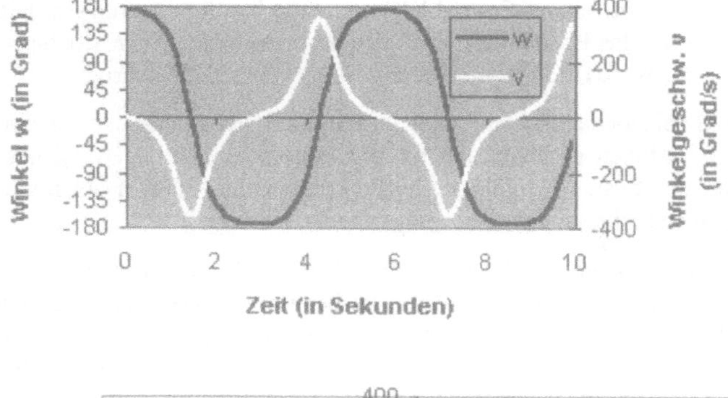

Abbildung 9.6
Simulationsergebnis für ein anfänglich weit ausgelenktes Pendel

Oben: Zeitverläufe
Unten: Darstellung im Zustandsraum (Phasendiagramm)

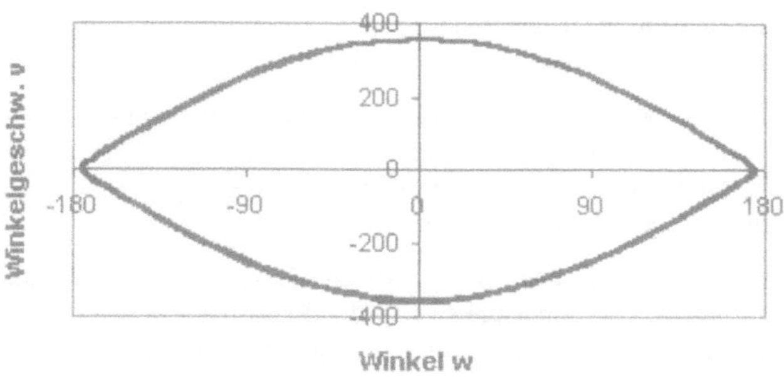

9.3 Stochastische Simulation

9.3.1 Methode

Die stochastische Simulation (auch: simuliertes Stichprobenverfahren) wird dann eingesetzt, wenn gewisse Parameter eines Modells oder auch Eingangsgrößen nicht fest gegeben, sondern zufallsbedingt sind.

Die Rolle des Zufalls

Der Zufall kann an zwei Stellen des Systems eingreifen:

- Die Parameterwerte des Systems streuen. Beispiel aus der Fertigung technischer Systeme: Die Parameterwerte sind zwar für eine bestimmte Systemrealisierung konstant. Aber von Realisierung zu Realisierung derselben Art können sie durchaus verschieden sein, da die Bauelemente gewissen Fertigungstoleranzen unterliegen.

- Die Eingangsgrößen sind zufällige (stochastische) Prozesse, beispielsweise ein von Rauschen überlagertes Signal am Eingang eines Rundfunkempfängers.

Unter einer zufälligen Zeitfunktion versteht man eine Zeitfunktion $x(t)$ aus einer Schar (einem Ensemble) von möglichen Realisierungen. Die Gesamtheit (das Ensemble) der Zeitfunktionen bildet einen stochastischen Prozess $X(t)$. Zu jedem festen t ist $X(t)$ eine Zufallsvariable.

Sowohl bei stochastischen Parametern als auch bei stochastischen Eingangsfunktionen ergeben sich für die Zeitfunktionen der Ausgangsgrößen des Systems zufällige Zeitfunktionen. Sie müssen als Realisierungen stochastischer Prozesse aufgefasst werden.

Stichprobenverfahren

Die Aufgabe kann nun beispielsweise lauten, die statistischen Eigenschaften einer Ausgangsgröße $Y(t)$ zu bestimmen. Dazu erzeugt man eine *Stichprobe* der Ausgangsgröße, indem man eine Reihe von Realisierungen für die stochastischen Eingangsgrößen und Parameter bestimmt und mit jeder der Realisierungen einen (deterministischen) Simulationslauf durchführt.

Die Stichprobe der Ausgangsgröße wird ausgewertet, indem man beispielsweise Schätzwerte für den Mittelwert und die Standardabweichung oder die Häufigkeitsverteilung der Ausgangsgröße zu einem Zeitpunkt t (oder auch mehreren) ermittelt.

Im einfachsten Fall sind nur statistische Kenngrößen der Ausgangsfunktionen gefragt - beispielsweise der Erwartungswert. Oft können die Ausgangsprozesse als stationär angesehen werden. Der Erwartungswert der Ausgangsgröße ist dann für alle Zeiten gleich. Es geht dann also nur noch darum, einen Zahlenwert zu bestimmen.

Im Zusammenhang mit der stochastischen Simulation treten immer wieder folgende Teilaufgaben auf:

1. Erzeugung von Zufallszahlen zu vorgegebenen Verteilungen. Diese Aufgabe fällt bei der Zufallsauswahl der Eingangsgrößen und Parameter je Simulationslauf an.

2. Ergebnisbeurteilung. Hier geht es darum, zu bestimmen, wie genau der durch die Stichprobe ermittelte Mittelwert dem tatsächlichen Mittelwert entspricht.

Auf diese beiden Teilaspekte der stochastischen Simulation wird in den folgenden Abschnitten eingegangen.

9.3.2 Wichtige Verteilungen

Eine Zufallsvariable wird durch ihre Verteilungsfunktion F beschrieben [9.13]: $F(x)$ ist die Wahrscheinlichkeit dafür, dass der Wert der Variablen kleiner als x ist.

Sei X eine diskrete Zufallsvariable, die die Werte x_i ($i = 1, 2, 3, ..., n$) annehmen kann, und p_i die Wahrscheinlichkeit dafür, dass $X = x_i$ ist. Die Verteilungsfunktion ist dann gegeben durch

$$F(x) = \sum_{i|x_i < x} p_i$$

Stetige Zufallsvariablen zeichnen sich dadurch aus, dass es eine Verteilungsdichte $f(x)$ gibt, so dass die Verteilungsfunktion F sich als deren Integral darstellen lässt:

$$F(x) = \int_{-\infty}^{x} f(u)\,du$$

Der Mittelwert (auch: Erwartungswert) einer diskreten Zufallsvariablen X ist gegeben durch $\mu = E[X] = \sum_{i=1}^{n} x_i\, p_i$.

Sei g eine reelle Funktion und X eine Zufallsvariable, dann definiert $g(X)$ ebenfalls eine Zufallsvariable. Ihr Mittelwert ist gegeben durch

$$E[g(X)] = \sum_{i=1}^{n} g(x_i) p_i$$

Die Varianz oder Streuung σ^2 einer Zufallsvariablen X ist definiert durch $\sigma^2 = E[(X - \mu)^2] = E[X^2] - \mu^2$. Die Quadratwurzel σ dieses Wertes wird Standardabweichung genannt.

Hat die Zufallsvariable X den Mittelwert μ und die Standardabweichung σ, dann hat die durch die lineare Transformation $Y = aX + b$ definierte Zufallsvariable Y den Mittelwert $a\mu + b$ und die Standardabweichung $|a|\sigma$.

Der Erwartungswert der Summe von Zufallsvariablen ist gleich der Summe der Erwartungswerte: $E[X + Y] = E[X] + E[Y]$. Bei statistisch voneinander unabhängigen Zufallsvariablen gilt eine entsprechende Formel auch für das Produkt: $E[X \cdot Y] = E[X] \cdot E[Y]$.

Für Simulationsprobleme sind neben anderen die folgenden Verteilungen bedeutsam: Normalverteilung, Exponentialverteilung und Gleichverteilung.

Dichte der (0, 1)-Normalverteilung:

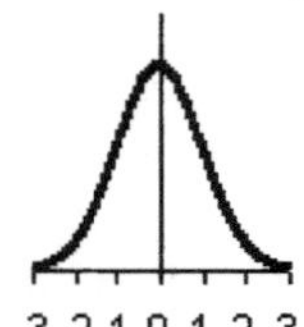

Die Dichte der *Normalverteilung* ist gegeben durch

$$f(x) = \frac{1}{\sigma\sqrt{2\pi}} \cdot e^{-\frac{(x-\mu)^2}{2\sigma^2}}$$

Die Parameter μ und σ in dieser Formel haben zugleich die Bedeutung von Erwartungswert und Standardabweichung. Eine Zufallsvariable mit dieser Verteilung bezeichnet man kurz als (μ, σ)-normalverteilt. Es handelt sich bei $f(x)$ um die berühmte Glockenkurve, deren Maximum bei μ liegt. Die Wendepunkte befinden sich jeweils im Abstand σ von der Maximumstelle.

Dichte der Exponentialverteilung für $\tau = 1$:

Nimmt man an, dass ein Ereignis wie der Zerfall eines Atoms, das Eintreten eines Kunden in ein Geschäft, oder der Sechser im Lotto unvorhersehbar ist in dem Sinne, dass die Wahrscheinlichkeit für das Auftreten dieses Ereignisses in einem Intervall $[t, t+dt)$ davon unabhängig ist, welche Zeit t bis dahin bereits verstrichen ist, und dass für hinreichend kleine dt diese Wahrscheinlichkeit proportional zur Intervalllänge dt ist, dann ist die Zeit T bis zum Eintritt des Ereignisses exponentialverteilt. Bezeichnet man den Mittelwert der Zufallsvariablen T mit τ, so ergibt sich die Verteilungsfunktion der *Exponentialverteilung* zu:

$$F(t) = 1 - e^{-t/\tau} \text{ für } t = 0, \text{ und } F(t) = 0 \text{ für } t < 0.$$

Die Standardabweichung ist bei der Exponentialverteilung genauso groß wie der Mittelwert: $\mu = \sigma = \tau$. Die Verteilungsdichte der Exponentialverteilung ist für $0 \leq t$ gegeben durch $f(t) = (1/\tau) \cdot e^{-t/\tau}$.

Die Verteilungsdichte der *Gleichverteilung* ist folgendermaßen definiert: $f(x) = 1$ für $x \in [0,\ 1)$ und $f(x) = 0$ sonst. Für die Verteilungsfunktion F gilt dann: $F(x) = 0$ für $x < 0$, $F(x) = x$ für $0 \le x < 1$, und
$F(x) = 1$ für $1 \le x$. Erwartungswert und Streuung sind gegeben durch μ
$= 1/2$ und $\sigma^2 = 1/12$. Die Bedeutung der Gleichverteilung liegt darin,
dass sie einfache Möglichkeiten zur Erzeugung beliebiger Verteilungen eröffnet.

Dichte der
Gleichverteilung:

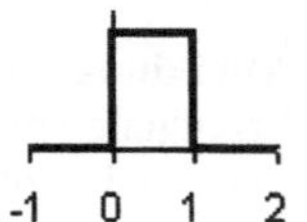

9.3.3 Zufallszahlengeneratoren

Echte Zufallszahlen lassen sich auf Digitalrechnern wegen der Deter-
miniertheit der Automaten (Algorithmen) nicht erzeugen. Wegen des
begrenzten Speichers ist außerdem der Zustandsraum endlich und die
erzeugte Zahlenfolge periodisch. Gute Zufallszahlengeneratoren erzeugen Zahlenfolgen mit großer Periode und guten statistischen Eigenschaften [9.13], [9.14].

In jeder Programmiersprache ist es auf relativ einfache Weise möglich, Zufallswerte zu generieren, die auf dem Intervall $[0, 1)$ als
gleichverteilt angesehen werden können. Die Zufallsvariable dieses
Zufallszahlengenerators sei hier G genannt.

Nun werden Verfahren besprochen, mit denen sich Zufallszahlen
erzeugen lassen, die eine bestimmte vorgegebene Verteilung haben.

Die Verteilungsfunktion der zu erzeugenden Zahlen sei F. Die Umkehrfunktion F^{-1} dieser Funktion möge existieren. Dann erhält man
Zufallswerte mit der gewünschten Verteilung, indem man die gleichverteilten Werte in die Umkehrfunktion einsetzt: $X = F^{-1}(G)$. Beweis:
Die Wahrscheinlichkeit von $X < x$ bzw. $F^{-1}(G) < x$ ist genau so groß,
wie die des Ausdrucks $G < F(x)$. Und diese Wahrscheinlichkeit ist, da
G gleichverteilt ist, gleich $F(x)$.

Allgemeine
Methode zur
Erzeugung von
Zufallszahlen

Beispiel: Die Verteilungsfunktion F der Exponentialverteilung ist gegeben durch $F(t) = 1 - e^{-t/\tau}$. Daraus folgt $F^{-1}(G) = -\,\tau \ln(1-G)$. Das
heißt: Man erhält exponentialverteilte Zufallszahlen, indem man im
Intervall $(0, 1]$ gleichverteilte Zufallszahlen logarithmiert und den Be-
trag dieser Werte mit dem Erwartungswert τ der *Exponentialverteilung* multipliziert.

Erzeugung
exponential-
verteilter
Zufallswerte

Auch bei den praktisch wichtigen empirischen Verteilungen lässt sich
die Methode (leicht modifiziert) anwenden. Die *diskrete Verteilung*
möge in Form eines Balkendiagramms der Summenfunktion (akku-
mulierte Wahrscheinlichkeiten) vorliegen Abbildung 9.7.

Methode 1
für diskrete
Verteilungen

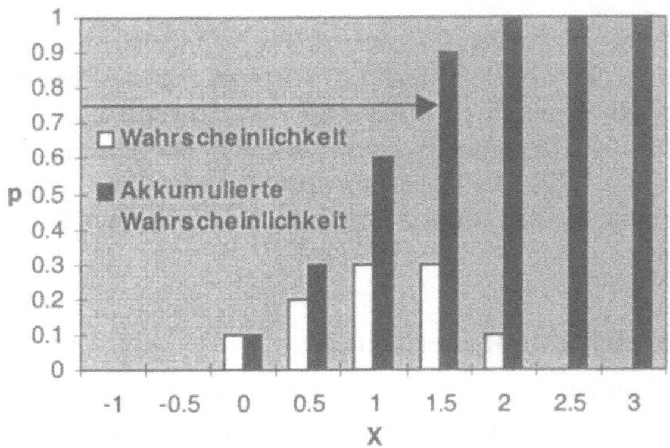

Abbildung 9.7
Erzeugung von
Zufallszahlen zu
diskreten
Verteilungen

Die Erzeugung von Zufallszahlen X, die dieser diskreten Verteilung entsprechen, geschieht durch Umkehrung der Summenfunktion. Ausgehend von einem Wert G der gleichverteilten Zufallsgröße erzeugt man den zugehörigen Wert X folgendermaßen: Man trägt den Wert von G auf der Ordinate ab (eingezeichnet ist $G = 0.75$) und geht horizontal nach rechts, bis man auf den ersten Balken der Summenfunktion trifft. Der zugehörige Abszissenwert ist die gesuchte Zufallszahl X (hier: $X=1.5$).

Methode 2
für diskrete
Verteilungen

Ein sehr einfaches Verfahren ergibt sich, wenn sich die Wahrscheinlichkeiten p_i einer diskreten Verteilung - näherungsweise - als rationale Zahlen k_i/K mit nicht zu großem K darstellen lassen. Dann wird man einen K-dimensionalen Vektor definieren, in dem der Wert x_i, dessen Wahrscheinlichkeit gleich k_i/K ist, genau k_i mal als Komponentenwert erscheint. Die Erzeugung der Zufallszahl geschieht dann dadurch, dass man unter den Komponenten des Vektors eine zufällige Auswahl trifft, mit einer für alle Komponenten gleichen Wahrscheinlichkeit.

Erzeugung
normalverteilter
Zufallszahlen

Normalverteilte Zufallsvariable kann man nach einer Methode erzeugen, die den zentralen Grenzwertsatz der Statistik ausnutzt. Dieser Satz beinhaltet, dass die Summe von N voneinander unabhängigen Zufallsvariablen X_i ($i = 1, 2, ..., N$), die alle dieselbe Verteilung besitzen, näherungsweise normalverteilt ist. Die Normalverteilung wird umso besser erreicht, je größer N ist.

Seien Erwartungswert und Standardabweichung der X_i gleich μ bzw. σ. Die Summe $Y_N = X_1 + X_2 + ... + X_N$ hat dann den Mittelwert $N\mu$ und die Streuung $N\sigma^2$.

Durch lineare Transformation der Zufallsvariablen Y_N kann man folglich näherungsweise normalverteilte Zufallsvariablen mit vorgegebenen Parametern (Mittelwert und Standardabweichung) bekommen.

Für praktische Zwecke reicht es aus, zwölf gleichverteilte Zufallszahlen zu addieren. Zieht man von dieser Summe noch die Zahl 6 ab, erhält man Zufallszahlen, die näherungsweise (0, 1)-normalverteilt sind.

Für einfache Simulationen reicht diese Methode aus. Leistungsfähigere Methoden sind im Buch von Knuth [9.14] zu finden. Weitere Techniken zur Erzeugung von nicht gleichverteilten Zufallszahlen bietet das Buch von Bratley, Fox und Schrage [9.2].

9.3.4 Ergebnisbeurteilung: Vertrauensintervalle

Gesucht der Erwartungswert $\mu = E[X]$ einer bestimmten Ergebnisvariablen X. Gegeben sind N Stichprobenwerte x_1, x_2, ..., x_N der Ergebnisvariablen. Als Schätzwert für μ wird das arithmetische Mittel m dieser Werte herangezogen.

$$m = (x_1+x_2+...+x_N)/N$$

Inwieweit kann man damit rechnen, dass $m \approx \mu$ ist, und welchen Einfluss hat der Stichprobenumfang auf die Güte des Schätzwerts? Präziser ausgedrückt: Es ist bei gegebenem Stichprobenumfang N eine Fehlergrenze E zu bestimmen, so dass mit einer vorgegebenen Wahrscheinlichkeit Q der Erwartungswert μ im Intervall $[m\text{-}E, m\text{+}E]$ liegt. Dieses Intervall heißt Vertrauensintervall (oder Konfidenzintervall) zur Vertrauenswahrscheinlichkeit Q, und wir schreiben dafür auch kurz $m \pm E$.

Mit der Wahrscheinlichkeit Q gilt

$$|m - \mu| \leq E$$

Die Bestimmung der Fehlergrenze E beginnt mit der Feststellung, dass der Schätzwert m selbst eine Zufallsvariable ist: Die x_i sind Realisierung von Zufallsvariablen, die alle dieselbe Verteilung wie X besitzen, und die voneinander statistisch unabhängig sind. Die statistische Unabhängigkeit ist durch das Verfahren der Stichprobenbildung (Simulationsläufe) sicherzustellen!

Der Erwartungswert der Zufallsvariablen m ist μ. Der Schätzwert m hat demnach wenigstens den richtigen Erwartungswert. Die Standardabweichung ist gleich $\sigma/\sqrt{N}$. Wir setzen voraus, dass N groß genug ist, so dass aufgrund des zentralen Grenzwertsatzes die Zufallsvariable $\sqrt{N}(m-\mu)/\sigma$ als näherungsweise (0, 1)-normalverteilt angesehen werden kann. Sei F die Verteilungsfunktion der (0, 1)-Normalverteilung und ferner Q eine Zahl t, so dass $F(t)\text{-}F(\text{-}t) = 2F(t)\text{-}1 = Q$. Dann gilt: Mit der Wahrscheinlichkeit Q ist der Absolutbetrag von $\sqrt{N}(m-\mu)/\sigma$ nicht größer als t.

$$E = t\,\sigma/\sqrt{N}$$

Q	t
95.0 %	1.96
95.5 %	2.00
99.7 %	3.00

Nach einer kleinen Umformung erhält man den Wert für die Fehlergrenze E zur Vertrauenswahrscheinlichkeit Q.

Gebräuchliche Werte für Q und t enthält die nebenstehende Tabelle. Da $\sigma/\sqrt{N}$ gleich der Standardabweichung der Schätzgröße m ist, bezeichnet man das Konfidenzintervall $m \pm t\,\sigma/\sqrt{N}$ auch als $t\sigma$-Bereich. Zur statistischen Sicherheit von 95.5 Prozent gehört demnach der 2σ-Bereich.

Die Formel hat noch einen Mangel: σ kennen wir genauso wenig wie μ. Einen erwartungstreuen Schätzwert s^2 für die Streuung σ^2 erhält man aus der Formel

Ein Schätzwert s
für σ

$$s^2 = \frac{1}{N-1} \cdot \sum_{i=1}^{N} (x_i - m)^2 = \frac{1}{N-1} \cdot \left(\sum_{i=1}^{N} x_i{}^2 - N \cdot m^2 \right)$$

$E \approx t\,s/\sqrt{N}$
für $N \geq 40$

Erneut stellt sich die Frage nach dem Vertrauensintervall. Ein Teufelskreis kündigt sich an. Wie man ihm entkommen kann, findet man in den Lehrbüchern der Statistik. Hier nur so viel: Bei Stichprobengrößen ab etwa 40 darf man s anstelle von σ in die Formel für die Fehlergrenze einsetzen.

Die genaue
Ausdrucksweise

Mit m ist das gesamte Vertrauensintervall ein Zufallsergebnis. Wir sagen: Das zufällige Vertrauensintervall $m \pm E$ enthält mit der Wahrscheinlichkeit Q den korrekten Wert μ.

Für die Genauigkeitsbetrachtung dieses Abschnitts seien die Voraussetzungen noch einmal kurz zusammengefasst:

1. Die Stichprobenwerte sind voneinander statistisch unabhängig.

2. Allen Stichprobenwerten liegt dieselbe Verteilung zugrunde; sie sind sogar Realisierungen ein und derselben Zufallsvariablen.

3. Der Schätzwert m ist (näherungsweise) normalverteilt.

4. s ist ein guter Schätzwert für σ.

Der 3. Punkt setzt entweder voraus, dass die Stichprobenwerte selbst bereits normalverteilt sind, oder dass die Anzahl der Stichprobenwerte N groß ist (Grenzwertsatz). Bei großem N ist auch die 4. Voraussetzung erfüllt. Für die Ergebnisbeurteilung bei kleinen Stichprobenumfängen wird auf die Lehrbücher der mathematischen Statistik verwiesen, z.B. das von Fisz [9.13].

9.3.5 Varianzreduktion

Techniken der Varianzreduktion dienen dazu, die Genauigkeit des Ergebnisses bei gleicher Stichprobenzahl zu erhöhen.

Man wählt solche Zielgrößen aus, die bei unverändertem Maßstab eine möglichst kleine Varianz σ^2 haben. Dann wird das Konfidenzintervall entsprechend klein.

Eine gute Gelegenheit, die Varianz zu reduzieren, ergibt sich beispielsweise, wenn es darum geht, zwei Ergebnisvariablen X_1 und X_2 miteinander zu vergleichen. Wenn diese in etwa in derselben Weise von den zufälligen Einflüssen abhängen, dann geht man am besten zur Differenz dieser Größen über und wählt als Zielgröße die Variabel $X = X_1 - X_2$. Diese hat oftmals eine deutlich geringere Varianz als die ursprünglichen Größen. Diese Methode läuft darauf hinaus, dass man in den Simulationsläufen zur Ermittlung der Stichprobenwerte für X_1 und X_2 gemeinsame Zufallszahlen zugrunde legt [9.2], [9.15].

9.3.6 Beispiel: Montagerampe

Aufgabe [9.16]: An einer Montagerampe werden pro Tag rund 100 Automobile fertiggestellt. Doch aus vielen Gründen ergeben sich Schwankungen im täglichen Ausstoß. Die Tagesproduktion lässt sich deshalb besser durch die nebenstehende Wahrscheinlichkeitsverteilung beschreiben. Die fertiggestellten Automobile werden jeweils am Schluss des Tages auf einer Fähre an ihren Bestimmungsort transportiert. Der Laderaum der Fähre vermag lediglich 101 Wagen auf einmal zu fassen. Wie groß wird im Durchschnitt die Zahl der Wagen sein, die auf das Verladen warten? Wie groß ist die durchschnittliche Zahl von leeren Frachtplätzen auf der Fähre?

x_i	p_i
95	0.03
96	0.05
97	0.07
98	0.1
99	0.15
100	0.2
101	0.15
102	0.1
103	0.07
104	0.05
105	0.03

Lösung: Für aufeinanderfolgende Tage werden jeweils die Zahl der am Ende des Tages auf Verladung wartenden Autos sowie die der leeren Plätze ermittelt. Damit ergibt sich eine Folge von Stichprobenwerte für jede der Zielgrößen. Die folgenden C-Programmfragmente zeigen eine programmtechnische Umsetzung des Vorschlags.

1. Die Tabelle der akkumulierten Wahrscheinlichkeiten wird im Programm deklariert und initialisiert. Natürlich hätte man das Akkumulieren auch dem Programm überlassen können.

```
struct {int x; float p;} table[]=
  {{ 95, 0.03}, { 96, 0.08}, { 97, 0.15}, { 98, 0.25},
   { 99, 0.40}, {100, 0.60}, {101, 0.75}, {102, 0.85},
   {103, 0.92}, {104, 0.97}, {105, 1.00}};
```

Die Tabelle der akkumulierten Wahrscheinlichkeiten

Zufallszahlen-
generator der
diskreten
Verteilung

2. Die Erzeugung der diskreten Zufallswerte für die Tagesproduktion wird dann durch die Funktion `prod()` erledigt:

```
int prod(){
  int i=0;
  float r=rand()/nr;
  while(table[i].p<=r) i++;
  return table[i].x;
}
```

Dem Algorithmus liegt die Methode 1 zur Erzeugung von Zufallszahlen mit diskreter Verteilung zu Grunde. Der Zufallszahlengenerator zur Erzeugung gleichverteilter Zufallszahlen wird durch den Ausdruck `rand()/nr` realisiert. Die Konstante `nr` ist um eins größer als die größte durch `rand()` erzeugbare Zahl RAND_MAX.

Mittelwert-
berechnung

3. Die Berechnung der Mittelwerte für die freien Plätze sowie die Anzahl der wartenden Autos leistet die Funktion `process`:

```
void process(long int n){ /*n ist die Gesamtzahl der Tage*/
  float L=0,                       /*Lager (Zustandsvariable)*/
        F=0, W=0;          /*Freie Plaetze und wartende Autos*/
  long int i=0;
  srand(time(0));          /*Neue Zufallszahlenfolge je Lauf*/
  while(i<n){
   L+=prod()-101;
   if (L<0) {F-=L; L=0;} else W+=L;              /*Akkumulation*/
  }
  F/=n; W/=n;                            /*Mittelwertbildung*/
}
```

Problematische
Genauigkeits-
aussagen

Eine Genauigkeitsberechnung fehlt noch. Man hätte sie mit den oben angegebenen Formeln für Vertrauensintervalle versuchen können. Probeweise wurden die 2σ-Bereiche auf diese Weise ermittelt. Es ergab sich 1.1 ± 0.1 für die Anzahl der leeren Plätze und 1.51 ± 0.16 für die Anzahl wartender Wagen. Die Simulation erstreckte sich über 1024 Tage. Bei Wiederholungen mit anderen Zufallssequenzen ergaben sich für die wartenden Wagen die folgenden Resultate: 1.37 ± 0.13, 1.28 ± 0.14 und 1.63 ± 0.15.

Auffällig ist die große Streuung der Mittelwerte bei relativ kleinen Konfidenzintervallen. Das passt nicht zusammen. Eine genauere Untersuchung zeigt: Es lässt sich kein Wert angeben, der in 95% aller errechneten 2σ-Bereiche liegt. Das ist ein Widerspruch zur Definition des Konfidenzintervalls. Woran liegt das?

Bisher wurde nicht bedacht, dass die Stichprobenwerte, die man an aufeinanderfolgenden Tagen ermittelt, nicht unabhängig voneinander sind: Hat man vom Vortag noch wartende Autos, dann werden wieder mit höherer Wahrscheinlichkeit Autos warten müssen. Eine der wesentlichen Voraussetzungen für die Anwendung der Formeln für das Konfidenzintervall ist also nicht erfüllt. Der nächste Abschnitt zeigt eine einfache Methode zur Lösung des Problems.

9.3.7 Die Methode der Stapelmittelwerte

Die Folge $x(0)$, $x(1)$, $x(2)$, ... der Werte eines Lagerbestands beispielsweise sind Realisierung eines stochastischen Prozesses, bei dem zeitlich eng benachbarte Werte stärker voneinander abhängen, als weiter voneinander entfernte. Die Einzelwerte kann man also nicht als statistisch unabhängige Stichprobenwerte ansehen.

Dennoch lässt sich die Genauigkeitsbewertung mit Konfidenzintervallen auch auf diesen und ähnlich gelagerte Fälle übertragen.

Wir bilden die Mittelwerte $y(i)$ von jeweils b aufeinanderfolgenden Werten der ursprünglichen Folge. Für $y(i)$ werden die Werte ab dem Index ib genommen: $x(ib)$, $x(ib+1)$, $x(ib+2)$, ..., $x((i+1)b-1)$. Die $y(i)$ heißen *Stapelmittelwerte,* und b ist die Stapelgröße.

Sei a die Anzahl der Stapel. Es werden also insgesamt $n = a{\cdot}b$ Werte des stochastischen Prozesses benötigt: $x(0)$, $x(1)$, $x(2)$, ..., $x(n\text{-}1)$. Die a Stapelmittelwerte $y(0)$, $y(1)$, ..., $y(a\text{-}1)$ gelten nun als Stichprobenwerte. Das arithmetische Mittel dieser Stapelmittelwerte ist natürlich dasselbe wir das der ursprünglichen Folge.

Das Konfidenzintervall für den Mittelwert μ wird nun auf der Basis der Stichprobenwerte $y(i)$ ermittelt. Dabei wird unterstellt, dass bei ausreichend großem b die Abhängigkeit der Stichprobenwerte $y(i)$ voneinander vernachlässigbar gering ist. Es ist sinnvoll, a und b etwa gleich groß zu wählen.

Das Programm des letzten Unterabschnitts wird nun entsprechend umgeschrieben. Als globale Variablen werden Stapelanzahl a, Stapelgröße b und deren Produkt n eingeführt; außerdem die Variablen mF und mW für die Mittelwerte der freien Plätze bzw. wartenden Autos, sowie die jeweils zugehörigen Varianzen vF und vW. Die modifizierten While-Schleife der Funktion process() nutzt diese Variablen als lineare und quadratische Akkumulatoren:

Definition der Stapelmittelwerte:

$$y(i) = \frac{1}{b} \sum_{j=ib}^{(i+1)b-1} x(j)$$

```
while(i<n){
  L+=prod()-101;
  if (L<0) {F-=L; L=0;} else W+=L;
  if (++i%b==0) {                    /*Stapel voll?*/
   F=F/b; W=W/b;                    /*Stapelmittelwerte*/
   mF+=F; mW+=W;         /*Akkumulieren der Stichproben*/
   vF+=F*F; vW+=W*W;        /*Akkumulation der Quadrate*/
   F=W=0;
  }
}
```

Erfassung der Stapelmittelwerte

Die Ausgabe der Konfidenzintervalle wird dann durch das folgende Programmfragment besorgt:

```
mF/=a; mW/=a;                      /*Mittelwertbildung*/
vF=(vF-a*mF*mF)/(a-1);            /*Schätzwerte der*/
vW=(vW-a*mW*mW)/(a-1);                   /*Varianzen*/
```

```
printf("\n! Im Mittel %.2f +- %.2f Plaetze frei ",
       mF, t*sqrt(vF/a));
printf("\n! Im Mittel warten %.2f +- %.2f Autos",
       mW, t*sqrt(vW/a),);
```

Eine Berechnung der Schätzwerte für die Mittelwerte der freien Plätze und der wartenden Autos wurde mit einer Stapelgröße 32 und einer Stapelanzahl von ebenfalls 32 durchgeführt. Es ergaben sich dabei folgende 2σ-Intervalle: 0.91 ± 0.14 für die freien Plätze auf der Fähre und 2.07 ± 0.75 für die im Lager wartenden Autos.

Das sind deutlich größere Fehlerschranken als bei einer naiven Anwendung der Formeln.

Die Methode der Stapelmittelwertbildung und weitere Techniken der Ergebnisbeurteilung sind im Buch von Bratley, Fox und Schrage [9.2] zu finden.

9.4 Ereignisorientierte Simulation

9.4.1 Methode und Programmierung

Die ereignisorientierte Simulation eignet sich für Systeme, deren Größen sich vornehmlich abrupt, zu möglicherweise zufälligen Zeitpunkten ändern wie beispielsweise beim Eintreffen eines Kunden in einer Warteschlange, und die in der Zwischenzeit konstant bleiben.

Ereignisorientierte vs. zeitschrittorientierte Methode

Bei der *ereignisorientierten Simulation* wird das System - anders als bei der bisher angewandten zeitschrittorientierten Methode - nur zu den Ereigniszeitpunkten betrachtet. Die aufgrund eines Ereignisses sich ergebenden Größen werden neu berechnet. Danach wird zum nächsten Ereignis übergegangen und die Simulationszeit entsprechend heraufgesetzt.

Jedes Ereignis erfordert Aktionen, die von der Art des Ereignisses abhängen: Tritt ein Kunde in die Schalterhalle der Bank, muss - bei leerer Warteschlange - ein freier Bankangestellter "aktiviert" werden, oder es erfolgt eine Einreihung in die Warteschlange. Wird ein Kundengespräch beendet, dann schaut der Angestellte, ob noch Kunden warten. Ist keiner da, wird die Bedienung vorübergehend eingestellt.

Ereignisorientierte Simulation mit objektorientierten Sprachen

Das Verlangen, diese Verkopplung von Ereignissen und Aktionen nachzubilden, war in den 60-er Jahren Anlass, mit Simula 67 einen neuen Typ von Programmiersprachen zu schaffen [9.17]. Diese werden heute *objektorientiert* genannt. Dazu gehören - neben Simula - Smalltalk, Oberon, Object Pascal, Eiffel, C++ und Java.

Bei diesen objektorientierten Sprache werden Datentypen und die auf die Daten wirkenden Operatoren (Methoden, Prozeduren, Funktionen) zu Klassen zusammengefasst. Objekte sind die konkreten ("datenhaltigen") Realisierungen dieser Klassen. Ereignisse sind Objekte mit eingetragener Aktivierungszeit, die vom Simulationsprogramm zeitfolgerichtig aktiviert werden, und die die jeweiligen Handlungsanweisungen in Gestalt von Methoden selbst mitbringen - wie ja auch ein Kunde oder ein Bankangestellter selber weiß, was er zu tun hat.

Java-Klassen für die Simulation: Für die zeitfolgerichtige Aktivierung von Ereignissen wird ein allgemein verwendbares `package` `EventSim` definiert. Es enthält die `process`- und die `simulation`-Klasse.

Alle aktiven Objekte des Simulationssystems, sie werden hier *Prozesse* genannt, sind Objekte von Unterklassen der abstrakten `process`-Klasse. Diese wiederum ist selbst Unterklasse der `link`-Klasse, die eine Verkettung von Prozessen zu linearen Listen (Ereignisliste, Warteschlangen) ermöglicht.

Sowohl der Listenkopf einer linearen Liste als auch die Listenelemente haben als Basis die `link`-Klasse. Der `link`-Methodenaufruf `in p)` hängt das Element `p` unmittelbar an das aufrufende `link`-Element an. Der Methodenaufruf `add(p)` hängt das Listenelement `p` hinten an die Liste an; `out()` entnimmt der Liste das nächste Element und liefert als Funktionswert die Referenz auf das entnommene Element. Die boolesche Methode `empty()` sagt, ob die Liste ab dem aufrufenden Element leer ist oder nicht.

Etwas vereinfacht sieht die `process`-Klasse so aus:

```
abstract public class process extends link {
    double ti;
    public double t(){return ti;}
    abstract public void run();
    public void activate_at(double t0) {...}
}
```

Der Aktivierungszeitpunkt eines Prozesses ist `ti`. Er wird über die Methode `t()` nach außen bekannt gemacht. Das Verhalten der Prozesse wird durch Überschreiben der `run`-Methode festgelegt. Die zeitfolgerichtige Eintragung eines Prozesses in die Ereignisliste (`simulation.sequence`) wird durch Aufruf der `activate_at`-Methode besorgt. Sie setzt `ti` auf `t0` oder (bei zu kleinem `t0`) auf die aktuelle Simulationszeit.

Die `simulation`-Klasse ist die Basis (Superklasse) des Hauptprogramms der Simulation. Die Ereignisliste wird von der `run`-Methode der `simulation`-Klasse abgearbeitet. Nacheinander aktiviert sie die Prozesse der Ereignisliste durch Aufruf von deren `run`-Methoden. Die Simulationsuhr wird entsprechend mitgeführt.

```
public class simulation {
    static link sequence=new link();            //Ereignisliste
    static double SimTime=0;                     //Simulationsuhr
    public static double time(){return SimTime;}       //Zeit
    public static void run() {
        while (!sequence.empty){
            process p=(process)sequence.out();
            SimTime=p.ti;
            p.run();
        }
    }
}
```

9.4.2 Beispiel: Ein einfaches Wartesystem

Das M/D/1-
Wartesystem

Aufgabe: Zu simulieren ist ein sehr einfaches Wartesystem (eine Bank) mit einem Kundenstrom, einer unbegrenzten Zahl von Warteplätzen und einem Bankangestellten als Bedieneinheit. Die Zwischenankunftszeiten der Kunden sind exponentialverteilt mit dem Mittelwert a. Die Bediendauer b ist konstant. Die mittlere Wartezeit w der Kunden ist per Simulation zu ermitteln.

Zur Kontrolle des Ergebnisses: Die mittlere Wartezeit dieses so genannten M/D/1-Systems lässt sich mit der Mittelwert-Formel von Pollaczek-Khinchin berechnen [9.18]: $w = \dfrac{b}{2} \cdot \dfrac{b}{a-b}$.

Das M/D/1-Simulationsmodell, Abbildung 9.8: Die Kunden werden mit der `customer`-Klasse modelliert und der Bediener mit der `teller`-Klasse. Die `customer`-Klasse enthält die Kundenwarteschlange (`queue`) und - als Referenz auf den Bediener - den Schalter (`counter`). Ist der Bediener frei (`counter!=null`), dann wird er augenblicklich aktiviert. Die negative Zeit in der Aktivierungsanweisung sorgt dafür, dass der Bediener ganz vorn in der Ereignisliste einsortiert wird.

Falls noch nicht alle Kunden erzeugt worden sind, wird mit dem Aufruf `new customer(i+1).activate_at(...)` der nächste Kunde erzeugt und zu einem Zeitpunkt aktiviert, der sich aus der aktuellen Simulationszeit plus der zufälligen (exponentialverteilten) Zwischenankunftszeit (`InterArrivalTime`) ergibt. Schließlich begibt sich der Kunde in die Warteschlange.

Der Bediener, der durch die `teller`-Klasse modelliert wird, schaut in der Kunden-Warteschlange nach dem nächsten Kunden. Ist die Warteschlange leer, besetzt er wieder den Schalter. Ansonsten "entnimmt" er den nächsten Kunden der Warteschlange, erfasst dessen Wartezeit und aktiviert sich selbst, sobald der Kunde bedient ist.

Das Hauptprogramm steckt in der `main`-Methode der Klasse `Queue-MD1`. Dessen Hauptaufgabe ist, den ersten Kunden zu aktivieren und die Simulation mit der `simulation.run`-Methode zu starten.

```java
class customer extends process {
   static double a;              //mittlere Zwischenankunftszeit
   static long n;                //Anzahl Kunden insgesamt
   static link queue= new link();     //Kundenwarteschlange
   static teller counter=new teller(); //Der Bedienschalter
   long i;                       //Kundennummer
   customer(long j){i=j;}                //Konstruktor
   double InterArrivalTime(){     //Zufallszahlengenerator
      return -a*Math.log(1-Math.random());
   }
   public void run(){                            //Aktionen
      if (counter!=null){
         counter.activate_at(-1);
         counter=null;               //Bediener nicht frei
      }
      if (i<n) new customer(i+1).activate_at(
         simulation.time()+InterArrivalTime());
      queue.add(this);
   }
}
class teller extends process {
   static double accW=0;       //Akkumulator der Wartezeiten
   static double b;                        //Bediendauer
   public void run(){                         //Aktionen
      if (customer.queue.empty()) customer.counter=this;
      else {
         customer c=(customer)(customer.queue.out());
         accW+=simulation.time()-c.t();
         activate_at(simulation.time()+b);
      }
   }
}
public class QueueMD1 extends simulation {
   ...
   public static void main (String[] args) {
      //Eingabe: customer.a, counter.b und customer.n
      ...
      //Verarbeitung
      new customer(1).activate_at(0);
      run();

      //Ausgabe
      ...
      System.out.println(counter.accW/customer.n);
   }
}
```

Abbildung 9.8
Das M/D/1-Simulations-programm

9.5 Literatur

[9.1] Bossel, H.: *Modellbildung und Simulation*. Vieweg, Braunschweig/Wiesbaden 1992

[9.2] Bratley, P; Fox, B. L.; Schrage, L. E.: *A Guide to Simulation*. Springer, New York 1987

[9.3] Law, A. M.; Kelton, W. D.: *Simulation Modeling & Analysis*. McGraw-Hill, New York 1991

[9.4] Page, B.: *Diskrete Simulation*. Eine Einführung mit Modula-2. Springer, Berlin, Heidelberg 1991

[9.5] Fishwick, P. A.: *Simulation Model Design and Execution*. Prentice Hall, Englewood Cliffs, New Jersey 1995

[9.6] Ameling, W. (Hrsg.): *Buchreihe "Fortschritte der Simulationstechnik"*. Herausgegeben im Auftrag der Arbeitsgemeinschaft Simulation (ASIM). Vieweg, Braunschweig/Wiesbaden

[9.7] Eibl-Eibesfeldt, I.: *Die Biologie des menschlichen Verhaltens*. Piper, München 1984

[9.8] Krech, Crutchfield u. a.: *Grundlagen der Psychologie*. Band 4 Kognitionspsychologie. Beltz, Weinheim 1992

[9.9] Grams, T.: *Denkfallen und Programmierfehler*. Springer, Heidelberg 1990

[9.10] Hayes, B.: *Der Betriebsbogen als Minimodell des Makrokosmos*. Spektr. d. Wissenschaft (1984) 1, 8-14

[9.11] Shneiderman, B.: *Designing the User Interface. Strategies for Effective Human-Computer Interaction*. Addison-Wesley, Reading, Massachusetts 1998

[9.12] Stoer, J.; Bulirsch, R.: *Numerische Mathematik 2*. Springer-Verlag, Berlin, Heidelberg 1990

[9.13] Fisz, M.: *Wahrscheinlichkeitsrechnung und mathematische Statistik*. DVW Berlin 1976

[9.14] Knuth, D.: *The Art of Computer Programming*. Vol. 2: Seminumerical Algorithms. Addison-Wesley, Reading Mass. 1981

[9.15] McGeoch, C.: *Analyzing Algorithms by Simulation: Variance Reduction Techniques and Simulation Speedups*. ACM Computing Surveys. 24 (June 1992) 2, 195-212

[9.16] Sasieni, M.; Yaspan, A.; Friedman, L.: *Methoden und Probleme der Unternehmensforschung*. Physica-Verlag Würzburg, Wien 1965

[9.17] Dahl, O.-J.; Hoare, C. A. R.: *Hierarchical Program Structures. In: Dahl/Dijkstra/Hoare: Structured Programming*. Computer Science Classics. Academic Press, London 1972

[9.18] Kleinrock, L.: *Queuing Systems*. Vol. 1: Theory. Wiley-Interscience 1975

Kapitel 10

Grundlagen der Computergraphik

von Thomas Strothotte und Stefan Schlechtweg
in Zusammenarbeit mit
Oliver Deussen, Bert Freudenberg und Ralf Helbing

Die Computergraphik beschäftigt sich grundsätzlich mit allen Aspekten der Erzeugung von Bildern am Computer. Im engeren Sinne betrifft dies erstens den Prozess der geometrischen Modellierung, bei dem ein real existierendes oder ein virtuelles Objekt rechnerintern bezüglich seiner räumlichen Ausdehnung und Materialeigenschaften beschrieben wird. Zweitens betrifft dies auch den Prozess der Bilderzeugung (engl.: Rendering), bei dem diese geometrischen Modelle in Bilder umgewandelt werden. Das vorliegende Kapitel beschäftigt sich insbesondere mit den dabei verwendeten Methoden und Werkzeugen.

Das primäre Ziel der Computergraphik ist es, Abbildungen derart zu erzeugen, dass sie einer Photographie der modellierten Szene möglichst ähneln. So sind die am weitesten verbreiteten Verfahren des Gebiets abgestimmt auf die Erzeugung solcher photorealistischen Computergraphiken; diese werden im vorliegenden Kapitel behandelt. Neuere Forschungen beschäftigen sich mit nichtphotorealistischen Computergraphiken, bei denen zur besseren Vermittlung von Informationen gezielt von der Korrektheit einer Abbildung abgewichen wird. So werden beispielsweise besonders wichtige Objekte etwas vergrößert oder in hervorstechenden Farben gezeichnet. Diese Verfahren werden erst in einigen Jahren einen Effekt auf kommerzielle Systeme für Ingenieure haben, so dass sie hier nicht behandelt werden, sondern auf die Literatur verwiesen wird [10.12, 10.6].

Zwei weitere Themen werden oft im Zusammenhang mit der Compu-
Visualisierung tergraphik betrachtet. Bei der *Visualisierung* [10.11] werden inhärent
nichträumliche Daten (z. B. die Namen von Automodellen und deren
Ausstattung) in Vorbereitung ihrer Verbildlichung in räumliche Daten
Bildverarbeitung umgewandelt. Des Weiteren werden bei der *Bildverarbeitung* [10.8]
vorhandene Bilder (z. B. von einem Scanner, oder durch einen Bil-
derzeugungsprozess gewonnene Bilder) analysiert und auf dieser Basis modifiziert. Die Ergebnisse der Bildverarbeitung können dann
grundsätzlich für die (erneute) Modellierung oder Bilderzeugung genutzt werden. Die Behandlung dieser Themen würde jedoch den Rahmen dieses Kapitels sprengen; der interessierte Leser wird auf die Literatur verwiesen.

10.1   Mathematische Grundlagen

Die mathematischen Grundlagen der Computergraphik stammen insbe-
lineare Algebra sondere aus dem Bereich der *linearen Algebra*. Die Angabe geometrischer Orte sowie die Berechnung ihrer Veränderungen (Transformationen) stellen eine unabdingbare Voraussetzung für die Erzeugung von
Computergraphiken dar [10.10, 10.7].

10.1.1   Darstellung geometrischer Daten

Die Angabe eines geometrischen Ortes erfolgt im Allgemeinen als
Koordinaten *Koordinaten*tupel bzw. Vektor im $\mathbb{R}^n$. Nach Festlegung eines geeigneten Koordinatenursprungs können damit Punkte in der Ebene (2D)
durch die Angabe eines Paares (x, y) und im Raum (3D) durch die Angabe eines Tripels (x, y, z) exakt in ihrer Lage bestimmt werden. Ebenso verhält es sich mit Vektoren, da ein gegebener Punkt P als Endpunkt
eines Vektors vom Koordinatenursprung zu P angesehen werden kann.
Daher gelten die im $\mathbb{R}^n$ definierten Operationen und können für com-
putergraphische Berechnungen genutzt werden.

10.1.2   Transformationen

Transformationen geometrischer Objekte (Translation, Rotation, Skalierung) lassen sich mathematisch durch Operationen mit den die Koordinaten beschreibenden Vektoren darstellen. Die Verschiebung eines Punktes P beispielsweise entspricht der Addition eines Vektors $\vec{v}$:
$P' = P + \vec{v}$, eine uniforme Skalierung (mit dem Koordinatenursprung

als Zentrum) entspricht der Multiplikation mit einem Skalar $P' = aP$. Nicht-uniforme Skalierungen oder Rotationen schließlich erfordern die Multiplikation des Punktes mit einer Matrix. Um eine einheitliche Behandlung aller Transformationen mit den gleichen mathematischen Operationen zu ermöglichen, verwendet man in der Computergraphik sogenannte *homogene Koordinaten*.

10.1.2.1   Homogene Koordinaten

In homogenen Koordinaten können alle Transformationen mittels Matrixmultiplikationen ausgedrückt werden. Dies ist insbesondere bei zusammengesetzten Transformationen vorteilhaft, da die entsprechende Matrix für die gesamte Transformation vor der Anwendung berechnet und dann insgesamt auf jeden Punkt angewendet werden kann. Die folgende Beschreibung bezieht sich auf den zweidimensionalen Fall, kann aber äquivalent auf dreidimensionale Vektoren und Matrizen angewendet werden.

Ein Punkt $P = (x, y)$ in 2D wird in homogenen Koordinaten als ein Tripel $P = (x, y, W)$ dargestellt. Dabei repräsentieren genau dann zwei Tripel (x, y, W) und (x', y', W') den gleichen Punkt, wenn sie Vielfache voneinander sind. So stellen beispielsweise die Tripel $(1, 3, 6)$ und $(3, 9, 18)$ den gleichen Punkt dar; es folgt, dass ein Punkt unendlich viele Repräsentationen in homogenen Koordinaten hat. Zur Umwandlung von homogenen in kartesische Koordinaten wird durch W dividiert: (x, y, W) beschreibt den gleichen Punkt wie $(x/W, y/W, 1)$ und entspricht damit den kartesischen Koordinaten $(x/W, y/W)$. Diese Betrachtung zeigt, dass die zusätzliche Koordinate W von Null verschieden sein muss. Punkte mit $W = 0$ entsprechen Punkten im Unendlichen; das Tripel $(0, 0, 0)$ ist nicht zulässig.

Die Verbindung zwischen den homogenen Koordinatentripeln und den kartesischen Koordinaten eines Punktes kann wie folgt hergestellt werden: Alle Tripel, die den Punkt (x, y) repräsentieren, d.h. alle Tripel der Form (tx, ty, tW) mit $t \neq 0$, beschreiben eine Gerade im dreidimensionalen Raum. Durch Division durch tW erhält man einen Punkt $(x, y, 1)$, der in der Ebene $W = 1$ im (x, y, W)-Raum liegt. Diese Ebene ist die, in der geometrische Orte mit Hilfe von zweidimensionalen kartesischen Koordinaten ausgedrückt werden.

Die Erweiterung dieses Konzeptes auf dreidimensionale Koordinaten ist problemlos möglich. Ein Punkt (x, y, z) im dreidimensionalen Raum hat die homogenen Koordinaten $(x, y, z, 1)$ bzw. alle Vielfachen davon.

Alle drei eingangs genannten Koordinatentransformationen können jetzt als Multiplikationen der homogenen Koordinaten eines Punktes P mit einer speziellen Transformationsmatrix M ausgedrückt werden:

$$P' = MP \tag{10.1}$$

Im Folgenden werden die konkreten Transformationsmatrizen für unterschiedliche Transformationen beschrieben.

10.1.2.2   2D-Transformationen

Translation   *Translationen*, also Verschiebungen eines Punktes im Zweidimensionalen, werden durch die Addition eines Verschiebungsvektors zu den Koordinaten des Punktes erreicht. In homogenen Koordinaten führt Gleichung (10.2) zum selben Ziel:

$$\begin{pmatrix} x' \\ y' \\ 1 \end{pmatrix} = \begin{pmatrix} 1 & 0 & d_x \\ 0 & 1 & d_y \\ 0 & 0 & 1 \end{pmatrix} \begin{pmatrix} x \\ y \\ 1 \end{pmatrix} \tag{10.2}$$

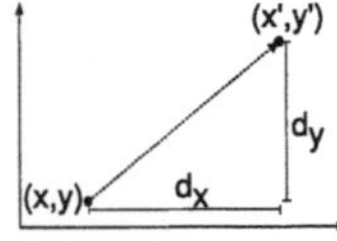

Das Ergebnis dieser Transformation ist ein Punkt P', der in x-Richtung um d_x und in y-Richtung um d_y Einheiten vom ursprünglichen Punkt P entfernt ist.

Skalierung   *Skalierungen* um einen bestimmten Faktor s_x in x-Richtung und s_y in y-Richtung werden durch die Diagonalenelemente der Transformationsmatrix bestimmt, d. h.:

$$\begin{pmatrix} x' \\ y' \\ 1 \end{pmatrix} = \begin{pmatrix} s_x & 0 & 0 \\ 0 & s_y & 0 \\ 0 & 0 & 1 \end{pmatrix} \begin{pmatrix} x \\ y \\ 1 \end{pmatrix} \tag{10.3}$$

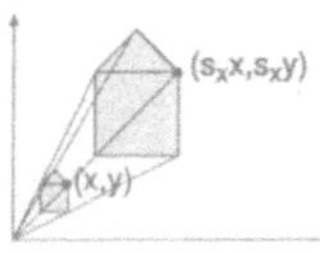

Das Ergebnis ist ein Punkt, der den s_x- bzw. s_y-fachen Abstand zum Koordinatenursprung in die entsprechende Richtung hat. Insbesondere bedeutet das, dass für uniforme Skalierungen $s_x = s_y$ zu setzen ist. Spiegelungen lassen sich als besondere Form der Skalierung mit einem Skalierungsfaktor von -1 in die entsprechende Richtung ansehen.

Rotation   Die *Rotation* eines Punktes $P = (x, y)$ um den Winkel α mit dem Koordinatenursprung als Rotationszentrum liefert den neuen Punkt

$P' = (x \cos \alpha - y \sin \alpha, x \sin \alpha + y \cos \alpha)$. Auch dies lässt sich durch eine entsprechende Transformationsmatrix realisieren:

$$\begin{pmatrix} x' \\ y' \\ 1 \end{pmatrix} = \begin{pmatrix} \cos \alpha & \sin \alpha & 0 \\ -\sin \alpha & \cos \alpha & 0 \\ 0 & 0 & 1 \end{pmatrix} \begin{pmatrix} x \\ y \\ 1 \end{pmatrix} \qquad (10.4)$$

10.1.2.3 3D-Transformationen

Die Beschreibung dreidimensionaler Transformationen in homogenen Koordinaten benötigt vierdimensionale Vektoren und demnach auch 4×4-Transformationsmatrizen. Im Folgenden sind die entsprechenden Matrizen für die unterschiedlichen Transformationen angegeben. Man beachte, dass bei Rotationen drei verschiedene Matrizen notwendig sind, je nachdem, in welcher Ebene (d. h. um welche Koordinatenachse) die Rotation erfolgt.

$$\begin{pmatrix} 1 & 0 & 0 & t_x \\ 0 & 1 & 0 & t_y \\ 0 & 0 & 1 & t_z \\ 0 & 0 & 0 & 1 \end{pmatrix} \qquad \begin{pmatrix} s_x & 0 & 0 & 0 \\ 0 & s_y & 0 & 0 \\ 0 & 0 & s_z & 0 \\ 0 & 0 & 0 & 1 \end{pmatrix}$$

$$\text{Translation} \qquad\qquad \text{Skalierung}$$

$$\begin{pmatrix} 1 & 0 & 0 & 0 \\ 0 & \cos \alpha & -\sin \alpha & 0 \\ 0 & \sin \alpha & \cos \alpha & 0 \\ 0 & 0 & 0 & 1 \end{pmatrix} \qquad \begin{pmatrix} \cos \alpha & 0 & \sin \alpha & 0 \\ 0 & 1 & 0 & 0 \\ -\sin \alpha & 0 & \cos \alpha & 0 \\ 0 & 0 & 0 & 1 \end{pmatrix}$$

$$\text{Rotation um } x\text{-Achse} \qquad\qquad \text{Rotation um } y\text{-Achse}$$

$$\begin{pmatrix} \cos \alpha & -\sin \alpha & 0 & 0 \\ \sin \alpha & \cos \alpha & 0 & 0 \\ 0 & 0 & 1 & 0 \\ 0 & 0 & 0 & 1 \end{pmatrix}$$

$$\text{Rotation um } z\text{-Achse}$$

10.1.2.4 Zusammengesetzte Transformationen

Durch die Benutzung homogener Koordinaten reduziert sich die Behandlung zusammengesetzter Transformationen auf die multiplikative Verknüpfung der entsprechenden Transformationsmatrizen. Damit lassen sich auch komplexe Transformationen realisieren, wie beispielsweise die Drehung um eine beliebig im Raum liegende Achse. Werden solche Transformationen häufiger benötigt, ist es sinnvoll, die entsprechende Matrix im Vorfeld zu bestimmen und dann auf alle zu transformierenden Punkte anzuwenden. Dabei ist bei der Zusammensetzung von Transformationen darauf zu achten, dass für die Multiplikation zweier Matrizen im Allgemeinen keine Kommutativität vorausgesetzt werden kann. So ist die Reihenfolge der Ausführung der einzelnen Transformationen ausschlaggebend.

10.1.2.5 Projektionen

Für die Darstellung dreidimensionaler Szenen auf einer zweidimensionalen Bildfläche ist eine weitere Art der geometrischen Transformation notwendig, die *Projektion*. Hierunter wird die Abbildung eines dreidimensionalen Raumes auf eine Projektionsebene verstanden. Es existiert eine breite Vielfalt an unterschiedlichen Projektionen, die sich in zwei große Gruppen einteilen lassen:

parallele Projektion

- Bei *parallelen* bzw. *orthographischen Projektionen* werden alle Punkte entlang paralleler Linien auf die Bildebene projiziert. Zur Bildebene parallele Linien behalten dabei ihre Länge und Größenverhältnisse bei, alle anderen werden verzerrt. Ein typisches Anwendungsgebiet sind Grund-, Seiten- oder Aufrisse beim computergestützten Entwerfen (Computer Aided Design, CAD).

perspektivische
Projektion

- *Perspektivische Projektionen* hingegen verzerren alle Größen. Die Projektionsstrahlen treffen sich im sogenannten Projektionszentrum. Die Schnittpunkte zwischen der Bildebene und den Verbindungslinien des Projektionszentrums mit den Objektpunkten ergeben die Bildpunkte. Ein Charakteristikum dieser Projektion ist die perspektivische Verkürzung, d. h. weiter von der Bildebene entfernte Objekte erscheinen kleiner.

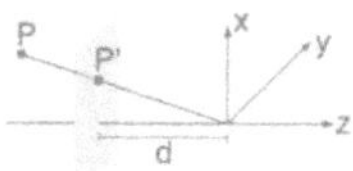

Nebenstehende Abbildung zeigt für eine einfache perspektivische Projektion, welche Größen zur Herleitung der Transformationsmatrix genutzt werden. Das Projektionszentrum befindet sich im Koordinatenursprung, also im Punkt $(0, 0, 0)$, die z-Achse steht senkrecht zur Projektionsebene, und diese befindet sich im Abstand d vom Ursprung in Richtung der negativen z-Achse, also $z = -d$.

Die Koordinaten des Bildpunktes P' ergeben sich aus den Koordinaten des Punktes P im 3D-Raum durch Anwendung des Strahlensatzes aus den Koordinaten des Objektpunktes $P = (x, y, z)$ wie folgt:

1. $z' = -d$; dies ergibt sich aus der Lage der Bildebene;

2. es gilt $\frac{y}{z} = \frac{y'}{d}$, daher ist $y' = \frac{yd}{z} = \frac{y}{z/d}$;

3. äquivalent gilt für x': $x' = \frac{xd}{z} = \frac{x}{z/d}$.

Diese Transformation unterscheidet sich von den bisher betrachteten dadurch, dass sie nicht linear ist. Der Übergang zu homogenen Koordinaten erlaubt aber auch hier die Behandlung mittels Matrixmultiplikation, so dass sich auch Projektionen in das bisher betrachtete Schema einfügen.

Die Idee beim Übergang zu homogenen Koordinaten in diesem Fall besteht darin, die Transformation in einen linearen und einen nicht-linearen Teil aufzuspalten. Der lineare Teil wird durch Gleichung (10.5) beschrieben:

$$\begin{pmatrix} x' \\ y' \\ z' \\ 1 \end{pmatrix} = \begin{pmatrix} 1 & 0 & 0 & 0 \\ 0 & 1 & 0 & 0 \\ 0 & 0 & -1 & \frac{1}{d} \\ 0 & 0 & 0 & 0 \end{pmatrix} \begin{pmatrix} x \\ y \\ z \\ 1 \end{pmatrix} \tag{10.5}$$

Diese Transformation überführt den Punkt P in den Punkt P', wobei gilt:

$$\begin{pmatrix} x \\ y \\ z \\ 1 \end{pmatrix} \implies \begin{pmatrix} x \\ y \\ -z \\ z/d \end{pmatrix} \tag{10.6}$$

Der nicht-lineare Teil wird dann bei der Umwandlung dieser homogenen Koordinaten in kartesische Koordinaten durch die Division durch $w = z/d$ erzielt. Damit ergibt sich

$$\frac{x}{z/d} = x'$$
$$\frac{y}{z/d} = y'$$

$$-\frac{z}{z/d} = -d \;=\; z'$$

Eine Projektion als nicht-lineare Transformation besteht also aus zwei Teilen. Der erste Teil kann durch eine Matrixmultiplikation ausgedrückt werden und fügt sich somit in die Kette der Transformationen ein. Der zweite Teil besteht in der sogenannten *perspektivischen Division* und ergibt sich beim Übergang von homogenen in dreidimensionale Koordinaten. Diese perspektivische Division ist Bestandteil der Transformation und muss daher anschließend ausgeführt werden.

perspektivische Division

Die entsprechenden Transformationsmatrizen für andere Projektionen (andere Lage des Projektionszentrums und der Bildebene) können auf ähnliche Art und Weise hergeleitet werden (siehe auch [10.7]).

10.2   Modellbeschreibungen

Zur Beschreibung einer dreidimensionalen Szene stehen in der Computergraphik unterschiedliche Modellierungsansätze zur Verfügung. Dabei lassen sich zwei hauptsächliche Ansätze unterscheiden: *Oberflächenmodelle* und *Volumenmodelle*. Während bei ersteren lediglich die Oberfläche eines Objektes beschrieben wird, definieren Volumenmodelle den gesamten vom Objekt eingenommenen Volumenbereich. Weitere Modellierungsansätze spielen in speziellen Anwendungen eine Rolle und werden am Ende dieses Abschnittes vorgestellt.

10.2.1   Oberflächenmodelle

10.2.1.1   Polygonale Modelle

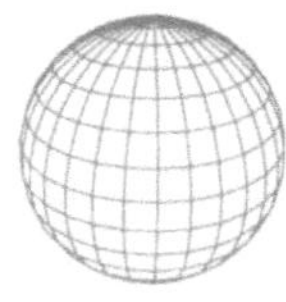

Polygonale Modelle sind der in der Computergraphik am weitesten verbreitete Modelltyp. Ein polygonales Modell besteht aus einer Menge von Polygonnetzen (polygon meshes), die in ihrer Gesamtheit die Oberfläche beschreiben. Ein Polygonnetz ist dabei eine Sammlung von Eckpunkten (vertex, vertices), Kanten (edges) und Flächen (faces), die so miteinander verbunden sind, dass Folgendes gilt:

- Jede Kante wird von höchstens zwei Polygonen geteilt.

- Jede Kante verbindet genau zwei Eckpunkte miteinander.

- Jede Fläche ist durch eine geschlossene Kantenkette begrenzt.

- Jeder Eckpunkt gehört mindestens zwei Kanten an.

Polygonnetze können auf verschiedene Arten rechnerintern repräsentiert werden. Die Auswahl der geeignetsten Methode hängt dabei zum einen vom Speicherplatzbedarf, zum anderen aber auch von der Geschwindigkeit ab, mit der typische Operationen auf dem Polygonnetz ausgeführt werden. — Polygonnetze

Eine *explizite Repräsentation* liegt dann vor, wenn jedes Polygon P durch eine Liste der Koordinaten seiner Eckpunkte beschrieben ist: $P = ((x_1, y_1, z_1), (x_2, y_2, z_2), \ldots, (x_n, y_n, z_n))$. Die Eckpunkte werden dabei in der Reihenfolge gespeichert, in der das Polygon bei der Darstellung bearbeitet wird. Zwischen jeweils zwei aufeinander folgenden Eckpunkten liegt eine Kante. Eine weitere Kante wird zwischen dem letzten und dem ersten Eintrag der Eckpunktliste eingefügt, um geschlossene Polygone zu erzeugen. — explizite Repräsentation

Diese Repräsentation ist nur für einzelne Polygone effizient und problemlos einsetzbar. Polygonnetze ab einer Größe von mehreren Tausend Polygonen können damit nicht dargestellt werden, da durch die mehrfache Speicherung auch geteilter Eckpunkte der Speicherplatzbedarf zu hoch ist, andererseits aber auch bei der algorithmischen Bearbeitung des Polygonnetzes Probleme auftreten, da gemeinsame Kanten zwischen zwei Polygonen nicht als solche, sondern als zwei voneinander unabhängige Kanten modelliert sind.

Viele Graphikstandards und -systeme benutzen deshalb *Indizes in Eckenlisten* zur Repräsentation von polygonalen Modellen. Jeder Eckpunkt ist dabei genau einmal in einer Liste V gespeichert, die alle im gegebenen Polygonnetz auftretenden Eckpunkte enthält: $V = ((x_1, y_1, z_1), (x_2, y_2, z_2), \ldots, (x_n, y_n, z_n))$. Ein Polygon P ist dann durch eine Menge von Indizes in diese Liste definiert: $P = (i_1, i_2, \ldots, i_m)$. Diese Repräsentation ist weniger speicherplatzaufwendig als eine explizite Repräsentation, da Eckpunkte nicht mehrfach abgelegt werden. Trotzdem stellt das Auffinden gemeinsamer Kanten immer noch eine Schwierigkeit dar. — Eckenliste

Dieses Problem kann durch die Hinzunahme einer weiteren Indirektionsebene umgangen werden. Bei der Repräsentation eines Polygonnetzes über *Indizes in eine Kantenliste* wird zusätzlich zur Liste V der Eckpunkte noch eine Liste E der Kanten aufgebaut. Jede Kante des Modells erscheint in dieser Liste nur einmal und ist selber als ein Paar von Indizes in die Liste der Eckpunkte gegeben. Weiterhin kann die Beschreibung jeder Kante ebenfalls Zeiger auf die Polygone enthalten, denen die entsprechende Kante angehört: $e = (v_1, v_2, p_1, p_2)$. Letztendlich wird ein Polygon P durch eine Menge von Indizes in die Kantenliste definiert: $P = (e_1, e_2, \ldots, e_n)$. Zu beachten ist, dass eine Kante nicht unbedingt zu genau zwei Polygonen gehören muss. Handelt es — Kantenliste sich um eine Kante am Rand eines Polygonnetzes, gehört diese nur zu einem Polygon, und die entsprechenden anderen Einträge sind leer.

Neben Betrachtungen zum benötigten Platzbedarf für die Speicherung eines polygonalen Modelles spielen auch Überlegungen eine Rolle, die die Rechenzeit zur Ausführung typischer Operationen auf dem Polygonnetz betreffen. Solche Operationen sind beispielsweise das Auffinden der Flächen, die eine gegebene Kante gemeinsam haben, oder das Auffinden aller Kanten zu einem gegebenen Polygon.

winged
edge-Datenstruktur

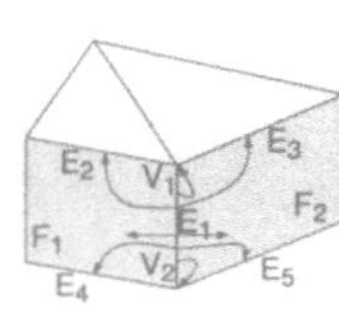

Eine Repräsentation, die insbesondere im Hinblick auf die Beschleunigung solcher Operationen entwickelt wurde, ist die *winged edge*-Datenstruktur. Wie aus nebenstehender Abbildung ersichtlich ist, wird jede Kante durch Zeiger auf ihre beiden Eckpunkte beschrieben. Zusätzlich werden noch die beiden Polygone angegeben, die diese Kante beinhalten, sowie vier weitere Kanten, die von den Endpunkten der Kante ausgehen. Weiterhin enthält die Beschreibung jedes Eckpunktes einen Verweis auf eine der von diesem ausgehenden Kanten, und die Repräsentation jeder Fläche beinhaltet einen Verweis auf eine ihrer Kanten. Eine solche Repräsentation hat Vorteile bei der Bestimmung von Nachbarschaftsrelationen zwischen Kanten, Eckpunkten und Flächen. Insbesondere können Adjazenzeigenschaften zu einer Kante in linearer Zeit ermittelt werden, d. h. die Zeit, die zum Ausführen entsprechender Algorithmen benötigt wird, ist proportional zur Problemgröße (hier: Anzahl der Eckpunkte), welches den erstrebenswerten Idealfall darstellt.

10.2.1.2 Freiformflächen

Polygonale Modelle haben den Nachteil, für visuell zufrieden stellende Modellapproximationen und insbesondere für gekrümmte Flächen große Mengen von Polygonen zu benötigen. Daher werden an diesen Stellen Verfahren zur Definition allgemeiner Flächen (sogenannter Freiformflächen) verwendet [10.5, 10.1].

Freiformflächen und Freiformkurven werden durch polynomiale Approximation und Interpolation berechnet. Ähnlich wie bei den Polygonnetzen wird die Gesamtfläche in kleine Stücke (sog. *Patches*) zerlegt, die aber nun gekrümmt sind. Neben der analytischen Darstellung erlauben die Verfahren eine Definition der Flächenstücke entweder über *Stützpunkte*, bei denen die Fläche die Punkte interpoliert, oder *Kontrollpunkte*, die durch die Fläche approximiert werden. In manchen Verfahren haben Kontroll- oder Stützpunkte globalen Einfluss auf die gesamte Form des Flächenstücks, in anderen nur lokalen Einfluss.

Patches

Stützpunkte
Kontrollpunkte

Der Grad der verwendeten Polynome bestimmt die Anzahl der Kontroll-
oder Stützpunkte pro Flächenstück und die erreichbare *Stetigkeit* zwi- Stetigkeit
schen benachbarten Stücken. Die geometrische Stetigkeit ist hierbei
ein Maß für die visuelle Glattheit eines Flächenübergangs: G^n-*stetig*
bedeutet, dass die Richtungen der Ableitungen bis zur n-ten Ordnung
am Übergang übereinstimmen. Die mathematische Stetigkeit *(C^n-
Stetigkeit)* fordert außerdem eine Übereinstimmung des Betrags der Ableitungen bis zur n-ten Ordnung.

Zur Beschreibung der wichtigsten Methoden werden im Folgenden der
Klarheit halber Freiform*kurven* herangezogen; meist lassen sich die
Formalismen aber einfach auf den dreidimensionalen Fall der Freiform-
flächen erweitern, der in der Praxis benötigt wird.

Approximierende Verfahren *Bézier-Kurven* definieren für n gege- Bézier-Kurven
bene Kontrollpunkte eine intuitiv verformbare polynomiale Kurve vom
Grad $n-1$. Die Kurve interpoliert den ersten und letzten Kontrollpunkt
und approximiert alle dazwischen liegenden. Ferner liegt die Kurve
in der konvexen Hülle aller Kontrollpunkte. Die Kontrollpunkte haben
globalen Einfluss auf die Kurve, die Ableitung der Kurve an den Endpunkten entspricht in der Richtung den Verbindungskanten zwischen
den Endpunkten und ihren Nachbarpunkten.

B-Spline-Kurven ermöglichen lokalen Einfluss der Kontrollpunkte. B-Spline-Kurven
Sind $n+3$ Kontrollpunkte p_i gegeben, werden über kubische B-Splines
n polynomiale Kurvensegmente $S_i(t)$ vom Grad drei erzeugt, welche jeweils nur von den Kontrollpunkten $p_i, p_{i-1}, p_{i-2}, p_{i-3}$ abhängen
$(3 \leq i \leq n+3)$. Der Parameter t ist hierbei der Laufparameter der Kurve. Haben alle Kurvensegmente dieselbe Lauflänge dt des Parameters,
spricht man von einer *uniformen B-Spline-Kurve*. Ist $S(t)$ ein einfaches,
nicht rationales Polynom, so ist die Kurve *nichtrational*.

NURBS-Kurven heben diese Restriktionen auf und definieren *N*icht- NURBS-Kurven
*U*niforme *R*ationale *B*-Spline-Kurven. Mit diesen Kurven kann eine
größere Menge von Oberflächen definiert werden als mit den gewöhnlichen B-Spline-Kurven, beispielsweise auch Kreise und Kegelschnitte.
$S(t)$ ist hier ein Bruch zweier Polynome meist dritten Grades.

Interpolierende Verfahren bieten meist weniger Freiheiten. Durch
n Stützpunkte lässt sich genau ein Polynom vom Grad $n-1$ legen.
Die *Lagrange-* und *Newton-Interpolation* bietet gängige Wege, dieses
Polynom zu bestimmen [10.2]. Wird der Grad höher gewählt, können
zusätzliche Randbedingungen erfüllt werden.

Hermite-
Interpolation
Hermite-Interpolation erzeugt zwischen zwei Punkten eine interpolierende kubische Kurve, wobei die Tangentenvektoren an den Punkten vorgegeben werden können.

Spline-
Interpolation
Spline-Interpolation, meist auch für den kubischen Fall angewandt, erzeugt ebenfalls zwischen je zwei Punkten eine kubische Kurve, hier wird zusätzlich der Übergang zu den Nachbarkurven C^2-stetig angelegt. Unter allen zweimal stetig differenzierbaren interpolierenden Funktionen mit diesen Randbedingungen minimiert die Spline-Funktion die Biegeenergie [10.2].

10.2.2 Volumenmodelle

Im Gegensatz zu Oberflächenmodellen wird bei Volumenmodellen auch der Inhalt eines Objektes beschrieben. Dazu verwendet man häufig Verfahren der räumlichen Aufteilung, wie *Zellzerlegungen* oder *Enumerationsverfahren*, d. h. das entsprechende Volumen wird in kleine Teilvolumina aufgeteilt, deren Aufzählung (Enumeration) dann das Modell bildet.

10.2.2.1 Zellzerlegung

Die allgemeinste Form der räumlichen Aufteilung ist die *Zellzerlegung*. Das zu modellierende Objekt wird in Teilobjekte unterteilt, wobei jedes dieser Teilvolumen parametrisierbar ist. Das Zusammensetzen der Modelle aus diesen Teilvolumina geschieht durch „Ankleben". Die Operation des Anklebens kann als eine Art der Vereinigung angesehen werden, bei der die Restriktion besteht, dass sich die zu vereinigenden Objekte nicht schneiden (durchdringen) dürfen. Dabei können weitere Restriktionen auftreten, etwa dass die beiden zu verbindenden Objekte gewisse Punkte teilen müssen. Zellzerlegungen dieser Art sind nicht unbedingt eindeutig und relativ aufwendig zu validieren, da unter Umständen die Teilvolumina paarweise gegeneinander auf Durchdringungen getestet werden müssen.

10.2.2.2 Voxelmodelle

Voxelmodelle sind ein Spezialfall der Zellzerlegung. Der zu modellierende Körper wird hierbei in Zellen identischer Größe aufgeteilt, die in einem regelmäßigen Raster angeordnet sind. In Analogie zu Pixeln
Voxel
werden diese Zellen *Voxel* genannt (von engl.: volume element). Voxelrepräsentationen können auch als dreidimensionale Erweiterung von

(1 Bit tiefen) 2D-Bitmaps angesehen werden. Ähnlich wie bei Bitmaps wird ein Objekt lediglich durch die An- oder Abwesenheit der entsprechenden Voxel beschrieben. Auch für Voxelmodelle gilt, dass die Genauigkeit, mit der ein Objekt approximiert wird, von der Größe der Voxel abhängt. Um die Genauigkeit zu erhöhen, können die Voxel prinzipiell so weit wie nötig verkleinert werden, allerdings wächst damit auch der Speicherplatzbedarf: die Repräsentation eines Objektes durch Voxel in einem Raster mit der Auflösung von n in jeder Dimension benötigt bis zu n^3 Bits.

Neben der reinen Beschreibung der An- oder Abwesenheit eines Volumenelementes können die Voxel auch weitere Informationen tragen, ähnlich den Farbinformationen in einer (mehr als 1 Bit tiefen) Bitmap. Insbesondere Informationen über die Zugehörigkeit zu Objekten bzw. ebenfalls Farbinformationen, die beim Rendering ausgewertet werden, sind hier anzutreffen.

Voxelmodelle werden häufig in biologischen und medizinischen Anwendungen verwendet, da sich ihre Erzeugung hier besonders einfach gestaltet. Bildgebende Verfahren wie Magnetresonanz-Tomographie (MRT) oder Kernspin-Tomographie liefern Schnittbilder in gegebenem Abstand zueinander, die als Grundlage für Voxelmodelle verwendet werden können.

10.2.2.3 Octrees

Das größte Problem bei Voxelmodellen ist ihr erheblicher Speicheraufwand. Basierend auf der Idee der binären Unterteilung wurden *Octrees* entwickelt, um diesem Problem zu begegnen. Eine ähnliche Entwicklung im zweidimensionalen Bereich führte zu Quadtrees.

Zur Erzeugung eines Octrees wird der Raum in jeder Dimension durch fortgesetzte Unterteilung (Halbierung) in Oktanten eingeteilt. Jeder dieser Oktanten kann vollständig oder teilweise belegt oder leer sein. Teilweise belegte Oktanten werden nach dem gleichen Prinzip weiter unterteilt, vollständig belegte und freie als solche markiert. Die Unterteilung wird so lange fortgesetzt, bis nur noch homogene (volle oder leere) Oktanten übrig sind, oder bis eine vorgegebene Minimalgröße für einen Oktanten erreicht ist. Dieser Unterteilungsprozess kann als Baum repräsentiert werden, wobei teilweise gefüllte Oktanten die inneren Knoten bilden und volle oder leere die Blätter.

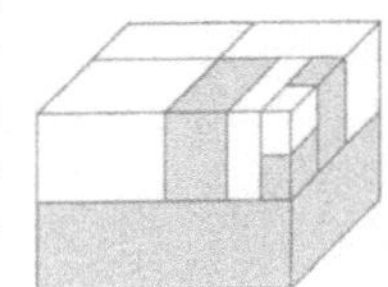

Octrees sind weniger speicheraufwendig als Voxelmodelle, und sie bilden eine vorteilhafte Repräsentation eines Volumens, wenn Operationen auf den Modellen betrachtet werden. Boolesche Operationen, wie

Vereinigung oder Durchschnitt, die häufig in CAD- und anderen Konstruktionsanwendungen auftreten, können durch relativ einfache Operationen auf Teilmodellen ausgeführt werden. Spezielle geometrische Transformationen, wie Rotationen um Vielfache von 90° sowie Skalierungen um Zweierpotenzen, werden durch „Umhängen" der Blätter des Baumes erreicht. Allgemeine Transformationen sind allerdings auch bei Octrees problematisch und rechenaufwendig. Ein weiteres Problem, das durch Octrees ebenfalls nicht vermieden wird, sind Aliasing-Artefakte, die durch die Diskretisierung eines Volumens bei Verfahren der räumlichen Aufteilung generell auftreten.

10.2.3 Andere Modellierungsansätze

Neben den oben genannten Ansätzen haben sich in speziellen Anwendungsbereichen weitere Modellierungsmethoden durchgesetzt. Sie stehen in ihrer Generalität hinter den häufig verwendeten Oberflächen- oder Volumenmodellen zurück, können aber durch geeignete Verfahren mehr oder weniger aufwendig in diese umgewandelt werden.

CSG · Als Beispiel soll hier das Verfahren der *Constructive Solid Geometry* (CSG) genannt sein, bei dem man ähnlich der Zellzerlegung von gegebenen parametrisierbaren Grundkörpern ausgeht, die durch spezielle Operationen miteinander verknüpft werden. Bei den für CSG genutzten Grundkörpern handelt es sich in den meisten Fällen um geometrische Primitive wie Würfel, Quader, Kugeln oder Zylinder. Diese werden boolesche · durch *boolesche Operationen* wie Vereinigung, Schnitt oder Differenz Operationen · miteinander verbunden. Ein CSG-Modell wird als ein Baum repräsentiert, dessen Blätter die Grundkörper darstellen und als dessen innere Knoten die auf ihnen ausgeführten Operationen fungieren. Neben den booleschen Operationen sind hier auch geometrische Transformationen eingeschlossen. Damit sind diese Operatoren direkter Bestandteil des Modells. Da boolesche Operationen im Allgemeinen nicht kommutativ CSG-Baum · sind, handelt es sich bei einem *CSG-Baum* um einen gerichteten Baum.

Um physikalische Eigenschaften des Modells bestimmen zu können (für spezielle CAD-Anwendungen oder Simulationen) oder um aus dem Modell Bilder zu erzeugen, müssen die Eigenschaften der in den Blättern gespeicherten Teilkörper zu den Eigenschaften des Gesamtkörpers zusammengesetzt werden. Im Allgemeinen wird dafür ein *depth-first-traversal* des CSG-Baumes genutzt, um Knoten von den Blättern in Richtung Wurzel zu kombinieren. Da boolesche Operationen auf polygonalen Modellen relativ aufwendig sind, hängt die Komplexität dieser Aufgabe zu einem großen Teil von der Darstellung der Objekte ab. Es gibt aber auch Rendering-Algorithmen für CSG-Modelle, die Bilder erzeugen, ohne eine direkte Berechnung der Verknüpfungen vorzunehmen.

Zelldekomposition und andere räumliche Aufzählungsverfahren können als Spezialfall von CSG angesehen werden, wenn als einzige Operation das „Zusammenkleben" im oben erläuterten Sinn zugelassen wird.

10.3 Computergraphische Grundprobleme

10.3.1 Rasterung

Heutige Ausgabegeräte basieren in den meisten Fällen auf diskreten Bildpunkten, den sogenannten *Pixeln* (von engl.: picture element). Als eine der Hauptaufgaben in der Computergraphik gilt es daher, gegebene geometrische Primitive (Linien, Kreise, Kurven) so in eine Folge von Bildpunkten (Pixeln) umzuwandeln, dass diese Menge von Bildpunkten die Geometrie des Primitivs möglichst genau approximiert. Diese Umwandlung wird als *Rasterung* oder *Scankonvertierung* bezeichnet. An Algorithmen zur Rasterung geometrischer Primitive werden vor allem drei Hauptanforderungen gestellt:

1. die erzeugten Pixel sollen die Geometrie des Primitivs möglichst genau wiedergeben,

2. zwei gleich definierte Primitive sollen zu exakt gleichen Pixelmengen führen, und

3. Rasterungs-Algorithmen müssen möglichst schnell ausgeführt werden.

Insbesondere der letztgenannte Punkt ist sehr wichtig, da jegliche Ausgabe eines geometrischen Primitivs Rasterungsoperationen einschließt.

10.3.1.1 Rasterung von Linien

Ein Ansatz zur Rasterung von Linien geht von der *Geradengleichung* $y = mx + n$ aus und berechnet für jeden x-Wert im Bereich der Linie den zugehörigen y-Wert. Dieser Ansatz ist in mehrfacher Hinsicht problematisch. Zum einen führt er bei Linien mit einer Steigung über $45°$ zu Lücken in der Pixelrepräsentation der Linie, zum anderen ist er sehr zeitaufwändig, da er mit Multiplikationen von Gleitkommazahlen arbeitet. Eine Alternative zu diesem Ansatz bieten sogenannte inkrementelle Algorithmen, wie der im Folgenden beschriebene *Mittelpunkt-Linien-Algorithmus*. Ausgehend von einem Startpunkt werden hier die nachfolgenden Pixel durch Addition eines vorher bestimmten Inkrements errechnet.

Mittelpunkt-Linien-Algorithmus

Zur Rasterung einer Linie von (x_0, y_0) nach (x_1, y_1) mit einem Anstieg zwischen $0°$ und $45°$ (alle anderen Fälle können analog hergeleitet werden) geht man von der impliziten Geradengleichung $F(x, y) = ax + bx + c = 0$ aus. Für einen Punkt auf der Linie gilt $F(x, y) = 0$, bei einem Punkt über der Linie ist $F(x, y)$ negativ und bei einem Punkt unter der Linie positiv. Sei im i-ten Schritt der Rasterung der Punkt (x_i, y_i) berechnet, dann wird im nächsten Schritt entweder der Punkt $P_E = (x_i + 1, y_i)$ oder der Punkt $P_{NE} = (x_i + 1, y_i + 1)$ gewählt; dies ergibt sich aus der Beschränkung des Anstieges. Die Entscheidung, welcher der Fälle zutrifft, ist abhängig von der Lage des Mittelpunktes $M = (x_i + 1, y_i + \frac{1}{2})$. Liegt dieser oberhalb der Linie, also wenn $F(M) < 0$ gilt, dann wird P_E gewählt, sonst P_{NE}. Die konkrete Berechnung des Funktionswertes muss nicht erfolgen, wenn die Veränderung des Wertes von $F(M)$ bei der Wahl der jeweiligen Alternative betrachtet wird. Dazu wird eine Entscheidungsvariable d eingeführt mit $d = F(x_i + 1, y_i + \frac{1}{2})$. Für den Fall, dass P_E der nächste Punkt ist, beträgt die Differenz zwischen dem aktuellen und dem nächsten zu betrachtenden Wert dieser Entscheidungsvariable $\Delta_E = dy$ mit $d_y = y_1 - y_0$, im Fall P_{NE} gilt: $\Delta_{NE} = dy - dx$ mit $d_y = y_1 - y_0$ und $d_x = x_1 - x_0$.

inkrementeller Algorithmus

Zusammenfassend kann der *inkrementelle Algorithmus* wie folgt beschrieben werden: In jedem Schritt wird zwischen zwei alternativen Pixeln gewählt. Diese Auswahl basiert auf dem Vorzeichen einer Entscheidungsvariable, die im vorherigen Iterationsschritt berechnet wurde. Der Wert dieser Entscheidungsvariable wird dann durch Addition von Δ_E oder Δ_{NE} aktualisiert und steht im nächsten Schritt zur Verfügung. Der erste Wert der Entscheidungsvariable kann aus dem Anfangspunkt (x_0, y_0) der Linie direkt berechnet werden.

Die zur Berechnung der Werte der Entscheidungsvariablen in jedem Schritt benötigten Operationen beschränken sich in diesem Algorithmus auf Additionen, es sind keine zeitaufwändigen Multiplikationen mehr notwendig. Diese Art des Algorithmus, der von der Lage eines Mittelpunktes zwischen zwei alternativ zu wählenden Pixeln durch das Inkrement einer Entscheidungsvariable alle Pixelpositionen ausgehend vom Startpunkt berechnet, kann auch für Kreise und Ellipsen Anwendung finden.

10.3.1.2 Rasterung von Kreisen und Ellipsen

Für die Rasterung von Kreisen und Ellipsen bietet sich ein ähnliches Vorgehen wie bei Linien an. Hier kann weiterhin die Symmetrie ausgenutzt werden. Um einen Kreis darzustellen, muss man – wie in nebenstehender Abbildung ersichtlich – nur die Pixelpositionen eines Oktanten ausrechnen, die weiteren lassen sich durch Symmetrie bestimmen. Eine Ellipse muss nur in einem Quadranten berechnet werden.

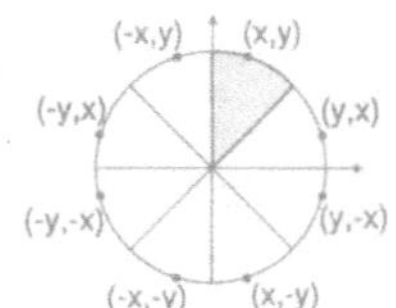

Für die Berechnung der Pixelpositionen beim *Kreis* wird davon ausgegangen, dass sich der Mittelpunkt des Kreises im Koordinatenursprung befindet (kann durch Transformationen immer erreicht werden). Es wird nur ein Oktant berechnet, nämlich der zwischen $x = 0$ und $x = \frac{r}{\sqrt{2}}$. Dies führt dazu, dass in jedem Schritt als nächster Punkt entweder $P_E = (x_i + 1, y_i)$ oder $P_{SE} = (x_i + 1, y_i - 1)$ als in Frage kommende Pixelpositionen gewählt werden. Die Entscheidungsvariable d berechnet sich nach der allgemeinen Kreisgleichung $F(x,y) = x^2 + y^2 - r^2$ für den Mittelpunkt zwischen P_E und P_{SE} wie in Gleichung (10.7). Kreis

$$F(M) = F\left(x_i + 1, y_i - \frac{1}{2}\right) = (x_i + 1)^2 + \left(y_i - \frac{1}{2}\right)^2 - r^2 \quad (10.7)$$

Die Inkremente für die Wahl der entsprechenden Punkte betragen beim Kreis $\Delta_E = 2x_i + 3$ und $\Delta_{SE} = 2x_i - 2y_i + 5$. Anders als bei der Linie hängen beim Kreis die Inkremente von der Position des gerade betrachteten Pixels (x_i, y_i) ab. In jedem Schritt können die Inkremente direkt durch Einsetzen der entsprechenden Werte berechnet werden, der Aufwand dafür ist relativ gering, da es sich um lineare Funktionen handelt.

Für *Ellipsen* muss ein Viertel des Umfanges direkt berechnet werden, da für alle anderen Pixel die Symmetrie ausgenutzt werden kann (siehe nebenstehende Abbildung). Hier wird wiederum ein ähnlicher Algorithmus wie für den Kreis angewendet. Eine weitere Schwierigkeit ergibt sich bei der Ellipse, da für den ersten Teil des zu rasternden Quadranten die Wahl zwischen den Pixeln $P_E = (x_i + 1, y_i)$ und $P_{SE} = (x_i + 1, y_i - 1)$ getroffen werden muss, im zweiten Teil aber zwischen $P_{SE} = (x_i + 1, y_i - 1)$ und $P_S = (x_i, y_i - 1)$. Der Übergang vom ersten zum zweiten Teil erfolgt an der Stelle, an der der Anstieg der Tangente an die Ellipse -1 beträgt. Ellipse

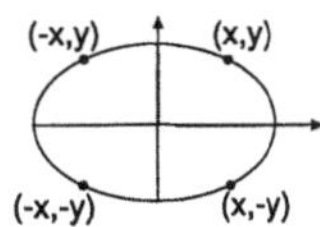

Die oben genannten Algorithmen stellen die Grundform der Rasterung für Linien, Kreise und Ellipsen dar und können je nach Anwendungsgebiet noch weiter spezialisiert werden.

10.3.2 Füllen

Das Füllen von Polygonen stellt eine weitere grundlegende Problemstellung in der Computergraphik dar. Die eigentliche Aufgabe besteht hierbei darin, ein gegebenes Gebiet in 2D mit einer Farbe oder einem Muster auszufüllen, dabei ist dieses Gebiet durch Angabe seines Randes eindeutig identifizierbar. Die Angabe des Randes kann entweder durch die Definition eines Polygons geschehen oder durch die Angabe einer Randfarbe und eines Punktes im Inneren des Gebietes – damit sind alle die Pixel im Füllgebiet enthalten, die innerhalb einer Begrenzung mit der angegebenen Randfarbe liegen.

flood fill   Der einfachste Algorithmus, eine durch ihre Begrenzung gegebene Fläche mit einer Farbe zu füllen, arbeitet rekursiv und wird als *flood fill* oder *region growing* bezeichnet. Ausgehend von einem Pixel im Inneren der zu füllenden Fläche wird diese mit der Füllfarbe „geflutet", indem die jeweiligen vier (oder acht) Nachbarn rekursiv behandelt werden. Die Rekursion endet, wenn der Rand der zu füllenden Fläche erreicht ist oder wenn die Fläche vollständig gefüllt ist.

Dieser Algorithmus ist aufgrund des rekursiven Ablaufs wenig effizient. Werden anstelle der vier Nachbarpixel zusätzlich die diagonalen Nachbarn mit einbezogen, ergibt sich ein weiteres Problem. Der Rand des Füllbereiches muss dabei überall geschlossen sein, um ein „Auslaufen" der Farbe zu vermeiden.

Scanlinien-Verfahren   Um beiden Nachteilen zu begegnen, wird heute überwiegend ein *Scanlinien-Verfahren* zum Füllen von Polygonen genutzt. Die Polygone sind dabei durch Angabe ihrer Eckpunkte definiert. Das Verfahren verScanlinie wendet die Schnittpunkte der Polygonkanten mit einer *Scanlinie* (Bildschirmzeile), um die Pixel zu bestimmen, die im Inneren des Polygons liegen. Die Scanlinie ist dabei eine zur x-Achse parallele Gerade, die von unten nach oben in Einerschritten durch das Bild geschoben wird. Der Algorithmus verläuft dann nach folgendem Schema:

1. Sortierung der Polygonkanten nach dem kleinsten y-Wert der beiden Endpunkte.

2. Bewege die Scanlinie vom kleinsten zum größten y-Wert, dabei wird für jede Position der Scanlinie

   (a) eine Liste der zu betrachtenden Polygonkanten erzeugt bzw. aktualisiert,

   (b) die Schnittpunkte zwischen der Scanlinie und den zu betrachtenden Kanten berechnet und nach aufsteigenden x-Koordinaten sortiert, und

    (c) die Teile der Scanlinie gezeichnet, die im Inneren des Poly-
       gons liegen.

Die initiale Sortierung der Kanten nach den minimalen y-Werten erleichtert die Bestimmung der zum jeweiligen Zeitpunkt zu betrachtenden Kanten. Eine Polygonkante ist ab dem Zeitpunkt in den Algorithmus einzubeziehen, zu dem ihr Endpunkt mit der kleineren y-
Koordinate von der Scanlinie überstrichen wird. Sie wird aus der Menge der zu betrachtenden Kanten entfernt, nachdem der andere Endpunkt
überstrichen wurde.

Das Füllen erfolgt durch das Zeichnen sogenannter *Spannen*, d. h. der   Spanne
Abschnitte der Scanlinie, die innerhalb des Polygons liegen. Dazu werden die Schnittpunkte der Scanlinie mit den Polygonkanten von links
nach rechts abgearbeitet; bei jedem ungeraden Schnittpunkt wechselt
man von außen nach innen, bei jedem geraden wieder nach außen. Alle
innen liegenden Abschnitte werden gezeichnet.

Dieser Algorithmus ist wesentlich effizienter als der *flood fill*-
Algorithmus, besitzt allerdings einige *Sonderfälle*, die es zu berück-   Sonderfälle
sichtigen gilt. Diese ergeben sich insbesondere bei waagerechten Kanten und bei Eckpunkten, die genau auf der Scanlinie liegen. Per Kon-
vention gilt, dass untere horizontale Kanten dargestellt werden, obere
aber nicht. Ganzzahlige Schnittpunkte werden zu Beginn einer Spanne
als innen liegend, am Ende als außen liegend betrachtet. Werden diese
Konventionen eingehalten, können auch zusammenhängende Polygone
mit geteilten Kanten korrekt behandelt werden.

10.3.3 Clipping

Clipping gehört wie die Rasterung zu den Grundaufgaben der Computergraphik und muss daher möglichst effizient ausgeführt werden. Als
deutsche Übersetzungen findet man auch die Begriffe *Kappen* oder *Ab-*   Kappen
schneiden, im Folgenden wird aber der englische Begriff verwendet.   Abschneiden
Unter Clipping versteht man das Entfernen von Teilen graphischer Primitive, die außerhalb eines definierten Bereiches liegen. Es wird unter anderem angewendet, um Teile einer Szene, die außerhalb des Öff-
nungswinkels der (synthetischen) Kamera beim Rendering liegen, von
der Darstellung auszuschließen.

Das Clipping von *Punkten* soll hier nicht weiter betrachtet werden, es   Punkte
muss lediglich festgestellt werden, ob der entsprechende Punkt innerhalb oder außerhalb des Cliprechteckes liegt, um zu bestimmen, ob er
zu zeichnen ist oder nicht.

Linien Beim Clippen von *Linien* sind die Teile der Linie zu bestimmen, die im Inneren des Cliprechteckes liegen. Da sich Polylinien (Linienzüge) und Polygone aus mehreren Linien zusammensetzen, kann ihre Behandlung auf das Clippen der einzelnen Linien zurückgeführt werden. Im Folgenden wird weiterhin davon ausgegangen, dass Clipping an einem rechteckigen Bereich (dem Cliprechteck) angewendet werden soll.

Um zu bestimmen, ob bei einer Linie Clipping durchgeführt werden muss, wird die Lage der Endpunkte zum Cliprechteck analysiert. Liegen beide Endpunkte innerhalb, liegt auch die gesamte Linie innerhalb und braucht nicht weiter behandelt zu werden (triviales Akzeptieren). Liegt ein Endpunkt innerhalb des Cliprechtecks und der zweite außerhalb, muss die Linie geclipt werden. Liegen beide Eckpunkte außerhalb, kann nicht entschieden werden, ob die Linie komplett außerhalb liegt oder das Cliprechteck zweimal schneidet; auch diese Linien müssen behandelt werden.

Der einfachste Ansatz zum Clipping besteht im Berechnen der Schnittpunkte der Linie mit allen vier Kanten des Cliprechtecks. Dazu werden die Geradengleichungen ($y = mx + n$) der zu clippenden Linie und die der Kanten des Cliprechtecks aufgestellt und mögliche Schnittpunkte berechnet. Für jeden dieser Schnittpunkte muss weiterhin festgestellt werden, ob er im Bereich der Linie bzw. der entsprechenden Kante liegt. Damit ist für jedes Paar aus Kante und Linie ein Gleichungssystem mit zwei Gleichungen zu lösen. Die genutzte allgemeine Form der Geradengleichung beschreibt unendliche Linien, zu clippen sind aber nur endliche Bereiche davon. Außerdem versagt diese Methode für vertikale Linien, so dass sie für achsenparallele Cliprechtecke nicht anwendbar ist. Beide Probleme können durch die Nutzung der Parameterform der Geradengleichungen umgangen werden, wobei hier der Spezialfall auftritt, dass das zu lösende Gleichungssystem für Linien parallel zu den Kanten des Cliprechtecks keine Lösung liefert. Insgesamt ist dieser Ansatz wegen der auftretenden Sonderfälle und der rechenzeitaufwändigen Operationen sehr ineffektiv.

Cohen-Sutherland-Algorithmus Ausgehend von Tests, ob und wie eine Linie geclipt werden muss, arbeitet der *Cohen-Sutherland-Algorithmus*. Zunächst wird anhand der Lage der Linienenden festgestellt, ob die Linie trivial akzeptiert werden kann (siehe oben). Ist dies nicht der Fall, werden *Gebietscodes* genutzt, um weitere Fälle auszuschließen, die beispielsweise zum trivialen Verwerfen der Linie führen (z. B. beide Endpunkte liegen auf einer Seite des Cliprechtecks).

Gebietscodes Die Festlegung der Gebietscodes erfolgt durch die Verlängerung der Kanten des Cliprechtecks. Dadurch wird die Ebene in neun Gebiete unterteilt, wie in untenstehender Abbildung zu sehen ist. Jeder Region wird ein 4-Bit-Code zugeordnet, der bestimmt, wie die Region in Bezug auf die Kanten des Cliprechteckes liegt, und der aus dem Vorzeichenbit der entsprechenden Bedingungen abgeleitet werden kann. Dabei gelten die in folgender Tabelle angegebenen Zuordnungen.

Bit	Bedingung	Vorzeichen	Bedeutung
1	$y \geq y_{max}$	$y_{max} - y$	oberhalb der Oberkante
2	$y < y_{min}$	$y - y_{min}$	unterhalb der Unterkante
3	$x \geq x_{max}$	$x_{max} - x$	rechts von der rechten Kante
4	$x < x_{min}$	$x - x_{min}$	links von der linken Kante

Tabelle 10.1
Gebietscodes
für den
Cohen-Sutherland-
Algorithmus

Jedem Endpunkt der zu clippenden Linie wird der Gebietscode der entsprechenden Region zugeordnet. Diese Gebietscodes können nun verwendet werden, um zu entscheiden, ob beide Endpunkte innerhalb des Cliprechtecks oder auf einer Seite einer Kante liegen. Sind beide 4-Bit-Codes der Endpunkte gleich 0000, dann kann die Linie trivial akzeptiert werden. Für eine Linie, die komplett in einer Halbebene außerhalb einer Kante liegt, ist das entsprechende Bit für beide Endpunkte gesetzt, eine UND-Verknüpfung der beiden Gebietscodes liefert also einen Wert ungleich 0. Solche Linien können trivial verworfen werden. In allen anderen Fällen wird die Linie in zwei Teillinien unterteilt, von denen eine (oder beide) trivial behandelt werden kann. Die Unterteilung erfolgt an den (verlängerten) Kanten des Cliprechteckes und wird so lange fortgesetzt, bis die Linie komplett behandelt ist. Ein Beispiel für die verschiedenen Situationen ist in Abbildung 10.1 gegeben, hier kann die Linie $\overline{P_{11}P_{12}}$ trivial verworfen und $\overline{P_{21}P_{22}}$ trivial akzeptiert werden; nur bei $\overline{P_{31}P_{32}}$ ist Clipping notwendig.

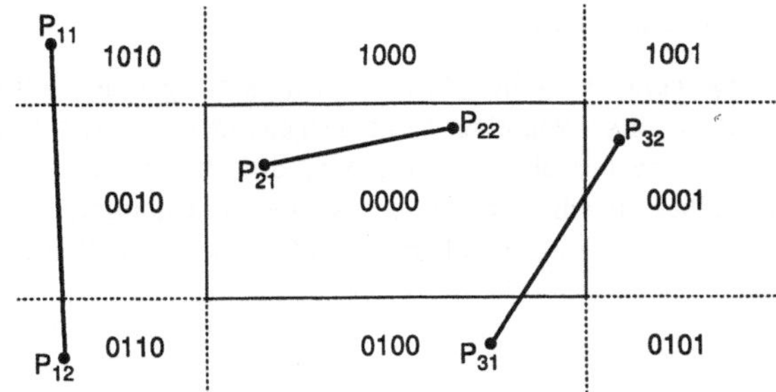

Abbildung 10.1
Mögliche
Situationen beim
Clipping

Der Cohen-Sutherland-Algorithmus ist effizient, führt aber durchschnittlich zu viele Clipping-Operationen (und damit Berechnungen neuer Linien-Endpunkte) aus, da Linien u. U. mehrfach zerlegt werden müssen. Daher werden für spezielle Anwendungen andere Algorithmen verwendet, die von der Parameterdarstellung der Linien und der Kanten des Cliprechtecks ausgehen und den Parameterbereich bestimmen, für den die Linie im Inneren des Cliprechteckes liegt. Erst zum Schluss werden dann die tatsächlichen Koordinaten berechnet.

Das Clippen für allgemeine Polygone kann – wie oben bereits angedeutet – auf das Linienclipping zurückgeführt werden, wenn man das zu clippende Polygon aus den einzelnen Kanten zusammensetzt. Dies kann zu Problemen führen, da die Resultate der einzelnen Clipping-Operationen nicht notwendigerweise zusammenhängende Polygone ergeben müssen. Das *Verfahren von Sutherland und Hodgeman* schneidet das zu clippende Polygon sequenziell an den Kanten des Cliprechtecks ab, wobei nur die Eckpunkte des Polygons in der Ausgabe verbleiben, die im Inneren des Cliprechtecks liegen. Alle außen liegenden Eckpunkte werden entfernt und an deren Stelle die Schnittpunkte der entsprechenden Polygonkanten mit den Kanten des Cliprechtecks aufgenommen. Dieser Algorithmus kann auf das Clipping an beliebigen Polygonen verallgemeinert werden, wobei die Entscheidung, ob ein Punkt innerhalb oder außerhalb liegt, dann schwieriger zu fällen ist.

Sutherland-Hodgeman-Algorithmus (Randbegriff)

10.3.4 Antialiasing

Bei der Rasterung von Linien nach oben beschriebenem Algorithmus erscheinen diese bei geringen Auflösungen nicht kontinuierlich, sondern weisen deutlich sichtbare Stufen auf. Dieses sogenannte *Aliasing*-Problem kann zum einen durch Erhöhung der Auflösung des Ausgabemediums umgangen werden, zum anderen können auch entsprechende Verfahren in das Zeichnen integriert werden, die die Intensitäten der Pixel entlang der Linie so verändern, dass beim Betrachter ein kontinuierlicher Eindruck entsteht.

Aliasing (Randbegriff)

Antialiasing-Techniken gehen davon aus, dass ein geometrisches Primitiv (als Beispiel sei von einer Linie ausgegangen) nicht, wie für die Berechnungen idealerweise angenommen, eine Breite von 0 hat, sondern eine endliche Fläche auf dem Ausgabemedium einnimmt. Für eine Linie der Breite von einem Pixel ist dies in folgender Abbildung (links) dargestellt.

Antialiasing (Randbegriff)

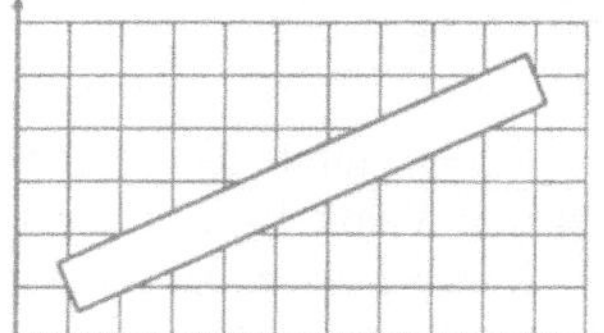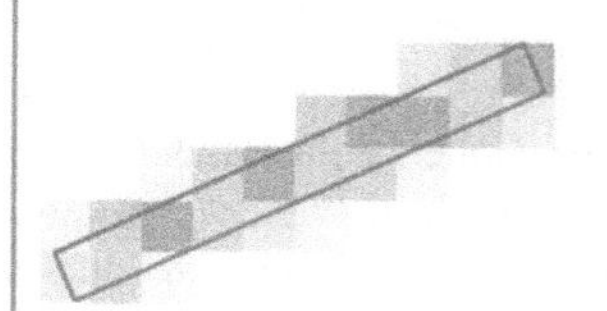

Abbildung 10.2 Antialiasing mittels ungewichteter Flächenbewertung

Das einfachste Antialiasing-Verfahren setzt jedes von dieser breiten Linie überdeckte Pixel auf die Intensität, die dem von der Linie überdeckten Anteil des Pixels entspricht (siehe rechte Abbildung). Dabei wird ein Pixel als quadratisch angesehen mit dem Mittelpunkt im Schnittpunkt der Gitterlinien. Pixel überlappen sich nicht. Dieser Ansatz wird auch als *ungewichtete Flächenbewertung* [10.7] bezeichnet und hat die folgenden drei Eigenschaften:

ungewichtete Flächenbewertung

1. Die Intensität eines Pixels, das von der Kante einer Linie geschnitten wird, fällt mit steigender Entfernung der Kante vom Pixelzentrum.

2. Die Intensität eines Pixels wird von einem zu zeichnenden Primitiv nicht beeinflusst, wenn das Pixel nicht von dem Primitiv überdeckt bzw. geschnitten wird.

3. Gleiche Überdeckungsgebiete beeinflussen die Intensität eines Pixels auf gleiche Weise, unabhängig von der Entfernung des Gebietes vom Pixelzentrum.

Eine Erweiterung dieses Ansatzes behält die ersten beiden Eigenschaften bei, führt aber dazu, dass gleiche Überdeckungsflächen die Intensität des Pixels ungleich beeinflussen – abhängig von der Entfernung zum Pixelzentrum. Um diese unterschiedliche Beeinflussung zu bestimmen, geht man von einer anderen Pixelgeometrie aus. Ein Pixel ist kreisrund mit dem Zentrum im Kreuzungspunkt der Gitternetzlinien und mit einem Radius, der größer ist als die Entfernung zweier Pixel. Damit werden Überlappungen zwischen den Pixeln zugelassen.

Grundlage der sogenannten *gewichteten Flächenbewertung* ist eine Gewichtsfunktion, die den Einfluss eines gegebenen kleinen Bereichs dA eines Primitivs auf die Intensität eines Pixels als Funktion des Abstandes zwischen dA und dem Pixelzentrum beschreibt. Für ungewichtete Flächenbewertung ist diese Funktion konstant, bei gewichteter Flächenbewertung fällt sie mit steigendem Abstand zum Pixelzentrum. Man kann sich die *Gewichtsfunktion* als Funktion $W(x, y)$ über der xy-Ebene vorstellen, wobei die Höhe über der xy-Ebene das Gewicht für die Fläche dA an der Stelle (x, y) angibt. Eine solche Gewichtsfunktion kann beispielsweise ein Kreiskegel mit einem Radius sein, der dem Abstand zweier Pixel entspricht.

gewichtete Flächenbewertung

Gewichtsfunktion

Der Beitrag der vom zu zeichnenden Primitiv überdeckten Fläche ist proportional zum Produkt aus dieser Fläche und der Gewichtsfunktion. Das heißt, die Intensität des Pixels berechnet sich aus dem Integral der Gewichtsfunktion über der überdeckten Fläche. Dazu ist die Gewichtsfunktion so zu wählen, dass das durch dieses Integral repräsentierte Volumen W_s immer einen Wert zwischen 0 und 1 annimmt. Damit ergibt sich für die Pixelintensität $I = I_{max}W_s$. Für eine kegelförmige Gewichtsfunktion ergeben sich bei teilweiser Überdeckung eines Pixels durch das Primitiv Kegelschnitte als Teilvolumina W_s. Durch die Rotationssymmetrie des Kreiskegels sind die Berechnungen dabei unabhängig vom Winkel, in dem das Primitiv den Pixel schneidet. Es sind ebenso weitere Gewichtsfunktionen möglich, eine Grundlage für die Auswahl derselben und die Berechnung der Pixelintensitäten bildet dabei die Filtertheorie.

Zum praktischen Einsatz von Antialiasing-Techniken sollten diese bevorzugt in den Prozess der Rasterung der Primitive einbezogen werden, dies ist für Linien beispielsweise durch eine Erweiterung des Mittelpunkt-Linien-Algorithmus (Abschnitt 10.3.1.1) problemlos möglich.

10.4 Rendering

Eines der Grundanliegen der Computergraphik besteht darin, aus einem gegebenen dreidimensionalen Modell ein zweidimensionales Pixelbild zu erzeugen. Für diesen Prozess, der *Rendering* genannt wird, gibt es verschiedene Ansätze, die sich durch die generelle Vorgehensweise und die verwendeten Algorithmen zur Bestimmung der endgültigen Pixelfarbe unterscheiden.

10.4.1 Ansatz mittels lokaler Beleuchtungsmodelle

Werden polygonale Modelle zur Beschreibung der zu rendernden Szene verwendet, ist der Ansatz einer Pipeline am weitesten verbreitet, der Polygone nacheinander und unabhängig voneinander verarbeitet. Ausgangspunkt für das Rendering ist eine Approximation der Objekte durch Polygonnetze. Die Beleuchtung wird über ein lokales Beleuchtungsmodell realisiert, das die tatsächliche Lichtverteilung hinreichend gut annähert. Von der Kameraposition aus nicht sichtbare Teile des Modells werden über einen z-Buffer-Algorithmus auf der Pixelebene bestimmt.

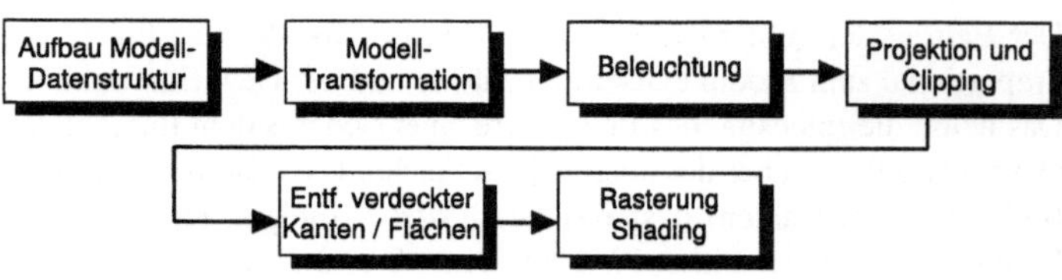

Abbildung 10.3
Rendering-Pipeline
nach [10.7]

In obiger Abbildung ist der Ablauf der einzelnen Schritte der
Rendering-Pipeline dargestellt. Grob kann diese in zwei Bereiche un-   Rendering-Pipeline
terteilt werden – die Behandlung der Geometrie (dabei wird in Objekt-
koordinaten gerechnet) und die Bestimmung der Pixelpositionen und
-farben (Berechnungen hier erfolgen in Pixelkoordinaten).

Die Geometrie der Szene ist in *Weltkoordinaten* gegeben, d. h. alle Ko-   Weltkoordinaten
ordinatenangaben beziehen sich auf ein Referenzkoordinatensystem, in
dem sowohl die Positionen der Objekte als auch die der Lichtquellen
und Kameras angegeben sind. Ausgehend von diesen Weltkoordinaten
werden nacheinander verschiedene Koordinatentransformationen vorgenommen. In jeder Zwischenstufe dieser Transformationskette können
spezielle Operationen auf den erzeugten Koordinaten sehr effektiv ausgeführt werden.

In Weltkoordinaten werden weiterhin Oberflächenattribute der darzustellenden Objekte spezifiziert. Dazu gehören beispielsweise die Festlegung der Oberflächennormalen oder die Angabe von Texturen. Ausgehend von der Position der Kamera werden in einem ersten Schritt
die Koordinaten der Objekte in ein Koordinatensystem transformiert,   Kamerakoordinaten
dessen Ursprung durch den Standpunkt der Kamera festgelegt ist und
dessen Achsen sich aus weiteren Parametern der Kamera ergeben. Zur
Spezifikation einer *(synthetischen) Kamera* sind folgende Angaben not-   synthetische
wendig: Kamera

- Der Kamerastandpunkt C. Er bestimmt später den Ursprung des
  Kamerakoordinatensystems.

- Ein Vektor N, der die Blickrichtung der Kamera angibt. Dieser
  kann entweder als Vektor direkt gegeben sein oder aus der Angabe eines Blickpunktes (engl.: look-at-point) berechnet werden
  Diese Blickrichtung bestimmt die positive z-Achse des Kamerakoordinatensystems.

- Ein Vektor V, der angibt, wo bei der Kamera oben ist. Dieser
  bestimmt, wie weit die Kamera um die Blickrichtung zu rotieren
  ist; er steht senkrecht zu N und legt die y-Achse des Kamerakoordinatensystems fest.

- Zusätzlich kann noch ein weiterer Vektor U gegeben sein, der
  die x-Achse des Kamerakoordinatensystems bestimmt und damit
  festlegt, ob es sich um ein rechts- oder linkshändiges Koordinatensystem handelt. Dieser Vektor steht ebenfalls senkrecht zu N
  und V und kann auch daraus berechnet werden.

Die Transformation von Welt- in Kamerakoordinaten besteht generell
aus zwei Teilen. Zunächst muss der Kamerastandpunkt in den Ur-

sprung des Kamerakoordinatensystems überführt werden. Dies geschieht durch eine einfache Translation um den Vektor $-C$. Der zweite Teil, ein Basiswechsel, überführt die Einheitsvektoren des Weltkoordinatensystems in die Einheitsvektoren des Kamerakoordinatensystems (die als N, V und U gegeben sind).

back face culling   Kamerakoordinaten sind insbesondere vorteilhaft, wenn es darum geht, nicht sichtbare Rückseiten von Objekten zu entfernen. Dieses *back face culling* reduziert den Rechenaufwand beim Rendering erheblich, indem Polygone, deren Vorderseiten von der Kamera weg zeigen (die also aus Sicht der Kamera Rückseiten der Objekte sind) aus der Szene entfernt werden, da diese zum Bild nichts beitragen. Um zu bestimmen, ob ein Polygon von einem bestimmten Blickpunkt aus sichtbar ist, wird die Normale des Polygons N_p bestimmt und der Winkel zwischen dieser Normale und einem Vektor L vom Polygon zum Blickpunkt berechnet. Ist dieser Winkel größer als 90°, dann ist das komplette Polygon unsichtbar. Der Test auf Sichtbarkeit beschränkt sich also auf die Berechnung eines Skalarproduktes $N_p \cdot L$. Für sichtbare Polygone ist $N_p \cdot L > 0$. Da in Kamerakoordinaten die Blickrichtung mit der z-Achse übereinstimmt, reduziert sich dieser Test darauf, ob die z-Koordinate von N_p positiv ist.

Sichtkörper   Den nächsten Schritt in der Rendering-Pipeline bildet die Überführung der Kamerakoordinaten in ein Projektionskoordinatensystem durch eine perspektivische Projektion. Grundlage für diese Transformation ist der sogenannte *Sichtkörper* der Kamera, der durch sechs Ebenen begrenzt wird (siehe folgende Abbildung).

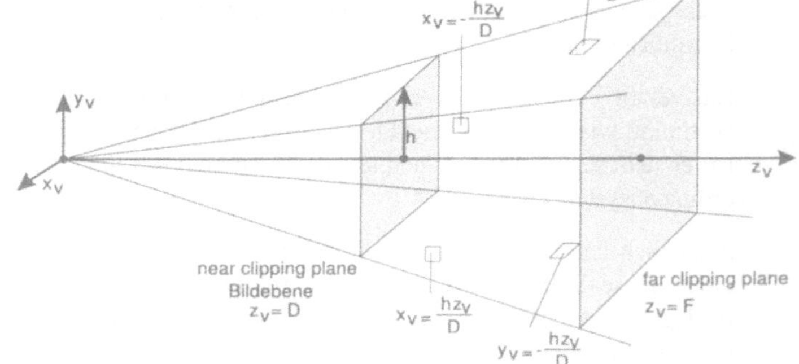

Abbildung 10.4
Der Sichtkörper

Die sechs den Sichtkörper begrenzenden Ebenen lassen sich wie folgt bestimmen:

- zwei Ebenen, die die Grenzen der x-Koordinaten angeben: $x_v = \pm\frac{hz_v}{D}$,

- zwei Ebenen, die die Grenzen der y-Koordinaten angeben: $y_v = \pm\frac{hz_v}{D}$,

- eine sogenannte *near clipping plane*, bestimmt durch $z_v = D$; sie ist (in diesem Fall) mit der Bildebene identisch, und

- eine *far clipping plane*, bestimmt durch $z_v = F$.

Die Lage der Ebenen wird durch Parameter der synthetischen Kamera bestimmt.

Die perspektivische Projektion (vgl. Abschnitt 10.1.2.5) transformiert kanonischer diesen Sichtkörper in den sogenannten *kanonischen Sichtkörper*, für Sichtkörper den gilt:

$$-1 \le x \le 1, \quad -1 \le y \le 1, \quad 0 \le z \le 1 \qquad (10.8)$$

Das heißt, als Ergebnis dieser Transformation liegt ein quaderförmiger Raum vor, dessen x- und y-Koordinaten relativ einfach auf der Bildebene ausgegeben werden können.

Bevor die Transformation in Projektionskoordinaten allerdings ausgeführt wird, ist es vorteilhaft, alle die Teile des Modells, die außerhalb des Sichtkörpers liegen, zu entfernen. Das *Clipping* gegen Clipping den Sichtkörper ist aus verschiedenen Gründen notwendig. Einerseits bringt es eine Reduktion der in den weiteren Schritten zu behandelnden Daten mit sich, andererseits ist es notwendig, da die Transformation von Kamera- in Projektionskoordinaten nur für Punkte innerhalb des Sichtkörpers korrekte Werte liefert. Das Clipping gegen den Sichtkörper wird auf einem Zwischenergebnis bei der Projektion – vor der perspektivischen Division (siehe Abschnitt 10.1.2.5) – ausgeführt. Prinzipiell eignen sich hierfür alle 3D-Clipping-Verfahren, aber auch einige der in Abschnitt 10.3.3 genannten 2D-Verfahren lassen sich auf drei Dimensionen erweitern.

Damit ist der geometrische Teil der Rendering-Pipeline abgeschlossen, alle weiteren Berechnungen erfolgen in Pixelkoordinaten. Dazu werden die Projektionskoordinaten nach einem einfachen Schema diskretisiert und damit in *Gerätekoordinaten* überführt. Die entsprechende Transfor- Gerätekoordinaten mation überführt den Punkt $(-1, -1)$ in Projektionskoordinaten in den Punkt $(0, 0)$ in Gerätekoordinaten und den Punkt $(1, 1)$ nach (w, h), wobei w die Breite der zu erzeugenden Bitmap und h deren Höhe ist.

Die folgenden Schritte bestehen in der Bestimmung des sichtbaren Teils der Szene, d. h. alle (Teil-)Polygone, die von anderen Teilen der Szene überdeckt werden, müssen entfernt werden. Ebenso muss die Farbe der zu zeichnenden Pixel aus den Angaben über Lichtquellen und Oberflächenmaterialien bestimmt werden. Beides kann kombiniert in z-Buffer einem *z-Buffer-Algorithmus* erfolgen. Dazu werden die Polygone einzeln nacheinander gezeichnet. Die Ausgabe erfolgt zum einen in die zu erzeugende Bitmap, und parallel wird in einer zweiten Bitmap, dem z-Buffer, der aus den Projektionskoordinaten bestimmte Tiefenwert für jedes Pixel eingetragen. Ein Pixel wird nur dann in beiden Bitmaps gesetzt, wenn sein in den z-Buffer einzutragender Wert kleiner als der bereits dort an dieser Position vorhandene Wert ist. Zu Beginn muss daher der z-Buffer mit entsprechenden Eintragungen initialisiert werden.

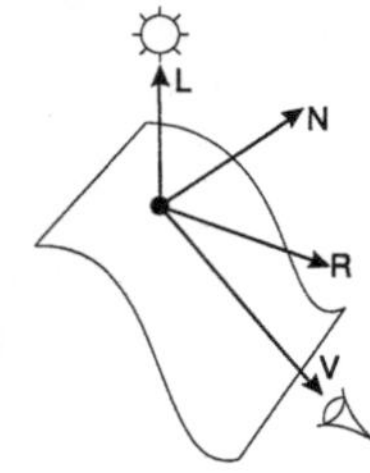

Beleuchtungsmodell Zur Bestimmung der Farbe wird ein *Beleuchtungsmodell* ausgewertet. Ein häufig eingesetztes Beleuchtungsmodell ist im nebenstehenden Bild schematisch angedeutet. Hierbei bezeichnet N die Oberflächennormale des Objektes, V gibt die Richtung zur Kamera an, und in Richtung L liegt die Lichtquelle. Der diffuse Anteil der Beleuchtung ist proportional zu $N \cdot L$, d. h. je größer der Winkel zwischen N und L ist, um so dunkler erscheint die Oberfläche. Zur Erzeugung eines Glanzlichtes berechnet man den an N reflektierten Kameravektor R und nimmt $(R{\cdot}L)^n$ als Maß für die Intensität des Glanzlichtes. Je höher hierbei die Potenz n ist, um so kleiner ist der Durchmesser des Glanzlichtes. Dieses *Be-*
Beleuchtungsmodell *leuchtungsmodell nach Phong* kann – für eine in der Szene vorhandene
nach Phong Lichtquelle – in folgender Gleichung zusammengefasst werden:

$$I = k_a I_a + I_L [k_d\, (\vec{N} \cdot \vec{L}) + k_s\, (\vec{V} \cdot \vec{R})^n] \tag{10.9}$$

Dabei sind k_a, k_d und k_s materialabhängige Konstanten, die die ambiente, diffuse und spekulare Reflexion beschreiben, I_L die Intensität des einfallenden Lichtes und I_a die Intensität des ambienten Lichtes.

Das Bestimmen der Farbe der einzelnen Pixel erfolgt während des Zeichnens der Polygone und ist mit der Auswertung eines Beleuchtungsmodells gekoppelt. Diesen Vorgang nennt man *Shading*. Der generelle Ablauf des Algorithmus kann wie folgt beschrieben werden:

for jedes Polygon **do**
    konstruiere eine Spannenliste aus den Polygonkanten
    for $y := y_{min}$ **to** y_{max} **do**
        for jedes Paar (x_i, x_{i+1}) in der Spannenliste von y **do**
            Shading des horizontalen Segments von (x_i, y) bis (x_{i+1}, y)
        od
    od
od

Damit hat dieser Algorithmus starke Ähnlichkeit mit dem Scanlinien-Algorithmus zum Polygonfüllen (s. Abschnitt 10.3.2). Zu Beginn werden allerdings weitere Werte bestimmt, die dann im Verlauf des Algorithmus entlang der Polygonkanten und entlang der Spannen interpoliert werden, um die Farbe des zu zeichnenden Pixels zu bestimmen. Unterschiedliche Shading-Verfahren nutzen hier unterschiedliche Werte und führen deshalb auch zu verschiedenen Ergebnissen.

Beim *Flat-Shading* wird für jedes Polygon ein Farbwert berechnet, der Flat-Shading
dann für das gesamte Polygon gilt. Dieser Farbwert bestimmt sich aus der Polygonnormale und Vektoren vom Polygon zum Betrachter und zur Lichtquelle. Da sich dabei für aneinander grenzende Polygone nicht notwendigerweise die gleichen Farben ergeben, sind die Kanten deutlich sichtbar.

Beim *Gouraud-Shading* geht man davon aus, dass an den Eckpunkten Gouraud-Shading
der Polygone relativ korrekte Licht-Intensitätswerte bestimmt werden können. Wenn Polygongitter beispielsweise aus Freiformflächen abgeleitet wurden, liegen die Eckpunkte der Polygone üblicherweise genau auf der approximierten Fläche. Daher werden die Licht-Intensitäten an den Polygon-Eckpunkten bestimmt und dann bei der Rasterung der Kanten über die Kanten interpoliert. Für jedes Pixel im Inneren einer Spanne ergibt sich der Intensitätswert aus der Interpolation der Werte für die Spannenendpunkte. Dieses Verfahren unterdrückt die beim Flat-Shading noch sichtbaren Kanten der einzelnen Polygone.

Beim *Phong-Shading* schließlich werden Intensitätswerte für jedes Phong-Shading
Pixel aus den interpolierten Normalen bestimmt. Die Vorgehensweise gleicht der beim Gouraud-Shading, nur dass die Berechnung der Intensitätswerte erst im letzten Schritt erfolgt. Die Normalenvektoren werden zunächst über die Kanten und dann die Spannen interpoliert. Dabei ist der Rechenaufwand deutlich höher als bei den anderen beiden Verfahren, da für jede Normale alle drei Koordinatenwerte betrachtet werden müssen.

In nachstehender Abbildung sind alle drei Verfahren zum Vergleich gegenübergestellt. Es existieren eine Vielzahl weiterer Techniken, die zum einen unterschiedliche Ausgangsdaten in Betracht ziehen, andererseits auch verschiedene Strategien zur Bestimmung der Lichtintensität aus den gegebenen geometrischen Daten verwenden.

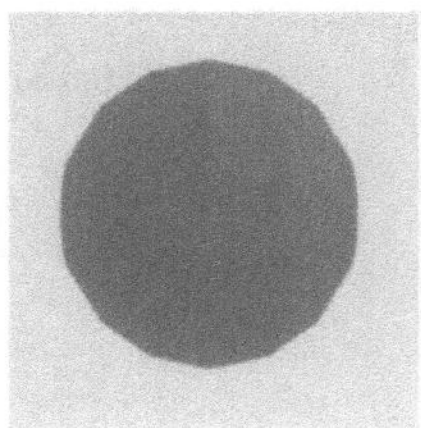  

Abbildung 10.5
Vergleich der Shading-Verfahren: Flat-Shading, Gouraud-Shading, Phong-Shading

10.4.2 Raytracing

Der dem Raytracing zugrunde liegende Ansatz ist die Simulation von Lichtstrahlen entsprechend den Gesetzen der Optik. Die von den Lichtquellen erzeugten Strahlen werden von den in der Szene vorhandenen Objekten je nach deren Oberflächeneigenschaften reflektiert, gebrochen oder absorbiert. Da aber nur wenige Strahlen überhaupt die Bildebene treffen, wird aus Effizienzgründen der umgekehrte Strahlenweg verfolgt [10.13].

Primärstrahlen Ausgehend vom Betrachterstandpunkt (Kamerastandpunkt) werden durch jeden Bildpunkt *Primärstrahlen* in die Szene gerichtet. Für jeden Strahl wird berechnet, welche Szenenobjekte er schneidet, und von den Schnittpunkten wird der nächstgelegene ausgewählt. Das von diesem Schnittpunkt in Richtung der Bildebene ausgesandte Licht bestimmt die Farbe des Bildpunktes.

Schnittberechnung Die *Berechnung des Schnittpunktes* eines Strahls mit einem Objekt ist daher der Kern eines jeden Raytracers. Mittels Raytracing können jegliche Objekte gerendert werden, vorausgesetzt, es kann berechnet werden, an welchen Stellen ein beliebiger Strahl dieses Objekt schneidet. Am Beispiel einer Kugel soll dies erläutert werden.

Kugelschnitt Gegeben sei der Strahl S durch seinen Anfangspunkt $S_a = (x_a, y_a, z_a)$ und seine Richtung $S_r = (x_r, y_r, z_r)$ sowie die Kugel K durch ihren Mittelpunkt $K_m = (x_m, y_m, z_m)$ und Radius r. Die Menge aller Punkte auf dem Strahl ist dann

$$S(t) = S_a + tS_r, \quad t > 0. \tag{10.10}$$

Die Kugeloberfläche besteht aus der Menge aller Punkte (x, y, z) mit

$$(x - x_m)^2 + (y - y_m)^2 + (z - z_m)^2 = r^2. \tag{10.11}$$

Durch Einsetzen der Strahlgleichung (10.10) in die Kugelgleichung (10.11) erhält man

$$(x_a + x_r t - x_m)^2 + (y_a + y_r t - y_m)^2 + (z_a + z_r t - z_m)^2 = r^2$$

und die Auflösung nach t ergibt

$$at^2 + bt + c = 0 \tag{10.12}$$

mit

$$\begin{aligned}
a &= x_r^2 + y_r^2 + z_r^2 \\
b &= 2(x_d(x_a - x_m) + y_d(y_a - y_m) + z_d(z_a - z_m)) \\
c &= (x_a - x_m)^2 + (y_a - y_m)^2 + (z_a - z_m)^2 - r^2.
\end{aligned}$$

Diese quadratische Gleichung hat keine, eine oder zwei Lösungen für t, je nachdem, ob die Kugel vom Strahl nicht, am Rande oder voll geschnitten wird. Den Schnittpunkt findet man durch Einsetzen von t in Gleichung (10.10).

Das von einem Objekt ausgesandte Licht wird aus dem am Schnittpunkt einfallenden Licht und den Materialparametern des Objektes berechnet. Im einfachsten Fall wird nur das direkt von Lichtquellen kommende Licht berücksichtigt, wobei ein Punkt als im Schatten liegend betrachtet wird, falls ein von ihm zur Lichtquelle gehender Strahl andere Objekte schneidet. Wenn das Objekt spiegelnd oder durchsichtig ist, werden zusätzlich *Sekundärstrahlen* in der Reflexions- bzw. Brechungsrichtung verfolgt, die ihrerseits wiederum neue Strahlen auslösen können. Diese rekursive Strahlverfolgung endet entweder in einer bestimmten Rekursionstiefe oder wenn der Anteil eines Strahls am Gesamtlicht zu gering ist.

Beleuchtung

Es gibt viele Möglichkeiten, das grundlegende Raytracing-Verfahren zu erweitern. CSG-Modelle (vgl. 10.2.3) lassen sich beispielsweise sehr einfach rendern, da die booleschen Operationen nur für die Abschnitte auf einem Strahl ausgeführt werden müssen. Wenn statt einem mehrere Strahlen pro Bildpunkt verfolgt werden, spricht man von verteiltem Raytracing. Durch die Überlagerung der Farben der Einzelstrahlen ergibt sich ein Antialiasing des Bildes. Darüber hinaus können so Halbschatten, durchscheinende Transparenz oder auch Tiefen- und Bewegungsunschärfe erzeugt werden.

Erweiterungen

Je mehr Strahlen verwendet werden, umso wichtiger werden *Optimierungen*. Zum einen kann man die Schnittberechnung beschleunigen (z. B. indem man zuerst mit unaufwändigen Hüllkörpern schneidet, was in vielen Fällen eine komplexe Schnittberechnung mit dem umhüllten Objekt überflüssig macht), zum anderen die Anzahl der Schnitte reduzieren (z. B. durch Raumteilungsverfahren, so dass nicht jeder Strahl mit allen Objekten geschnitten werden muss).

Optimierung beim
Raytracing

10.4.3 Radiosity

Die Radiosity-Methode stammt ursprünglich aus der Wärmetechnik und basiert auf der Berechnung der Energieverteilung in einem geschlossenen System [10.4]. Grundlegend sind die vollständigen geometrischen Merkmale der Objekte einer Szene sowie weitere Material-

Kenngrößen wie Reflexions- und Transmissionskoeffizienten. Die von einer Fläche A_i abgestrahlte Energie B_i berechnet sich nach

$$B_i = E_i + \rho_i \sum_{j=1}^{n} B_i F_{ij}, \qquad 1 \leq i \leq n. \tag{10.13}$$

In dieser Gleichung steht E_i für die Eigenstrahlung der Fläche, ρ_i für das Verhältnis von einfallendem zu reflektiertem Licht, n für die Anzahl der Flächen und F_{ij} für den Anteil des von der Fläche A_i abgestrahlten Lichtes, der auf die Fläche A_j trifft. Die sich ergebende Energie B_i setzt sich somit aus Eigenstrahlung, Reflexion und Transmission zusammen und wird häufig auch als Strahlung oder *Radiosity* der Fläche A_i bezeichnet (daher auch der Name des Verfahrens).

Durch die Gleichung (10.13) wird ein Gleichungssystem beschrieben, dessen Lösung die Energieverteilung bestimmt:

$$\begin{pmatrix} 1 - \rho_1 F_{11} & -\rho_1 F_{12} & \cdots & -\rho_1 F_{1n} \\ -\rho_2 F_{21} & 1 - \rho_2 F_{22} & \cdots & -\rho_2 F_{2n} \\ \vdots & \vdots & \ddots & \vdots \\ -\rho_n F_{n1} & \rho_n F_{n2} & \cdots & -\rho_n F_{nn} \end{pmatrix} \begin{pmatrix} B_1 \\ B_2 \\ \vdots \\ B_n \end{pmatrix} = \begin{pmatrix} E_1 \\ E_2 \\ \vdots \\ E_n \end{pmatrix}$$

Formfaktoren Vor dem Lösen dieses Gleichungssystems müssen die jeweiligen *Formfaktoren F_{ij}* bestimmt werden, die den auf A_j auftreffenden Anteil des Lichtes bestimmen, der von A_i ausgestrahlt wurde. Sie lassen sich nach Gleichung (10.14) bestimmen:

$$F_{ij} = \frac{1}{A_i} \int\limits_{A_i} \int\limits_{A_j} \frac{\cos(\phi_i)\cos(\phi_j)}{\pi r^2} dA_i dA_j \tag{10.14}$$

Die Bedeutung der einzelnen Variablen ist aus untenstehender Abbildung zu entnehmen.

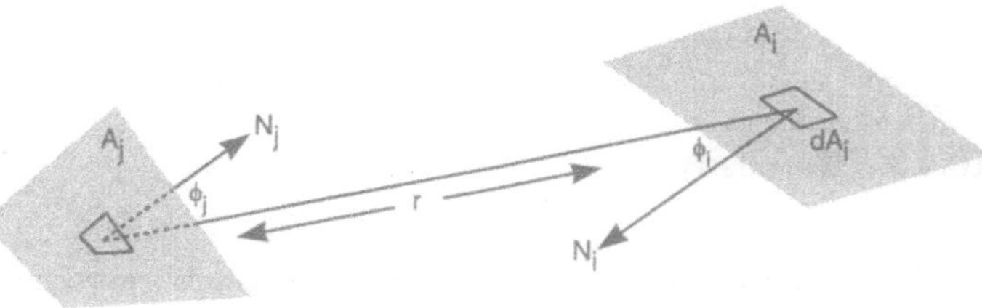

Abbildung 10.6
Geometrische Verhältnisse beim Berechnen der Formfaktoren

Die Berechnung der Formfaktoren ist nur einmal pro Szene notwendig, da diese von der Blickrichtung unabhängig sind. Allerdings muss die Lösung des obigen Gleichungssystems für alle benötigten Wellenlängen erfolgen, da einige Parameter abhängig von der betrachteten Wellenlänge sind. Üblicherweise erfolgt die Berechnung für rot, grün und blau; die Ergebnisse werden für die eigentliche Bestimmung der Pixelfarbe entsprechend miteinander verknüpft.

Die Darstellung einer Szene mittels Radiosity besteht also aus folgenden drei Schritten:

1. Bestimmung der Energien B_i für alle Flächen A_i.

2. Abbildung der Szene (Projektion) und Ermitteln der sichtbaren Flächen bzw. Teilflächen.

3. Bestimmung der Farbe für jedes Pixel.

Dabei sind lediglich die Schritte 2 und 3 für unterschiedliche Ansichten der Szene zu wiederholen, der dritte Schritt kann durch Anwendung effizienter Algorithmen erheblich beschleunigt werden.

10.5 Graphiksoftware und -standards

Die bisher genannten graphischen Verfahren werden auf unterschiedliche Weise in standardisierten Bibliotheken umgesetzt. Fenstersystem-Bibliotheken bieten Hilfe bei der Programmierung graphisch-interaktiver Anwendungen, Graphik-Engines unterstützen die Darstellung dreidimensionaler Objekte, während Szenengraph-Bibliotheken komfortable Interaktions- und Manipulationsmethoden für Objekte ermöglichen.

10.5.1 Fenstersystem-Bibliotheken

Auf UNIX-Betriebssystemen werden Programme meist für das frei verfügbare *X-Window*-Fenstersystem entwickelt, welches dort Interaktion und Fensterverwaltung übernimmt. Die Bibliothek *Motif* [10.15] bietet verschiedene Dialogbausteine für X-Windows an, aus denen die graphische Benutzeroberfläche von Applikationen zusammengesetzt werden kann. Der Aufbau der Applikationen ist relativ hierarchisch. X-Windows setzt auf UNIX auf und kommuniziert als Server mit den Anwendungsprogrammen, welche Clients darstellen, wobei ein netzweites Protokoll verwendet wird. Die Motif-Dialogbausteine verwenden X-Window-Funktionen zum Aufbau komplexer Dialoge.

Im Gegensatz hierzu ist *Microsoft-Windows* (MS-Windows) Betriebssystem und Fensterverwaltung in einem. Die Funktionalität ist ähnlich der von X-Windows.

Qt   Um graphische Programme portabel zu gestalten, werden zunehmend betriebssystem-unabhängige Fensterbibliotheken wie *Qt* verwendet. Diese definieren Dialogbausteine in einer abstrakteren Form, die dann für verschiedene Betriebssysteme umgesetzt werden kann.

10.5.2   Graphik-Engines

OpenGL   *OpenGL* [10.9] stellt eine graphische Maschine insbesondere zur Programmierung von Graphikhardware dar. Das Anwendungsprogramm manipuliert einen komplexen graphischen Zustand und übergibt dem System Graphikdaten zur Darstellung. Verschiedene Zusatzbibliotheken erlauben Aktionen auf höheren Abstraktionsgraden. OpenGL ist sowohl für X-Windows als auch für MS-Windows implementiert und ermöglicht somit portable Graphik-Programmierung.

Direct3D   *Direct3D* bietet eine ähnliche Funktionalität wie OpenGL und ermöglicht unter MS-Windows den effizienten Zugriff auf Graphikhardware. Es ist Teil der Bibliothek *DirectX*, welche den schnellen Zugriff auf verschiedene Hardwarekomponenten regelt.

10.5.3   Szenengraph-Bibliotheken

OpenInventor   Geometrische Objekte werden hier in komplexen Datenstrukturen verwaltet. *OpenInventor* [10.14] baut auf OpenGL auf und bietet verschiedene Manipulationsmethoden und Objektsensoren, welche diese VRML   selbständig auf Veränderung reagieren lassen. *VRML* (*Virtual Reality Markup Language*) [10.3] basiert ebenfalls auf einem Szenengraphen und bettet das Konzept in HTML-Umgebungen ein, indem es plattformunabhängig erlaubt, 3D-Szenen zu beschreiben und diese mit Attributen sowie Hinweisen auf WWW-Seiten und andere Szenen zu versehen.

10.6   Graphikhardware

Dieser Abschnitt beschreibt im ersten Teil zunächst den prinzipiellen Aufbau und die Funktionsweise verbreiteter Graphikhardware. Eine Betrachtung der gesamten Palette graphischer Ausgabegeräte (inklusive Drucker, Plotter, usw.) würde den Rahmen dieser Abhandlung sprengen. Ebenfalls unbeachtet bleiben hier graphische Eingabegeräte

wie Maus, Graphiktablett und Scanner. Im Rahmen der folgenden
Ausführungen soll nur auf Bildschirme und die zu deren Ansteuerung
notwendigen Graphikkarten eingegangen werden.

Der zweite Teil beschäftigt sich mit der Frage, wie spezialisierte Graphikhardware zur Beschleunigung der Bilderzeugung eingesetzt wird
und welche der in den anderen Abschnitten beschriebenen Algorithmen
der Computergraphik in Hardware realisiert werden können.

10.6.1 Grundlegender Aufbau

Ein einfaches Graphiksubsystem ist in folgender Abbildung dargestellt.
Es besteht aus einem Speicherbereich (*Bildspeicher*, *Framebuffer*), der   Bildspeicher
das darzustellende Bild aufnimmt, und einer Videoansteuerung, die basierend auf dem Inhalt dieses Speichers einen Monitor ansteuert.

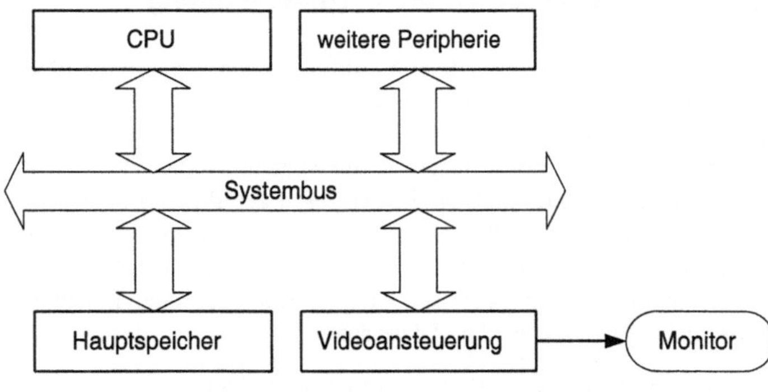

Abbildung 10.7
Einfaches
Graphiksubsystem
ohne eigene
Steuerung

Der Aufbau des Bildschirms ist vergleichbar mit dem eines Fernseh-
gerätes (Kathodenstrahlröhre), allerdings muss hierbei kein Fernseh-
signal empfangen und decodiert werden. Computermonitore besitzen
zudem meist eine wesentlich höhere *Auflösung* als Fernsehbildschir-   Auflösung
me (üblicherweise 1280×1024, oft bereits 1600×1200 und höher) und
können höhere *Bildwiederholraten* (ergonomisch ab 75Hz) darstellen.   Bildwiederholrate

Die Videoansteuerung muss für jedes Bild, das als analoges Signal zum
Monitor übertragen wird, den Bildspeicher komplett auslesen und da-
bei die gelesenen Zahlenwerte in einen Farbwert umwandeln. Für das
Ablegen der Farbwerte als Zahlen gibt es zwei Varianten:

- *Farbpaletten:*   Farbpalette
  Hierbei wird die Farbe nicht als Rot/Grün/Blau-Wert (RGB-Wert)
  abgelegt, sondern als Farbnummer, die als Index in einer Farbta-
  belle dient. Dieses heute seltener anzutreffende Verfahren kann
  nur begrenzt viele verschiedene Farben in einem Bild darstellen.

da die im Speicher abgelegten Farbindizes nur einen kleinen Wertebereich (populär sind 1, 2, 4 oder 8 bit) hatten. Dieser kleine Wertebereich ist durchaus beabsichtigt, soll doch sowohl Speicher als auch Speicherbandbreite gespart werden. Für einen 256-Farb-Modus wird so ein Byte pro Pixel benötigt.

Echtfarben

- *Echtfarben:*
  Bei dieser Methode wird die Farbe direkt kodiert, d. h. die Zahlenwerte für den Rot-, Grün- bzw. Blauanteil liegen nacheinander im Speicher. Bei je 8 Bit für Rot, Grün und Blau lassen sich so 16 Millionen Farben darstellen. Da in diesem Beispiel je Pixel drei Bytes benötigt werden, verdreifacht sich sowohl der benötigte Speicherplatz als auch die Speicherbandbreite zum Auslesen der Bildinformation.

10.6.2 Hardwareunterstützte Bilderzeugung

Der bisher skizzierte prinzipielle Aufbau einer Graphikhardware sieht zunächst vor, dass sämtliche Graphikoperationen wie Bildschirmlöschen und Zeichnen von der CPU erledigt werden, die dazu obendrein mit der Videoansteuerung um Speicherbandbreite im Bildspeicher konkurrieren muss (da das Auslesen des Bildes Priorität hat, kann die CPU nicht beliebig auf den Bildspeicher zugreifen). Beide Faktoren bremsen die Graphikdarstellung. Für einen beschleunigten Bildaufbau müssen daher die das Zeichnen beeinflussenden Leistungsbarrieren überwunden werden. Diese sind:

- *Gleitkommaleistung für Geometrieverarbeitung:*
  Funktionen wie Clipping, Transformationen oder Beleuchtung fallen für jeden Eckpunkt eines Polygons oder einer Linie an und werden in Gleitkommaarithmetik durchgeführt. Viele der im 3D-Bereich üblichen Rechenoperationen, wie Vektor-Matrix-Multiplikation oder Matrixinversionen, lassen sich recht gut auf spezialisierten Prozessoren ausführen, die gezielt auf solche Operationen optimiert werden können. Dazu kommt, dass die Graphikhardware oft über mehrere Ausführungseinheiten verfügt, so dass sie mehrere Vektoren gleichzeitig mit einer Matrix multiplizieren kann. Eine reine Softwareimplementation dieser Schritte belastet unnötig die CPU. Wenn sich dieser Aufwand auslagern lässt, gewinnt die CPU Zeit für andere Aufgaben. Dieser Vorteil wird allerdings nur zutage treten, wenn die Graphiksoftware so aufgebaut ist, dass die CPU, anstatt während des Zeichnens auf die Graphikhardware zu warten, weitere Berechnungen anstellen kann.

- *Ganzzahlberechnungen auf Pixelebene:*
  Das Scankonvertieren und das damit verbundene Interpolieren von Farb- und Tiefenwerten sowie das Ausführen des Tiefentests sind Operationen, die zwar für sich genommen nicht besonders komplex sind, aber gegebenenfalls viele Millionen Male je Sekunde anfallen. Auch hier lassen sich große Geschwindigkeitsvorteile erzielen, wenn diese Arbeit auf gesonderte Prozessoren ausgelagert werden kann. Unabdingbar ist dies besonders für die Darstellung texturierter Polygone, die einen beträchtlichen Mehraufwand zum Bestimmen der Pixelfarbe erfordert. Hierfür müssen die Farbwerte aus dem Texturbild ermittelt und mit der normalen Pixelfarbe verrechnet werden. Das Aufsuchen der entsprechenden Texturfarbe ist deshalb aufwändiger, weil Texturpixel nicht deckungsgleich mit Bildpixeln liegen und zum Vermeiden von Aliasing-Effekten gegebenenfalls Glättungsverfahren benutzt werden müssen.

- *Bildspeicherbandbreite:*
  Wie so oft bei der Datenverarbeitung stellen auch bei Graphikalgorithmen Speicherzugriffe einen Engpass dar. Wird Speicher exklusiv für die Graphikhardware reserviert, entfällt die bremsende Notwendigkeit, den Speicherzugriff für CPU und Graphikhardware gerecht aufzuteilen. Besonders im Highend-Bereich wird außerdem eine höhere Geschwindigkeit der Speicherzugriffe im Bildspeicher als im normalen Hauptspeicher benötigt, um die Scankonvertierung nicht unnötig auszubremsen, so dass hier andere Speichertechnologien als im Hauptspeicher zum Einsatz kommen.

Um diese oben angesprochenen Hemmnisse zu beseitigen, werden heute meist deutlich aufwändigere Lösungen eingesetzt.

Diese benutzen mindestens einen speziellen Graphikprozessor und trennen den Hauptspeicher vom Bildspeicher (siehe obige Abbildung). Damit ist dieser der CPU nicht mehr direkt zugänglich, sondern kann nur noch über bestimmte Befehle an den Graphikprozessor manipuliert werden. Programme, die die Funktionalität des Graphiksystems nutzen wollen, müssen daher entweder direkt auf den Graphikprozessor zugeschnitten sein (und sind damit nicht mehr zu anderen Graphikkarten kompatibel) oder sie bedienen sich standardisierter Softwareschnittstellen wie OpenGL, deren zur Verfügung gestellte Funktionen ganz oder teilweise von der Graphikhardware ausgeführt werden. Auf diese Weise lässt sich ohne Neuinstallation der Anwendungssoftware eine Leistungssteigerung der Graphikapplikationen durch Aufrüsten der Graphikhardware erreichen.

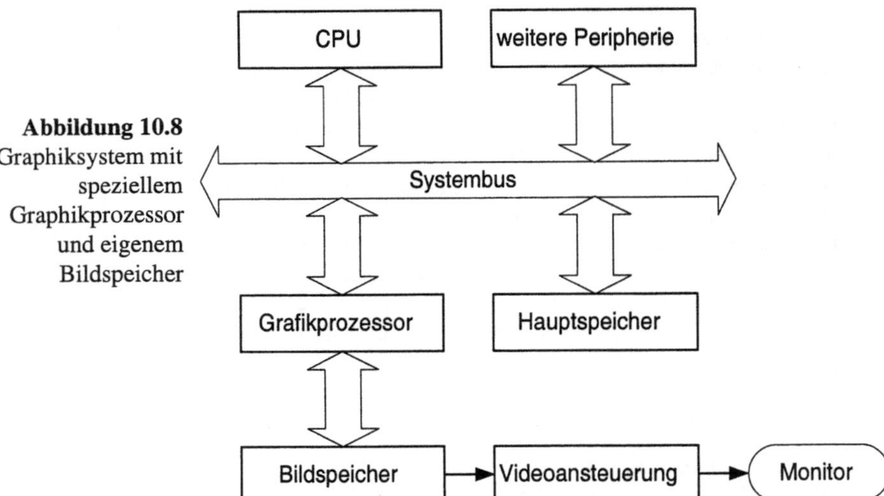

Abbildung 10.8
Graphiksystem mit speziellem Graphikprozessor und eigenem Bildspeicher

Sämtliche Algorithmen der Computergraphik können auch von konventionellen Rechnern ohne Spezialhardware ausgeführt werden. Zu entscheiden ist also, an welcher Stelle ein Einsatz von Graphikhardware sinnvoll und ökonomisch ist. Allgemein gesagt bietet sich eine Hardwareunterstützung überall dort an, wo Operationen einen konstanten und kleinen Speicherbedarf haben und relativ leicht zu implementierende Spezial-Instruktionen (die aber in normalen CPUs nicht vorhanden sind) erfordern[1]. Das betrifft z. B. die oben erwähnten Matrixoperationen, die stark von einem kombinierten Multiplations- und Additionsbefehl profitieren. Andere Aufgaben jedoch, wie etwa das Zerlegen von Polygonen oder Freiformflächen in Dreiecke oder das Aufteilen von konkaven Polygonen, haben einen nicht vorab zu bestimmenden Speicherbedarf und profitieren auch nicht oder nur wenig von effektiv zu implementierenden Spezialbefehlen, so dass eine Hardwareunterstützung auch im Hinblick auf die zu erwartenden Geschwindigkeitsvorteile nicht ökonomisch wäre.

Da meist relativ viele unabhängig zu verarbeitende Graphikprimitive pro zu zeichnendem Bild anfallen, profitieren Graphikalgorithmen stärker als viele andere Algorithmen der Informatik von einer Parallelverarbeitung. Diese kann sowohl in der Geometrieverarbeitung (meh-

---

[1] In den letzten Jahren ist mit der Einführung von speziellen Multimedia-Befehlen in Standard-CPUs eine gewisse Konvergenz von Graphikprozessor und CPU zu beobachten. Damit werden Spezialbefehle, von denen unter anderem die 3D-Graphik profitiert, auch für andere Anwendungen nutzbar.

rere Eckpunkte werden gleichzeitig transformiert) oder bei der Scankonvertierung (der Bildschirm wird in Kacheln oder Streifen aufgeteilt, für die jeweils eine Verarbeitungseinheit zuständig ist) geschehen. Bei der Auslegung der Verarbeitungsleistung der einzelnen Stufen ist es wichtig, dass die Leistung balanciert ist, so dass z. B. die Geometriebeschleunigung nicht so gut (und damit auch teuer) ist, dass die Scankonvertierung überlastet ist, was wiederum zu Leerlauf bei der überdimensionierten Geometrieverarbeitung führt. Andererseits braucht die Scankonvertierung nur so schnell zu sein, wie es die für den Bildspeicher eingesetzte RAM-Technologie zulässt. Da etwa im Falle eines Dreiecks für je drei zu verarbeitende Eckpunkte je nach Größe und Lage des Dreiecks im Raum eine zunächst unbekannte Anzahl von Pixeln zu zeichnen ist, hängt die Auslastung der einzelnen Stufen von der letztendlichen Größe des Dreiecks im Bild ab. Viele kleine Dreiecke belasten die Geometrieverarbeitung mehr als die Scankonvertierung und umgekehrt. Daher gibt es für jede Graphikhardware einen Punkt der optimalen Auslastung. Dieser liegt derzeit üblicherweise bei etwa 25–50 Pixeln je Dreieck. Da der Trend allerdings zu immer detaillierteren Graphikmodellen geht, ist zu erwarten, dass sich diese Zahl in Zukunft verringert.

10.7 Literatur

[10.1] Richard H. Bartels, John C. Beatty, Brian A. Barsky. *An Introduction to Splines for Use in Computer Graphics and Geometric Modelling*. Morgan Kaufmann Publishers, Los Altos, 1987.

[10.2] Ilja N. Bronstein, Konstantin A. Semendjajew, Gerhard Musiol. *Taschenbuch der Mathematik*. Harri Deutsch, Frankfurt/Main, 1999.

[10.3] Rikk Carey, Gavin Bell. *The Annotated VRML 2.0 Reference Manual*. Developers Press, 1997.

[10.4] Michael F. Cohen, John R. Wallace. *Radiosity and Realistic Image Synthesis*. Academic Press, Cambridge, 1993.

[10.5] Gerald Farin. *Curves and Surfaces for Computer Aided Geometric Design*. Academic Press, 4. Auflage, 1997.

[10.6] Jean-Daniel Fekete, David Salesin (Hrsg.). *International Symposium on Non Photorealistic Animation and Rendering, NPAR 2000*. ACM Press, New York, 2000.

[10.7] James D. Foley, Andries van Dam, Steve K. Feiner, John F. Hughes. *Computer Graphics. Principle and Practice*. Addison Wesley Publishing Company, Reading, MA, 2. Auflage, 1990.

[10.8] Bernd Jähne. *Digitale Bildverarbeitung*. Springer Verlag, Berlin · Heidelberg · New York, 4. Auflage, 1999.

[10.9] Jackie Neider, Tom Davis, Mason Woo. *OpenGL Programming Guide: The Official Guide to Learning OpenGL Vers. 1.2*. Addison-Wesley, Reading, MA, 1999.

[10.10] David F. Rogers, J. Alan Adams. *Mathematical Elements for Computer Graphics*. McGraw Hill, New York, 1990.

[10.11] Heidrun Schumann, Wolfgang Müller. *Visualisierung – Grundlagen und allgemeine Methoden*. Springer Verlag, Berlin · Heidelberg · New York, 2000.

[10.12] Thomas Strothotte et al. *Computational Visualization: Graphics, Abstraction, and Interactivity*. Springer Verlag, Berlin · Heidelberg · New York, 1998.

[10.13] Alan Watt, Mark Watt. *Advaced Animation and Rendering Techniques*. Addison Wesley, Reading, 1992.

[10.14] Josie Wernecke. *The Inventor Mentor: Programming Object-Oriented 3D Graphics with Open Inventor*. Addison-Wesley, Bonn · Paris · Reading, 1994.

[10.15] Douglas A. Young. *Object-Oriented Programming with C++ and OSF/Motif*. Prentice Hall, Englewood Cliffs, 1992.

Kapitel 11

Kryptologie

von Patrick Horster

Das Bedürfnis der Menschen, Nachrichten so darzustellen, dass sie ausschließlich für den Schreiber und einen bestimmten Leser verständlich sind, ist wohl so alt wie die schriftliche Kommunikation selbst. Im Wandel zur Informationsgesellschaft haben sich die Sicherheitsaspekte jedoch grundlegend verändert. Neben Verfahren zur Wahrung der Vertraulichkeit und Überprüfbarkeit der Integrität treten Forderungen nach Authentizität (von Benutzern und Daten) und letztendlich nach Verbindlichkeit immer mehr in den Vordergrund. Ausgehend von der historischen Entwicklung werden kryptographische Basismechanismen vorgestellt, wie sie in einer modernen Informations- und Kommunikationsgesellschaft erforderlich sind. Bei den Betrachtungen ist es nicht vordergründiges Ziel, spezielle Realisierungen, Protokolle oder Algorithmen detailliert zu betrachten, vielmehr soll das jeweils zugrundeliegende Prinzip dargestellt werden.

11.1 Historische Entwicklung

Wird der Begriff *Kryptographie* verwendet, so denkt man zunächst an Praktiken zur Ver- und Entschlüsselung von Daten, die auch als Geheimschriften bezeichnet werden. Die damit verbundenen Verfahren wurden zunächst fast ausschließlich zur Kommunikation im diplomatischen und militärischen Umfeld eingesetzt. Da die übertragenen Informationen auch für Dritte von großer Bedeutung waren, etablierte sich zudem die *Kryptoanalyse*, die ein unautorisiertes Entschlüsseln zum Ziel hat. Die klassische Kryptologie beinhaltet sowohl die Verfahren der Kryptographie als auch die Methoden der Kryptoanalyse. Im Laufe der letzten 500 Jahre [11.6] ist ein bis heute anhaltender Wettstreit zwischen den Entwicklern kryptographischer Verfahren und den Kryptoanalytikern entstanden.

Kryptographie

Kryptoanalyse

Spätestens mit Einführung der modernen Informations- und Kommunikationstechnik erhielt die Kryptologie aber auch privatwirtschaftliche Bedeutung. Neben den ursprünglichen Verfahren zur Ver- und Entschlüsselung von Daten kommen dabei verstärkt Mechanismen zur Sicherung der Integrität und Authentizität von Daten sowie der Authentifizierung von Personen und Systemkomponenten zum Einsatz. Die moderne Kryptologie beinhaltet zahlreiche weitere Mechanismen, ohne die eine zeitgemäße Informationsgesellschaft – etwa im Kontext des bevorstehenden Electronic Commerce – nicht mehr denkbar ist.

Die älteste uns überlieferte Form, eine Nachricht zu verschlüsseln, ist wohl die der Spartaner im fünften Jahrhundert vor unserer Zeitrechnung. Dabei wurde ein Papierstreifen spiralförmig um einen Stab, die Skytale, gewickelt. Die parallel zum Stab auf dem Papierstreifen geschriebene Information erschien sinnlos, wenn der Papierstreifen abgenommen wurde. Wurde der Papierstreifen jedoch an seinem Bestimmungsort auf einem Stab des gleichen Durchmessers gewickelt, so konnte die verschlüsselte Information leicht entziffert werden.

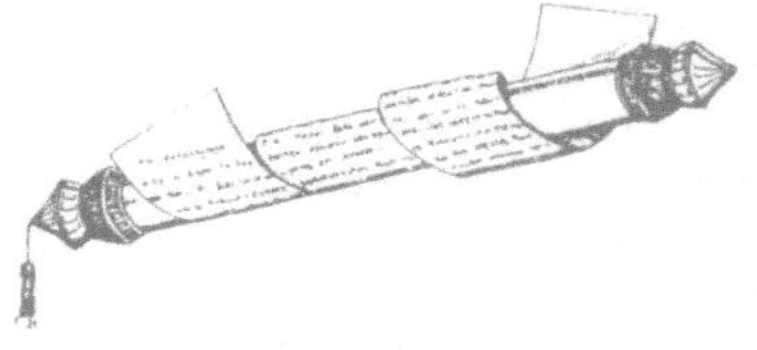

Abbildung 11.1
Skytale: Chiffrierstab der Spartaner

Eine zu übertragende Nachricht, die wir als Klartext bezeichnen, wird durch ein Verschlüsselungsverfahren in einen Schlüsseltext (Geheimtext) so transformiert, dass ein eingeweihter Empfänger die ursprüngliche Nachricht rekonstruieren kann. Anstelle von Verschlüsselungsverfahren werden wir auch den Begriff Chiffre und statt Schlüsseltext das Synonym Chiffrat verwenden.

Die Skytale gehört zu den Verfahren, bei denen lediglich die Reihenfolge der Buchstaben einer Nachricht vertauscht werden. Die prinzipielle Vorgehensweise kann am folgenden einfachen Beispiel (bei dem zwei benachbarte Buchstaben vertauscht werden) betrachtet werden.

    Klartext: GEHEIMSCHRIFT
    Chiffrat 1: EGEHMICSRHFIT
    Chiffrat 2: EGEHMICSRHFIXT

Ist die Anzahl der Buchstaben ungerade, so verbleibt der letzte Buchstabe entweder in seiner Position (Chiffrat 1) oder der Klartext wird um ein geeignetes Zeichen verlängert. Zur Ermittlung von Chiffrat 2 wurde der Buchstabe X verwendet. Beim Entschlüsseln kann der überzählige Buchstabe in Abhängigkeit des Kontextes leicht erkannt und eliminiert werden.

In der Kryptographie werden Verfahren, bei denen sich Klartext und Schlüsseltext lediglich durch die Position der verwendeten Buchstaben unterscheiden, als *Transposition* bezeichnet. Transpositionen können als Permutationen der Buchstaben betrachtet werden.

Im Gegensatz zur Transposition verwendete etwa Julius Cäsar ein Verfahren, bei dem die Buchstaben einer Nachricht durch andere Buchstaben ersetzt werden. In der Krytographie werden solche Ersetzungsverfahren als *Substitution* bezeichnet. Überträgt man das Verfahren auf das Alphabet der 26 Großbuchstaben A bis Z, so können beispielsweise beim Verschlüsseln A durch D, B durch E, ..., Y durch B und Z durch C ersetzt werden. Die Buchstaben werden also zyklisch um drei Positionen im Alphabet verschoben. Das Beispiel illustriert die Vorgehensweise:

Klartext: GEHEIMSCHRIFT
Chiffrat: JHKHLPVFKULIM

Die Ersetzungsvorschrift kann der folgenden Tabelle entnommen werden. In der zweiten Zeile befinden sich die Klartextbuchstaben m und in der dritten die zugehörigen Schlüsseltextbuchstaben c. Das Chiffrat wird entschlüsselt, indem die Tabelle umgekehrt genutzt wird.

	0	1	2	3	4	5	6	7	8	9	10	11	12	13	14	15	16	17	18	19	20	21	22	23	24	25
m	A	B	C	D	E	F	G	H	I	J	K	L	M	N	O	P	Q	R	S	T	U	V	W	X	Y	Z
c	D	E	F	G	H	I	J	K	L	M	N	O	P	Q	R	S	T	U	V	W	X	Y	Z	A	B	C
	3	4	5	6	7	8	9	10	11	12	13	14	15	16	17	18	19	20	21	22	23	24	25	0	1	2

Fassen wir Klartextbuchstaben m und Schlüsseltextbuchstaben c als Zahl der vorstehenden Tabelle auf (A entspricht der Zahl 0), so kann die Verschlüsselung (Encryption) durch $c=E(m)=(m+3)$ MOD 26 und die zugehörige Entschlüsselung (Decryption) durch $m=D(c)=(c-3)$ MOD 26 beschrieben werden.

Stellt x eine ganze Zahl und n eine positive ganze Zahl dar, so bezeichnen wir mit x MOD n den kleinsten nichtnegativen ganzzahligen Rest, der sich bei der Division von x durch n ergibt. Mit $r = x$ MOD n existiert ein eindeutig bestimmtes k, so dass $x = k \cdot n + r$ gilt.

Die Sicherheit dieser elementaren Verfahren beruhte im Wesentlichen darauf, dass die Verfahren selbst als geheim angenommen wurden. Außerdem konnten sie leicht durch Schlüssel parametrisiert werden. Bei der Skytale war dies der Durchmesser und beim Verfahren von Cäsar die Anzahl der Positionen k, um die das Alphabet verschoben werden musste. Wird beim Verfahren von Cäsar der Wert 3 durch einen Schlüssel k aus der Menge $\{0, 1, \ldots, 25\}$ ersetzt, so erhalten wir die Funktionen $E(m,k) = (m+k)$ MOD 26 und $D(c,k) = (c-k)$ MOD 26.

Dieses Prinzip wurde beispielsweise im amerikanischen Unabhängig-
keitskrieg in Form der oben abgebildeten Chiffrierscheibe eingesetzt.

Sowohl die einfache Transposition als auch die einfache Substitution
sind keine ernstzunehmenden kryptographischen Verfahren, um die
Vertraulichkeit von Informationen zu gewährleisten. Dies ist insbesondere darin begründet, dass die entsprechenden Verfahren bekannt
sind und die Anzahl der möglichen Schlüssel so klein ist, dass der
verwendete durch einfaches Ausprobieren gefunden werden kann.
Daran ändert sich auch dann nichts, wenn man bei einem Alphabet mit
26 Buchstaben alle $26! = 403.291.461.126.605.635.584.000.000$ möglichen Substitutionen zulässt.

Von großer Bedeutung ist dabei die Verteilung der Buchstaben in einer natürlichen Sprache. So kommen etwa in der deutschen Sprache
die Buchstaben E, N und I häufig und die Buchstaben Q, X und Y relativ selten vor. Wurde ein Klartext mittels einer auf Einzelbuchstaben
operierenden Substitution verschlüsselt, so spiegelt sich die Buchsta-
benverteilung im Chiffrat wider.

Eine Verbesserung dieser Situation wurde zunächst mit der Einführung mechanischer Verschlüsselungsgeräte erreicht. Hiermit wurden
zwar ebenfalls Einzelzeichen ersetzt, allerdings änderte sich die Ersetzungsvorschrift bei jedem Verschlüsselungsschritt. Die Verschlüsse-
lungsmaschine ENIGMA, die im zweiten Weltkrieg zum Einsatz kam,
ist wahrscheinlich der berühmteste Vertreter. Aber auch die ENIGMA
wurde erfolgreich analysiert, so dass die verschlüsselten Nachrichten
nicht lange geheim blieben.

Die Kunst der Geheimschriften entwickelte sich nun langsam zur
Wissenschaft Kryptologie. Insbesondere wurde von Shannon gezeigt,
dass es ein absolut sicheres Verfahren gibt, bei dem zwar auch Einzelzeichen verschlüsselt werden, allerdings mittels einer Zufallsfolge, die
genau einmal verwendet wird. Bei der Anwendung dieses One-time-
pad bestand aber das Problem der Schlüsselgenerierung und der
Schlüsselvereinbarung zwischen den Kommunikationspartnern. Im
diplomatischen Dienst konnte dies mittels Kurieren relativ leicht realisiert werden. Bei Massenanwendungen im kommerziellen Bereich waren jedoch wirtschaftliche Verfahren gefordert.

DES   Mit dem *Data Encryption Standard (DES)* wurde 1977 erstmals ein
Verschlüsselungsverfahren standardisiert [11.8]. Obwohl sich dieses
Verfahren in den Folgejahren der Kritik zahlreicher Experten ausge-
setzt sah, wurden keine wesentlichen Schwächen aufgezeigt. Es ist
daher nicht verwunderlich, dass der Data Encryption Standard eine
breite Anwendung in nahezu allen sicherheitsrelevanten Bereichen
fand. Das Problem des zu kurzen Schlüssels – beim DES werden 56

Bit lange Schlüssel verwendet – wurde zwar ausgiebig diskutiert, galt aber bis weit in die 90er Jahre als wenig kritisch.

Obwohl der DES auch noch heute eingesetzt wird, ist er für Neuentwicklungen nicht mehr geeignet, da heute Attacken auf einzelne Schlüssel in wenigen Stunden erfolgreich durchgeführt werden können. Dies wurde erst durch weltweit zusammengeschaltete Rechner und speziell entwickelte Hardware ermöglicht. Das Internet, das ohne Sicherheitsmaßnahmen nicht für den Electronic Commerce eingesetzt werden kann, hat somit im doppelten Sinne dazu beigetragen, dass neue sichere Algorithmen entwickelt werden mussten. Der neue Standard wird *AES (Advanced Encryption Standard)* heißen [11.10] und wahrscheinlich Mitte 2001 verfügbar sein.

AES

Neben Maßnahmen zur Vertraulichkeit von Daten, die durch geeignete Verschlüsselung erreicht werden kann, ist es erforderlich, dass die übermittelten Daten authentisch und letztlich verbindlich sind. Gefragt war ein elektronisches Funktionsäquivalent zur eigenhändigen Unterschrift. Mitte der 70er Jahre wurde hierfür mit der Entwicklung der *Public-Key-Kryptosysteme* der Grundstein gelegt [11.1]. Insbesondere wurde das Konzept der digitalen Signatur eingeführt. 1976 stellten Rivest, Shamir und Adleman [11.12] ein Verfahren vor, das heute als ein de facto Standard anzusehen ist.

Public-Key-Kryptosysteme

Obwohl seit mehr als 20 Jahren die erforderlichen Mechanismen bereitstehen, kamen die Verfahren nur in wenigen Anwendungen zum Einsatz. Eine breite Anwendung scheiterte zudem an der fehlenden Infrastruktur, da es zwingend erforderlich ist, dass die zum Einsatz kommenden Schlüssel dem jeweiligen Benutzer zweifelsfrei zugeordnet werden können. Hierzu werden digitale Zertifikate benötigt, die mit elektronischen Pässen verglichen werden können.

Das boomende Internet, die weltweite Vernetzung, der Electronic Commerce und die Abwicklung elektronischer Geschäftsprozesse haben dazu geführt, dass IT-Sicherheit ein beherrschendes Thema geworden ist, das ohne den Einsatz moderner Methoden der Kryptologie nicht realisiert werden kann. Nationale Gesetze und internationale Abkommen werden dazu beitragen, dass digitale Signaturen und elektronische Post – und damit kryptographische Mechanismen – in naher Zukunft so selbstverständlich wie die eigenhändige Unterschrift und die Briefpost sein werden.

11.2 Basismechanismen im Überblick

Im Folgenden werden grundlegende Mechanismen der Kryptologie dargestellt. Dabei werden keine speziellen Verfahren betrachtet, vielmehr wird das jeweils zugrundeliegende Prinzip beschrieben. Es werden folgende Basismechanismen behandelt:

- Symmetrische Verschlüsselung (und Entschlüsselung)
- Asymmetrische Verschlüsselung (und Entschlüsselung)
- Kryptographische Hashfunktionen
- Digitale Signatur

11.2.1 Symmetrische Verschlüsselung

Das Prinzip der symmetrischen Ver- und Entschlüsselung von Daten wurde in Abschnitt 11.1 bereits beispielhaft betrachtet. Bezeichnet m eine Nachricht (Klartext), E ein Verschlüsselungsverfahren und k den verwendeten Schlüssel, so kann der zugehörige Schlüsseltext c durch $c = E(m,k)$ ermittelt werden. Besitzt der Empfänger ebenfalls den Schlüssel k, so kann er aus dem empfangenen Chiffrat c mit dem zugehörigen Entschlüsselungsverfahren D den Klartext $m = D(c,k)$ wiedergewinnen. Die Symmetrie des Verfahrens besteht darin, dass Sender und Empfänger denselben Schlüssel k benutzen.

Abbildung 11.2
Symmetrische Ver- und Entschlüsselung

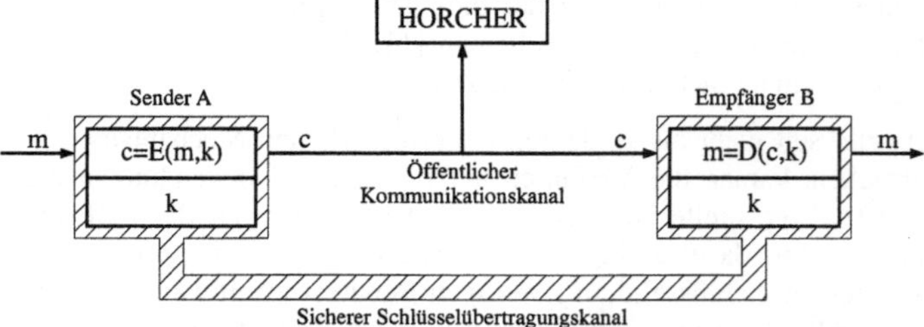

Das verwendete Verschlüsselungsverfahren muss dabei so sicher sein, dass ein durch einen Horcher zu erwartender Angriff erfolglos bleibt. Dabei wollen wir voraussetzen, dass das eingesetzte Verfahren selbst bekannt ist. Diese Voraussetzung wird *Kerkhoffsches Prinzip* genannt. Die Sicherheit ist somit entscheidend durch Wahl und Geheimhaltung des Schlüssels bestimmt. Zum Austausch des verwendeten Schlüssels k ist ein sicherer Schlüsselübertragungskanal zwingend erforderlich.

Kerkhoffsches Prinzip

Wurde bei der Datenübertragung das Chiffrat c zu $c' \neq c$ verfälscht, so kann der Klartext in der Regel aus c' nicht rekonstruiert werden. Handelt es sich bei der Nachricht m um eine Zeichenfolge aus einem Redundanzschema, etwa einer natürlichen Sprache wie Deutsch oder Englisch, so kann aus dem Resultat der Entschlüsselung die korrekte Übertragung und damit die Integrität der übermittelten Information abgeleitet werden.

Wurde bei der Entschlüsselung eine sinnvolle Nachricht ermittelt, so kann die empfangene Nachricht als echt angesehen werden, da lediglich Sender und Empfänger den gemeinsamen geheimen Schlüssel k kennen. Hierdurch ist die Integrität (Unverfälschtheit) der Nachricht im Wesentlichen überprüfbar. Zudem kann der Empfänger bei vorhandener Integrität von der Authentizität der Nachricht und des Urhebers ausgehen; dies ist darin begründet, dass der Empfänger in der Regel den Sender kennt und beide ihren gemeinsamen Schlüssel geheim halten. Diese (eingeschränkte) Authentizität besitzt jedoch keine Beweiskraft gegenüber Dritten, da das empfangene Chiffrat auch vom Empfänger selbst erzeugt werden kann.

Symmetrische Verschlüsselungssysteme lassen sich im Wesentlichen in zwei Klassen unterteilen. Hierbei handelt es sich um Stromchiffren und Blockchiffren. Stromchiffren sind zunächst einmal dadurch charakterisiert, dass sie Einzelzeichen verschlüsseln. Blockchiffren operieren dagegen auf diskreten Blöcken (von Einzelzeichen) fester Länge. Beispiele findet man etwa [11.3] und [11.13].

Diese Klassifikation ist jedoch nicht immer zufriedenstellend, da ein 8 Bit langer Block auch als Einzelzeichen eines Codes der Länge 8, etwa als ASCII-Zeichen, aufgefasst werden kann. Entsprechendes gilt auch umgekehrt. Gehen wir jedoch davon aus, dass die behandelten Zeichen einem festen Alphabet in einer festen Codierung zugeordnet sind, so kann diese Interpretation zur Klassifikation symmetrischer Verschlüsselungssysteme beitragen. Um eine weitere Unterscheidung zwischen Strom- und Blockchiffren zu erhalten, kann zudem die interne Struktur des betrachteten Chiffrierverfahrens als Kriterium hinzugezogen werden. Das Prinzip von Block- und Stromchiffren ist in Abbildung 11.3 dargestellt.

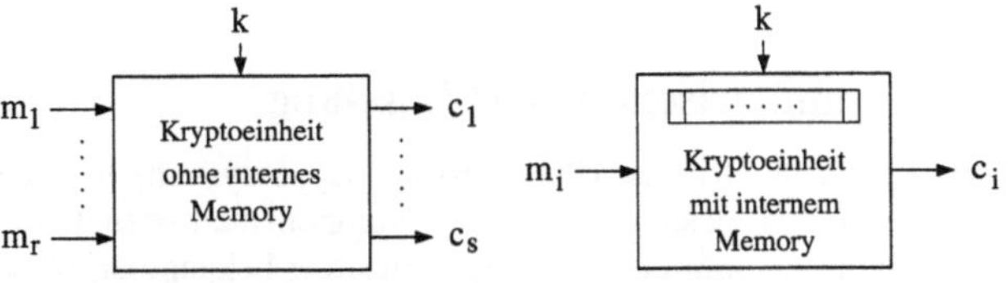

Abbildung 11.3
Block- und Stromchiffre

Bei einer Blockchiffre werden Zeichenfolgen der Länge r in Zeichenfolgen der Länge s transformiert, wobei der Schlüssel k als Sicherheitsparameter genutzt wird. In der Praxis sind die Längen r und s in der Regel identisch und ein Vielfaches von 8 (Bit) etwa 64 oder 128 Bit. Die Ausgabe $c = (c_1, \ldots , c_s)$ ist dabei lediglich vom Schlüssel k und der zugehörigen Eingabe $m = (m_1, \ldots , m_r)$ abhängig. Insbesondere erzeugen somit gleiche Eingabewerte auch gleiche Ausgabewerte. Bezeichnet E die Verschlüsselungs- und D die Entschlüsselungsfunktion, so ergeben sich die Zusammenhänge $c = E(m,k) = E_k(m)$ und $m = D(c,k) = D_k(c)$.

Bei einer Stromchiffre werden Einzelzeichen ver- bzw. entschlüsselt. Aus einem relativ kurzen Schlüssel k wird dabei mittels eines Pseudozufallsgenerators ein Schlüsselstrom k_1, k_2, k_3, ... mit großer Periodenlänge erzeugt. Aus der Klartextfolge m_1, m_2, m_3, ... ergibt sich die Schlüsseltextfolge $c_1 = E(m_1, k_1)$, $c_2 = E(m_2, k_2)$, $c_3 = E(m_3, k_3)$, ...; das Verschlüsselungsverfahren selbst kann dabei sehr einfach sein.

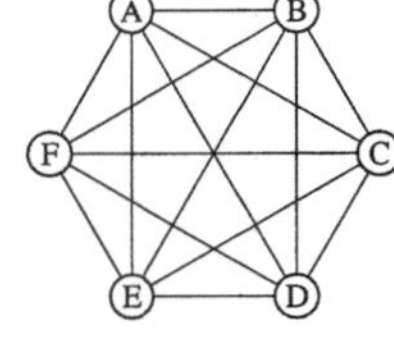

Da für jeweils zwei Benutzer ein vertraulicher Schlüssel vorhanden sein muss, sind bei n Benutzern bereits insgesamt $n(n–1)/2$ verschiedene Schlüssel erforderlich. Setzen wir außerdem voraus, dass alle Benutzer miteinander kommunizieren wollen, so muss jeder Benutzer die $n–1$ Schlüssel seiner potentiellen Kommunikationspartner kennen. Befinden sich in einem System 10.000 Benutzer, so sind insgesamt 49.995.000 verschiedene Schlüssel erforderlich, und jeder Benutzer muss 9.999 unterschiedliche Schlüssel mit dem jeweiligen Bezug zum entsprechenden Kommunikationspartner vertraulich vereinbaren, speichern und verwalten. In der Abbildung sind die 15 möglichen Kommunikationsbeziehungen zwischen sechs Instanzen aufgezeigt.

Die Situation wird noch komplexer, wenn man bedenkt, dass sowohl Benutzergruppen als auch Schlüssel veränderbar sein müssen. Die daraus resultierenden Sicherheitsanforderungen an ein zugrundeliegendes Schlüsselmanagement sind ohne weitere kryptographische Hilfsmittel und geeigneter Sicherheitsinfrastrukturen praktisch nicht realisierbar.

Eine Lösungsmöglichkeit deutete sich 1976 an, als Diffie und Hellman [11.1] in ihrer bahnbrechenden Arbeit „New Directions in Cryptography" das Konzept der Public-Key Cryptosystems vorstellten.

11.2.2 Asymmetrische Verschlüsselung

Das Prinzip asymmetrischer (Public-Key-) Kryptosysteme liegt darin, dass jeder Benutzer bestimmte Schlüsselkomponenten besitzt, wovon ein Teil geheim und nur dem jeweiligen Besitzer bekannt ist, während die zugehörigen öffentlichen Schlüsselkomponenten jedem Systembenutzer bekannt bzw. zugänglich sein müssen. Die Sicherheit der Verfahren beruht darauf, dass die jeweiligen geheimen Schlüsselparameter praktisch nicht aus den öffentlich bekannten Parametern ermittelt werden können. In diesem Zusammenhang werden oft die Begriffe geheimer (private) und öffentlicher (public) Schlüssel verwendet.

Solche asymmetrischen Verfahren können sowohl zur Ver- und Entschlüsselung als auch zur Wahrung von Integrität und Authentizität dienen. Wir werden sehen, dass sich die konkreten Verfahren in ihrer Realisierung jedoch stark unterscheiden.

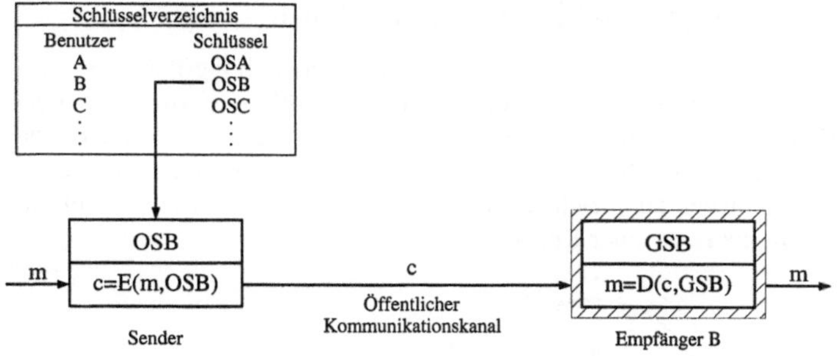

Abbildung 11.4
Asymmetrische
Ver- und Ent-
schlüsselung

Bezeichnet *GSB* den geheimen und *OSB* den zugehörigen öffentlichen Schlüssel eines Benutzers *B*, so kann ein Systembenutzer (Sender) eine Nachricht *m* an den Empfänger *B* vertraulich übermitteln, indem er das Chiffrat $c = E(m,OSB)$ an *B* überträgt. Lediglich der Benutzer *B* ist dann in der Lage, mittels $m = D(c,GSB)$ den Klartext zu rekonstruieren. Die Asymmetrie des Verfahrens besteht darin, dass Sender und Empfänger unterschiedliche Schlüssel verwenden.

Beim Einsatz asymmetrischer Verfahren ergeben sich allerdings einige Probleme, deren Lösung es bedarf.

- Es muss dafür Sorge getragen werden, dass die verwendeten öffentlichen Schlüsselparameter den jeweiligen Benutzern zweifelsfrei zugeordnet werden können. Hierzu ist insbesondere eine eindeutige Identifizierung aller Systembenutzer zu gewährleisten.

- Aus der Beschreibung eines asymmetrischen Ver- und Entschlüsselungssystems ist ersichtlich, dass der Empfänger keine Information über den Sender erhält – jeder Systembenutzer hat prinzipiell Zugriff auf die öffentlichen Schlüssel. Solche Systeme können somit in ihrer Basisanwendung zwar Vertraulichkeit (und Integrität), aber keinerlei Authentizität gewährleisten.

Das erste Problem kann gelöst werden, indem die öffentlichen Schlüsselparameter durch geeignete Maßnahmen beglaubigt werden. Hierzu müssen spezielle Infrastrukturen (PKIs – Public-Key Infrastructures) aufgebaut werden. In diesen Infrastrukturen werden Schlüsselzertifikate vergeben, durch die eine persönliche Bindung eines öffentlichen Schlüssels zu einem Benutzer garantiert wird.

Das zweite Problem kann nur dadurch gelöst werden, dass zusätzlich die Senderauthentizität nachgewiesen wird. Hierzu können prinzipiell zwei unterschiedliche Verfahren verwendet werden. Dabei handelt es sich einerseits um einen Authentifikationscode (Message Authentication Code – MAC) und andererseits um eine digitale Signatur. Im Folgenden werden zunächst die prinzipielle Arbeitsweise solcher Verfahren und im weiteren Verlauf praktische Realisierungen vorgestellt.

11.2.3 Kryptographische Hashfunktionen

Kryptographische Hashfunktionen dienen dazu, Integrität bzw. Authentizität von Daten bzw. Nachrichten überprüfbar zu machen. Hierzu wird ein Datum beliebiger Länge auf einen Hashwert fester Länge (etwa 160 Bit) abgebildet. Unterschiedliche Nachrichten m und m' können daher zu gleichen Hashwerten führen. Ist dies der Fall, so spricht man von einer Kollision.

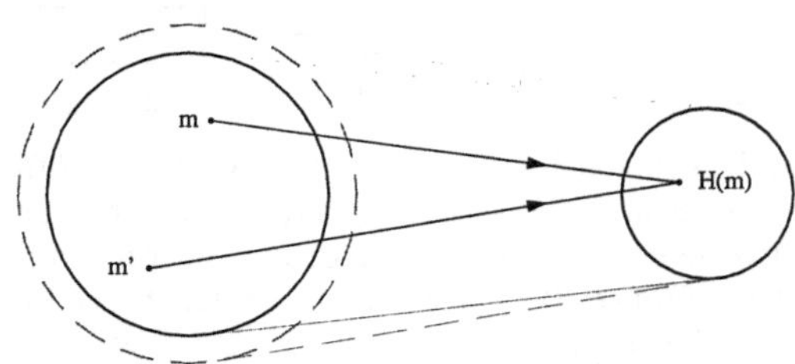

Abbildung 11.5
Kollision
$H(m) = H(m')$

Im Zusammenhang mit Hashfunktionen werden oft die Begriffe *Message Digest* (MD) und *Message Authentication Code* (MAC) verwendet. Bei beiden handelt es sich um Hashfunktionen. Anstelle von Message Digest wird auch das Synonym *Manipulation Detection Code* (MDC) benutzt. Spricht man von einer öffentlich bekannten Hashfunktion, so ist zumeist der Message Digest gemeint. Beim Message Authentication Code ist im Gegensatz zum Message Digest die verwendete Funktion von einem geheimen Schlüssel k abhängig, der nur den jeweils beteiligten Partnern bekannt ist.

Message Digest,
Message Authentication Code,
Manipulation Detection Code

In Anlehnung an einen menschlichen Fingerabdruck wird der Hashwert einer Nachricht manchmal auch digitaler *Fingerprint* genannt.

Fingerprint

Mit $H(m)$ bezeichnen wir den zu m gehörenden Hashwert, der mittels eines Message Digest bestimmt wurde. Entsprechend bezeichnet $H(m,k)$ den zu m gehörenden Hashwert, der durch einen Message Authentication Code ermittelt wurde.

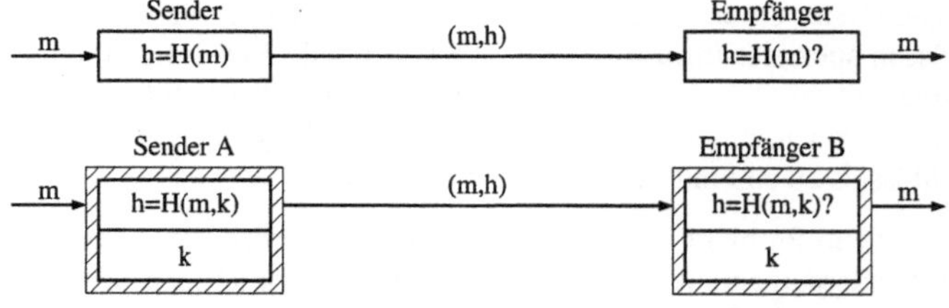

Abbildung 11.6
MD und MAC

Ein Message Digest $H(m)$ kann insbesondere zur Überprüfung der Integrität einer Nachricht m beitragen. Stimmt auf der Seite des Empfängers der berechnete Wert $H(m)$ mit dem übertragenen Wert h überein, so kann man davon ausgehen, dass h zu m gehört. Damit ist aber keinesfalls sichergestellt, dass die Werte m und h auch tatsächlich vom vermuteten Sender stammen.

Dieses Defizit kann mittels eines MAC behoben werden. In Abhängigkeit eines geheimen Schlüssels k wird zu einer Nachricht m der Hashwert $H(m,k)$ berechnet und gemeinsam mit dem Klartext m (oder dem zugehörigen Chiffrat c) übertragen. Bei Kenntnis des Schlüssels k kann ein Empfänger (nach eventuell erforderlicher Entschlüsselung des Chiffrats c) ebenfalls den Wert $H(m,k)$ ermitteln und sich somit von der Authentizität der Nachricht überzeugen (vgl. Abbildung 11.6). Da der Empfänger zu jeder Nachricht den Hashwert ermitteln kann, besitzt das Verfahren allerdings keinen Beweiswert gegenüber Dritten.

Eine wesentliche Eigenschaft, die solche (kryptographischen) Hashfunktionen besitzen müssen, ist die sogenannte *Kollisionsresistenz*. Es darf praktisch nicht möglich sein, zwei verschiedene Nachrichten m und m' mit $H(m) = H(m')$ bzw. $H(m,k) = H(m',k)$ zu bestimmen.

Kollisionsresistenz

Im Zusammenhang mit den nun zu betrachtenden digitalen Signaturen kommen lediglich Hashfunktionen der Form $H(m)$ zur Anwendung. Hier darf es insbesondere nicht möglich sein, aus einer gegebenen Nachricht m und dem zugehörigen Hashwert $H(m)$ eine von m verschiedene Nachricht m' zu konstruieren, für die $H(m) = H(m')$ ist.

Im Kontext digitaler Signaturen werden insbesondere die Hashfunktionen RIPE-MD 160 und SHS-1 [11.9] zur Anwendung empfohlen, da diese Hashfunktionen als kollisionsresistent angesehen werden.

11.2.4 Digitale Signaturen

Soll die Authentizität auch gegenüber Dritten nachweisbar sein, so ist eine digitale Signatur erforderlich. Das Basisprinzip kann folgendermaßen beschrieben werden, wobei wir davon ausgehen, dass der Benutzer A, mit geheimem Schlüssel GSA und öffentlichem Schlüssel OSA, einen Klartext m an einen Systembenutzer B sendet. Hierzu berechnet A unter Verwendung seines geheimen Schlüssels GSA und einer Signierfunktion S eine digitale Signatur $s = S(m,GSA)$, die er zusammen mit dem Klartext m an den Benutzer B sendet.

Das Paar (m,s) heißt signierte Nachricht. Unter Anwendung einer entsprechenden Verifikationsfunktion V ist nun jeder Systembenutzer (insbesondere auch der Empfänger B) in der Lage zu überprüfen, ob die Nachricht m von Benutzer A stammt. Hierzu wird ein Prädikat $V(m,s,OSA)$ ausgewertet. Das Prädikat ist genau dann wahr (true), wenn OSA der öffentliche Schlüssel von A ist, die signierte Nachricht von A stammt und die signierte Nachricht (m,s) zwischen dem Zeitpunkt des Signierens und dem des Verifizierens nicht verändert wurde. Da die Signatur als Anhang zur Nachricht angesehen werden kann,

Digital Signatur
with Appendix

wird das beschriebene Verfahren auch als *Digital Signatur with Appendix* bezeichnet.

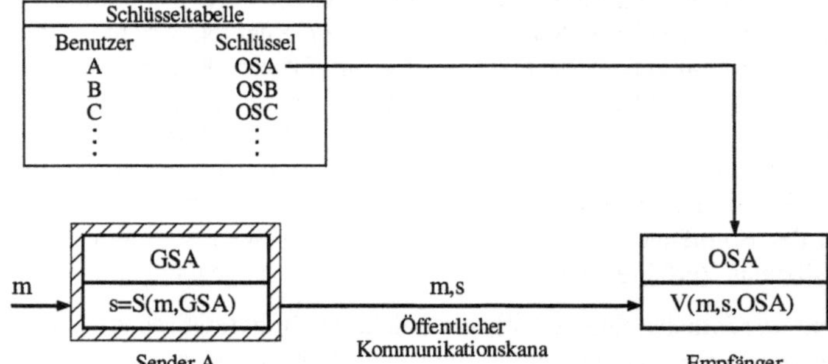

Abbildung 11.7
Prinzip einer
digitalen Signatur

Im Gegensatz zur oben beschriebenen digitalen Signatur wird bei der sogenannten digitalen Signatur mit Nachrichtenrückgewinnung lediglich die Signatur $s = S(m,GSA)$ übertragen. Zur Überprüfung der Authentizität muss ein Verifizierer dann aber in der Lage sein, den Klartext m zu ermitteln und dessen Plausibilität zu überprüfen. Dies kann beispielsweise dann der Fall sein, wenn m eine kurze Nachricht aus einem Redundanzschema R ist. Die eigentliche Verifikation kann dann als Prädikat $V(m,s,OSA,R)$ aufgefasst werden.

Bei der originären digitalen Signatur wird eine Nachricht m von einem Unterzeichner U mittels seines geheimen Schlüssels GSU signiert. Ist eine Nachricht für das eingesetzte Verfahren zu lang, so kann sie prinzipiell auch in kürzere Teilnachrichten zerlegt werden, die dann einzeln zu signieren sind. Hierdurch ergeben sich aber Sicherheitslücken, die es zu vermeiden gilt. Wurde beispielsweise eine Nachricht m in die beiden Teilnachrichten m_1 und m_2 zerlegt und sind s_1 und s_2 die zugehörigen (Teil-) Signaturen, so könnte sowohl $m = m_1 \| m_2$ als auch $m' = m_2 \| m_1$ eine sinnvolle Nachricht sein. Mit der Signatur zur Nachricht m, $S(m,GSU) = S(m_1,GSU) \| S(m_2,GSU)$ ist dann aber auch die Signaturen zu m' bekannt, $S(m',GSU) = S(m_2,GSU) \| S(m_1,GSU)$.

Konkatenation   Mit $u \| v$ kennzeichnen wir hier die *Konkatenation* (das Hintereinanderschreiben) von Buchstaben bzw. Zeichenfolgen. Soll beispielsweise ausgedrückt werden, dass die Zeichenfolgen ABCD und EF als eine Zeichenfolge ABCDEF betrachtet werden soll, so kann dies durch ABCD\|EF dargestellt werden.

Anstelle der Nachricht m kann auch ein zugehöriger Hashwert $H(m)$ signiert werden. Bei praxisrelevanten Signaturverfahren ist dies aus Sicherheitsgründen zwingend erforderlich. Die verwendete kryptographische Hashfunktion H muss dabei allen Systembenutzern bekannt und kollisionsresistent sein. Der Unterzeichner A sendet dann sowohl

den Wert $s = S(H(m),GSA)$ als auch die Nachricht m. Ein Systembenutzer ist somit in der Lage, den Wert $H(m)$ zu berechnen und mittels
$V(H(m),s,OSA)$ auf Korrektheit zu überprüfen.

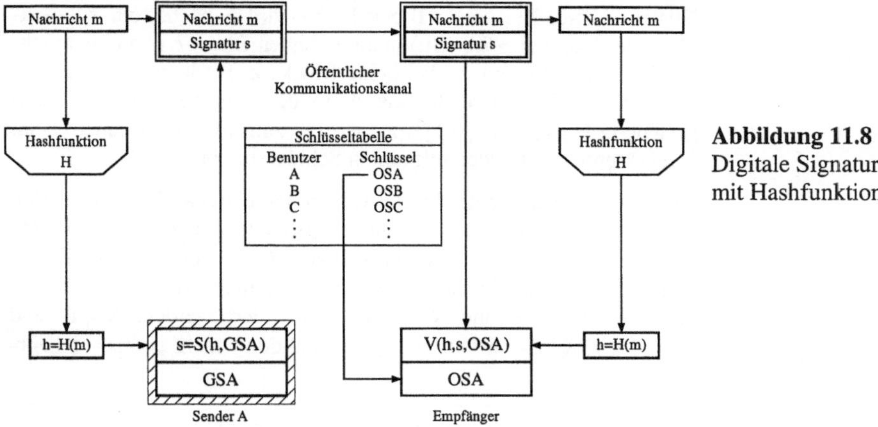

Abbildung 11.8
Digitale Signatur
mit Hashfunktion

Die Verwendung einer Hashfunktion hat den Vorteil, dass bei langen
Nachrichten Signaturen effizienter generiert und verifiziert werden
können. Außerdem können dadurch solche Sicherheitslücken ausgeschlossen werden, die durch Vertauschen und Austauschen signierter
Teilnachrichten entstehen können.

11.3 Blockchiffren

Bei einer Blockchiffre werden Klartexte fester Länge in Schlüsseltexte
fester Länge transformiert. Die Transformation ist schlüsselgesteuert.

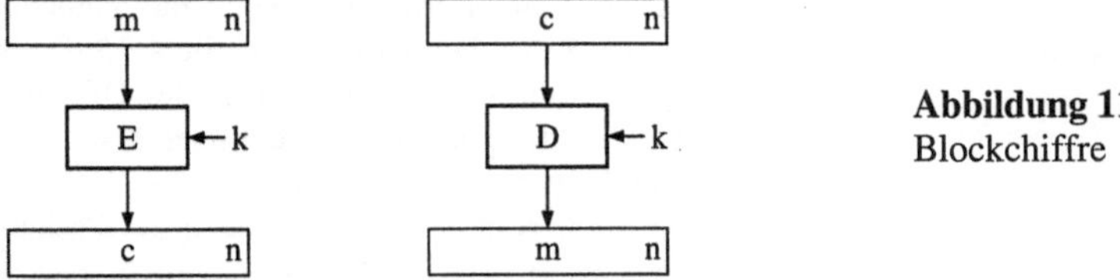

Abbildung 11.9
Blockchiffre

Eine Blockchiffre lässt sich durch eine Verschlüsselungsfunktion E,
die zugehörige Entschlüsselungsfunktion D, die Blocklänge n und die
Länge des verwendeten Schlüssels k beschreiben. Gehen wir davon
aus, dass die Blocklänge 128 und die Länge des Schlüssels 192 Bit
beträgt, können wir die Funktionen $E\colon M{\times}K \to C$ und $D\colon C{\times}K \to M$
über die Mengen $M = C = \{0,1\}^{128}$ und $K = \{0,1\}^{192}$ betrachten, wobei $c = E(m,k)$ und $m = D(c,k)$ gilt.

11.3.1 Feistel-Chiffre – DES – AES

Eines der bedeutendsten Hilfsmittel für den Entwurf von Blockchiffren ist das von Horst Feistel entwickelte Konstruktionsprinzip einer Feistel-Chiffre. Bei dieser Blockchiffre wird zunächst ein Klartextblock der Länge $n = 2m$ (Bit) in einen linken Block L und einen rechten Block R aufgeteilt, wobei beide Blöcke m Bit lang sind. Der wesentliche Aspekt besteht aber nun darin, dass eine beliebige schlüsselgesteuerte Funktion $f\colon \{0,1\}^m \times K \to \{0,1\}^m$ zum Einsatz kommen kann. K repräsentiert dabei den relevanten Schlüsselraum.

Die Wirkungsweise einer Feistel-Chiffre lässt sich als Transformation der Eingangsblöcke L und R in Ausgangsblöcke L' und R' beschreiben, wobei $k \in K$ den Schlüssel bezeichnet: $L' = R$ und $R' = f(R,k) \oplus L$. Durch $\oplus$ wird das bitweise XOR gekennzeichnet. Aus L' und R' können die Blöcke L und R leicht rekonstruiert werden: $R = L'$ und $L = f(L',k) \oplus R'$. Es fällt auf, dass die Funktion f nicht einmal umkehrbar sein muss.

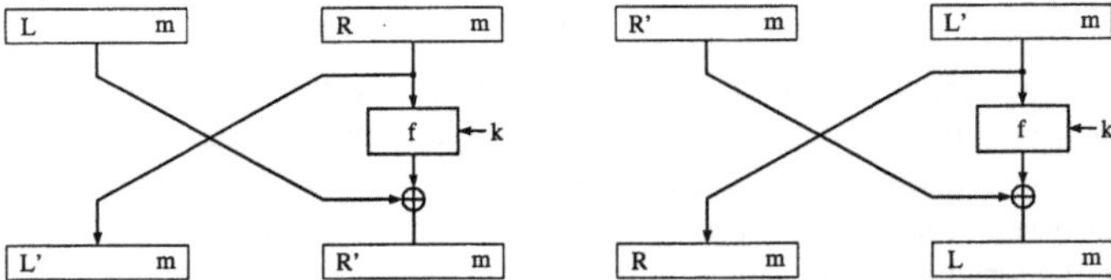

Abbildung 11.10
Prinzip einer
Feistel-Chiffre

Fassen wir das Paar (L,R), als Klartext und (L',R') als Schlüsseltext auf, so kann die Feistel-Chiffre noch nicht als sicher angesehen werden. Wenden wir das Konstruktionsprinzip jedoch wiederholt auf die sich ergebenden Ausgangsblöcke an, so können sichere Verschlüsselungssysteme konstruiert werden. In den einzelnen Runden werden außerdem in der Regel unterschiedliche Schlüssel verwendet.

Data Encryption Standard – DES Der *Data Encryption Standard (DES)* stellt das Paradebeispiel einer Feistel-Chiffre dar [11.8], bei der die eigentliche Chiffrierung in einer Iterationsschleife 16 mal durchlaufen wird. Der DES operiert auf 64 Bit langen Blöcken, der verwendete Schlüssel besitzt zwar ebenfalls eine Länge von 64 Bit, von denen allerdings nur 56 für die Verschlüsselung relevant sind, während die restlichen als Paritätsbits dienen. Mit 2^{56} existieren somit zirka $7{,}2 \cdot 10^{16}$ unterschiedliche Schlüssel.

Der DES ist das (bisher) einzige standardisierte Verschlüsselungsverfahren. Hierin ist auch der Grund dafür zu sehen, dass er so häufig eingesetzt wird. Die verwendete Schlüssellänge von 56 Bit ist jedoch für zahlreiche Anwendungen heute nicht mehr ausreichend.

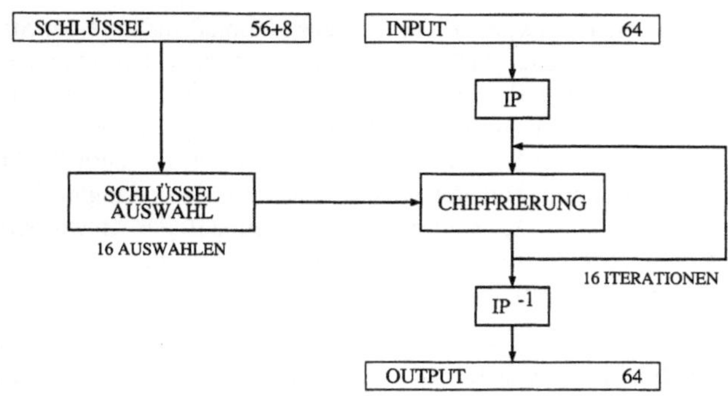

Abbildung 11.11
Aufbau des DES

Der prinzipielle Aufbau des DES ist in Abbildung 11.11 dargestellt. Jeder Input wird einer Eingangspermutation IP unterzogen; anschließend durchläuft der Block 16 schlüsselabhängige, aber funktional identische Iterationen, die gewöhnlich auch als Runden bezeichnet werden. Jede Runde benutzt unterschiedliche 48-Bit-Teilschlüssel. Die erforderlichen 16 Teilschlüssel K_1 bis K_{16} werden aus dem 56-Bit-Schlüssel mittels einer Schlüsselauswahlfunktion bestimmt. Die Ausgabe der letzten Iteration dient als Eingabe für die zu IP inverse Permutation IP^{-1}, die ihrerseits dann den Output liefert. Die Permutationen IP und IP^{-1} sind für die Sicherheit des DES ohne Bedeutung.

Der Algorithmus ist so ausgelegt, dass damit sowohl Klartexte verschlüsselt als auch verschlüsselte Texte entschlüsselt werden können. Dabei ist die Ver- und Entschlüsselung bis auf die Reihenfolge der je Iteration verwendeten 16 Teilschlüssel, identisch. Bei der Verschlüsselung wird die Reihenfolge K_1, K_2, ... , K_{15}, K_{16} benutzt, die Entschlüsselung verwendet die Reihenfolge K_{16}, K_{15}, ... , K_2, K_1.

Als 1977 der Data Encryption Standard – DES zum Federal Information Processing Standard bestimmt wurde, konnten die Schlüssellänge von 56 Bit noch als sicher angesehen werden. Die DES-Challenge III, bei der ein 64 Bit Klartext und der zugehörige 64 Bit Schlüsseltext veröffentlicht wurden, haben im Januar 1999 eindrucksvoll belegt, wie ein Verschlüsselungsverfahren mit vereinten Kräften mit mehr als 100.000 weltweit vernetzten Rechnern und einem Spezialrechner erfolgreich attackiert werden kann. In etwa 22 Stunden war der verwendete Schlüssel mittels „roher Gewalt" – durch vollständiges Suchen im Schlüsselraum – ermittelt. Obwohl damit nur ein Schlüssel bestimmt war, ist es offensichtlich, dass das Verfahren für zahlreiche Anwendungen nicht mehr ernsthaft in Betracht kommen kann.

Es ist daher nicht verwunderlich, dass das National Institute for Standards and Technologie (NIST) bereits früh begonnen hat, über einen Nachfolger für den DES nachzudenken. Es wurden Kriterien festgelegt und öffentlich dazu aufgerufen, geeignete Algorithmen für den *Advanced Encryption Standard (AES)* einzureichen. Bis zum Stichtag wurden 21 Verfahren eingereicht, von denen 15 die verlangten Kriterien erfüllten. Diese 15 Algorithmen wurden auf der ersten AES-Konferenz öffentlich vorgestellt und diskutiert. Die zugehörigen Dokumente sind frei verfügbar [11.10].

AES – Advanced Encryption Stadard

Es wurde festgelegt, dass der AES eine symmetrische Blockchiffre mit eine Blocklänge von 128 Bit sein wird. Die Schlüssellänge wurde nicht auf einen Wert fixiert, vielmehr müssen die Algorithmen zumindest für die Schlüssellängen 128, 192 und 256 Bit parametrisierbar sein. Der neue Standard soll dazu beitragen, dass Daten für wenigstens 30 Jahre sicher verschlüsselt werden können. Nach einer intensiven Bewertung wurden die fünf Finalisten festgelegt:

- MARS von IBM
- RC6 von RSA Laboratories
- Rijndael von J. Daemen und V. Rijmen
- Serpent von R. Anderson, E. Biham und L. Knudsen
- Twofish von Counterpane Systems

Die Entscheidung wurde am 2. Oktober 2000 bekannt gegeben. Zur Überraschung vieler wurde der in Belgien entwickelte Algorithmus Rijndael ausgewählt, da dieser die beste Kombination aus Sicherheit, Performance, Implementierbarkeit und Flexibilität aufweist. Der formalen Veröffentlichung des Rijndael als AES steht damit nichts mehr im Wege.

11.3.2 Betriebsarten

Bei den folgenden Betrachtungen setzen wir voraus, dass der zu verschlüsselnde Klartext P (Plaintext) in Blöcke der Länge n zerlegt werden kann. Ist dies nicht der Fall, so muss der Klartext zuvor (durch padding) geeignet verlängert werden. Dies könnte etwa so geschehen, dass zunächst eine 0 und dann so lange eine 1 ergänzt wird, bis der Block vollständig ist. Eventuell muss ein vollständiger Block hinzugefügt werden, damit die Klartextgrenze eindeutig gekennzeichnet werden kann. Außerdem kann zusätzlich die Klartextlänge ergänzt werden. Dies muss so geschehen, dass nach einer Entschlüsselung der ursprüngliche Klartext leicht rekonstruiert werden kann.

Bei der Übertragung können Fehler nicht ausgeschlossen werden. Bei der Fehlerbetrachtung wollen wir hier davon ausgehen, dass die Blockgrenzen zwischen Ver- und Entschlüsselung nicht verloren gehen. Geht etwa ein Bit verloren (Bit-Slip), so ist danach in der Regel keine korrekte Entschlüsselung möglich.

Blockchiffren werden in der Praxis auf unterschiedliche Weise eingesetzt. Die im Folgenden betrachteten (Standard-) Betriebsarten

- Electronic Codebook (Elektronisches Codebuch),
- Cipher Block Chaining (Blockverkettung des Schlüsseltextes),
- Cipher Feedback (Rückkopplung des Schlüsseltextes) und
- Output Feedback (Rückkopplung der Ausgabe)

sind unter dem Titel „Modes of operations for an n-bit block cipher algorithm" als internationaler Standard ISO/IEC 10116 [11.5] festgelegt. Dabei sind die tatsächlichen Block- und Schlüssellängen unerheblich, es ist lediglich von Bedeutung, dass E die Ver- und D die Entschlüsselungsfunktion der Blockchiffre darstellen. Prinzipiell sind die Betriebsarten somit auf alle Blockchiffren anwendbar.

In den folgenden Abbildungen wird auf die Angabe des verwendeten Schlüssels verzichtet, da bei der Ver- und Entschlüsselung jeweils derselbe Schlüssel k für alle Blöcke zum Einsatz kommt. Die Kommunikationspartner müssen natürlich auch hier zuvor über einen vertraulichen Kanal einen geeigneten Schlüssel vereinbart haben.

Im Electronic Codebook Mode (*ECB-Mode*) werden Blöcke der Länge n einzeln und unabhängig voneinander ver- bzw. entschlüsselt. Sender und Empfänger benutzen dabei denselben Schlüssel k.

ECB-Mode

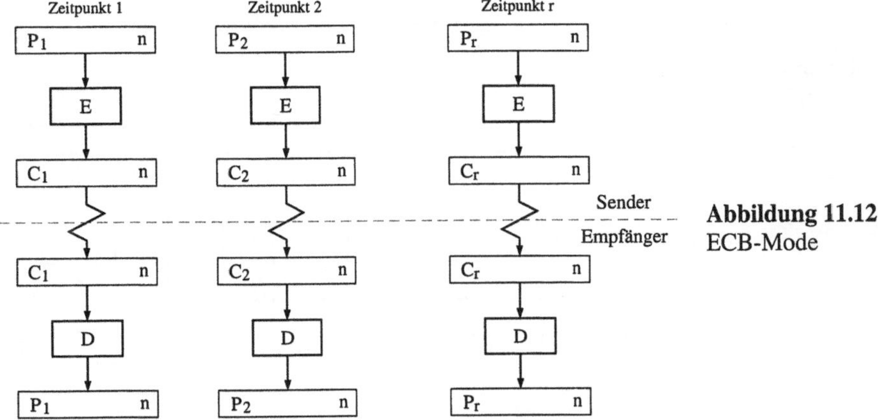

Abbildung 11.12
ECB-Mode

Bezeichnet $P = P_1\|P_2\| \dots \|P_r$ eine Folge von r Klartextblöcken der Länge n und k einen Schlüssel, so werden beim ECB-Mode die Klartextblöcke einzeln mittels des Schlüssels k in die Schlüsseltextfolge $C = C_1\|C_2\| \dots \|C_r$ transformiert. Für $i = 1(1)r$ gilt somit $C_i = E(P_i, k)$; auf der Empfängerseite können die Klartextblöcke durch $P_i = D(C_i, k)$

wiedergewonnen werden. Mit $i = s(1)r$ wird die Folge s, $s+1$, ... , r bezeichnet; $i = 1(1)r$ bezeichnet also die Folge 1, 2, ... , r.

Im ECB-Mode liefern gleiche Klartextblöcke gleiche Schlüsseltextblöcke. Werden Schlüsseltextblöcke geeignet vertauscht, so könnte es sein, dass die resultierende Klartextnachricht nicht als Fälschung erkannt wird. Diese Betriebsart sollte daher nur in begründeten Ausnahmefällen eingesetzt werden.

Wird bei der Übertragung ein Schlüsseltextblock verfälscht, so bleibt der resultierende Fehler lokal. Fehler haben somit nur Auswirkung in den Blöcken, in denen sie auftreten.

CBC-Mode   Beim *Cipher Block Chaining Mode* (CBC-Mode) wird wie beim ECB-Mode ein Klartext zunächst in Blöcke der Länge n zerlegt. Außer dem Schlüssel k wird ein Startvektor SV der Länge n benötigt. Betrachten wir wieder die Klartextfolge $P_1\|P_2\|$ ... $\|P_r$, so erhalten wir beim CBC-Mode die Schlüsseltextfolge $C_1\|C_2\|$ ... $\|C_r$ folgendermaßen: Zunächst wird $C_1 = E(P_1 \oplus SV, k)$ ermittelt, danach werden für $i = 2(1)r$ die Werte $C_i = E(P_i \oplus C_{i-1}, k)$ bestimmt.

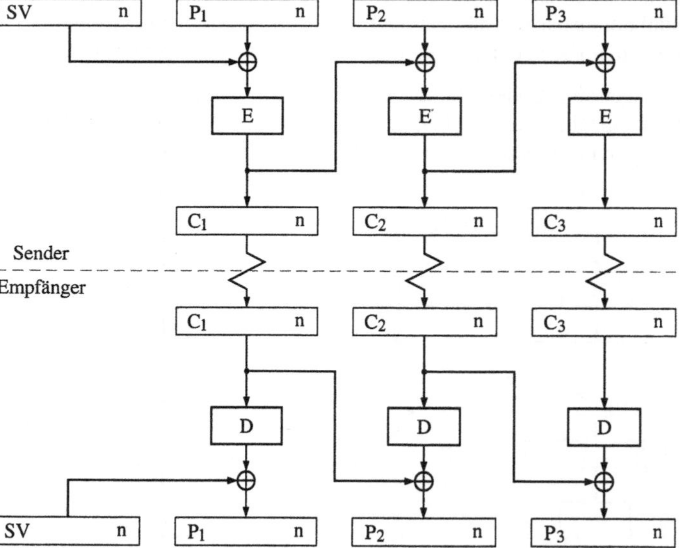

Abbildung 11.13
CBC-Mode

Aus der übertragenen Schlüsseltextfolge kann die Klartextfolge leicht bestimmt werden. Hierbei muss natürlich vorausgesetzt werden, dass Sender und Empfänger nicht nur den gemeinsamen Schlüssel k, sondern auch einen gemeinsamen Startvektor SV zur Initialisierung verwenden. Die Entschlüsselung ergibt sich dann wie folgt: Zunächst wird $P_1 = D(C_1,k) \oplus SV$ bestimmt, anschließend werden für $i = 2(1)r$ die Werte $P_i = D(C_i,k) \oplus C_{i-1}$ ermittelt.

Die Arbeitsweise des CBC-Mode ist in Abbildung 11.13 exemplarisch für drei Blöcke dargestellt. Anstelle von „Startvektor SV" wird auch der Begriff „Initialisierungsvektor IV" verwendet.

Obwohl beim CBC-Mode ein Schlüsseltext von allen vorhergehenden Klartexten abhängig ist, haben auftretende Fehler lediglich lokale Auswirkungen. Wird beispielsweise das Chiffrat C_1 verfälscht, so können lediglich P_1 und P_2 nicht rekonstruiert werden. Treten keine weiteren Fehler auf, so können P_3 und die folgenden Klartexte korrekt wiedergewonnen werden. Um zu vermeiden, dass gleiche Klartexte (bzw. deren Anfangsblöcke) gleiche Schlüsseltexte ergeben, sollte bei jeder Verschlüsselung ein neuer, noch nicht verwendeter Initialisierungsvektor verwendet werden. Der Sender könnte dabei den zufällig gewählten Initialisierungsvektor durchaus zusammen mit dem Chiffrat an den Empfänger übertragen.

Im *Cipher Feedback Mode* (CFB-Mode) muss der Klartext P in Blöcke der Länge j zerlegt werden. Die Einzelblöcke werden mit einem j-Bit-Schlüsselstrom bitweise durch XOR verknüpft. Das resultierende Chiffrat der Länge j wird übertragen und sowohl beim Sender als auch beim Empfänger in ein Register der Länge t ($1 \leq t \leq n$) übertragen (die restlichen t-j Stellen sind mit 1 belegt). Der Inhalt dieses Registers wird vor jeder neuen Verschlüsselung in das Eingaberegister der Verschlüsselungsfunktion E geschoben.

CFB-Mode

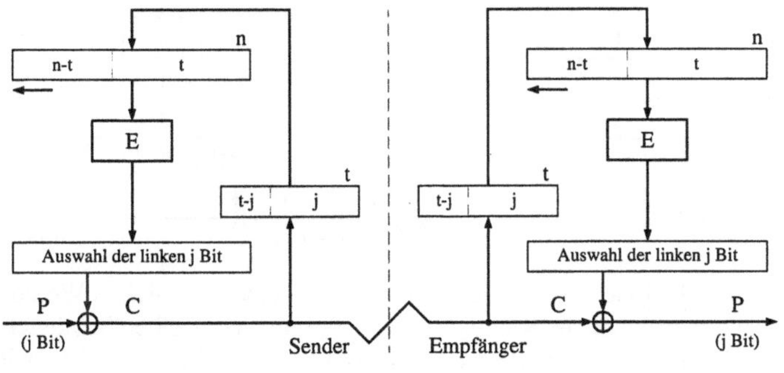

Abbildung 11.14
CFB-Mode

Die verwendete Blockchiffre dient beim CFB-Mode somit als Pseudozufallsgenerator, die resultierende Chiffre kann entweder als Stromchiffre auf j Bit langen Einzelzeichen oder als j-Bit-Blockchiffre aufgefasst werden. Damit Sender und Empfänger synchron arbeiten können, müssen sie denselben Schlüssel k und dieselbe Initialisierung des Eingaberegisters wählen.

Ist $j = t$, so wird der CFB-Mode auch als CFBt-Mode bezeichnet. In der Praxis kommen insbesondere die CFB-Modi CFB1 und CFB8 zur Anwendung.

Tritt bei der Übertragung ein Fehler auf, so können Sender und Empfänger zunächst nicht mehr synchron arbeiten. Der CFB-Mode besitzt jedoch den Vorteil, dass sich die Inputregister automatisch resynchronisieren. Dies ist aus Abbildung 11.14 unmittelbar ersichtlich – bei korrekter Übertragung werden die übertragenen Schlüsseltexte in die jeweiligen Register geschoben.

OFB-Mode Wie beim CFB-Mode wird auch beim *Output Feedback Mode* (OFB-Mode) die zugrundeliegende Blockchiffre als Pseudozufallsgenerator verwendet, bei dem Sender und Empfänger denselben Schlüssel k und dieselbe Initialisierung des Eingaberegisters vornehmen müssen. Im OFB-Mode wird jedoch der Output direkt rückgekoppelt, so dass die sich ergebenden Registerinhalte weder vom Klartext noch vom übertragenen Chiffrat abhängen. Die eigentliche Verschlüsselung des Klartextes operiert wiederum auf Blöcke der Länge j ($1 \leq j \leq n$).

Solange die Pseudozufallsgeneratoren auf Sender- und Empfängerseite synchron laufen, bleiben Übertragungsfehler lokal. Geht die Synchronisierung verloren, so ist danach eine korrekte Entschlüsselung nicht mehr möglich.

Abbildung 11.15
OFB-Mode

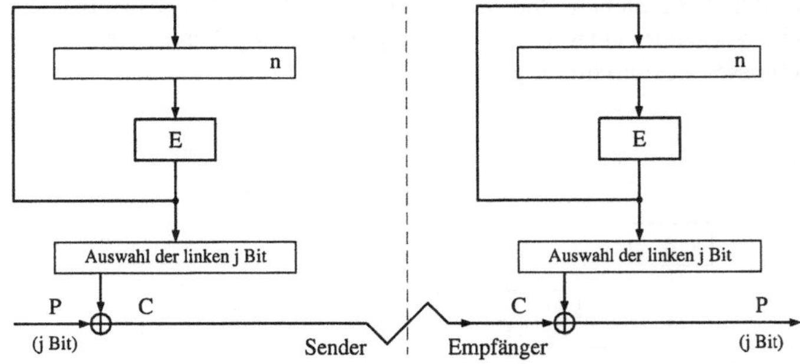

Der OFB-Mode besitzt jedoch eine entscheidende Tücke: Werden zwei unterschiedliche Klartexte P_1 und P_2 mittels desselben Schlüssels k und desselben Initialisierungsvektors verschlüsselt, so erhalten wir die Schlüsseltexte C_1 und C_2. Bezeichnet nun K den zugehörigen Schlüsselstrom, so ergeben sich die Beziehungen $C_1 = P_1 \oplus K$ und $C_2 = P_2 \oplus K$. Ein Angreifer kann somit aus C_1 und C_2 den Wert $P_1 \oplus P_2 = C_1 \oplus C_2$ ermitteln. Durch eine entsprechende Kryptoanalyse kann dies dazu führen, dass sowohl P_1 als auch P_2 unautorisiert rekonstruiert werden können.

Um die beschriebene Angriffsmöglichkeit zu vermeiden, sollte beim Einsatz des OFB-Mode für jede Verschlüsselung zumindest ein neuer Initialisierungsvektor verwendet werden. Im Bedarfsfall kann der Initialisierungsvektor dabei sogar im Klartext übertragen werden.

Neben den bisher betrachteten Betriebsarten existieren weitere Betriebsarten. Die meisten verfolgen dabei das Ziel, durch Kombination derselben Blockchiffre die Gesamtsicherheit zu erhöhen.

Als das bekannteste Verfahren kann wohl der Triple-DES (3DES) angesehen werden. Hierbei wird der Data Encryption Standard (DES) dreimal durchlaufen. Ziel dieser Betriebsart ist es, die Schlüssellänge zu vergrößern. Bezeichnet E eine Verschlüsselung und D eine Entschlüsselung (mit dem DES), so kann der Triple-DES folgendermaßen beschrieben werden:

Verschlüsselung: $c = E(D(E(m, k_1), k_2), k_3)$
Entschlüsselung: $m = D(E(D(c, k_3), k_2), k_1)$

Für diese Betriebsart hat sich auch der Begriff *EDE-Mode* etabliert. In vielen Anwendungen werden anstelle der drei Schlüssel k_1, k_2 und k_3 auch zwei Schlüssel k_1 und k_2 verwendet, in diesem Fall werden dann die Schlüssel k_1 und k_3 identisch gewählt.

EDE-Mode

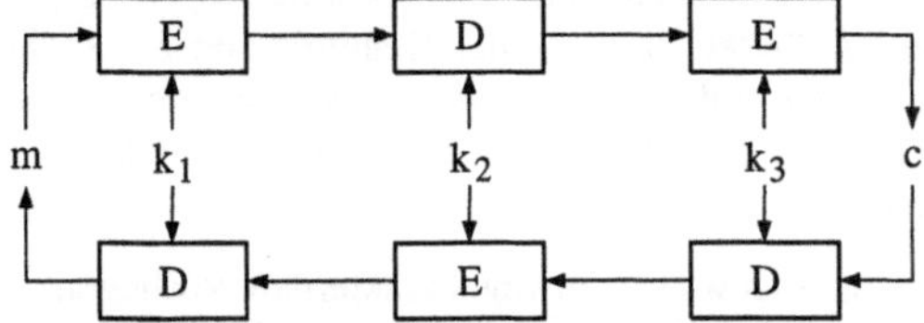

Abbildung 11.16
EDE-Mode

Diese Betriebsart ist natürlich nicht an den DES gebunden, sie kann auf beliebige Blockchiffren angewendet werden. Werden die Ver- und Entschlüsselungsschritte geeignet gewählt, so können die zugrundeliegenden Blockchiffren in das erweiterte Verfahren aufwärtskompatibel eingebettet werden – denn es gilt $E(D(E(m, k), k), k) = E(m, k)$.

Eine weiterer Einsatzbereich ergibt sich durch den sogenannten *Counter-Mode*. Hierbei werden fortlaufende Zählerstände verschlüsselt. Die resultierenden Werte können dann als Pseudozufallswerte oder als verschlüsselte Nummerierung Verwendung finden. In dieser Betriebsart wird ein Zähler z mit einem Wert s initialisiert. Beim Aufruf des Counter-Mode wird der aktuelle Wert inkrementiert ($z = z+1$, Addition erfolgt modulo 2^n), und der verschlüsselte Zählerstand $c = E(z, k)$ dient als Pseudozufallswert. Bei einer korrekten Implementierung ergeben sich die Pseudozufallswerte $E(s+1,k)$, $E(s+2,k)$, ... , wobei die Periodenlänge lediglich von der Blocklänge n der Chiffre abhängt.

Counter-Mode

11.4 Asymmetrische Kryptosysteme

Symmetrische Kryptosysteme sind dadurch charakterisiert, dass sowohl der Sender als auch der Empfänger einer Nachricht denselben kryptographischen Schlüssel verwenden. Diffie und Hellman führten 1976 [11.1] das Konzept asymmetrischer (Public-Key-) Kryptosysteme ein. Hierbei kommen von jedem Benutzer sowohl geheime als auch öffentliche Schlüsselparameter zur Anwendung, woraus eine gewisse Asymmetrie resultiert.

11.4.1 Einwegfunktionen

Betrachten wir nochmals die Basis asymmetrischer Verschlüsselungssysteme, so kann festgehalten werden, dass die verwendeten Verfahren E und D als öffentlich bekannt vorausgesetzt werden können. Dies gilt auch für die öffentlichen Schlüsselparameter der jeweiligen Benutzer. Bezeichnet OSB die öffentlichen und GSB die geheimen Schlüsselparameter eines Benutzers B, so gelten zwischen einem Klartext m und dem Schlüsseltext c die Beziehungen $c = E(m, OSB)$ und $m = D(c, GSB)$.

Die Sicherheit solcher asymmetrischen (Public-Key-) Kryptosysteme ist nun darin begründet, dass aus der Kenntnis von E, D, OSB und c keine Rückschlüsse auf m oder GSB gezogen werden können. Dies muss auch dann gelten, wenn beliebig viele Klartext/Schlüsseltextpaare bekannt sind.

Es muss somit eine gewisse Einwegcharakteristik vorliegen. Der autorisierte Benutzer (hier B) muss aber dennoch in der Lage sein, den Klartext m zu rekonstruieren. Dies gelingt dadurch, dass die Schlüsselparameter OSB und GSB mittels einer Falltür-Eigenschaft miteinander verknüpft sind. Hierbei muss einerseits sichergestellt sein, dass lediglich der autorisierte Benutzer B seinen geheimen Schlüsselparameter GSB kennt. Außerdem müssen alle erforderlichen Operationen zur Schlüsselgenerierung, Ver- und Entschlüsselung in vertretbarer Zeit ausführbar sein.

In der modernen asymmetrischen Kryptographie kommen im Wesentlichen zwei Einwegfunktionen zur Anwendung, dabei handelt es sich einerseits um das Faktorisierungsproblem und andererseits um das diskrete Logarithmusproblem. Zunächst werden die mathematischen Grundlagen vorgestellt, anschließende werden die zugehörigen konkreten Verfahren betrachtet.

Faktorisierungs-
problem
Beim *Faktorisierungsproblem* geht man davon aus, dass es zwar relativ leicht ist, zwei beliebige positive ganze Zahlen miteinander zu multiplizieren. Liegt jedoch eine beliebige große natürliche Zahl vor,

so ist es im Allgemeinen schwierig, diese Zahl in ihre Primfaktoren zu zerlegen. Dieser Zusammenhang besteht auch dann, wenn zwei große Primzahlen, p und q, miteinander multipliziert werden. Sind die Faktoren unbekannt und geeignet gewählt, so ist kein Algorithmus bekannt, mit dessen Hilfe das Produkt $n = p \cdot q$ in einer vertretbaren Zeit faktorisiert werden könnte.

Ist n das Produkt der Primzahlen p und q, so kann unter gewissen Bedingungen die Funktion $f:[0:n-1] \rightarrow [0:n-1]$ mit $y = f(x) = x^e \text{ MOD } n$ als Einwegfunktion aufgefasst werden. Hierbei bezeichnet $[0:n-1]$ die Menge $\{0,1,...,n-1\}$ und $e \in [0:n-1]$ einen festen Exponenten.

Wird $e > 1$ so gewählt, dass e und $(p-1)(q-1)$ den größten gemeinsamen Teiler 1 besitzen, und durchläuft x die Werte $0,1,...,n-1$, so durchläuft auch $y = f(x)$ die Werte $0,1,...,n-1$, allerdings in einer anderen Reihenfolge.

Hierdurch ist zunächst gewährleistet, dass für jeden Wert y genau ein Wert x mit $y = f(x)$ existiert. Im vorliegenden Fall existiert zudem eine Zahl $d \in [0:n-1]$, für die $x = y^d \text{ MOD } n$ gilt. Dieser Wert d kann lediglich mit der Zusatzinformation „p und q sind die Faktoren von n" ermittelt werden.

Als weitere Einwegfunktion wollen wir das sogenannte *diskrete Logarithmusproblem* betrachten. Bei diesem Problem gehen wir davon aus, dass es leicht ist, einen Wert $y = \alpha^x \text{ MOD } p$ zu berechnen. Hierbei ist p eine geeignete Primzahl und α eine Primitivwurzel modulo p.

Diskretes Logarithmusproblem

Eine *Primitivwurzel* heißt auch erzeugendes Elemente. Durchläuft x die Werte $[1:p-1]$, so durchläuft auch $y = \alpha^x \text{ MOD } p$ diese Werte $[1:p-1]$. Hiermit ergibt sich für alle i,j mit $1 \leq i < j \leq p-1$, dass die Funktionswerte $f(i) = \alpha^i \text{ MOD } p$ und $f(j) = \alpha^j \text{ MOD } p$ verschieden sind.

Primitivwurzel

Sind die Werte α, p und x vorgegeben, so kann der Wert y relativ schnell berechnet werden. Sind dagegen α, p und y gegeben, so ist es praktisch unmöglich, den zugehörigen Wert x, den diskreten Logarithmus von y zur Basis α ($x = \log_\alpha y \text{ MOD } p$), zu ermitteln. Das trifft natürlich wiederum nur dann zu, wenn die Werte geeignet und groß genug gewählt werden.

Damit eine ausreichend hohe Sicherheit garantiert werden kann, muss die Primzahl p in der Größenordnung 2^{1024} gewählt werden. Zudem muss $p-1$ einen großen Primfaktor besitzen.

Im Folgenden werden einige asymmetrischen Verfahren exemplarisch betrachtet. Zunächst wird ein Verfahren zur Schlüsselvereinbarung erläutert, danach werden die klassischen asymmetrischen Kryptosysteme von Rivest, Shamir und Adleman sowie die von ElGamal betrachtet. Dabei werden sowohl die relevanten Ver- und Entschlüsselungsverfahren als auch die entsprechenden Signaturverfahren vorgestellt. Zudem wird der Digital Signature Standard erläutert.

11.4.2 Schlüsselvereinbarung nach Diffie und Hellman

In Abschnitt 11.2.1 wurde das Problem der Schlüsselvereinbarung zwischen zwei Kommunikationspartnern aufgeführt. Diffie und Hellman stellten 1976 ein Verfahren vor [11.1], mit dessen Hilfe das Problem der Schlüsselvereinbarung zumindest prinzipiell gelöst werden kann. Das Verfahren beruht auf dem diskreten Logarithmusproblem.

Hierzu nehmen wir zunächst an, dass allen potentiellen Benutzern eine geeignete Primzahl p und eine geeignete Primitivwurzel α modulo p systemweit authentisch bekannt sind.

Wählt nun jeder Benutzer eine zufällige geheime Zahl x und berechnet den öffentlichen Wert $y = \alpha^x$ MOD p, so können zwei beliebige Benutzer A und B einen gemeinsamen Schlüssel K vereinbaren. Hierzu ist es erforderlich, dass die Benutzer den öffentlichen Schlüssel des jeweiligen Kommunikationspartners authentisch kennen.

Kennt der Benutzer A neben seinem geheimen Schlüssel x_A auch den öffentlichen Schlüssel y_B seines Kommunikationspartners B und gilt entsprechendes auch für den Benutzer B, so können beide einen gemeinsamen Schlüssel $K_{AB} = K = K_{BA}$ ermitteln:

A berechnet $K_{AB} = y_B^{x_A}$ MOD p, B berechnet $K_{BA} = y_A^{x_B}$ MOD p.

Die Identität der Werte ergibt sich aus folgendem Zusammenhang:

$$K_{AB} = y_B^{x_A} = \alpha^{x_B \cdot x_A} = K = \alpha^{x_A \cdot x_B} = y_A^{x_B} = K_{BA}.$$

Die Berechnungen werden jeweils im Restklassenring modulo p durchgeführt. Der vereinbarte Schlüssel K kann in einer anschließenden Kommunikation beispielsweise zur Wahrung der Vertraulichkeit eingesetzt werden.

Werden die geheimen Schlüssel x nicht verändert, so bleiben auch die zugehörigen öffentlichen Schlüssel y und somit die vereinbarten Schlüssel K unverändert. Ändert dagegen ein Benutzer seinen geheimen Wert x und damit auch den zugehörigen Wert y, so sind davon auch alle Kommunikationsschlüssel betroffen.

man in the middle Sind die öffentlichen Schlüssel authentisch bekannt, so beruht die Sicherheit des Verfahrens auf dem diskreten Logarithmusproblem. Kann die Authentizität der öffentlichen Schlüssel nicht gewährleistet werden, so kann sich ein Angreifer C (zumindest theoretisch) zwischen die Kommunikationspartner A und B schalten und sich für den jeweils anderen ausgeben. Der Angreifer (man in the middle) ist nach erfolgreicher Schlüsselvereinbarung dann in der Lage, die jeweilige Kommunikation abzuhören und zu manipulieren. In der Praxis müssen hier besondere Protokolle eingesetzt werden, um diesen möglichen Angriff zu unterbinden bzw. zu erkennen.

11.4.3 RSA-Verfahren

An dieser Stelle wollen wir uns auf die nach Rivest, Shamir und Adleman benannten *RSA-Verfahren* beschränken [11.12]. Dabei unterscheiden wir zwischen dem RSA-Verschlüsselungsverfahren und dem RSA-Signaturverfahren. Die RSA-Verfahren beruhen darauf, dass es relativ leicht ist, zwei große Primzahlen miteinander zu multiplizieren; will man jedoch eine große ganze Zahl in ihre Primfaktoren zerlegen, so ist dies praktisch unmöglich. Dies gilt in der Regel insbesondere dann, wenn die zu faktorisierende Zahl wenigstens zwei verschiedene große Primfaktoren enthält. In der Praxis kommen dabei Primzahlen zur Anwendung, deren Länge zwischen 512 und 1024 Bit liegt.   RSA-Verfahren

Zur Erklärung der Verfahren sind noch einige Grundlagen zur elementaren Zahlentheorie nachzutragen: Ist $n = p \cdot q$ das Produkt verschiedener Primzahlen p und q, so bestimmt der Wert der Eulerschen Phi-Funktion $\varphi(n) = (p-1)(q-1)$ die Anzahl der zu n teilerfremden positiven ganzen Zahlen, die kleiner als n sind.

Die Menge der zu n teilerfremden Zahlen aus Z_n wird häufig durch Z_n^* gekennzeichnet und bildet eine multiplikative Gruppe, die Einheitengruppe modulo n. In dieser Gruppe besitzt jedes Element a ein eindeutig definiertes multiplikativ Inverses b, wobei $1 = a \cdot b$ MOD n gilt.

Wählen wir die Primzahlen $p = 5$ und $q = 7$, so erhalten wir die Werte $n = 35$ und $\varphi(n) = 24$. Die Elemente aus Z_n^* und die zugehörigen multiplikativ Inversen können folgender Tabelle entnommen werden.   Beispiel

a	1	2	3	4	6	8	9	11	12	13	16	17	18	19	22	23	24	26	27	29	31	32	33	34
b	1	18	12	9	6	22	4	16	3	27	11	33	2	24	8	32	19	31	13	29	26	23	17	34

Betrachten wir zwei Elemente in einer Spalte, so gilt $a \cdot b = 1$ MOD n. Mit $a = 23$ und $b = 32$ ergibt sich $a \cdot b = 736 = 21 \cdot 35 + 1 = 1$ MOD 35, womit 23 das multiplikativ Inverse zu 32 ist. Die Elemente 1, 6, 29 und 34 ($34 = -1$ MOD 35) sind jeweils zu sich selbst invers.

Als öffentliche Schlüsselparameter des Benutzers i dienen das Produkt n_i zweier großer (geheimer) Primzahlen p_i und q_i sowie eine zu $\varphi(n_i)$ teilerfremde positive ganze Zahl e_i. Der geheime Parameter d_i ist durch das multiplikativ Inverse zu e_i modulo $\varphi(n_i)$ bestimmt. Sind die

Parameter n_i, e_i und d_i ermittelt, so werden die Werte p_i, q_i und $\varphi(n_i)$ in der Regel nicht mehr benötigt und sollten daher in konkreten Realisierungen aus Sicherheitsgründen verlässlich gelöscht werden.

Beispiel   Wählen wir die Primzahlen $p = 7$ und $q = 11$, so besitzt die Einheitengruppe $Z_{\varphi(n)}^*$ genau $\varphi(\varphi(n)) = \varphi(60) = 16$ zu $\varphi(n) = 60$ teilerfremde ganze Zahlen. Die Werte und die zugehörigen multiplikativ Inversen (modulo $\varphi(n) = 60$) können folgender Tabelle entnommen werden.

e	1	7	11	13	17	19	23	29	31	37	41	43	47	49	53	59
d	1	43	11	37	53	19	47	29	31	13	41	7	23	49	17	59

Wird der Wert $e = 37$ gewählt, so resultiert der zugehörige Parameter $d = 13$, und es gilt $37 \cdot 13 = 481 = 8 \cdot 60 + 1$, womit $1 = e \cdot d \bmod \varphi(n)$ ist.

Im Folgenden nehmen wir an, dass die öffentlichen Schlüsselparameter n_i und e_i eines jeden Benutzers i allen anderen Benutzern authentisch bekannt sind. Der Index i stellt den authentischen Bezug zum Benutzer i her. Weiterhin sei vorausgesetzt, dass die geheime Schlüsselkomponente d_i lediglich dem Benutzer i bekannt ist und von diesem geheimgehalten wird.

RSA Ver- und Ent-schlüsselung   Bezeichnen wir die *RSA-Verschlüsselung* mit E und die *RSA-Entschlüsselung* mit D und gehen wir davon aus, dass ein beliebiger Benutzer A eine Nachricht m an den Benutzer B senden will, so ergeben sich folgende Beziehungen:

$$E : Z_n \times Z_{\varphi(n)}^* \to Z_n \ \text{ mit } \ c = E(m, e_B) = m^{e_B} \bmod n_B,$$

$$D : Z_n \times Z_{\varphi(n)}^* \to Z_n \ \text{ mit } \ d = D(c, d_B) = c^{d_B} \bmod n_B.$$

Beim RSA-Verfahren fällt auf, dass zur Ver- und Entschlüsselung prinzipiell dieselbe Funktion ($E = D$) verwendet wird – lediglich die Schlüsselparameter unterscheiden sich. Zur Verschlüsselung wird der öffentliche Parameter des Empfängers verwendet. Der geheime Schlüssel des Empfängers dient dazu, den Klartext zu rekonstruieren.

Beispiel   Es seien $n = 77$, $e = 37$ und $d = 13$ die Schlüsselparameter eines RSA-Verfahrens. Betrachten wir die Nachricht $m = 3$, so erhalten wir das Chiffrat $c = 31$. Durch Entschlüsselung kann der Klartext m wiedergewonnen werden.

$$c = m^e \bmod n = 3^{37} \bmod 77 = ((((3^2)^2)^2 \cdot 3)^2)^2 \cdot 3 \bmod 77 = 31$$

$$m = c^d \bmod n = 31^{13} \bmod 77 = (((31^2 \cdot 31)^2)^2 \cdot 13 \bmod 77 = 3$$

Ist die Nachricht m größer als der verwendete Modul n, so muss sie in geeignete Teilnachrichten zerlegt werden, so dass die Teilnachrichten kleiner als der Modul sind. Die einzelnen Blöcke können dann beispielsweise wie in Abschnitt 11.3.2 behandelt werden.

Wird das Chiffrat c korrekt an den Empfänger B übertragen, so kann er den zugehörigen Klartext m ermitteln. Die Authentizität dieser Nachricht ist jedoch nicht gewährleistet, da bei der Verschlüsselung lediglich Schlüsselparameter des Empfängers verwendet wurden.

Das RSA-Verfahren zur Ver- und Entschlüsselung kann auf kanonische Weise zur Signaturbildung genutzt werden. Hierbei gehen wir zunächst davon aus, dass die zu signierende Nachricht m kleiner als der zugrundeliegende Modul ist. Ist die Nachricht länger, so wird statt dessen der zugehörige Hashwert $h = H(m)$ signiert.

Die Signaturfunktion wollen wir mit S und die Verifizierfunktion mit V bezeichnen. Weiterhin gehen wir davon aus, dass der Benutzer A eine signierte Nachricht an einen Systembenutzer B senden will. Hierzu berechnet der Benutzer A mittels seines geheimen Schlüssels d_A die Signatur s:

$$s = S(m, d_A) = D(m, d_A) = m^{d_A} \text{ MOD } n_A .$$

Anschließend wird die Signatur s gemeinsam mit der Nachricht m an den Empfänger übertragen. Der Empfänger verifiziert die Korrektheit, indem er überprüft, ob die Nachricht m, die Signatur s und die öffentlichen Schlüsselparameter im erforderlichen Zusammenhang stehen:

$$V(m, s, e_A) = true \Leftrightarrow E(s, e_A) = m = s^{e_A} \text{ MOD } n_A .$$

Bei dieser prinzipiellen Darstellung wird schnell klar, dass ein Angreifer eine beliebige Signatur s' wählen und die zugehörige Nachricht m' mittels der öffentlich bekannten Parameter e_A und n_A berechnen kann:

$$m' = s'^{e_A} \text{ MOD } n_A .$$

Die formale Verifikation $V(m', s', e_A)$ ergibt dann auch tatsächlich den Wert *true*. Werden bei der zugrundeliegenden Kommunikation lediglich Klartexte eines bestimmten Redundanzschemas verwendet (etwa deutschsprachige Texte), so kann diese *existentielle Attacke* leicht erkannt werden, da der konstruierte Klartext m' im Normalfall einen zufälligen Wert annimmt und somit nicht im entsprechenden Redundanzschema liegt.

Wird anstelle einer Nachricht m der zugehörige Hashwert $h = H(m)$ signiert, so kann die beschriebene Attacke ausgeschlossen werden. Hierbei ist es allerdings erforderlich, dass die verwendete Hashfunktion kollisionsresistent ist.

11.4.4 ElGamal-Verfahren

Aus der Vielzahl der Verfahren, die auf dem diskreten Logarithmusproblem beruhen, wollen wir uns im Wesentlichen auf die Betrachtung einer Basisarbeit beschränken. Im Jahre 1984 stellte ElGamal ein Verfahren vor [11.2], bei dem sich die Ver- und Entschlüsselung an dem bereits betrachteten Verfahren von Diffie und Hellman orientieren. Im Gegensatz zum RSA-Verfahren, bei dem sich Verschlüsseln und Signieren lediglich durch die Wahl des verwendeten Schlüsselparameters unterscheiden, sind das ElGamal-Verschlüsselungssystem und das ElGamal-Signiersystem allerdings grundsätzlich verschieden.

Wie beim Verfahren von Diffie und Hellman setzen wir die Existenz der öffentlichen authentischen Systemparameter p und α, des geheimen Schlüsselparameters x und des zugehörigen öffentlichen Schlüsselparameters $y = \alpha^x$ MOD p voraus, wobei der authentische Bezug zu einem Benutzer durch einen entsprechenden Index hergestellt wird.

ElGamal Ver- und Entschlüsselung
Wir betrachten den Fall, dass der Benutzer A dem Benutzer B eine Nachricht m verschlüsselt sendet. Der Benutzer A wählt eine Zufallszahl k und berechnet den Wert $K = y_B{}^k$ MOD p. Das übertragene Chiffrat c wird durch ein Paar $c = (c_1, c_2)$ repräsentiert:

$$c_1 = \alpha^k \text{ MOD } p \text{ und } c_2 = K \cdot m \text{ MOD } p.$$

Der autorisierte Empfänger B (lediglich B kennt den geheimen Parameter x_B) ist nun in der Lage, aus c_1 den Sitzungsschlüssel K zu berechnen, und er kann somit durch

$$m = (K^{-1} \cdot c_2) \text{ MOD } p = (K^{-1} \cdot K \cdot m) \text{ MOD } p$$

den Klartext m rekonstruieren. Der Parameter K wird bestimmt durch

$$K = c_1^{x_B} \text{ MOD } p = (\alpha^k)^{x_B} \text{ MOD } p = (\alpha^{x_B})^k \text{ MOD } p = y_B^k \text{ MOD } p.$$

Beispiel
Es seien $p = 17$ und $\alpha = 10$ die öffentlichen Systemparameter, $m = 14$ der zu übertragende Klartext, $x = 7$ der geheime und $y = 5$ der öffentliche Schlüsselparameter des *Empfängers*. Wählt der Sender die Zufallszahl $k = 6$, so ergeben sich die Werte $K = 2$, $c_1 = 9$ und $c_2 = 11$. Die Werte c_1 und c_2 werden an den Empfänger übertragen. Aus c_1 und x ermittelt er die Werte $K = 2$ und $K^{-1} = 9$, der Klartext $m = 14$ ergibt sich aus der Berechnung von $K^{-1} \cdot c_2$ MOD p.

Expansionsfaktor
Die Sicherheit des Verfahrens beruht auf dem diskreten Logarithmusproblem, wobei zu gewährleisten ist, dass $p-1$ einen großen Primfaktor enthält. Der Schlüsseltext c ist etwa doppelt so lang wie der Klartext m, wodurch sich ein *Expansionsfaktor* (Verhältnis Chiffrat zu Klartext) von zwei ergibt.

In der Praxis ist es erforderlich, dass für jede Verschlüsselung eine neue Zufallszahl k generiert wird. Ist das nicht der Fall, so kann aus der Kenntnis eines Klartextes m_1 und den Schlüsseltextkomponenten

$$c_{21} = (K \cdot m_1)\,\text{MOD}\,p \quad \text{und} \quad c_{22} = (K \cdot m_2)\,\text{MOD}\,p$$

$$\text{der Klartext} \quad m_2 = (m_1 \cdot c_{21}^{-1} \cdot c_{22})\,\text{MOD}\,p$$

auch von unautorisierten Benutzern leicht ermittelt werden.

Beim Signaturverfahren wurde von ElGamal ein völlig anderer Weg gewählt. Es seien wieder p und α die allgemeinen öffentlichen Parameter, x_i der geheime und y_i der öffentliche Schlüsselparameter des Benutzers i.

Wir gehen davon aus, dass ein Benutzer A eine signierte Nachricht an den Benutzer B übermitteln will. Zunächst wählt der Benutzer A eine zu $p–1$ teilerfremde Zufallszahl k und berechnet den Wert

ElGamal-Signatur

$$r = \alpha^k\,\text{MOD}\,p,$$

wodurch lediglich A in der Lage ist, die Kongruenz

$$m = x_A \cdot r + k \cdot s\,\text{MOD}\,(p-1)$$

zu lösen; der unbekannte Wert s ergibt sich durch

$$s = k^{-1} \cdot (m - x_A \cdot r)\,\text{MOD}\,(p-1)\,.$$

Die zu m gehörende digitale Signatur wird durch das Paar (r,s) repräsentiert, m, r und s werden an B übermittelt. Bei der Verifikation ist der *Satz von Fermat* von Relevanz und wird daher kurz erläutert.

Satz von Fermat

Ist p eine Primzahl und ist a eine zu p teilerfremde ganze Zahl, so gilt

$$1 = a^{p-1}\,\text{MOD}\,p\,.$$

Hiermit ergeben sich auch die Beziehungen

$$1 = a^{k \cdot (p-1)}\,\text{MOD}\,p \quad \text{und} \quad a^b = a^{b\,\text{MOD}\,(p-1)}\,\text{MOD}\,p\,.$$

Wegen des Satzes von Fermat ergibt sich mit

$$m = x_A \cdot r + k \cdot s\,\text{MOD}\,(p-1)$$

auch die Beziehung

$$\alpha^m = \alpha^{x_A \cdot r + k \cdot s} = \alpha^{x_A \cdot r} \cdot \alpha^{k \cdot s} = y_A^r \cdot r^s\,\text{MOD}\,p\,.$$

Hiermit ist jeder Benutzer, insbesondere der Empfänger B, in der Lage zu verifizieren, ob m tatsächlich von A signiert wurde:

$$V(m,(r,s),y_A) = \textit{true} \Leftrightarrow \alpha^m \text{ MOD } p = (y_A)^r \cdot r^s \text{ MOD } p\,.$$

Im Gegensatz zum RSA-Signaturverfahren ist auch hier eine Signatur etwa doppelt so groß wie der verwendete Modul p.

Beispiel Es seien $p = 17$ und $\alpha = 3$ die öffentlichen Systemparameter, $m = 13$ der zu signierende Klartext, $x = 10$ der geheime und $y = 8$ der öffentliche Schlüsselparameter des *Senders*. Wählt der Sender die zu $p-1$ teilerfremde Zufallszahl $k = 11$, so ergeben sich die Werte $r = 7$, $k^{-1} = 3$ und $s = 5$. Die Werte m, r und s werden an den Empfänger übertragen. Bei der Verifikation ergeben sich die Werte

$$12 = \alpha^m \text{ MOD } p = y^r \cdot r^s \text{ MOD } p = 15 \cdot 11 = 165 \text{ MOD } 17\,.$$

Wie beim Verschlüsselungsverfahren von ElGamal ist es auch hier erforderlich, dass die Zufallszahl k genau einmal verwendet wird. Anderenfalls kann das Verfahren relativ leicht attackiert werden. Setzen wir voraus, dass ein Angreifer die Klartexte m_1 und m_2 sowie die zugehörigen Signaturen (s_1, r_1) und (s_2, r_2) kennt und nehmen wir zudem an, dass derselbe Zufallswert k verwendet wurde, so kann er dies durch die Beziehung $r_1 = r_2 = r = \alpha^k \text{ MOD } p$ erkennen. Durch Lösen der Kongruenzen

$$m_1 = x \cdot r + k \cdot s_1 \text{ MOD } p$$

$$m_2 = x \cdot r + k \cdot s_2 \text{ MOD } p$$

kann ein Angreifer dann möglicherweise die geheimen Parameter x und k ermitteln, womit das Verfahren gebrochen wäre.

Neben den hier aufgeführten Beispielen existieren in der Literatur eine Vielzahl von Signaturverfahren, die aus dem Basisverfahren von ElGamal abgeleitet worden sind.

Betrachtet man die Signaturgleichung

$$m = x_A \cdot r + k \cdot s \text{ MOD } (p-1)\,,$$

so ergeben sich durch Vertauschen der Werte m, r und s bereits sechs Modifikationen. Weitere Modifikationen resultieren aus Betrachtung der Signaturgleichungen

$$1 = x_A \cdot r \cdot m + k \cdot s \text{ MOD } (p-1) \text{ und}$$

$$m_1 = x_A \cdot r \cdot m_2 + k \cdot s \text{ MOD } (p-1),$$

wobei letztere das simultane Signieren zweier Nachrichten m_1 und m_2 erlaubt.

Weitere Verfahren sind in der einschlägigen Literatur, etwa in [11.7], [11.13], [11.14] oder [11.15] zu finden.

11.4.5 Digital Signature Standard – DSS

Im August 1991 stellte das amerikanische National Institute of Standards and Technology den *Digital Signature Algorithm* (DSA) vor. DAS
Der DSA ist inzwischen durch den U.S. Federal Information Processing Standard (FIPS 186-2) als *Digital Signature Standard* (DSS) DSS
festgeschrieben [11.11]. Der DSS benötigt ein Hashverfahren, das e-benfalls standardisiert ist und als *Secure Hash Algorithm* (SHA-1) be- SHA-1
zeichnet wird [11.9]. Im Folgenden wird die Arbeitsweise des Digital Signature Algorithm betrachtet, auf das Hashverfahren wird im Weiteren nicht näher eingegangen.

Der DSA basiert auf dem Signaturverfahren von ElGamal und greift die Idee auf, Berechnungen in einer Untergruppe durchzuführen. Wir wollen den DSA lediglich skizzieren, für weiterführende Betrachtungen sei auf die relevante Literatur verwiesen, wobei die aktuelle Version des Standards von Januar 2000 [11.11] eine gute Übersicht bietet.

Im Standard werden die erforderlichen Parameter, die Erzeugung einer Signatur und der Prozess des Verifizierens einer Signatur aufgeführt. Daneben werden im Standard Hinweise zur Erzeugung der Parameter und Beispiele angegeben, die zur Überprüfung einer korrekten Implementierung beitragen können. Bei der folgenden Darstellung beschränken wir uns auf die Betrachtung im endlichen Körper modulo einer Primzahl p. Im Standard werden zudem weitere mathematische Strukturen betrachtet, wobei auch kurz auf elliptische Kurven eingegangen wird.

Erforderlicher Parameter: Jeder Benutzer benötigt einen geheimen Schlüsselparameter x und einen öffentlichen Schlüsselparameter y, zudem sind öffentliche Systemparameter p, q und g erforderlich. Die Systemparameter können von mehreren Benutzern, etwa in einer Benutzergruppe, gemeinsam genutzt werden. Die Schlüsselparameter müssen die folgenden Bedingungen erfüllen:

1. p ist eine Primzahl mit $2^{L-1} < p < 2^L$, wobei $512 \leq L \leq 1024$ und L ein Vielfaches von 64 ist.

2. q ist ein Primteiler von $p{-}1$ mit $2^{159} < q < 2^{160}$.

3. $g = h^{(p-1)/q}$ MOD p, wobei h eine ganze Zahl mit $1 < h < p{-}1$ ist; hierbei ist zu gewährleisten, dass $g > 1$ ist.

4. Der Parameter x, $0 < x < q$, ist eine geeignete Pseudozufallszahl.

5. Der öffentliche Parameter wird durch $y = g^x$ MOD p bestimmt.

Generieren einer Signatur: Der Benutzer A generiert eine Signatur zur Nachricht m, indem er den Hashwert $H(m)$ signiert. Als Hashfunktion H kann hier beispielsweise der SHA-1 gewählt werden. Die Generierung einer Signatur erfolgt nach folgendem Schema:

1. Wähle eine (frische) Pseudozufallszahl k mit $0 < k < q$.

2. Berechne den Signaturparameter $r = (g^k \text{ MOD } p) \text{ MOD } q$.

3. Berechne den Signaturparameter $s = k^{-1} \cdot (H(m) + x \cdot r) \text{ MOD } q$.

4. Das Paar (r,s) ist die zur Nachricht m gehörende digitale Signatur.

Verifizieren einer Signatur: Erhält ein Benutzer B die Werte m, r und s, und weiß er zudem, dass die signierte Nachricht von Benutzer A stammt, so kann er die Korrektheit der Signatur überprüfen:

1. Wähle die authentischen Schlüssel (p, q, g, y) des Benutzers A.

2. Überprüfe, ob die Parameter r und s den Bedingungen $0 < r < q$ und $0 < s < q$ genügen. Ist dies nicht der Fall, so ist die Signatur zurückzuweisen.

3. Berechne den Werte $w = s^{-1} \text{ MOD } q$.

4. Berechne die Werte $u1 = w \cdot H(m) \text{ MOD } q$ und $u2 = r \cdot w \text{ MOD } q$.

5. Berechne den Wert $v = (g^{u1} \cdot y^{u2} \text{ MOD } p) \text{ MOD } q$.

6. Akzeptiere die Signatur genau dann, wenn $v = r$ ist.

Wie bereits beim Signaturverfahren von ElGamal erwähnt, ist es auch hier erforderlich, dass bei jeder Signatur ein neuer, bisher nicht verwendeter (frischer) Pseudozufallswert k zur Anwendung kommt.

11.5 Basismechanismen und Abhängigkeiten

Neben den bisher angeführten Basismechanismen existiert eine Vielzahl weiterer kryptographischer Mechanismen, ohne die eine Realisierung sicherer IT-Systeme unmöglich erscheint. Hierzu zählen neben Pseudozufallsgeneratoren insbesondere Mechanismen zur Authentifikation von Benutzern und zum authentischen Schlüsselaustausch. Beim Einsatz der unterschiedlichen Mechanismen ergeben sich aber auch Abhängigkeiten zwischen diesen, die dann wiederum besonders beachtet werden müssen.

11.5.1 Pseudozufallsgeneratoren

Bei sicherheitsrelevanten Anwendungen sind zufällige bzw. pseudozufällige Zahlen und Zahlenfolgen häufig von Bedeutung. Echte Zufallsgeneratoren besitzen zwar den Vorteil der absoluten Unvorhersagbarkeit, weisen aber gerade deshalb auch den Nachteil auf, dass die erzeugten Werte nicht reproduzierbar sind.

In zahlreichen Anwendungen ist es zudem zwingend erforderlich, dass die zu generierenden *(Pseudo-)Zufallszahlen* alle verschieden sein müssen und auf Sender- und Empfängerseite deterministisch erzeugt

(Pseudo-) Zufallsgeneratoren

werden können. Im Folgenden beschränken wir uns daher auf die Betrachtungen von Pseudozufallsgeneratoren.

Pseudozufallsgeneratoren können durch eine Funktion $f: X \to X$ beschrieben werden, wobei X eine endliche Menge darstellt. Ist ein Initialwert $x \in X$ (die Saat des Zufallsgenerators) vorgegeben, so stellt die Folge $x, f(x), f^2(x), \ldots$ die generierte Pseudozufallsfolge dar, wobei $f^{i+1}(x) = f(f^i(x))$ und somit etwa $f^3(x) = f(f(f(x)))$ ist.

Pseudozufallsgeneratoren

Da deterministisch arbeitende Pseudozufallsgeneratoren nur eine endliche Anzahl unterschiedlicher Werte generieren können, müssen zwangsläufig zwei Werte generiert werden, die identisch sind. Bei bestimmten Pseudozufallsgeneratoren kann garantiert werden, dass diese Situation erst dann eintritt, wenn alle möglichen Werte bereits einmal generiert worden sind.

Die kleinste positive ganze Zahl d, für die die Bedingung $f^{d+i}(x) = f^i(x)$ für alle $i \geq l$ gilt, heißt *Periodenlänge* (Periodendauer) des Pseudozufallsgenerators. Der Wert l kann dabei vom Startwert x abhängen. Die ersten l Werte bezeichnen wir als die zum Startwert x gehörende Vorperiode. Ist keine Vorperiode vorhanden, so nimmt l den Wert 0 an.

Periodenlänge, Periodendauer

Es existieren unterschiedliche Klassen von Pseudozufallsgeneratoren. Im Folgenden werden elementare Verfahren kurz charakterisiert. Insbesondere wird darauf eingegangen, wie Verschlüsselungsverfahren zur Erzeugung von Pseudozufallszahlen genutzt werden können.

Bei der Methode der *linearen Kongruenzen* wird die Menge X durch $Z_m = \{0, 1, \ldots, m-1\}$ und die zugrundeliegende Funktion f durch $f(x) = (a \cdot x + b) \bmod m$ repräsentiert. Ist der Initialisierungswert x_0 vorgegeben, so wird die Pseudozufallsfolge $x_0, x_1, x_2, \ldots$ durch

Lineare Kongruenzen

$$x_{n+1} = (a \cdot x_n + b) \bmod m$$

erzeugt. Die maximal mögliche Periodenlänge $d = m$ kann bei geeigneter Wahl der Werte a, b und m erreicht werden. Ist m eine Zweierpotenz ($m = 2^k$), so wird die maximale Periodendauer genau dann erreicht, wenn b eine ungerade ganze Zahl und $a-1$ ohne Rest durch vier teilbar ist.

Werden die Werte $m = 2^4 = 16$, $a = 5$ und $b = 11$ gewählt, so erhalten wir mit $x_0 = 1$ die durch $x_{n+1} = (5 \cdot x_n + 11) \bmod 16$ bestimmte Pseudozufallsfolge 1, 0, 11, 2, 5, 4, 15, 6, 9, 8, 3, 10, 13, 12, 7, 14, 1, . . ., deren Periodenlänge maximal ist.

Beispiel

Ist m keine Zweierpotenz, so garantiert die Einhaltung der folgenden drei Bedingungen ebenfalls die maximale Periodenlänge $d = m$:

- m und b müssen den größten gemeinsamen Teiler 1 besitzen.

- Alle Primteiler von m müssen auch $a-1$ teilen.

- Ist m durch 4 teilbar, so muss dies auch für $a-1$ gelten.

Da die Periodendauer maximal ist, kann jeder Wert x als Initialisierungswert verwendet werden.

Beispiel   Ist $m = 26$, so besitzt m die beiden Primfaktoren 2 und 13. Wählen wir einen Wert $b \in \{1,3,5,7,9,11,15,17,19,21,23,25\}$ und setzen $a = 1$ (andere Werte sind nicht möglich), so erhalten wir für jedes $x_0 \in Z_{26}$ eine Pseudozufallsfolge maximaler Länge. Mit $a = 1$, $b = 7$ und $x_0 = 0$ wird die Pseudozufallsfolge 0, 7, 14, 21, 2, 9, 16, 23, 4, 11, 18, 25, 6, 13, 20, 1, 8, 15, 22, 3, 10, 17, 24, 5, 12, 19, 0, ... erzeugt, deren Periodenlänge 26 beträgt. Werden dagegen die Werte $a = 3$, $b = 12$ und $x_0 = 13$ gewählt, so ergibt sich die Pseudozufallsfolge 13, 25, 9, 13, ..., deren Periodenlänge lediglich 3 beträgt.

Betrachten wir Verschlüsselungsfunktionen $E: X \times K \rightarrow X$, so werden für alle festen Schlüssel $k \in K$ bijektive (Parameter-) Funktionen auf der endlichen Menge X realisiert. Die resultierende Funktion $f = E_k$ kann auf unterschiedliche Weise als Pseudozufallsgenerator eingesetzt werden. Wird zur Initialisierung ein Wert $x \in X$ gewählt, so kann durch $x, f(x), f^2(x), \ldots$ eine Pseudozufallsfolge bestimmt werden. Die Periodendauer d ist dabei in der Regel sowohl vom Initialwert x als auch vom Schlüssel k abhängig. Verbindliche Aussagen über $d = d(x,k)$ können hier in der Regel nicht gemacht werden.

Betrachten wir dagegen die folgende Modifikation, so kann sichergestellt werden, dass die Periodenlänge der Kardinalität der Menge X entspricht und somit maximal ist. Hierzu nehmen wir an, dass X die Menge aller Binärzahlen der Länge n enthält, womit X auch durch $M = \{0,1,...,2^n-1\}$ repräsentiert werden kann. Wählen wir den Startwert $x \in M$ und betrachten die Pseudozufallsfolge $x_0 = f(x)$, $x_1 = f(x \circ 1), \ldots$ mit $x_i = f(x \circ i) = f((x+i) \text{ MOD } 2^n)$, so ist sichergestellt, dass alle Werte aus M durchlaufen werden, bevor der Wert x_0 wiederholt auftritt. Dies ist darin begründet, dass E_k und somit f bijektive Funktionen darstellen.

Wird als Verschlüsselungsverfahren beispielsweise der DES gewählt, so wird die maximale Periodenlänge $d = 2^{64} \approx 1{,}84 \cdot 10^{19}$ erreicht.

11.5.2 Benutzerauthentifikation

Authentifikation   Mechanismen zur *Authentifikation* können als Basismechanismen angesehen werden, da fast alle Sicherheitsmechanismen die Existenz authentischer Daten voraussetzen. Es ist daher nicht verwunderlich, dass beim Einsatz moderner IT-Systeme die Forderung nach sicherer Authentifikation zunehmend in den Vordergrund tritt. Dies gilt insbesondere für Kommunikationssysteme, in denen sichergestellt werden muss, dass an einer Kommunikation auch tatsächlich die gewünschten Instanzen (Benutzer oder Rechner) beteiligt sind.

Eine Benutzerauthentifikation besteht gewöhnlich aus einer *Identifikation* und einer sich anschließenden Verifikation. Die Identifikation geschieht dabei in der Regel durch Angabe einer Identität (wer/was will ich sein?), die Verifikation geschieht durch Überprüfung eines zu der angegebenen Identität gehörenden Merkmals (wer/was bin ich?).

Identifikation

Als einfaches Beispiel ist die typische Anmeldeprozedur an einem Rechner anzusehen: Zunächst wird der Benutzername (User Identity - User-ID) erfragt, danach erfolgt die Aufforderung zur Eingabe eines Paßwortes. Gehören User-ID und Paßwort zusammen, so hat sich der Benutzer erfolgreich gegenüber dem System authentifiziert.

Zur *Authentifikation* von Nachrichten werden im Allgemeinen digitale Signaturen verwendet, während es zur Authentifikation von Benutzern drei grundsätzliche Möglichkeiten gibt, die auch miteinander verknüpft werden können. Es wird gewöhnlich zwischen Authentifikation durch Wissen, Besitz und (biometrische) Eigenschaften unterschieden.

Authentifikation

Gehen wir davon aus, dass zwei Benutzer A und B einen gemeinsamen geheimen Schlüssel k besitzen und setzen wir voraus, dass kein weiterer Benutzer diesen Schlüssel kennt, so kann dies zur Benutzerauthentifikation genutzt werden. Das resultierende Prinzip trägt auch die Bezeichnung *Challenge and Response*. Hierbei wird eine zufällige Anfrage, die Challenge, durch eine zugehörige Response beantwortet. Die prinzipielle Vorgehensweise ist im Folgenden dargestellt. Anwendungen dieses Prinzips kommen bei zahlreichen kryptographischen Protokollen, etwa in Wegfahrsperren für Autos und in Chipkartenapplikationen zum Einsatz.

Challenge and Response

Wählt der Benutzer A eine Zufallszahl r und sendet diese Zufallszahl an den Benutzer B, so kann dieser den Zufallswert r verschlüsseln und das Chiffrat $R = E(r,k)$ an A senden. A kann nun überprüfen, ob der Wert $D(R,k)$ mit der ursprünglichen Zufallszahl r übereinstimmt. Ist dies der Fall, so kann er davon ausgehen, dass B tatsächlich der gewünschte Kommunikationspartner ist, da nur A und B den geheimen Schlüssel k kennen.

Benutzer A	Kanal	Benutzer B
r	$\rightarrow\ r\ \rightarrow$	r
$r = D(R,k)$	$\leftarrow\ R\ \leftarrow$	$R = E(r,k)$

Da die Kommunikation in der Regel über einen öffentlichen Kanal stattfindet, kann damit gerechnet werden, dass sowohl der Klartext r als auch das zugehörige Chiffrat R abgehört werden. Ist das eingesetzte Verschlüsselungsverfahren nicht resistent gegen Known-

Plaintext-Attacken, so muss das beschriebene Verfahren modifiziert werden, da anderenfalls eine Attacke auf den verwendeten Schlüssel k nicht ausgeschlossen werden kann. Ist der Schlüssel k kompromittiert, so kann sich ein Dritter als A oder B ausgeben.

Bei den aufgezeigten Protokollen authentifiziert sich der Benutzer B gegenüber A. Damit eine gegenseitige Authentifikation gewährleistet ist, muss sich auch A gegenüber B authentifizieren. Dazu kann das Protokoll nochmals durchgeführt werden. Hierbei müssen dann allerdings die Rollen der Benutzer A und B vertauscht werden. Der Aufwand für eine gegenseitige Authentifikation ist somit im vorliegenden Fall doppelt so hoch wie bei einer einfachen Authentifikation.

In vielen Anwendungen ist zwar eine Authentifikation der jeweiligen Kommunikationspartner von ausschlaggebender Relevanz, sie ist aber letztendlich ohne Bedeutung, wenn die anschließende Kommunikationssitzung nicht authentisch abläuft. Um dieser Forderung Rechnung zu tragen, muss sichergestellt werden, dass die Kommunikationssitzung vertraulich realisiert wird und die jeweils eingesetzten Sitzungsschlüssel authentisch und frisch sind. Schlüssel heißen dabei frisch, wenn sie aktuell für eine Anwendung generiert und eingesetzt werden.

11.5.3 Vereinbaren authentischer Sitzungsschlüssel

Wollen zwei Benutzer A und B miteinander vertraulich kommunizieren, so sollten sie bei jeder Kommunikation einen neuen (frischen) Sitzungsschlüssel vereinbaren. Dabei wollen wir voraussetzen, dass sich alle potentiellen Kommunikationspartner auf ein Ver- und Entschlüsselungsverfahren (E und D) geeinigt haben. Als wesentlicher Aspekt ist also die Frage zu klären, wie A und B einen *authentischen (frischen) Sitzungsschlüssel* vereinbaren können.

Authentische Sitzungsschlüssel

Betrachten wir das Verfahren von Diffie und Hellman und gehen wir davon aus, dass die öffentlichen Schlüsselkomponenten y_A und y_B authentisch sind, so können die Benutzer A und B den gemeinsamen authentischen Schlüssel $K_{AB} = K = K_{BA}$ ermitteln.

Möchte nun A eine Nachricht m vertraulich an B übertragen, so kann er einen zufälligen Sitzungsschlüssel k wählen, damit die Nachricht m verschlüsseln und das Chiffrat $c = E(m,k)$ gemeinsam mit dem verschlüsselten Schlüssel k an den Empfänger B übertragen. Zur Verschlüsselung des Schlüssels k könnte hier der authentische Schlüssel K eingesetzt werden. Handelt es sich bei der übertragenen Nachricht m allerdings um eine Zufallsnachricht, so kann ein verfälschter Schlüssel k nicht als ein solcher erkannt werden – die Authentizität ist also nicht gewährleistet.

Vergleichen wir eine Verschlüsselung mit einem verschlossenen Brief, so sendet der Benutzer A an den Benutzer B zwei Briefe. Der erste Brief kann lediglich bei Kenntnis des gemeinsamen Schlüssels K gelesen werden. Im ersten Brief befindet sich der durch A festgelegte Schlüssel k, mit dessen Hilfe der zweite Brief gelesen werden kann. Hierin ist auch der Grund zu sehen, dass solche Systeme als *Envelope-Systeme* bezeichnet werden.

Envelope-System

Sind die Benutzer A und B Teilnehmer eines RSA-Systems, wobei OSA und OSB die authentischen öffentlichen und GSA und GSB die geheimen Schlüssel der entsprechenden Benutzer bezeichnen, so kann sichergestellt werden, dass der Schlüssel k authentisch übertragen wird. Aus dem folgenden Protokollablauf wird die prinzipielle Wirkungsweise ersichtlich.

Benutzer A	Kanal	Benutzer B
$\kappa = E(k,OSB)$ $s = D(\kappa,GSA)$	$\rightarrow\ \kappa,s\ \rightarrow$	$V(\kappa,s,OSA) = true$
		$k = D(\kappa,GSB)$
$c = DES(m,k)$	$\rightarrow\ c\ \rightarrow$	$m = DES^{-1}(c,k)$

Der Benutzer A verschlüsselt den Schlüssel k mittels $\kappa = E(k,OSB)$ und signiert diese Nachricht κ, indem er die zugehörige digitale Signatur $s = D(\kappa,GSA)$ berechnet. Die Werte κ und s werden an B übertragen. Der Empfänger B verifiziert die Korrektheit des verschlüsselten Schlüssels $V(\kappa,s,OSA) = true$ und kann durch $k = D(\kappa,GSB)$ den Schlüssel rekonstruieren. Zur vertraulichen Kommunikation kann dann beispielsweise der Data Encryption Standard eingesetzt werden.

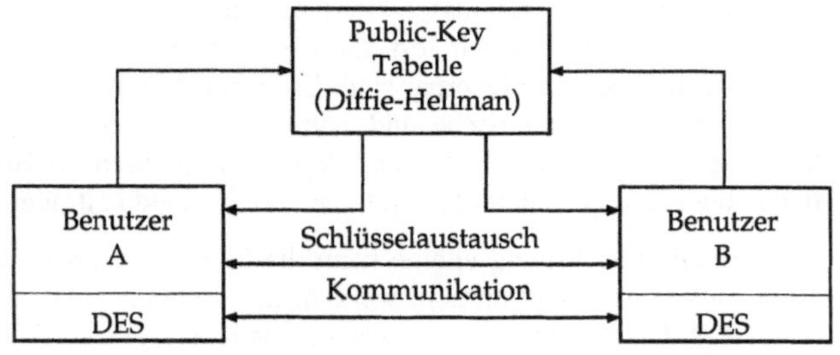

Abbildung 11.17
Hybrides
Kryptosystem

Kryptosysteme, bei denen eine Kombination aus symmetrischen und asymmetrischen Komponenten zum Einsatz kommt, werden auch als *Hybridsysteme* oder hybride Kryptosysteme bezeichnet. In den vorstehenden Ausführungen wurde ein elementares Hybridsystem betrachtet, dessen symmetrische Komponente durch den DES und dessen asymmetrische Komponente durch das RSA-Verfahren bestimmt sind.

Hybridsystem

Abbildung 11.17 zeigt das Prinzip eines hybriden Kryptosystems auf der Basis der Schlüsselvereinbarung von Diffie und Hellman.

11.5.4 Abhängigkeiten zwischen Basismechanismen

Bei den bisherigen Ausführungen wurden jeweils isolierte Mechanismen betrachtet und deren Wirkungsweise erklärt. In der Praxis werden die vorgestellten Mechanismen in der Regel jedoch gemeinsam und in unterschiedlichen Kombinationen eingesetzt. Dabei werden Abhängigkeiten offensichtlich, deren Einfluss die Gesamtsicherheit nachhaltig beeinträchtigen kann.

Abbildung 11.18
Abhängigkeiten
von Mechanismen

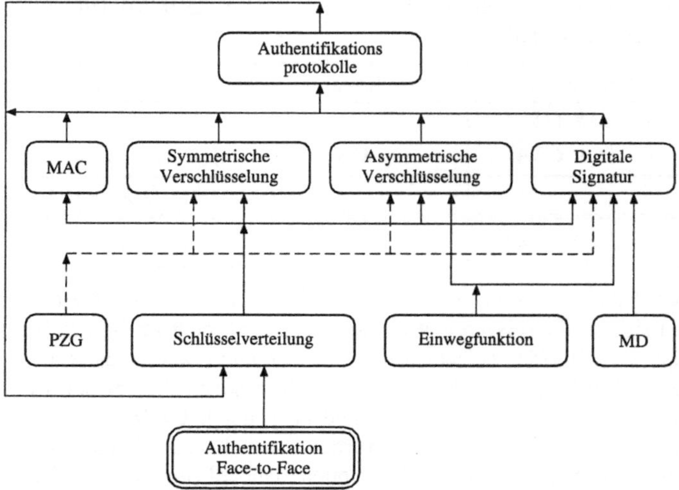

Greifen wir die Beispiele „Schlüsselverteilung" und „Authentifikationsprotokolle" auf, so stellen wir fest, dass beide nicht ohne die jeweils andere Komponente realisierbar sind. Es ist ersichtlich, dass Basismechanismen wie symmetrische und asymmetrische Verschlüsselung, Message Authentication Codes und digitale Signaturen als Bindeglied zur Realisierung sicherer IT-Systeme entscheidend beitragen.

Mit kryptographischen Mitteln alleine kann die Sicherheit eines Gesamtsystems allerdings nicht erreicht werden. Insbesondere muss das organisatorische Umfeld einbezogen werden, und dies gilt auch für den sinnvollen Einsatz kryptographischer Basismechanismen. Abbildung 11.18 ist zu entnehmen, dass eine sichere Schlüsselverteilung bzw. Schlüsselvereinbarung ohne eine Authentifikation der beteiligten Parteien unmöglich ist. Umgekehrt kann aber auch eine Authentifikation nicht ohne zuvor vereinbarte authentische Schlüssel durchgeführt werden. Hieraus ergibt sich die Forderung nach einer externen Face-to-Face-Authentifikation, wie sie in Zukunft etwa durch ein Trust Center oder eine Trusted Third Party, eine einer Passbehörde vergleichbaren Instanz, angeboten werden wird. Die damit verbundenen Probleme sind im Rahmen einer Sicherheitsinfrastruktur zu betrachten [11.4].

11.6 Literatur

[11.1]   Diffie,W., Hellmann,M.E.: *New Directions in Cryptography*, IEEE Transactions on Information Theory 22, 1976, 644-654.

[11.2]   ElGamal,T.: *A Public Key Cryptosystem and a Signature Scheme Based on Discrete Logarithms*, IEEE Transactions on Information Theory 31 (1985) 469-472.

[11.3]   Fumy,W., Rieß,H.P.: *Kryptographie – Entwurf, Einsatz und Analyse symmetrischer Kryptoverfahren*, Oldenbourg 1994.

[11.4]   Horster,P.: *Sicherheitsinfrastrukturen*, Vieweg, 1999.

[11.5]   ISO/IEC International Standard 10116: *Modes of Operation for an n-Bit Block Cipher algorithm*, 1991.

[11.6]   Kahn,D.: *The Codebreakers*, Macmillan, 1967.

[11.7]   Menezes,A.J., van Oorschot,P.C., Vanstone,S.A.: *Handbook of Applied Cryptography*, CRC Press, 1996.

[11.8]   National Bureau of Standards: *Data Encryption Standard*, FIPS Publication 46, 1977.

[11.9]   National Institut of Standards and Technology: *FIPS Publication 180-1, Secure Hash Standard*, 1995.

[11.10] National Institut of Standards and Technology: *Advanced Encryption Standard*, AES Homepage http://csrc.nist.gov/encryption/aes/aes_home.htm

[11.11] National Institut of Standards and Technology: *FIPS Publication 186-2, Digital Signature Standard*, 2000.

[11.12] Rivest,R.L., Shamir,A., Adleman,L.: *A Method for Obtaining Digital Signatures and Public Key Cryptosystems*, Communications of the ACM (1978) 120-126.

[11.13] Schneier,B.: *Applied Cryptography*, John Wiley, 1996.

[11.14] Simmons,G.J.: *Contemporary Cryptology – The Science of Information Integrity*, IEEE Press (1992).

[11.15] Stinson,D.R.: *Cryptography – Theory and Practice*, CRC Press, 1995.

Kapitel 12

Multimedia

von Paul Klimsa und Kai Bruns

12.1 Was bedeutet Multimedia?

1995 wurde „Multimedia" zum Wort des Jahres gewählt. Dies gab zwar die sprachliche Bedeutung des Begriffes wieder, doch damit war die inhaltliche Bestimmung keineswegs eindeutig. Umgangssprachlich verwendete man den Begriff in den 90er Jahren zur Kennzeichnung fast aller hardware- und software-technologischen Neuentwicklungen, die dank der leistungsfähigen Computertechnik möglich wurden: Ein Personalcomputer mit Soundkarte und CD-ROM-Laufwerk war genauso multimedial wie eine Spielkonsole oder PC-gestützte Präsentation mit Verwendung von Ton und Bewegtbild. Was versteht man also unter dem Begriff „Multimedia" genau?

12.1.1 Grundbegriffe: Multimedia und Digitale Medien

Wir können zwei Kategorien von *Multimedia-Definitionen* unterscheiden. Nach der strengen Definition bedeutet Multimedia ein System, das „durch die rechnergesteuerte, integrierte Erzeugung, Manipulation, Darstellung, Speicherung und Kommunikation von unabhängigen Informationen gekennzeichnet" ist, die „in mindestens einem kontinuierlichen (zeitabhängigen) und einem diskreten (zeitunabhängigen) Medium kodiert sind" [12.4]. Die Medien werden synchronisiert wiedergegeben. Multimedia ist also immer eine synchronisierte Verbindung von kontinuierlichen und diskreten Medien, die zudem integriert erzeugt werden. Eine WWW-Seite mit Text, Bild und Ton erfüllt das Kriterium der Synchronisation nicht und ist nach der strengen Definition nicht multimedial. Multimedial ist sie aber nach der weiten Definition des Begriffes, wonach

Multimedia eine rechnergestützte Verbindung von digitalen Medien bedeutet.

In dem weiten Verständnis spielen neben dem Medienaspekt – der *Multimedialität* – auch *Interaktivität*, *Multitasking* (zeitverzahnte Ausführung mehrerer Prozesse), *Echtzeit* (Realzeit-Anforderungen), *Parallelität* (bezogen auf die parallele Medienpräsentation) sowie *Kompression* bei Multimedia eine wichtige Rolle. In diesem Zusammenhang können wir vom Verarbeitungs- und Präsentationsaspekt sprechen.

Verarbeitungs- und Präsentationsaspekt

Abbildung 12.1
Multimedia als ein Konzept, das technische und anwendungsbezogene Dimensionen integriert

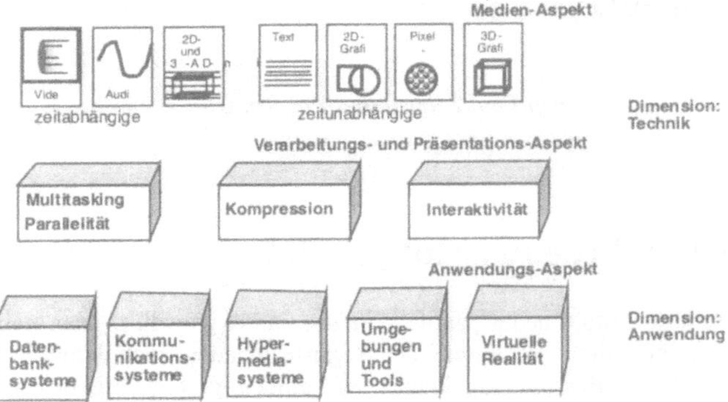

Die beiden technischen Aspekte des Multimediaverständnisses müssen um eine weitere Dimension ergänzt werden. Es ist die Anwendung. Erst die Anwendung der multimedialen Technik konkretisiert den Begriff und macht ihn der kontextbezogenen Analyse zugänglich. So kann nicht jede beliebige Kombination von Medien als „Multimedia" bezeichnet werden. Ein Personalcomputer mit Tonausgabe und einem eingebauten CD-ROM-Laufwerk ist genausowenig ein Multimediasystem, wie ein CBT (Computer Based Training), das neben Text auch Bilder und Grafiken darstellt, eine multimediale Anwendung ist.

Anwendungskategorien

Die einzelnen *Anwendungskategorien* sind u.a.:

1. Datenbanksysteme,

2. Kommunikationssysteme,

3. Hypermediasysteme und

4. spezifische Autorensysteme/-umgebungen und Multimediawerkzeuge.

Multimedia ist also ein Konzept, das nicht nur die Medien sondern auch die technische und die anwendungsbezogene Dimension integriert (siehe Abbildung 12.1). Die rechnergestützte Verarbeitung und

Präsentation ist vor allem dank der Verwendung digitaler Medien möglich.

Der Begriff *„Digitale Medien"* ist im Gegensatz zu Multimedia recht eindeutig und meint solche Medien, die binär codiert sind, d.h. computergestützt verarbeitet werden und sich durch die Eigenschaften der Hybridisierung, der Interaktion und der Integration auszeichnen, sowie in der Regel auf ein analoges Pendant verweisen können.

Digitale Medien

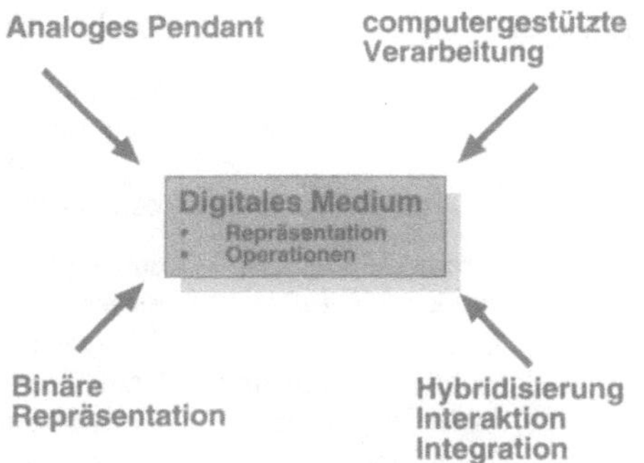

Abbildung 12.2
Digitale Medien

Beispielsweise basiert das digitale Video im Hinblick auf die verwendeten Normen/Formate auf dem analogen Video. Nicht alle digitale Medien haben jedoch eine analoge Entsprechung. Das *QuickTimeVR* mit Rundumansichten von Landschaften bzw. Objekten (diskretes Video) oder Speech-Audio sind genuine digitale Medien ohne Entsprechung in der analogen Welt.

QuickTimeVR

12.1.2 Datentypen und Medientypen

Ein Bitmuster kann unterschiedlich gedeutet werden. Die Bitreihe 1100001 kann ein Zeichen (character, hier ASCII-Zeichen „A") oder eine Ganzzahl (integer „97") sein. Diese Tatsache hat weitreichende Konsequenzen, denn es muß dafür Sorge getragen werden, dass bei der Verarbeitung die Daten richtig interpretiert werden. Mit dem Begriff des Datentyps kann die *Interpretierbarkeit* gewährleistet werden. Mit einem Datentyp wird die interne Repräsentation der Daten festgelegt. Ein Datentyp charakterisiert sich durch einen *Wertebereich* – die Datenrepräsentation – und die darauf anwendbaren Operationen. Neben elementaren Datentypen (Char, Boole, Integer, Aufzählungstypen und Real) unterscheiden wir strukturierte Datentypen (Feld und Verbund) und Zeiger-Datentypen (für dynamische Datenstrukturen). Der Vorteil in der Spezifikation der Datentypen liegt in deren umfassenden Implementierung zwecks effizienter Verarbeitung. So kann ein Programmierer rasch auf vordefinierte Datentypen zugreifen. Für digitale Medien ist eine

Interpretierbarkeit

Wertebereich

solche Handhabung genauso wünschenswert wie für Datentypen. Wie Datentypen charakterisieren sich die *Medientypen* durch ihre *Repräsentation* und die auf sie anwendbaren *Operationen*.

Medientypen In der Übersicht sind die wichtigsten *Medientypen* zusammengefaßt:

zeitunabhängige (diskrete) und zeitabhängige (kontinuierliche) Medien

Medientyp	*Repräsentation*	*Operationen*
zeitunabhängige (diskrete) Medien		
Text	ASCII, ISO, MarkUp-Text, Hypertext usw.	editieren, formatieren, sortieren, verschlüsseln, komprimieren usw.
Pixelbild (Image)	Farbmodell, Farbkanäle und Alpha-Kanal, Farbtiefe, Auflösung, Aspect Ratio der Pixel, Indizierung usw.	editieren, Filter einsetzen, Compositing, Transformation, Konvertierung, Kompression usw.
Grafik	Vektoren, geometrische (OpenGL, Direct3D), physikalische sowie empirische Modelle usw.	editieren, Shading, Mapping, Lighting, Viewing, Rendering, usw.
zeitabhängige (kontinuierliche) Medien		
Video	Frame-Rate, Daten-Rate, Sampling-Rate, Quantisierung, Aspect-Ratio, Kompression (Codec), usw.	editieren, speichern, digitale Effekte und Filter anwenden, Synchronisation, Zugriff usw.
Audio	Sampling (Frequenz), Sample-Größe, Quantisierung, Kanal-Anzahl, Interleaving, Kompression (Codec)	editieren, speichern, digitale Effekte und Filter anwenden, Synchronisation, Zugriff usw.

Musik	MIDI, SMDL	editieren und komponieren, abspielen, FM-, AM- oder Wavetable-Synthese usw.
Animation	Modelle (Zellen-, Szenen-, Ereigniss-Orientierung), Key-Frames usw.	Grafik-Operationen, Bewegungskontrolle, Parameterkontrolle, Rendering, abspielen
Hybride Medientypen		
Zeitunabhängiges Video	Strukturierte Einzelbilder, Paralaxen-Fehler-Korrektur	Steuerung des Ablaufs
Speech-Audio	Speech-Kodierung, Speech-Synthese	Text-Sprache-Transformation
Digital Ink (digitale Hand-schrift)	Bitmap, Muster- und Schrifterkennungs-komponenten	editieren, in Medientyp Text umwandeln

Ein wichtiges Kriterium zur *Unterscheidung von Medientypen* ist ihr Zeitverhalten bei der Darstellung. Da alle Medien intern digital reprä-sentiert sind, ist digitales Video eine Reihe von Einzelbildern (*Frames*) und digitales Audio eine Reihe von Abtastwerten (*Samples*). Die Daten sind damit zunächst statisch. Erst ihre Darstellung erfordert eine Synchronisation zur Zeitachse (Deadlines für Frames und Samples) und macht die Medien zu zeitabhängigen (d.h. kontinuierlichen) Medien. Für die Darstellung von Text oder Pixel-bildern ist eine zeitsynchrone Darstellung nicht erforderlich.

Unterscheidung von Medientypen

12.1.3 Abstraktionsschichten

Die genannten Operationen auf den Medientypen werden von *Verarbeitungskomponenten* übernommen. Unter Verarbeitungs-komponenten verstehen wir solche Komponenten eines Multimediasystems, die:

Verarbeitungs-komponenten

1. digitale Medien erzeugen und über definierte Schnittstellen weiter-leiten (Erzeugungskomponenten),

2. digitale Medien über definierte Schnittstellen übernehmen und durch Anwendung von Operationen nutzen (Bearbeitungskompo-nenten) und

3. digitale Medien verändern (Transformationskomponenten).

Beispiel   Ein Datenstrom mit digitalem Video wird durch entsprechende Hardware (z.B. eine Videodigitalisierungskarte) erzeugt und an spezielle Software (z.B. einen Videoeditor) weitergeleitet und mit Hilfe von Filtern (z.B. PlugIns für die Software) mit Überblendungseffekten versehen.

Die realisierte Komposition und Präsentation digitaler Medien kann nach geometrischen (Größe, Position usw.), zeitlichen (Präsentationsreihenfolge, Dauer usw.) und die jeweiligen Komponenten übergreifenden (Konfiguration usw.) Kriterien erfolgen.

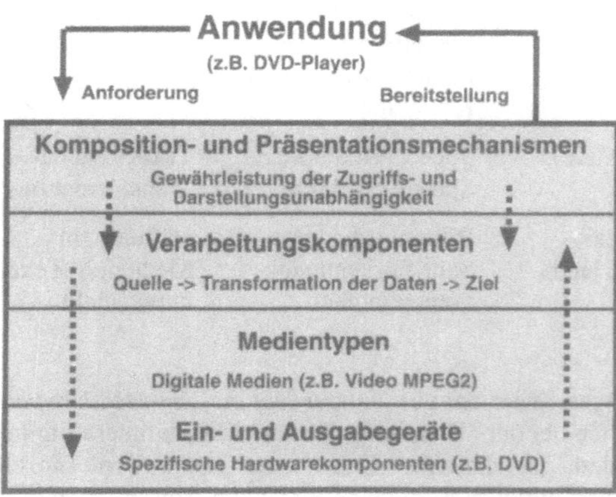

Abbildung 12.3
Abstraktionsschichten

Abstraktionsschichten   Die Kompositions- und Präsentationsmechanismen gewährleisten den Zugriff auf weitere Schichten multimedialer Systeme, wobei die Verarbeitungskomponenten definierte Medientypen verwenden und die Leistung spezifischer Hardwarekomponenten nutzen.

12.2 Entwicklungsebenen und Benutzerschnittstellen

Multimediasysteme sind den Benutzern dank verschiedener Dialog-
formen, d.h. Benutzerschnittstellen, zugänglich. Die für die Benutzer
sichtbaren Bestandteile einer Benutzerschnittstelle bezeichnet man als
Benutzeroberfläche. Auf diese Weise wird die Komplexität des
Multimediasystems in eine abstrakte und/oder symbolische Struktur
übersetzt, die von der jeweiligen Zielgruppe leicht verstanden werden
kann. Nur die Entwickler der Multimediasysteme müssen die
unterschiedlichen Abstraktionsstufen und Entwicklungsebenen
auseinanderhalten.

12.2.1 Entwicklungsebenen

Für Entwickler ist der *Hardware-Interrupt* die unterste Ebene für den
Zugriff auf multimediale Geräte. Datentransfer und Befehle erfolgen
über die Register der Multimedia-Erweiterungskarte (Sound, Video
usw.) und *DMA-Kanäle* (*Direct Memory Access*). Diese Abstraktions-
ebene wird nur selten benutzt. Zum einem würde die Verfügbarkeit
einer Applikation auf der Hardware eines anderen Herstellers in
Frage gestellt, zum anderen ist der Entwicklungsaufwand sehr hoch.

Die nächste Abstraktionsstufe bildet die *Treibersoftware*, die von der
jeweiligen Hardware abstrahiert und sich leichter von einem
Programm heraus verwenden läßt. Portabilität erreicht man aber nur,
wenn die Schnittstelle des Treibers den Anforderungen des jeweiligen
Betriebssystems folgt und damit die Programmierer einfach über die
dokumentierte Treiber-Schnittstelle eines Betriebssystems auf die
Multimedia-Hardware-Komponenten zugreifen können.

In bestimmten Fällen sind auch *abstrakte Gerätenamen*, die in einigen
Betriebssystemen Verwendung finden, hilfreich. So läßt sich
beispielsweise der Sound unter UNIX durch einfache Kopieroperation
auf der Soundkarte abspielen (cp sound.au /dev/audio), was u.a. bei
der Programmierung von Shell-Skripten genutzt werden kann.

Software-Bibliotheken bilden eine weitere, in der Praxis sehr häufig
genutzte Abstraktionsstufe. Der Zugriff auf Multimedia-Hardware
erfolgt in Form von abstrakten und relativ anwendungsnahen Funk-
tionsaufrufen, die durch Bibliotheksfunktionen prozedural und
Bibliotheksklassen objektorientiert bereitgestellt werden. Neben
hardwarespezifischen Bibliotheken (proprietär bezüglich der
Hardware) gibt es hardwareneutrale Bibliotheken (z.B. Media Control
Interface, MCI), die den Zugriff weitgehend unabhängig von der
eingesetzten Hardware ermöglichen.

Multimedia-
Programmier-
sprachen

Mit *Multimedia-Programmiersprachen* könnte eine weitere Abstraktionsstufe realisiert werden. Durch eine vollständige Integration der Medientypen, die wie einfache Datentypen handhabbar wären, ließen sich die Zugriffe auf multimediale Daten wesentlich optimieren.

Beispiel

Das folgende Beispiel zeigt die Nachvertonung eines Videoclips anhand einer fiktiven Multimedia-Programmiersprache.

```
vol1, vol2: REAL;
clip1, clip2, clip3: SOUND_HIFI;
vclip: VIDEO;
...
COBEGIN
  PROC /* vom linken Mikrofon digitalisieren */
    input(MICRO_LEFT,clip1);
  PROC /* vom rechten Mikrofon digitalisieren */
    input(MICRO_RIGHT,clip2);
  PROC  /* paralleles Abspielen des Videos */
    output(OVERLAYSCREEN,vclip);
COEND
  ...
  /* Stereosignal synchronisieren */
  clip3 = synchr(vol1*clip1,vol2*clip2);
  /* Audio-Video-Synchronisation */
  vclip = synchr(clip3,vclip);
```

Zur Zeit gibt es keine kommerziell erfolgreichen Multimedia-Programmiersprachen, die implementierte Medientypen enthalten.

Durch Klassenbibliotheken für objektorientierte Programmiersprachen (C++, Java), verbunden mit der Möglichkeit Operatoren zu überladen, kann man die Vorteile der Abstraktionsstufe der Multimedia-Programmiersprachen teilweise ebenfalls erreichen.

Autorensysteme

Mit *Autorensystemen* (z.B. Director, Toolbook) werden die Hardwarezugriffe auf einem sehr hohen Abstraktionsniveau realisiert. Digitale Medien werden in Autorensystemen zu einer Anwendung mit Hilfe bereitgestellter Werkzeuge zusammengesetzt. Die Interaktivität

Verhaltensklassen

wird durch vordefinierte *Verhaltensklassen* (behaviors) hinzugefügt, die auf der Funktionalität der mit den Autorensystemen integrierten Skript-Sprachen (z.B. Lingo, OpenScript) aufbauen. Auch die direkte Programmierung der Interaktionen mit den jeweiligen Skript-Sprachen ist möglich. Es ist abzusehen, dass Applikationen für eine wachsende Anzahl von Anwendungsklassen (z.B. interaktive plattform- übergreifende Präsentationen auf CD-ROM und DVD-Anwendungen) zunehmend mit Hilfe von Autorensystemen entwickelt werden.

12.2.2 Dialoge für multimediale Applikationen: Richtlinien versus Metaphern

Die Dialoge für multimediale Applikationen sollten den Benutzerinnen und Benutzern einen intuitiven Zugriff auf die Hardware- und Software-Komponenten und digitale Medien ermöglichen. Dabei sind zwei Formen der Konsistenz der Anwendungssteuerung notwendig:

- *Interne Konsistenz*: Innerhalb einer Applikation müssen die gleichen Informationen immer gleich dargestellt werden, ähnliche Anweisungen müssen auf ähnliche Art und Weise ausgelöst werden.

  Interne Konsistenz

- *Externe Konsistenz*: Neue Applikationen sollen in der Dialoggestaltung vergleichbar mit anderen sein, so dass der Lernaufwand für die Steuerung neuer Applikation gering ist.

  Externe Konsistenz

Im Laufe der Zeit haben sich Richtlinien zur Entwicklung von Benutzeroberflächen entwickelt (sog. *Style Guides*), die folgende Eigenschaften der Dialoge festlegen:

Style Guides

- Grundlagen (Verwendung von Werkzeugen, Dokumenten, Hilfe usw.);

- Befehle (Befehlsauslösung: Knopf, Menü, Eingabezeilen usw.);

- Beschriftungen (Einsatz von Text zur Steuerung, Erklärung und als Hilfe)

- Farben (Welche und wie viele Farben sollen wie eingesetzt werden?)

- Interaktionselemente (Art, Form, Funktion der möglichen Interaktionen);

- Sicherheitselemente (Abwehren von Benutzerfehlern, UnDo-Funktion, Kopien usw.);

- Visuelle Gestaltung (Verwendung von Metaphern mit eingeschränkter Wirkung, z.B. Fenster und Papierkorb, Anordnung der Inhalte, Schrift, usw.).

Abbildung 12.4
Elemente von
Style Guides
(QuickTime-
Player von Apple)

Die Benutzeroberfläche multimedialer Präsentations-Applikationen wird meist nicht nach den Richtlinien (style Guides) der jeweiligen Betriebssystemhersteller (Apple, Microsoft) entworfen, sondern nach gestalterischen Prinzipien mit Hilfe einer zielgruppengerechten

Metapher   *Metapher*. Auch die Eigenschaften einer solchen Metapher müssen konsistent sein:

Interne Konsistenz
- *Interne Konsistenz*: Die verwendete Metapher muß die Steuerung einer Applikation stark vereinheitlichen.

Externe
Konsistenz
- *Externe Konsistenz*: Die verwendete Metapher muß mit einem Realitätsbereich stark korrespondieren und damit für die Benutzerinnen und Benutzer leicht verständlich sein.

Metaphern müssen außerdem formal die gleichen Eigenschaften aufweisen wie Style Guides. Als Beispiele für häufig verwendete Metaphern können u.a. angeführt werden:

- Schreibtisch/Fenster (Desktop)

- Schultafel (Computer Based Training)

- Steuerpult (Spiele)

Die Wahl der passenden Metapher ist sehr wichtig und entscheidet oft über den Erfolg oder Mißerfolg der gesamten multimedialen Präsentationsanwendung.

In der Praxis der Entwicklung multimedialer Applikationen ist die Zusammenarbeit von Informatikern (Medieninformatikern) und Gestaltern unerläßlich. Die Einbeziehung von Psychologen, die mit

Medienfragen vertraut sind, ist ebenfalls hilfreich (Medienpsychologie).

Abbildung 12.5
Metapher eines virtuellen Raumes (Quelle: Hawking – Eine kurze Geschichte der Zeit)

12.2.3 Multimediale Präsentation

Um multimediale Daten darzustellen, muß das Computersystem die entsprechenden Medientypen *erkennen* (können). Mit anderen Worten, das System muß auf die Darstellung von Multimedia-Daten vorbereitet werden. Diese Vorbereitung sieht in der Regel so aus, dass das System mit Komponenten ausgestattet wird, die die Multimedia-Daten interpretieren können. Folgende *Komponenten* sind zu nennen:

Komponenten multimedialer Systeme

- spezifische Geräte-Treiber

- spezifische System-Erweiterungen

- Codec (*C*omprimierer/*Dec*omprimierer)

- Dateiformate

Mit diesen Komponenten wird sichergestellt, dass Aufgaben in zwei Bereichen erledigt werden können:

- *Datenverwaltung*: Mit der Datenverwaltung wird gewährleistet, dass die Medientypen artgerecht behandelt werden.

- *Medienverwaltung*: Hierarchisch ist die Medienverwaltung der Datenverwaltung untergeordnet. Die Medienverwaltung garantiert, dass bei der Anforderung von Daten die richtigen Treiber und Systemerweiterungen verwendet werden. Es ist dabei zweitrangig, woher die Daten kommen, ob von der Festplatte, von der CD-

ROM oder aus dem Netzwerk. Mit dem Aufkommen neuer Speichergeräte und neuer Übertragungswege muß allerdings sichergesetellt werden, dass die Medienverwaltung auf die entsprechenden Komponenten zugreifen kann. Dies geschieht meistens mit der Installation der Treiber-Software für die neuen Geräte.

Wie arbeiten diese Komponenten zusammen? Sehen wir uns dazu ein Beispiel für QuickTime für Windows an.

Beispiel: QuickTime — Eine Anwendung zur Bearbeitung von Digital-Video (z.B. Premiere) wird gestartet. Es wird geprüft, ob die QuickTime-Komponenten – unter Windows als eine Reihe von DLLs (Dynamic Link Library) – verfügbar sind. Ist das der Fall, kann Premiere diese Bibliotheken dynamisch binden und auf die Funktionalität von QuickTime zurückgreifen. Findet die Anwendung keine QuickTime-Komponenten, so wird sie zwar ausgeführt, aber die QuickTime-Funktionalität wird nicht verwendet.

Will man nun ein Video wiedergeben, initiiert die QuickTime-Datenverwaltung einen Prozeß für die Bearbeitung der Daten.

Die Datenverwaltung gibt die Anforderung zum Abspielen des Videos an ihre Medienverwaltung weiter, die dank der installierten Geräte-Treiber (z.B. Treiber des CD-ROM-Laufwerks) auf das betreffende Speichermedium (z.B. CD-ROM) zugreifen kann.

Audio- und Video-Informationen werden vom Speichermedium eingelesen, vom passenden Codec interpretiert und dekomprimiert und anschließend an die Anwendung weitergereicht.

Die Anwendung kann nun die Ton- und Video-Daten verarbeiten. Für die Darstellung auf dem Bildschirm ist allerdings wieder QuickTime zuständig. Dank einem entsprechenden Treiber (Bildschirm-Treiber) werden die Daten auf dem Medium (Bildschirm) dargestellt.

12.3 Datenformate für Multimedia

Multimedia-Dateien bestehen ebenfalls nur aus Folgen von Bytes. Mit einem Datenformat wird die externe Repräsentation der Daten definiert. Sowohl die *Daten-Struktur* als auch die *Daten-Bedeutung* müssen für die Interpretation und Verarbeitung festgelegt werden. Allgemein akzeptierte Datenformate sind eine unerläßliche Voraussetzung für die mehrfache Verwendung von Medientypen durch verschiedene Applikationen auf unterschiedlichen Plattformen (Portabilität).

Daten-Struktur
Daten-Bedeutung

multimediale Dokumente — *Multimediale Dokumente* sind Aggregationen von verschiedenen Medientypen im Hinblick auf ihre multimediale Präsentation (vgl.

12.2.3). Die Festlegung der Struktur und der Inhalte der Dokumente spiegelt die jeweilige Dokumentenarchitektur wider.

12.3.1 Medienbezogene Datenformate

Die gegenwärtige Vielfalt der medienbezogenen Datenformate ist enorm, wenngleich sich in der letzten Zeit Standard- und Quasi-Standard-Formate herausgebildet haben. Dazu sollen lediglich drei Beispiele genannt werden:

Das *Datenformat PNG* (Portable Network Graphics) wurde für Pixelbilder im Internet entwickelt. Das PNG-Format kann 48-Bit pro Pixel (im RGB-Farbmodell) oder 16-Bit pro Pixel (Grayscale-Modell) kodieren und einen Alpha-Kanal enthalten. Dank progressiver Dekompression kann man den Eindruck des Bildes bereits begutachten, bevor die gesamte Datei übertragen wurde. Die Vorteile dieses Datenformates sind
Datenformat PNG

- Einfachheit und Portabilität

- Gute Kompression

- Breite Unterstützung (plattformübergreifend)

- Flexibilität und Erweiterbarkeit (durch Add-Ons lassen sich Erweiterungen integrieren)

- Robustheit und Erkennung von Daten-Fehlern durch Redundanz

- PNG ist frei von Lizenzen (im Gegensatz zum GIF-Format)

Das *Datenformat WAVE* folgt der RIFF-Spezifikation (*Resource Information File Format*) und ist gut geeignet zur Aufnahme digitaler Tonsequenzen. Das Datenformat WAVE kann unterschiedlich kodierte digitale Audiosignale enthalten.
Datenformat WAVE

1. Windows PCM waveform (.WAV): Die Datei enthält PCM (Puls Code Modulation) unkomprimiert kodierte Daten.

2. Microsoft ADPCM waveform (.WAV): Die Datei enthält mit ADPCM (Adaptive Differenzielle PCM) komprimierte Daten.

3. ACM Waveform (.WAV): Mit ACM ist Microsoft *Audio Compression Manager* gemeint. Mit Hilfe dieser Technologie lassen sich weitere Kompressionsverfahren (Codecs) für WAVE-Dateien nutzbar machen.

Es gibt keine Datenformate, die sich nur auf den Medientyp Video spezialisieren, denn in der Praxis muß Video im allgemeinen mit dem begleitenden Ton abgespielt werden. Ein Beispiel eines **Datenformat AVI** Datenformates für beide Medientypen ist das *AVI-Datenformat*, das sich ebenfalls an die RIFF-Spezifikation hält. Der Name des Datenformates von Microsoft ist gleichzeitig die Veranschaulichung des zugrundeliegenden Organisationsverfahrens für die zwei zeitbasierten Medientypen. *Audio Video Interleaved* bedeutet eine Verzahnung von Audio- und Video-Blöcken, die im Datenstrom aufeinenderfolgen und unter Nutzung von Synchronisationsinformationen synchron zueinander abgespielt werden können (Lippensynchronität). Bei der Integration von Audio- und Videodaten **Filmformat** in einem Datenformat spricht man auch von einem *Filmformat*.

Das Filmformat AVI wurde mit der Systemumgebung Video für Windows (VfW) eingeführt. Mit dieser Lösung konnten Anwender bereits unter Windows 3.1 digitales Video ohne zusätzliche Hardware abspielen. Aktuelle Versionen dieses Betriebssystems nutzen zur Videoausgabe die DirectMedia- und damit indirekt die DirectDraw-Schnittstelle und können über diese COM-Interfaces direkten Nutzen aus installierten Hardwarebeschleunigern ziehen.

Das AVI-Format unterscheidet sich in vielen Punkten von QuickTime Moov-Format. Die wichtigsten Differenzen (aus der Sicht des AVI-Formates) sind:

- Die Frames der Videospuren müssen gleich groß sein.

- Nur eine feste Framerate läßt sich vereinbaren, die Vorteile einer flexiblen Framerate – z.B. Anpassung der Wiedergabedauer – können nicht genutzt werden.

Der Ton wird mit 8 Bit oder 16 Bit und in der Regel in festen Samplingraten aufgenommen. Es sind:

- 11,025 kHz (geeignet für Sprache)

- 22,05 kHz (geeignet für Musik in interaktiven Anwendungen)

- 44,1 kHz (geeignet für hochwertige Tonaufnahmen, CD-Qualität)

Eine AVI-Datei ist eine Art Behälter für verschiedene Datenpakete. Die Aufgabe der Interpretation dieser Datenpakete übernehmen die installierten Codecs.

12.3.2 Hybride Formate

Datenformat Moov QuickTime MOOV ist ein hybrides Datenformat für Multimedia-Daten – also nicht nur für einen bestimmten Medientyp – und sorgt für deren Integration mit der unterstützten Hardware und Software. QuickTime als eine Entwicklung von Apple setzt sich auf der Betriebssystemebene des MacOS aus drei Bestandteilen zusammen:

- Das Datei-Format *QuickTime Movie* (*.mov, moov) erlaubt die Speicherung und Wiedergabe zahreicher Medientypen (z.B. sind über Quicktime VR untereinander verlinkte Panoramasichten möglich).

- Der *QuickTime Media Abstraction Layer* kontrolliert verschiedene Aspekte digitaler Medien, z.B. das Erstellen, Komprimieren, Editieren, Synchronisieren, Abspielen usw.

- Die *QuickTime Medienverwaltung* macht die komplexe Funktionalität von QuickTime für Programmierer leichter zugänglich.

Das Kernstück dieser Software-Technologie ist das QuickTime-Datenformat, das auf Atomen basiert. Ein Atom bedeutet eine Art Organisationseinheit, die entweder Medien-Daten oder weitere Atome enthalten kann. Mit dieser Datenstruktur lassen sich sehr komplexe Aggregationen realisieren. Das moov-Datenformat kann folgende *Medientypen* einzeln oder in Aggregation aufnehmen:

Moov-Medientypen

1. Sound

2. Video

3. Pixelbild

4. Text

5. Animation

6. Musik

7. Diskretes Video (QuickTime VR Panoramen und Objekte)

8. Weitere Medientypen (z.B. TimeCode als Medientyp)

QuickTime ist für die gängigen Betriebssysteme verfügbar: MacOS, Windows und Irix von Silicon Graphics. Das macht diese Softwaretechnologie besonders interessant für Entwickler, da sie die einmal erfaßten Daten nicht für die jeweiligen Betriebssysteme umsetzen müssen. Viele unterstützte Datenformate machen QuickTime außerdem zu einer universellen Austauschplattform. Folgende Datenformate werden von QuickTime direkt verwendet:

Datenformate in
QuickTime

Digitales Audio	Digitales Video	Bitmap	Animation	Musik (MIDI)
AIFF/AIFC	AVI	QuickTime Image File	FLC	General MIDI
AU	MPEG	Photoshop	FLI	Karaoke MIDI
Wave	OpenDML	JPEG/JFIF	3DMF	
MPEG Layer 2	DVCam	QuickDraw Picture	PICS	
Sound Designer II	OMF	SGI		
		MacPaint		
		GIF		
		BMP		
		PNG		

Basierend auf QuickTime lassen sich umfangreiche multimediale
Umgebungen realisieren. Ein interessantes Beispiel ist QuickTime VR
(Virtual Reality), womit man Panorama- und Objekt-Ansichten (ein
neues Medientyp: diskretes Video) erstellt.

Abbildung 12.6
QuickTime VR:
Panorama-Sicht,
die nach links oder
rechts erweitert
werden kann
(Mauszeiger wird
entsprechend der
aktuellen
Steuerungs-
möglichkeiten
modifiziert)

12.3.3 Datenreduktion und Datenkompression

Bei der Digitalisierung von zeitbasierten Medientypen, vor allem bei digitalem Video, entsteht eine enorme Datenmenge, die unkomprimiert kaum handhabbar ist. Ein unkomprimiertes PAL-Fernsehsignal ergibt über 33 MByte/s (PAL-Auflösung 762x576 Pixel x Farbtiefe 24 Bit pro Pixel x 25 Bilder in der Sekunde). Geringere Datenraten kann man durch Datenreduktion oder Datenkompression erreichen.

Datenreduktion
Von Datenreduktion (*Subsampling*) sprechen wir vor allem dann, wenn bestimmte Informationen bei der Aufnahme und Signalumsetzung (Sampling) ausgelassen werden. Das Betacam-System arbeitet beispielsweise datenreduziert, da die beiden Farbkomponenten U und V nicht vollständig aufgenommen werden. Auf vier Helligkeits-Anteile (Y) kommen lediglich zwei Anteile für die jeweiligen Farbkomponenten U und V (4:2:2). Datenreduktion geht immer mit Qualitätseinbussen einher. Vor allem bei der Übertragung und Speicherung von Videosignalen wird von der Datenreduktion reger Gebrauch gemacht. Reduktionsfaktoren zwischen 20 und 100 sind dabei üblich. Bei professionellen Videoproduktionen ist Datereduktion dagegen weniger erwünscht, da hier oft mehrere Bearbeitungsstufen nacheinander durchlaufen werden, bei denen sich die reduktionsbedingten Informationsverluste dann noch weiter verstärken würden.

Datenkompression
Mit Kompression bezeichnet man dagegen spezielle Verfahren, die die Anzahl der Bits eines Signals herabsetzen. Entweder ist es möglich, nach der Dekompression das ursprüngliche Signal vollständig zu rekonstruieren (*verlustfreie Kompression*) oder das Signal wird nur annähernd wiederhergestellt (*verlustbehaftete Kompression*). Bei der Kompression denkt man gleichzeitig auch an die Dekompression: Es nutzt wenig, wenn man das Volumen einer Datei minimiert hat (Kompression), diese jedoch auf dem Zielsystem nicht abspielbar ist, weil dort die notwendige Hardware und Software zur Dekompression fehlt. Ein software- und/oder hardwarebasierend umgesetztes Verfahren zur Kompression und Dekompression nennt man Codec (*Co*mprimierer und *De*comprimierer). Zu der Dekompression muß stets der gleiche Codec verwendet werden, wie zur Kompression der Daten. In der Praxis auftretende Probleme mit dem Abspielen von komprimierten Daten (vor allem Video) sind darauf zurückzuführen, dass auf der Zielplattform der entsprechende Codec nicht installiert ist.

In der Praxis spielt Datenkompression eine wichtigere Rolle als Datenreduktion. Schauen wir uns also an, wie verlustfreie, verlustbehaftete und hybride Kompressionsverfahren arbeiten.

Verlustfreie Kompressionsverfahren

Komprimiert man z.B. eine Textdatei, um sie schneller über eine Modemverbindung übertragen zu können, so müssen die Daten entkomprimiert auf dem Zielrechner genau der Ausgangsdatei entsprechen. Datenverluste wären nicht zu tolerieren: Man stelle sich einen Text vor, in dem Zeichen fehlen oder falsch sind. Bei der verlustfreien Kompression versucht man daher, Redundanzen innerhalb der Datei zu beseitigen.

verlustfreie Kompression

Bekannt sind u.a. folgende Varianten der *verlustfreien Kompression*:

- Lauflängen-Kodierung (RLE)

- Huffman-Kodierung

- LZW-Kodierung (Lempel, Ziv, Welsch-Kodierung)

Verlustbehaftete Kompressionsverfahren

verlustbehaftete Kompression

Mit *verlustbehafteten Kompressionsverfahren* nimmt man bewußt in Kauf, dass die Wiederherstellung der Daten im ursprünglichen Zustand nicht mehr möglich ist. Mit den Verlusten erkauft man sich allerdings höhere Kompressionsraten. Die gegenwärtig verwendeten Kompressionsverfahren basieren auf leistungsfähigen Algorithmen, die aus einem Datensatz alle Informationen entfernen, deren Verlust aus psychologischer, physiologischer oder physikalischer Sicht vertretbar ist. Das Geheimnis idealer verlustbehafteter Kompressionsverfahren liegt also darin, die für die korrekte Wahrnehmung mittels menschliches Sinnesorgane wichtigen Informationen von den weniger wichtigen (d.h. nur bedingt wahrnehmbaren) zu unterscheiden. Das ist keine einfache Aufgabe. Wichtige verlustbehaftete Kompressionsverfahren für Audio-Daten [12.3] sind zum Beispiel:

- DCT (Diskrete Cosinus Transformation)

- DPCM (Differential Puls Code Modulation)

- ADPCM (Adaptive Differential Puls Code Modulation)

Hybride Kompressionsverfahren

Hybride Kommpression

In der Praxis treten verlustfreie und verlustbehaftete Kompressionsverfahren sehr oft in Kombination auf. Solche kombinierten (*hybriden*) Verfahren sind u.a.:

- JPEG, ein Standardverfahren für die Standbildkompression

- M-JPEG, ein nicht standardisiertes Verfahren zur Kompression von Bewegtbildern, das auf dem JPEG-Standard basiert

- MPEG, ein Standardverfahren für die Kompression von Bewegtbildern, die i.a. mit Audiodaten synchronisiert sind.

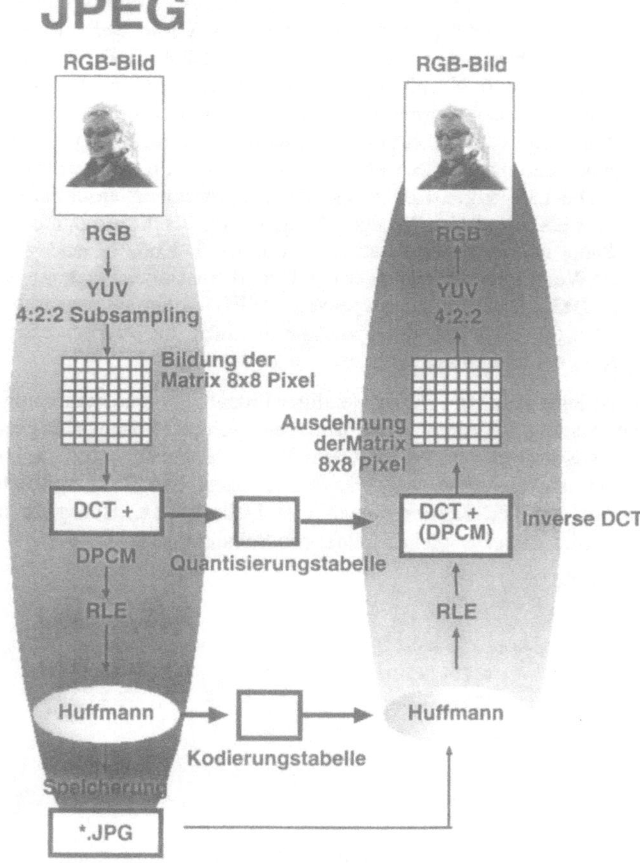

Abbildung 12.7
Kompression und
Dekompression
nach *JPEG*

Das Verfahren für die Standbildkompression *JPEG* wurde 1992 von JPEG der speziell zu diesem Zweck gebildeten Expertengruppe (Joint Photographics Experts Group) vorgelegt. Als hybrides Verfahren integriert die JPEG-Komprimierung u.a. die verlustfreien Komprimierungsmethoden RLE und Huffman sowie die verlustbehafteten Verfahren DCT und DPCM.

Wie arbeitet JPEG? Zunächst wird das Bild vom RGB-Farbmodell (Rot-Grün-Blau) in das YUV-Modell konvertiert. Die Luminanzwerte (Y) und die beiden Chrominanzwerte (UV) lassen sich trennen. Da Menschen Farben wesentlich schlechter wahrnehmen als Helligkeitsdifferenzen, kann der für die Farbwerte benötigte Speicherplatz wesentlich reduziert werden (vgl. *Subsampling*). Jetzt wird das Bild in 8 x 8 Blöcke zerlegt und mit Hilfe der Diskreten Cosinus Transformation (DCT) in Frequenzen gewandelt. Dank der Gewichtung nach wahrnehmungs-psychologischen Erkenntnissen wird die Anzahl der hohen Frequenzen, die vom menschlichen Auge schlechter wahrgenommen werden, reduziert. Die nun vorliegenden Werte werden mit Differential Puls Code Modulation (DPCM) nach Differenzen in den Nachbarblöcken durchsucht und noch stärker komprimiert. Danach werden die Werte in der Matrix angeordnet und mit Zigzag-Scan (d.h. geordnet nach Frequenzen) ausgelesen. Durch eine Quantisierungstabelle werden „unrelevante" Frequenzen auf 0 gesetzt. Die Lauflängen-Kodierung (RLE) komprimiert anschließend verlustfrei u.a. diese überflüssigen Frequenzwerte sehr effizient. Am Ende kann nun noch ein statistisch optimaler Kode gemäß dem Huffman-Verfahren bestimmt werden. Der so entstandene Datenstrom wird im JPEG-Datenformat gespeichert. JPEG ist ein symmetrisches Verfahren, da sowohl die Kompression als auch die Dekompression den gleichen Zeitaufwand erfordern.

JPEG ist insgesamt ein sehr aufwendiger Prozeß, der eine relativ hohe Rechenleistung erfordert. JPEG wird dank seiner Leistungsfähigkeit auch zur Kompression von digitalem Video verwendet. Man spricht **M-JPEG** hier von *Motion JPEG* (M-JPEG) und nutzt dabei oft spezielle Hardware, die den Kompressions- und Dekompressionsvorgang in Echtzeit (d.h. zum Beispiel 25 Bilder pro Sekunde) schafft.

M-JPEG
Motion JPEG

Abbildung 12.8.
M-JPEG

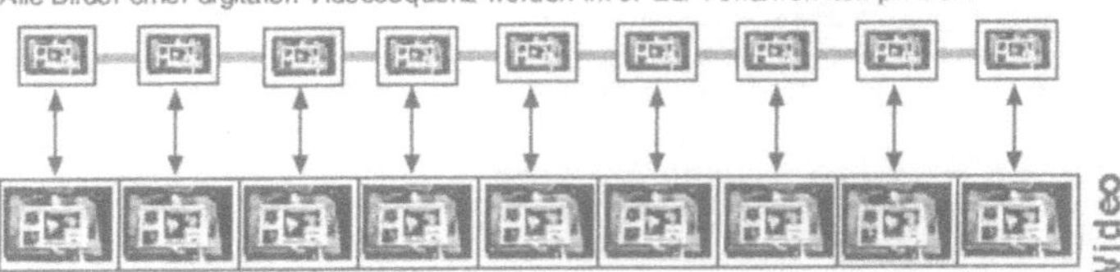

M-JPEG ist im Gegensatz zum JPEG kein Standard und viele Anbieter von Komprimierungs- und Speicherungs-Hardware weichen mehr oder weniger von den JPEG-Vorgaben ab. M-JPEG-Dateien sind untereinander häufig nicht kompatibel und können meist nur mit genau derselben Hardware wiedergegeben werden, mit der sie auch erzeugt wurden. Der Vorteil von M-JPEG ist, dass man die komprimierten Videos gut schneiden kann, da jedes einzelne Bild für sich allein (d.h. ohne Bezug auf andere Bilder) komprimiert wurde. Dafür sind die Komprimierungsraten nicht sehr hoch; sie bewegen sich zwischen dem Faktor 5:1 und 50:1.

MPEG Genau wie bei JPEG legte auch bei *MPEG* eine internationale Expertengruppe (Moving Picture Experts Group) den Standard fest; 1993 wurde MPEG als Methode zur Kompression von Bewegtbildsequenzen und Audiodaten vorgestellt. Hervorgegangen ist MPEG aus den Bemühungen um die Kompression von ISDN-Videokonferenzen, die dann in die H.261-Standards mündeten. Im Folgenden gehen wir nur auf MPEG-Video ein.

MPEG
Motion Picture Experts Group

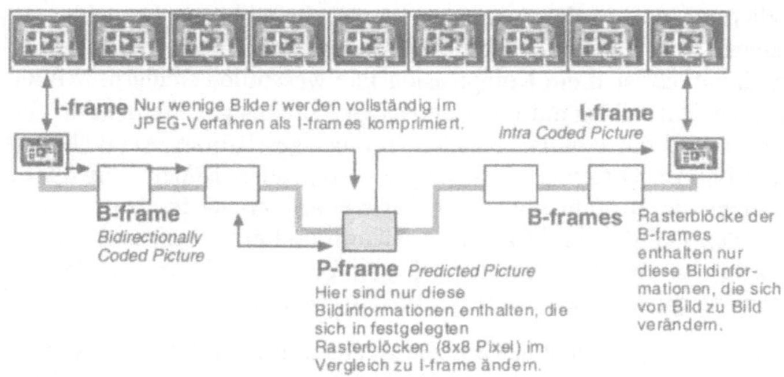

Abbildung 12.9
Mit MPEG komprimiertes Video

MPEG liegt in drei Spezifikationen vor:

MPEG 1 war der erste Standard und sollte geringe Übertragungsraten von CD-ROM-Laufwerken (bis zu 1,5 Mbit/s bzw. 187,5 kByte/s) unterstützen. Notwendig waren solche niedrigen Datenraten Anfang der 90er Jahre, da man CD-ROM-Laufwerke mit Übertragungsraten von maximal 300 kByte/s zur Speicherung von Videos nutzen wollte (CD-ROM/XA, CDi). Die Größe der nach MPEG 1 kodierten Bilder beträgt 352x288 Bildpunkte bei 50 Hz. d.h. 50 Bildwiederholungen in der Sekunde, oder 352x240 Bildpunkte bei einer Bildwechselfrequenz von 30 Hz. Die Kompressionsraten liegen für MPEG 1 bei ca. 100:1, was M-JPEG bei weitem übertrifft.

MPEG 1

MPEG 2 ist zwar kompatibel zu MPEG 1, wurde aber wesentlich erweitert und nutzt im Gegensatz zum älteren Standard die tatsächlichen Eigenschaften des analogen Video bei der Kodierung aus. Die Datenübertragungsraten liegen zwischen 2 Mbit/s und 60 Mbit/s. Das bedeutet, dass mit MPEG 2 auch Videobilder im HDTV-Format übertragen werden können. Das zunächst für HDTV geplante MPEG 3 wurde nicht mehr realisiert, da die Vorgaben bereits mit MPEG 2 abgedeckt wurden.

MPEG 2

Weiteres Mitglied der MPEG-Familie ist *MPEG 4*. Gedacht wurde bei der Entwicklung dieses Standards an geringe Übertragungsraten in digitalen öffentlichen Kommunikationsnetzen (bis 64 kbit/s), um Videokonferenzen zu realisieren. Mittlerweile ist MPEG 4 erstaunlich vielfältig einsetzbar und unter anderem zu einer Plattform für den Austausch in Datennetzen geworden.

MPEG 4

Intraframes

Für Kodierung von Analog-Video nach MPEG werden räumliche und zeitliche Ähnlichkeiten der einzelnen Bilder genutzt. Nur wenige Bilder werden vollständig mit dem JPEG-Verfahren komprimiert. Der Kompressionsfaktor solcher Bilder – man nennt sie *Intraframes* oder I-Frames – liegt lediglich bei 10:1 bis 20:1. Woher kommt also die Kompressionsrate 100:1? Die Lösung liegt in der Interframe-Kodierung, d.h. in der Ausnutzung von Ähnlichkeiten benachbarter Frames. Aus Nachbar-Bildern werden weitere Bilder vorhergesagt und damit läßt sich die Kompressionsrate wesentlich steigern. MPEG unterscheidet Bilder mit einer einfachen Vorhersage (Prädikation: P-Frames) und einer bidirektionalen Vorhersage (B-Frames). Während die P-Frames Differenzen zu den nachfolgenden Bildern enthalten, bestehen die B-Frames aus den Differenzen zwischen den vorausgehenden und den nachfolgenden Bildern und erreichen dadurch die stärkste Komprimierungsrate. Die Abfolge der kodierten Bilder könnte beispielsweise aus «IPBBBPBBBPI» bestehen.

Group of Pictures

Diese Bildfolge besteht aus einigen wenigen unabhängig komprimierten I-Frames und aus mehreren Prädiktionsbildern (P-Frames und B-Frames). Sie bildet eine *Group of Pictures* (GOP). Die Folge von I-, P- und B-Frames kann unterschiedlich sein. Der MPEG-Standard beschreibt exakt nur den Dekodierungsprozeß, die Kodierung ist nicht unbedingt einheitlich. Die Qualitätsunterschiede aufgrund der jeweils verwendeten Kodierung können erheblich sein.

Der Kompressionsprozeß verläuft – vereinfacht gesagt – in folgenden Schritten:

- Die Bildsequenz besteht am Anfang nur aus I-Frames.

- Ein Block von I-Frames wird als eine *Group of Pictures* (GOP) ausgewählt, die Anzahl der Bilder hängt von der Einstellung ab und kann daher von Fall zu Fall unterschiedlich sein.

Synchronisation

- Jede GOP enthält *Synchronisations-Informationen*, die festlegen, wann das erste Bild der Gruppe in Relation zum ersten Bild des Films gezeigt werden muß. Damit wird sichergestellt, dass Bild und Ton nicht auseinanderlaufen.

- Die Unterschiede der einzelnen I-Bilder in der Gruppe werden beseitigt. Die Arbeit erledigen Algorithmen, die unterschiedliche Prinzipien ausnutzen. Die Bilder werden beispielsweise in Makroblöcke unterteilt, die aus 6 Mikroblöcken mit 8x8 Pixel bestehen. Damit kann man feststellen, welche Blöcke sich ändern und nur die Differenzen speichern. Auf diese Weise entstehen P- und B-Frames.

Zur Rekonstruktion der Bewegtbildsequenz nutzt man die I-Frames als Referenz und kombiniert die Informationen aus den P-Frames und B-Frames zu vollständigen Bildern. Diese Vorgehensweise ist nicht so rechenintensiv wie die Kompression. MPEG ist ein *asymmetrisches* Verfahren: Zur Kodierung braucht man mehr Zeit als zur Dekodierung.

asymmetrisches Verfahren

12.3.4 Streaming

Bei der *Streaming*-Technologie wird die digitale Information kontinuierlich durch das Internet übertragen und immer in einem Puffer auf der Zielplattform zwischengespeichert. Die Daten werden dann aus dem Puffer ausgelesen und dargestellt. Inzwischen treffen neue Datenblöcke ein, die anstelle der dargestellten im Puffer zwischengespeichert werden. Übertragung und Darstellung erfolgen beim Streaming also – mit einer kurzen Zeitverschiebung – kontinuierlich (*„pseudo-live"*).

„Pseudo-Live"

Die Streaming-Technologie basiert auf bestimmten Codecs, die die Datenraten von Ton und Video den niedrigen Bandbreiten des Internet anpassen. Da die Bandbreiten des Internet *wesentlich* niedriger sind als beispielsweise bei CD-ROM-Laufwerken, sind auch die Codecs so angelegt, daß die Datenreduktion sehr hoch ist, was notgedrungen mit deutlichen Qualitätseinbußen einhergeht.

Streaming-Codec

Zur Zeit sind zwei Typen von Software-Technologien verbreitet: skalierbare und nichtskalierbare Systeme. *Skalierbare Systeme* enthalten immer eine Serverkomponente, die den Abruf von Audio und Video kontrolliert. In Abhängigkeit von der verfügbaren Datenrate erlaubt der Server die Übertragung von mehr oder weniger Informationen pro Bild bzw. Bildern pro Sekunde. Wenn die Bandbreiten radikal sinken, kann sich der Datenstrom nur auf Ton beschränken. *Nichtskalierbare Systeme* enthalten keine Server-Komponenten und falls die notwendigen Bandbreiten nicht ausreichen, wird die Übertragung gestoppt.

Skalierbare Systeme

12.4 Multimediale Werkzeuge

Neben multimedialer Systemsoftware sind spezielle *Werkzeuge* notwendig, um Entwicklung und Präsentation von multimedialen Applikationen zu realisieren [12.2]. Unter multimedialer Systemsoftware verstehen wir Software, die eng an die jeweilige Hardwareplattform gebunden ist. Hierzu zählen neben dem Betriebssystem auch multimediale Erweiterungen (z.B. MCI, Media Control Interface von Microsoft oder QuickTime von Apple). Unter multimedialen Werkzeugen unterscheiden wir zwischen medienbezogenen Produktionswerkzeugen, Entwicklungssystemen für die Integration und

Werkzeuge

Präsentation digitaler Medien sowie Programmierwerkzeugen. Der Aufbau und die Funktionsweise dieser Werkzeuge müssen sowohl gestalterische (Designer) als auch ingenieurmäßige (Informatiker) Arbeit der Entwickler unterstützen.

12.4.1 Medienspezifische Produktionswerkzeuge

Diese Werkzeuggruppe bezieht sich auf die Bearbeitung von einzelnen Medientypen. Allerdings durch die Integration der Medientypen spezialisieren sich diese Werkzeuge selten ausschließlich nur für ein einziges Medientyp. Die medienspezifischen Produktionswerkzeuge müssen außerdem Import und Export von standardisierten und verbreiteten Datenformaten gewährleisten.

Bildbearbeitung

Pixelgrafik Die Bearbeitung des Medientyps Bild (auch Image oder *Pixelgrafik*) obliegt speziellen Werkzeugen, die sowohl Erstellung (z.B. Painter) als auch Modifizierung (z.B. Photoshop) des digitalen Mediums übernehmen. Die Aufgaben der Werkzeuge werden u.a. mit folgenden Funktionen unterstützt:

- Schnittstelle zur Scan-Applikation und damit sofortiger Import der Bilder vom Scanner,

- Bildkorrektur-Funktionen, wie beispielsweise Veränderung der Tonwertkorrektur, Gradationskurven, Farbzuordnung,

- Bildmanipulationsfunktionen, wie beispielsweise leistungsfähige Auswahlwerkzeuge, Unterstützung mehrer Farbkanäle (nicht nur RGB bzw. CMYK),

- Spezielle Bearbeitungs- und Manipulationsfilter, womit das Bild korrigiert oder gestalterisch verändert werden kann,

- Unterstützung wichtiger Datenformate für die Ein- und Ausgabe (TIFF, EPS, PICT, PNG usw.).

Fotorealisitische Bilder werden zunehmend für die Distribution in Datennetzen vorbereitet, daher sind auch Funktionen unerläßlich, die die entsprechende Anpassung des digitalen Mediums Bild ermöglichen (z.B. animierte Bilddatei).

Grafikbearbeitung

Vektorgrafik Werkzeuge zur Erstellung von *Vektorgrafik* sind für Designentwürfe im Bereich der digitalen Druckvorstufe unentbehrlich. Freehand, Illustrator oder CorelDraw gehören inzwischen auch zur Grundausstattung von Webdesignern, denn 2D-Vektorgrafik ist platzsparend.

Flash-Animation basiert auf Vektorgrafik und nicht auf Pixelgrafik. Neben Werkzeugen für 2D-Grafik muß man auch Werkzeuge für die Bearbeitung von 3D-Grafik erwähnen. Die gängigen 3D-Grafikprogramme bestehen überwiegend aus folgenden zusammenhängenden oder integrierten Modulen:

1. Mit dem *Modeller* (3D-Editor) werden die 3D-Körper erzeugt. Es gibt Anwendungen, mit denen die Objekte konstruiert (z.B. AutoCAD), modelliert oder skizziert werden.

   Modeller, 3D-Grafik

2. Mit dem *Renderer* werden Oberflächenstrukturen und Lichteffekte hinzugefügt.

   Renderer

3. Mit dem *Keyframer* werden die Objekte animiert.

Einige Programme erzeugen Bewegungsabläufe in etwas groben Schritten. Realisitische Bewegungen sind dann nur durch langwierige Manipulationen machbar. Mit manchen Werkzeugen kann man aber selbst sehr komplexe Kamerafahrten definieren und berechnen lassen.

Animation

Der nächste Schritt in der Bearbeitung von 3D-Objekten ist ihre Animation. Die 3D-Programme enthalten oft ein Modul, um Bewegung zu erzeugen. Die Vorgehensweise erfordert jedoch sehr viel Kompetenz und gute Kenntnisse verschiedener Bewegungsabläufe. Die Kamerafahrten oder Objektbewegungen lassen sich über die Festlegung von Pfaden vereinbaren, oder sie sind über Direktmanipulation definierbar. Oft ist auch die Kombination beider Verfahren möglich. Mit sog. *Keyframes* legt man die Schlüsselpositionen von Objekten fest. Die 3D-Applikation kann daraufhin die Zwischenschritte selbständig berechnen. In der Praxis sind auch bestimmte Hilfsfunktionen wichtig, wie z.B. die Beschleunigung oder Verlangsamung der Bewegung, hierarchische Bewegungsabläufe, Kamerafenster, Ausrichtung der animierten Objekte usw.

Keyframe

Audio- und Musikbearbeitung

Zu unterscheiden sind Werkzeuge für die Audiobearbeitung (Sampels) und Musikbearbeitung (MIDI). Die Softwarewerkzeuge für Audio- und Musikbearbeitung lassen sich in drei große Gruppen einteilen:

1. HD-Recorder (*Harddisc*-Recorder) bieten Funktionen an, mit denen man Sound auf der Festplatte speichern, komprimieren, modifizieren und mit weiteren Aufnahmen kombinieren kann.

2. *Sequenzer* ermöglichen es, MIDI-Daten zu speichern und sie auf MIDI-Geräten wieder auszugeben. Sie simulieren mehrspurige Bandmaschinen.

   Sequenzer

Notatoren   3. *Notationswerkzeuge* verwandeln MIDI-Daten in Noten oder erzeu-
             gen aus Noten MIDI-Klänge.

Die Funktionalitäten der drei Werkzeugtypen werden von vielen Soundapplikationen kombiniert. Oft werden Sequenzer und Notatoren zusammen angeboten. Bei einigen Programmen ist darüber hinaus auch HD-Recording möglich.

Videobearbeitung

Für die Bearbeitung von Video stehen spezialisierte Werkzeuge zur Auswahl. Zunächst muß mit entsprechenden Hardwarezusätzen das Videosignal in den Computer übertragen und – wie bei Sound – digitalisiert werden. Die Länge der Videosequenz hängt dabei von der gewählten Darstellungsgröße und der Speicherkapazität der Festplatte ab. Viele Videobearbeitungssysteme unterstützen digitale Video-Formate (z.B. DV), so dass die Bearbeitung unmittelbar nach der Aufnahme beginnen kann.

Premiere   Am Beispiel von *Premiere,* das als erstes Programm seiner Klasse auf dem Markt ein Vorbild bei der Entwicklung vieler weiterer Applikationen war, läßt sich die Funktionalität der Schnitt- und Nach-bearbeitungssoftware gut erklären.

Bei der Produktion eines digitalen Videofilms mit *Premiere* sind u.a. folgende Schritte erforderlich:

1. Die einzelnen Medien werden über eine Importfunktion im Projektfenster plaziert. Sie können sowohl Videoclips, Pixelbilder, EPS-Grafiken als auch Sounddateien sein. Neben dem Symbol bzw. dem Bild jedes Mediums gibt ein Informationsfeld Auskunft über die verwendeten Dateien. Ablaufdauer, Größe oder Farbtiefe können bequem abgelesen werden. In einem leeren Feld kann der Filmemacher seine eigenen Bemerkungen eingeben.

2. Die Medien werden mit dem Mauszeiger in das Konstruktions-fenster verschoben und in einer der Spuren plaziert. Neben Videospuren gibt es eine Überblendungsspur (F/X) und eine Spur für spezielle Effekte (Super). Für die Verarbeitung und Manipulation von Audio gibt es mehrere Tonspuren.

3. Jedes geladene Medium kann in einem Bearbeitungsfenster modi-fiziert werden.

4. Für die Überblendung zwischen zwei Videospuren werden Spezialeffekte benutzt. Spezialeffekte basieren auf Algorithmen, die das digitale Ausgangsmaterial modifizieren.

5. Die Wirkung der zusammengestellten Videoclips kann man in einem Vorschaufenster (*Preview*) begutachten

Der Titelgenerator von *Premiere* unterstützt einige Gestaltungs-feinheiten, wie z.B. weiche Schatten oder Farbverläufe. Erst wenn die Arbeit im Konstruktionsfenster fertig ist, wird der endgültige Videofilm generiert..

12.4.2 Entwicklungssysteme für die Integration und Präsentation digitaler Medien

Spezielle Entwicklungssysteme erlauben eine rasche Entwicklung multimedialer Applikationen. Auch Prototypen künftiger Anwen-dungen lassen sich mit Entwicklungsystemen schnell realisieren. Neben zeitachsenorientierte (Director), seitenorientierten (Toolbook) und ikonorientierte (Authorware) Autorenwerkzeugen sind komplexe visuelle Entwicklungsumgebungen auf der Basis von Programmier-sprachen (z.B. VisualBasic, Visual C++) zu nennen.

Autorenwerkzeug: Macromedia Director

Das Autorenwerkzeug zur Erstellung von interaktiven Multimedia-Anwendungen Director entstand 1988 aus der Animationssoftware *Video Works*. In kurzer Zeit entwickelte sich diese Applikation zum Industriestandard im Bereich der Multimediaproduktion. Die Gründe dafür sind u.a.:   Director

- hohe Produktivität und leichte Handhabung

- Flexibilität dank der Skript-Sprache Lingo und durch Xtras (Erweiterungen der Funktionalität)

- Cross-Plattform-Entwicklung (Windows 3.1/95/NT und MacOS)

- Web-Authoring dank Shockwave (Plug-In- und Konvertierungs-Technologie zur Vorbereitung von Director-Anwendungen für das World Wide Web)

- Gute Ablaufgeschwindigkeit der Director-Anwendungen (ca. 70% der Ablaufgeschwindigkeit von mit C entwickelten Anwendungen)

- Lizenzfreier Vertrieb (in den meisten Fällen muß allerdings das Logo von Macromedia verwendet werden)

- Verbreitung und vorhandene Entwickler-Kompetenz in ver-schiedenen Anwendungsbereichen (Werbeagenturen, Software-Entwicklungs-Häusern).

Director arbeitet *zeitachsenorientiert*, d.h. sofern man es nicht anders vereinbart, werden alle Bilder (*frames*) nacheinander abgespielt, die auf einer Zeitachse angeordnet sind. Dank dem Drehbuch als einem zentralen Steuerungselement von Director und der ereignisorientierten Skript-Sprache Lingo ist es möglich, in den Ablauf der Bilder einzu-   Zeitachsen-orientierung greifen. Damit lassen sich umfangreiche interaktive Anwendungen erstellen.

Lingo   Die Flexibilität von Director wird wesentlich von der Skript-Sprache *Lingo* bestimmt. Lingo ist speziell für die Anforderungen der animationsorientierten Arbeitsweise von Director angepaßt. Dank Lingo können folgende Funktionen in Director-Filmen realisiert werden:

- Interaktivität und Navigation
- Sprite-Animationen
- Manipulation von Text
- Steuerung von Ton
- Benutzeroberflächen entwickeln
- externe Dateien verwenden
- Abspielen von mehreren Director-Anwendungen gleichzeitig
- übergeordnete Skripte, die sich als Objektklassen verhalten
- mathematische Operationen

Xtras   Für Lingo können Softwaremodule erstellt werden, die die Befehlsvielfalt der Skript-Sprache erweitern. Mit diesen sog. *Xtras* läßt sich auch insgesamt das Leistungsspektrum der Anwendung erweitern (Darsteller-Xtras, Überblendungen-Xtras, Werkzeug-Xtras, Import-Xtras).

12.5 Bessere Informationsvermittlung mit Multimedia?

Verbreitet ist die Meinung, dass allein die Einführung multimedialer Technik ausreicht, um medial vermittelte zwischenmenschliche Kommunikationsprozesse zu verbessern und das Behalten von Informationen zu steigern. Multimedia richtet sich gleichzeitig an mehrere

Multimodalität   Sinneskanäle (z.B. Hören, Sehen, d.h. *Multimodalität*), verwendet mehrere Arten der Informationskodierung (Schrift, Ton, Visuali-

Multikodierung   serung, d.h. *Multikodierung*) und nutzt verschiedene digitale Medien (digitales Video, ASCII-Text, Computeranimation, MIDI-Daten, d.h.

Multimedialität   *Multimedialität*).

Es wird vermutet, dass die Kombination der Medien das Behalten von Informationen unterstützt. Sehr geläufig sind Prozentzahlen, die sich auf die Nutzung von Multimedia beziehen lassen: Durch das Lesen behalten die Menschen 10%, durch das Hören 20%, durch das Sehen 30%, durch das Hören und das Sehen 50%, durch das Tun 90% der vermittelten Informationen. Wissenschaftliche Belege für diese Prozentangaben lassen sich allerdings nicht finden.

Wie Ergebnisse empirischer Forschung zeigen, sind die Zusammenhänge keineswegs so einfach und lassen sich kaum mit Prozentangaben wiedergeben. Die gleichzeitige Informationspräsentation in visueller und auditiver Form hat keine bessere Erinnerungsleistung zur Folge als nur die Verwendung der auditiven Form. In einem Experiment wurde die Kombination von Bildern und Wörtern genutzt und dadurch nachgewiesen, dass bisensorisch rezipierte Informationen schlechter erinnert werden als man dies durch die jeweilige Kombination erwarten könnte [12.1]. Das Zusammenspiel mehrerer Sinneskanäle bei der Nutzung von Multimedia ist keineswegs eindeutig. Die Behaltensleistung kann von Anwendung zu Anwendung in Abhängigkeit von konkreten Aufgaben und individuellen Wahrnehmungsfaktoren stark variieren.

Für den Entwurf und Einsatz von multimedialen Systemen sind stets auch Erkenntnisse der Psychologie einzubeziehen. Wahrnehmung, Denkprozesse, Sprache, Aufmerksamkeit, Lernen sind Gebiete der Kognitionspsychologie, die bei der Planung und Gestaltung multimedialer Systeme besondere Zuwendung – beispielsweise auch durch Bildung von interdisziplinären Arbeitsgruppen – erfahren sollten. Im Hinblick auf die Gestaltung multimedialer Systeme für Informationsvermittlung und Lernen sind insbesondere folgende kognitive und *motivationale Aspekte* zu nennen [12.1]:

Psychologie

Motivationale Aspekte

1. *Orientierung und Kontrolle in einem Multimediasystem*

Der subjektive Verlust der *Orientierung* in einem umfangreichen und verzweigten System macht die Kontrolle durch den Nutzer und in Folge einen aktiven Umgang mit dem System unmöglich. Abhilfe kann durch eine zweckmäßige Gestaltung der Benutzeroberfläche geschaffen werden, die den Orientierungsverlust verhindert. Eine weitere Möglichkeit besteht darin, dass nur bestimmte, dem Wissensstand angemessene Programmbereiche dem Benutzerzugriff freigegeben werden. Die Erfahrungen mit reduzierten Programmversionen können allerdings später bei dem Umgang mit den tatsächlichen Vollversionen erneut zum Verlust der Orientierung führen.

Orientierung

2. *Explorationsmöglichkeit und konkrete Arbeitshandlungen*

Die *Exploration* des Systems durch die Nutzer erleichtert die Transferleistungen. Die Nutzer können dadurch viel leichter die Erfahrungen mit dem multimedialen System auf andere Bereiche übertragen. Die Nutzer müssen stets die Möglichkeit haben, das System auf solche Art und Weise zu explorieren und konkrete Arbeitsaufgaben zu erledigen, dass die Befürchtung, man könne das System beschädigen, ausgeschlossen bleibt.

Expoloration

3. *Hilfe bei der Multimedianutzung*

Die Nutzung der integrierten *Hilfe* kann durchaus eine erhebliche zusätzliche Lernleistung erfordern, da die Hilfsmodule oft einer

Hilfe

anderen Bedienungslogik folgen, als die multimediale Anwendung selbst: On-Line-Handbücher, integrierte Lernprogramme oder kontextabhängige Hilfsinformationen sind oft zu sehr auf die einzelnen Bedienungselemente konzentriert oder behandeln spezielle Systemfunktionen zu umfassend, um effiziente Hilfe zu leisten. Hilfesysteme sollten vor allem aufgabenorientiert sein, d.h. die richtige Vorgehensweise soll unterstützt werden. Hier lassen sich sog. Assistenten als eine modifizierte Hilfeform besser verwenden als Texterklärungen.

12.6 Zusammenfassung

Multimedia ist mehr ein umfassendes begriffliches Konzept, das eine technische und anwendungsbezogene Sicht integriert, als eine spezifische Technologie. Neben dem Medienaspekt – der *Multimedialität* – spielen *Interaktivität, Multitasking, Echtzeit, Parallelität* sowie *Kompression* eine wichtige Rolle. In Bezug zu Multimedia gibt es eine Reihe von Begriffen, die allerdings eindeutig definiert werden können, wie beispielsweise Digitale Medien oder Medientypen.

Abstraktionsschichten multimedialer Systeme erlauben eine schematische Betrachtung der Vorgänge. Die Kompositions- und Präsentationsmechanismen gewährleisten den Zugriff auf weitere Schichten multimedialer Systeme, wobei die Verarbeitungskomponenten definierte Medientypen verwenden und die Leistung spezifischer Hardwarekomponenten nutzen. Ein praktisches Beispiel stellt das Konzept QuickTime von Apple dar, das eine universelle Plattform für die Verarbeitung und Darstellung digitaler Medien bildet. Neben der technischen Realisierung multimedialer Systeme ist stets die Gestaltung der Mensch-Maschine-Schnittstelle zu berücksichtigen. Hier wird in der Praxis auf Design-Metaphern zurückgegriffen, die eine einfache Steuerung und Kontrolle multimedialer Applikationen ermöglichen sollte.

Multimediale Dokumente sind Aggregationen von verschiedenen Medientypen. Mit speziellen multimedialen Werkzeugen lassen sich die einzelnen Medientypen bearbeiten oder mehrere Medientypen zu multimedialen Anwendungen bzw. Systemen integrieren. Die geläufige Meinung, multimediale Systeme für Vermittlung von Information und Lernen seien besser als herkömmliche monomediale Systeme, läßt sich angesichts der Forschungslage nicht abschließend bestätigen. Ihre Nutzung ist an motivationale Aspekte gebunden und ihre Entwicklung muß neben gestalterischen (z.B. Metapher-Wahl) auch medienpsychologische Erkenntnisse berücksichtigen, um bessere Orientierung, sinnvolle Exploration bzw. eine effiziente Hilfe zu ermöglichen.

12.7 Literatur

[12.1] Issing, L. J. / Klimsa, P.(Hrsg.): *Information und Lernen mit Multimedia*. Psychologie Verlags Union, Weinheim, 1997.

[12.2] Klimsa, P.: *Desktop Video. Videos digital bearbeiten*. Rowohlt Verlag. Reinbek, 1998.

[12.3] Milde, T.: *Videokompressionsverfahren im Vergleich*. dpunkt-Verlag, Heidelberg,1995.

[12.4] Steinmetz, R.: *Multimedia-Technologie*. Einführung und Grundlagen. Springer Verlag, Berlin, Heidelberg, 1993.

[12.5] Henning, P. A.: *Taschenbuch Multimedia*. Fachbuchverlag Leipzig, 2000.

[12.6] Sayood, K.: *Introduction to Data Compression*. Morgan Kaufmann, 1996

[12.7] Effelsberg,W.; Steinmetz, R.: *Video Compression Techniques*. dpunkt-Verlag, Heidelberg, 1998.

[12.8] Fluckiger, F.: *Understanding Networked Multimedia*. Prentice Hall, 1995.

Sachwortverzeichnis

Weitere Titel zur Nachrichtentechnik

Fricke, Klaus
Digitaltechnik
Lehr- und Übungsbuch für
Elektrotechniker und Informatiker
Mildenberger, Otto (Hrsg.)
1999. XII, 315 S. Br. DM 48,00
ISBN 3-528-03861-6

Ludloff, Albrecht
**Praxiswissen Radar und
Radarsignalverarbeitung**
2., verb. Aufl. 1998. X, 495 S. Mit 153
Abb. u. 22 Tab.
Geb. DM 78,00
ISBN 3-528-16568-5

Meyer, Martin
Kommunikationstechnik
Konzepte der modernen
Nachrichtenübertragung
Mildenberger, Otto (Hrsg.)
1999. XII, 493 S. Mit 402 Abb. u. 52
Tab.
Geb. DM 78,00
ISBN 3-528-03865-9

Meyer, Martin
Signalverarbeitung
Analoge und digitale Signale,
Systeme und Filter
Mildenberger, Otto (Hrsg.)
2., durchges. Aufl. 2000. XIV, 285 S.
Mit 132 Abb. u. 26 Tab.
Br. DM 38,00
ISBN 3-528-16955-9

Mildenberger, Otto (Hrsg.)
Informationstechnik kompakt
Theoretische Grundlagen
1999. XII, 368 S. Mit 141 Abb.
u. 7 Tab. Br. DM 54,00
ISBN 3-528-03871-3

Werner, Martin
Nachrichtentechnik
Eine Einführung für alle Studiengänge
Mildenberger, Otto (Hrsg.)
2., überarb. u. erw. Aufl. 1999.
VIII, 210 S. Mit 122 Abb. u. 19 Tab.
Br. DM 28,80
ISBN 3-528-17433-1

vieweg

Abraham-Lincoln-Straße 46
65189 Wiesbaden
Fax 0611.7878-400
www.vieweg.de

Stand 1.11.2000
Änderungen vorbehalten.
Erhältlich im Buchhandel oder im Verlag.